영성지향 심리치료

SPIRITUALLY ORIENTED PSYCHOTHERAPY

최영민 · 조아라 · 김민숙
옮김

圖書出版 하나醫學社

SPIRITUALLY ORIENTED PSYCHOTHERAPY

by Len Sperry and Edward P. Shafranske

This Korean edition was published by agreement with
American Psychological Association.

역자서문

심리학은 네 번의 큰 흐름을 거쳐 오늘날의 모습을 갖게 되었다. 행동주의 이론이 심리학의 "첫 번째 세력"으로 여겨지고, 정신분석이 "두 번째 세력", 인본주의 심리학이 "세 번째 세력"으로 간주된다. 1970년대 이후 본격적으로 형성된 초개인주의 심리학은 심리학의 "네 번째 세력"으로 현재까지 영향력을 끼치고 있다.

간단히 "심리학의 세력"이라고 표현하였지만, 각각의 심리학의 내용들은 엄청나고 방대한 내용들을 담고 있다. 모든 심리학의 거대한 연구들의 초점은 당연히 인간이다. 지금까지 다양한 심리학의 흐름이 계속되며 방대한 연구들이 이뤄지고 있다는 것은 그만큼 한 인간을 진정으로 이해한다는 것이 어렵다는 것을 의미하는 것이 된다. 또한 아직도 완전한 인간에 대한 이해가 우리 손에 쥐어져 있지 않다는 것을 뜻하는 것이기도 하다. 아마 인간에 대한 완전한 이해는 영원히 불가능한 일일지도 모른다.

각각의 "심리학의 세력"들은 그들의 이론에 근거한 심리치료 방법들을 발전시켜 왔다. 기법적인 면이나 실제 임상적 측면에서, 정신분석은 다른 심리학의 세력들에 비해 그 효율성을 가장 널리 인정받아 왔다. 그러나 어떤 심리치료 기법도 나름의 제한점을 가질 수밖에 없기 때문에, 정신분석 내에서도 자체 패러다임의 변화가 진행되고 있다. 즉 프로이드에 의해 창시된 정신분석은 이드심리학, 자아심리학, 대상관계이론, 자기심리학 등으로 꾸준히 그 이론이 확대되거나 수정 발전되어 왔다. 그리고 1980년 대 중반 이후 본래 철학적 개념이었던 상호주관성이 도입되며 정신분석은 새로운 국면을 맞고 있다. 이제 현대정신분석은 일치된 하나의 이론이나 기법이라기보다 많은 다른 이론들과 지식들이 정교하고 복잡한 관계 속에 공존하면서 진화해 온 집합체라고 말할 수 있다. 그렇다면 현대정신분석의 진화는 어디를 향해 가는 것일까?

현대정신분석 진화의 방향은 아마 전체 "심리학 세력"들이 나아가는 방향과 크게 다르지 않을 것이다. 그것은 당연히 한 인간을 참 되게 이해하려는 것이고, 동시에 한 사람을 가장 잘 도와줄 수 있는 길이 무엇인지를 찾는 것이다. '인간의 진정한 모습' 이 무엇인가에 대해 이미 주어진 답이 있는 것은 아니다. 지금까지 정신분석이나 다른 여러 심리학이 그래왔듯이 단지 끊임없는 인간 본성과 존재 자체에 대한 추구를 통하여 점진적으로 이해의 폭을 넓혀갈 수 있을 뿐이다.

분명한 것 중의 하나는, 현대 심리치료는 끊임없이 영적인 주제를 다루도록 요구받고 있다는 점이다. 이러한 변화의 핵심은, 인간 경험은 단순히 행동과학적으로, 아니면 정신분석적으로, 혹은 인본주의적으로 설명될 수 없는 "영적 존재"라는 인식이다. 이런 인식은 종교와 영성을 심리치료 과정 속에 통합하도록 요구하는 강렬한 힘으로 작용한다. 실제 많은 사람들은 일상생활 속에서 종교적이고 영적인 삶의 시간들을 갖는다.

과학으로서 심리학은 초월적인 영성 자체를 증명할 순 없다. 하지만 영성을 심리치료 과정에 통합하여 한 사람의 건강과 안녕에 미치는 영향을 이해하고 도와주는 것은 가능하다. 이것은 영성지향 심리치료의 본질이기도 하다.

현대 심리치료 현장에선 영성과 정신치료의 통합과 관련된 수많은 연구와 저술들이 쏟아져 나오고 있다. 그리고 심리치료에서 다룰 수 있는 다양한 영적 접근 방법들이 수없이 제시되고 있다. 그러나 간간이 한 가지 특정 영적 접근 방법을 다룬 책들이 나오곤 있으나, 현대의 다양한 영적 접근방법들을 포괄적으로 다룬 책은 거의 없었다.

본 저서는 현재 널리 인정받고 있고 또 시행되고 있는 광범위한 영적접근 방법들을 체계적으로 깊이 있게 설명한 첫 번째 책이다. 각 체계마다 역사적 이론적 고찰에서부터 강점과 단점 그리고 적응증과 금기에 이르기까지 매우 포괄적으로 내용을 기술하고 있다. 또한 각 영적접근 방법이 어떻게 적용되는지 구체적인 치료 사례가 제시되어 있어, 단순한 이론적 이해에 그치지 않도록 배려하고 있다. 영적 차원에 관심을 갖고 현재 심리치료를 직접 하고 있는 분들에겐 매우 직접적인 참고 문헌이 될 수 있을 것이다. 또 이 분야를 공부하고자 하는 임상치료자, 상담자, 임상사회사업가, 학생 등 모든 분들에게는 기본적인 교과서의 역할을 할 수 있을 것으로 기대한다.

우리는 하나님의 구원의 역사의 한 지점에 서 있다. 그렇기에 우리는 최종적인 하나님의 진리를 알 순 없다. 단지 궁극적 진리, 참된 영성에 이르는 과정을 성실하고 진실 되게 밟아 갈 수는 있을 뿐이다. 이번 번역도 그런 여정의 작은 한 부분이라고 생각 한다.

작지만 소중한 여정을 함께하며 번역의 모든 과정에 헌신적으로 수고해 주신 조아라 교수, 김민숙 교수께 깊은 감사를 드린다. 두 분의 헌신적인 노고가 없었더라면 이 역서는 결코 탄생될 수 없었을 것이다. 그리고 마무리 번역 과정에서 힘들어 할 때, 영어전문가로서 탁월한 조언과 교정을 해준 김혜영 선생에게도 깊은 감사를 드린다. 또한 책이 출판될 수 있도록 애쓰고 협조해 주신 하나의학사 오무근 사장님에게도 깊은 감사를 드린다.

북한산, 도봉산, 수락산, 불암산이 보이는 진료실에서

역자대표 최영민

감사의 말

편집자로서 우리는 기고해준 저자들의 협조와 헌신 없이는 이 책이 결실을 맺을 수 없었다는 것을 잘 압니다. 그리고 우리는 그들의 빛나는 기여에 감사를 표하고 싶습니다. 저명한 전문가들에게 기고를 요청하는 일은 위험을 감수하는 일입니다. 왜냐하면, 그들의 명성이 높을수록 논설이나 책의 장을 쓰도록 제안 받는 초대가 더 많아져서 초대를 응할 가능성이 줄어들기 때문입니다. 우리는 이 분야에서 존경 받는 이렇게 많은 지도자들이 이 프로젝트가 중요하다고 느끼고 참여하기로 동의한 점이 매우 기뻤습니다. 우리는 그들이 열 가지 주요 접근들의 분명한 비교와 대조를 위해 우리가 제안했던 공통된 구성에 매우 호의적이고 기꺼이 따라주신 점에 대해서 한층 더 감사를 드립니다. 한 명의 검토자가 언급했듯이, 기고자들을 그런 획일화에 동의하도록 하는 것은 마치 고양이들을 모으려 시도하는 것과 같습니다. 기고자들의 이러한 노력은 이 책의 독자들을 향한 그들의 관심과 배려를 나타냅니다. 우리는 저자들이 얼마나 그들의 시간과 전문성을 이 프로젝트에 사심 없이 내어 주셨는지에 대해 매우 감사드리며, 정식으로 그리고 공개적으로 그들의 기여에 감사의 말을 전하고 싶습니다.

편집자로서 우리는 또한 우리보다 먼저 영성과 심리치료의 분야의 길을 닦아 놓은 선구자들을 잊지 않고 있습니다. 우리는 특히 Allen E. Bergin, E. Mark Stern, H. Newton Malony, Kenneth I. Pargament, William W. Meissner, Hendrika Vande Kemp, Roger Walsh, David Larson, Thomas Greening, William Hathaway와 Herzl Spiro에게 감사를 드리고 싶

습니다. 또한, 편집자로서 우리의 제안과 책의 완성 둘 다에 대한 수고와 피드백을 해주신 외부의 학문적 검토자들에게 감사를 표합니다. 마지막으로, 편집자로서 우리는 이 책에 대한 우리의 비전을 공유하고 심리치료뿐 아니라 이 책이 다루고 있는 전문 분야의 발전에 대한 잠재적인 기여 또한 공유한 APA 출판사 관계자 여러분들께 감사드리고 싶습니다. 우리는 Susan Reynolds, Gary VandenBos, Julia Frank-McNeil, Linda McCarter와 Rosemary Moulton에게 감사를 전합니다.

서언

Len Sperry and Edward P. Shafranske

영성(Spirituality)이 영어에서 가장 오해 받는 단어들 중에 하나임은 의심할 여지가 없다. 그것은 신비로움, 내세의, 종교적인, 혹은 뉴에이지 등의 이미지를 불러일으키며 기도하기, 명상하기, 교회에 가기, 그리고 이 외의 다양한 종교적 혹은 영적인 활동들과 연관되어 있다. 하지만 실제로 영성은 이러한 어떤 부분보다도 더 기본적인 것이다. 신성함을 통해 의미를 찾는 종교와 달리(Pargament, 1997), 영성은 "사람들이 그들의 삶 속에서 신성함을 찾고, 보존하고, 또한 필요하다면 변모시키기 위해 생각하고 느끼고, 행동하거나 서로 관계하는 모든 방식과 관련있는 것"이다(Pargament, 1999, p.12). 유사하게, Rolheiser(1999)는 이러한 추구가 우리의 깊은 소망, 즉 언제나 지속적으로 어떤 만족보다 더 강하기 때문에 우리 모두가 경험하지만 충족할 수 없는 소망을 반영하는 것이라고 말했다. 궁극적으로, Rolheiser는 영성이란 우리가 그런 소망을 가지고 행하는 무엇이라고 주장했다: "우리가 따르기로 선택하는 규율과 습관들은 우리의 몸, 마음, 영혼 속에서 좀 더 큰 통합이나 붕괴를 이끌 것이고 우리가 신, 다른 사람들, 우주와 관련된 방식에서도 보다 큰 통합이나 붕괴를 이끌 것이다"(Rolheiser, 1999, p.11). 따라서 영성은 삶의 가장자리에 있는 무언가도 아니고 단지 소수만이 추구하거나 심리치료에서 논의하기를 원하는 선택사항이 아니다. 도리어, 모든 사람들이 영성을 가지고 있고 이 영성은 우리 매일의 생각과 느낌, 행동들에 반영되면서 생명을 주거나 혹은 파괴적인 힘을 가하고 있다.

마찬가지로, 내담자들이 심리치료에 가져오는 영성과 영적인 문제들은 치료 과정의 부수적인 부분도 아니며, "영적으로 민감한" 치료자들만의 주영역도 아니다. 도리어, 그런 점들은 치료 과정에서 기본적으로 고려되어야 할 사항이며, 모든 치료자들의 영역인 것이다. 따라서 심리치료자들에게 점점 심리치료에서 영적인 문제들을 다루도록 요청되어오고 있다는 점은 놀랄만한 일이 아니다. 이것은 심리학이 언뜻 보기에는 영적 영역과 대립하는 것처럼 보인다는 점을 고려했을 때 이전에는 나타나지 않았던 경향이기도 하다. 이러한 경향은 심리치료에서의 영적인 문제를 다루는 수많은 책들과 학회지의 특별판에서 잘 반영되고 있다. 대부분의 치료자들이 특정한 치료적 접근들(예: 인지행동 치료, 정신분석 치료, 인본주의적 치료 등)에 폭넓은 훈련과 경험을 쌓아 왔을지라도, 이러한 특정 접근들 내에서 생긴 영적인 문제들을 다루도록 훈련된 경우는 거의 없다. 현재까지는 단지 몇 권의 책들만이 영성지향 심리치료에 대한 일정 방식의 접근을 강조하고 있으며, 몇 가지 접근들을 체계적으로 설명한 책은 한 권도 없는 실정이다.

더군다나, 영성지향 심리치료가 심리치료의 한 전문 분야로서 이 시대에서 떠오르고 있다는 지표는 곳곳에서 나타나고 있다. 이러한 전문 분야의 시대적 등장, 그리고 이 분야가 학부 및 대학원 과정에서 주된 흐름을 잡고 있음은 영성과 심리학, 심리치료에서의 영성에 관한 개설 강의가 요구될 때 나타난다. 개설 강의는 전형적으로 단 하나의 접근보다는 그 분야를 전망하는 책을 사용한다. 영성지향 심리치료에 대한 단 하나의 접근을 강조하는 책이 소수 있기는 하지만, 현재 몇 가지 접근들을 체계적으로 설명한 책은 한 권도 없고, 이러한 다양한 접근들을 비교분석한 책은 말할 필요도 없다. 이러한 전문 영역을 보다 완전하게 발전시키기 위해서는 그러한 책들이 필수적으로 필요하게 될 것이다. 영성지향 심리치료 (Spiritually Oriented Psychotherapy)는 명시적인 영성지향 심리치료를 포함해서 심리치료에서의 영적 영역을 다루는 열 가지 현대의 접근들을 기술, 설명, 비교한 첫 번째 책이다. 이 책은 독자들에게 각 접근의 이론적이고 임상적인 기초에 대한 깊이 있고 포괄적인 견해를 체계적으로 제공하여 준다. 그리고 나서 각 접근의 적용을 더욱 자세한 사례와 함께 설명하고 있다. 게다가 이 책은, 영성지향 심리치료의 정신분석적이고 융학파적인 기초의 유산 및 현재와 미래의 문제 측면에서, 이러한 다양한 접근들을 이해하고 비교할 경위를 제공한다.

이 책은 두 집단에게 흥미를 느끼게 해줄 것이다. 첫째는, 그들의 작업에 영적 영역을 통합하길 원하거나 통합해야 할 필요를 느끼는 치료자들과 임상가들이다. 둘째는, '심리학과 영성', '종교적이고 영적인 경험의 심리학', '심리치료에서의 영성' 등등의 개설 강의를 듣는 대학교 상급생들이나 대학원생들이다. 임상가들은 그들의 직업뿐 아니라 그들의 개인적인 삶에조차 유용하고 또한 관련되는 이론적이고 임상적인 정보들과 사례 자료를 발견할 수 있을 것이다. 학생들은 영성지향 심리치료에 대한 현재 접근들의 이해를 돕는, 독자가 읽기 편한 구조와 문체를 발견하게 될 것이다.

이 책을 편찬하는 우리의 근본적인 의도는, 가장 잘 알려져 있고 존경받는 영성지향 심리치료 접근들의 창시자 혹은 탁월한 옹호자들을 초대하여 그들의 접근이 기초하고 있는 이론적 모델과 이러한 접근들을 설명하기 위해 흥미를 돋우는 사례 자료들 둘 다를 공유하는 것이었다. 우리의 첫 번째 목적은 독자가 읽기에 더없이 편한 책이 되도록 만드는 것이었다. 이 때문에 우리는 기고자들에게 흥미로운 방식으로 그들의 접근을 설명하도록, 그리고 장들을 넘나드는 독자의 여행을 돕기 위해서 일정한 틀을 따르도록 부탁했다. 독자들이 이러한 접근들 간의 차이점을 비교분석하는 것을 돕기 위해서, 우리는 이러한 주요 접근들을 조목조목 나란히 비교해놓은 개별적인 한 장이 필요하다고 믿었다. 우리는 또한 역사적 맥락에서 영성지향 심리치료를 향한 추세의 입지를 알릴뿐 아니라, 독자들에게 이 분야의 기대되는 미래, 즉 이론적이고 임상적인 발전, 기회, 도전에 대한 어느 정도의 감각 또한 제공하는 것이 중요하다고 믿었다.

제 1부인 "이론적 토대"는 독자들에게 심리치료적 실제에서의 영성의 통합과 관련된 기본적인 쟁점들을 소개한다. 첫 번째 장은 영적 영역 및 그것이 심리치료에서 지니는 의미를 언급하고 두 번째, 세 번째 장에서는 정신분석과 융 학파의 원형 분석에서 유래된 영성지향 심리치료의 기초를 기술한다.

제2부 "현대의 접근 방식들"에서는 영성지향 심리치료에 대한 열 가지 현대의 접근들을 기술하고 설명한다. 이에는 정신분석적, 인지행동적, 실존주의적-인본주의적, 대인관계적, 초개인주의적, 체험적 초점두기, 용서, 유신론적, 영성 수련-영적 지도와 통합적 접근 등이 포함되었다. 제2부의 각 장의 구조는 공통된 개요를 따른다. 앞서 언급한 바와 같이, 공통된 개요는 기술과 실례가 되는 사례 자료를 체계화하였기 때문에 독자들은 다양한 접근들을 보다 쉽게 따라가고 비교할 수 있다. 각각의 접근은 다음과 같은 이론적 정보를 제공한다. 접근의 역사적이고 이론적인 기초는 역사적인 상황들과 그 접근을 만들어낸 전문가들 둘 다에 대한 기술을 포함할 뿐 아니라, 그것을 뒷받침하는 주요 이론적인 구성에 대한 기술을 포함한다. 심리치료와 영성 간 관계의 본질과 그것의 임상적 의미가 그 다음에 설명된다. 접근을 효과적으로 사용하는데 필요한 치료자의 기술과 자질이 그 다음에 논의되었다. 치료자의 자격은 기술, 훈련, 경험뿐 아니라 치료자가 접근을 효과적으로 사용하기 위해 갖추어야 하는 개인적인 자질 면까지도 설명하였다. 그 다음, 접근의 강점과 제한점은 이론적이고 임상적인 강점과 약점, 그리고 어떤 집단의 심리학자들과 치료자들에게 그 접근이 호소력이 있는가를 포함하여 짧게 언급되었다. 그 접근의 사용을 위한 적응증과 금기는 그 다음에 언급되었다-특히, 그 접근이 어떤 진단적 상태와 영적이고 종교적인 문제들을 다루는 데에 가장 적절하고 효과적인가와 어떤 경우에 덜 적절한지에 대해서 언급하였다. 다음, 치료적 과정에 영향을 미치는 문화와 성별의 문제, 특히 치료적 과정과 결과에 영향을 미치는 경우에 대해 짧게 언급하였다. 마지막으로, 그 접근의 향후 발전과 방향이 짧게 논의되었다. 여기에는 이론적인 발전과 연구의 발전뿐 아니라, 가까운 미래에 그 접근에 영향을 미칠 것으로 기대되는 문화적인 경향까지도 포함하였다. 어떤 접근들은 다른 것들보다 경험적인 연구가 더 많이 이

루어졌는데, 이는 일부 접근들이 비교적 새롭다는 점을 고려하였을 때 놀라운 일은 아니다. 추후 개정된 판은 이론적이고 임상적인 발전 둘 다를 새롭게 할 수 있을 것이다.

각 접근은 그것의 임상적 적용을 설명하는 광범위한 사례를 사용하여 다음의 임상적 정보를 제공한다. 각 사례는 내담자의 배경, 과거력, 현재 문제에 대한 기술로 시작한다. 이 부문에서는 관련된 내담자의 정보(즉, 성별, 나이, 종교적 과거력과 양육, 현재 소속, 영적인 실행들, 신실함과 정통성의 정도), 관련된 내담자의 과거력(가족, 사회적, 신체적 건강 과거력)과 현재 내담자가 호소하는 문제와 염려를 기술한다. 다음, 치료자와 내담자 관계를 논의한다. 이것은 치료적 관계(즉, 협력자로서의 치료자와 내담자, 전문가로서의 치료자와 배우는 사람으로서의 내담자, 영적인 지도자로서의 치료자와 지도를 받는 자로서의 내담자, 영적 여행에 참여한 동료 여행가로서의 치료자와 내담자)의 본질을 포함한다. 치료적 과정에서의 중요성 때문에, 그 다음에 평가가 고려되고 평가를 위한 이론적 근거가 논의된다(즉, 평가가 그 접근의 기본적인 구조, 평가 과정과 방법, 그리고 성격 유형, 심리학적, 진단적, 종교적이고 영적인 과거력 등의 수집된 정보와 어떻게 관련되는가). 이것은 내담자의 영적인 신념들과 종교적 행위 및 훈련들에 대한 조사 등의 객관적인 영적 평가를 포함할 수도 있다. 다음은 진단과 임상적 사례 개념화 부문이다. 이것은 DSM-IV의 I축과 II축에 나타난 진단명뿐 아니라 현재 문제와 염려들이 내담자의 상황에서 내담자의 종교적 배경과 영적인 요소들과 어떻게 연관되는지, 또는 연관될 수 있는지에 대한 설명을 제공하는 임상적 개념화에 대한 요약을 제공한다. 그리고 나서 치료 목표, 과정, 사례에 대한 개입 전략이 이야기되었다. 그러한 목적을 달성하기 위한 특정한 목적과 목표뿐 아니라 심리학적이고 영적인 개입들을 명시하였다. 치료 경과와 치료 기간이 그 뒤에 설명되었다. 여기서 이러한 접근에 대한 전형적인 치료 기간과 예상되는 치료 회기의 빈도와 기간을 명시하였다. 다음은 종결과 재발 방지에 대해 논의하였는데, 종결의 지시점과 치료를 종결하는 과정을 기술하였다. 재발 방지가 특정 접근의 필연적인 요소라면 이 부문에서 짧게 기술되었다. 마지막으로, 치료 결과: 단기 효과와 장기 효과가 논의되었다(즉, 치료 목표가 이 특별한 사례에서 달성되었던 정도뿐 아니라 치료 종결 후 6개월, 12개월 후에 보여진 내담자의 전체적인 영적, 심리적 기능 수준을 포함).

제2부에서 기술된 열 가지 접근 방식들은 북미와 유럽의 독자들의 대다수에게 적용 가능하다. 우리는 이러한 것들이 심리치료에 가능한 모든 영적 접근을 대표한다고 제안하지 않는다. 그리고 기고한 저자들이 현재의 다양성의 전체를 대표하지는 않는 사례를 제공했다는 점을 인식하고 있다. 개정된 판에서 부가적이고 보다 다양한 접근들을 포함하려고 한다.

제3부인 "논평과 비교분석"은 마지막 두 장을 포함한다. 첫 번째 장에서는 열 가지 접근들을 서술적인 논평과 함께 자세히 비교 분석하였다. 두 번째 장에서는 영성지향 심리치료에서 향후의 발전 방향을 언급하고 다양한 이론적이고 임상적인 발전뿐 아니라 훈련, 실행의 범위, 관련된 윤리적 문제 및 임상 실습에 관련된 문제들에 대해 고찰하였다.

차 례

제 1 부

이론적 토대

THEORETICAL FOUNDATIONS

제1장

심리치료에서 영적 차원 다루기 : 서언과 개관

(Addressing the Spiritual Dimensions in Psychotherapy
: Introduction and Overview)

Edward P. Shafranske and Len Sperry

우리는 심리 치유의 르네상스 시대를 맞이하고 있다. 심리 치유에서 영성이 새롭게 발견되고 있고, 지난 20세기 내내 정신건강 전문분야와 종교 사이를 가로막았던 소원함이 끝나고 있기 때문이다(Richards & Bergin, 2000, p.3; Richards & Bergin, 1997). 그 동안 현 시대의 종교적 체험은 현대 즉 모던(modern)이라는 소란스러움 속에서 번번이 잊혀지기 마련이었고, 때론 과학에 의해 무시당하곤 했다. 뿐만 아니라 중심적 가치관을 인정하지 않는 포스트모더니즘(postmodernism)에 의해 종교는 변방에 설 수 밖에 없었다. 그러나 행동 과학을 통해 종교적 요소가 강력한 임상적 요인임이 드러남에 따라, 이 시대의 종교적 체험에 대한 관심은 크게 고조되고 있다(George, Ellison, & Larson, 2002; Koenig, McCullough, & Larson, 2000; Larson & Larson, 2003; Larson, Swyers, & McCullough, 1997; Pargament, 2002a, 2002b; Powell, Shahabi, & Thoresen, 2003). 신체적, 정신적 건강과 심리적 대처에서 종교의 역할에 대한 학문적 연구는 급격하게 발전하고 있다. 또한, 이러한 연구 결과가 내과, 정신과, 심리학, 행동주의의 모든 주요 의학 저널에서 언급되어 오고 있다(Baumeister, 2002; Emmons, 1999; Miller & Thoresen, 2003a; Mills, 2002; Sperry, 2000). 말하자면, 효과들이 충분히 이해되지 않았고, 그 증거가 때때로 과장되는 면이 있지만, 건강과 영적 및 종교적 요소들이 연관성이 있다는 점이 경험적으로 제시되고 있는 것이다(Miller & Thoresen, 2003b, p.33 참조). 이러한 과학적 연구에 더해, 심리치료를 인간답게 하고(Beck, 2003) 좀 더 포괄적인 접근으로 개입하려는 노력의 일환으로 임상 실제에서의 종교적 신념과 영성의 역할에 좀 더 큰 관심이 모이게 되었다. 현재는 이렇게 임상 실제에서 영성을 언급하는 교과서들이 풍부한 반면(Frame, 2003; G. Miller, 2003; W. Miller, 1999; Richards & Bergin, 1997, 2000, 2004; Shafranske, 1996; Sperry, 2001), 지난 10년 전만 해도 소수만 존재하였다(Lovinger, 1984, 1990; Stern, 1985). 긍정 심리학(positive psychology)의 등장이 이러한 관심의 급증에 더욱 기여한 것으로 보인다. 긍정 심리학은 우리가 어떻게 심리적인 건강에 접근하기 시작하는지에 대한 다양한 변화를 반영하고 있다. 즉 개인의 미덕과 강점과 같은 긍정적인 요소가 현재 취약성과 정신병리와 같은 부정적인 요소만큼 중요하게 여겨지고 있다는 점이다. 사람들의 삶을 나타내주는 가치들과 그들에게 투자되는 궁극적인 관심들은(Emmons, 1999) 심리적인 건강과 개인의 행복에 결정적인 요소들이 되고 있는 것으로 보인다. 종교적 참여와 영성이 개인의 지향체계에 결정적인 영향을 준다는 인식도 이러한 패러다임의 변화에 기인하는 것이다. 이러한 발전의 핵심은 인간 경험에는 단순하게 행동과학적으로나, 아니면 정신분석적으로, 혹은 신경-생물학적으로 설명될 수 없는 "그 이상의 무엇"이 있다는 인식이다. 즉 인간은 신경과학에서 말하는 "생각하는 고기 덩어리" 그 이상의 존재라는 것이고, 바로 이 지점으로부터 우리는 비로소 초월의 가능성을 갖게 되는 것이다.

이러한 상황은 심리학적 과학과 현 시대의 임상적 실제 치료에 대한 기회이면서 동시에 곤경이 되고 있다. 그것은 개인이 삶의 목적을 가지고 살아가게 하는 요소들을 좀 더 폭넓고 완전하게 이해하게 해준다. 많은 사람들이 그들의 삶이 초월적인 현실 속에 있다고 믿는다. 인간 과학의 폭넓은 조망이 그러한 영적, 종교적 믿음과 체험에 대해 엿볼 수 있게 해준다. 뿐만 아니라, 심리적 평가와 개입에 대해 보다 전체론적인 접근을 가능하게 해 준다. 그래서 심리적 대처의 자원으로서 혹은 심리적 갈등에서 영성의 역할을 더 잘 이해하고 치료과정 속에 통합될 수 있게 해준다. 이러한 발전은 과학과 실용적 학문으로 심리학에 도전이 된다.

앞서 언급된 곤경은 간단히 말하자면 다음과 같다. 영성을 살아있게 하는 초월적인 실재(transcendent reality)를 설명함에 있어서 과학은 제한되어 있다. 즉 존재하는 모든 것을 과학으로 이해할 수 없다. 과학은 또한 윌리엄 제임스(1902/1982)가 "보이지 않는 것의 실재(reality of the unseen)"(p.53) 또는 영적인 은유로 "무지의 어두운 그림자(the cloud of unknowing)"라고 명명했던 것을 파악하고 표현할 수 있는 도구나 언어를 가지고 있지 않다. Huston Smith(2001, p.198)가 말하기를 "과학 그 자체"는 "모든 점에서 의미 있지만, 존재론적이고 전체적인 의미에 있어서는 침묵을 지키고 있다." 존재론적 의미들은, 개인적으로 매일의 우리 존재를 살아있게 하고 우리의 깊은 소망을 반영하며, 우리의 삶을 목적 있는 삶으로 의미 있게 만드는 것들을 말한다. 전체적인 의미로는, *삶의 의미가 무엇인가? 모든 것이 무슨 의미인가?* 와 같은 광범위한 질문과 좀 더 개인적으로는, *나의 인생은 무슨 의미를 지니는가?* 와 관련되어 있다. 이러한 질문들은, 나는 삼라만상의 원리와 어떻게 연관되어 있는가 —라는 근본적인 인간 문제를 제시하고 있다(Smith, 2001, p.11). 과학은 우리의 관찰 가능한 물리적 세계를 이해하도록 도와준다. 하지만 우리의 *존재(being in existence)* 의미는 어떻게 파악할 수 있을까? 이것들은 근본적으로는 종교적인 질문들이면서 심리학을 포함하여 과학은 대답할 수 없는 질문들이기도 하다. 중요한 점은 이것들이 과학이 즐기는 연구 방법을 통해 관찰 가능하고, 실험 가능한 현실성의 문제라기보다, "참여의 심리학(psychologies of commitment)"이 요구되는 개인적인 신념의 문제라는 것이다. 과학은 하나님의 존재를 확인할 수 없다. 예를 들자면, 영성의 다른 내용들을 증명할 수 없다. 하지만 과학은 종교적 믿음과 윌리엄 제임스(1902/1982)가 종교의 "열매"라고 언급한(Pargament, 2002) 건강과 안녕에 미치는 효과를 평가할 수는 있다. 그러나 제임스의 논제에 따른다 할지라도, 그러한 접근은 본질적으로 비종교적이고, 헌신에서 나오는 종교적 영역 내에 위치할 수밖에 없는 영성의 진정한 가치를 다룰 수 없다. 과학이 인생 목적의 가치나 영적 노력의 결과에 대해 어떤 판단이나 예측을 제공할 수는 없지만, 심리학은 사람들이 종교적 헌신을 실행으로 옮기는 방법을 연구할 수 있으며 영성지향 심리치료는 영성의 이해를 통해 그러한 작업을 도울 수 있다.

그래서 우리는 이제 영성의 본질을 탐구하고, 현 시대의 문화 및 심리치료 환경 내에서의 영성이 어떻게 표현되고 있는지를 고찰하고자 한다. 먼저 현시대에 영성과 종교에 대한 경험을 이해하는 과정에서 직면하게 되는 정의의 문제부터 살펴보려고 한다.

종교와 영성: 구분되는, 그러나 관련되어 있는

영성지향 심리치료의 발전에서 만난 첫 번째 도전은 *영성*이라는 용어가 무엇을 의미하는지 정의내리는 것이다. 많은 사람들에게 있어 영성은, 관찰 가능한 물질적인 실재가 좀 더 크고 초월적인 현실 내에 존재할 뿐 아니라, 초월적이고 성스러운 현실에 의해 생명력을 얻는다는 개념을 전한다. 역사의 대부분 동안 "육체 없는"을 암시하는 영성은 "종교적인"이라는 단어와 상호 교환적으로 사용되었다 그렇지만 "*종교적*이라는 단어가 종교 집단의 구성원, 형식적인 행사의 참여, 공식적인 교파의 교리에 대한 지지라는 공공의 영역과 관련되는 동안, 영성은 "생각과 경험의 사적인 영역을 가진"이라는 일상어와 점점 연관되어지게 되었다"(Fuller, 2001, p.5). 이러한 발전은 수세기의 긴 종교 용어 의미의 발전과 병행되었고 결과적으로 그것은 구체화를 향한 일반적 경향으로 이어졌다. 이전에 "지각하고, 느끼고, 스스로 행해왔던 무언가"(Wulff, 1997, p.3)를 더욱 역동적으로 강조했던 것과는 반대로 "시간이 흐름에 따라 종교는 고정적이고 객관적 실재가 되었고, 각 전통은 정의 가능한 체계가 되었다". 점진적으로 종교와 영성은 서로 관련되었다 할지라도, 대중의 마음속에 초월적인 실재와 함께 제도적인–공공의(institutional–public) 그리고 개인의–사적인(individual–personal) 종교적인 감성의 표현을 내포하는 것으로 보인다. 이러한 이분법은, 종교를 "각자가 자신이 신성(the divine)이라고 생각하는 무언가와의 관계 안에 존재한다고 생각할 때, 그런 고독 속에서 겪는 느낌, 행동, 그리고 경험"으로 정의한 윌리엄 제임스(1902/1982, p.42)와 극명하게 대조된다. 학자들이 언어에서 "혼돈됨"을 명확히 하려고 분투할 정도로 종교와 영성에 대한 정의에는 미묘한 차이가 많다(Zinnbauer등, 1997). 정의상의 문제에 있어 이러한 상태는 Bauman(1998)이 다음과 같이 결론 내리도록 이끈다. "'종교' [그리고 우리가 제안하건데 영성도]는 종종 누군가 그것들을 정의하기 원할 때에야 완전히 이해하게 되는 흥미로우면서 당황스러운 개념이다. 종종, '종교를 정의하는 것'은 결국 한 가지 말로 나타낼 수 없는 것을 다른 것으로 대치하는 것, 즉 알려지지 않은 것을 이해할 수 없는 것으로 대치하는 것이 된다"(p.55). 최근 대중문화 내에서 *영성*을 *종교*로부터 구분하는 것도 그러한 예 중에 하나이다. 따라서 우리는 또 다른 정의를 내리는 추세에 기여하기 보다는 경험적 연구들이 제안하는 것을 통해 영성과 종교의 의미를 제시하려고 한다.

Zinnbauer 등(1997)과 Scott(1997)는 종교와 영성이라는 용어 사용의 좀 더 명확한 이해를 위해 경험적인 연구들을 수행함으로써 의미론적 혼돈을 타개하려는 시도를 하였다. Scott(1997)는 종교성의 31가지 정의와 영성의 40가지 정의의 내용 분석을 하였으나 정의의 대부분을 설명하는 한 가지 범주를 찾아내지 못했다. 이는 포괄적이면서도 받아들여질 수 있는 이론이 없다는 것을 의미한다. Zinnbauer 등(1997)은 직업과 종교적인 배경이 다양한 305명의 개인으로부터 얻어낸 종교성과 영성의 정의에 대한 내용 분석을 하였다. Scott의 결과와 일치하게, 사람들이 이러한 용어들을 사용하는 방법들뿐 아니라 아마도 종교와 영성을 경험하는 방법들에서도 꽤 큰 다양성이 존재한다. Zinnbauer, Pargament와 Scott(1999)는 종교와 영성은 현 시대의 이론가들에게 "조직화된 종교와 개인적인 영성;실재적인 종교와 기능 본위의 영성;부정적인 종교성과 긍정적인 영성"으로(p.889) 양극화된다고 결론 내렸다. 여론조사와 면접 자료에서는 구조들의 차이뿐만 아니라 그것들 간의 상호관련성에 대한 평가를 보여준다. Marler와 Hadaway(2002)는 "종교적인 것과 영적인 것 사이에 차이가 있다고 생각하십니까?"라는 질문에 71%가 긍정적인 답변을 했다고 보고했고, 1993년과 1994년, 개신교 교인들에게 시행한 면접의 내용 분석에서는 63%가 종교적인 것과 영적인 것은 다르지만 상호 의존적인 개념이라는 반응을 나타냈다(p.295). 그들은 대부분의 미국인들이 스스로를 종교적이면서 영적으로 보고 있다고 결론 내렸다(p.297).

Pargament(1999)는 종교가 "광대역(broadband)의 구조–제도적인 것과 개인적인 것, 좋은 것과 나쁜 것을 모두 포함하는–로부터 인간의 잠재력을 제한하고 억제하는 협대역(narrowband)의 조직적인 구조로 옮겨가고 있음을 관찰했다. 반면 영성은, 인간 능력의 최대치에 호소하는 개인적인 표현으로써 종교와 구분되고 있다"(p.3). Pargament(1999)와 Hill 등(2000)의 연구와 일치하게, Hill과 Pargament(2003)는 종교와 영성의 이러한 구분의 몇 가지 위험성을 지적했다.

> 첫째, 종교와 영성이 제도적인 영역과 개인적인 영역으로 양극화되는 것은 모든 형태의 영적 표현이 사회적 상황에서 드러나고 결국 모든 조직화된 신앙의 전통들이 개인적인 사건들의 순서와 관계되어 있다는 사실을 무시한다(Wutherow, 1998). 둘째, 정의를 이끌어내는 과정에서 은연중에 영성은 좋고 종교는 나쁘다는 느낌이 있다. 이러한 단순한 견해는 종교와 영성 둘 다 잠재적으로 유용하거나 해를 주는 측면들을 간과한다(Pargament, 2002). 셋째, 경험적 현실에서는 대부분의 사람들이 조직화된 종교적 배경에서 영성을 경험하고 이러한 현상들 사이의 차이를 보지 못하는 것이다(Marler & Hadaway, 2002). 마지막으로, 종교와 영성의 양극화는 개념과 정도에서 불필요한 중복을 이끌지 모른다... 종교와 영성은 독립적이라기보다는 연관되어 있는 구조로 보인다.(pp.64-65)

종교와 영성의 상호연관성은 Pargament의 다음과 같은 견해에서도 찾아 볼 수 있다. "종교는 신성과 관련된 방식으로 의미를 추구하는 것"이다(1997, p.32). 영성은 "사람들이 생각하고, 느끼고, 행동하며 그들의 삶에서 성스러움을 발견하고 보존하고, 가능하면 변모시키려고 노력하는 모든 방식과 관련되어 있는"(1999, p.12) 신성 자체를 추구하는 것이다. 몇몇 학자들에게는 이러한 개념들은 구별 불가능하다. 다른 학자들에게는 이러한 뉘앙스가, 어떤 사람들은 초월적인 존재와 깊은 관계를 맺을 필요 없이 종교적 예배와 교리의 외부적인 형태를 취할 수 있음(John E. Fetzer Institute, 1999, p.2)을 나타낸다. 또는 영성이 종교보다는 실존성에 더욱 연관된다는(Stifoss-Hanssen, 1999) 견해를 나타내기도 한다.

우리는 많은 내담자들의 경험을 반영하여 이러한 구별이 특별한 가치가 있음을 발견한다. 종종 영적인 탐색은 종교의 옷을 입었을지라도, 제도적인 연합과 참여에 의존하지 않는 전적으로 개인적인 경험으로 느껴진다. 종교성과 영성이라는 용어의 사용은 의미론의 선호를 넘어서서 문화내의 종교적-영적인 조망의 경향을 대표하는 것으로 보인다. 20세기 전에는 이 두 용어들이 대부분 상호 교환 가능했었고(Fuller, 2001, p.5), 개인적인 종교적 감성과 제도적인 참여 간의 일치를 반영했다(Roof, 1999). 구별된 용어로서의 *영성*의 등장과 종교성과 영성의 이분법은, 오늘날 많은 사람들이 의미와 성스러운 목적의 존재론적 질문에 답할 때 취하는 근본적인 접근에의 변화를 시사한다. 종교의 문화적 토대에서의 이러한 변화는 종교성 혹은 영성으로 표현되는 아래의 4가지 영역들(Thoresen, Harris, & Oman, 2001, p.24 참조)을 통해 나타나는 것으로 보인다: 드러나는 행위들(개인이 성스러움과 연관된다고 생각하는 실천적 행위); 신념(성스러움과 그것과 개인의 연관성에 대한 귀속과 인식); 동기, 가치와 목적(매일의 노력과 목적 있는 삶); 그리고 주관적인 경험(경험의 감정적이고 영적인 의미).

영성과 자기(self) : 문화적 현상

학자들은 종교가 대부분의 미국인들의 삶에서 생명력을 주는 중요한 요소임을 관찰했으며 미국이 서구세계에서는 가장 종교적인 나라 중의 하나라고 결론 내렸다(Fuller, 2001; Hoge, 1996; Roof, 1999). 여론 조사 결과, 미국인들의 94%가 하나님을 믿으며, 90%는 실제로 정기적으로 하나님께 기도하고 10명중 9명은 종교적인 소속이 있다고 보고한다(Roof, 1999, p.3). 미국인들은 전반적으로 세상 속에서 적극적으로 개입하시는 개인적인 하나님을 믿으며, 거의 1/3은 갑자기 혹은 점진적으로 그들의 삶을 변화시키는 깊이 있는 영적 체험을 한 적이 있다고 한다(Cimino&Lattin, 1998, p.2). 종교적 참여를 하는 사람 중에 94.4%는 기독교인이고 나머지 5.5%는 유대교, 이슬람교, 불교, 그 외 다른 종교를 가지고 있다. 캐나다인들에게서도 유사한 인구학적 분포를 보인다(Keller, 2000, p.30). 이러한 통계적 수치의 근본에 있지만 외형상으로 비슷한 신념에 의해 잘 드러나지 않는 점이 문화적 변형이다. 이는 "영성"이라는 단어가 사람들의 입에서 흔히 쓰이게 된 것에서 알 수 있다. 즉 미국에서 종교적인 삶의 특질에서 구조적인 변화가 일어나고 있는 것으로 보인다.

영성의 초점이 우리를 *넘어서* 무엇이 존재하는가를 강조하는 것에서 우리 *내에* 무엇이 존재하는가를 강조하는 것으로 변화하는 것 같다(Gallup & Jones, 2000). 자신의 내적 삶을 강조하는 종교적인 표현은 각 개인이 성스러움과 관련되어 그들 나름의 의미 있는 방법을 찾는 것으로 나타나고 있다. 1999년 여론 조사에서, 미국인의 무작위 표본에게 "영성이 좀 더 사적이고 개인적인 감정인지 혹은 좀 더 조직화된 종교와 교회 교리를 의미한다고 생각하는지?"에 대한 질문을 하였다. 거의 2/3가 "사적이고 개인적이라는" 반응을 하였다(Gallup, 2003b). Gallup과 Johnson(2003)은 "내적" 혹은 "외적"인 실천을 평가하는 최근에 개발된 '종교와 도시 시민 사회/갤럽 연구 센터 영적 척도'를 사용한 2002년 조사 결과를 보고하였다. 주된 결과는 다음과 같다. 대부분의 미국인들이 영적 성장을 갈망하고 의미를 찾기 위해 신앙에 의존하고 있다. 미국인들의 50% 는 스스로를 "종교적" 이라고 기술하였고 33%는 "영적이지만 종교적이지는 않다" 고 말하였으며, 4%는 스스로 둘 다 해당하고 11%는 둘 다 아니라고 기술했다. 2002년 여론 조사에서는 47%가 "나는 영적으로 헌신된 사람이다"라는 진술에 "매우 동의한다"는 반응을 보였다. 응답자의 69%는 그들이 완전히 혹은 상당한 정도로 그들 매일의 삶 속에서 영적인 성장을 경험할 필요를 느낀다고 말하였다. 68%는 "영적으로 헌신되어 있다", 85%는 그들의 신앙 때문에 그들 삶의 의미와 목적이 있다고 대답했다. 2002년 6월의 조사(Gallup, 2003b)에서 미국인의 41%는 "나는 내 삶의 방향을 변화시킨 깊이 있는 종교적 체험 혹은 깨달음을 얻은 적이 있다"라는 진술에 완전히 그들에게 해당하는 것이라고 보고했다. 결국, 많은 여론 조사를 통해 얻은 견해로는 영적인 영역이 다른 형태로 표현될 수 있어도 대부분의 미국인들에게 두드러진 점이라는 것이다(Gallup, 2003a). 점점 종교적 감성의 표현은 대중적이고 공공연하며 제도적이기보다 좀 더 사적이고 개인주의적이며 경험적으로 되고 있다(Gallup, 2003b; Roof, 1999). Roof(1999)는 7년 후 조사에서 "종교적으로 충성스러운 사람들"내에서 조차 단지 46%만이 어떤 종교 단체에 활동적으로 남아 있고 많은 수가 한 집단에서 다른 집단으로 옮겼으며 상당수가 아예 종교적인 제도를 버렸다고 기술했다(p.319).

개인의 자기는 이제 더 이상 그가 속한 공동체에 대한 참여와 헌신으로 의미 있게 자리매김하지 않는다. 현대의 자기(self)는 역사적, 문화적 근거를 벗어나 자유분방하게 행한다. 이러한 자기의 변화는 보편적인 현상으로 관찰되는데(Lifton, 1993; Reiff, 1966; Taylor, 1989), 아마도 그 영향은 종교적 연합과 참여에서 가장 많이 느껴질 것이다(Bellah, Madsen, Sullivan, Swidler, & Tipton, 1985; Roof, 1993, 1999). 개인적 자율성에 대한 강조의 증가, 개인적인 경험에 특권을 주는 것, 제도적인 권위가 쇠퇴되는 것, 이민과 대중 매체의 증식을 통한 다수의 경쟁하는 믿음 체계 및 다양한 세계관에의 노출은, 어떠한 진리도 주장할 수 없게 하는 포스트모던 비평의 환경 내에서 많은 사람에게 정체성과 가치의 근거인 문화적 발판의 붕괴를 이끌었다. Roof(1999)는 말하기를,

> 보편적인 진실에 호소하는 역사를 통해 전해 내려오는 위대한 이야기들은 보다 큰 무신론, 상대론과 더 큰 사적인 형이상학적 구조의 형성 때문에 영향력을 잃어갔다. 신념들과 가족 전통들이 근절되자, 많은 미국인들은 직해주의, 도덕주의, 가부장제의 규범들에 속박되지 않는 하나님을 발견하고자 하는 희망과, 그들 자신의 역사가 신성에 대한 사적인 통찰을 가져올지도 모른다는 희망을 찾아 그들 자신 내부를 들여다보고 있다.(pp.56-57)

믿음 공동체에 속해있건 속해있지 않건 간에 많은 사람들에게 있어 영성은 그들이 이전에 좀 더 확고히 믿었던 직접적이고 즉각적인 초월적인 현실 경험에 대한 요구안에 굳건히 자리 잡고 있다. 이전에 믿음이 신자들을 붙들었다면 이제는 신자들이 믿음을 붙들고 있는 것이다(Harding, 근간, Roof, 1999, p.42에서 재인용).

Wuthnow(1998)는 이러한 발전을 "거주하는 영성"으로부터 "구하는 영성"으로의 변화로 특성을 기술했다. 거주에서 구함으로의 변화는, 잘 알려져 있으며 믿어온 영적인 집, 다시 말하면 성스러운 공간내 *거주*의 상실을 포함한다. "구하는 영성은 *협상*을 강조한다. 개인들은 신이 존재한다는 확신을 강화하는 성스러운 순간들을 찾지만 이러한 순간들은 빨리 지나간다. 사람들은 영역을 아는 것보다 새로운 영적 전망을 탐구하고 영성의 복잡하고 혼란스러운 의미들 사이에서 협상해야 할지 모른다"(Wuthnow, 1998, pp.3-4). 변증법은 종교적인 참여와 같이 거주하는 장소에

근거를 두는 것과 구하는 데서 얻어지는 유동성 사이에서 나타난다. 이러한 다방면의 특징(Lifton, 1993)은 성스러움과 관련하여 의미를 찾는 현 시대의 탐색을 나타낸다. 의미 있는 존재가 되고 중요한 질문에 답하려는 노력들은 많은 사람들에게 아노미현상과 존재론적 혼동을 일으킨다. 조직화된 믿음의 전통이 지속되는 구조 내에 머무는 사람들조차도 믿음이 도전 받을 때는 의심과 환멸을 느낄 수 있다. 다른 이들에게는 종교적 참여가 존재론적이고 역사적-사회적 정체성을 굳건하게 하고 삶의 피할 수 없는 도전들과 불균형에 직면할 수 있는 흔들리지 않는 기초를 제공한다.

이러한 포스트모더니즘의 시대에, 사람들은 이전보다 더욱더 사적이고 공적인 근원의 집합으로부터 얻어진 믿음, 의식적, 영적 실천들과 전통들의 "조각들"로부터 영성의 개인적인 모자이크 그림을 구성하도록 도전 받고 있다. 종교와 영성 사이의 구별은 이 토의에서 나타나는 자료들의 측면에서는 타당한 것으로 보이며, 사람들이 초월적인 현실과 관련된 방법으로 의미와 중요성을 찾는 변화를 반영한다. 사람들 대부분에게 종교적 참여는 믿음이 삶에 생기를 돋우는 거주지와 의미, 그리고 목적의 기초를 제공한다. 하지만 신성시한 종교적 신념의 붕괴를 경험한 사람들에게는 새로운 종류의 신념 즉 내적 지식을 요구하고 삶의 경험에 따라 새롭게 되고 재협상되어야 하는 신념을 얻기 위한 충동이 일어날지 모른다(Wuthnow, 1998, p.169). 이러한 존재론적인 일을 성취하기 위해서는 방법이나 과정이 반드시 있어야 한다. 우리의 견해로, 사람들은 종종 좁은 의미의 심리적 갈등뿐 아니라 때때로 우울, 불안, 안절부절못하는 걱정의 증상 이면에 있는 영적인 불안감을 다루기 위해 심리치료를 받으려고 한다. 이제 영성이 임상적 증상으로 나타나는 임상적 상황들에 대해 살펴보겠다.

심리치료 내의 영성

종교성 혹은 영성은 대부분의 사람들의 지향체계에 중요한 역할을 하므로 정신 건강과 행복에 기여하는 부분과 관련해서 신중하고 사려 깊은 평가가 필요하다. 스스로 종교적이고 영적이라고 말하는 사람들에게 조차도 영성이 그들 삶의 중심인 사람들과 그들의 심리적 행복에 보다 작은 역할을 하는 사람들 사이에 유의미한 편차가 존재한다. 우리는 영성과 종교적 배경 및 참여가 각 임상적 사례에서 고려되어야 하고, 종교가 보다 작은 역할을 하는 상황에서조차 종교가 치료 과정에 기여하며 치료 과정이 종교의 표현에 영향을 미친다는 점을 단언한다. 그래서 우리는 영성에 민감한 심리치료의 실행을 주장하려고 한다. 하지만 영성이 치료적 과정과 좀 더 관련되어 있고 영성에 대한 섬세함 뿐 아니라 *영성지향 심리치료*가 필요한 특별한 경우들도 존재한다. 우리는 심리학적이고 정신의학적인 상담에서 나타나는 크게 세 가지 임상적 상황들을 확인했다. 이러한 상황들은 다음과 같다. (a) 심리치료에서 자원으로서의 영성 (b) 심리치료에서 영성의 보존(conservation)과 변모(transformation) (c) 심리치료에서 영적인 탐색. 각각의 경우, 영적으로 민감한 심리치료자들은 치료 내에서 영적 영역을 구체적으로 포함시키지 않고, 환자의 현재 문제와 증상, 자원, 그리고 삶의 이야기와 역사의 전체적인 이해 내에서 영성의 잠재적인 기여를 인정한다.

심리치료의 자원으로서의 영성

환자들은 정신적 고통, 갈등, 괴로움의 시간에는 자문을 구한다. 건강 상태의 변화, 상해, 주위 사람의 죽음이나 직업의 상실, 개인 간 친밀한 관계에서의 갈등 등을 포함하는 많은 상황들은 인간을 고통스럽게 한다. 그러한 상황들은 적응적으로 대처하고 반응하는 능력을 시험하고 고난에도 불구하고 희망을 가지는 개인의 능력을 판단케 한다. 종교의 적절성은 이러한 최대의 긴장감과 스트레스가 있는 상황들 안에서 발견되며 (Fichter, 1981, p.21에서 재인용된 Parsons 참조), 우리는 심리치료에서도 마찬가지임을 제안한다. 영성은 인간 고통을 경감시키고 대처능력을 강화시키기 위한 심리적 개입을 보완하는 자원으로서 확인되어 사용될 수 있다. Pargament의 이론적이고 경험적인 학문적 연구는(1996, 1997, 2002), 임상적 요인(Baumeister, 2002; Koenig등, 2001; Plante & Sherman, 2001도 볼 것)으로써의 종교와 영성의 중요성을 강조해왔다. 종교는 개인의 지향체계의 *비교적 유용한* 부분이며, *비교적 매력적인* 대처 방법이기 때문에 종교와 대처는 하나로 모아진다. 지향체계 내에서 종교적이거나 영적인 영역은 삶에 대한 명백한 종교적 질문에 대답을 제공할 뿐 아니라, 보다 근원적으로는 인간 고통의 경험을 포함한 주관적인 경험 구조 내에서 지각, 태도, 정서를 형성한다(Shafranke, 2001, p.313). Pargament(2002)는 최근의 문헌 검토에서 종교성의 비용 이득에 대한 평가를 시도하였고 다음과 같이 결론 내렸다.

> 경험적인 문헌을 통해 다섯 가지 결론을 얻었다. 첫째, 종교의 일부 형태는 다른 것보다 좀 더 도움이 된다. 행복은, 내면화되고 본질적으로 동기화되며 신과의 안정된 관계를 근거로 한 종교와 긍정적으로 관련되어 왔다. 반면 강요되고 조사되지 않고, 신과 세상과의 빈약한 관계를 반영하는 종교와는 부정적으로 관련되어 왔다. 둘째, 근본주의와 같이 논쟁이 될 만한 종교의 형태에서조차 이점과 불리한 점이 있다. 셋째, 종교는 사회적 약자 집단과 종교가 그들 삶에 좀 더 깊이 영향을 미치는 사람들에게 특히 도움이 된다. 넷째, 종교적 믿음과 실천은 사람들에게 그들 자원의 한계를 느끼게 하는 스트레스가 심한 상황에서 특히 가치가 있는 것으로 보인다. 마지막으로, 종교의 효능은 종교가 개인의 삶 속으로 잘 통합되어지는 정도와 관련되어 있다.(p. 168)

영성지향 심리치료자들은 종교적인 참여 혹은 영성이 인간의 고통을 줄이고 치료 과정에 영향을 미치는 잠재적 가능성을 특히 잘 알고 있다. 이제까지의 연구 결과에 비추어 볼 때, 종교성의 건강한 형태의 통합을 강화하거나 영적 자원을 치료 과정 속에서 다루어주려고 노력해도 될 것으로 보인다. 이 장의 후반부에 다루려고 하는 다른 일반적인 임상적 상황과는 대조적으로, 자원으로서 영성의 통합은 영성 자체가 관심의 주된 초점도 아니고 갈등 영역을 구성하지도 않는 환경에서 일어난다. 영성 혹은 종교성은 환자의 지향체계에서 자연적으로 일어나는 자원으로 확인되어 왔다. 치료자의 임무는 대처능력을 향상시키기 위해 환자의 영성과 관련된 믿음, 가치, 실천을 확인하고 통합하는 것이다. 이러한 임상적 상황에서, 영성은 치료적 논의의 초점이 아니라 치료를 돕는 최전면으로 유용하게 가져올 수 있는 배경의 요소가 된다.

반면, 개인의 영적 추구가 부정적인 대처와 심리적 고통의 근원이 되는 때와 같이 이러한 접근이 금기시되는 상황들이 있다. 부정적인 종교적 대처(예: "신이 나를 버렸다"와 같은 믿음)뿐 아니라 신에 대한 실망, 분노, 불신과 믿음 공동체 내에서의 협력과 관련된 대인 관계적 긴장 혹은 종교적 믿음의 가치나 도덕적 기준을 실행하려고 했을 때 일어난 문제들을 말하는 "빨간 기"(즉, 주의 신호들)에 주의를 기울여야 한다(Exline, 2002; Pargament, 1997, 2002b; Pargament등, 1998; Pargament, Smith, Koenig & Perez, 1998). 부정적인 대처를 이끄는 것으로 보이는 종교적 혹은 영적인 믿음 체계들을 변형시키도록 치료적으로 개입해야 할지를 고려할 때에는 주의 깊은 임상적, 윤리적 판단이 요구된다. 왜냐하면 이러한 노력들은 환자의 고통과 불쾌감을 심화시키고 치료로 인한 인위적인 문제를 일으킬 위험성이 있기 때문이다(Shafranske, 근간 Shafranske & Falender, 2004).

● 심리치료에서 영성의 보존(conservation)과 변모(transformation)

육체적 건강 혹은 심리적 안녕에 대한 도전들도 영성이 보존되고 변모되고 혹은 잃게 되는 위기를 일으킬 수 있다(Pargament, 1997). 이러한 경우에 불안, 우울, 무망감(hopelessness), 절망감이라는 심리적 증상들은 현재 삶의 상황에서 활성화되고 있는 존재론적이고 영적인 갈등으로부터 분리될 수 없다. 예를 들어, 자녀의 죽음, 중요한 신뢰관계의 배반과 배신, 직업의 상실 혹은 장해가 되는 질병은 의미의 일관성 상실의 주요 원인이 되는 증상들을 일으킬 수 있다. 중요하게 여겨져 왔던 개인의 세계관의 붕괴는 중요성과 의미를 창조하는 영적 도구를 사용하는 능력에 장애를 일으키고 더 나아가 불안, 우울, 무망감을 악화시킬 수 있다(Hathaway, 2003). 이러한 경우에 환자가 지향하는 신념을 고려하는 것은 심리적 안녕에 필수적이며, 영성지향 심리치료는 의미의 일관성이 재형성되도록 이끄는 환자의 영성을 보전하고 변모시키는데 도움이 된다. 이러한 도전의 결과들은 일반적으로 의미의 수단이나 결과의 보존 혹은 변모의 형태를 취한다 (Pargament, 1997). 영성지향 심리치료는 환자들이, 심리적인 대처에 핵심적이면서 심리적 건강으로 돌아오게 하는 의미의 일관성을 보존하거나 변모시키기 위해서 그들 신앙적 시각의 기초를 유지하고, 재평가하고 재구성하거나 재창조하는 환경을 제공한다. 우리의 견해에서, 개인의 존재론적인 기반이 불가피하게 도전 받아온 임상적 상황은 치료적 과정의 초점으로 영성을 포함하고 있다. 따라서 한 가지 명백한 치료의 목적은 의미 있고 목적 있는 존재와의 만남을 통한 보존 혹은 변모에 의한, 의미의 수단과 결과의 재형성 혹은 창조를 포함한다. 이러한 과정은 치유의 심리적 과정을 지지하는데 필요하다. 환자 신앙의 실천에 있어 적절하게 의미와 영성을 고려하는 것은 심리치료의 범위의 문제가 아니라, 보다 명백하게는 심리적 건강과 관련된 영역의 문제를 다루는 것이다.

심리치료에서 영적인 탐색

의미와 관련된 중요한 질문에 대답을 찾는 것은 우리가 우리의 일시적 삶을 둘러싸고 있는 "전체"를 깊이 생각하는 것과 같이, 일생에 거쳐서 의미를 찾는 과정이다. 성스러움 즉 종교와 의미 있는 결속을 만드는 데에 그러한 전체는 지구상에서 우리의 존재를 밝혀줄 수 있다. 그러나 그러한 영적인 관계가 없는 광막함은 긴 그림자를 드리울지 모른다. 몇몇 환자들에게 심리치료는 영적인 질문을 시작하는 방법이 된다. 이는 심리치료가 근본적인 존재론적 쟁점과 믿음의 문제를 다루는 배경과 과정이 되어주기 때문이다. 이전의 임상적 상황과는 대조적으로, 환자는 사회 심리적 혹은 건강 문제에 의해 믿음의 위기가 왔다고 말하지 않는다. 그보다 이러한 임상적 상황이 보다 지속적인 권태와 무의미함을 반영하고, 혹은 좀 더 건강한 개인들에게는 심리적 건강의 증진과 지각의 증가로 보완된, 좀 더 의도적인 영적 실천을 위한 소망을 반영한다.

의미를 찾는 것은 아이였을 때 우리가 어디에서 왔으며 죽음 뒤에 무슨 일이 일어나는지를 깊이 생각하게 될 때 조용히 시작된다. 우리는 우리의 삶에 동반되는 근본적인 질문들에 대한 답을 만들어가기 시작한다. 대개, 답들은 원래 가족을 통해 전해지는 종교적 문화로부터 나올 것이다. 지향체계는 내면화되고 초기의 우주론을 제공한다. 삶의 육체적 경험, 문화적으로 주어진 담론(Shafranske, 2002) 혹은 거대담론(metanarratives) (Rizzuto, 2장), 그리고 공상의 총합은 인간의 가정적 세계에 기여하는 깊이 간직되는 믿음과 표상으로 진화한다. 초기 발달 과정을 통해 본질적인 영성과 전 인류내의 인간관계에 대한 개념을 포함하여 개인 정체성의 기반이 형성된다. 이러한 토대가 유지될 때, 강점들은 미덕에 의해 증가되고 일관성이 느껴지며 즐거움과 고난의 경험들이 의미 있게 통합된다.

이러한 토대는 인생에서 직면하게 되는 피할 수 없는 실망과 좌절, 상실, 갈등에 의해 시험 받을 것이다. 이전 논의와 일관되게, 그러면 사람들은 성스러움에 대한 그들의 추구를 보존하거나 변모시킬 것이다. 혹은 실망과 무망감이나 내적 혼돈과 분투하는 공허한 상태로 빠져들게 된다. 이것은 강렬한 심리적, 영적 어려움이 있는 상태이다. 그들 자신에 대한 감각과 행복을 위태롭게 하는 도전이나 심리적 갈등에 의해 자극되는 것이 아니라 목적과 의미 있는 영적 머무름이나, 좀 더 만성화된 영적 불안으로부터 휴식하는 집을 찾으려는 시도로써 심리치료를 찾아오는 내담자들이 있다. 그들은 더욱이 Wuthnow가 "구하는" 이라고 표현했던 영성을 가진 사람들을 포함하며, 탐구로서의 종교가 가진 다양한 특징의 본질을 잘 나타내준다. 그들은 존재론적 허무를 채우고 그들의 "공허한" 종교 혹은 "벌거벗은" 영성에서 나타나는 불충분함에 대항하기 위해 심리치료를 찾을 수 있다(Marler & Hadaway, 2002 참조). Wheelis(1999)는 그의 어머니가 코트를 열어 그 속으로 그를 안아주던 포근함이 있었던 어린 시절의 순간을 회상하는데, 이 부분은 영적인 가정을 잃게 될 때, 의미의 지속적인 근원을 추구하는 본질을 잘 나타내준다.

> 인생의 의미는 그 코트 안에 있다. 그것은 아이였을 때 속했던 가정이다. 당신이 운이 좋다면 결코 그것을 잃지 않는다. 인생의 의미는 단순히 부드럽고 지속적으로, 좀 더 크고 추상적인 종교적 가정 혹은 비종교적으로는 씨족이나 지역사회 혹은 관념 형태 속으로 진화한다. 의미가 없다는 것은 가정이 없다는 것을 말한다. 가정을 잃게 되고 악몽이 시작될 때가 바로 의미를 탐색하게 되는 때이다.(pp. 247-248)

자기(the self)에 대한 탐색과 의미에 대한 탐구는 전적으로 관련되어 있다. 의미에 대한 탐색은, 유지시켜주는 관례와 전통으로부터 단절될 때("코트가 없는" 존재가 될 때) 많은 사람들을 그들 자신과 성스러움과의 관계를 형성하기 위한 분명한 방법이 없는 상태로 이끈다. 심리치료는 많은 경우에 그들이 소망하는 매우 경험적이고 사적이며 비관례적인 방법으로 초월적인 현실을 탐험하는 길이 된다. 이것은 특히 스스로를 종교적인 것이 아니라 영적이고(Fuller, 2001) 혹은 "교회 신자가 아닌" 것으로 여기는 성인의 40%의 경우일지 모른다. 영성지향 심리치료는 영적 자원과 실천의 명백한 혼합이 고려된 의미 구성의 미묘한 차이에 특히 반응하기 쉽다. 이러한 접근은 자신을 성스러움이나 신과의 관계가 세워진 의미와 목적 있는 삶의 방향으로 변모시키는 것을 포함한다. 그것이 어떤 면에서는 의학적 치료보다 더 변모 혹은 전환의 과정으로 이해되어, 더 나을지도 모른다. 그럼에도 불구하고, 심리적 건강에의 함의점은 상당하다. 의미 있는 존재와 궁극적인 관심을 지향하는 삶의 발전은 평생 행복을 위한 불충분하나 필요한 조건으로 보인다 – 간단히 말하자면, "의미 없는 삶에서 장기적인 행복을 느끼는 것은 불가능하다"는 것이다(Emmons, 1999, p.138). 게다가 Emmons(1999)는 경험적인 문헌들의 검토에서 "사람들이 무엇을 추구하는가, 즉 그들의 목표와 야망의 내용이 중요하다. 모든 목표가 똑같이 만들어지지도, 모든 목표 달성이 똑같이 건강하지도 않다"는 것을 발견했다(p. 49). 또한 Fredrickson(2002)은 다음과 같이 지적했다. "우리 감정적 삶에서 인간다운 점으로 구분되는 것은, 신 혹은 다른 더 높은 권능자와의 관계를 형성하거나 통찰할 정도로 충분히 우리 마음을 열 수 있는 능력일 것이다. 그리고 이러한 넓은 심적 경향은 깊이 경험하는 감정들과 그 중 많은 긍정적인 감정의 원천이 될 수 있다. 그래서 종교적 실천은 긍정적인 감정과 그것에 수반되는 적응적 이득을 사전에 만들어내는 독특한 인간의 방법일지 모른다"(2002, p.212; Snyder, Simon & Feldman, 2002도 볼 것).

심리학과 영성의 관계

영성지향 심리치료가 특히 적절한 경우를 확인하는 것 외에도, 우리는 영성과 심리학 사이의 관계를 고려하기 위한 모델을 세웠다. 주 요점은 인간 존재의 본질 및 심리학적 영역과 영적인 영역의 교차점에 대한 근본적인 견해이다. 이러한 논의는 세상 속의 존재자로서 우리의 근본적인 존재론적 본질에 대한 믿음과 관련이 있으며, 또한 치료에서의 심리적인 발전, 갈등, 치료의 초점을 분별하는 맥락을 세운다. 우리는 인간의 본질에 대한 문제의 분명한 해답을 제안하려는 게 아니다. 그보다, 심리치료자가 영성과 심리학 사이의 관계를 고려할 때 적용할 수 있는 다섯 가지 가능한 견해를 기술하려고 한다(Sperry & Mansager, 2003). 이러한 모델들이 14장에서 좀 더 자세히 논의될 예정이지만 아래와 같이 간단히 언급하고자 한다.

1. 인간의 경험과 발전의 심리학적이고 영적인 영역은 심리학적 영역이 우위를 차지하면서도 근본적으로 동일하다.
2. 인간의 경험과 발전의 심리학적이고 영적인 영역은 영적 영역이 우위를 차지하면서도 근본적으로 동일하다.
3. 인간의 경험과 발전의 심리학적이고 영적인 영역은 때때로 중복되더라도, 심리학적 영역이 우위를 차지하면서 다르다.
4. 인간의 경험과 발전의 심리학적이고 영적인 영역은 때때로 중복되더라도, 영적 영역이 우위를 차지하면서 다르다.
5. 인간의 경험과 발전의 심리학적이고 영적인 영역은 둘 중 어떤 것도 우위를 차지하지 못한 채 다르다(또는 한 영역이 다른 영역으로 환원될 수도 없다).

여기서 "어떤 입장이 현실을 반영하는가?"라는 질문을 하고 싶어진다. 이러한 질문은 이전에 제안한 곤경의 예증이 된다. 즉 그것은 과학이 답을 할 수 없는 질문이다. 그것은 신앙에서 유래하는 대답이 필요한 형이상학적인 질문이다. 그것은 심리치료에서 종종 제기되지 않는 질문일 수는 있어도 어떤 심리치료자도 살짝 비껴갈 수 있는 질문은 아니다. 이러한 질문은 임상가들이 영성지향 심리치료를 하든지 안하든지 간에, 또는 심지어 영성이나 종교를 고려하든지 안하든지 간에, O' Donohue(1989, p.1466)가 주장했듯이 심리학자들이 형이상학자들로서 기능하고 있음을 잘 보여준다. 또한 이 질문은 심리학자들이 분명하게 혹은 암시적으로, 심리학 혹은 의학의 임상적 실제에서 존재론적인 헌신을 표현한다는 사실을 보여주고 있다. 우리가 제안하는 것은 임상가들이 그럼에도 불구하고 치료적 논의에 형이상학적, 영적인 가설들을 확인하는 수단으로써 이러한 모델을 활용하는 것이다. 게다가, 우리는 이 모델이 다음 장에서 기술될 치료적 접근과 실행에 근거한 존재론적 입장을 이해하는 데 유용하다는 점을 믿는다.

영성 지향적 심리치료에의 초대

우리는 이번 장을 심리 치유의 르네상스가 인간 경험에서 영적인 영역의 고려를 통해 진행 중이라는 의견으로 시작하였다. 이러한 입장을 고수하는 우리는 이것에 대해 좀 더 설명이 필요하다는 것도 인식하고 있다. 프랑스어인 르네상스는 "다시 태어난다"는 의미이고 잊어버렸던 문화와 기술, 학문 혹은 지식을 회복한다는 것을 말한다. 영성지향 심리치료에서, 우리는 특정한 견해 즉 고통 받는 사람을 치유 과정의 핵심에 두는 심리 치유의 근원에서 명백히 나타나는 견해가 되살아난다는 것을 주장한다(Jackson, 1999). 사람들의 고통은 의미 있는 경험이 되기 때문에 우리에게 찾아온다. 우리는 증상을 치료하는 것이 아니라 사람들에게 보살핌을 제공하는 것이다. 영성지향 접근들은 단순히 증상들의 특정 집합을 확인하고 제거하는 것보다, 의미의 구성을 강조한다. 우리는 과학에서 유래된 실행을 버리라는 제안을 하는 것이 아니다. 그보다, 의미를 고려하는 것을 포함한 건강 돌봄으로의 보다 총체적인 접근을 새롭게 적용하자고 주장하려고 한다. 심리 치유의 역사에서 개인의 전체 경험에 참여함에서부터 증상들의 근시안적인 조사로의 점진적 변화를 관찰할 수 있다. Foucault(1993)에 근거하여, 우리는 고통 받는 환자를 전체적으로 보고 이해하려는 의도를 갖고 듣는 것으로의 회복이 필요하다는 것을 제안한다. 우리는 영성지향 심리치료가 Habermas(1971)가 언급했던 *역사적-해석학적(historical-hermeneutic)* 과학에 근거하고 있음을 제안한다. *경험적-분석적(empirical-analytical)* 과학과 대조적으로, 역사적-해석학적 접근은 사실의 관찰보다도 의미에 관심을 둔다. 이 접근은 치료자가 환자의 의미를 이해하기 위해서 환자의 경험을 듣는 것을 요구한다. 영적으로 민감한 심리치료자들은 넓고 초월적인 맥락 내에서 심리적 어려움들의 의미를 이해하는, 특별한 청취를 할 수 있다. 이 책은 환자들이 성스러움과 관련된 방법들로 의미를 찾을 때에, 다양한 이론적인 배경을 지닌 다른 치료자들에게 심리치료에서 어떻게 의미의 전체적인 스펙트럼을 듣고 영성을 다루는지를 배울 기회를 제공한다.

제 2 장

영성지향 심리치료에 대한 정신분석적 고찰

(Psychoanalytic Considerations about
Spiritually Oriented Psychotherapy)

Ana-Maria Rizzuto

정신분석이 19세기 독어권 오스트리아에 나타났을 때, 유럽 사회는 민족주의, 국가의 힘, 그리고 신도들의 삶을 통제하는 구교와 신교의 막강한 존재에 압도되어 있었다. 현대 과학은 하나의 기준을 제공하면서 모든 지식이 그 기준에 따를 것을 요구했다. 고고학, 문헌학, 언어학의 새로운 학파는 다른 시대와 장소의 인간의 삶에 대해 매력적인 새로운 관점을 제시하였다. 사회적으로, 핵가족은 아버지의 수입과 지배력에 의존하고 있었고, 여성은 가장인 남성 지휘자의 보살핌 아래 있는 배우자, 어머니로서의 역할로 강등되었다. 프로이트의 정신분석은 종교를 그 문화의 유일신, 아버지상과의 관계로 이해하였다. 프로이트에 의하면, 아동은 오이디푸스 콤플렉스를 해결하면서 아버지상을 보호해주는 신으로 고양시킨다. 그는 이 책략을 인류에 보편적인 것으로 간주했고, 종교적 신념에 매달리는 사람들은 삶의 불확실성에 대해 신성한 보호를 필요로 하는 미성숙한 사람들이라고 보았다. 성숙한 정신분석가와 분석 받은 사람들은, 인생에서 피할 수 없는 좌절들을 수용하고 자신에 대해 알게 됨으로써 얻어진 힘으로만 살아가야 했다. 그들의 신은 로고스, '인간 이성' 이어야만 하지, 하늘에 있다고 믿어지는 신성이 아니었다.

*종교*는 프로이트가 다룬 유일한 단어였다. *영성*이라는 단어는 그 당시에는 유용한 의미를 지니지 못했고 20세기의 문화적 발달을 거치고 나서야 그 중요성이 부각되기 시작했다. 하느님이건,

더 넓은 의미의 신성이건, 초자연적 존재, 자연, 우주, 혹은 인간 존재를 뛰어넘는 다른 신성한 영역이건 간에, 초월적인 실존과의 관계에 대한 논의에서 종교라는 말은 점차 *영성*이라는 용어로 대치되는 문화적 풍토가 조성되었다. *종교*가 *영성*이라는 단어로 교체되었다는 것은 신성한 실재에 대한 심리적인 태도가 전환되었다는 신호다. 종교는, 그 어원적 속성(라틴어 religare)에서와 같이, 하느님이나 신들에 대한 개인적인 관계를 가리키는 것이다. 관심의 초점이 신성에 있는 것으로, 종교는 신-중심적이라 할 수 있다. 영성은 주관적이며 경험 중심이다. 영성은 신성한 실재와의 관계 양식, 개인과 공동체가 그것을 경험하는데 적합한 양식을 추구한다.

종교적 혹은 영성적 경험에 대해 말하는데 있어, 우리는 문화가 정신(psyche)에 미치는 영향과 이로 인해 과거부터 사람들이 초월적인 혹은 신성한 경험을 하는데 어떤 방식을 선호하게 되었는지를 이해해야 한다. 문화는 잠재의식으로나 공공연하게나, 양육, 가정, 사회생활, 정치적 학문적 제도, 그 시대의 미디어 등을 통해서 일상과 신성한 실재를 지각하는 양식을 조성한다. 이러한 모든 것의 영향으로, 마음(mind)은 문화 의존적인 구조로서 조직된다. 언어, 이미지, 일차과정, 지각적 자아 기질과 신념, 초자아 구성은 구체적, 초월적, 신성한 실재를 경험하는 문화적 양식의 잠재적인 태도에 의해 형성되어 그 색채를 띠게 된다.

'영성' 이라는 용어의 발전

영어에서 영성(spirituality)이라는 용어가 사용된 기록은 1441년이 처음으로(Oxford English Dictionary, 1989), '영성적 또는 교회조직 사람들의 본체(The body of spiritual or ecclesiastical persons)' 를 의미하는 것이었다. 이 용어는 세기를 거듭하며 진화되었지만 여전히 교회 본체를 주로 일컫는 의미가 있었다. 이어지는 세기동안 이 용어는 '물질적 또는 세속적 관심사와 반대되는 것으로서 영에 관한 중시, 애착' 이라든지 어떤 실재의 '영적 특성과 기능' , 어떤 '비물질적인 본질' 을 칭하기도 했다. 옥스포드 영어 사전은 영성에 대한 현대적 의미, 즉 개개 자아를 초월하는, 신성한 혹은 개인외적 실재와의 관계 경험에 접근하는데 목적을 둔 광범위한 신념과 행위 등을 포괄하는 개념을 포함하지는 않고 있다.

영성이라는 단어의 초기 의미가 나타나기 시작한 시기는 교회와 학식있는 성직자들이 대다수 문맹 평신도들을 다스리던 때였다. 그 시대에는 세속과 교회의 문제, 역할 사이에 선명한 구분이 있었고, 육체와 영적인 영역도 그러하였다. 1775년에, 사무엘 존슨 박사는 영성의 의미 중 하나를 ' 육체로부터 독립적인 행위 순수한 행위 정신적 정화' 라고 정의하였다(Jones, Wainwright, & Yarnold, 1986, p.xxiv).

Jones, Wainwright와 Yarnold(1986)는 이 용어의 현대적 의미가 나타난 것을 추적하여 17세기의 스페인 신비주의자 시기로 거슬러 올라갔다. 그들의 분석에 의하면, 이 신비주의자들은 순수하게 비물질적인 것을 추구하는 사람들이었다. 프랑스의 이러한 영성적 경향에 대한 반대자들은 그것을 '마담 기용의 새로운 영성(la nouvelle spiritualité de Madame Guyon)' 이라고 비아냥거렸다(Jones 등, 1986, p. xxiv). (마담 기용: 1700년대 프랑스 신비주의 대표자- 역주). 저자들은, 18세기 이후 특히 19세기에야 이 용어가 비난조의 의미 없이 기술적으로 쓰이게 되었다고 주장한다. 프랑스에서는 *La Vie Spirituelle*(영적인 삶, spiritual life)이라는 제목하에 저널이 등장했다. 이 용어는, 다소 신비적인 색채를 지닌, 기도에 찬 경건한 방식들을 묘사하였다. 영어권에서는, F.P.Harton(1932)이 '영성적 삶의 요소들(*The Elements of the Spiritual Life*)' 이라는 그의 책 제목에 이 용어를 포함시켰다. 같은 해, 프랑스의 로마 가톨릭 저자들은 가톨릭 영성에 초점을 둔 *Dictionnaire de la spiritualité*(영성사전)를 출간하였다. 프랑스의 대 신학자 루이 부이에(1960)는 그의 고전적인 책 '크리스찬 영성의 역사(*History of Christian Spirituality*)'에서 자신의 주제를 '교의에 상응하는 심리학적, 경험적 부분' 이라고 묘사함으로써 그 개념에 한 차원을 더했다(Jones등, 1986, p xxv).

교의적 신학에 대한 회의주의의 성장과 성서 비평의 영향을 받아 개신교 크리스찬들은 신앙-결정주의적인 교의(faith-determined dogma)로부터 상대적으로 자율적인 종교적 의식을 선호하였다. 전환점은 아마도, 현대 영성(*Spirituality for Today*)이라는 제목 아래 논문과 토론이 출간되었던, 1967년 8월 더럼(Durham)에서의 컨퍼런스였을 것이다(James, 1968, p.xxv). Jones 등(1986)은 이렇게 이어나가고 있다:

> '영성' 이라는 단어가 페이지 여기저기서 논의되고 있지만, 아무런 일관성 없이 즉석에서 만들어지는 부연 설명들 이외에, 그것을 정의하려는 체계적인 시도는 없다: '기도 생활의 형태와 구조들'; '영성 생활' (pp.16,19) ; '일종의 전체성'; '영성은 경험되는 전체 세계와의 관계 속에서, 또한 현재 살아가고 있으며 앞으로 탐구가 진행될수록 더욱 성숙해질 수 있는 우리 삶과의 관계 속에서 인간 경험의 전체성에 대한 숙고와 관상을 통해 의미와 뜻을 추구하는 것이다' (p. 61).(pp.xxv-xxvi)

종교적, 학문적 기관과 출판물에 나타난 이 용어에 대한 공식적인 보고는 이렇게 간단히 개괄된다. 하지만 사람들은 식자들과 수준 높은 신학자들이 그들의 태도와 행동을 바꾸기를 기다리지 않았다. 일상 언어생활에서 이 용어는 이미 쓰이기 시작하였는데, 역시 잘 정의되지 않는 의미이기는 하지만 뭔가 다르고 필요한 것을 하는 것이라는 강한 느낌을 싣고 있었다. 복잡하고 다차원적 요소들이 문화, 종교적 경험의 양식, 사람들이 세계-모든 대륙과 우주 공간으로 확장되었지만 동시에 더 단일화된, 지구촌 같은-의 현실에 참여하고 싶다고 느끼는 방식들을 바꾸고 있었다.

현대 영성의 발현에 기여한 문화적요소들

16세기부터 지속된 경험주의, 현대 과학, 과학 철학의 발달은 서구 사람들의 현실에 대한 이해에 뚜렷한 변화를 가져왔다. Nasr(1996)의 말에 의하면, 자연에 대한 개념은

> 거의 보편적으로 가지고 있던 자연의 신성함에 대한 시각에서부터 벗어나, 인간을 자연으로부터 소외된 것으로 보고 자연 자체도 더 이상 생명의 원천이(nature의 어원 자체도 출산을 의미하는 라틴어의 nascitura임) 아니라 생명 없는 덩어리, 온전히 지구 사람에 의해 조정되고 지배되는 기계로 보는 관점으로 변해 버렸다. 이는 역시, 다른 문명에서는 보이지 않는 방식으로, 자연의 법칙을 도덕적 법칙과 가르고, 인간의 윤리를 우주의 원리와 갈라놓았다(p. 4).

19세기 무렵, 모더니즘이 서구를 지배하기 시작했다. 모더니즘은 철학적으로 실증적이고 합리적인 삶에 대한 접근, 이상적인 사회 질서를 향한 합리적인 계획에 인도되어 지식, 국가, 역사의 진화 속에서 선형의 발전이 이루어진다는 것을 확신하는 삶에 대한 접근을 의미한다. 기술과 지식은 산업혁명의 지속적인 영향아래 표준화되었다. 정치적으로, 자유주의는 사적인 자유와 개인의 보호를 주장했다. 신학적으로, 모더니즘은 '전통적으로 종교적인 가르침은 현대적 사고에 동화시키며 특히 초자연적인 요소들을 가치 절하하는' 경향으로 나타났다(Merriam Webster's Collegiate Dictionary, 1993).

20세기 초반, 해방을 의도했지만 실상 사상과 종교의 자유에 대해 심각한 제한을 가하는 정치적인 체계인 공산주의가 나타난다. 세기 중반 즈음, 고도로 문명화된 크리스찬 국가 독일에 의해 기술적으로 완벽하고도 체계적으로 자행된 6백만 유태인 대학살에 대한 공포가 신의 부재에 대한 의심을 키웠다. 전후 유럽과 중국 마오 총통은 러시아 제국의 무신론을 많은 동유럽 국가들과 모든 중국 인민들에게 강요하였다. 또한 전후 세기에 전세계 각지의 사람들이 각자 자신의 종교적인 신념과 예식을 고수한 채로 대거 미국으로 이민하게 되었다. 급속히 발전하는 상업 항공 산업을 통해서 평범한 사람들도 먼 나라를 여행할 수 있게 되었고, 유일신이 아닌 종교적 지도 아래서도 심오한 영적인 삶을 유지하고 있는 사회를 볼 수 있었다. 미국인들은 이런 나라 사람들이 이제 바로 자신의 뒷마당에서 그들만의 방식으로 예배를 드리고 있다는 것을 알게 된다.

1960년대는 근본적인 변화가 왔다. 개신교 신학자 Thomas J.J. Altizer와 Gabriel Vahanian은 그리스도교가 알고 있었던 '신의 죽음'을 선포하였다. 그들은 인간 스스로가 자신의 삶과, 자신이 세상과 맺고 있는 모든 관계들에 대해 전적인 책임을 맡기를 요구했다. Vahanian은 과학과 실증적인 지식에 지배되는 세계에서 진부하게 되어버린 기독교 신앙을, 진실로 초월적인 하느님에 대한 새로운 신앙이 대치하기를 희망하였다. 이러한 움직임은 소수의 '급진적 신학자' 집단에

서만 펼쳐졌지만, 문화에 뚜렷한 흔적을 남겼다.

포스트모더니즘도 같은 년대에 도래했다. 모더니즘에 반발하여, 이는 담론(discourse)과 예술에서 차이와 이질성을 선호했다. '분열, 결정되지 않음. 모든 보편적이고 '전체주의화 하는' 담론에 대해 강한 불신' 을 지지했다(Harvey, 1990, p.9). Harvey는 Eagleton(1987)을 인용하여, 포스트모더니즘이 방대한 보편적 담론(narratives)을 강력하게 반대함을 설명하였다.

> 포스트모더니즘은 그 비밀스러운 테러리스트 기능으로 '보편적인' 인간 역사라는 환상의 근거와 적법성을 제공했던 '거대담론' 들의 죽음을 신호한다. 우리는 이제 전체성에 대한 맹목적인 숭배와 조종적인 논거를 수반했던 모더니티의 악몽에서부터 깨어나고 있다. 그리고 그 스스로 다시 전체화하고 적법화하려는 노스탤지어적 욕구를 완전히 버린, 다양한 범위의 라이프 스타일과 언어 게임들, 포스트모더니즘의 느긋한 다원론으로 들어가는 과정에 있다.

'거대담론' 의 죽음은 총체적인 담론의 총수라 할 수 있는 조직화된 종교에 강한 영향을 미칠 수 밖에 없었다. 포스트모던 신도들은 자신의 종교와 포스트모던 생활을 통합하는데 자율적인 참여의 경험-실용적으로나 초월적으로-이 필요하였지만, 장엄한 도그마적 체계는 그 기회를 제공하지 못하였으므로 흔들리게 되었다. 영성 추구자들은 자신들에게 지도와 양분을 제공해줄 근원들을 찾았다: 인디언과 동양 종교, 토속 미국 신앙과 예식, 점성술, 비술, 히브리 신비 철학의 예식, 초월적 에너지가 있는 풍수와 자연 종교, 인본주의 심리학, 전체적인 치유, 다른 독특한 신앙과 예식 등. 이 모든 집단들은 조직이 불확실하였고, 도그마적 순종을 강요하지 않으면서 누구에게나 열려있다. 이중 어떤 집단은 소위 뉴에이지 운동의 일부를 형성했고, 다른 것들은 개인적인 의미 추구로 남았다.

히로시마 원폭 이후 지구가 파괴되어 버릴 수 있다는 사실을 각성하게 되면서, 깨어지기 쉬운 존재인 '지구' 와 '타자' 에 대한 다소 낭만적인 색채에 젖은 환경 운동이 출현했다는 것도 이와 더불어 고려해야 한다. 생태학적 관심은 전우주적인 감각에서 자연에 대해 형제애, 이 유약한 세계에 함께하는 존재라는 전율감을 불러일으켰다. 이 우주는 성서적 신-단지 '보시니 좋았다(창세기 1:1-31)' 할 뿐 아니라, 섭리로서 다스리시는-에 의해 창조된 세계와 현저한 대조를 이룬다. 신성한 영역으로서 '하늘나라' 의 개념은 은유로서조차도 그 공간적인 신빙성을 모두 잃었다. 세상은 더 이상 '천상' 과 '천하' 가 아니었다. 인간 게놈 연구는 생명의 신비를 인간의 인도 아래 이루어지는 한낱 분자의 조정 작용으로 감소시켜 버렸다. 사람들은 신의 역할을 *할 수 있다.*; 사람들은 새로운 존재를 '창조' *해 내었다.* 평평한 컴퓨터 스크린이나 TV에 나타나는 구체적인 이미지나 저작물 속으로 현실의 시공간 구분이 무너져 내렸다. 뿐만 아니라, 우리가 그 안에서 보는 것은 완전히 사람에 의해 생성된 가상현실일 수도 있다. 오늘날 누가 진짜 *현실*이 무엇이라고 말할 수 있을까?

사회적 수준에서, 확대가족이 사라지고, 이혼과 재혼률이 높아짐에 따라 핵가족도 붕괴되었다는 사실은 개인적 신념에도 매우 중요한 영향을 미쳤다. 오늘날 많은 어린이들이 둘 또는 세 명의 아버지, 어머니, 이복 형제들을 두게 되었으며, 이러한 복잡한 일군의 가족에서 벌어지는 갈등과 이에 수반되는 또는 모순되는 정서들을 경험한다. 사회적 지도자들은 새로운 세대들이 선택의 폭을 확장할 수 있는 동일시할만한 상을 제시하지 못한다. 국가와 종파적인 종교는 신뢰와 존경을 더 이상 명령할 수 없다. 사회적 동일시를 할만한 인물은 아주 적다. 사람은 스스로 책임질 수밖에 없게 되었다.

이 모든 요인들이 수렴되어 종교적 신자들 또는 신자가 되고픈 사람들에게 조용하지만 지속적인 위기를 조성하였다. 위대한 유일신 종교도, 그 교의는 믿어진다 해도, 일상생활을 포스트모던 세계에 통합하는 방법을 제공하지는 못하는 것 같다. 병든 지구에서 자신을 지탱할 수 있는 확신을 주는 개인적인 거대담론을 창조하려는 어려운 과제를 가진 사람들은, 수많은 종교적인 거대담론의 맥락 속에서, 의심과 혼란과 부적절감과 무기력감에 직면하게 되었다. 그 고통 속에서, 신자들은 자신을 초월하여 가상적인 하늘에 존재하는 신이 아니라, 우주와 타인들에 대한 개인적으로 관련있는 관계성에 대한 욕구를 느끼게 되었다. 나는, 이러한 것들이 영성이라는 모호하게 정의된 용어가 출현하게 된 심리 사회적 전조라고 생각한다.

나는 20세기 마지막 파트의 문화적 맥락이 영성–단지 용어로서가 아니라, 의미를 추구하는 사람들, 자신이 외롭고 길을 잃었음을 인식하는 사람들에게 개인적인 도움을 주는 일련의 행위들로서–의 출현을 설명한다고 말함으로써 결론을 맺겠다. 이러한 영성은 신성함과 일관성을 잃은 세상, 그 자체로서는 의미를 제시할 수 없는, 소위 크리스찬 문명의 끄트머리에 있는 세상에 대한 인간의 창의적인 응답을 반영한다. 역사에서 이 순간은 우리들 대부분을 당황스럽게 남겨놓았다. 우리는 분열된 포스트모던 문화와, (종교)신자와 그 개인을 초월하는 신 또는 우주를 연결시킬 수 있는 의미에 찬 거대담론 사이의 모순을 우리의 개인적인 신념 속에서 해결하도록 도전 받는다. 영성은 수세기 이전부터 우리를 이끌어준 전통들의 부흥, 예를 들면, 영적 지도, 동양 종교 매스터, 영혼 치유 만남, 상담, 영적 훈련, 목회상담, 그리고 가장 나중에 나타난 것으로서, 심리치료 중에서 영성을 통합하는 것 모두를 포괄하는 것일 수 있다.

믿음과 정신생활(psychic life)

오늘날의 어린이들은 세상에 대해 포스트모던한 방식의 경험을 했다. 그러한 경험으로 현실에 대한 의미를 조직하고 지각 방식을 구성했으므로, 도그마적 종교의 공식적인 거대담론을 접하는

데 어려움을 겪을 수 있다. 도덕적으로, 계명은 부모를 사랑하라고 명령한다. 하지만 그들이 하나 이상의 부모를 가지고 있거나 인공수정으로 태어난 사람이라 아예 부모가 없다면, 그 아이는 어떤 어머니 아버지를 사랑해야 할까? 복수의 부모 아래에서 어떤 일관되고 믿을만한 신-표상을 만들 수 있을까? 지구도 그 자체의 유약함에 시달리고 있는데 '하느님이 하늘과 땅을 만드셨다'는 말을 들어서 어떤 경외심이 유발될 수 있을까? 이러한 가르침들은 아주 대단히 창의적인 노력, 대부분 사람들의 가능성을 뛰어넘는 노력이 없이는 통합되기 힘들다. 하지만 사람들은 분열되고 혼란스러운 현실에 개인적인 의미를 주는 어떤 거대담론, 신념과 조직 원칙을 필요로 한다. 믿음은 인간의 선택이 아니다. 나는 이렇게 주장했었다(Rizzuto, 2002a)

> *믿음*이란 언제나 존재하는 인간활동이다. 의식적이거나 아니거나 우리가 언제 어느 때나 참여하는 과정이며, 정신의 정상적인 작용에 필수불가결한 것이고 정신생활에 기초적인 것이다...... 믿음이란 내·외적 정보를 선택, 조직, 판단하는 방식이며, 이를 명심해두어 앞으로 정보를 어떻게 조직하고 등록할지 결정하는 도구로 활용하는 것이다. 믿음은 무엇이 참이고 거짓인지, 무엇이 옳은 것이고 그른 것인지, 무엇이 참을 수 있는 것이고 참을 수 없는 것인지에 대한 의식적, 무의식적 판단을 포함한다. 믿음은 결국 유기체가 현재-미래의 내, 외적 환경을 파악할 때 미리 기대하며 준비할 수 있는 양식이 된다. 믿음 기능은 주어진 환경에서 인간 유기체의 기능에 아주 필수적인 것이다. [믿음]은 정신 표상과 비슷한 매개 구조로서, 경험을 통해 변형될 여지가 많은 것이다.(pp. 435-436)

나아가, 인간 사회의 특성과 그 구성원들의 주관적 경험은 언어, 신화, 종교, 제도들의 조직 구조에 뒤얽혀 묻혀있는 신념 체계에 달려있다는 것을 문화인류학이 증명해주었다. 이러한 신념들은 집단적으로 공유된다. 믿음의 방식에 있어서 각 개인이 어떤 개인적인 변형을 도입할 수도 있겠지만, 문화적 구조에 따른 경계를 넘어서지는 못한다. 우리는 그렇게 신념의 모체를 공유한 가운데 태어나고, 자라고, 살고, 스스로를 변모(transform ourselves) 시킨다(p 437).

하지만, 현재 문화적 현실은 답답하다; 그 자체에 개인적인 의미가 부재하기 때문에, 문화가 개인적인 의미를 제시해주지 못한다. 가진 것이라고는 우리가 살고 있는 현실과의 연결이 희미한 개념들과 무수히 많은 모순되고 마찰하는 신념들뿐이다. 현대 사회는 혼란스러운 개인이 의미를 조직하는데 도움이 될 만한, 인류와 존재에 대한 비젼이 부족하다. 우리가 별로 인식하지 못하고 있는 갈등적인 신념들, 또는 명백한 현대 신념들로 인해 세 가지 유일신 종교 신도들도 모두 내적, 문화적 모순에 직면하게 되었다. 이러한 내적, 외적 신념의 갈등에 직면해서, 개인은 그 문화가 제공하는 영적 도구, 종교, 이론, 철학의 조각난 잡동사니 가운데에서 일관성을 찾고 개인적인 의미를 창출해야만 한다. 이 과제는 특히 위압적인데, 문화적 개인주의에서는 의미를 찾는 방식에 대해 각 개인이 책임을 질 것을 요구하기 때문이다.

정신(psyche)만이, 의미 있는 신념을 창조하는데 있어 우리가 가지고 있는 유일한 도구이다. 정신 건강을 제공하고 영적 도움을 주려는 모든 치료적 노력들은, 기억, 인지, 감각, 언어, 환상 능력뿐만 아니라 필수적으로 개인의 psyche, 그 조직과 역동적인 방어 과정 및 통합을 다루어야 한다. 모든 경우에서, 정신과정은 영적 변화를 중재한다.

인간의 정신은 표상적이다(representational). 즉, 외부 세계에 존재하는 것을 정신 영역 안에 표상하여 통제력을 성취하고 현실을 다룬다. 의심할 여지없이, 표상되지 않은 것은, 의식적이든 무의식적이든, 정신(psyche)에는 존재하지 않는다고 말할 수 있다. 정신적 표상이라는 개념은 명백히 할 필요가 있다. 나는 이미지에 대해서 말하는 것이 아니고, 어떤 내적, 외적 현실에 대한 지각과 환상에서 이루어진 개념을 둘러싸고 형성된 아주 복잡한 신경학적, 역동적 과정들의 단위를 말하는 것이다. 이는 기억 과정에 의해 정리되는데, 기억 과정은 결국 정신 방어의 조절적 영향 아래 있는 것으로서, 그 목적은 정서가 부과된 기억이 전의식에 출현하는 것을 조절함으로써 개인의 정서적 평형성을 유지하는 것이다(Rizzuto, 1979). 모든 표상은 새로운 경험과 그것을 수용할만하게 만드는 방어의 영향 아래에서 형성되고 지속적으로 다시 모양을 갖춘다. 어떤 대상에 대한 비(非)의식(nonconscious), 무의식(unconscious), 전의식, 의식 표상은 현실이건 상상이건, 아주 대단히 풍부하기 때문에 어떤 구체적인 의식 표상도 그 밑에 놓인 기억의 원천을 완벽하게 규명할 수 없다. 이러한 주장을 이해하면, 기존 표상들의 방치되었던 측면들과 그 정서를 치료 중에 나타나는 경험들과 통합하는 작업이 갖는 치료적 가능성을 쉽게 받아들일 수 있다.

사람에 대한 표상은 자기 표상과의 변증법적 상호작용 속에서 마음에 존재하는데, 자기 표상은 개인의 정체성과 관계성의 양식과 관련되어 있다: 나는 딸이다. 나에게 어머니와 아버지가 있으므로. 나는 사랑받는, 혹은 미움 받는 딸이다. 우리 부모님이 나를 사랑하거나 증오한다고, 혹은 그 중간 어딘가의 감정으로 나를 대한다고 *믿기* 때문에. 믿음은 언제나 현실에서건 상상에서건 사람들간의 관계적, 정서적 연결성을 구성하는 중재적 정신 활동이다. 나는 정신 활동(psychical action)으로서 믿음에 대해서 다음과 같이 잠정적인 정의를 내린 바 있다:

> *믿음이란, 주어진 순간에, 정신내면에서나 대인관계 차원에서나 개인의 존재 조건과 그 인간적, 물리적 맥락의 의미를 인지적이고 정서적으로 해석하는 정신 활동이다.* 이러한 활동은 무의식, 전의식, 의식적으로 수행될 수 있다.(Rizzuto, 2002a, p.444)

하느님이나 초월적인 실재(in locus Dei)는 이 우주 안에 존재하는 의미를 제공하는 실존적 믿음의 맥락을 제공한다. 자아(self)로서 우리는 신성한, 혹은 초월적인 실재와의 변증법적 믿음의 관계에 있다: 우리는 그들이 누구, 무엇이라고 믿음에 따라 우리가 누구, 무엇인지를 정의한다.

우리가 삶을 시작하면서부터 끝낼 때까지 형성하는 표상들은 실재가 아니라 마음(mind)의 그

구조 안에 통합되는 과정이다. 표상의 인상적인 측면들은, 원초적이든 성숙하든 욕망의 구성인자가 되며, 그것의 위협적인 요소들은 자아 방어를 부르게 된다. 현실이건 환상이건, 이전 표상을 생성한 대상에 의해 유발된 위험 행동을 재현하거나 촉발하는 것들을 피하기 위해서다. 따라서 마음의 구조들은 대상과 자아의 표상 안에서, 변증법적인 상호작용을 통해, 그들의 특정한 속성의 주 내용을 찾게 된다. 신체적인 기호와 대인 욕망(분석가들이 이드 파생물이라 일컫는 것), 자아 기질, 소인, 이상들은 표상된 대상들과의 관계 형식으로 나타난다. 초자아 욕구는 현실이건 상상적이든, 이러한 대상들로부터의 요구를 모사한 것이다. 자아나 대상에 대한 전의식 또는 무의식적 표상은 절대 고립되어 나타나지 않고 '하느님이 나를 살피신다', 또는 '그녀는 나를 양육하는 것을 좋아하지 않았다'와 같은 상호적 관계의 정신적 장면에서 나타난다. 하느님과 대상은–인간이든 상징적이든–, 종교적 또는 영적 신념과 경험에 적용되기 위해서는 정신적으로 표상되어야 한다. 명상이나 다른 수련을 통해서 마음을 비우는 것이 영적 이상일 경우에도, 그 과정을 통과해 내도록 인도하는 것은 결국 바라는 자기 표상과 존경 받는 스승의 가르침이다.

북미 문화는 압도적으로 유일신적이다. 전체 인구의 95%가 유일신을 믿는다. 이러한 조사는 1944년에 처음으로 실시되었고 최신의 통계치도 별로 변함이 없다(Hoge, 1996). 이것은 미국 성인들과 아동들이 하느님이라는 개념을 가지고 있음을 의미한다. 하느님 표상은 지각할 수 없는 존재와 관계 맺음을 가능하게 하는 매개적인 정신 기능(mediatory psychic function)이다. 하느님에 대한 어떠한 감각적인 경험도 할 수 없기 때문에, 인생 초기에 있는 어린이들은 그 종교에서 제시하는 하느님상, 보이지 않는 세계에서 존재하고, 느끼고, 원하고, 효과적으로 행동하는 하느님 표상을 형성하는데 있어서, 자기 부모와의 경험을 바탕으로 그와 역동적으로 동일한 표상적, 정서적 과정에 의존한다. 그 형성에 선택된 요소들은 임의적이 아니라 역동적으로 택해진 것이다. 만약 어떤 아이나 어른에게 하느님을 제시해주는 사람이 친절하고 환대하는 사람이라면, 그 특정 순간 표상된 하느님상에 친절함과 환대의 속성을 부여하기가 더 쉬워진다. 만약 그 사람이 엄하고 처벌적이라면, 그 순간 하느님 표상은 그러한 속성들을 포함할 것이다. 물론, 성인들의 하느님-표상은 다른 사람들, 종교적인 인물들과 관련된 종교적 영적 행위의 요소 역시 방대하게 축적하고 있다. 하지만 부모와의 경험에서 이루어진 하느님상의 초기 기반은 남아있다.

하느님 표상은 신체적 감각, 그에 대한 정동과 방어 경험, 관계적 교류, 이에 대한 환상 속에서의 해석, 일차 대상과 현재 대상에 대한 사고와 신념들에 대한 다중 기억 과정들의 방대한 조합으로 형성되어지고, 이것들 모두는 *하느님*이라는 기호 단어와의 정서적 표상적 관련 속에서 조직된다. 사고에서나 언어에서나, *하느님* 단어를 사용함은, 그 단어가 형성된, 그리고 그 단어가 사용된, 그 정서적, 실존적 순간과 역동적으로 연결된 하느님-표상의 현저한 측면에 대한 전의식적 또는 의식적 인식을 일으킨다. 이 개념은 종교적 또는 영성적 치료의 역동을 이해하는데 필수적이다.

유일신 종교는 하느님과 영적인 영역의 표상을 형성하는데 아주 폭넓은 자원을 제공한다: 창조주이며 자기 백성의 열정적인 지도자인 히브리 성경의 하느님 심상; 인간 예수에 대한 복음; 성부, 성자, 성령의 신격;하느님을 빵과 포도주로 표현하는 성찬식. 또한 하느님은 종종 그의 조력자들을 동반한다: 아브라함, 모세, 예언자들, 천사, 마리아와 요셉, 남녀 성인들. 이러한 쟁쟁한 무리들이 하느님 표상에 가능한 요소들을 아주 풍부하게 제공한다. 하느님 표상의 초기 형성 순간에서부터 후반의 변모(transformulation)와 정신적인 사용에 이르기까지 어떤 가능한 역동에 대해서도, 또한 아이들이나 성인들 모두에게 그러하다.

신자에게 있어서 하느님과의 관계나 하느님으로부터의 응답 체험은 이러한 표상적인 과정을 *거쳐야만 한다.* 관계적인 존재로서, 하느님은, 인간이 사용할 수 있는 관계적 도구를 따르며 인간관계의 변화를 감수해야 한다. 프로이트(1912)에 의해 묘사된 보편적인 현상인 전이는 하느님과의 관계에서는 약간 수정되어 적용되는데, 하느님 표상은 초기 관계 패턴에 기반한 것이지만 현재 대상과의 새로운 경험에 영향을 받아 수정될 수 있는 것이기 때문이다. 이 주장은 종교 예식과 종교를 특별하게 설명하는데 적용될 수 있다. 종교 예식(그리고 치료)은 하느님-표상을 그것의 역동적으로 동기화된 기억 자원으로부터 점진적으로 변별해나가는 것을 목표로 한다고 말할 수 있다. 그것을 뒤로 밀어내기 위해서가 아니라, 그 스스로의 권리를 가진 대상으로서의 하느님과 추구되어지는 초월적인 존재로서의 하느님 모두를 더 잘 통합하기 위해서다.

하느님-표상에는 모순이 있는데, 신도들이 초월적인 믿음의 하느님은 표상을 넘어서서 우리가 이해할 수 없는 현실속에 실재한다는 것을 *알기* 때문이다. 하느님-표상과 그것이 묘사하는 하느님 사이의 거리는 독특한 것이 아니다. 그것은 평범한 대상들에 대한 표상에서도 역시 존재한다. 우리는 모두 사람들이 진짜이며, 그들을 우리 정신에 표상하는 것은 우리가 그들을 알기 위해 필요한 정신적 도구라는 것을 안다. 실제 사람들과 그들에 대한 우리의 생각 사이에 차이가 있음을 앎에도 불구하고, 우리는 그들에 대한 우리의 표상을 믿으며 그들이 의식적인 표상이 되었을 때 우리에게 일으키는 정서를 느낀다. 이러한 거리는 영적 인도, 지도, 치료를 위한 기회의 창을 열어준다.

현대의 많은 사람들은 개인적 신성함을 불편하게 느끼며, 더 큰 세상에 소속해 있다는 인간의 필수적인 소속감을 제공해주는, 그 자체로서 신성한, 우주 또는 자연 현실을 중심으로 관계적인 그리고 믿음의 생활을 조직하기를 추구한다. 이러한 현상은, 하느님과 관련된 거대담론을 제공해주지 못하는 분열된 문화와, 부모와의 관계의 붕괴, 핵가족의 영향들이 겹해진 결과라고 나는 생각한다. 부모 표상 또는 그들과 연결된 자기 표상은 정서적으로 감당할만한 하느님 표상으로 변형시키기에는 너무나 갈등이 되고 고통스러울 수 있다. 부모와의 정서적 실제적 관계와 *역동적으로 유사한 과정*의 매개를 거쳐 하느님 표상을 형성해야 하는 아이에게 이 두 요인이 모두 심각한 어려움을 줄 수 있다. 서구인의 정신 안에서 의식적으로 접근할 수 있는 의미 있는 신성한 존재가 부재 한다는 것, 혹은 의식적으로 접근할 수 있는 하나님 표상에 대해 회피한다는 것은 곧, 편안한 동반자를 주지도 못하고 더 큰 세계에 소속되고 싶은 욕구에 응답해주지도 못하는 신에 대한 갈등적인 정신적 표상을 대체해버릴 방식을 다른 신성한 현실 속에서 찾으려는 용기 있는 시도를 반영한다고 나는 임상적 경험을 통해 확신하게 되었다.

세계적으로 종교와 영적 행위가 편재해 있다는 사실은, 전우주적인 시야로서 포괄적으로 담아낼 수 있는 거대담론과 자신과 가족, 공동체, 그 어떤 보이는 영역을 넘어선 더 큰 실재에 속한다는 주관적인 경험에 대한 정신의 욕구가 있음을 가리킨다. 발달적으로, 이러한 욕구는 아이가 보이는 모든 것에 대해 '왜', '어떤 것' 인지 알려고 하는 세살 무렵에 처음 나타난다. 이는 추상적이고 일반적인 사고 능력이 발달하여 현실에 대해 더 통합된 시각을 추구하게 되는 청소년기에 이르러서는 도덕적, 철학적 의문이 된다. 청소년기 끝에 이르러, 부모 이마고로부터의 분화와 분리 과정을 통해(Bloss, 1979) 현실의 구체적, 초월적인 수준에서 새로운 관계적 대상과 자기 발견을 하게 되면, 그것은 개인적인 의미를 획득하게 된다. 그러므로 발달적으로, 모든 인간은, 어떤 문화에서나, 영성적 그리고 종교적 담론에 대한 문화적 신념에 참여하는 개인적인 방식을 발견하게 되거나, 이 세상에서 그들이 도대체 누구인지에 대한 이해를 유지할 수 있는 개인적인 신념을 창조하게 된다. 인간 정신은 다른 정신과 그를 둘러싼 물리적 세계의 의미 있는 맥락 안에서만 존재하고 유지될 수 있기 때문에, 이러한 과업은 심리적으로 불가피한 것이다. 인간은 음식 없이 살수 없는 것 이상으로, 자신의 존재에 대한 의미와 신념 없이 살 수 없다.

영성지향 심리치료

영성을 보다 확장되고 수용된 형식으로서의 심리치료 실제에 통합한다는 것은 상당히 새로운 것으로, 그에 관한 문헌들은 서너개를 제외하고는 모두 1990년대 후반의 것이다(Shafranske, 2002; Tan, 2002-2003). 나는, 심리 치료에서 내담자의 종교적이고 영적인 역동의 구성과 개인적인 태도를 무시할 수 없다는 데에 전적으로 동의한다.

사람들은 아주 다양한 이유에서 심리치료를 바란다: 외적으로 드러나는 정신병리, 명백한 증상들, 또는 불만족감, 공허감, 삶에서의 의미의 부재 등. 또 어떤 사람들은 종교적 영적 경험을 이해하기 위해서 전문가로부터 영적 식별을 위한 안내를 받기 원한다. 후자는 자신의 여정을 도와줄 사람으로서 목사, 랍비, 이만(iman-Muslim의 종교 지도자-역주), 영적 지도자, 또는 영성 지향 치료자들을 찾을 것이다. 개인적 어려움에 대해 치료자의 도움을 원하는 다른 모든 사람들도 다 이 두 극단-명백한 병리와 영적 추구-사이에 해당한다. 이러한 사람들은 자아-동조적인 영적 또는 종교적인 경험을 가지거나, 반대로, 자기 인생의 목적과 영적 헌신을 방해하는 영적 동경, 두려움, 또는 신경증적인 종교적 영적 신념을 알게 모르게 품고 있을 수 있다. 치료자나 영적 안내의 도움을 요청하는 것은 고통으로부터 해방되거나, 혼란의 순간에 방향을 잡고, 영적 자기 변모(self-transformation) 동안 멘토의 협력을 얻으려는 바람을 반영하는 것이다. 도움을 요청하는 것은, 다른 사람의 도움 없이는 그가 도달할 수 없을 것처럼 보이는 존재의 경지를 바라고 기대하는 데에서 찾을 수 있다. 도움을 호소하는 것 자체가, 그 사람이 바라는 존재의 경지에 도달하는 여정에서 치료자나 영적 멘토가 안내를 *할 수 있다*는 것을 *믿는다*는 것을 보여준다. *믿는다*는 단어는 결정적인 것으로서, 같이 하는(work together) 것이 야기할 수 있는 것에 대해, 적어도 최소한의 희망이라도 허용할 수 있는 어느 수준의 대상관계를 가리키기 때문이다. 이러한 희망은, 실제로 효과적으로 도움이 되는 사람에 의해 도움을 받아온 발달적 경험이 최소한이라도 선행되어야 한다. 도움을 주는 사람과 도움을 받는 사람 사이의 첫 만남 동안 환자 또는 내담자는, 자신이 원하는 변모를 성취하는 것을 돕는데 도움을 주는 사람이 얼마나 헌신할지 그 투자와 프로페셔널리즘 수준을 확인하려 한다. 다시 말하자면, 도움을 구하는 사람은 그 치료자나 멘토가 자신을 도울만한 가치가 있는 사람으로서 보는지 알기 원하는 것이다. 이러한 설명은 흥미로운 사실을 밝혀준다. 다른 사람을 돕는 것은, *정신역동적 조건*으로서, 필요로 하는 사람이 *도움 받을 것이라는 가능성을 믿고 바라는 결과를 얻기 희망하며, 돕는 사람은 어느 수준의 전문적인 베풂을 제공할 수 있어야 한다.* 이 설명은, 영적 차원에서가 아니라 다른 사람의 도움을 받아 원하는 목표를 추구함에 있어서 그 역동적인 조건으로서 믿음, 소망, 사랑이 현저하게 중요하다는 것을 강조하는 것이다. 근본적으로 말하자면, 도움을 구하는 사람 편에서의 믿음과 희망이 없이, 도움을 주는 사람이 도움 받는 사람을 사랑의 대상으로 투자함이 없이, 치료적 상황에서 도움의 가능성은 절대로 없다(Rizzuto, 2003b).

치료나 종교적, 영성적 멘토십에서 두 사람이 함께 일하도록 참여한다는 것은 자기 변모의 과정을 시작하고 성취함을 목표로 하는 것이다. 이런 목표를 달성하기 위해 특정한 치료상황에서 함께 작업하기로 동의하는 것으로부터 핵심적인 정신역동 과정이 활성화되기 시작된다. 효과적인 자기-변모를 위해서는 다섯 유형의 정신적 과정 또는 요인이 필수적이다.

1. 자신과 대상 표상, 그들간의 역동적인 상호작용에 대한 정서적인 재평가(reevaluation)와 수정(modification). 이것은 신성한 초월적인 실재에 대한 표상을 포함한다.
2. 자신과 타인들, 그리고 초월적인 실재에 대한 무의식적, 의식적 신념에 대한 재평가(reassessment)와 변모(transformation)
3. 의식적인 자기-인식과 교정(revision)을 위한 자기 자신의 대상화(objectifying)
4. 내담자의 자기-변모라는 공통의 목표를 위해 일하는 두 사람으로 구성된 정서적으로 맺어진 공동체의 창조. 두 사람의 치료적인 공동체는 다른 인간, 초월적인 실재와도 연결되

게 된다.

5. 세상에서 개인의 위치에 의미를 부여하고 내, 외적 대상들 앞에서 자신의 신념을 유지할 수 있는 개인적인 내러티브를 창조할 수 있도록 의식적 무의식적 내러티브를 교정함.

이러한 점들을 설명함에 있어서, 나는 Mr.T의 분석 동안 나타났던 임상적인 자료들을 간단히 소개하고자 한다(Rizzuto, 2001). Mr.T는 여성과의 관계에 대해 도움을 받기 원했다. 그는 두 번 이혼했었고, 대부분의 여성이 어리석고 피상적이라고 느끼기는 했지만 여성을 유혹할 수 있는 자기 능력을 자랑스러워했다. 그는 언제나 가학적인 관계에 개입되어 있었다. 그는 여성이 그에게 관심을 줄 수밖에 없는 유일한 방법으로서 여성이 고통을 느끼기를 바랬다. 그는 대부분의 사람들에 대해 우월감을 느꼈으며 다른 사람들이 자신의 가치를 충분히 알아주지 않기 때문에 만성적인 분노 상태로 지냈다.

분석 초기에, 그는 나를 만나기 오래 전에 꾸었던 꿈 이야기를 하였다. 꿈에서 큰 교회의 회중들 사이로 주교들이 길게 줄지어 가고 있었다. 그는 그 주교들과 함께 나아가고 있었다. 갑자기, 교회의 왼쪽 위 코너에서부터, 제단 너머와 위에서, '와서, 우리와 합류하라' 라고 말하는 천상의 소리가 그를 불렀다. (3위일체에서의) 제2위격과 함께 복수형으로 말하면서 그를 신성에 합류하도록 초대한 것은 하느님이었다. Mr.T는 아주 만족스럽게, 마치 그가 언제나 기대해오던 것이었던 양 이 꿈을 설명하였다.

Mr.T는 자기가 나보다 우월하기 때문에 나보다 더 현명하게 대처할 수 있고 내가 어리석다는 것을 나타내 보이려고 애썼다. 그는 심지어 자기가 나를 성적으로 유혹할 수도 있다고 믿었다. 머지않아 그는 노골적으로 하느님이 되고 싶은 욕구를 드러냈다. 그는 끊임없이 나를 유혹하려 했고, 어떻게 나를 강간할 수 있는지 묘사하고, 그가 나의 실수라고 간주했던 것들에 대해 빈정대며 즐거워했다. 이러한 에피소드에 대한 분석을 통해 Mr.T는 내가 그의 말을 듣도록 '강요될' 필요가 없다는 것을 인정하게 되었다. 전이적 변화 속에서 그는 나에게 그를 이해하려는 노력을 포기하도록 '강요' 하는데 실패했음을 알게 되었다. 그는 내가 그를 도우려 노력하고 있다는 것을 인정했다. 자기 어머니가 반응 없는 벽과 같다고 느꼈던 때의 처량했던 기억과 더불어 모성에 대한 아동기 갈망이 드러났다. 그가 이해받고 있다고 느꼈던 분석 동안, 뼈아픈 인식의 눈물이 그의 눈에 고였다. 이런 유형의 경험이 반복됨에 따라 Mr.T는 나에 대해 '좋아 한다' 고 느끼고 그가 나와 사랑에 빠졌다고 믿게 되었다. 이러한 예기치 못한 느낌은 그가 이전에는 아무도 사랑해본 적이 없다는 깨달음으로 이끌었다. Mr.T는 어떻게 해서 자기가 사랑은 할 수 없고 대신 다른 사람들을 모욕하고 상처 주는 데에만 쏠리게 되었는지 이해하고 싶어 했다. 지나간 아동기에, 침대에서 오후를 같이 보내면서, 어머니와 깊게 성적으로 얽혀있었음이 드러났다. 그는 자기 베개를 가지고 어머니와 성관계하는 환상을 실연했었다. 그 기억은 그로 하여금 모자 상호간에 빈번히 끔찍한 모욕을 주고받음으로써 표현되었던 깊은 증오를 다시 경험하게 하였다. 어머니는 그가 학교에서 공부를 잘하지 못한다고 미워했었고, 그는 어머니가 자신과 정서적으로 같이해주지 못하는 것에 대해 분노했었다. 다섯 살 이후, 어머니는 홀로코스트에서 가족 대부분을 잃고 우울증에 빠졌고, 그가 어머니에게 푹 빠져있던 시절만큼 그에게 정서적으로 관심을 기울여줄 수 없었던 것이다. 하지만 어머니는 그의 아버지에게는 여전히 깊이 몰두하고 있었는데, 아버지는 항상 아내에 대한 자신의 사랑을 천명하는 사람이었다. 아버지는 좋은 사람이었고, 강하고 능력 있는 제공자였는데, 자기의 아들을 돌보기는 하지만 그와 친밀한 관계를 발전시키지는 않았었다.

모자 상호간에 상처를 주었던 관계를 탐색해가면서, 나와의 융합에 대한 욕구와 그에 수반되는, 자신을 영원히 잃을 것 같은 공포 등의 전이에서 나타나는 Mr.T의 강한 전오이디푸스기와 오이디푸스기 좌절을 알게 되었다. 그는 어머니와 나에 대한 분노가 그 공포로부터 그를 지켜주고 있음을 알게 되었다. 점차적으로, 그는 방어를 풀었고 어머니가 제공해주지 않았던 다정함, "부드러움", 반영에 대한 소망을 표현하였다. 그는 내가 그를 존중한다고 느꼈고, 그렇게 하는 가운데 내가 그의 자신과의 관계가 어머니와의 가학피학적인 연대관계의 연장이라는 것을 알아차리도록 돕고 있다고 느끼게 되었다. 그는 "나는 나 자신을 모욕했다. 나는 내 말을 듣지 않았다. 잃어버린 것은 바로 *나(me)*이다. 나는 당신에 대해서는 사랑과 애정을 느끼지만 "나"는 상실했다"고 말했다.

> 분석에서 나는 무언가 진실로 내 것인 것을 되찾고 있다. 나는 나 자신에 대해서 안전감을 가져야 한다. 당신 안에는 선함이 있다. 나 스스로는, 나의 "I(주체로서의 나)"는, 나는 "me(대상으로서의 나)" 뒤에 있는 "I" 뒤에 있는 것을 찾아야 한다...만약 내가 당신을 신뢰한다면, 나는 나 스스로를 신뢰할 수 있다.

분석의 두 번째 파트에서는 오이디푸스 요소가 나타났다. 만족을 거절당한 것에 대해 어머니와 그리고 나와의 완벽한 성교에 대한 환상이 엄청난 가학적, 앙심에 찬 소망과 더불어 전력으로 되살아났다. 곧 그는 그 공허한 투쟁의 고통을 느꼈다: "내가 여성에게 나 자신에 대해 복수할 때 나는 고깃덩어리처럼, 완전히 모욕당하는 것처럼 느낀다." "내가 닿고 싶은 것은 [나 그리고 다른 사람들의] 영혼이다"라고 그는 결론지었다.

분석 과정은 그가 자기 스스로를 존중 받을만한 대상으로서 인식하도록 도왔다. 그것은 좌절시키는 어머니 대상을 뒤로하고, 그녀와 성교에 실패한 것을 슬퍼하고, 어머니가 그보다 아버지를 더 사랑했음을 수용하기 위해 아주 필수적인 조건이었다. 그는 자신의 오이디푸스적 투쟁을 재구성하였다: "어머니는 나에게 속한 것이 아니었다. 그녀는 성적으로 나를 유혹하고 나서 버렸다. 내가 어떤 문제를 가진 채로 그녀에게 갈 수 없었기 때문에 그녀는 자식으로서도 나를 저버린 것이다… 나는 거부의 충격을 온전히 느낀다"

Mr.T는 "나의 어머니와의 관계는 거짓이었다. 나는 완벽한 자식이 될 수 없었다. 나는 나를 부모님 사이에 끼워 넣기로 선택했다…나는 열등했다. 나는 우월감을 느꼈다."

그는 통제의 소망과 하느님이 되려는 소망을 포기해야하고, 성장해야 하며, 자신은 그 일원으로 적합하지 않으므로 그의 부모님만을 한 커플로서 자기 마음속에 두어야 함을 깨달았다. 이러한 이해를 통해 그의 오이디푸스적 분투와 신성에 참여하라고 불림 받는 꿈이 연결지어졌다. 그가 자기 소망에 직면하고 난 후, 이제 그는 승리를 향한 오이디푸스 소망과 하느님이 되고자하는 소망을 단념할 수 있었다.

그는 고통스러운 자기 수용의 순간을 맞았다:

> 나는 내가 얼마나 나쁘고 사악한지 깨닫고 있는 중이다…나는 부끄러움을 참을 수 없다. 내 눈에는 눈물이 고인다. 부모님과의 관계에서 우리가 부정직한 의사소통, 부도덕한 메시지가 있었다는 것이 문제이다…나는 내가 얼마나 거만했는지 절대로 깨닫지 못했었다. 나는 당신의 도움이 필요했었다.

나와의 전이와 실제적 관계는 부드럽고 우호적이 되었다. 그는 "당신에 대한 나의 사랑은 아주 특별한 위치에 있습니다. 만약 내가 당신을 신뢰한다면, 나는 나를 신뢰할 수 있지요. 나는 여성에 대한 나의 인식을 바꾸고 있는 중입니다. 이제 거기에는 존중이 있어요. 나는 당신에 대한 존중감을 가지고 있습니다."라고 말했다. 이 말은 분석의 종결이 다가오고 있음을 알리는 것이었다.

이 시간동안, Mr.T는 몇 해만에 처음으로 Yom Kippur (속죄를 의미하며 레위기 6장에 나오는 의례에 따라 금식과 기도를 준수하는 유대 축일- 역주) 예배에 가기로 결심했다. 사람들이 어떻게 참회하고 서로에게 용서를 구하는지를 보면서 그는 감동의 눈물을 흘렸다. 사람들이 겸손하게 회개할 수 있다는 것을 그 동안은 알 수 없었다는 것을 인식하고서, 비록 신실한 유대인이 된 것은 아니지만, 그들의 종교적인 예식에 참여하기를 원했다. 예배 중에 그는 동료 경배자와 신 앞에서 겸허함을 느끼는 기회를 찾게 되었다. 이러한 경험은 신성에 합류하고자 초대되는 그의 전분석기 소망적 꿈을 최종적으로 처리하는 과정이었다. 그가 부모님의 부부 침상에 합류하도록 초대되지 않았다는 것을 수용하는 여정을 잘 버텨내면서, 그는 자신이 부모의 자식이며 하느님의 창조물이라는 것을 수용할 수 있었다. 그는 부모님이나 하느님과 동등해질 수 있는 것처럼 꾸미는 보상적인 과대감(grandiosity)을 포기하고 있었다. Mr.T는 이제 하느님의 자녀가 되었기 때문에 더 이상 하느님이 될 필요가 없었다.

Mr.T의 초기 하느님-표상은, 부모 사이에 놓여지기 바라는 그의 아동기 소망의 연장이라는 면에서 성애적 동맹(erotic union) 속의 부모 커플을 닮았다. 어머니의 사랑을 얻는데 실패함으로써, 그는 자신이 사랑받을만하지 않다고 확신하게 되었다. 그의 가학적인 행동에 떠밀리지 않고 그의 말을 들어주는 여성 대상으로 나를 경험함으로써, 그는 자기 안에도 무언가 가치 있는, 심지어 사랑받을만한 것이 있다고 느끼기 시작했다. 자기 표상에서의 이러한 심오한 변화는 그가 오이디푸스기 실패를 수용하고, 자기애적으로 균형이 치우친 데에서 벗어나 자기 어머니의 좋은 면을 기억할 수 있는 수준에까지 이르는데 도움이 되었다. 자기 표상과 부모 표상이 수정됨에 따라, 하느님 표상의 변화도 수반되었다. 그를 배제하려 하는, 질투 받는 하느님으로부터 이제 그가 그의 위에서 그를 수용하는 존재라고 알게 된 하느님, 자신의 죄를 참회하는 사람들을 반갑게 맞아주는 하느님으로 변화된 것이다. 그는 보상적인 나르시시즘에서부터 분석가, 사람들, 하느님과의 대상관계로 이동했다. 수용 받을만하고, 사랑 받을만하고, 다른 사람들에 의존하며 연결되어 있는 사람이라는 그의 새로운 자기 표상은 하느님 표상의 변모라는 부수적인 결과물을 낳았다. 그를 배제하려는, 질투 받는 힘 있는 어머니와 부모 커플로부터 이제 그가 그보다 우월함을 수용할 수 있고 그를 환영하는 하느님으로 표상이 바뀌었다.

자기-변모의 과정은 이 장에서 설명하고 사례에서 간단히 묘사된 각각의 요점들을 명백하게 다루지 않을 수도 있다. 기능적인 단위로서 정신의 역동적인 조직은 각각의 과정 유형에서 어느 하나가 수정되었을 때 각각 어떤 변모를 불러올 수 있다. 일정한 시간동안 치료자와 정기적으로 만나는 것은 이전에 존재하던 자기와 대상 표상, 신념의 어떤 면에 영향을 주게 되며, 공동체에서의 고립감을 교정한다. 내담자의 상황에 대한 두 사람간의 대화는 그 또는 그녀의, 한 사람으로서 자기에 대한 주관적인(Meissner, 1996) 지식(Meissner, 2001)의 대상으로서의 자기 대상화 양식을 수정할 것이다(Meissner, 1996).

특정 치료적 접근법에서 어떤 역동적 과정에 대해 관심을 두고 그 개입에 있어서 선호하는 지점을 선택하는 것은, 개인의 역동적 과정의 한 측면을 다른 것에 비해 특별히 취급하는 것이다. 이러한 선택성은 다른 과정의 의식적인 인식을 억제할 수는 있겠지만, 그것이 그 자리에 존재하면서 그 자체의 변모나 간섭을 몰래 진행시키는 것을 멈추게 하지는 못한다. 각 치료적 접근법은 그것이 선택하는 방법이나, 초점을 두는 정신생활의 측면이나 이루고자하는 결과에 있어서 그 범위가 제한되어 있다. 어떤 치료적 또는 영적 접근도 정신생활의 모든 면에 관심을 두고 수정할 수는 없다. 정신생활은 풍부한데 비해 우리의 치료적 방법에서는 필수적으로 선택을 해야만 하므로, 치료자는 치료 접근법을 결정하기 전에 내담자의 욕구 수준과 유형에 대한 세밀한 평가를 실시해야한다.

치료자는 그 환자에게 가장 적절한 도움의 범위를 알아내야 한다. 각 사람이 필요로 하는 도움은 요즘 유행하는 '누구에게나 맞는 한 사이즈' 슬로건을 따르지 않는다. 그 사람의 욕구와 양식, 실존에 맞지 않는 한, 치료자가 좋아하는 접근법이 그에게 적용되어서는 안된다. 이러한 이유로, 나는 영적이건 심리적이건, 근본 방침으로서 어디에 우선을 두는 어떠한 모델에도 찬성하지 않는다. 문제가 되는 것은 그 구체적인 순간에 환자가 무엇을 필요로 하는가이다. 치료적 개입에서는 제일 먼저 이러한 필요에 관심을 기울여야 한다. 물론 치료자가 온전한 개인으로서 환자를 인식하고 있으면서, 치료자의 개인적인, 전문적인 신념에서 우러난 현실 비전을 강요함이 없이, 그 순간에 맞는 영역을 탐색하도록 초대해야 한다.

치료자는 첫 만남 시간에 내담자의 문제, 과거력, 성격, 영적 태도에 대한 체계적인 평가를 수행한다. 이 평가를 통해 치료자는 환자의 삶에서 전문적인 도움을 가장 급박하게 필요로 하는 측면들을 선택해야 한다. 이런 평가가 끝나면, 치료자는 과제를 완수하기 위해 가장 적정한 접근과 방법에 대해 결정해야 할 것이다. 만약 그가 정신증적 혼란으로 고통 받고 있다면, 첫 과제는 보다 정상적인 정신 상태로 돌아오기를 성취하는 것이다. 만약 어려움이 삶의 목표를 방해하는 무의식적 갈등에서 비롯되고 있다면, 정신분석은 최선의 치료방법이 될 것이다. 병리가 성격 장애를 포함하고 있는 때에는, 발달적인 사건들과 그 영향을 다시 살펴보는 장기적인 치료를 요할 것이다 만약 장애가 성 역할, 성, 개인적 정체성의 문제에서 나타나고 있다면 그 환자는 힘든 사회적 입지의 의미에 대해 지속적이고도 존중어린 관심을 필요로 할 것이다. 만약 문제가 기분 장애라면, 그 우울증을 유발하는 요인들에 대한 역동적인 이해와 더불어 화학적 대사 불균형에 대한 상세한 평가를 통해 약물 치료가 필요하다고 나타날 수도 있을 것이다. 마지막으로, 삶의 모호한 불안감 때문에 자문실이나 영적 상담자를 찾아오는 사람들이 있다. 이런 경우에는, 어린시절에서 비롯된 미묘하지만 지속적인 무의식적 갈등인지, 영적 추구와 치료를 필요로 하는 실존적인 상황인지, 혹은 그 둘의 결합인지 진단적 변별을 하기 위한 아주 균형 잡힌 평가가 필수적이다. 최종적으로, 영적 순례의 길을 떠나기 시작해서, 바람직한 영적 목표를 얻기 위한 노력을 하는 중에 도움을 필요로 하는 사람들이 있다. 이런 사람들은 그 추구에서 자신들을 지도해주도록 주로 영적 지도자, 목회 상담가, 또는 다른 종교적 조력자들에게로 간다. 그들 역시 그들의 영적 발달 수준에 대한 평가가 필요하다(Hall & Edwards, 2002).

정신분석과 영성

영적 변모를 일으킬 수 있는 요인들은 모든 형태의 정신치료 안에서 나타난다 하지만, 이러한 역동이 가장 뚜렷한 것은 정신분석적 치료 안에서이다. 영성은, 그것이 정신을 통해 중개되는 한, 다른 현상들과 똑같은 정신역동적 조건에 있다. 초월적인 실재도 정신 과정을 통해서 이해되기 때문이다. 정신분석은 마음(mind) 조직을, 생물학적, 심리적, 상호작용적, 문화적, 환경적 요인들이 연합된 결과로서 개인 정신(psyche)의 점진적인 구조화의 결과로 본다. 정신은 욕구를 만족시키고, 다른 사람들과 관계 맺고, 현실과 접촉하고, 그 목표와 이상을 성취하는데 개인이 가지고 있는 도구이다. 정신병리는 정신 구성(psychic organization)에서의 발달적 장애나 자기와 그 정신의 구성 요인들(component agencies)간의 내적 갈등의 결과이다. 욕구, 금지, 상반된 목표들 간의 갈등과 주로 무의식적 환상이나 신념의 형태로 구성되는 양가감정의 갈등이 있다. 환상이나 신념은 의식적인 인식으로 접근이 불가능하기 때문에, 환자는 그로부터 비롯된 강렬한 느낌들을 이해하거나 자신이 바라는 목표를 획득할 수 없다. 정신분석적 치료에 참여하기 위해서는, 환자는 동기가 높아야하고, 심리학적인 마음가짐이 갖추어져야 하고, 피할 수 없는 고통스러운 감정과 좌절을 견딜 수 있어야 한다. 이러한 관점에서, 정신분석 안에서 영적 변모를 하는 것은 타고난 심리적 능력에 의해 한계가 지어질 수 있다.

기술적으로, 정신분석은 자유연상과 전이 감정의 출현을 매개로 하여, 장애를 일으키는 신념과 환상을 의식적인 인식상에 부르는 것을 목표로 한다. 말(speech) 연상과 전이적 경험에 대한 주의 깊고 세밀한 분석은, 내담자와 치료자간의 대인관계 장면에서 분석 받는 사람의 삶을 방해하는 방해물 유형을 명백하게 나타내준다. 과거가 현재가 되며 다시 불러져 재해석된다. 따라서 자신과 타인 표상이 고찰되며, 신념이 재고되고, 자기는 스스로 대상화되며 다른 사람들과 기존 신념과 환상들과의 관계에 대한 그 태도를 수정하도록 허용한다. 이 자기 변모 과정의 핵심 요소는, 안전함과 존중, 공감, 모든 연상에 대한 주의 깊은 경청, 대화에 양측 모두 감정적으로 몰입함을 기반으로 한, 두 사람 공동체의 창조이다.

정신분석은 영성이나 종교에 특전을 주지 않는다. 그보다는 신념, 환상, 대상으로서의 하느님, 삶의 목적, 운명, 구원, 자연 세계와 다른 사람들과의 관계 같은 다른 차원의 초월적 삶에 대한 탐색의 자연스러운 일부분으로 삼는다. 정신분석은 모든 영적 경험을, 그들의 발달적 그리고 역동적 의미, 또한 분석적 질문의 한계를 넘어서는 초월적인 실재에 대한 그들의 관계라는 이중 열쇠를 가지고 이해한다. 영적 발달은, 그러므로, 신념, 표상, 환상, 관계의 양식 등을 포함하는, 결국 심리적 삶의 총합인, 자기 변모의 총체적 맥락에서 일어난다. 분석의 목적은 영적 변모 그 자체는 아니다. 그보다는 환자들이 자신의 삶과 그들이 지니고 있는 신념에 대해 완전히 솔직해지도록 돕는 것이다. 분석이 성공적일 때, 신경증적인 신념과 동기에서 해방된, 종교적 신념과 의식에 대한 더 깊은 이해를 얻을 수 있다(Rizzuto, 2002b, p.212). 영적 변모는, 이러한 관점에서 볼 때, 분석에서 불가피하게 일어나는 정신생활의 변화와 분리될 수 없다.

초월적인 실재는 마음의 작용을 통해서 깨달아질 수 있고, 정신의 작용은 정신치료를 통해 관찰되고 수정될 수 있는 정신역동적 과정에 따른다는 점에 있어서 정신분석은 영적 변모에 대해 포괄적으로 이해하는 데에 큰 기여를 한다. 나아가, 개인적인 변모에 관여하는 종교적 경험의 구성인에 대한 접근을 제공하는 요인들이 확인되었다. 이러한 관점은 영성을, 발달적 경험과 환상의 혼합물(어디서부터 어떻게 섞였는지 알 수 없는)에서 나왔으며 동시에 개인을 초월적 대상과 연결시키는 강력한 동기와 경험을 일으키는 의식적 무의식적 신념과 표상을 포함하는 것으로 본다.

제 3 장

영성지향 심리치료에 대한 현대 융학파의 접근

(Contemporary Jungian Approaches to Spiritually Oriented Psychotherapy)

Lionel Corbett and Murray Stein

원형(The Archetypes): 정신의 영적 구성 원리들

심리치료는 본질적으로 영성적인 분야라고 융 심리학은 근본적인 주장을 한다. 이 주장에 대한 근거는, 정신이 단지 개인적인 재료로만 이루어져 있지 않다는 것이다; 인간의 의식은, 객관적 정신(objective psyche)이라고 불리는 보다 큰, 의식의 초월적인 영역에 연결되어 있다. 정신(psyche), 혹은 의식은 융이 *원형(archetype)*이라 불렀던 영적 원리에 의해 조직되며 이 원리가 충만하게 배어들어 있다. 태고적에는 정신의 이러한 초월적 수준의 힘과 원리들이 인격화되어 신들과 여신들로 이름 붙여졌다. 현대에 이런 것들은 어떤 학습된 또는 환경적인 요인에 의존하지 않는 정보의 우선적인 영역 또는 패턴으로 생각된다. 이러한 조직 원리는 인간 생활에 근본적으로 영향을 주는 보이지 않는 세계인 영혼에 대한 전통적인 관념과 상응한다. 우리가 정신의 영적 잠재력을 다룬다는 점에서, 심층 심리학과 영성은 같은 현상에 대한 두 가지 접근일 뿐이다.

일반적인 오해와는 반대로, 원형은 편견(stereotype)이 아니며, 구체화된 영적 존재(reified essences)도 아니다. 원형은 이미지를 형성할 수 있는 *능력(capacity)*이지, 이미지 자체가 아니다. 그것은 생득된 경험에 의해 채워지기까지는 나타나지 않는 내용을 가지고 있는 잠재력이다.

예를 들면, 모든 아이들은 어머니를 경험하도록 원형적으로 소인이 주어졌지만, 이러한 잠재력을 인간화한 개별 여성은 원형이 아니다. 어머니 원형(Mother archetype)은 모든 신화학과 종교적 전통에서 발견되는 초개인적인(transpersonal) 원리이다. 그녀에게 그 지방의 이름이 붙여지고 지방색이 가미되지만, 그 이름에 관계없이, 어디에나, 언제나 신성의 여성적인 측면을 반영하는 위대한 어머니, 하늘의 여왕, 위대한 여신이 있다. 유대-크리스찬 전통에서 그녀는 복된 성 마리아, 소피아, Shechina이고, 힌두교에서는 Kali나 Durga이며, 불교에서는 Quan Yin이나 Tara인, 그런 식이다. 원형적인 관점에서, 이름과 형태에서의 이러한 차이는 단지 지역적인 민속과 강조점의 문제일 뿐이다. 그것들은 모두 같은 기저의 영적 또는 원형적 원리의 현현이다. 유사하게, 신화적 전통에서는 야훼나 제우스의 예와 같이, 각각 다른 지역적 이름을 가지고 있지만 기저의 아버지 원형을 가리키는 아버지 신이 모두 있다.

물질적 세계가 물리와 화학의 법칙에 따라 질서 지어지듯, 정신도 원형들의 자연법칙에 따른다. 어떤 물체가 아래로 떨어질 때 우리가 중력의 법칙을 보지 않더라도 그 법칙이 작용하고 있음을 알듯이, 우리는 원형 그 자체를 보는 것이 아니라 그 영향과 상징적인 표현을 관찰하게 된다. 우리는 원형, 또는 영혼의 본질에 대해서 중력의 법칙에 대해 아는 것보다 조금도 더 많이 알지 못한다. 하지만, 심층 심리학은 그 기원을 이해하지 못하더라도 원형적 원칙의 작용을 식별해낼 수 있다. 마치 물리학자들이 물리학 법칙의 기원을 알지 못하면서도 물리에 대해 잘 알듯이.

영적으로 지향되어 있는 심리치료자들에게, 원형이 단지 영적 전통에서만 중요한 것이 아니다. 그것들은 경험을 조직하고 인격과 정신병리의 발달을 주관하는 정신의 깊은 구조(과정)으로서 활동한다. 영아기에, 아기는 경험에 대한 이러한 타고난 잠재력에 따라 그 지각적 정서적 삶을 조직한다.[1] 주—— 1 원형(archetype)이라는 용어를 사용하지 않고서도, 발달심리학자들은 점차적으로 아기의 타고난 잠재력의 존재를 인식하기 시작했다. 따라서 psyche의 불변의 원리 개념은 융에 한정되지 않는다. 이는 Piaget의 발달 도식, Chomsky의 언어학, Levi-Strauss의 구조적 인류학(structural anthropology)에서도 볼 수 있다. 동물행동학에서 원형은 innate release mechanism(IRM)으로 불린다. 물질과 영혼을 분리하는 불행한 서양식 귀로 듣자면, 동물의 IRM은 영적이기보다는 더 본능적으로 들린다. 그러나 원형은 양 극을 모두 포함하는 것으로서, 나뉘어지지 않는 것이다- 본능은 신체에 현현된 영혼이다. 이러한 감각에서, 심리학의 주 흐름에서 그 영적인 수준을 인식하던 아니든 간에, 모든 심리적인 과정은 영적이고 인간적인 차원의 합성물이다. 예를 들어, 코헛(1971)이 묘사한 자기대상 욕구들은 발달이 정상적으로 진행되려면 꼭 갖추어져야만 하는 원형적인 인간 욕구이다. 말하자면, 모든 어린이들은 스스로를 달래기 위해서 이상화하는(idealizing) 자기대상을 필요로 하는 것처럼, 반영 받고, 가치있게 여겨지고, 정서적으로 조율된 방식으로 반응을 얻으려는 타고난 욕구를 가지고 있다. 이러한 원형적 잠재력은 아이를 돌보아주는 사람과의 수많은 구체적인 경험들로 채워진다. 이러한 상호작용에 대한 기억들과 환상과 이미지들, 그리고 관련된 정서가가 점차적으로 응집되어 안정적인 정신내적구조를 이루는데, 융은 그것을 콤플렉스들이라 일컬었다. 따라서 콤플렉스의 구조는 인간과의 실제 상호 작용에 의해 그 내용이 결정지어진 원형적 핵심 또는 잠재력-어머니 또는 아버지 원형-으로 구성된다. 그 결과에 따른 정신 내적 구조는, 자기-대상 이론이나 대상관계 이론에 의해 개인적 수준에서 묘사된 바와 같이, 근본적으로 아동의 자기감과 그에 수반되는 관계들에 영향을 준다.

원형 이론은 우리의 발달과 정신병리의 핵심에 영적 원리가 존재한다는 생각을 정신분석적 사고에 더해주었다. 대부분 종교적 전통에서 인간 인격의 중심에 신성의 요인이 자리한다고 가르친다. 서양 전통에서 이 요인은 *영혼(soul)*으로 불린다(이 개념은 우리가 이장의 후반에서 다시 논할 것이다). 동양에서 우리의 참 본질인 초월적인 요소는 *아트만(Atman),* 또는 초개인적 자기(transpersonal Self)라고 한다. 융은 타고난 신-이미지(God-image)에 대한 생각을 심층 심리학에 도입했으며, 자기(the Self)가 경험적인 인격의 구성에 궁극적으로 책임이 있다고 하였다. 그것은 자아나 개인적인 자기의 발달을 관장하는 평면도라 할 수 있는 것이다. 융은 자기(Self)는 정신의 전체성이며, 따라서 원형들은 자기의 측면들이라고 보았다. 역설적으로, 자기는 또한 정신 안에서 중력의 깊은 중심으로 작용하는 것이다.

융의 *Collected Works*의 편집자는 융이 신학을 저술하고 있다는 뜻이 내포되지 않게 하려고 이 단어를 소문자"s"를 사용해서 표기했다(융은 Self의 경험은 단순히 경험적인 관찰이라고 느꼈기 때문에 이 문제에 민감했다). 하지만 현재 영어권에서는 개인으로서 일상적인 의미에서의 자기(self)와 초개인적인 자기(Self)를 구분하기 위해서 대문자 "S"를 사용한다(융의 Self 개념과 정신분석적 self의 비교를 위해서는 Corbett와 Kugler, 1989를 볼 것). 융 저술의 상당 부분은 Self가 우리에게 나타나는 상징적인 방식을 명료화하려는 시도이다. 종교적인 전통은 Self에 도달하려는 인간 노력의 변형들로 생각될 수 있다. 각각 자기 민속과 신화로 Self 경험을 덧입고, 신앙의 신조에서 볼 수 있는 다양한 신상(God-image)을 창출하는 전통인 것이다. 이러한 차이들의 많은 부분은, 오늘날 우리들이 그러는 것과 마찬가지로, 그 전통의 설립자들이 개인적인 방식으로 Self를 경험했기 때문이다. 우리가 여기서 짚고 넘어가야 할 부분은, 융은, 그를 향한 비난과 대조적으로, Self나 우리가 경험하는 신성함, 혹은 신성함에 대한 우리의 이미지가 어느 정도까지 '말로 할 수 없는 그분(the Unspeakable)' 에 상응하는지 알 수 없다고 항상 주장했다는 점이다. 이 질문에 대해 융이 기껏해야 말할 수 있었던 점은 그들간에 심리적인 관계가 있는 것으로 보인다는 것이었다. 따라서, 융은 *그*가 경험적인 심리학의 탈을 쓰고 신학을 하고 있다는 비난에 대해 분개했다(예를 위해서는, 이러한 비판에 대한 융의 전형적인 답변을 포함하고 있는 저작 1975b, pp. 64-71를 볼 것).

이러한 생각들이 영성지향 심리치료에 대해 가지는 함의는 매우 심오하다. 성격 발달과 정신병리는 순수하게 세속적인 용어만으로 설명될 수 없으며, 심리치료도 더 이상 단순히 세속적인 추구로 간주될 수 없다. 우리가 그것을 볼 수 있는 눈이 있다면, 성스러움(sacred)의 요소는 우리 정신병리와 성격 구조의 핵심에서 발견될 수 있다. 이에 민감한 심리치료자는 자기 환자의 자료로부터 초월적인 그리고 개인적인 차원 모두를 인식한다. 따라서 우리는 우리의 심리로부터 우리의 영성을 분리해 낼 수 없는 것이다. 이러한 태도를 전달하기 위해서 융학파들은 종종 심리치료를 "영혼" 작업이라고 말한다. 최근에는 이러한 용어가 과용되어 진부해지는 위험이 있기는 하지만, 많은 사람들에게 그 생각은 여전히 근본적인 은유가 되고 있다.

*영혼(soul)*이라는 단어는 다양한 맥락에서 융학파와 후-융학파 문헌에서 사용되어졌지만, 어떤 실체로서 신학적인 의미로 사용된 적은 없다. 종종, 영혼은 단순히 정신(psyche)의 광범위한 동의어로서 사용되었다. 일반적으로 우리는 Christou(1976)의 용례를 따른다. 그는 신체, 마음(mind), 영혼은 각각 자기의 관점을 갖는 다른 실체적 질서라고 주장하였다. 신체의 실체는 감각과 정서로 구성되어있는 반면, 마음(mind)의 그것은 생각과 개념들로 구성되어 있다. 하지만 우리의 경험은 그것들의 단순한 조합 이상이고, 그렇기 때문에 제 3의 관점인 영혼을 구분해야 할 필요가 있다. 영혼은 삶의 의미, 우리가 우리의 정신적, 육체적 상태로 무엇을 하는가, 그것이 우리의 가장 깊은 주관적 세계에 무엇을 의미하는가에 관한 것이다. 우리는 살아가는데 몸과 정신을 사용하지만, 영혼은 *어떻게* 사는가, 산다는 것이 우리에게 무엇인가, 우리에게 진실로 중요한 것이 무엇인가에 관한 것이다. 괴롭거나, 결백하거나, 잃어버려졌거나, 혹은 고상하다 할 수 있는 그것은 우리의 영혼이며, 치료자는 고통 받는 영혼과 작업하는 것이다. 경험은 그것이 깊은 의미가 있을 때 "영혼이 충만(soulful)"하다고 일컬어진다. 고통 중에 있을 때 우리는 우리의 자아(ego)가 아닌, 우리의 영혼(soul)을 찾으며, 이 관점에서 볼 때 이는 대체로 사회에 평범하게 적응하는데 유용하다. 융에게 있어, 영혼은 필수적인 가정이다. 의식과 무의식을 연결시켜주는 상징과 이미지들을-예를 들자면 꿈에서처럼-만드는 우리 안의 신비에 대한 이름이 필요한 것과 같다. 그러므로 영혼은 영(spirit)의 "수신기(receiver)", 영의 경험을 포착하여 인식에 이르게 하는 잠재력으로 활약한다. 이러한 상호작용은 경험의 결정체인, *numinosum*을 창출한다.

심리치료에서의 NUMINOSUM(神聖力)

Psyche의 초월적 혹은 원형적 차원은 다양한 방식으로 나타난다. 가장 놀랍고 분명한 징후는 Rudolph Otto(1917/1958)가 "신성(numinous)" 경험이라고 기술한 형태로 나타난다. Otto는 이 용어를 1917년 Das Heilige에서 만들었고, 여기서 그는 종교적 경험[2]의 주요 특성 또는 본질적인 특징을 포착해내고자 하였다.

주— 2 numinous라는 단어는 신성함을 의미하는 라틴어 numen과 끄덕이다, 또는 신호하다는 뜻의 동사 nuere에서 비롯되었다: 따라서 이 용어의 어원학적 의미는 신성한 부르심 또는 승인이다. 누미노제 경험이 종교의 정수라는 Otto의 개념은 논란의 여지가 있다: 종교에 대해 다르게 생각하는 방식이 많이 있다. 하지만, 이 접근은 심층 심리학 치료자들에게 특별히 호소력이 있는 것으로 밝혀졌는데, 임상 현장에서 환자들의 경험에 너무나 잘 맞아떨어지기 때문이다. 모든 종교에서의 성전 원본은 신성한 만남에 대한 설명을 담고 있다. 히브리 성경에서, 모세는 불꽃이 이는데도 타지 않는 떨기나무를 보았다(출애굽 3:2-6). 하느님은 불 속에서 그에게 말하며 그에게 소명을 주었다. 신약에서, 사울은 다마스커스로, 예수의 추종자들을 박해하러 가는 길에, "왜 네가 나를 박해하느냐?"라고 말하는 목소리를 들었고, 하늘에서 비치는 빛으로 인해 눈이 멀었다. 가브리엘 천사는 모하메드에게 나타나 후에 코란이 되는 자료를 "낭독하라"고 명했다. 이러한 것들이 신성한 경험, 혹은 Otto의 용어로, *mysterium tremendum et fascinas*이다.

누미노제 경험은 두렵고, 신비적이고, 강력하며, 매혹적이다. 그것은 우리의 정수를 관통하는, 일반적인 공포와는 다른, 두려울 정도의 경외감을 낳는다. 그 경험은 무언가 분명히 인간 영역에 속하지 않은 것과 접하는 것이기 때문에 기쁨이나 즐거움, 경의나 숭배, 혹은 놀람과 경이로움을 야기하기도 한다. 그리고 나서 우리는 위협감이나, 무아경, 사로잡힘, 황홀감에 빠진 느낌을 가질 수 있으며, 때로는 하찮고, 부끄럽거나 죄스러운 느낌, 우리가 지은 잘못들에 대한 속죄나 화해의 필요를 느낄 수도 있다. 일반적인 반응은 우리가 걱정하는 것들의 많은 부분이 실제로는 상당히 사소한 것이라는 것을 깨닫는 것이다. 때로 이는 마치 타자(Otherness)가 우리 고유 자아를 불러준 것처럼 느껴지기도 하지만, 때로는 더 큰 실체, 세계와 다른 사람들과의 깊은 일체감 또는 동일성을 느끼며 개별 자아감을 잃을 수도 있다.

융은 1930년에 Otto의 개념을 사용하기 시작했다. 그가 상담실에서 듣는, 단지 정신병리만으로 격하시킬 수 없는 경험들을 이해하는데 도움이 되었기 때문이다. 이것은 중요한 발견이었다. 왜냐하면 그 당시 그리고 지금까지도 많은 사람들이 그들의 누미노제 경험이 정신증적이거나 히스테리적인 것이라고 설명을 듣기 때문이다. 보통, 모세, 사울과 같은 이야기들은 그 전통의 신화에서 나오는 특별한 사람들에 대해 말한다. 융은 자기 환자 중 많은 사람들의 경험이 Otto의 누미노제 기준에 맞지만, 유대-크리스찬 형태를 취하지는 않았음을 깨달았다. 융은 누미노제 경험은 누구에게나 언제나 일어날 수 있다는 것을 발견했고, 이후의 경험들을 통해 확신하게 되었다. 그 경험의 내용은 개인의 관심에 따른 심리적인 구조에 따라 독특하게 맞추어지며, 종종 그 사람에 대해서만 적절한 것이다. 누미노제 경험은 그 순간 그 사람에게 발달적으로 필요한 것이거나 혹은 그의 정신병리를 다루곤 한다. 예를 들면, 다음의 누미누제 경험은 프란치스코회 수도자에게 일어난 것으로서, 그가 교회의 전통적인 가르침에 대한 충성과 자신의 소명에 대해 회의를 품던 고뇌의 기간 동안의 일이다.

> 나는 멜키세덱이다. 여신 빌렌도르프의 찬란한 푸른 이미지가 내 위에 다가오고 있다. 그녀는 나보다 다섯배는 크다. 나는 성배를 들고 있었고, 그 안에는 철학자의 돌이 담겨있었는데, 그것을 그녀의

가슴 부분에까지 들어올렸다. 젖이 그녀의 왼쪽 가슴에서부터 흘러 성배로 떨어졌다. 나는 무언가 아주 성스러운 존재 앞에 있다는 것을 분명히 인식하고 있었다(personal communication, July 2002)

이 비범한 꿈은 Otto의 누미노제 경험 준거에 맞으며, 실제로 꿈꾼 자에게 강력한 영향력을 가지고 있었다. 멜키세덱은 성경의 인물로서, 기원은 알려지지 않았지만 유대-기독교 전통에서 사제직의 중요한 모델이 된 "대제사장(창. 14:18-20)"이다. "멜키세덱의 직분을 잇는(히 5:7)"이라는 사제의 원형적 원리는, 꿈꾼 자가 단지 서품 받았기 때문에가 아니라 자기 영혼의 우선적 원형적 중요성 때문에 사제로서 존재한다는 인식을 나타낸다. 빌렌도르프의 비너스는 가장 오래된 여신 이미지 중의 하나로서, 구석기 시대까지 거슬러 간다. 몇 년 동안, 꿈꾼 자는 교회의 공식적인 틀에 자신의 영성을 맞추려 노력하고 있었는데, 그것은 남성 신 이미지가 압도적이다. 하지만 그 꿈은 신성의 여성적인 측면이 제공해주는 것이야말로 그에게 성찬례가 될 수 있다는 것을 말해주었다. 이러한 종류의 꿈은 그 자체의 권위를 가지고 있다 그것은 너무나 강력해서 그는 그 실재성[3]을 논할 수 없었다.

주— 3 말할 필요도 없이, 이런 순간에는 항상 그 경험의 근원에 대한 의문과 더불어 해석의 문제가 일기 마련이다. 이러한 꿈이 진정한 계시였는지 단순히 개인적 정신(psyche)의 산물인지 답하기는 불가능하다. 각자 한 입장을 택할 수 있을 뿐이다.

명백히, 누미노제는 꿈꾼 자에게 교회의 공식적 가르침에 따른 방식으로 나타나지는 않았다. 그런데, 그 개인의 원형적인 구성과 맞지 않을 때에는 전통적인 규준을 무시하는 것이 누미노제에서 전형적이다. 융학파 접근은 교의적이거나 성경적인 설명보다는 신성에 대한 직접적인 접근에 의존하며, 이에 따라 볼 때, 이 꿈은 psyche의 초개인적 수준의 현현이다. Otto의 준거에 따른다면, 이러한 꿈은 성서에 보고된, 신으로부터 내려왔다고 여겨지는 꿈들과 등가적이다. 마리아가 성령으로 잉태했다거나(마 1:20) 가족이 헤롯 대왕으로부터 도망쳐야 한다는(마. 2:13) 요셉의 꿈이 그런 예들이다. *Somnia a Deo missa*- 하느님으로부터 온 꿈-이라는 개념은 오래된 것이며, 이러한 접근에서 아주 신중하게 고려된다.

마지막으로, 그 꿈에서는 성배에 철학자의 돌이 담겨 있었는데, 그 돌은 연금술 전통에서 기본 금속들을 금으로 변형시킬 수 있다고 여겨지는 것이었다. 융에 있어, 연금술 탐구는 초개인적 자기를 추구함에 대한 은유였다. 연금술사들은 이를 실험실에서의 물리적 작업에 무의식적으로 투사했다.[4]

주— 4 우리가 이러한 추구를 물질적인 부, 지위 등에 투사하는 것과 마찬가지로.

성찬 잔과 마찬가지로, 꿈꾼 자는 꿈에서의 성배를 전설 속 성배 탐색과 연관지었다. 크리스찬 전설에서, 이것은 최후의 만찬에서의 잔이거나 아리마데 사람 요셉이 십자가상 예수의 피를 받은 잔이다. 성배를 찾는 것에 대한 전설은 영적 중심을 찾으려는 꿈 꾼 자의 일생의 추구를 반영하는 것이다. 이것이 지금 빌렌도르프의 비너스의 형태로 나타난 것이며, 이 꿈 꾼 자에게 있어서 그녀는 신성함과 관련되었음에 대한 진정한 상징으로서 활동한다. 여기서 우리는 경험적, 혹은 정신-중심(psychecentered) 접근과 전통적 종교 사이의 중요한 차이점 중 하나를 알 수 있다. 이 꿈은 다른 사람에게는 적절하지 않을 수 있는, *개인적인* 계시를 제공하고 있다는 것이다. 융학파 접근에서는 경험을 체계적으로 정리하여 모든 사람에게 적용시키려 노력하지 않는다. 우리는 어떤 특정한 경험에 근거해서 보편적으로 적용 가능한 신성한 텍스트를 쓰려(시나이 산에서 율법을 받아 적은 것처럼) 노력하지 않는다. 모든 사람들은 자신만의 방식으로 누미노제를 경험하기 때문이다. 또한 우리는 그 꿈 꾼 자가 영원토록 적절하게 의미가 있을 경험을 했다고도 가정하지 않는다. 그것은 그가 지금 필요로 하는 것이지만, 시간이 지나면서 그의 영성이 성숙함에 따라 다른 형태의 신성한 경험이 필요할 수도 있는 것이다. 누미노제는 십자가와 같이 고정된 전통적인 상징과는 분명히 차이가 난다.

이러한 종류의 경험을 두고 Edinger(1984)는 우리가 종교적 의식의 새로운 단계, 신성 경험을 이해하는데 있어서 새로운 방식에 들어가고 있다고 제안을 하게 되었다. 신의 은총은 율법에 의해, 믿음에 의해, 혹은 구원자의 관여에 의해 중재된다. 그러나 심리학적 의미의 섭리는 우리가 의식의 초월적 수준과 맺고 있는 관계, 즉 초월적 의식과 자기 자신과의 대화를 강조한다. 융학파는 이러한 과정을 자아-자기 축(ego-Self axis)라고 하며, 여기서 *ego*는 경험적인 인격을 일컫는다.

말할 필요도 없이, 누미노제 경험이 psyche 자체에서 나오는 것인지, 혹은 psyche는 단지 그 너머의 초월적인 신성 경험을 투과하는 작용만 하는 것인지, 우리는 알 수 없다. 이러한 인식론적 문제에 대한 융의 접근은 신칸트주의적이다. 칸트는 정신(mind)이 세계로부터 주어진 인상을 단순히 받아들이기만 하는 수동적 수령인이 아니라고 보았다. 정신은 고유의 카테고리들 혹은 타고난 구조들을 가지고 있어서, 그것이 정신이 활동하는 방식을 결정한다고 생각했다. 이러한 타고난 과정이 세상에 대한 우리의 지각에 영향을 준다. 그 결과가 우리가 살고 있는 세상의 현상이지만, 정신의 활동 때문에, 우리는 칸트가 *본체적 영역(noumenal realm)*이라 부른, 세상이 실제로 존재하는 방식에 대해 확신할 수 없다. 융은, 정신의 구성 원리들을 묘사하기 위해, 칸트가 사용했던 원래의 카테고리들 대신에 원형이라는 개념을 사용했다. 원형들이 psyche를 조직하기 때문에, 그것들이 우리가 살고 있는 현상적 세계에서 우리의 경험을 좌우한다. 융이 칸트에 더한 생각은 우리의 원형적 잠재력이 모든 개인안에서 독특하게 형성되며, 따라서 우리 모두는 각각 다른 렌즈를 통해서 세상을 본다는 것이다. 그 결과가 바로 우리가 성격구조라 부르는 것이다. 칸트가 지적했듯이, 형이상학 차원의 개념, 혹은 psyche 너머의 초월적 신격-융이라면 우리가 경험할 수 있는 Self 너머라고 말했을-은 본질적으로 증명불가하다. 이러한 본체적 영역은 우리로서는 접근불가하다(융의 칸트 철학적 사고는 de Voodg, 1977등에 의해 비난을 받았다). 이러한 인식론적 문제는 임상현장의 심리치료자에게는 부적절하다. 그의 주 과제는 환자가 누미노제 경험을 이해하고 환자의 생활 경험에 통합하는 것을 돕는 것이기 때문이다(이러한 접근에 대해 더 자세히 알려면 Corbett, 1996, 2000a, 2000b를 볼 것).

누미노제 경험의 다양성

정신-중심적 접근은 꿈에서 나타나는 것 이외에도 다양한 유형의 누미노제 경험을 인정한다. 어린시절 심한 학대로 고통받았던 한 여성이 다음과 같은 환영을 보았다:

> 어느날 저녁, 달은 흐리고 내 침실은 칠흑 같은 어두움 속에 있었을 때, 나는 방의 한구석에서 어떤 존재를 느꼈다. 나는 두려웠다. 그 존재는 점점 자라서, 박동하며, 방 전체를 채웠고, 벽 안에서 고동쳤다. 방 전체가 마치 다른 차원에 동화되려는 듯, 기우는 것 같았다. 나는 공포에 떨면서, 눈을 꼭 감고 누워있었다. 깊고 부드러운 음성이 나에게 말했다. "사랑하라. 모든 것은 사랑이다". 어둠 속에 나를 마비시켜 남겨둔 채, 천천히 그 에너지는 방에서 빠져나갔다.

이 여성은 자기 인생에서 그 경험의 기억이, 어린시절에 대한 거의 본능적인 격노 반응을 일으키기 보다는, 그녀의 말에 따르면 "삶으로 다시 불러들이고", 남을 사랑하도록 다시 도전시키는 경우가 많았다고 보고했다. 누미노제의 이러한 효과는 융으로 하여금 누미노제 경험이 치유적 효과가 있다는 주장을 하게 하였다(1973, p.377). 이런 경험은 치료자에게 역시 개인의 진정한 영성 발전에 대한 중요한 단서를 제공한다. "모든 것은 사랑이다"라는 말을 듣는 것은, 물론, 전혀 새로운 것이 아니다. 이러한 가르침은, 위대한 영성 지도자들로부터 주어진 다른 많은 것들과 마찬가지로, 그의 발달 과정에서 이러한 교훈이 실제로 실행될 기회가 주어지지 않았다면, 개인에게 별 영향을 주지 못할 수 있다. 하지만 종종 누미노제 경험의 정서적인 힘은 꼭 필요한 근본적인 성격 변화를 일으킬 만큼 대단하다. 치료자의 과제는 그 경험의 특성을 바탕으로 그 진가를 확인해주고, 필요한 태도와 행동 변화를 일으키게 도움으로써, 그것이 실제로 구현되는 것을 도와주는 것이다. 이러한 목적을 위해 나아가는 길에, 성격의 문제 있는 측면들에 따른 장애들은 있겠지만, 그 방향은 분명하다. 이런 작업은 영적 지도와 심리치료가 뒤얽혀 혼합된 것이 된다. 이 둘을 구분할 필요는 없다. 개인의 심리와 영적 생활이 마치 두 가지 다른 것인 양 구분 지을 필요가 없듯이.

누미노제 경험은 개인의 기질과 성격 구조에 따라 아주 다양한 형태를 띨 수 있다. 우리 모두는 누미노제에 대해 선호하는 통로(channel)를 가지고 있는 것 같다. 꿈과 환상 이외의 다른 많은 발현 방식들, 창조적인 작업을 통해서라든지, 신체나 관계 안에서 나타나는 것 같은 것들이나, 자연스러운 영적 인식, 또는 동시적 사건들[5] 같은 것에 대해서는 지면상 자세히 설명하기 어렵다.

주 — 5 동시성은 물질세계, 전통적으로 "외부" 세계라고 생각되는데 속한 한 사건이, 개인의 내적, 심리적 상태, 혹은 꿈과 의미 있는 방식으로 대응할 때 일어난다. 그 꿈과 외부 사건 사이에 어떤 인과적 연결도 없음에도 불구하고 나타나는 것이다. 예를 들면, 어떤 사람이 꿈꾸는 그 시간에 실제로 발생한 죽음이나 비행기 추락의 꿈을 꿀 수 있다. 이러한 의미 있는 연관은 많은 융학파들로 하여금 "내적"과 "외적"의 차이는 실제로는 ego 수준에서 존재할 뿐 Self 수준에서는 아니라고 믿게 한다. 자연의 신비에서 신성함은 자연 세계에 의해 중재된다. 이런 유형의 전형적인 예가 Bucke(1989, p214)에 의해 제시되었다. 그는 한 여인에 관해 이야기하였는데, 그 여인은 성경적 하느님 이미지와 화해를 할 수 없었기 때문에 교회에 대해 불만족스럽게 느꼈고, 자신이 하느님의 창조에서 제거되었다고 느꼈다. 그러나 자연에 대해선 심오한 감정을 느낄 수 있었다. 따라서 아이였을 때 그녀는 자신이 사악한 회의론자라고 느꼈으며, 동시에 깊은 슬픔으로 고통 받았다. 그녀는 자기 자신의 본질에 도달할 수 없기 때문에 자신의 인생에서 무언가가 뼈아프게 상실되었다는 것을 알고 있었다. 그녀는 더 큰 삶, 더 깊은 사랑을 동경했고, 껍질 밖으로까지 자라났지만, 그곳으로부터 벗어날 수 없는 창조물처럼 항상 느꼈다. 탈진되어, 단지 죽음만이 그녀를 놓아줄 수 있을 것처럼 느껴진 순간, 그녀는 완전히 항복하고 모든 것을 보낼 수 있었다. 그리고 그녀는 다음과 같은 환희의 시기와 함께 충만한 본질의 고요하고 성스러운 현존을 경험했는데, 그것은 꽃을 모으는 동안 일어난 것이다.

> 나는 우리가 모은 큰 다발을 바라보며 그것이 발하는 광휘에 놀라고 있었다. 놀라운 광채가 각각의 작은 꽃잎과 송이에서 비춰지고 있었고, 그 전체는 장려한 불꽃같았다. 나는 환희에 몸을 떨었다. 그것이야말로 "타오르는 떨기나무"였다(p 214).

후에 그녀는 이렇게 보고했다."내 안 깊은 곳에서, 어떤 베일, 또는 커튼이 갑자기 찢어졌고, 나는 꽃들이 살아있고 의식이 있다는 것을 인식하게 되었다…그 환영에 동반된 느낌은 형언하기 어려운 것이었다." 이런 사람은 종종, 자신이 "이교도" 또는 자연 숭배자로 여겨질 까봐 자연에 대한 강한 느낌을 묘사하는 것을 꺼린다. 하지만 심리치료자는 신성함의 어떠한 현현이라도 가치있게 여기고, 그 주어진 방향으로 인격을 발달시키도록 장려해야 한다. 환경 운동이 세속적으로 보일 수 있지만, 그 일원들 중 많은 사람들이 야생에 대한 민감성에 의해 동기를 부여받으며, 야생은 영적으로 중요한 의미를 갖는 것이다. 그들에게 있어, 대지를 손상시키는 것은 신성에 대한 모독이다.

누미노제는 꼭 "외적" 경험으로만 나타나는 것은 아니다. 우리는 인격 내면으로부터 누미노제에 사로잡힐 수 있는데, 우리 정신병리의 원형적 핵심이나 고통스러운 콤플렉스가 누미노제 요소이며, 그 정서적인 힘을 설명하는데 도움이 될 수 있는 것이기 때문이다. 융학파적 관점에서, 원형은, 융이 psyche 안에 있는 "하느님의 기관(또는 도구)"이라고 부른 것으로서, 긍정적인 또는 부정적인 정서가를 모두 가질 수 있다.[6] 주—6 이것이 바로, 많은 신화에, 밝고 동시에 어두우며, 인간에게 이로운 동시에 해로운 신성의 이미지들—신들과 여신들—이 있는지에 대한 이유이다. 따라서 신성함은 온전히 밝음과 사랑으로만 나타난다는 교의와 반대로, 정신-중심 접근에서는 우리의 정서적 고통이 신성한 차원도 항상 포함하고 있다고 본다. 이는 심리치료자에게, 정신병리에 대한 작업은 누미노제 체험의 가능성을 허락하는 영적 행위라는 것을 의미한다. 이것은 다음과 같이 꿈에서 나타날 수 있다. 다음은 정신과 레지던트 과정시작 시점에 있는 한 의사가 꾸었던 꿈이다.

> 나는 한 여자 환자의 방에 들어가서 그녀가 침대 옆에서 태아 같은 자세로 바닥에 누워있는 것을 보았다. 그녀는 약하고, 수척했으며, 몸의 3분의 2는 맞아서 멍든 흔적으로 덮여있었다. 나는 그녀가 온 생애를 감옥에서 보냈으며, 심하게 학대받았다는 것을 알아챘다. 그녀는 또한 위험하고, 투쟁적이고, 흥분하기로 유명했다. 나는 그녀의 연약한 몸을 내 팔에 들어 올려 심장 소리를 들을 수 있도록 등을 돌리고 살며시 눕혔다. 나는 그녀의 얼굴에서 공포를 볼 수 있었고, 그녀가 마치 포악한 동물 같아서 언제라도 나를 공격할 것처럼 느꼈다. 나는 그녀가 몹시 아프다는 인상을 받았다…그녀의 이름은 마리아였고, 나는 그녀가 사실은 성모 마리아라는 것을 깨닫게 되었다.

이 꿈은 원형적 여성성, 또는 여신이 개인의 psyche에 아주 기이한 방식으로, 자신의 전통적인 아이콘 양식과 아무런 관련이 없는 모습으로 나타날 수도 있다는 생각을 묘사한다. 무의식은 기독교 교의에 순응하지 않는다. 이런 환자와의 치료적 작업은 개인적, 초개인적 차원 모두에서, 꿈꾼 사람의 여성성이 심하게 학대 받아왔으며, 이로 인해 그녀가 위험해졌다는 것을 인식하기를 요구한다. 이 상황을 구원하는 것은 환자와 치료자에게 개인적, 영적 모두의 문제로, 우리 문화에서 그것이 사회적이며 영적인 문제인 것과 같다.

영적이며 임상적인 심리치료 접근

환자의 고통스러운 자료들을 대할 때, 영성 지향적인 심리치료자는 쌍안경으로 접근을 할 수 있다. 한 렌즈로는 전이-역전이 등 전통적인 정신역동 방식으로 상황을 본다. 다른 렌즈로는 내용의 핵심에 있는, 인간적 수준의 초개인적 또는 원형적인 배경을 본다. 때로 하나의 렌즈가 전면에 나서지만, 둘은 천의 씨실과 날실처럼 항상 존재한다.

이를 염두에 두었을 때, 두 참여자는 그들 각자의 psyche의 상호작용으로 구성된 한 상호주관성 장(intersubjective field)안에서 작업하고 있다고 보는 것만으로는 충분하지 않다. 융학파 분석에서 그 둘은 초개인적 Self, 그 공간에서 종종 명백히 감지되는 제 3자라는 더 큰 장에서 함께

하고 있다. 비록 현실의 초개인적인 차원에 초점을 두지 않는 심리치료 학파들에게 그렇게 인정되지는 않지만. 대신, 전통적인 문헌에서, Self의 존재는 "만남의 심오한 순간" 또는 "깊은 일체감" 또는 순수한 현존 등, 모든 임상가에게 알려진 방식으로 불리워졌다. 이 모델에서 볼 때, 우리가 같이할 필요가 있는 환자는 동시적(synchronistically)으로 나타난다. 그 작업은 환자뿐만 아니라 임상가의 영혼도 같이 다루기 때문이다.

융학파 접근은 개인을 초월하는 자료들을 참작하기 때문에 초개인적 심리치료의 한 형태라 할 수 있다. 하지만 일반적으로 '*초개인적 치료*' 라는 용어는, 명상, 샤머니즘, 또는 다른 방식으로 의식의 변형된 상태를 유발하는 영적 기법들을 의도적으로 작업에 도입하는 치료 학파를 일컫는다. 정신중심 접근에서는 이러한 기법들을 인정하기는 하지만, 그것들을 일차적인 양식으로 치료실에 도입하지는 않는다. 그보다 우리는 초개인적 자기(Self)(참여자의 ego가 아닌)는 무언가 그에게 필요한 것들을 생기게 한다는 기반하에, 꿈, 환상, 그리고 참여자들 사이에서 일어나는 어떤 것에서든지 자발적으로 나타나는 자료들에 초점을 둔다. 일부 융학파 사람들은 그림, 무용, 글쓰기, 모래 상자[7] 같은 표현 양식과 신체 작업들을 자신의 임상치료에 도입하기도 한다. 이러한 작업들, 기도, 영상, 금식과 같은 영적 수련전통에서는, 무의식을 활성화하여 누미노제 체험을 촉발하는 경향이 있다.

주 — 7 모래상자 놀이는 놀이치료와 마찬가지로 풍부한 표현을 이끌어낼 수 있는 양식이다. 모래상자 안에 작은 인형들과 물건들을 배열함으로써 이야기를 만들 수 있는데, 이것은 상징적으로 환자의 상상을 표현한다.

이러한 감수성을 가지고 작업하는데 관심이 있는 치료자는 개인적 정신역동과 초개인적인 정신(transpersonal psyche)의 발현 두 수준 모두에 대해 기반이 잘 다져져있어야 한다. 두 수준 중 어느 것도 그 특성을 두드러지게 드러낼 수 있기 때문이다. 원형적 자료들은 격하되지 않고 그 자체 수준에서 접근되어야 한다. 이를 위해서, 치료자는 종교, 신화, 민속, 인류학 등 상징체계에 관한 일반적인 지식이 있어야 한다. 개인적인 누미노제 경험이 없이 다른 사람의 누미노제 자료를 가지고 작업을 한다는 것은 사실상 불가능하다.

이러한 접근은 개인의 영성을 그의 심리와 구분하지 않기 때문에 문화적, 전문적 구획화를 교정한다. 우리는 그 환자의 영성은 그의 독특한 원형적 자질에 따른 아주 개인적이라는 것을 인식한다. 원형들이 인간 발달에 관여하기 때문에, -예를 들면, 콤플렉스의 발달에 관여함으로써- 개인의 성격 구조와 그의 영성간에는 밀접한 관계가 있다. 그 결과, Self와 관계하는 데에는 많은 방법이 있다. 예를 들면, 만약 위대한 어머니 원형(the Great Mother archetype), 또는 신성의 여성성 측면이 한 개인의 psyche에서 특히 현저하면, 그 또는 그녀는 남성적인 면모에만 제한되어 있는 신 이미지에 별로 매력을 느끼지 못할 것이다. 빌렌도프의 비너스를 꿈꾸었던 남자의 사례에서 보았듯이, 그 결과 나타난 영성은 꼭 유대-크리스찬 전통과 관련된 것이 아닐 수 있고, 영혼의 진실된 표현이다.

심리치료를 시작하는 많은 사람들은 누미노제 경험을 이미 성직자와 의논한 적이 있다. 성직자들은 그 경험이 성서적 형식을 갖추지 않았다는 것 때문에 이를 "악마적"이라며 무시해야하는 것이라고 말했다 한다. 반대로, psyche 중심 접근은 그 경험의 내용에 상관없이, 누미노제 특성에 관심을 기울인다. 우리는 신성함은 어떤 형태로든 나타날 수 있다고 가정한다. 따라서 우리는 전통적으로는 완전히 세속적이라고 여겨질 자료들도 영적으로 중요한 것으로 받아들일 수 있다. 이러한 자료들은 유대-크리스찬 교의와 도그마보다는 심층심리학 언어와 해석법을 이용해서 접근한다. 때로, 단기치료가 누미노제 경험과 함께 시작하여 이를 중심으로 진행될 수 있다.

자기 경험의 문학적 예

심층심리학적 태도는 아르헨티나 작가인 호르헤 루이스 보르헤스의 "*신의 글*(The God's Script. 민음 1996, 보르헤스 전집 3권 '알렙' 에 실려 있음- 역주)"라고 불리는 짧은 이야기에 잘 반영되고 있다. 그는 아즈텍의 마술사, 치나깐에 대해서 이야기 했다. 치나깐은 뻬드로 데 알바라도에게 생포되어, 자백을 하도록 고문을 당했고, 끝내는 깊은 지하 감옥에 영구적으로 갇히게 되었다. 그 감옥은 두 부분으로 구분되어 있었다: 한 측에서는 치나깐이 살고 있었고, 다른 쪽은 아메리카 본토인들이 신성하게 여기는 동물인 재규어가 점령하고 있었다. 두 부분은 지하감옥 꼭대기까지 닿는 돌 벽에 의해 나뉘어 있었지만, 벽에는 창살로 보호된 창이 있어서 빛이 들 때면 치나깐이 그 재규어를 볼 수 있었다. 매일 단지 한 순간, 정오에, 간수가 그날의 식량과 물을 내려줄 때에만 위로부터 밝은 햇빛이 감옥으로 내려왔다. 이 짧은 시간 동안 치나깐은 점박이 재규어를 관찰할 수 있었고, 몇 년에 걸쳐 그는 그 어슬렁거리는 동물을 연구하고 그 무늬의 패턴을 식별하기로 결정했다. 치나깐은 위대한 신의 비밀 암호문자가 재규어의 무늬에 새겨져 있다고 믿었다. 누구든지 이 암호를 배우고 해독한 사람은 신과 같은 힘을 갖게 될 것이다. 만약 치나깐이 재규어에 있는 암호를 이해할 수만 있다면, 그는 하느님을 이해하게 될 것이고, 그 지식으로 스스로 풀려날 수 있으며, 스스로의 힘으로 뻬드로 데 알바라도에게 복수를 할 수 있으며, 그의 전통 종교와 부족의 위대함을 회복할 수 있을 것이었다. 치나깐은 이 신성한 임무에 자신을 바쳤다.

여러 해 동안 치나깐은 점박이 재규어를 연구했다. 그와 간수는 함께 늙어갔다. 그는 자신의 건강을 잃었으며, 끝내는 돌바닥에서 스스로 일어서기도 힘들 정도로 너무나 약해지게 되었다. 그러던 어느 날 그는 감옥 안에 있는 모래 한 알을 알아채는 꿈을 꾸었다. 그는 이것을 기록했고, (여전히 꿈속에서) 그는 다시 잠이 들었다. 그리고 다시 꿈을 꾸었는데, 이번에는 감옥 안에 모래 두 알이 있는 것이었다. 세 번째 그가 다시 잠이 들었을 때, 그는 다시 다른 모래알 꿈을 꾸었고, 그런식으로 해서, 모래알이 감옥 꼭대기까지 꽉 채워져 그는 그 무게에 짓눌려 질식되어 가고 있었다. 그는 꼭 깨어나도록 노력해야만 한다는 것을 깨달았지만, 한 꿈에서 깨어나고 나면 이번에는 그 꿈에서 깨어나야 하는 상황이었고, 그 다음에는 또 다른 꿈으로부터, 또 다른 꿈으로부터, 그런 식으로 계속 이어지고 있었다. 완전히 깨어나기 위해서는 그가 꿈 전체 과정을 완전히 되짚어야만 했다. 그 일은 희망이 없어 보였다. 그는 절대로 그 모든 것으로부터 깨어날 수가 없었다.

하지만 갑자기, 그의 위 높은 곳으로부터 문이 열리면서 감옥으로 햇빛이 쏟아져 들어왔다. 치나깐은 그 한없는 꿈으로부터 깨어났다. 이 악몽으로부터 빠져나와 몹시 안도하면서, 그는 간수에게 감사를 올렸다. 심지어 무시무시한 그 감옥까지도, 자기의 피난처가 되어줌에 감사했고, 자신의 고통 받은 육체에 대해서도 그 인내와 지구력에 감사했다. 동시에, 그는 근본적인 깨달음을 얻었다: 그는 신을 보았고, 궁극적인 실재를 감지했다. 그가 실제로 본 것은 온 우주를 채우고, 존재하는 모든 것을 연결하는, 불과 물로 만들어진 지극히 높은 바퀴(High Wheel) (불교에서 〈바퀴〉는 진리, 즉 부처의 설법을 의미한다. 이 작품에는 불교의 깨달음에 대한 암시가 명백히 드러나 있다- 역주(민음 번역본에서 인용))였다. 치나깐은 갑자기, 거대한 물질계 안에서 그가 얼마나 작은지, 생명과 우주라는 거대한 직물에서 자신은 지극히 작은 섬유 하나에 지나지 않는다는 것을 깨달았다. 뿐만 아니라, 그의 주적 뻬드로 에 알바라도 역시 같은 직물 속의 섬유인 것이다. 그가 이 우주적 바퀴를 더 깊이 알게 되었을 때, 또 그 충만한 의미를 이해하게 되었을 때 그는 이제 재규어의 가죽에 쓰여진 글을 읽을 수 있다고 알게 되었다. 그 암호는 갑자기 그가 이해할 수 있는 것이 되었다. 그것은 14개의 무작위 글자의 공식으로서, 만약 소리 내어 읽는다면, 그 동안의 그 비참한 추방 동안 그가 간절히 바래왔던 모든 것을 이루는데 필요한 모든 힘을 줄 수 있는 것이었다. 드디어 그는 감옥을 부수고, 자신의 몸을 재건하고, 적을 응징하며, 자기 국민과 그들의 종교를 회복할 수 있고, 한 때 전 멕시코를 지배했던 몬테주마를 점령할 수 있는 그 힘을 자기 손에 쥐게 되었다.

> 사십개의 음절들, 열네개의 단어들, 그리고 나, 치나깐이 지배할 것이다. 그러나 나는 내가 절대로 이 단어들을 말하지 않을 것이라는 것을 안다. 나는 더 이상 치나깐을 기억하지 않기 때문이다…누구든지 우주를 본 자는, 누구든지 우주의 거대한 디자인에 사로잡혀본 자는 한 사람의 입장에서, 자신이 바로 그 사람이라 할지라도, 그 개인의 사소한 행불행에 입각해서 생각할 수 없다. 그는 그였었을 뿐, 이제 더 이상 그에게 문제가 되지 않는다. (p. 173)

하느님의 권능을 보고 역시 침묵에 빠졌던 욥처럼, 치나깐은 자신의 입을 봉하고 궁극적인 실재의 지극히 높은 바퀴안에서 자신의 무한히 작은 입지를 수용했다. 그는 "신의 단어"를 말하지 않았다. 그의 ego는 주권 대상(Master Object; the Self)을 직접 경험했기 때문으로, ego는 그 아주 작은 조각에 지나지 않는 것이다.

어떤 면에서, 분석은 우리가 무의식이라 이름붙인 재규어에 새겨진 글을 파악하려는 탐구가 아닐까? 우리 개인적 존재의 수수께끼에 답하려는, 우리를 족쇄와 감옥으로부터 자유롭게 하는, 그리하여 정신 과정과 내용이 얽힌 더 큰 네트웍 안에서 우리 ego를 담고 있는 주권 대상(the Self)를 발견하려는 시도가 아닐까? 정신 패턴을 추구하는 것과 그 암호를 해독하려는 시도는 100년 전 프로이트가 *꿈의 해석*을 출판한 이후 정신분석의 핵심이었다. 이러한 탐색은 분석 구조에서 봉쇄된 성역, 신성한 영역에서 일어난다.

프로이트는 정신분석을 "신비주의", 마술, 신비적 경험 등의 혼미한 영역보다 상위에 있는 "고상하고 편견없는" 것으로 유지하려고 결심했다. 하지만 자유 연상과 꿈 이미지를 위해서 직접적인 사고를 중지하게 함으로써, 결국 뜻하지 않게 그 스스로 영의 세계에 대한 문을 연 셈이다. 그가 융에게 경고했던 "신비주의의 홍수"(1989, p.150)를 완전히 저지할 수 없었다. 정신분석 운동 시작부터, 화가, 시인, 신학자, 철학자, 그리고 다른 비과학적이고 비의학적으로 훈련받은(또는 오염된) 사람들이 그 실행이나 이론화에 참여하게 되었다. 그들은 그 기계적이고 과학적인 주장(혹자는 '허세'라 덧붙일 수도 있는)에 끌린 것이 아니라, 그것이 창조성, 상상력, 그리고 질서의 비합리적인 창조에 이르는 신비적인 원천을 깊이 파고들기 때문에 매력을 느낀 것이다. 정신분석은 마음의 다른 칸에 있는 재규어, 무의식을 탐구하는 것이다.[8]

주 — 8 역시, 분석의 발단에 권력의 욕구가 자리 잡고 있는 경우가 종종 있다. "만약 내가 무의식을 통제할 수만 있다면" 분석 받는 사람은 이렇게 생각할 수 있다 "나는 내 삶과 나를 둘러싼 세상을 변화시킬 수 있는 위대한 힘을 가질 것이다". 이러한 권력 추구가, psyche라는 더 큰 세계 안에서 ego의 상대적인 위치를 깨닫는 것으로 끝나기를 바란다.

융, 프로이트 그리고 영성

프로이트와 융과 같은 창설인물들이 구시대적 종교 전통에서 분리되는 데는 단지 한 두세대만이 걸렸을 뿐이라는 것을 언급할 필요가 있겠다. 프로이트의 할아버지는 정통파 랍비였고, 융의 아버지와 외할아버지는 스위스 개신교 성직자였다. 그들의 전통 안에서 그 조부들이 배운 것들, 그리고 아마도 경험한 것들까지도 역시, 아들들과 손자들은 자신의 내적 정신세계 안에서 다시 찾게 된다. 정신분석 안에서 발견되고 연구된 무의식의 상징과 이미지들은 잃어버린 종교 세계에 대한 반향을 창조하게 된다. 이러한 반향들은 다시 창시자들의 정신분석 작업 공간에 실제적으로 반영되게 된다. 프로이트의 경우, 이는 다소 위장되었다 할 수 있지만, 그럼에도 불구하고 그의 유명한 고전적 전집에 드러나 있다. Rizzuto(1998)는 프로이트의 상담실 안에 있는 이러한 수많은 "신성한 대상(sacred objects)"에 대해 말하고 있다: "그들은 하느님이 그 신자들에게 주는 것을 주고 있다: 한결 같은 존재에 대한 확신과, 마음을 끄는 아버지와 승화된 방식으로 정서적 접축을 하는 기쁨..., 그들은 하느님의 존재가 신자들에게 갖는 기능을 하면서, 필요한 존재로서 언제나 거기에 있다"(p.259). 융이 종교 전통에 대해 보이는 경의는 보다 투명하다. 그는 중세 교회에 있던 스테인드 글라스를 자신의 서재에 달았고, 토리노의 수의 복사본을 집필 책상 위에 걸어 두었다. 융의 심리학적 이론 자체가 성서 신학의 한 해석으로 읽혀질 수 있다. 예를 들면, 동시성(synchronicity)의 "학설"은 친숙한 개신교 교리인 신의 섭리(Stein, 1995 참조)에 대한 융의 서술이라 할 수 있는 것이다.

두 정신분석 개척자는 영적 실재를 상기하게 되었고, 현대인으로서 그들이 더 이상 "믿는다"고는 할 수 없지만, 그럼에도 불구하고 자신에게 아주 놀랍게도 의미있고 중요함을 발견했다. 어떤 면에서, 이러한 오래된 종교 대상과 이미지들은 살아있는 상징으로서 이 두 현대인들에게 이어지고 있었다.

자기 유대 전통의 영적, 신학적(문화적은 아니라 할지라도) 측면과 그렇게도 매몰차게 절연했던 프로이트가 부지불식간에 영성의 현대적 양식으로 가는 길을 열었다는 것은 매우 아이러닉하다. 융은 정신분석의 이 차원을 정확히 인식하게 되었고, 그의 후기 저작에서 이에 대해 광범위하게 숙고하였다. 프로이트가 *문명 속의 불만*에서 논의한 "oceanic feeling"은 시인, 신비가, *꿈꾸*는 사람들에게 흔한 경험이며, 분석이라는 *성역* 내에서 분석 받는 사람과 분석가에게도 때때로 일어나는 것이다. 이것은 치나깐이 지극히 높은 바퀴를 보고 그 안에서 자신의 입지를 깨닫기 전의 필수 조건이다. 이는 또한 훨씬 후기의 Milner(1987), Eigen(1998), Ogden(1999), Bollas(1999), 그 밖에 다른 많은 정신분석 작업과 이론의 일반적인 바탕이다.

임상 사례

우리는 *영성*이라는 용어가 전통적인 종교에서의 통상적인 의미나 심지어는 뉴에이지 해석에서와도 좀 다르게 이해되어야 한다고 믿는다. 새 환자가 분석에 첫 꿈을 가지고 왔다. 그 꿈의 한 특정 부분이 나의[9] (주— 9 여기서 치료자는 Stein을 말한다.) 관심을 끌었다. 그는 리조트 호텔 룸에서 아침 식사를 하고 있었고, 창이 활짝 열려 있었다. 밖으로는 바다가 보인다. 적당히 강한 바닷바람이 하얀 커튼을 방 안쪽으로 부풀리고 있었다. 나는 그에게 이를 좀 더 자세히 묘사해보라고 하였다.

"부드러운 산들바람이었어요" 그는 말했다. "아주 상쾌해요. 때때로 바람이 갑자기 세게 훅 풀어서 커튼이 안으로 밀려들어와요" 그는 팔을 넓게 펼치며 덧붙였다. "맑고 화창한 날이었고, 바람은 꽤 강했지만, 거세지는 않았어요. 해변에 있거나 세일링을 하기에 좋은 날이었죠"

나에게 말하는 동안, 그는 약한 백일몽 상태에 들어갔고, 나는 그를 따라갔다. 잠시 동안, 마치 우리가 같이 꿈속에 들어간 것 같았고, 나는 그 바람과 짭짤한 공기를 거의 느낄 수 있을 정도였다(우리가 서로 여기로 들어선 것은 일종의 "oceanic feeling" 이었다). 나는 잠시 생각에 잠겼다. 창은 열려 있었고, 무의식에로의 입구가 있었으며, 타이밍도 알맞았다(이것을 쓰고 있는 동안, 나는 치나깐의 감옥 위 하늘 문이 열리는 것도 생각한다. 그 때 잠시 동안 그는 자기 감옥너머의 세계를 볼 수 있었고, 인접한 공간의 재규어를 연구할 수 있었다).

몇 주 후, 그는 두 번째 꿈을 가져왔다. 그는 큰 강의 둑에 서 있었다. 자기 주위와 물 속에서 그는 많은 여자들과 아이들이 놀며, 목욕을 하고, 편히 쉬고 있는 것을 보았다. 물에 들어가서 수영을 시작하면서, 그는 물이 얼마나 맑고 깨끗한지 알게 되었다. 그는 바닥을 볼 수 있었고, 자기 살에 닿는 깨끗한 물의 시원하고 산뜻한 느낌을 즐겼다. 그는 꽤 먼 거리를 헤엄쳐 갔고 막 돌아서려는 참이었는데, 갑자기 표면 2,30 피트 아래 강바닥에 거대한 흰 상어가 조용히 누워있는 것을 발견했다. 혼비백산해서, 그는 재빨리 되돌아와 물에서 나왔다. 그는 왜 그 여자들과 아이들은 별 신경을 쓰지 않고 그 물에서 계속 수영을 하며 놀고 있는지 의아했다. 그들은 상어를 보지 못한 것일까? 혹은 그것이 위험하지 않다는 것을 알고 있나? 아니면 그가 환각에서 상어를 보았을 뿐, 현실이 아닌가? 그는 알 수 없었다.

그 꿈은 불안하게 하기는 했지만 끔찍하게 위협적인 것은 아니었다. 그 상어는 지금 조용하지만, 그 출현이 의미하는 것은 무엇일까? 그 상어에서, 우리는 즉시 30여년전에 약물을 복용했을 때 그가 정신증에 빠졌던 것을 연상했다. 그것은 그의 인생에서 주요한 경험이었다. 그의 삶은 완전히 변했고, 자아 통합을 회복하기 위해서 수년이 걸렸었다. "나는 하느님의 시선 앞에 얼어붙어 있었다" 그는 말했다. "나는 내 죄를 볼 수 있었다. 하느님은 그 비난의 손가락을 들어 바로 나를 지목하고 있었다. 나는 *알고 있었다*(힘주어 강조하며 말했다). 나는 완전히 타락하고 부패했다는 것을. 내가 한 일은 모두 나빴다. 나는 세상에서 가장 큰 죄인이었다. 주변에는 아무도 없었다. 하느님이 바라보시는 것은 내가 전부였고, 그의 심판은 절대적이고 결정적이었다"

그 거대한 흰 상어는 옛날에 그의 자아를 공격하고 황폐화시켰었다. 그에게 있어서 이것은 제일 중요한 영적 경험이었는데, 동시에 왜곡되고, 편집적이며, 병리적이었다. 그는 무의식적으로 그가 6세 때 백혈병으로 죽은 아버지의 죽음에 죄책감을 느꼈었다. 게다가, 약물 경험 바로 전에, 그는 이전에 약물 중독자였다가 다시 태어난 사촌의 권유에 따라 계시록을 읽고 있었는데, 죄에 대한 하느님의 심판과 징벌에 대한 강력하고 끔찍한 이야기였다.

"그게 내가 생명의 강에서 나오게 된 이유입니다" 그는 말했다. "내 삶은 그 순간에 멈췄습니다. 나는 발병 전 사람으로 돌아가기를 갈망했지만, 그럴 수 없었어요. 나는 하느님이 그 시야 안에 나를 두고 계시며 내가 완전히 나쁜 놈이라는 인식에 사로잡혔습니다. 그리고 나는 왜 다른 사람들은 이 사실을 알고도 나와 똑같이 황폐해지지 않는지 알 수가 없었습니다."

"그 상어는 현재는 조용합니다" 나는 과감히 말을 꺼냈다.

"아, 예. 하지만 그건 언제든지 나를 공격할 수 있어요. 그런 상어들은 번개같이 움직입니다. 그들이 그렇게 하면, 모든 게 끝나지요"

"그 여자들과 아이들은 괜찮아 보이잖아요" 내가 지적했다.

"예. 그게 이상해요. 나는 이해할 수 없어요"

보르헤스의 이야기에서, 치나깐은 두꺼운 돌 벽과 창살이 있는 유리창으로 재규어로부터 보호되었다. 내 환자의 꿈에서, 상어와 수영하는 사람 사이에는 맑은 물 말고는 아무것도 없었다. 이것은 중요한 차이점으로, 원초적인 주인 대상(master object)의 공포에 대한 정신적인 방어와 구조가 다름을 가리키는 것이다. 융은(1958/1969, p.451) *욥에 대한 응답*에서 이렇게 썼다.

> 하느님은 철저히 양면적이다. 은총의 바다는 뜨거운 불 호수와 맞닿아 있으며, 사랑의 광선은 무시무시한 어두운 열-"*ardet nom lucet*"(태우기는 하지만 빛은 내지 않는- 역주)이라 일컬어지는-과 함께 달아오른다. 그것이 불멸의, 일시적인 것과 구분되는, 복음이다. *사람은 하느님을 사랑할 수 있지만, 또한 반드시 두려워해야 한다.*

융은 여기서 신학이나 철학 저술에서 나타나는 신학적 또는 형이상학적 하느님을 일컬은 것이 아니라, 원초적 종교 경험에서의 심리적인 하느님을 말하고 있었다. 이 하느님은 커다란 흰물고기나 재규어라는 상징적인 형태를 쉽게 취할 수 있다. 심리적인 경험의 하느님은 '신이 짐승 모습을 한(theriomorphic)' 동물과 닮았다. 이것은 자연의 힘이다.

분석의 창은 주인 대상의 모순적인 본질을 향해 열려있다. 정신분석 맥락에서 영성은 위험을 무릅쓴 모험이다. 알려지지 않은 것, 무의식의 강, 벽이 둘러쳐진 정신적 감옥의 다른 칸으로 뛰어드는 것이다. 개척자들인 프로이트와 융은 무의식을 직면하고 정신의 미답 영역을 모험하는 공포를 잘 알고 있었다. 스핑크스를 마주하는 프로이트, 집단 무의식 원형들을 직면하는 융 – 이것들이 정신분석 창시자들이 그들의 모험심에 대한 표상으로 우리에게 남긴 이미지들이다. 정신분석이란 인간 존재의 중심 신비를 인식하기 위한 탐구이며 그 주요 수수께끼에 대해, 답을 하는 것은 아닐지라도, 깊이 생각하는 것이 아니던가? 이것이 정신분석이 의미하는 영성의 본질인 것이다.

영성과 심리치료에서 적극적, 소극적 자유

정신치료 안의 영성으로서 우리가 의미하는 것을 좀 더 깊이 정의하기 위해, 우리는 두 종류의 자유에 대한 Isaiah Berlin의 유명한 구분을 따를 수 있다(Ignatieff, 2000). Berlin은 적극적 자유와 소극적 자유 사이에 선을 그었다. 그에 의하면, 적극적인 자유는 사회를 교육하고, 조형하며, 형성하고, 재구성하는데 자유를 사용하는 것을 말한다. 이것은 부모들이 자녀들을 가르치고 영향을 주는, 왕과 관료들이 "일반 대중을 향상시키기 위한" 자유이다. Berlin은 적극적인 자유가 사회와 문화에 적용되는 것에 대해 회의적이었다. 이를 선호하는 사람들이, 어떻게 자아실현, 성장, 향상된 삶을 구현할 수있는지에 대한 자신의 (사실상 제한된) 확신에 기반해서 "좋은 삶"을 살도록 다른 사람들을 가르치려 하기 때문이다. 루소와 낭만주의자들의 전통을 이어받은 이 사람들이 현대의 최악의 폭군, 독재자, 파시스트가 되어왔다. 그들 모두가 사회, 심지어 인간 종족자체를 향상시키려 의도했지만, 그들의 확신과 강한 권력 행사는 결국 추악하게 변하여 그들의 패러다임에 맞지 않는 사람들에게 아주 치명적이게 되었다. 소극적인 자유는, 반면, 외적 강박, 권위주의적 (비록 좋은 의도라할지라도) 사고와 행동으로부터 자유로워진 상태이다. 그것은 하고 싶은 것을, 하고 싶은 때 하고 싶은 방식으로 할 수 있는 조건이다. Berlin은 이런 자유의 위험성을 알았지만, 전체적으로 보았을 때, 사람들은 무엇이 그들에게 가장 좋은 지 스스로 파악하고 헤쳐나갈 수 있다고 믿었기 때문에, 이를 선호했다.

영성에 적용시켜보자면, 적극적인 형태는 종교적 교의와 예식에 대한 확신에 기반한 사람들이 가르치고 설교하는 것이다. 반면, 영성에서 그 반대 양상은, 내용이 비어 있으며, 알려지지 않은 것에 대한 개방적인 태도에 입각해 있다. 이는 중국인들이 *wu-wei*(無爲)라 일컬은 태도, 즉 모든 일이 절로 일어나 진행되도록 두라는 태도를 기반으로 한다(Hinton, 1999). 프로이트가 자유 연상 방법을 사용하고, 분석가들에게 환자의 정신적 자료에 대해 고르게 관심을 두는 태도를 기르도록 권유한 것이나 융이 적극적 상상을 활용한 것은 이러한 소극적 영성 방향으로 기울고 있다. 정신분석에서 개인은 재규어 위의 표식을 연구해야만 한다: 그는 그것들을 재배치하려 해서는 안된다.

현대 심리치료에서도 그 방식 안에 적극적인 영성을 활용하는 형태들이 있다. 인지 행동 치료와 영성을 조합한 임상가들은 이러한 접근을 선호할 것이다. 이러한 치료는 탐색적이라기보다는 정해진 프로그램을 따르며, 개인차와 새로운 부분에 대해 개방되어 있다기보다는 그들 목표가 옳다는 것에 확신이 강하며, 숙고적이기보다는 적극적이다. 정신분석은, 영은 불고 싶은 대로 불어서 인간은 그 방향을 예측할 수도 없고 그 길을 통제할 수 없다는 인식에서, 소극적인 영성 측면을 훨씬 더 많이 취하고 있다. 무의식의 영은 항상 새롭게, 항상 신선하게 그 스스로를 드러낸다.

한 환자가 나(Stein)에게 그를 몹시 놀라게 했던 꿈에 대해서 이야기를 했다. 내가 보기에 그것은 무의식 영이 새로움과 창조성에 관해 얼마나 자유롭고 천재적인지 보여주는 예이다. 그 꿈의 맥락이 아주 비범했다. 그 꿈은 그가 자기 딸이 셋째 아기를 낳는 것을 기다리는 동안 병원 벤치에 앉아 있을 때 나타났다. 그 환자와 부인은 딸이 이 아이를 임신했다는 사실이 아주 불쾌했다. 그녀는 미혼이었고, 셋째는 고사하고 이미 있는 아이들이나 자기 스스로를 보살필 아무런 능력이 없었다. 그녀는 낙태를 거부했고 만삭이 되기까지 임신을 유지했다. 그래서 그는 딸이 분만실에 들어가기까지 기다리며 새벽 두시에 거기 있게 된 것이다. 그는 벤치에서 잠이 들었고 자기가 딸의 방에 있는 꿈을 꾸었다. 어떤 여자들이 물건들을 손질하며 돌아다니고 있었다. 갑자기 그는 (꿈에서) 어떤 환영을 보았는데, 20명쯤 되는 사람들이 출산을 기다리며 딸의 침대를 둘러서 있는 것이었다. 그들은 이 기쁜 사건을 축하하러 모여있었다. 그는 각 사람들이 그가 여전에 알던 누군가라는 것을 깨달았다. 그는 그들의 얼굴을 살펴보았다. 거기에는 그의 어릴 적 친구, 대학 동창, 이전 멘토 등이 있었다. 그는 그들 모두를 다 알았다. 꿈속 환영에서, 그들은 그가 그들을 알았을 때의 나이로 있었다. 그는 황홀경에 빠져 기쁨에 넘치게 되었는데, 그것이 환영이며 또 그 중 몇 사람은 실제로는 이미 죽은 다음이라는 것을 알았기 때문이다. 하지만 그들은 거기에 있었다. 그들은 돌아와서, 그를 위해 여기에 왔고, 그의 새 손자의 탄생에 그와 함께 있었으므로 그는 감사한 마음에 어쩔줄 몰랐다. 그는 다시 친구들과 있는 기쁨에 눈물을 흘렸다. 바로 그 때 그의 딸이 그를 깨웠고 이제 출산을 하러 갈 때라고 말했다.

관계네트웍에 대한, 과거와 현재, 미래의 연결에 관한 이 꿈/환영은 지극히 높은 바퀴상에서 모든 사물과 존재간 상호 연관성에 관한 치나깐의 환영과 비슷하다. 이러한 순간에 우리는 우리의 제한된 자아 관점과 선호를 초월하는 특혜를 입게 된다. 세상에는 현세적인 것과 영속적인, 더 큰 실재들이 있는 것이다. 자아의 위치는 상대적이 된다. 치나깐은 자신을 잊었다. 내 환자는 그 출산에 대한 고통과 반대를 접어두게 되었다. 더 큰 조망이 시작되었다.

분석에서 일어나는 영성은 자발적이고, 놀랍고, 거의 언제나 자아의 제한된 태도와 기대에 반하는 방식으로 나타난다. 말실수 형태로 회기내에 도입되기도 한다. 한 환자가 거의 완벽한 여성과 새로 멋지게 관계를 시작했는데, 3,4주 지나고 나서 사소한 갈등과 불협화음이 나타나기 시작했다고 아주 조심스럽게 말하고 있었다. 그의 여자친구는 몇가지 거슬리는 습관과 기벽이 있었지만, 단지 가벼운 것들이라고, 그는 말하려 했었다. "그것들이 중요하지 *않다고* 말하려는 건 절대로 *아니예요*" 그는 강조했다. 그리고 그는 자기가 의식적으로 말하고자 의도했던 것과 반대되게 이중 부정을 했다는 걸 깨닫고는 말을 멈췄다. 그는 심리학자였으므로 그 말실수의 의미를 이해했다. 자기 말을 듣고, 그는 소심하게 웃기 시작했다. "원하던 원하지 않던, 당신은 진실을 말할 거예요" 같이 웃으면서 내가 말했다.

정신분석의 영은 진실을 말한다. 그렇지 않은가? Ego가 협조할 기분이던 아니던 간에, 이것이 우리 작업을 인도한다.

전이 역시 더 큰 시야로 나아가는데 있어서 진입점이 될 수 있으며, 꿈과 마찬가지로 무의식과 주인 대상에 이르는 왕도라 할 수 있다. 융(1953/1966)은 그를 지극히 천상적인 사람으로 이상화하며 그가 아버지 하느님으로 등장하여 자신을 팔에 품고 바람이 물결치는 밀밭을 지나는 꿈을 꾼 한 여인의 케이스에 대해 말했다.[10] ㊟—10 이 케이스는 1916년에 처음 제시되었다. 이것은 오늘날 우리가 이상화 전이라 부를 수 있는 초기 임상 비네이다. 그 때, 융은 이 전이는 환자의 신성 추구의 결과라고 인식하였다. 이런 종류의 자료로부터 융은 psyche 안의 "초개인적 통제점(transpersonal control-point)"이라 묘사된,

(transpersonal control-point)"이라 묘사된, 이후 Self라는 개념으로 진화되는 생각을 끌어내었다. 내 환자의 첫 꿈에서도 바닷바람이 -pneuma(성령), 또는 영- 열린 창문으로 부드럽게 불고 있었다. 내가 빠뜨린 것이 있는데, 나도, 분석가로서 그 꿈에 나타나는 인물이었다. 나는 그 꿈꾼 사람이 아침식사로 계란, 토스트, 오렌지 주스를 배불리 먹는 것을 보고 있었다. 나는 그걸 참기 어려운 듯이 보였고, 그는 내가 더 이상 그를 존중하지 않고 거부하지는 않을까 생각했다. 이는 그에게 그의 아버지와 새아버지에 대한 생각을 떠오르게 했다. 전이 중에서, 과거와 현재를 연결하고 새로운 미래로 인도하는(우리가 바라는 바) 영이 탄생한다. 프로이트가 말했듯, 분석 중에 발전되는 유대관계는 심오하고, 우리가 아는 가장 초기의 유대, 부모-자녀 관계와 닮았다. 이 유대관계를 이해하고, 연구하고, 충분히 경험하는 것이 분석의 핵심 작업이며, 정신분석이 심화되어 그 역량을 완전히 모으게 되었을 때 이루어지는 영적 경험의 중심이 될것이다. 융이 분석에서의 변모(transformation)라 일컬은 것은 전이-역전이 관계의 그 기름진 맥락 안에 핵심 에너지를 품고 있다.

최종적으로, 동시성의 순간들이 있어서, 우리는 사물들간의, 주로 가까운 인간 관계 맥락에서의 놀라운 연결성에 노출된다. 자기 의도와 반대로 말실수를 하며 진실을 말했던 환자는 같은 회기에서 별난 사건을 이야기하였다. 그는 신비적 사고에 전혀 익숙치 않았고, 항상 합리적, 회의적인 현대인이기를 추구했었다. 그래서 그는 치료 회기가 있기 전날 일어난 사건에 대해 몹시 놀랐다. 그의 딸이 다른 나라에서 전화를 걸어와서는, 그녀가 협곡을 운전하는 동안 아주 아슬아슬한 사고를 겪었다고 말을 했다. 타이어가 터져 차 밖으로 튀어나가서 그녀는 저 아래 깊은 골짜기로 굴러 떨어져 죽을 뻔했다는 것이다. 그녀는 나뒹굴었지만, 다치지는 않았다. 그는 연극을 보러 시내에 운전하고 가는 길에 아들에게 이 끔찍한 사건을 설명하고 있었다. 그가 딸의 바퀴가 터져나갔다고 말하는 바로 그 순간, 그의 차 바퀴 중 하나가 엄청난 소리를 내면서 터져나가며 바퀴의 테두리가 보도에 찍힐 만큼 세게 요동이 쳐졌다. 우리 삶의 심리적, 육체적 영역 모두에서 대상관계 네트웍이 숨겨져 있어서, 그 존재를 놀라운 방식으로 보여주곤 한다. 만약 우리가 그 범위를 완전히 알 수 있다면, 우리는 치나깐이 지극히 높은 바퀴에서 본 것을 보게 될 것이다. 우리 각자는 큰 천의 한 가닥들이다. 그 범위와 전체적 디자인은 우리의 이해를 넘어서며, 우리는 낯선 길과 새로운 장소에서 서로 접촉한다.

정신분석은, 탐색, 발견, 치유의 방법으로서, 우리들의 분석 공간인 *temenos*(고대 그리스의 신성한 숲, 혹은 신들에게 바친 땅을 의미- 역주) 안으로 빛이 비칠 때 재규어의 등에 있는 패턴을 연구하는 것이다. 이는 소극적 영성의 실제로, 우리의 삶에 침투해서 세상에 존재하는 모든 것과우리를 연결시키는 비합리적이고, 놀랍고, 감추어진 연결들을 관찰하는 것이다. 그것은 신성한 문서를 지속적으로 숙고하는 것이며, 우리가 주관성 안으로 깊이 들어갈수록 명백해지는 것이다. 우리의 영혼에 새겨진 메시지를 깨달음으로써 한편으로 치우치고 신경증적인 우리의 병이 치유될 수 있다. 그 끝은 경외이며, 우리의 입술은 침묵으로 봉해진다.

영성지향 심리치료에서 융학파 접근의 응용

주의해 두어야 할 것이 하나 있다. 융학파 접근은 발달적으로 상징 이전인 사람들의 경우에는 적용하기가 어렵거나 혹은 불가능하다는 것이다. 그들은 상징적인 자료들을 구체화하려 하며, 그 은유적 본질을 이해하지 못할 것이기 때문이다. 따라서 경계선 성격들 중에 이러한 작업에 매력을 느끼는 사람들이 많지만, 결국은 그 강한 정서성에 압도당하게 된다. 강한 자기감 없이, 그리고 강한 정서를 감내할 수 있는 능력 없이, 누미노제 경험은 정신증적 삽화를 촉발할 수 있다. 이런 상황에서 임상적인 안목과 책략이 필요하다. 초개인적인 자료를 가지고 작업하는데 필요한 성격적 강인함을 지니고 있음에도 불구하고, 그가 지닌 세계관(또는 누미노제 경험에 대한 저항) 때문에 그런 경험을 상담실에서 털어놓지 못하는 사람들이 있다. 그런 경우에는 "하느님 문제(God talk)"라고 그냥 스쳐 지나갈 가능성이 많다. 말할 필요도 없이, 이런 접근은 특정 학파 전통에 완전히 몰입해있는 치료자들에게도 제한이 있다. 예를 들면, 많은 기독교 근본주의자들은 계시가 지속적으로 나타나고 있으며, 새로운 형태를 취할 수 있다는 융의 기본 전제를 받아들이지 않는다(근본주의자들은 계시는 신약의 결론과 더불어 종결되었다고 믿는다. 많은 사람들이 어떠한 심리치료적 접근의 가치도 인정하지 않는다. 예) Bobgan & Bobgan, 1987). 이 접근은 유물적인 사고를 가진 사람들에게도 관심거리가 되지 못한다. 그들의 환자가 누미노제 자료를 그들에게 제시했을 때 이것은 방어적이고, 히스테리적이며, 정신증적인, 혹은 과열된 상상의 결과라고 간주하는 경향이 있다. 누미노제 경험이 치료자에게로부터 거절당하거나 감소될 위험 때문에, 많은 사람들이 이에 대해 말하기를 꺼린다. 아마도 '정신장애의 진단 및 통계 편람'에서 "정상적인 신성 경험(normal numinous experience)"이라는 범주가 필요할 것이다.

이러한 제한 때문에, 이 접근은 자기 정서적 고통을 심리적, 영적 차원과 분리시키지 않고 풀어나가려는 사람들에게 유용하다. 이 접근은 신성함이 어떠한 방식으로 현현되든지 간에 그에 개방되어 있으며, 전통적인 사목적 조언이 별로 도움이 되지 않았거나 초개인적인 정신이 특이한 방식으로 나타났을 때 유용하다. 어떤 사람들은 조직적인 종교를 혐오하면서도 스스로를 "영적"이라고 하는데, 그들이 존재의 감추어진 차원과 초월적인 가치에 연결됨에 대해 관심이 있다는 의미에서 그러는 것이다. 융학파 접근은 전통적인 종교 양식을 짐지우지 않기 때문에 이런 사람들에게 적합하다. 어떤 사람이 기존 종교 전통에 헌신하고 있고, 자기 자료를 전통적인 용어에 부합시킬 수 있다면, 융학파 접근을 통해서 더 깊이 헌신하는데 도움을 받을 수 있다. 이러한 이유로, 융학파 접근은 진보적인 크리스찬과 유대인들 사이에는 인기가 있다. 불교신자들도 명상 기술이나 다른 전통적인 가르침을 적용했을 때 그리 도움을 받지 못한 자료들을 다룰 때 이러한 접근이 유용하다고 여길 수 있다. 무의식을 탐색하기에는 자아 구조가 너무 약한 정신증적, 정신증 이전 상태의 사람들에게는 이러한 접근은, 금기되는 처방이다.

결론: 심리치료 안에서의 영성에 대한 융학파의 주석

변론을 좀 덧붙이겠다. 심리치료간 비교 연구를 할 때 부딪치게 되는 난관의 일부는, 어떤 한 이론 관점에서 보았을 때, 모든 다른 심리치료 접근들이 불완전해 보인다는 것이다. 따라서 어떤 필자든지 단지 한 특정 관점에서만 글을 쓸 것이다 – 우리는 모두 우리 각자의 신화에 충성하며 작업을 한다. 융학파 관점에서, 임상가의 이론적 편향이 무의식이나 그 원형적 차원에 별로, 혹은 전혀 관심을 두지 않는 것은 문제가 되지 않는다. 의식적으로 느끼든 아니든 간에, 초개인적 자기(transpersonal Self)는 거기에 있으며 작업의 결과에 영향을 준다. Self, 혹은 신성에 대한 추구가 치료자에게로 투사되었을 때 나타나는 이상화 전이의 형태 안에서 그 예를 볼 수 있듯, 변장이 되어 드러난다 할지라도 그렇다. 겉으로 취하는 형태가 공식적인 영적 지도인지, 인지행동치료인지, 정신분석인지, 혹은 그 중간 어디의 양식인지는 문제되지 않는다. Self는 무의식을 통해서 참여자들이 작업하는 관계의 장에 영향을 주며, 자연스럽게 고무한다. 환자가 특정 치료자에게 빠진다는 사실조차도 종종 동시성의 원칙에서 중요하다. 두 참여자간의 psyche는 서로 중요하게 얽히게 된다 – 단지 그 결과로서가 아니라, 양측 참여자의 마음을 휘어잡는 Self의 현장 영향력 때문이다(예를 들어, Spiegelman 과 Mansfield, 1996을 볼 것). 무의식은 단순히 꿈, 증상, 전이의 형태로 나타나지 않는다. 바깥세상에서, 우리는 우리가 관여한 사람들과 사건들의 형태로 무의식을 경험한다. 이는 우리가 실제로는 서로 분리되어 있지 않기 때문이다. 우리는 자아, 신체, 인격 수준에서는 분리되어 있다고 느끼지만, 초개인적인 정신 의식 수준에서는 분리되어있지 않다. 우리 모두 안에서 Self는 같다. 우리는 일련의 어려움을 가지고 정신치료에 들어서지만, 작업이 이끄는 방향은, 어떤 양식이든 간에, 놀랍다는 것을 종종 인식하게 된다. 이는 명백히 Self가 인격에 대해 그 스스로의 지침과 목표를 가지고 있기 때문이다. 이 부름을 알게 되는 것이 좋은데, 그렇지 않으면, 융이 믿은 대로라면, 결국 이 목표에 끌려가게 되기 때문이다. 따라서 융학파 관점 내에서 증상의 제거를 치료의 최종적인 목표로서 잡는 것은 불완전한 접근이다. 증상은 Self가 우리를 더 큰 의식으로 이끌기 위한 부름인 것이다. 우리가 점점 더 Self의 잠재력을 의식하게 되고, 이후 체화하게 되는 과정은 실제로는 신격의 육화(incarnation)이다. 치료자의 과제는 환자를 위해서 이 과정을 용이하게 하는 것이지만, 임상가는 그가 치료적 관계에서 완전히 면제되었다고 상상해서는 안된다. 융(1959/1975, p.71)은 치료자와 환자간의 상호작용을 화학 반응에 비유하여, 만약 그 안에서 어떤 일이 일어난다면, 양 참여자 모두가 근본적으로 변한다고 보았다.

제 2 부

현대의 접근 방식들

(CONTEMPORARY APPROACHES)

제 4 장

제4장 영성지향 인지행동 치료

(Spiritually Oriented Cognitive-Behavioral Therapy)

Siang-Yang Tan and W. Brad Johnson

접근에 대한 설명

영성의 개념이 몇몇 인간 경험들을 기술하는데 종종 쓰이지만, 우리는 *영성*을 신성함에 대한 탐색과 초월성과 관련된 사적인 경험들을 강조하는 개념으로 본다(Pargament, 1997). 예를 들면, 기독교신자들에게 영성은 하나님, 예수님, 성령과의 교섭이나 성찬의 경험과 보다 특별하게 관련된다. 즉 때때로 중복될 수도 있겠지만, 인간 경험의 심리적 영역과 영적인 영역을 다르다고 바라본다. 심리적 영역이나 영적 영역이 어느 한 영역으로 완전히 환원될 수는 없지만, 우리는 영적 영역이 궁극적으로 우위를 차지한다고 본다. 하지만 효과적인 영성지향 인지행동 치료자는 특정한 내담자가 현재 호소하는 문제와 기호에 따라, 심리학적 개입과 영적인 상담 사이를 편하게 오갈 것이다. 때때로, 종교적인 내담자가 순전히 증상 완화에만 관심을 가질 수도 있다. 또 다른 경우에 넓게는 초월성과 관련된 관심을, 보다 구체적으로는 종교적인 관심만을 이야기할지 모른다. 윤리적이고 유능한 영성지향 심리치료자는 이러한 차이점을 분별하고 그에 따라 반응한다.

역사적, 이론적 기초

인지행동 치료(Cognitive-Behavioral Therapy: CBT)는 1960년대에 전통적인 행동 치료로부터 유래되었다. 많은 요소들이 인지행동 치료가 심리치료의 주된 학파로서 전개되는데 기여했다(Dobson&Block, 1988; Dobson&Dozis, 2001도 볼 것). 이러한 요소들에는 (a) 행동의 엄격한 자극-반응(Stimulus-Response; 심사숙고하지 않는 반응) 모델에 대한 불만족 (b) 행동주의로 대체를 거부한-정신역동적 모델 (c) 불안과 같은 특정 임상적 개념을 설명하는데 도움이 되는 인지 정보 처리 모델의 발달이 있다. 그리고 궁극적으로 인지행동적 접근을 지향한다고 말하는 수많은 이론가들과 치료자들(Beck, 1976; Ellis, 1962; Mahoney, 1974; Meichenbaum, 1977)의 등장도 포함된다. 인지행동 치료의 선구자인 알버트 엘리스와 아론 벡은 둘 다 정신분석학쪽으로 훈련받았으며, 사고 혹은 인지라고 불리는 내부의 혹은 숨은 인지 사건의 존재를 가정하는 이론을 발전시켰다. 그들은 또한 이러한 인지적 사건들이 감정과 행동을 중재하고 바로 그 이면 인지들이 적절한 개입의 목표가 된다고 하였다(Beck, 1976; Beck, Rush, Shaw & Emery, 1979; Dobson & Block, 1988; Jones & Butman, 1991). 다른 많은 사람들 또한 인지행동 치료의 발전과 완성에 영향을 미쳤다(Bandura, 1977; Mahoney, 1974; Meichenbaum, 1977).

오늘날, 인지행동 치료는 다양한 접근 방법들을 포함하는 광범위한 의미의 용어이지만, 다음과 같은 세 가지 기본적인 전제를 공유한다: (a) 인지적 활동은 행동에 영향을 미친다. (b) 인지적 활동은 모니터링되어, 부정적 심리 증상들의 완화를 위해 변화될 수 있다. (c) 바람직한 행동의 변화는 핵심 역기능적 스키마(schema) 혹은 가정들의 변화와 교정을 통해 일어날 수 있다(Dobson & Block, 1988; Popst, 1996). 인지행동 치료는 이 외에도 특징적으로 몇 가지 추가적인 가정들(assumptions)과 실험들(practices)을 공유한다(Craighead, Kazdin & Mahoney, 1994; Dobson & Block, 1988; Ellis, 200b; Hollon & Beck, 1994). 이러한 공통된 구성은 다음을 포함한다: (a) 인지행동 치료는 시간 제한적이고 인지행동 치료자들은 빠른 변화를 위해 노력한다. (b) 인지행동 치료는 보통 변화 목표를 제한한다. (c) 인지행동 치료는 표면상으로도 교육적이다 (d) 인지행동 치료는 일반적으로 인지적이고 행동적인 이론들과 기술들 둘 다를 사용한다. (e) 내담자들은 그들 자신의 불행의 건축가로 여겨진다. 즉 그들 스스로가 자신의 장애의 대부분을 야기시킨다. (f) 내담자들은 종종 사건 때문에 그들 장애가 발생한다고 생각하겠지만, 실제로는 그들 자신의 인지적 왜곡과 비합리적인 믿음들이 장애를 일으키고 있다. (g) 내담자들은 증상 호전을 경험하고 미래의 역기능적 태도를 예방하기 위해서 잘못된 믿음에 반박하고 왜곡들을 교정하는 작업을 배워야만 한다.

모든 인지행동 치료적 접근들이 사고가 대부분의 감정적 장애의 발병과 유지에 원인적인 역할을 한다고 생각하고, 대부분의 인지행동 치료적 개입들이 사고에 영향을 줌으로써 변화를 일으키려고 시도한다. 하지만, 이러한 인지행동 치료 내에서 사고에 대해 초기 학파들 사이에서는 저명한 차이들이 있다. (Hollon & Beck, 1994; Mahoney, 1977). 고유의 인지행동 치료적 접근들, 현재는 합리정서행동치료(REBT; Ellis, 1962)라고 불리는 합리정서치료(Rational Emotive Therapy: RET)와 인지치료(Cognitive Therapy: CT; Beck, 1976)가 적절한 좋은 예가 된다. 합리정서행동치료는 감정적인 혹은 행동적인 혼란이 거의 늘 핵심적인 비합리적 신념 혹은 스키마(예를 들어, "나는 나에게 중요한 모든 사람들에게 사랑받고 인정받아야만 한다"), 그리고 이와 관련된 비합리적인 요구들과 평가들("만약 사람들이 나를 사랑하지 않는다면, 그건 파국적이고 단지 내가 쓸모 없다는 걸 보여준다")의 결과라고 가정한다. 합리정서행동치료는 시종일관 개입의 일차초점으로 이러한 비합리적인 믿음들을 목표로 한다(Ellis, 2000b; Ellis & Dryden, 1997). 반면에, 인지치료는 인간이 종종 상황의 잘못된 지각, 잘못된 해석 혹은 역기능적인 특이한 해석 때문에 감정적 문제로 빠지게 된다고 생각한다(Beck & Weishaar, 2000). 인지치료자들은 내담자들에게 그들의 사건에 대한 지각의 정확성을 경험적으로 시험해보도록 요구한다: "환자의 비적응적 결론들[자신, 다른 사람, 세계에 대한]은 시험할 수 있는 가설로 다루어진다. 행동적 실험과 언어적 과정이 사용되는데, 이는 대안적 해석을 검토하고, 좀 더 적응적인 신념을 지지하며 치료적 변화를 일으킬 수 있는 반박의 증거들을 생성해내기 위함이다."(Beck & Weishaar, 2000, p. 241). 엘리스가 이유와 논리에 근거한 합리적 전환을 추구한 반면("그녀가 너를 싫어한다고 가정하자, 왜 그것이 비극적인가?"), 벡은 사건들 자체에 대한 잘못된 지각을 변화시키는 과학적 경험론에 의존하는 것을 권한다("그녀가 너를 싫어한다는 것을 어떻게 아느냐? 나는 그 결론이 입증될 수 있는지 확신하지 않는다. 어떻게 그 생각을 좀 더 조심스럽게 실험해 볼 수 있겠는가?").

인지행동 치료 기법들은 다른 심리치료들(예: 정신역동적 그리고 대인관계적 치료)과 어떻게 구별되는가? 심리치료 과정을 비교하는 문헌의 최근 검토에서, 인지행동 치료자들은 다음과 같은 여섯 가지 구별되는 활동들을 사용하는 것으로 드러났다(Blagys & Hilsenroth, 2002). (a) 과제와 치료회기 밖의 활동들, (b) 치료 회기 의제와 활동들의 적극적인 지도, (c) 교육 기법들(인지행동 치료자들은 종종 심리교육적인 접근을 강하게 지지한다), (d) 미래에 좀 더 효과적인 역할을 하도록 준비하는 것을 강조, (e) 인지행동 치료에 대한 명확한 정보를 제공하여 내담자들이 그들의 장애와 치료 개입의 합리성에 대한 상세한 정보를 가지게 됨, (f) 인지적인 개인내적 초점 맞추기(비논리적 혹은 비합리적인 믿음들은 정신과적 증상들 및 비적응적인 행동들과 직접적으로 연관된다).

변화 이론과 치료의 주된 접근으로서의 인지행동 치료의 빠른 상승세는 좀 더 짧고 비용-효과적인 치료에 대한 요구들의 증가뿐 아니라 모델 자체의 뛰어난 융통성과 적응성에 의해 촉진되었다(Craighead 등, 1994). 게다가, 인지행동 치료는 현존하는 심리치료 중 가장 철저하게 연구되고 경험적으로 지지되는 형태 가운데 하나이다(Chambless & Ollendick, 2001; Tan, 2001도 볼 것). 이러한 모든 이유들로 인해 인지행동 치료는 지난 세기동안 심리치료자들 내에서 우세한 치료적 접근으로 떠올랐다(Norcross, Karg & Prochaska, 1997).

● 영성지향 인지행동 치료 (Spiritually Oriented CBT: SO-CBT)

인지행동 치료가 주된 치료 방법으로 떠오르면서, 종교적인 내담자들의 세계관과 영적 체험에 인지행동 치료를 적용시키려는 관심도 증가하였다. (Ellis, 2002a; Nielson, Johnson & Ellis, 2001; Propst, 1980, 1996; Tan, 1987). 예를 들어, Jones와 Butman(1991)은 인지행동 치료와 기독교 신앙의 뛰어난 양립성을 반영하여, "아마도 인지행동 치료만큼 인지와 행동의 지향점에 관한 성경적 균형을 면밀히 비추는 치료적 접근은 없다"고 말했다(p. 218). 이 저자들은 신념이 개인의 행복에 굉장한 의미를 가지고 있다는 인지행동 치료 이면의 가정에 대한 성경적인 지지를 강조하였다(예: 빌립보서 4:8-9:"무엇에든지 참되며 무엇에든지 경건하며 무엇에든지 옳으며 무엇에든지 정결하며 무엇에든지 사랑 받을 만하며...이것들을 생각하라...그리하면 평강의 하나님이 너희와 함께 계시리라). 인지행동 치료는 또한 다른 많은 종교들의 교리와 저서들과 합치한다(Nielson et al., 2001). 유대교(잠언23: 대저 그 마음의 생각이 어떠하면 그 위인도 그러한즉")와 불교(담마파다: 역주-불교 경전의 하나-1.1: "우리가 있는 모든 것은 우리가 무엇을 생각하느냐의 결과이다.")의 구절을 참작하라.

종교적이거나 영적인 본질의 문제를 가지고 오는 내담자들을 치료하는데 있어서 인지행동 치료가 특히 도움이 되는, 혹은 알버트 엘리스의 말을 빌리자면 "세련된", 접근인 이유가 몇 가지 있다. (Ellis, 2000a; Johnson, 2001; Nielson, Johnson, & Ridley, 2000; Propst, 1996). 첫째, 인지행동 치료는 고도로 신념지향적이며, 내담자들의 근본적이면서 핵심적인 신념과 가정들에 초점을 맞춘다. 종교적 전통이 있는 대부분의 내담자들은 믿음-지향의 언어에 친숙하고 편안함을 느끼며, 사람이 무엇을 믿는지가 감정과 행동의 주요한 요인임을 공유한다. 둘째, 인지행동 치료의 지도와 교육에 대한 강조는 성경 읽기 혹은 종교적으로 통합된 활동들(예: 상상, 이완, 기도)을 포함한 과제 할당에 종종 잘 반응하는 많은 종교적인 내담자들에게 친숙하다. 마지막으로, 인지행동 치료의 인지와 행동의 교정 및 변화에 대한 강조와, 성장과 변화를 이루기 위해 요구되는 어려운 작업은 종종 종교적인 사람들에게 강한 호소력이 있다. 주요 종교들의 많은 교리들, 이야기들, 전통들은 마음, 감정 혹은 행동의 변화를 강조한다. 기도, 금식, 성경 암송과 신앙고백 의식들은 개인적인 변화에 대한 종교적인 접근의 예증이 된다(Nielson et al., 2001).

몇몇 저자들은 비종교적인 기술들을 종교에 헌신하는 내담자들의 독특한 시각과 실천들에 조정하거나 통합시키는 인지행동 치료적 접근들을 개발하였다(Azhar & Varma, 1995a, 1995b;Azhar, Varma & Dharap, 1994; Backus, 1985;Craigie & Tan, 1989;Hawkins, Tan & Turk, 1999;Johnson, DeVries, Ridley, Pettorini & Peterson, 1994;McMinn, 1991;Nielson et al., 2001;Pecheur & Edwards, 1984;Propst, 1980, 1988;Propst, Ostrom, Watkins, Dean & Mashburn, 1992;Razali, Aminah & Khan, 2002;Tan, 1987, 1996a, 1996b, 1999; Tan & Ortberg, 1995, 2004; Wright, 1986; McCullough, 1999; Worthington & Sandage, 2001도 볼 것). 우리는 이들을 영성지향 인지행동 치료(SO-CBT)적 접근이라고 부른다. 그 각각의 접근은 인지행동 치료의 평가와 개입 안에 내담자의 종교적 신념들을 융합시키려고 노력한다. 영성지향 인지행동 치료적 견지에서 진료할 때, 임상가들은 Bergin(1980)이 *유신론적 현실주의(theistic realism)*라고 부른 개념을 받아들인다. 그들은 내담자들이 바라보는 하나님에 대한 시각, 인간과 하나님과의 관계, 영적인 힘이 행동에 영향을 미칠 가능성을 존중한다.

영성지향 인지행동 치료적 견지의 진료에서는 종교적인 내담자들에게 수많은 특별한 개입들을 활용해왔다. 여기에는 비합리적이고 자기 파괴적인 신념(거의 항상 개인의 자기 믿음에 반대하는 신념들)과 싸우거나 논쟁하기 위해 성서적 혹은 종교적인 근거들을 사용한 인지적 논쟁, 불안을 감소시키거나 편안함을 증가시키기 위한 종교적인 상상의 사용, 치료 시간에 혹은 다른 인지 과제의 보조로 성경 읽기나 기도의 활용을 포함한다.

문제되는 신념들에 대한 인지적 논쟁을 하게 될 때, 영성지향 인지행동 치료에서는 일반적인 수준 혹은 전문적인 수준이든지 간에 비합리적인 생각에 역점을 둔다(Johnson, 2001). 일반적인 논쟁과정에서는, 내담자들의 고유한 종교적 시각에 도전하지 않으면서 내담자의 평가적-요구적 신념에 도전한다. 예를 들면, 기도에 대한 하나님의 분명한 응답이 없는 것에 대해 참을성과 인내력에 도전받고 있는 내담자에게 "하나님으로부터 응답받지 못함을 당신이 견딜 수 없다는 충분한 근거가 어디에 있는가?"라고 질문을 할 수 있다. 전문적인 논쟁에서는 내담자의 신념과 관련된 최고의 지식과 전문성을 가진 치료자가, 역기능적이면서 특이적인 혹은 내담자 고유의 종교적 문화나 신념과 불일치하는 종교적인 믿음이나 실천들에 대해 논의할 수 있다. 예를 들어, 약한 좌절 인내력을 가진 기독교인 내담자와의 전문적인 논쟁에서는, "하나님께서 말씀하시길 "이 세상에서 너희는 환난을 당할 것이다"[요한복음 16:33]라고 하신다. 그런데 *당신*은 아닐 거라고 어디에 정확히 쓰여 있는가?"일 수 있다. DiGiuseppe, Robin과 Dryden(1990)은 종교적인 내담자들이 때때로 성경에 대해 불완전하거나 부정확하게 해석 혹은 *선택적인 추상(selective abstractions)*을 하고 있음을 지적했다. 즉, 내담자들이 종교성 그 자체로 문제를 가지게 되는 것이 아니라, 그들 종교의 일부 요소만 선택적으로 추상화하며, 다른 부분은 배제하는 점에서부터 문제가 생기는 것이다. Johnson(2001)은 자신이 지옥에 갈 것이라고 믿는, 자기를-저주하는(즉 인간-가치를 측정하는) 내담자에서 이러한 경향성에 대한 인지적 논쟁의 예를 제공했다: "당신이 이러한 종류의 죄들이 특히 지옥에 갈 만하다고 믿고 있다는 것과 당신이 어쨌든 결과적으로 다른 사람들보다 나쁘다고 생각하는 것은 이해할 수 있다. 하지만, 성경에서는 모든 사람이 죄를 범하였으매 하나님의 영광에 이르지 못하더니[로마서 3:23]라고 말한다. 하나님은 단지 우리가 죄를 범하는 '방식' 때문에 우리 누구도 그렇게 특별하다고 생각하시지 않는 것으로 보인다"(p.46).

이러한 논쟁들은 다른 종교를 가진 내담자들에게도 동일하게 유용할 수 있다. 예를 들어, 좌절 인내력이 부족한 불교 신자는 "자기-부인은 참을 수 없다" 혹은 "내가 그런 업보를 가진 것은 견딜 수 없다"와 같은 자기-진술을 하기 쉬울 것이다. 이런 내담자는 부처 자신도 강렬한 권태, 불편, 장기간 반성의 고통을 수용하는 방법을 배우기 위해 분투했음을 떠올릴 수 있다. 하지만 힘든 작업과 불편은 깨달음을 향한 여정에서 피할 수 없는 특징들이다. 치료자는 "부처님께서 이것이 당신에게 쉬울 것이라고 어디에서 말씀하고 계신가?"라고 질문할 수 있는 것이다.

심리학과 영성 간 관계의 본질

Tan(1996b)은 종교 혹은 영성과 심리치료를 통합하는 두 가지 주된 모델을 제시하였다. 암시적 통합(좀 더 은밀한 모델)과 명시적 통합(좀 더 명백한 모델)이 그것인데, 이 둘은 마치 연속성의 양 끝에 있는 것과 같다.

> *암시적 통합(implicit integration)은*...종교적이거나 영적인 쟁점에 대한 논의를 시작하지 않고 영적인 자원들을 개방적, 직접적, 체계적으로 활용하지 않는 좀 더 은밀한 접근을 말한다. *명시적 통합(explicit integration)은* 치료에서 직접적이고 체계적으로 영적 혹은 종교적인 쟁점들을 다룬다. 그리고 기도, 성경 혹은 종교적인 문헌들, 교회나 다른 종교 단체나 평신도 상담가의 소개(referral)및 그 밖의 종교적 행위와 같은 종교적인 자원들을 활용하는 좀 더 명백한 접근을 말한다.(p.368)

임상 실제에서 종교 혹은 영성의 통합의 핵심 요소는 치료자가 암시적 혹은 명시적 통합 혹은 둘 다를 사용하고 그 연속성에 따라 적절하게 움직이며 내담자 및 그들의 문제와 요구들에 의존하는 것이다. 그것이 *내적 통합(internal integration)* 이다. 이러한 통합은 항상 내담자들에게 분명히 설명후 동의(informed consent)를 얻은 다음에 내담자의 성장과 이득을 위해, 전문적인 능력과 윤리적인 책임감이 있으면서 임상적으로 세밀한 방법으로 이루어진다. 그러므로 치료자는 내담자에게 치료자 자신의 믿음 혹은 영적인 실천을 강요하지 않는다. Tan(1996b)은 명시적 통합이 정신역동적, 혹은 정신분석적 치료자들에게 보다 인지행동적 치료자들과 인본주의-실존주의 치료자들에게 더 쉽게 받아들여질 것이라고 지적했다. 이는 특히, 인지행동 치료가 이미 구조화되고, 지시적이며, 명백한 접근을 하기 때문이다.

심리학과 영성 사이 관계의 가장 흔한 두 가지 모델 중에서, 우리의 접근은 "영적 성장이 심리적 성장에 의존하고 따라 온다"고 말하는 모델보다 "영성이 심리적 성장과 병행하지만 심리적 성장에 의존하지 않는다"고 말하는 모델에 더 가깝다. 우리는 다음에 나오는 단락에서 기독교적인 영적 접근과 인지행동 치료를 통합한 예를 제시한다. 그것은 통합적인 인지행동 치료에 대한 기록들의 대부분이 기독교적인 전통 내에서 이루어져왔기 때문이며 우리가 이러한 접근이 보다 친숙하기 때문이기도 하다. 이슬람교, 힌두교, 유대교 및 다른 종교의 전통 및 내담자의 종교적, 영적 문제를 인지행동 치료적으로 통합한 다른 몇 가지 예들도 있다(예를 위해서는 Lovinger, 1984; Nielson등, 2001; Rozali등, 2002; Richards & Bergin, 2000를 볼 것).

인지행동 치료에 대한 좀 더 상세한 성경적 혹은 기독교적인 접근은 Tan(2987)에 의해 기술된 다음의 내용을 포함한다.

1. 아가페적인 사랑의 우위(고린도전서 13장)와 내담자와의 따뜻하고 공감적이며 진실한 관계를 발전시킬 필요성을 강조한다.
2. 특히 해결되지 않은 발달적 문제와 아동기 외상을 적절히 다루어라. 또한 내적 치유 혹은 기억의 치유를 현명하고 적절하게 활용하라(Tan, 1996a, 내적 치유 기도를 위한 7 단계 모델, pp.371-374를 볼 것).
3. 성경에서 계시하고 성직자를 인도하는 성령에 의한 하나님의 지혜를 따라(요한복음 14:26), 삶과 믿음의 영적이고 경험적인 의미와 신비적인 측면까지도 특별한 주의를 기울여라. 성경에서 제시하고 전제로 삼는 진리를 중요하게 여겨야 하지만, 합리적인 사고 영역만을 지나치게 강조하지 말아라.
4. 종종 사고와 행동문제들이 문제되는 감정들의 기저에 있음을 기억하고 이에 초점을 맞춰라(잠언 23:7; 로마서 12:1-1; 빌립보서 4:8; 에베소서 4:22-24) (하지만 이는 항상 사실이 아닐 수도 있다 - 기질적, 성경적인 요소 등도 있을 수 있기 때문에.) 또한 인지적 재구성과 행동 변화를 일으키기 위한 개입에서 상대주의적 가치가 아닌 성경적 진리(요한복음 8:32)를 사용하라.
5. 인지적, 행동적, 정서적 변화뿐 아니라 내적치유가 일어날 수 있도록 성령의 역사를 강조하라. 깊고 지속적인 인격 변화를 위해서는 하나님 말씀(혹은 성경, Kruis, 2000; Miller, 2002를 볼 것)의 긍정과 기도를 사용하여 주님께 의존하도록 도와라. 부주의하게 죄스러운 자기충족감을 격려하지 않도록 조심하라. (cf.빌립보서 4:13)
6. 가족적, 사회적, 종교적, 문화적 영향과 같은 더 큰 상황의 요소들에 좀 더 주의를 기울여

라. 믿는 자들의 몸인 교회와 서로의 지체인 "성직자"(고린도전서 12장 베드로전서 2:5,9)를 포함하여 치료적 개입에서 적절한 지역사회 자원들을 사용하라.

7. 성경적 진리와 일치하는 그러한 기술들만 사용해야지, 효과가 있다고 해서 아무 기술이나 단순하게 사용하지 말아라. 그것은 "정신적 고통에 대한 축복"의 가능성을 포함하여 고통에 대한 성경적 견해를 다시 확인시켜줄 것이다. 또한 상담의 목적은 일시적 행복이 아닌 거룩해지는 것, 또는 예수님을 닮아가는 것(로마서 8:29)이 되어야 한다. 하지만 그러한 목표는 하나님의 사랑과 영광을 받는데 좀 더 열려 있게 되는 것과 그것에 의해서 좀 더 그리스도를 닮아가게 되며, 비성경적이고 잘못된 신념들 때문에 생긴 정신적 고통을 극복하는 것을 포함하여야 한다.
8. 인지행동 치료의 우위성에 대해 단언하기 전에 엄격한 결과 연구 방법론을 사용하라.(pp. 108-109)

인지행동 치료에 대한 다른 영적 접근들 또한 유사한 영적 혹은 종교적 견지를 강조하는 것은 마찬가지이다. 예를 들면, 인지행동 치료에 대한 이슬람교적 접근은 코란(이슬람교의 성서)의 권위, 이완을 위한 기도의 중요성과 이슬람교도 환자와 관련 있는 종교적 문제를 강조한다(Worthinton & Sandage, 2001를 볼 것).

치료자의 기술과 자질

성공적인 치료를 위해서 인지행동 치료자들은 다음 세 가지 임무를 잘 해야 한다: (a) 협력적인 치료 관계를 맺을 것, (b) 철저한 사례 개념화를 할 것, (c) 적절한 기법들을 선택하여 적용할 것(Dobson & Shaw, 1993). 치료자의 기술과 자질에 있어서, Dobson과 Shaw(1993)는 대인관계에서 따뜻함, 개인 정신병리의 부재, 인지행동 치료 기법들을 배우려는 동기, 내담자의 부정적인 감정 상태를 견디는 능력과 추상적으로 개념화하는 능력을 근거로 인지행동 치료자들이 훈련에 선발되어야 한다고 권유했다. 이러한 기준들에 더해, 우리는 내담자의 종교적 믿음, 전통, 영적 체험의 존중; 유신론적 현실주의(Bergin, 1980)의 가정; 그리고 정립된 인지행동 치료적 접근들을 유신론적 혹은 영적인 내담자들의 유일한 종교적 배경에 조화시키는 관심과 기술을 추가한다.

인지행동 치료는 치료자 측에서 좀 더 적극적이고 지시적인 태도를 갖는 것이 특징이다. 인지행동 치료자들은 종종 피상적 혹은 기계적이라고 비판을 받는다. 그러나 경험적 연구들에서 인지행동 치료자들이 적어도 다른 치료법을 지향하는 치료자들만큼의 관계기술들(로저스식 공감:

Rogerian empathy, 긍정적 관심, 비소유적인 따뜻함, 진실함)을 보이고 있음을 나타내준다(Keijisers, Schaap & Hoogduin, 2000).

효과적인 영성지향 인지행동 치료를 위해서, 인지행동 치료자들은 부가적으로 종교적인 관례, 믿음, 성경적 요소들을 기꺼이 전통적인 인지행동 기법에 맞추어 조정하고 분명하게 통합하려고 한다. 이는 이러한 통합이 종교적인 내담자에게 도움이 될 것 같을 때, 내담자들이 영성지향적 치료개입들에 대해 이해한 후 동의를 하게 되면 이루어진다. 유능한 치료자들은 그들의 훈련기간 동안 인지행동 치료 이론과 실제에서 잘 훈련 받게 될 것이며, 특정한 인지행동 치료 개입들을 적절한 시기에 적용하는 방법에 대해서도 지도감독을 받으며 전문성을 계발하게 될 것이다. 그들은 또한 건강을 증진시키고 고통을 줄이기 위해서 내담자의 종교적이고 영적인 믿음과 실천들(예: 내적 치유기도 혹은 기억의 치유와 성경의 사용)을 사용하는 것에 능력을 보여줄 것이다. 반면, 치료자의 개인적인 신념 견해가 영성지향 인지행동 치료의 효과에 영향을 줄 수도 있다. Propst 등(1992)에 의하면 비종교적인 치료자들이 프로토콜(protocol)을 전달하는 데는 가장 효과적임을 발견했음에도 불구하고, 특히 내담자가 같은 신앙의 전문가와 작업을 강력히 원할 때에는(Bergin, 1980;Ellis, 2000a) 같은 신앙의 치료자가 오히려 더 나은 것으로 보인다. 치료적 관계에서 영적 가치의 유사점에 대한 중요성을 평가할 수 있는 좀 더 경험적인 연구가 필요하다.

치료자 기술의 마지막 영역은 내담자의 종교적이고 영적인 시각과 실천에 대한 치료자의 윤리적인 민감성과 관련된다(Johnson, 2001). 영성지향 인지행동 치료자들은 종교적인 내담자들과의 두 가지 주된 도덕적인 문제들을 피하기 위해서 민감해야 한다. 첫째, 잘 모르거나 반대할 만하다고 할지라도, 인지행동 치료자들은 내담자의 종교적 신앙을 무시하거나 하찮게 여기지 않아야 한다. 둘째, 윤리적인 치료자들은 내담자들의 근본적인 종교적 헌신을 손상시키거나 문제 삼으려는 숨은 혹은 드러난 노력을 경계한다. 영성지향 인지행동 치료자들이 내담자의 고유한(idiosyncratic) 종교적 시각의 부정적 영향을 다룰 수 있다. 혹은 내담자의 신념이 그가 속한 종교단체의 교리나 성서와 부조화를 이룬다는 점을 언급하고 다룰 수 있다. 그러나 근본적인 종교 의무의 논쟁은 윤리적인 문제를 불러일으킬 수 있다.

강점과 제한점

일반적으로 인지행동 치료적 접근의 독특한 강점은 사건들에 대한 인지적 평가가 그 사건들에 대한 반응에 영향을 미칠 수 있고, 이러한 평가의 내용을 수정하는 것이 임상적으로 가치 있다는 경험적인 증거가 있다는 점이다. (Beck 등, 1979; Dobson & Block, 1988; Lazarus & Folkman, 1984; Mahoney, 1974; Meichenbaum, 1977). 일반적으로, 인지행동 치료 개입들이 부적절하게 여겨지는 장애, 감정적 고통의 형태 혹은 내담자의 유형은 거의 없다(Craighead 등, 1994). 인지행동 치료법은 우울증, 범불안장애, 강박장애, 공황장애, 공포증, 외상후 스트레스 장애, 섭식장애, 중독 행동, 부부 문제 혹은 성기능 장애, 소아기의 파괴적 행동 장애 등의 임상적 치료에서, 그리고 고통스러운 의학적 치료과정에 대한 준비와 만성 통증의 대처와 같은 행동 의학 내의 다양한 적용에서 효과를 보여 왔다(Craighead et a., 1994;Hollon & Beck, 1994;Persons, Davidson & Tompkins, 2001). 또한 인지행동 치료는 심리치료의 다른 어떤 접근보다 더 많은 무작위 통제 연구가 이루어져 평가되고 있다(Persons 등, 2001; Chambless & Ollendick, 2001도 볼 것). 우울증 치료에 대한 특정 참고문헌에 의하면, 인지행동 치료는 우울증 환자에서 재발을 예방하는 데에 항우울제 약물과 대인관계 치료 혹은 행동 치료만큼 효과가 있었을 뿐 아니라, 항우울제 약물 단독 치료보다 우수했다. 인지행동 치료는 또한 비용면에서도 효과적이다(Persons 등, 2001).

영성지향 혹은 종교적으로 특별하게 조정된 인지행동 치료는 종교적 내담자들의 우울증을 치료하는 데에도 효과적이었다는 결과가 있어 왔다. 사실상, 인지행동 치료는 종교가 있는 인구집단에게 경험적으로 지지되어 온 유일한 접근법이다(Washington, Kurusu, MacCullough & Sandage, 1996). 벡의 우울증을 위한 인지치료(Beck et al., 1979)의 종교적으로 조정된 버전을 사용한 세 가지 연구에서, 기독교인 내담자들은 인지치료에 종교적인 상상과 인지 왜곡에 대한 종교 지향적 도전들이 포함되었을 때 유의한 임상적 도움을 얻었다(Pecheur & Sandage, 1996). 유사하게, 엘리스의 합리정서행동치료의 기독교 버전으로 치료받은 기독교 내담자들은 두 가지 단기치료 결과 연구에서 우울증이 유의하게 감소한 결과를 보였다(Johnson & Ridley, 1992;Johnson et al., 1994).

전체적으로, 개인 심리치료를 대상으로 한 위의 다섯 가지 연구들에서는, 종교적으로 조정된 인지행동 치료가 비종교적인 인지행동 치료의 효과와 동등한(혹은 이따금씩 우수한) 효과를 종교적인 기독교 내담자들에게 보였지만, 일반적으로 영적인 안녕감을 증진시키는 데는 비종교적인 인지행동 치료보다 우수했다(Worthington & Sandage, 2001를 볼 것). 보다 최근에는, 임상적인 우울증이 있는 기독교 성인 입원환자의 개인 및 집단 치료 둘 다를 이용한 기독교-적응적인 연구에서, 기독교적인 인지행동 치료 프로그램(n=18)을 선택한 환자들이 표준화된 혹은 비종교적인 벡의 인지행동 치료 프로그램(n=11)을 선택한 환자들만큼 우울증의 유의한 감소를 보였다. 그러나 기독교적인 인지행동 치료 집단은 표준화된 인지행동 치료 집단과 비교해서 영적 안녕감에서 더 많은 호전을 보였다. 공교롭게도 기독교적인 인지행동 치료 집단의 입원치료 기간 평균이 7.5일이었으나 표준화된 인지행동 치료 집단은 5.4일이었기 때문에 두 집단 혹은 치료법은 비교할 수 없었다. 또한, 두 집단의 환자들은 그들 스스로 치료를 선택하였고 그래서 그들 치료는 무작위로 할당되지 않았다(Hawkins et al., 1999).

Worthington과 Sandage(2001)는 또한 최근 인지행동 치료의 이슬람교적인 접근과 지지치료 및 약물로 구성된 표준화된 치료와 비교한 세 가지 이슬람교-적응적인 개인 심리치료 연구들의 결과를 요약했다. 인지행동 치료의 이슬람교적인 접근은 표준화된 치료에 종교적인 즉 이슬람교적인 인지행동 치료(예: 코란 성서의 시구를 읽는 것, 이완하도록 기도를 격려하는 것, 환자와 관련된 종교적인 문제를 논의하는 것)를 추가했다. 그 세 가지 연구는 각각 범불안장애(Azhar et al., 1994), 감정 부전 장애(Azhar & Varma, 1995b), 그리고 사랑하는 사람의 죽음을 애도하는 것을 포함한 주요 우울 장애(Azhar & Varma, 1995a)가 있는 이슬람교도 환자들을 포함하였다. 이러한 연구들에서 몇 가지 방법론적인 문제들이 있었을지라도, 세 가지 연구들 모두에서, 추가적인 이슬람교적인 인지행동 치료가 지지 심리치료와 약물을 사용하는 표준화된 치료의 결과를 넘어서는 증상의 감소(불안과 우울 모두에서)를 보였다.

기독교적인 인지행동 치료의 이러한 여섯 가지 연구들과 이슬람교적인 인지행동 치료의 세 가지 연구들(Worthington & Sandage, 2001를 볼 것)에 추가적으로, 범불안장애가 있는 이슬람교도 환자에게 시행한 코란 성서 읽기를 혼합한 이슬람교적인 인지행동 치료가 좀 더 빠른 호전을 보였음을 시사하는 보다 최근의 연구 결과들도 있다(Razali 등, 2002). 그래서 현재 열 가지 연구들(기독교 연구 여섯 가지, 이슬람교 연구 네 가지)에서 종교적인 내담자들에게 있어 영성지향 인지행동 치료의 효능은 경험적으로 지지되고 있다. 이는 특히 임상적 우울증에서 그러하고, 범불안장애에 있어서도 어느 정도 그러하다.

효능이 확립되었다는 사실을 넘어서, 영성지향 인지행동 치료적 접근은 또한 짧고, 문제 중심적이며 치료에 대해 고도로 협력적인 접근이다. 그래서 많은 전문적인 치료자들과 일반 상담가들뿐만 아니라, 사람들을 돕는 효과적이고 능률적이며 윤리적인 방법들을 높이 평가하는 내담자들에게 호기심을 일으키고 있다. 심리치료 서비스의 상환을 담당하는 관리 의료와 건강 유지 단체들 또한 효과적인 치료의 형태를 선호하고, 현재 치료자에 의해 사용된 치료적 개입들에 대한 보다 큰 책임과 경험적 지지를 요구한다. 장기간의 통찰 혹은 정신분석 지향적 치료자들은 인지행동 치료 혹은 영성지향 인지행동 치료를 매력적으로 느끼지 않을지도 모른다. 내담자들은 그들 자신의 치료에 적극적으로 참여하도록 격려되고 요구되기조차 하여, 많은 내담자들이 이러한 치료적 작업에 대한 강조를 통해 위안을 받고 능력을 갖게 된다. 인지행동 치료가 심리교육을 강조하는 것은, 내담자들이 스스로 적용하여 차후의 장애를 예방할 수 있는 지속적인 기술들을 갖추게 하기 위함이다. 앞서 논의한 바에서, 인지행동 치료는 그 치료 결과를 입증하고 효과적인 임상 과정을 확립하기 위해서 경험적 연구들에 근거하고 있다. 현재 제한점으로는, 특유의 영성지향 인지행동 치료의 효능을 증명하는 통제된 경험적 연구가 미미하고, 대학원 프로그램에서 훈련 및 지도감독을 위한 기회가 적다는 것이다.

● 적응증과 금기

이미 지적한 바와 같이, 영성지향 심리치료는 종교적인 내담자(예: 기독교신자와 이슬람교신자)의 우울증에 효과적이고, 불안장애에도 어느 정도 효과가 있음이 밝혀졌다. 영성지향 인지행동 치료적 접근들은 또한 비종교적인 혹은 표준화된 인지행동 치료가 이미 효과적임이 밝혀진 많은 다른 질환들의 치료에도 적절하거나 적응증이 될 수 있다. 반면 인지행동 치료는 대부분의 다른 치료적 접근들에서와 마찬가지로, 정신증적 문제들과 인격 장애들의 치료에서는 좀 덜 효과적일지 모른다.

Tan(1996b)은 특히 영성지향 인지행동 치료와 연관되어, 심리치료에서 영적 개입들의 사용에 관한 다음의 주의사항과 금기들에 주목했다.

> 좀 더 심각한 장애를 가진 혹은 정신증적인 내담자들은...약물 혹은 다른 치료로 정신증적 증상이 잘 조절될 수 있고, 영적인 몇 가지 훈련들은 그 이후에 도움이 될지 모른다. 즉 적당한 항정신병약물로 적절히 잘 조절된 정신분열증 환자들과 기도하는 것은 매우 도움이 될 수 있고, 하나님을 깊이 체험하고 사랑하는 이러한 환자에게는 평안을 경험하는 시간이 될 수 있다.
>
> 영적 훈련들의 활용이 심리치료의 임상과 정신 건강 환경(예: 입원 치료 집단)에서 널리 적용 가능하지만, 영적 훈련들이 다양한 종류의 문제가 있는 모든 환자들에게 분별없이 적용된다면 부정적 영향이나 해를 끼칠 수도 있다. 예를 들면, 기도와 성경 읽기와 같이 특정한 영적 훈련을 매일 강요받으며 자라서 매우 가혹하고 율법주의적인 기독교 배경을 갖게 된 내담자들은, 하나님과 그 사랑의 은총을 좀 더 깊이 바라보고 체험하는 도움을 받을 때까지 그러한 훈련들이 그다지 도움이 되지 않을지도 모른다. 심지어 그들은 그 순간에 하나님과 그러한 영적 훈련에 대해 적극적으로 반감을 품고 있을지도 모른다. 또 다른 예로, 아버지로서의 하나님 또는 예수님이 내담자를 꼭 안는 이미지를 사용하는 내적 치유 기도가 실제 아버지로부터 성적 학대를 받은 내담자들에게 사용된다면, 이는 매우 부적절하며 민감하지 못한 방법인 것이다. 그들은 초기에 그러한 이미지에 매우 부정적인 반응을 보일지도 모른다. 주의 깊은 과거력 조사, 진단, 평가와 분별력은 실제 임상에서 영적 훈련을 효과적이고 윤리적으로 적용하기 위해서 필수적이다. (p. 24)

● 문화와 성별에 대한 고려사항

민족적으로 다양한 특정 인구집단, 예를 들어 아시안계 미국인들의 경우는, 인지행동 치료와 같이 좀 더 지시적이고, 현재 상황에 초점을 맞추며, 구조화되어 있고, 문제 해결 접근의 치료를 선호한다(Tan & Dong, 2000). 종교적인 아시안계 미국인 내담자들은, 특히 그들이 만약 기독교인이라면, 주로 인지행동 치료의 성경적이고 기독교적인 접근을 선호할 것이다. 하지만, 종교적인 내담자들에게 영성지향 인지행동 치료를 시행할 때, 그들에게 중요한 종교적 신념이나 기준 혹은 의무에 위배되는 행동에 참여하도록 요구하는 것은 피해야만 한다(Abramowitz, 2001). 또한 Hall(2001)이 지적한 바와 같이, 대다수가 인지행동 치료적 개입인 경험기반치료(Empirically Supported Treatments: ESTs)의 효능은, 소수민족 집단에서는 충분한 경험적 지지를 받지 못하고 있다. 따라서 더 많은 연구가 필요하다.

경험기반치료를 사용하는 것에 대한 강조는 최근 다른 이유로도 비난받아 왔다(Tan, 2001, 2002를 볼 것). Beutler(2000)는 특히, 경험기반치료를 넘어서서 경험적인 정보에 근거한 치료 선택의 원리를 사용할 것을 제안하였다. 또한 보다 최근에는, Norcross(2002)가 경험기반 치료적 관계(Empirically Supported Therapeutic Relationships: ESRs) 또는 효과가 있는 심리치료 관계에 보다 큰 주의를 기울일 필요성이 있음을 강조하였다.

Sue와 Sue(2003)는 문화적으로 다양한 내담자들과의 효과적인 상담과 관련하여 다른 문화적 그리고 성별에 대한 고려를 기술했다. 예를 들어, 여성과 관련하여 다음과 같이 임상 실제에서 몇 가지 도움이 되는 지침을 제공하였다:

> 대부분의 상담 이론들이 남성-중심이고 여성과의 치료 작업 시 수정이 필요하다는 것을 인지하라. 예를 들어, 인지적 접근은 사회적 메시지에 초점을 맞출 수 있다 자기주장 훈련, 성 역할 분석, 인식 고양 집단과 같이 여성의 요구에 대해 특히 적절한 기술들을 사용하라. 전통적인 견해가 도전 받게 되는 어떤 접근과도 마찬가지로, 내담자들은 변화에 수반하는 결과들을 이해할 필요가 있다. 그리고 내담자들로 하여금 성 역할에 대한 기대와 매력적임에 대한 사회적 정의가 여성의 정신건강에 미치는 영향을 인식하도록 하여서, 자기비난에 빠지지 않도록 하라. (p. 420)

특히 기독교 내담자들의 영성지향 인지행동 치료에서는, 성경이 여성에 대해 실제로 어떻게 가르치고 있는지, 그리고 사역 안에서 그들의 중요한 역할에 대해 때때로 명료화할 필요가 있을 수 있다. 이렇게 함으로써 여성에 대한 전통적인 성적 편견을 다루어 나갈 수 있는 것이다. 하지만 이것은 특히 근본주의적인 배경의 종교적 내담자들에게는, 예를 들어 여성의 성직 수임 그 자체보다 여성 사역의 중요성에 좀 더 초점을 맞추어 적절한 용어를 사용하는 것과 같이 부드럽고 세심하게 이루어져야 한다.

향후 발전 방향

특정 임상 질환과 특정 종교 집단에서의 영성지향 인지행동 치료의 효능을 평가하기 위해서는 훨씬 많은 연구들이 필요하다. 지금까지, 기독교 내담자에서 여섯 가지 연구, 이슬람교 내담자에서 네 가지 연구가 이루어졌다. 게다가, 다양한 영적인 인지행동 치료적 개입들(예: 인지 논쟁, 종교적 심상, 기도)중에 어떤 것이, 어떤 환경 아래에서 가장 유용한지 불분명하다. 이미 시행된 기독교와 이슬람교 내담자들의 연구에 더하여 유대교, 힌두교, 불교 그리고 다른 종교를 가진 내담자들을 대상으로 영성지향 인지행동 치료의 적용을 연구하는 문헌을 확장시켜 나가는 것이 특히 중요할 것으로 보인다. 또한 연구를 통해 영성지향 인지행동적 접근들이 내담자의 삶의 두드러진 영적 영역을 간과하는 인지행동적 접근보다 더 오래 지속됨을 보여줄 것으로 기대된다. 영성지향 인지행동 치료는 종종 내담자들이 치료적 이득을 종교적이고 영적인 믿음과 실천에 연계시키도록 돕기 때문이다. 영성지향 인지행동 치료를 포함하여 심리치료에 *영적 지도(spiritual direction)*를 좀 더 구체적으로 통합시키려는 노력은, 적절한 윤리적 지침과 함께, 지속적인 관심을 받을 것이다. 윤리적인 지침이란, 내담자로부터 동의를 얻는 것과 영적 지도와 같은 특정 영성 개입방법이 내담자의 임상 질환이나 문제 치료에 적절한지를 확인하는 것을 포함한다(Tan, 2003b볼 것). 또한, 만성 의학적 혹은 건강 문제들을 위한 인지행동 치료와(e.g.,White, 2001볼 것) 영성지향 인지행동 치료적 개입들(e.g., Tan & Dong, 2001볼 것) 둘 다의 발전이 이루어지도록 보다 많은 작업이 지속될 것이다.

임상 사례

내담자 배경과 현재문제

미혼인 그레이스는 23세 백인 여성이고, 신학대학원의 1학년생으로 최근 대학을 수석으로 졸업했다. 그녀는 중서부 출신이고, 장로교인 그녀의 가족들은 서로 매우 친밀한 관계를 유지했다. 외동딸인 그녀는 스스로를 어렸을 때부터 "높은 성취가"였다고 기술했다. 스포츠, 다양한 동아리, 교회 활동에 적극적이었다. 그레이스는 그녀의 동료들에게 적당히 인기가 있었고, 그녀를 진지한 학생이며 부단히 열심히 하는 노력가로 바라보았던 선생님들에게 사랑받았다. 그레이스는 고등학교 마지막 해에 학생회 부회장으로 선출되었으며 중서부의 한 수준 높은 대학교에 장학금을 받고 합격하였다. 그녀는 또한 교회 청년부 활동에 적극적이었으며 통례적 9학년 시기에 장로교회에서 견진성사를 받았다.

그레이스는 전통적이었지만 그녀의 기독교적인 믿음과 실천에서 특히 복음주의적이지는 않았다. 그녀는 그녀 가족의 오래된 장로교회 전통 및 교리적인 신념에 강하게 연관되어 있다고 느꼈으며 이 교파의 좀 더 차분한 방식의 예배와 실천을 가장 편하게 느꼈다. 그녀의 친한 친구들 대부분이 교회의 일원이었고, 대학 동안 그녀는 지역의 한 장로교회에서 매우 적극적으로 활동하였다. 그레이스는 성경 읽기, 묵상, 기도를 위해 매일 일찍 일어났다. 그녀는 교회 출석, 십일조, 교회가 지원하는 봉사(Habitat for Humanity: 전세계에 흩어져 있는 무주택 서민들의 주거 문제를 해결할 목적으로 창설한 초교파적인 민간 기독교 운동 단체, 노숙자들을 위한 봉사)에 꼬박꼬박 참여하였다. 대학교 3학년 때 그녀는 신학대학원에 들어가서 신학을 공부한 후 목사가 되기로 결정했다. 그녀는 그녀가 지원했던 다섯 개의 신학교 각각에서 입학 허가를 받았고 그녀의 부모님과 친척들, 그녀가 소속한 교회의 성도들이 그녀의 성취와 목사를 향한 열망에 대해 매우 자랑스러워하고 기뻐했음을 알았다.

신학대학원 1학년 여름에, 그레이스는 학교의 상담 크리닉에서 게시한 단기 상담 광고를 보고 찾아왔다. 그 광고는 특히 우울과 불안에 대해 도움을 주는 내용이었다. 그레이스는 그녀의 기록지에 6개월간의 사회불안과 3개월간의 우울을 언급했다. 그레이스는 신학부의 석사 과정 1학기인 10월 동안 수업시간에 발표를 하기 전, 극도의 불안감을 느끼고 있는 것에 스스로 깜짝 놀랐던 것이다. 몇몇 경우에는 이러한 불안이 그녀가 "큰 사고"라고 묘사했던 매우 불쾌한 발표경험을 일으켰는데, 그녀가 발표하는 동안 공황에 가까운 경험을 했고 그 결과 다른 사람들이 그녀를 지나치게 불안하고 "이상하다"고 바라본다는 느낌이 들었던 것이다. 그녀의 증상들은 정식 설교 수업의 선행과정인 의사소통 수업에서 가장 심했고, 각 발표 1주일 이전부터 극도의 불안을 경험하곤 하였다. 그 학기의 막바지에 그레이스는 그녀가 발표자나 수행자(그녀는 교회에서 피아노 반주자였다)로서 관심의 초점이 되는 어떤 수업이나 교회 상황에서도 극도의 불안을 경험하기 시작했다. 그녀는 크리스마스 동안 그녀의 불안에 대해 점차적으로 우울해졌고 결국 성직자가 되기 위한 "자질이 있는지" 의문이 들기 시작했다. 그녀의 우울증은 봄 학기가 시작되었을 때 악화되었고 그녀의 불안은 지속되었으며 더욱 심해지기조차 했다. 그녀가 상담을 찾았을 때에는 발표가 요구되는 한 수업을 빠진 상태였으며, 점점 "무능감"을 느끼기 시작하였고, 선택된 소명인 직업에서 성공할 수 없을 것처럼 느껴졌다.

치료자와 내담자 관계

나(WBJ)는 신학교의 심리 센터에서 그레이스의 불안과 우울을 치료했다. 그레이스는 내가 임상 심리학자이고 기독교인이며 단기 개입에 전문가임을 알고 있었다. 그레이스는 시간 제한적인 합리정서행동치료(REBT)의 광고를 보고 찾아왔기 때문에, 그녀가 함께하는 작업이 최대 8회기 동안 진행될 것이고 치료 종결 3개월 후 한 번의 사후평가 회기가 있음을 이해했다. 그녀는 또한 추가 치료가 필요할 경우에는 다른 임상가와 함께 치료가 지속될 수도 있다는 것을 알고 있었다. 많은 신학생 및 기독교 대학생들이 치료 초기에 나의 종교적 믿음에 대해 조심스럽게 물어보곤 하였지만, 그레이스는 이러한 문제에 대해서 언급하지도 않고, 다른 기독교인 내담자들이 종종 해왔던 것처럼 치료 시간에 함께 기도하길 요청하지도 않았다. 그레이스는 "기독교" 지향적 인지행동 치료를 위한 광고에 응답했음에도 불구하고, 치료 초기에는 감정적으로 괴로웠고 먼저 불안을 낮추는 방법을 찾는데 관심이 있음이 분명했다.

● 평가: 이론적 근거와 자료 수집

합리정서행동치료는, 대부분의 인지행동 치료적 접근들과 마찬가지로 평가를 적극적-지시적 과정으로 보고, 치료 내내 평가가 이루어져야 한다고 여긴다. 인지행동 치료자들은 전반적인 정신 병리와 특수한 증상의 정확한 평가에 관심을 둘 뿐 아니라, 내담자의 (a) 활성화시키는 사건, (b) 비합리적인 신념 혹은 인지적 왜곡, (c) 이차적인 감정적 어려움의 패턴을 확인하는데 특별히 관심을 가진다. 그레이스는 그녀의 첫 번째 치료시간 전에 상세한 내담자 과거력과 문장 완성 검사를 포함한 개인력 작성지를 완성했다. 그리고 그녀는 (a) SCL-90-R(Derogaits, 1977): 정신과 환자들의 심리적 증상 패턴을 반영하는 다차원적 자기보고식 90문항 증상 기록지, (b) BDI(Beck Depression Inventory; Beck, Ward, Mendelson, Mock & Erbaugh, 1961): 임상적 우울증을 측정하기 위해 구성된 21문항의 자기보고식 설문지, (c) ATQ-30(Automatic Thoughts Questionnaire; Hollon & Kendall, 1980): 자동적 사고 설문지를 포함한 세 가지 심리 측정지에 응답하였다. 그녀는 또한 영적 안녕감의 총점으로 영적인 안녕감의 두 가지 요소인 종교적이고 존재론적인 안녕감 둘 다를 측정하는 SWB(Spiritual Well-Being Scale; Ellison, 1983: 영적인 안녕감 척도)를 시행했다.

그레이스의 기초 환경 설문지에서 이번 사례 연구의 시작 시점에 보고된 내용의 많은 부분들이 드러났다. 부가적으로, 그레이스는 이전에 어떤 심리적 어려움과 정신 건강 관련 치료도 없었다고 답했다. 그녀는 "완벽주의적인" 과거력과 높은 수행을 위해 보다 엄중한 자기 기대가 있었음을 인정하였다. 정신과적 장애에 대한 분명한 가족력은 없었으며 그레이스는 좋은 신체적 건강 상태와 강한 기독교적 헌신, 신앙과 치료의 혼합에 흥미가 있다고 보고했다. 그녀의 SCL-90-R 점수에서 임상적으로 강박성, 대인관계적 예민성, 우울, 불안 척도가 상승되어 있었다. 그녀의 점수는 중등도의 우울과 불안뿐 아니라 높은 자의식 수준과 강박적으로 반추하는 경향을 보여주고 있었다. 이러한 정도의 Global Severity Index(전반적 심각도 지수: 증상 불편감의 전반적인 지수)는 다른 정신과 외래환자와 비교할 때 중등도의 임상적 고통을 경험하는 것으로 보였다. 그레이스의 BDI 점수는 21점으로 경도에서 중등도의 임상적 우울증이 있음을 보여주고 있고, ATQ-30점수가 77점으로 중등도의 우울유형 인지적 반추(예: "나는 나를 증오 한다" 혹은 "나는 실패자다")를 하는 경향이 있음이 나타났다. 그레이스가 대답한 SCT(Sentence Completion Questionnaire; 문장 완성 검사)의 몇 가지 항목에서 의미 있는 평가 내용을 얻을 수 있었다(예: 내 미래는 "이것을 극복하지 못하면 어둡다", 나의 가장 큰 결점은 "하나님을 완전히 신뢰하지 못함으로써 이 공황을 떨쳐버리지 못하는 것이다", 어리석게도 내가 두려워하는 것은 "모든 사람을 실망시키는 것이다."). 그녀의 SWB총점은 치료 초기에 82점이었다.

첫 번째 치료 회기 동안 합리정서행동치료 평가에서, 특정 활성화 사건(A)이 극도의(공황과 유사한) 불안(C)전에 일반적으로 선행되었음이 드러났다. 흔한 A는 다른 사람들 앞에서 발표 혹은 다른 행동을 하는 것(예: 피아노 연주)이었다. 그녀의 첫 번째 삽화가 의사소통 수업에서 일어났고 그녀를 완전히 기습했다(그녀는 이전의 발표나 행동에서 결코 사소한 긴장 혹은 그녀가 기술하기를 "초조"이상을 경험한 적이 없었다). 최근 불안삽화 동안의 증상들은 식은땀, 떨림, 집중의 곤란, 가슴 두근거림, 심한 사회적 당황감, 그리고 그 상황을 탈출하고 싶은 강렬한 욕구를 포함하였다.

인지행동 치료자는 내담자들의 가정과 반대로, A가 직접적으로 C를 일으키지는 않고 그보다 한 가지 이상의 비합리적이고 역기능적인 믿음들(Ibs)이 감정적 장애를 일으키는 것으로 가정한다. 이러한 역기능적인 믿음들은 전형적으로 요구들(단정적인 "~해야 한다" "~하는 것이 당연하다", "~임에 틀림없다", "~하지 않으면 안 된다" 등으로 말하는) 혹은 "끔찍하게 만드는" 자신이나 타인들에 대해 매긴 전체적인 등급에 근거한 평가들과 약한 좌절 인내력이다. 많은 합리정서행동치료의 내담자들과 유사하게, 그레이스는 초기에 자신을 가장 두렵게 했던 발표 작업 혹은 상황(A)의 성질에 초점을 맞추는 반면, 자신의 최초 역기능적인 믿음들을 말하는 데에는 어려움이 있었다. 여기까지 나는 "그래, 하지만 우리가 당신 수업에서 한 두 사람은 발표 시 어떤 불안도 경험하지 않고 다른 몇몇은 약간의 긴장만을 느낀다는데 동의한다면, 단지 발표에 대한 요구가 아니라 그보다 더한 어떤 것이 있음에 틀림없다. 당신은 다른 사람들 앞에서 말하는 것에 *대해서* 스스로에게 무엇이라고 말하길래 불안해지는가?" 라고 반응한다. 그레이스는 이 상황에서 몇 가지 비합리적인 사고들이 작동하고 있다는 것을 알았다(예: "나는 긴장*하면 안 된다.*", "그들이 내가 떨거나 말을 더듬는 걸 본다면 *끔찍할 것이다*". "나는 이렇게 불안한 느낌을 *견딜 수 없다*"). 게다가 그녀의 주요 역기능적 믿음들의 두 가지는 종교적인 본질의 것이었다(예: "나는 다른 사람에게 하나님의 평안의 모델이 *되어야 한다*"와 "내가 만약 '자유하고 하나님께서 역사하시도록' 하지 않는다면 나는 영적으로 분리된 것이다")

흔히 그렇듯이, 그레이스에게는 첫 번째의 결과로 두 번째 감정적 문제(C2)가 발생했다. 명확하게, 그녀의 불안 발작(C1)은 경도에서 중등도의 임상적 우울증(C2)을 활성화시키는 사건(A)이 되었다. 이렇게, 그녀는 사회 불안증을 줄일 수 없었기 때문에, 그녀의 불안에 대해서 우울해졌다. 그녀는 이러한 삽화 동안 마음을 가라앉히는 기도와 성경 암송을 시도했었지만 그녀의 불안은 줄어들지 않았다. 그래서 부분적으로, 그녀의 우울증은 대중 앞에서 침착하게 말할 수 없을 때 심리적으로 뿐만 아니라 영적으로 약해졌다는 믿음과 연결되어 있었다. 그레이스는 특정한 우울증-유발 신념들과 인지적 자기 진술들을 분명히 말할 수 있었다. 이것은 (a) "나는 그렇게 불안하고 통제력을 상실할 것 같이 느껴서는 *안 된다*, (b) 내가 만약 이러한 불안에 무력해진다면, 내가 *쓸모없다*는 걸 의미한다, (c) 하나님의 도우심으로, 나는 이것을 극복할 수 *있어야 한다!*"

그레이스는 영적으로 성숙하고 유연하면서 그녀의 기독교적인 신념에 헌신하고 있었다. 동시에 부분적으로 추상화된 신념이나 불충분하고 편파적 방식으로 성경구절을 해석하기 때문에 생기는 신념을 살필 수 있는 열린 마음이 있었다. 그녀는 치료받기 전 수개월을 엄청난 영적 도전의 시간이었다고 기술했다. 또한 그녀가 불안이 유발되는 사회적 상황을 직면했을 때, 하나님께서 왜 침착하기 위한 그녀의 뜨거운 기도를 무시하신 것처럼 보였는지에 대한 덧없는 의문이 들었다. 그녀는 그녀가 불안을 영적 나약함 혹은 실패의 지표로 지각하는 경향이 있다는 점을 인식하는 통찰력을 보였다.

진단과 임상적 개념화

긴 첫 회기 동안 모아진 평가 자료를 검토하여, 그레이스의 문제를 DSM-IV를 사용하여 다음과 같이 공식적으로 진단 내렸다.

Axis I 300.23 사회 불안증
309.0우울 감정을 동반한 적응 장애
Axis II 강박적 성격 특성
Axis III 진단 없음
Axis IV 최근 사회적 수행의 어려움, 신학대학원 낙제에 대한 두려움
Axis V GAF=65(현재), 90(작년)

그레이스는 사회적으로 불안하고 우울한 신학대학원 1학년 학생으로 구두발표 수업시간 동안 극도의 첫 번째 사회 불안증 삽화를 경험하였다. 그레이스는 매우 똑똑하고, 성취 욕구가 꽤 높으

며, 이면의 성격구조가 강박적인 편이었다. 그레이스는 의욕적이었고, 자기 동기 부여가 되어 있으며 그녀 삶의 모든 부분을 통제하려고 애써 왔다. 또한 외동딸로서, 그녀는 부모님과 하나님을 기쁘게 해드리기 위해 스스로에게 부담을 주고 있었다. 치료 전 2개월간 그녀는 그녀의 불안을 "극복"할 수 없음에 대해서 점점 우울해졌다. 그녀는 그녀 자신의 영적 성숙에 대해서 의구심이 생기기 시작했으며 그녀의 감정적 문제들이 그녀가 하나님을 기쁘게도 하지 못하고 하나님으로부터 멀어졌다는 징조인지 모른다고 의심하였다. 나의 요청에 따라, 그레이스는 그녀의 불안이 생리적인 원인에 의한 것이라는 가능성을 배제하기 위해서 신체검진 날짜를 잡았다. 이것은 치료 두 번째 주에 마쳤고 모든 결과는 음성이었다.

● 치료 목표, 과정, 개입 전략

이번 장에서 앞서 언급했듯이, 합리정서행동치료는 정서와 행동에 영향을 주는 신념에 초점을 맞춘다. 역기능적인 정서 상태인 경우에, 합리정서행동치료는 내담자에게 있는 극도의 비합리적인 평가와 요구(비합리적인 신념)하는 경향성이 장애를 일으킨다는 것을 가정한다. 영성지향 합리정서행동치료는 종교적, 영적 믿음과 실천이 역기능적 감정들을 만들거나 영향을 줄 수 있는 방법에 민감하며, 치료적 변화의 도구로서 믿음과 일치하고 믿음을 고양시키는 성경구절과 행위를 포함시키려고 노력한다.

그레이스의 사례에서, 우리는 그녀의 일차적 정서적 문제(불안)를 다루는 치료를 시작하기로 곧 동의했다. 이는 그녀의 이차적 문제(그녀 불안에 대한 우울증)가 특히 급성이 아니었고, 그녀가 우울 기분이 불안 문제에 대한 그녀의 작업을 방해한다고 믿지 않았으며, 그녀가 불안을 줄이는데 매우 동기부여가 되어 있었기 때문이다. 어떤 경우에는, 내담자의 이차적 정서 문제가 초기의 어려움에 대한 치료 작업을 방해할 수도 있다. 특히 종교적인 내담자들에게는, 이차적 문제가 종종 부끄러움 혹은 죄책감("나는 하나님을 실망시키고 있음이 틀림없다", "만약 내가 강한 믿음만 가졌다면, 이런 일은 있지도 않았을 텐데")과 어느 정도 연관되어 있다.

초기 치료 시간 동안, 그레이스에게 합리정서행동치료적 접근을 소개하였고 그녀자신의 신념들이 상황에 대한 정서적 반응을 크게 좌우하고 있음을 보여줬다. 이것은 통제와 자기 효능감에 대한 그녀의 강한 욕구를 보여주는 것일지도 모른다. 주요한 A(다른 사람들 앞에서의 발표), 두드러진 C(극도의 불안), A와 연관된 몇 가지 특징적인 요구와 평가적인 신념들(Ibs)을 확인한 후에, 그레이스에게 비합리적인 신념을 반박하는 과정을 보여주고 신념과 정서적 결과 사이의 연결("B-C connection"이라고 하는)을 강화하기 위해서 몇 가지 일반적인 논박을 사용하였다. 그레이스의 비합리적인 신념들을 위한 종교-중립적 논쟁들의 예로는 다음을 포함한다: (a) 경험적으로, “그레이스, 당신이 불안할 수 없거나 불안해서는 안 된다는 것이 어디에 쓰여 있는가?”, (b) 논리적으로, “당신이 불안한데, 당신의 불안하지 않으려는 요구가 어떻게 이치에 맞는 이야기인가?”, (c) 실제적으로, “불안하지 않아야 한다는 당신의 신념과 요구들이 당신이 원하는 것(불안을 낮추는 것을 포함)을 얻기 위해 어떻게 도움을 주고 있는지 내가 이해할 수 있도록 도와 달라.” 합리정서행동 치료자들이 많은 논쟁 유형들을 사용하지만, 그레이스는 특히 소크라테스식 질문(예: “내가 이해하도록 도와 달라”, “나는 왜 그런지 잘 모르겠다”)에 잘 반응하였다. 이러한 소크라테스식 유형에 덧붙여, 나는 또한 몇 가지 교훈적인 반박들(예: “생리학적 증거 상 매우 불안하더라도, 대부분의 사람들이 발표하다가 죽지 않는다.”)과 유머러스한 반박들(예: “당신의 발표 전 불안이 *끔찍하다는 것* 혹은 100% 나쁜 것보다 더 나쁜 것이라고 믿는다는 것을 알지만, 당신이 모든 사람 앞에서 경련이나 간질, 폭발적인 구토를 했다면 더 나쁘지 않았을까? 그래서 당신의 현재 불안이 실제적으로는 100%보다는 적게 또 분명히 끔찍한 것보다 덜 나쁘다고 말해야 정확하지 않겠는가?”)을 제안했다. 처음 두 번의 치료시간 이후에, 그레이스는 어느 정도 증상의 초기 완화를 보여줬고 “모든 것이 잘 될 거 같다”는 고취된 희망의 감정을 말했다. 그녀는 또한 합리정서행동 치료 모델을 잘 이해하고 수용했다.

그레이스는 독실한 기독교적인 세계관을 가지고 있었고 하나님과 예수님에 대한 변치 않는 개인적 믿음을 보여줬기 때문에, 나는 그레이스의 일차적 비합리적인 신념들에 대한 인지적 논쟁 속에 기독교적인 교리와 성경의 요소들을 혼합시키기 시작했다. 이러한 신앙에 대한 일반적인 조정 기술(Johnson, 2001)에서, 영성지향 치료자들은 신앙과 치료를 혼합하는 작업을 한다. 영성지향 인지행동 치료에서, 내담자는 “하나님, 자기 자신 그리고 믿음에 대한 나의 사고 *양식(평가적이고 요구적인)*이 나를 어떻게 힘들게 하는가?”라고 스스로 질문하도록 도움을 받는다. 그레이스는 그녀의 신앙을 치료적으로 활용하기를 강렬히 원한다고 말했다.

그레이스는 불안이 끔찍하다고 하는 것에 대해, 몇 가지 반박들(“당신 상황의 파국적인 정도를 점수화하는 것이 하나님께 중심을 두고 하나님을 좀 더 효과적으로 섬기는데 얼마나 도움이 되는지를 생각하라, 욥은 그의 아내와 자녀, 그의 재산을 잃었다. 그는 온 몸을 덮은 심한 부스럼이 있었다. 그의 상황이 100% 나쁘다면, 당신의 수업 불안은 점수로 얼마나 떨어지겠는가?”)이 도움이 됨을 발견했다. 그레이스는 “나아지고” “초조하지 않아야” 한다는 요구에 대해서, 몇 가지 반박들(예: “하나님은 그의 아들의 죽음과 욥의 고통에서 나올 이점을 보셨다. 하나님은 우리의 좋지 않은 상황들에 대해 우리가 볼 수 없는 일들도 보신다. 일들이 달라져야 한다는 완강한 요구대신에, 하나님은 당신에게 무엇을 듣기를 원하시는가?”)이 유용함을 발견했다.

그레이스는 이러한 인지적 논쟁들이 유용하다는 걸 알고 있음에도 불구하고, 그녀의 가장 강력한 비합리적인 신념은 그녀가 동료들과 교회 성원들 앞에서 그토록 불안한 것을 견딜 수 없고 사회불안 발작 동안 겪는 수치심을 참을 수 없다는 것이었다. 그래서 우리는 많은 시간을 함께 그녀의 약한 좌절 인내력에 대한 논쟁에 투자하였다. 논쟁의 일부분은 아래의 사항을 포함하는 그녀의 약한 좌절 인내력을 수정하는데 초점을 두었다: (a) "하나님께서 당신을 창조하셨다면, 당신의 능력을 아신다면, 그리고 이 상황을 허락하셨다면, 하나님께서는 당신이 이 상황을 *견딜 수 있다*고 믿으심이 분명하다!", (b) "사도 바울은 하나님께 그의 '육체의 가시[고린도후서]'를 그에게서 떠나게 해달라고 기도했다. 그는 고통 받았고 그럼에도 하나님을 섬기기 위해 그의 고통을 견디기로 선택했다.", (c) "하나님께서 당신에게 나타나서 중요한 이유로 당신이 불안감을 견뎌야 한다고 설명하신다면, 그러면 견딜 수 있겠는가?"

세 번째에서 여섯 번째 치료 시간에, 그레이스는 그녀가 이전에 사회불안으로 야기될 수 있는 것 이상의 불편함과 고통을 견딜 수 있음을 깨닫기 시작하였다. 또한 그녀는 불안이 즉각 사라지기를 요구하는 것과, 불안해지는 경험을 파국화하는 것이 비생산적일 뿐 아니라 크게는 그녀의 종교적 믿음들을 공격한다는 생각과 관련된 통찰력과 수용을 발전시켰다. 그레이스가 합리정서행동치료 과정을 배워감에 따라, 그레이스는 합리적인-성경적 견지를 유지하고 내가 그녀의 비합리적인 관점을 취하는 역할 연기를 하는 것과 같은 선택적인 인지적 개입을 시도했다. 나는 사회불안을 일으킬 것 같은 비합리적인 요구들과 진술들을 만들어냈고, 그녀는 이러한 주장들을 그녀가 가장 좋아하는 합리적인 대안적 진술을 가지고 논쟁하도록 하였다. 그레이스는 또한 유머감각이 있었기 때문에, 유머러스한 과장들이 논쟁에 도움이 되었다. 예를 들어, 나는 하나님의 역할을 했고 그녀에게 이러한 주장들에 대한 반박을 요청했다: "그레이스가 때때로 불안을 느끼기 때문에, 전적으로 내게 쓸모없고 깊은 실망의 근원이다. 사실, 나 하나님은 그레이스가 불안해진다는 생각을 참을 수 없고 나를 매우 당황스럽게 한다!" 이러한 말은 물론 그레이스가 생각하기에 말도 안 되는 것이었고, 하나님의 무조건적 사랑을 증거하는 신약성경에 반하는 것이었다.

사회불안에 더해, 그레이스는 또한 그녀의 불안과 충분히 수행하지 못하는 것에 대한 수치심, 우울과 싸웠다. 이러한 이차적인 증상들이 주로 비합리적인 자기-평가(자기-비난) 신념들에 의해 일어났기 때문에, 자기-평가에 대한 믿음-통합적인 논쟁들은 우리의 마지막 치료시간 동안 그레이스에게 도움이 되었다. 이러한 논쟁들의 일부는 성경에 기초한 것("만약 당신이 하나님의 피조물이라면, 스스로를 쓸모없거나 하나님께 실망스러운 존재라고 부르는 것이 어떻게 이치에 맞는가?)"이었고, 어느 정도는 종교적 근거(예수님이 죄인의 가치에 대해 무엇이라고 말씀하셨는가? 잃어버린 양에 대해서는? 잃어버린 동전에 대해서는? 방탕한 아들에 대해서는? 이러한 비유들[누가복음 15장]은 당신이 너무 불안해져 당신이 원하는 것을 말할 수 없을 때조차도 당신의 가치에 대해서 무엇이라고 말하고 있는가?)에 기초를 두었고, 일부는 그녀가 자신을 평가할 때의 역기능적인 부분(당신 스스로가 발표나 수행 전에 긴장하는 것에 대해 '바보', '끔찍한' 이라고 부를 때, 실제로 보다 진정이 되고 하나님의 온유한 임재에 초점을 맞추는데 도움이 되는가?")에 초점을 맞추었다. 그리고 마지막으로, 일부 자기-평가 논쟁들은 종교적으로 일치하는 대안적인 신념들("당신이 불안해지고 고통스러워질 때, 그레이스, 하나님은 그의 평온과 영광을 경험할 수 있는 기회를 당신에게 주고 있는 것으로 보인단다! 당신은 항상 모든 곳에서 비일상적인 유능함으로 뛰어났고 일을 해내왔다. 하나님께서 당신이 그분께 초점을 맞추길 원하시고 당신에게는 하나님이 필요하다는 사실을 상기시키려 하고 계신 것이 아닐까?)을 제공하도록 고안되었다.

이러한 인지적 개입들에 더해, 그레이스는 또한 수치심 극복 훈련(shame-attacking exercise: Ellis & Dryden, 1997)에 참여하는데 동의했다. 홍수요법과 같은 행동 치료기법과 유사하게, 이러한 합리정서행동치료 개입은 좌절 인내력과 공포 상황(전형적으로 불안과 수치심을 유발하기 쉬운 상황들)에의 실제 노출을 강조한다. 수치심 극복은 특히 사회적 상황들에 대해 비현실적으로 과장되고 부정적인 반응을 보이는 그레이스와 같은 내담자들에게 도움이 된다. 이 훈련은 내담자에게 자기-수용과 고통을 견뎌내도록 하는 작업을 위해 일부러 대중 앞에서 "수치스럽게" 행동하도록 요구하는 것을 포함한다. 초기에, 그레이스는 그녀의 부모님과 친구들, 심지어 교수님들에게까지 그녀가 대중앞에서 말하는 것을 끔찍이 꺼려하고 무서워한다는 것을 사실 그대로 말하기로 동의했다. 이것은 그녀에게 매우 어려운 일이었고, 그녀가 비록 모든 교수님들께 이 사실을 말씀드리지는 못했지만, 그녀는 그녀 경험의 비밀성과 심각성을 어느 정도 해소시킨 데 대해 안도감을 느꼈다. 여섯 번째 치료시간에, 그레이스는(좀 꺼리기는 했지만) 종종 발표를 해야 하는 한 수업 도중에 일어나서 수행불안의 성질에 대해 즉석에서 짧게 발표하는데 동의했다. 그녀는 이 수행불안이 그녀의 상호작용을 어떻게 감소시키는지와, 그녀가 어떻게 발표를 피하려는 경향을 이겨내려 하고 있는지를 말하였다. 그녀는 이 경험 동안 상당한 불안을 느꼈지만, 발표 전과 후에 그녀의 비합리적인 믿음들에 대해 몰래 반박할 수 있었다. 놀랍게도, 그녀는 또한 그 수업(그 교수님이 지도하는)에서 짧지만 박수를 받았으며 뒤에 그녀의 불안을 이해해주는 집단 앞에서 발표하는 것에 대해서 훨씬 적은 위협감을 느꼈다고 보고했다.

마지막으로, 그레이스는 심상이 유용한 도구임을 발견했다. 불안에 대한 대부분의 인지행동 치료적 접근들은 심상 기법들을 혼합한다. 합리적 정서적 심상(rational emotive imagery)에서, 내담자는 이러한 상황에 전형적으로 따라오는 부정적인 감정을 일으키게 하는 공포 상황을 상상하도록 요청 받는다. 그리고 나서 자기 진술과 신념에 대한 인지적 논쟁을 사용하여 이미지와 감정들을 수정한다. 그레이스가 가장 안정되고 도움이 된다고 느꼈던 심상은, 발표 전 예수님이 그녀 손을 잡고 앉아계시다가, 그녀가 발표하려고 일어설 때 함께 일어나셔서, 발표 동안 그녀를 보고 안심시키며 미소를 띄고 있는 장면이었다. 그녀의 이미지에서, 그녀의 행동에 대한 어떤 것도 예수님의 사랑에 영향을 줄 수 없었고 상상 전체가 깊은 위안을 주었던 것이 분명했다. 그녀는 또한 예수님께 기도하고 감사하는 것도 포함시켰다. 이러한 종교적인 심상과 기도의 기법들을 치료시간에 몇 차례 실행한 후에, 그레이스는 집에서 매일, 그리고 수치심 극복 행동 과제물을 하기전과 하는 동안에도 몇 차례 실행하도록 요청 받았다.

치료 경과, 치료 빈도, 치료 기간

영성지향 인지행동 치료가 치료자의 선호도, 임상적 문제, 내담자 요소(예: 성격 병리 혹은 치료에 대한 강한 종교적 저항)와 같은 요인들에 따라 매우 다양할 수 있다. 그러나 대부분의 경우, 영성지향 인지행동 치료는 이 책에 포함된 대부분의 다른 치료적 접근들보다 기간이 짧을 것이다. 인지행동 치료적 접근들은 종종 6내지 20회기 정도 걸린다. 그레이스가 경험한 것과 같은 사회불안은 합리정서행동 지향의 치료를 할 때 6내지 10회기 정도가 일반적이다. 치료 회기는 보통 50분 정도이지만 치료 종반부나 짧은 "추가" 회기(예: 치료 후 2주, 1달, 3달 후)인 경우에는 더 짧은 치료시간인 경우가 흔하다. 게다가, 영성지향 인지행동 치료자들은 종종 기꺼이 내담자들의 실제 상황에의 노출(in vivo exposure) 경험들(예: 사회불안이 있는 내담자를 위한 발표 혹은 광장공포증이 있는 환자를 위한 쇼핑몰 체험)에 동반해주거나 혹은 좀 더 긴 집중적인 상상 경험을 위한 "마라톤" 회기를 계획하기도 한다.

종결과 재발 방지

인지행동 치료 이론은 협력적인 경험주의(collaborative empiricism: 치료자와 내담자가 목표 설정에서부터 치료 결과 평가에 이르기까지 전 과정에서 협력함)의 구성에 따라 정해지기 때문에 종결의 시점(전형적으로 분명하게 측정 가능한 고통의 감소 혹은 바람직한 행동의 증가)은 종종 분명하게 치료자와 환자 두 편에서 모두 알 수 있다. 그레이스의 경우에, 내담자와 치료자는 첫 번 치료에서 종결 시점을 어떤 사회적 수행을 예상했을 때 그레이스가 그녀 자신의 1-10까지의 불안점수가 "9점"에서 "3점"으로 내려가는 것으로 합의했다. 인지행동 치료는 고통스러운 증상 경감에 초점을 맞춘다는 점에서 특징적이다. 즉, 내담자가 어떤 정도의 변화가 치료 성공을 의미하는지 제대로 이해하지 못할 것이라고 가정하지 않는다. 대신, 치료자는 내담자의 주된 불편사항을 치료의 초점으로 맞추고 내담자가 적절한 치료 목표와 수반되는 치료 종결 시점을 가장 잘 판단할 것이라고 가정한다. 재발 방지는 거의 모든 인지행동 치료적 접근의 중요한 부분이다. 이것 때문에, 치료는 항상 어느 정도 심리 교육적인 면을 포함한다. 내담자들은 치료 회기 도중 핵심적 기술들을 배우고, 회기 사이와 치료 이후에도 이 기술들을 연습하고 적용하는데, 이것은 문제의 재발을 방지한다. 예를 들어, 그레이스는 치료 회기 사이 그리고 종결 후에 비합리적인 믿음들의 논쟁과 기독교적인 합리적 정서적 상상, 수치심 극복 훈련을 수행하도록 격려되었다.

● 치료 결과: 단기 효과와 장기 효과

그레이스는 여덟 번째와 마지막 회기 동안 다시 단축 치료 결과 측정 설문지를 완성했다. 그녀의 BDI점수는 7점(비임상적 범위)이었고, 네 번째 회기 후에 매우 적은 정도의 우울을 보고했다. 그녀의 ATQ-30점수는 42점으로 자동적 부정적 사고의 의미 있는 감소를 보여줬으나 때때로 경도의 우울 유발적 사고가 지속되었다. 그녀의 SWB 총점은 치료 마지막에 98점으로, 치료 초기 82점과 비교하여 좀 더 나은 영적인 안녕감을 반영했다. 아마도 가장 중요한 것은 그레이스가 신학교에 남기로 결정했고 "내가 때때로 발표에 불안을 느낀다는 것이 끔찍한 일이고 여기는 내가 올 곳이 아니다"(이것은 그녀가 논쟁 실행이라는 역할 연기 동안 그녀가 반박했던 비합리적인 진술중의 하나이다)는 진술에 맹렬히 반대했다는 것이다. 그녀 자신의 경험적 불안 점수(1-10점)에서, 수업 시 발표하려고 할 때 그녀의 상태를 나타내는 점수가 9점에서 5점으로 내려갔다. 그녀는 이것이 매우 의미 있는 호전임을 알았고 또한 그녀가 이러한 불안 수준을 견딜 수 있었음을 알았다. 그녀는 어떤 발표나 수행 상황도 참을 수 없지는 않다고 믿었으며(치료 전에 대부분 그러한 상황을 참을 수 없다고 믿었던 것에 반해), 대중 앞에서 그녀가 발표하거나 피아노를 연주할 때마다 그녀의 불안이 점차 줄어듦을 알았다. 그레이스는 그녀의 강한 비성경적 사고방식을 웃음으로 넘길 수 있게 되었다 - 특히 그녀의 부족한 좌절 인내력과 그녀가 약점이나 실패를 감지할 때마다 스스로를 저주하는 거의 자동적인 습관에 대하여. 그녀가 아침 말씀묵상과 기도를 꾸준히 해왔기 때문에, 인지적 반박 연습과 합리적 정서적 상상(특히 예수님, 은혜, 안정감에 대한 상상)을 그녀의 일상 훈련의 일부분으로 만드는 일은 비교적 쉬웠고, 인지행동 치료 기법들을 자주 확실히 연습할 수 있었다. 치료 종결 3개월 후의 짧은 30분회기 동안, 그레이스가 연습을 꾸준히 해왔고 사회불안은 여전히 감소된 상태임을 보고하였다. 그레이스를 마지막으로 본 이 시간에 그녀의 BDI점수는 6점이다. 그녀는 더 이상 치료가 필요 없다는데 동의했으나 필요하다면 나중에 다시 나를 만나러 올 수도 있다는 것은 알고 있었다.

이 사례가 어떻게 내(WBJ)가 영성지향 합리정서행동치료를 종교가 있는 내담자(이 사례의 경우 분명한 기독교)에게 시행하는지 관찰할 기회를 제공해주지만, 다른 영성지향 인지행동 치료자들은 다른 기법들을 사용할 수도 있다는 것에 유의해야 할 것이다. 예를 들어, 나(SYT)는 만약에 내담자가 매우 원한다면 내적 치유를 위한 기도를 할 수도 있다. 다른 사람들은 행동치료 전략들(예: 강화와 처벌)을 좀 더 강조하거나 활성화시키는 사건(A)에 대한 내담자의 왜곡된 지각에 좀 더 집중적으로 초점을 맞추기도 한다. 마지막으로, 그레이스는 영성지향 인지행동 치료에 반응을 보였지만 다른 내담자들은 그 반응이 적을 수도 있다.

결론

인지행동 치료적 접근들은 인지적 활동이 행동에 영향을 주고 인지적 활동의 수정이 부정적인 감정과 행동의 결과들을 경감시킬 수 있다는 것을 강조한다. 영성지향 인지행동 치료는 분명한 종교가 있는 내담자들 혹은 영적이거나 종교적인 문제를 가지고 오는 내담자들을 돕기 위해 인지행동 치료의 틀을 활용한다. 영성지향 인지행동 치료는 기독교와 이슬람교 내담자들에 대한 예비연구의 경험적 지지를 받고 있다. 또한 영성지향 인지행동 치료는 유신론적 현실주의의 가정에서 시작하고, 치료자는 인지행동 치료 이론과 기술을 숙지하고 있어야 하며, 내담자 고유의 영적 종교적 배경을 잘 알거나, 그것에 적어도 민감해야 한다. 인지행동 치료는 신념 지향적이고, 교육적이며, 지시적이고, 실제적이기 때문에, 종종 특히 종교가 있는 내담자들에게 매력적이다. 이번 장의 사례 연구는 영성지향 인지행동 치료에서 강조하는 지속적인 평가, 비합리적인 신념과 사고의 반박, 치료자와 내담자간의 적극적인 협력을 잘 보여주고 있다. 또한 이 사례에서는 치료자가 내담자 자신의 믿음의 불완전하고 선택적으로 추상화된 요소에 도전하기 위하여 일반적인 인지행동 치료기법과 영성지향 인지행동 치료기법 모두를 사용하고 있음이 잘 나타난다. 영성지향 인지행동 치료의 일부 접근들은 경험적으로 평가되었을지라도, 유대교, 힌두교, 불교, 그리고 다른 유형의 종교가 있는 내담자들에게 영성지향 인지행동 치료의 유효성을 입증하기 위해서는 여전히 상당한 연구가 필요하다. 나아가, 주요 심리적 또는 종교적 문제를 치료하는데 있어 대안적인 영성지향 인지행동 치료의 효능성을 상대적으로 비교하는 연구 또한 이루어져야 할 것이다.

제 5 장

영성지향 심리치료의 정신분석적 접근

(A Psychoanalytic Approach to Spiritually Oriented Psychotherapy)

Edward P. Shafranske

접근에 대한 설명

정신분석은 오래전부터, 종교적 경험은 문화의 핵심적인 측면으로서 개인의 심리를 특징짓는 것이라고 생각해왔다. 프로이트는 개인적으로는 종교적 신앙을 거부했지만(Gay, 1987; Rizzuto, 1998), 종교적 사상이 문명의 중요한 재산이라는 점은 관찰하였고(Freud, 1961/1923, p20), 자신의 작품 속에서 그 참 가치를 확인하고자 했다(1961/1907, 1961/1913, 1961/1927, 1961/1930, 1961/1939). 그동안 축적된 이론적, 임상적 지식을 바탕으로, 현대 정신분석은 이 난제를 수용했으며 종교적 신념과 영성의 정신역동을 이해할 수 있는 다양한 시각을 제공한다. 프로이트는 종교적 교의와 과학적 정신이 양립불가하다고 천명했지만, 포스트모던 사색가들은 종교적 경험에 대해 다른 면에서의 의미도 허락하면서 하나의 심리적 현상으로 접근할 수 있는 해석학적 입장으로 본다. 인간 경험의 심리적 그리고 영적 차원은 그것이 고무하는 의미의 측면에서 다르다고 볼 수 있다. 비록 종교적인 경험을 정신분석의 범주로 환원시킬 수 있다 하더라도, 정신분석이 더 사실적이라는 우위를 주장할 수는 없다. 즉 임상적 탐구를 통해 종교적 내용의 참된 위치를 결정할 수는 없다. 그래서 정신분석을 숭배하지 않는 입장은, 신앙과 비신앙의 '두 가지 가능성'을 다 인정한다. (Ricoeur, 1970, p.230).

영성 지향적 정신분석 접근에서는 신앙의 심리학적, 발달적 토대를 탐구하는데, 동시에 그것의 인식 범위 밖에 있는 실재에도 개방되어 있다. 이러한 태도를 취함으로써, 심리적, 영적 궤적이 병행하는 것에 대해 깊이 고찰할 수 있는데, 이들은 관련되어 있고 때로는 얽혀있기도 하지만 근본적으로는 구분되는 것이다. 임상 실제에서는, 심리적 현실이란 근본적으로 그 의미를 구성함에 있어서 사실과 환상의 혼합을 포함하는 것이라는 비실증주의적, 해석학적 입장을 따른다(Arlow, 1996). 따라서 임상가가 심리적, 영적 경험에 대한 단일한 환원론적 지식을 진리로 받아들이고 있다면 환자의 종교적 경험에 대해 오해할 소지가 크다는 것을 항상 염두에 두고, 이 접근에서는 종교적인 경험을 아주 공감적인 자세로 듣는다.

● 역사적, 이론적 기초

현대 정신분석 치료는, 신경증 증상의 형성과, 통찰과 기억을 통해 그것이 개선되는데 있어서 무의식적 갈등의 역할에 대한 프로이트의 독창적인 이해에 기반해서 세워졌다. 오늘날 정신분석은 자아 심리학, 대상관계, 자기 심리학, 클라인학파, 비온학파, 라깡학파 관점 등을 모두 포함하여, Wallerstein(1988)이 이론의 다원론이라 간주하기에까지 확대되었다. 반면 Rangell(1997)은 임상에서 발견된 일련의 내용들은 총체적인 복합 이론 안에서 제대로 된 의미를 가질 수 있다고 주장하며, 단일한 관점을 내세웠다. 이러한 이론적 진보에 더불어, 임상 실제에서도 이제 그 응용 범위가 넓어져서, 정신분석, 정신역동적 정신치료, 단기 정신역동적 정신치료까지 포함하며, 그 범위를 표현적, 지지적 형태의 치료 사이에로까지 확장했다(Gabbard, 2000; Messer & Warren, 1995).

자아 심리학에서 처음으로 연구된 바, 정신내적 갈등은 소망하는 것이 무의식적인 도덕적 금기와 지시, 이상들과 공존할 수 없을 때 일어난다. 내재화 과정을 반영하는 이러한 시스템내적 갈등은 무의식적 불안을 야기하여, 부적응적인 방어를 적용하고 비효과적인 타협을 하게하며, 궁극적으로는 증상과 신경증으로 이끄는 것이다. 프로이트는, 그리고 안나 프로이트와(1936) 다른 사람들이 뒤이어 공헌한 바, 역학적, 유전적, 구조적, 그리고 적응적인 관점을 결합하면서 무의식 정신역동에 대한 연구를 착수할 수 있는 이론적, 임상적 기초를 제공하였다. 지속적인 임상적 탐색을 하는 가운데, 대상관계, 애착이론, 자기 심리학적 이론을 통해서, 병리적인 내재화된 대상관계, 내적 작동 모델, 그리고 갈등에 있는 자아(self)의 응집력에 대한 위협을 식별을 할 수 있게 되었다. 갈등 모델에 더해서, 정신분석은 인격 장애 발달에서 자아 기능이나 자기 구조의 결함이 매우 근본적임을 확인하였다. 이러한 결함은 다요인적인 병인에서 비롯된다. 기질적인 특징이나, 방치된 조건, 다양한 정도의 외상에 대한 노출이나 병리적인 대인관계 경험 등 심리적 발달을 위태롭게 하는 것이 모두 포함된다. 이러한 환경에서, 상황적이라기보다는 성격적인 방어의 사용이 대인관계를 손상시키고, 욕동의 건강한 표현과 승화를 방해하며, 자기 강화적인 부적응적인 패턴을 형성한다.

정신분석적 치료는, 정통적 분석으로 행해지든지 정신역동적 심리치료로 행해지든지 간에, 환자가 정신적인 경험을 *말을 통해서 발성해보는* 과정을 용이하게 함으로써, 그 변모시키는 영향력을 성취한다(Rizzuto, 2003, p.288). 대리적인 내성을 통해(Kohut, 1959) 심리치료자는 환자의 내적 삶에 공감적으로 조율하게 되고 탐색과 이해의 과정을 용이하게 할 뿐 아니라, 의미를 구성한다. 기억, 카타르시스, 통찰을 포함하는 치료적 관계에서 환자의 어려움 기저에 있는 원인에 맞부딪히게 되며, 다시 경험되고 수행된다. 궁극적으로는 프로이트의 소위 *Nachtraglichkeit(deferred action(effect)*, Modell, 1990) 개념에 상응하는 바, 기억으로서의 과거가 고쳐져 재편집 되는 것이다. 모든 형태의 무의식적 표현, 특히 전이의 형태로 나타나는 표현에 대해 각별히 주의를 기울임으로써, 과거 초기 대상관계의 그림자 아래에서 습관적으로 환자가 세상을 지각하고 관계를 맺어오던 방식이 빛에 드러나게 된다.

분석 상황 안에서 과거를 다시 사는 것을 통해, 무의식적으로 과거가 반복되던 구성방식은 변하게 되며 치료자와의 관계와 현재 경험 안에서 새로운 해결책을 서서히 구축해가게 된다(Loewald, 1980). 따라서 심리적인 구조와 기능에서의 변화가 나타나는 데에는 통찰에 더해서 공감적으로 유지되는 새로운 관계 맥락에서의 교정적인 정서 경험이 큰 기여를 하는 것으로 여겨진다. 점차적으로 환자가 느끼고, 표현하고, 품을 수 있는 능력이 확장되며, 더 큰 통제감과 숙련감이 얻어진다.

종교에 대한 정신분석적 접근의 역사

심리치료는 개인의 신앙 형성에 기여하는 발달적 그리고 정신내적 역동 과정을 탐색할 수 있는 임상적 접근법, 연구 절차, 이론을 제공한다. 이는 종교가 어떻게 삶에 의미와 목적, 형식을 부여하는 "강력하고, 설득적이며 장기적으로 지속되는 정서와 동기를 확립하는지" 좀 더 깊이 설명할 수 있는 방법을 제공한다. 그 관계는 종교*의* 정신분석이라 할 때 가장 잘 들어맞는다. 즉, 영성은 영역간의 상호적이거나 심지어는 변증법적인 관계를 의미하는 것이라기보다, 단지 동등한 자연현실의 정보제공자으로서 연구의 대상일 뿐이라는 기본적인 입장을 취하고 있음을 강조한다. 역사적으로 고찰해볼 때, 프로이트는 "종교 그것만으로는" 자신의 합리주의적, 과학적 강령에 대한 "심각한 적이다"라고 말함으로써 상당히 적대적인 자세를 취하고 있음을 알 수 있다. 우리는 우선 프로이트의 종교에 대한 비판을 요약해 보겠다(좀 더 광범위한 논의를 위해서는De Luca, 1977; Gay, 1987; Kung,1979; Meissner, 1987; Riedd, 1961; Rizzuto, 1979, 1998;

Shafranske,1995; Van Herik, 1982를 볼 것).

종교에 대한 프로이트의 비평

프로이트에게 있어, 종교는 퇴행적인 경험이다. 그의 논의는 임상 자료에 바탕을 두고 계통 발생과 개체 발생에 대한 이론적인 관점에서 현실적으로 끌어낸 상호연관된 일련의 가정에 입각해 있다. 종교적 감상은 고태적 무의식적 원천에서 비롯된 환영이며, 오이디푸스 콤플렉스의 원초적 원인과 소망을 반영한다는 것이 그의 핵심 논제였다. 프로이트는 종교적인 사상들은 근본적으로는 무기력 상태에 대한 반응에서 비롯된 소망 충족이라고 추측했다. 그의 친구 로망 롤랑의, 마치 "대양"과 같이 끝없는, 영원에 대한 느낌에 대해 언급하면서, 프로이트는 (1961/1930) 그것이 "종교적 에너지의 원천"이라했으며(p.64), 유아기 무기력감에서 비롯된 강한 욕구의 표현이라고 결론지었다(p.72). 하느님을 창조하는 것이야말로 아버지에 대한 갈망을 충족하는 것이며, 포이에르바하가 주장한 바, 하느님은 단지 인간 정수의 투사일 뿐이라는 논지를 보충하는 것이다. 프로이트는 개개 개체발생을 넘어서서 계통발생의 우주적인 힘으로까지 자기 주장 범위를 넓혔다. 종교적 사상은 단지 퇴행적인 욕구에서 비롯된 투사만을 담고 있을 뿐 아니라, 반복적인 현상으로서, 문명 기원 역사를 반영한다는 것이다. 프로이트(1961/1923)는 "아동기의 이상적인 이미지 속성들이 보존되다가 원시 아버지(primal father) [원시 유목 시대 동안의, 여기서 아버지 살인이 오이디푸스 콤플렉스의 기본적 사실이 됨]에 대한 타고난 기억-흔적과 더불어 개인의 하느님 사상을 형성하도록 변화된다. 종교는, 다양한 원천으로부터 비롯된, 하나의 환영일 뿐이다. 그것은 보호와 총애를 받고자 하는, 그리고 소멸과 상처의 공포로부터 벗어나고자 하는 개인의 바람에 뿌리를 두고 있다. 종교적 신념은 소망 성취에 동기화되며 따라서 환영을 엮어 만들어졌고, 아주 먼, 최초 과거 기억의 흔적을 지니고 있다. 프로이트는 자신의 주장을 확대해가면서, 성인 신자들의 경우나 종교적 환영 위에 구축된 문화의 경우 모두에서, 본능의 자제는 오이디푸스 콤플렉스의 해결과 더불어 초자아 심리구조 내에서 내면화된 아버지-하느님에 대한 무조건적 복종과 애원에서 비롯되었다고 하였다. 이처럼, 금욕은 합리적인 과정에 기반을 두었다기보다는, 그가 다루었던 신경증과 같은 방식으로, 무의식적 오이디푸스 역동의 결과이다. 그는 "종교는 분명히 인간이 문명을 이루는데 큰 역할을 수행했다. 그것은 반사회적인 본능을 길들이는데 공헌을 했다" (Freud, 1961/1927, p.47)고 인정은 했지만, 어떤 대가를 치루었던가? 프로이트에게 있어서, 그 대가는 문명의 진보를 방해하는 것이었다(Van Herik, 1982를 볼 것). Smith(1990)은 다음과 같이 요약했다.

종교를 사랑, 돌봄, 보호에 대한 유아적이고 가장 우선시되는 욕구와 맞물린 보복에 대한 두려움에

> 서 동기화된 것으로 규정한 이래로, 프로이트는 종교를 단지 믿을만하지 못한 윤리기반으로 보기만 한 것이 아니라, 개인과 인류의 발전에서 일반적으로 진압하고 따라서 억제하는 요인인 것으로 보기에 이르렀다. 프로이트에게 있어서 종교를 동기 부여하는 것은, 독단적이지 않고 자유로이 주어지는 사랑의 역할을 좀처럼 허용하지 않는, 채워지지 못한 사랑과 두려움이었다.

프로이트 논지의 필요조건은 하느님이 사람이 만든 존재, 하나의 투사라는 것이다. 그 기원은 조상 전래의 기억일수도, 혹은 필요일 수도 있다. 하느님-이마고는 아버지의 내면화 위에 구축되었으며, 오이디푸스 콤플렉스라는 장치 안에서 본능을 억제하도록 압력을 주는 그 인간 상호작용에 의해 필수적으로 한계가 지어진다. 이 관점에서 종교적 경험은 인간 역사에 속박이 되며, 초역사적이고 초월적인 영성적 지향과는 반대로, 일시적이다. 이 견해에서 하느님은 단지 인간 심리의 산물일 뿐이다. 이러한 해석 안에서, 영성은 소망 충족에 닻을 내리고 있는 심리적인 과정으로 격하된다. 종교적이고 신비적인 경험은 초기 융합과 소망 충족의 광대한 경험과 관련된 퇴행적인 현상을 반영한다.

프로이트 이후(Post- Freudian)의 생각들

프로이트의 원의견에 이의를 제기하는 쪽과 그 의견을 확장시키는 쪽 모두에서 상당한 양의 문헌들이 제시되어 왔다. 자아심리학, 대상관계이론, 자기 심리학, 여성주의 심리학, 관계 정신분석, 라깡 등의 공헌을 통해 종교적 경험에 대한 정신분석적 접근이 다듬어지고 그 폭도 넓어졌다. 그 중 특히 중요한 것이 하느님-이마고의 생성에 담긴 역동적 과정을 재개념화했다는 것이다.

프로이트는 하느님을 아버지를 모델로 해서 만들어진 정적 개념으로 보았지만, 이와 반대로, Rizzuto(1979)는 하느님 표상에 대해 다음과 같이 맞섰다.

> 하느님 표상은 그것이 기반으로 한 주춧돌 그 이상이다. 그것은 *새로운* 원(original) 표상이며, 새것이므로, 실제 부모로부터 받은 것을 훨씬 뛰어넘는 영감과 용기–혹은 공포와 두려움–를 줄 수 있으며 위로와 평안을 줄 수 있는 또다른 요소를 가지고 있을 수 있다(p. 46)

무수히 많은 근원으로부터 추려진 하느님-표상은 환영도 객관적 현실도 아니다. 그것들은 정신적 내용으로서, 이행기 영역(transitional realm)에서 기능하므로 생명력이 있는데, 위니컷은 이 영역이 종교의 수원(水源)이라 하였다. (이행기 대상과 경험: 유아의 공생의 세계는 전능함으로 충만해 있다. 그런 전능감 속에서 유아는 자신이 바라는 대상(예를 들어 엄마의 젖가슴)을 창조했다고 느낀다. 그리고 그것을 완전히 통제할 수 있다고 믿는다. 그러나 점차 성장함에 따라, 유아는 엄마를 자신과 분리된 독립된 대상으로 지각하게 되고 그럼으로써 자기 마음대로 통제할 수 있는 대상이 아니라는 것을 점차 인식하게 된다. 주관적 전능감의 세계에서 현실의 세계로 나아가는 이 과정에서 유아는 불안을 느끼게 된다. 이때 유아는 장난감 곰과 같은 이행기 대상이, 공생의 단계에서 엄마와 느꼈던 전지전능함처럼, 자신이 원하는 것과 똑같이 원하고 기능한다고 느낀다. 그렇기 때문에 유아는 엄마의 보살핌을 받으며 느꼈던 전능감과 생생한 살아 있음의 경험을 이행기 대상으로부터 다시 느낄 수 있다. 이와 같이 이행기 대상은 이 시기의 유아들이 느끼는 불안을 진정시켜 준다. 즉 대상을 마음대로 할 수 있는 전능한 세계로부터 객관적 현실 세계로 나아가야 하는 유아의 충격에 완충작용을 한다. 그러므로 이행기 경험은 주관적 전능감과 객관적 현실이라는 두 경험 사이에 있는 경험 양식이라고 할 수 있다. 그렇기 때문에 이행기 대상은 주관세계에 속한 것이기도 하고 또한 객관적 세계에 있기도 하다. 같은 의미로 이행기 대상은 아주 주관적인 것도 아니고 또한 완전히 객관적인 것도 아니다. 이렇듯 이행기 대상과 이행기 경험은 그 정의상 모호하고 역설적이다.-역주) 이러한 중간 영역에서 주관성과 객관적 관찰이 뒤섞여 결합되며 신성감의 인격화된, 사적인 표상이 형태를 갖출 수 있는 기반으로 자리한다. 이러한 표상은 단순히 "관념들"인 것이 아니라, 그 이행기 영역 안에서 초월적인 대상과 인간적 관계를 분명히 경험할 수 있는-공감, 관심, 사랑, 잔혹함 등, 전범위의 정서와 의도가 가능한- 심리적인 대상이다. 이러한 표상은 인간 대상 세계 안에서의 생활이 이러한 일시적인 경험들을 야기하기는 했지만 그것들에 의해 완전히 제한된 것은 아니라는 인상을 품고 있다. 실제로, 획득된 대상관계 수준과 형성된 하느님-표상 사이의 관계를 정립하고자 경험적 연구를 한 문헌들이 나타나고 있다. 이 연구들에서는 부모와의 관계에서 비롯된 심리적인 양상과 하느님-표상을 형성하는데 가능해 보이는 질적 수준(Brokaw & Edwards, 1994; Hall, Brokaw, Edwards, & Pike, 1998)이 상응하며, 애착의 질과 하느님 애착, 종교적 신념, 종교적 입회(Granqvist & Hagekull, 1999,2001; Kirkpatrick, 1992,1997,1998,1999; Rowatt & Kirkpatrick, 2002) 사이에도 유사성이 있음을 보여주고 있다.

영성지향적 관점에서도 하느님-표상의 형성에 있어서 투사적 본질을 인정한다. 동시에 세속에 얽매인, 또는 심리적인 과정으로 격하되지 않는 의미들에 대해서도 개방되어 있는 것이다. 이러한 정신분석가는 포이에르바하의 "해악의 물화(reification of mischief)" 개념, 즉 만약 사람이 무언가 찾는다 하더라도 그것은 단지 종교적 대상일 뿐이라는 전제를 만드는 생각의 포로로 전락하지 않는다(Mcdargh, 1983, p. 14에서 재인용된 Smith, 1962, p.47 참조). Spero(1992)는 인간중심적 하느님-표상 관점이 지나치게 배타적이라고 비평하면서, 하나의 가정된 실증주의적 틀 안에서 현존하는 하느님-대상이 현실적 입지를 갖는 하느님 중심적(deocentric) 차원 이론을 포함할 것을 제안했다. 신학-지향적 심리치료가 견지하고 있는 가정을 고려할 때 이러한 제안은 적절하다(Richards, 본서 11장, Richatds & Bergin, 1997). 하지만 이러한 명제가 만드는 실증주의적 요구는 경험적으로 검증될 수 없다. 내 생각으로, 이는 인식론적 물을 흐리게 할 뿐이다. 다른 중요한 심리적 대상의 경험과 마찬가지로, 환자의 하느님 경험을 고려하는 것이 임상적으로 더욱 유용하다. 환자의 정신적 경험이 몽상이 아닌 상태라는 것을 확증하기 위해서 무엇을 요구할 필요가 없다. 모든 심리적인 경험은 항존하는 심리 역동 환경 안에서 그리고 무의식적 동기와 갈등의 압력 아래서 구성된다는 것을 고려할 때, 현실과 심리적 현실 사이의 엄격한 구분은 쉽게 무너질 수 있다(Arlow,1985,1996). 관찰 가능한 "현실"은 연상이 담긴, 주관적 경험 앞에서는 무색해지기 마련이며, 실제로 이 경험이 다른 사람에 대한 우리의 지식과 관계를 구성한다.

정신분석적 이론은 더욱 확장되어, 심리적 삶의 관계적 차원에 대해 더 정교한 해석을 포함하게 되었다. 우리는 고립된 마음들이 아니라 사회적 존재로서, 그 자신들이 다른 자신들과의 관계적, 자기 유지적 매트릭스 안에서 존재한다. 이러한 관점에서 볼 때, 우리가 영성을 말할 때는 우리 마음(mind) 안에 있는 내면화된 정신적(mental) 표상이나 의식적인 사상에 대해서라기보다는, 하느님, 초월적인 대상, 신성한 존재와의 관계에 대해 말하고 있는 것이라 할 수 있다. 이러한 관점은 이전에 제시되었던 의견들의 영향을 부정하는 것이 아니며, 무엇이 종교적 경험에 생명을 *불어넣는지*에 대해 특별히 관심을 던지는 것이다. 단지 어딘가에 초월적인 차원, 또는 신성한 하늘이 있다는 것이 아니다. 우리에게 중요한 것은 우리가 초월적인 대상과 *더불어* 관계를 가지고 있으며 우리가 신성한 하늘 *아래에서* 살고 있다는 것이다. 자기심리학(Self psychology)에서는, self의 응집력과 생동성이, 기꺼이 반응하고, 이상화된 힘과 평온의 원천으로서 가용하며, 조용히 있지만 경험의 공통성을 공유할 수 있는 분위기를 제공하는 자기대상(selfobject)들에 달려있다는 있다는 관점을 제공한다(Kohut, 1984, p.52 참조). 종교는 이러한 반영(mirroring), 이상화(idealizing), 트윈쉽 세 영역 안에서 self의 가장 깊은 욕구를 충족한다(Strozier, 1997, p. 172). 예를 들면, 종교는 self가 반영하고자 하고 자기의 통합적 과정의 초점을 맞출 수 있는 절대자의 개념을 제공한다(Jones, 1996. p.42). 혹은 종교는, 그 멤버들은 다양하지만 진정한 영적인 환상적 경험의 순간들에 함께 할 수 있는 회중을 통해 트윈십을 제공한다. 관계적 관점은 건트립(1968)의 초기 견해를 신중하게 고려 한다:

> 종교는 인류와 세계를 하나의 의미 있는 전체로 끌어안을 수 있는, 무한의 수준으로까지 확장 가능한, 개인적 관계의 경험이다. 따라서 충분히 발달된 개인적 관계 경험의 통합적인 속성이야말로 종교적 경험의 본질을 이해할 수 있는 가장 확실한 단서이다(p. 324).

이러한 관점은 self와 하느님간의 친밀한 관계에 대한 욕구를 퇴행적이라기 보다는 진행적으로 볼 수 있게 해주며, "그들이 느끼는 자기 존재의 궁극적인 조건과의 관계를 구성하는 가장 현저한 양상이 그들의 '하느님' 대상관계인" 환자들의 생생한 경험에 발맞출 수 있게 한다(McDargh,1993, pp. 182-183). 이는 Erickson(1958)에게 영향을 준 바, 그는 수사적으로 이렇게 물었다. "만약 인간이, 바라 마지않는, 영원한 미래에 도달하려는 노력에서 과거의 신뢰 깊은 최초 만남을 다시 추구한다면, 그래도 이를 퇴행이라 불러야 할 것인가?(p.264)" 더 나아가, 관계적 관점에서 보면, 초월적인 존재와의 관계, 혹은 관계의 결핍은 우리 인생 전체에 걸친 관계 패턴을 반영하고 있는 것으로서 정신분석적 의미를 가질 수 있다(Jones, 1996, p.45 참조).

정신분석적 관점은, 종교적 내러티브는 환자의 영성이나 하느님과의 관계의 본질을 반영하는 것뿐만이 아니라 마음의 형언하기 어려운, 정서적 상태를 반영하고 표현해주는 기능을 하는 것일 수 있다고 본다. 종교는 고통, 갱생, 부활과 같은 인간의 가장 심오한 경험들의 의미가 부여된 중심 주제를 문화적으로 수용될 수 있게 제공해 준다. 그렇게 함으로써 경험이 이런 중심주제로 표상화 되고, 표상을 통해 경험이 다시 환기될 수 있게 해 준다. 이 관점에서, 영성은 정신적 경험(psychic experience)의 통합과 심상화에 기여하는 언어를 제공할 수 있다.

정신분석은 신비주의와 영성 개발 접근법 안에 자리 잡은 관상 수련(contemplative discipline)과 금욕 수행에 포함된 역동을 이해하는 데 빛을 던진다. 금식, 자기-희생, "자기를 죽임(dying of the self)"을 통해서 심리적 상태를 의도적으로 바꾸는 것은, ego를 위한 적응적인 퇴행으로 이해할 수 있다(Fauteux, 1994; Kakar,1991도 볼 것). 하지만, 이러한 경험들은 신중한 임상적인 평가가 필요한데, 자아 퇴행은 취약한 환자에게는 몹시 위험하기 때문이다. 다른 사람들에게, 이러한 수행은 정화와 궁극적인 영적 계발이라는 목적에 도움이 된다. 이장의 논의를 넘어서는 것이기는 하지만, 정신의 상태와 작용에 일차적으로 초점을 두는, 독특한 심리적 정신상태가 일어나는, 정신분석과 동양 사상, 그리고 명상 수행간에 중요하게 수렴되는 부분이 있다고 밝혀지고 있다(Engler, 1983; Epstein, 1988; Finn, 1992; Suler, 1993).

심리학과 영성 간 관계의 본질

나의 견해로 볼 때, 정신분석은 개인이 초월적 실재와 관계를 맺고 경험을 하는데에 있어서 심리적, 발달적, 문화적 부분들이 영향을 미친 부분을 상당히 많이 포착할 수 있는 역동적인 발견적 방법을 제공한다. 이러한 이해는, 영성을 포함해서 어떤 현상이든지 심리적인 카테고리로 변형시키는 데에는 어쩔 수 없는 한계가 있다는 것을 인정하는 것이다. 알고자 하는 열망과 아는 것의 한계, 이해와 신비 사이에는 긴장이 있기 마련이다. 이러한 긴장은 정신과 영성 생활의 본질 모두를 반영하고 있기 때문에 주의를 끈다. 내 견해는 De Mellow Franco(1998)가 표현한 바와 일치한다:

> 만약 분석이 알려지지 않은 것을 향하고 있는 과정이라는 면에서 모험이라면, 이는 그 자체 안에 무한한 가능성을 품고 있는 것이다. 우리가 창조와 발견을 동시에 해나가는 하느님과의 개인적이며 보편적인, 내재적이면서 초월적인 교제 경험에 새로운 의미를 부여할 수 있는 가능성이다.(p. 128)

● 치료자의 기술과 자질

임상적 기량을 넘어서, 대학원 교육, 개인적 분석, 사례 분석 수퍼 비전 등을 포함하는 필수 수련과, 공감 기술, 정서 조율, 심리적 마음가짐(mindedness), 자의식, 개방된 마음, 복잡한 것을 식별할 수 있는 능력, 인내, 존중, 성실 등이 전문적 자질에 요구된다. 환자의 영성에 민감한 정신분석치료를 수행하는 데에 있어서 치료자가 꼭 환자와 같은 신앙 관점을 가지고 있어야 하는 것은 아니지만(Sorenson,1994,1997), 치료자 역시 영성을 자신의 의미 있는 일부분으로 받아들이고 있어야 치료가 더 쉽게 이루어질 수 있다. Bartoli(2001)는 치료자와 내담자의 종교가 일치하는 것이 정신분석가의 견해나 그들이 종교적 자료를 임상적으로 어떻게 다룰지에 별로 영향을 주지 않는 경우가 많다는 것을 밝혔다. 하지만, 종교적인 자료를 복합적으로 그리고 민감한 방식으로 취급하는 치료자들은 아마도 "종교적인 것에 대해 단지 심리적인 어떤 것만이 아니라는 감을 가지고 있고…종교를 보다 환원주의적 방식으로 다루는 치료자들은 종교적 참여에서의 영적 측면을 심리적인 것과 구분하지 않는 것으로 보인다"(pp. 173-174)고 보고하였다. 이러한 연구 결과들에서 볼 때, 개인적으로 영성을 뚜렷이 구분되는 것으로서 경험한 분석가들은, 정신분석과 영성을 상호 연결되었지만 서로 분리된 논리로 받아들이는데 더 준비가 되어있을 수 있다.

● 강점과 제한점

정신분석적 치료는 성격 기능의 전체성의 역동적인 맥락 안에서, 증상을 그 발생 시점에 초점을 두어 다루는 것을 목표로 하는 접근을 제공한다. 구조적 변화를 목표로 해서 치료적인 노력이 기울여지며, "정신분석적 효율성은 심리적 기능 향상과 증상 완화로 측정되어진다"(Galatzer-Levy, Bachrach, Skolnikoff, & Waldron, 2000, p.19). 이 접근의 한계는 일부분 지나치게 야심에 찬 목표의 결과라 할 수 있다. 정신분석은, 특히, 시간과 금전을 포함한 자기 자원을 상당히 투자해야하며, 개인적인 몰입과 강한 동기를 필요로 한다. 오늘날에는, 단기 정신역동적 정신치료 등을 포함하여, 정신분석적 관점으로 도움을 줄 수 있는 많은 형태의 치료가 가능하다. 정신분석적 과정과 그 임상적 효율성에 대한 과학적인 연구가 본질적으로 어렵기는 하지만, 정신분석은 그 주장에 대한 경험적 지지 기반을 구축하지 못해서 충분히 관심을 얻지 못한 것도 한계이다.

적응증과 금기

정신분석치료는 광범위한 임상적 상태에 적용될 수 있으며, 급성 증상을 보다 만연한 기저의 심리내적 갈등과 관계적 어려움의 측면에서 이해할 수 있는 심리적-마음가짐(psychological-mindedness)과 동기를 충분히 가지고 있으면서 정신분석적 과정에 충분히 몰입할 만큼의 자아 강도를 가진 환자에게 가장 적합하다. 단지 증상 완화만을 원하는 환자들이나 통찰지향적인 접근에서 수확을 얻을 수 있을만큼의 인지적 능력을 가지고 있지 못한 사람들에게는 금기이다. 정신병리적인 성격 구조를 가진 사람들이나 심한 경계선 성격 조직을 가졌다고 평가된 사람들도 일반적으로 정신분석이나 외래 기반 통찰-지향적 정신분석 심리치료에 금기시되고 있다.

문화와 성별에 대한 고려사항

정신분석 과정에 대한 문화의 영향력을 경험적으로 연구한 경우는 극히 드물다. 개인적 정신역동과 이자간 그리고 삼자간 발달적 영향을 강조하기 때문에, 가족내 역동안에서 전달되는 것과 별개로 문화의 역할을 이해하려는 측면이 상대적으로 부족했다. 여성학자들과 성이론에서의 발달과 더불어 구성주의와 포스트모더니즘이 기여한 바를 포함하게 되면서, 정신분석 과정에서도 성을 중요한 요소로 인식하게 되었다. 인간 분석에 대한 관계 모델에 대한 이해가 증가됨에 따라, 개인이 신성함과 가지고 있는 관계와, 이러한 관계가 취하게 되는 문화적 형식에 대한 관심이 증대되고 있다(Jones, 1991, 1996, Sorenson, 2004).

기대되는 향후 발전 방향

정신분석적 과정에 대해 양적, 질적 연구를 통해서 앞으로 더 발전이 이루어질 것이다. 특히 애착과 대상관계 모델에 초점을 둔 학문적 발달 심리학이 지속적으로 이에 공헌하고 있으며 신경과학과 정신분석에서의 이론적 경험적인 연구도 중요하다. 영성을 측정하는데 있어서 심리측정적으로 세련된 기술이 개발되고 있어서, 특히 하느님-표상 과정이나 애착의 기능에서 종교 경험에 대한 정신분석적 연구에 새로운 기원을 형성할 것이다.

임상 사례

내담자 배경과 현재 문제

조앤은 33세의 기혼 코카시안 여성이다. 첫 평가 회기에서 볼 때 매우 언변이 있고 전반적으로 사려도 깊은 발랄하고 호감가는 사람이었다. 기업 변호사로서의 전문적 수련에 걸맞게 그녀의 외적 태도에서는 자신감이 넘쳤다. 그녀는 3년 전 마크와 결혼하였는데, 그는 39세의 투자 은행가였다. 그녀는 남편을 사랑한다고 말했고, 그들이 전반적으로는 잘 맞지만 점차 그의 앞에서 불안해지는 것을 느끼며, 이 때문에 불편하고 우울한 감정을 느끼게 된다고 했다. 그녀는 이것이 꼭 그의 어떠한 행동 때문이 아니라, 임박한 파멸을 암시하는 듯한 내면의 뭔가 불안하고 불길한 감 때문이라고 보고했다. 그녀가 지금 경험하고 있는 것은 결혼 전 그녀가 느꼈던 흥분과 정확히 상반되는 것이었다. 회기가 끝날 무렵 그녀는 울먹이면서, 이러한 느낌은 아마도 그들이 아이를 갖는 것에 대해 의논했던 것과 관련이 있을지도 모른다고 했다.

다음 회기에 나는, 자기-확신의 허식 아래 사실은 조앤이 관계에서 심한 공포를 느낀 경험이 많다는 것을 알게 되었다. 특히 이는 그녀가 매우 강력하다고 지각한 남성들이 포함되었을 때 그랬다. 그녀는 직장에서 경영진 앞에서 해야 하는 발표에 대해 걱정했고, 점차 매우 긴장되고 예민해져서 공공석상에서의 처신 중 아주 사소한 실수에도 극히 자기 비판적이 되었다. 그녀는 이러한 반응이 비합리적이고 과잉이라는 것을 안다고 했다. 실제로 개인적으로나 직업적으로 문제에 직면하게 되었을 때, 그녀는 스스로 감당할 수 있었다. 그녀의 현재 공포는 인생 초기에 위협을 받거나 당황했던 기억을 불러일으켰다. 최근, 그녀는 욕구가 있음에도 불구하고 성관계를 피한다는 것을 깨닫게 되었는데, 이전에는 언제나 이를 즐기고 성생활에 만족하던 터였다. 모든 것을 함께 고려해볼 때, 이러한 증상들은 그녀 생활의 모든 측면에 영향을 주고 있는 고통과 갈등이 축적되고 있음을 의미하는 것으로 보였다.

조앤은 부모님이 모두 계시는 중하류 집안의 다섯 남매 중 장녀였다. 그녀의 아버지는 식료품상이었고, 어머니는 전업주부로, 온전히 가족과 가톨릭교회 이웃들과 관련된 활동에만 몰입해서 생활하는 분이었다. 그녀는 자신의 집이 콩가루 집안이라고 묘사했다. 그녀의 부모님은 서로 교양 있는 태도로 의사소통을 하는 법이 없었고, 형제간의 싸움에서 육박전이 벌어지기도 했다. 그녀는 어머니를, 항상 딸들과 같이 지내기를 바라며 외할머니의 조언과 위로에 많이 의지하는, 사랑스럽지만 무력한 사람으로 묘사했다. 그녀는 어머니를 "산만하다"고 생각했고, "철이 들지 않은" 사람으로 여겼다. 그녀의 어머니는 잘 잊어버려서, 아이들을 제시간에 학교에서 데려오지 못하는 일이 종종 있었고, 정신없어 보이기 일쑤였다. 그녀는 매사 무기력해서 집안 가전제품 사용법이나 간단한 결정도 아이들이 도와주기를 반복해서 청했다. 조앤은 어머니가 자신을 찾는 것에 기꺼이 응하기는 했지만, 어머니가 자기 결혼 생활, 취약함, 책임감에 대해 아주 사소한 것까지 적나라하게 말하는 것을 듣는 데에는 몹시 거북한 느낌이었다. 그녀의 어머니는 장녀에게 주로 의지했지만, 조앤이 비밀로 말한 것도 종종 여러 사람에게 공개해버림으로써 배신감과 분노를 느끼게 했다. 조앤은 아버지에 대해서는 대체로 걸걸하고, 불행한 사람으로, 대가족을 먹여 살리는데 부담을 느끼고 불평을 하는 사람으로 묘사했다. 그녀는 아버지가 화를 낼까봐 겁내며 조심스럽게 아버지를 대했다. 그의 중심역할은 가족의 밥벌이를 하는 사람으로 보였고, 그들 관계는 좀 거리가 있었다. 그녀의 형제들은, 그녀가 울면서 저녁상에서 물러날 때까지 무자비하게 그녀를 놀려대는 식으로 그녀에게 큰 영향을 미쳤다. 그녀는 특히 3살 아래 남동생과 강한 경쟁심을 느꼈다. 어렸을 때는 그녀가 이겼지만, 커서는 동생이 그녀의 개인적인 약점을 잡아서 비웃어 끝내 그녀가 울게 만들었다. 그녀가 묘사한 어린시절은 불안 그 자체로, 취약하다고 느끼며 통제와 경계를 단련하던 시기였다.

그녀는 학교는 그와 정반대였다고 보고했다. 거기서는 아주 안전하고 수용 받는다고 느꼈던 것이다. 그녀는 모범생이었고, 학교 임원과 클럽의 단원이 되었으며, 고등학교 내내 아르바이트를 했고, 친구도 많았다. 그녀는 남학생들에게 관심이 많았고, 청소년기 동안 데이트도 즐겼다. 그녀는 늘 남자친구가 있었고, 항상 자신이 관계를 조정하고 변덕을 부렸으며, 한 번도 자기 입장을 명확히 밝히지 않았다. 그녀는 고등학교 초기부터 적극적으로 성생활을 즐겼고, 특히 공공장소에서 관계를 갖는다든지 하는 식으로, 성 경험에 "위험한" 요소를 도입하기를 좋아했다. 그녀는 이런 패턴을 대학교 때까지 지속했고, 여러 남자들과 데이트를 하면서 때로는 다소 문란하게 지내기를 즐겼다. 그녀가 유일하게 진지하게 했던 것은 학교 공부로, 이는 아주 성공적인 편이었다. 그녀는 일류 법과대학에 들어갔고, 상위권 성적으로 졸업했으며, 좋은 법률회사에 취직했고 6년 후에는 대기업의 법무파트로 자리를 옮겼다. 그녀는 마크를 친구 소개로 만났고, 6개월간의 열렬한 연애 끝에 결혼했다. 그녀는 매력적이고 함께 있기에 즐거우며 성공한 마크를 만났을 때, 자신이 결혼이라는 생각에 "굴복했다"고 표현했다. 그녀는 한 번도 결혼에 대해 진심으로 생각해본 적이 없었다고 회상했다. 단지 언젠가 제 때가 되면 결혼하여 가정을 이루리라고 희미하게 생각하고 있었을 뿐이었다. 그녀는 단지 신혼 2년간만 즐거웠다고 했다. 그녀와 마크는 잘 어울렸고, 친구들을 폭넓게 사귀었으며, 여행을 다니고, 새 집도 샀다. 그것은 아주 바쁘고 신나는 시간이었다. 불안함을 느끼고 이후 우울하게 된 것은 그들이 교외로 이사 가고 나서, 특히 마크가 아이를 갖는 문제에 대한 이야기를 끄집어내면서부터였다. 그 생각은 그녀의 마음에 걸렸고, 그녀는 "언짢은" 기분을 느끼고 있다는 걸 인식하게 되었으며, 좀 더 쉽게 그에게 화를 내게 되었고 점차 방어적이며 자기 비판적이 되었다.

조앤의 과거력에서 종교 부분을 질문했을 때, 그녀가 상당히 양가적임이 드러났다. 그녀는 자기 가정에서는 어머니의 영향으로 인해 가톨릭 정신이 중심적인 역할을 했다고 했다. 매주 일요일 가족은 교회에 갔는데, 모든 아이들이 일찍 일어나서 가장 바른 행동과 태도로 미사에 참석해야 한다는 요구는 가족 모두의 힘과 인내력을 시험했기 때문에, 매번 비통스러운 일이었다. 하지만 어머니와 9일기도에 가고, 성가대에서 노래하고, 피정에 참석했던 것에 대한 좋은 기억도 있었다. 주일학교에 다니는 동안 메이퀸으로 선발되는 꿈도 꾸었었고, 강한 종교적 열정을 가진 시기도 있었다. 대학교 이후부터는 종교를 떠나게 되었는데, 그녀가 종교에 대해 양가감정을 갖게 된 것은 교회의 가부장제와, 교회가 낙태나 성도덕 등에서 현대의 흐름에 맞추지 못한다는 것 때문이었다. 하지만 시간이 지나면서, 그녀는 항상 신앙에 의지하게 되었고, "아무도 가톨릭 신자이기를 진짜 그만둘 수는 없다"고 느꼈다. 치료회기 동안 우리는, 영성이 그의 지향체계 안에서, 그녀가 처음 알고 있던 것 보다 더 많이 역할을 하고 있음을 발견했다.

치료자와 내담자 관계

이 관계는 사회-구조적 패러다임 안에서 개념화된다(Hoffman, 1983, 1991, 1992 Stern, 1991). 여기서는 치료적인 개방이 상호적, 대인관계적 과정을 통해 조형되는 것으로 보며, 평등주의적이라 하는 것이 가장 적합할 것이다(Gill, 1994; Ogden,1994도 볼 것). 치료자는 행동 변화를 지시하거나 조언해주지 않는다. 그보다는 분석 과정을 촉진시켜서 이를 통해 현재 경험에 대한 서곡을 구성하는 과거 사건들과 관계를 발견할 뿐만 아니라, 지각과 행동을 형성하는 무의식적 절대불변의 구성 원칙과, 위험하다고 지각된 상황을 다루도록 규정된 방어를 인식하도록 시도한다. 환자의 언어적 비언어적 의사소통 뉘앙스에 개방적이고 수용적이도록 노력하면서 내담자의 "본질적 타자(essential otherness)", 개인적인 신념, 세계관, 자기-행위자(self-agency)에 대한 존경을 반영하며 중성적인 입장을 제시한다(Poland, 1984). "분석가의 주관성의 환원불가성(irreducibility of the analyst' s subjectivity)"(Renik, 1993)이 항상 작용하고 있기 때문에, 기술적인 중립성은 절대적인 것으로 여겨지지 않는다. 임상적 상호작용의 상호주관성 본질에 대한 이해를 바탕으로, 내담자와 임상가 사이의 "지금 그리고 여기" 상호작용 안에서 나타나는 전이에 대해 특별히 강조한다.

평가: 이론적 근거와 자료 수집

평가에 관한 정신분석적 접근은 기술적인 진단을 넘어서, ego의 특성, 대상관계의 질, 자아 응집력, 성격구조의 수준을 고려한 역동적 개념화(dynamic formulation)를 포함한다(Gabbard,

2000; McWilliams, 1994). 의학적 면담과는 달리, 역동적 관점에서는 평가를 정신분석의 통합적이고 진행중인 측면으로 본다. 진단적인 질문들도 분석적 과정의 발달을 방해하지 않고 오히려 촉진할 수 있도록 주의하면서 수행된다.

서술적인 정보와 과거력을 이끌어내는데 더해서, 조앤은 자기 증상의 역동적인 의미를 탐색해 보도록 격려를 받았다. 임상가의 감정과 역전이 반응에 대해서 뿐만이 아니라 감정 상태의 변화와 방어사용에 대해 주의를 두고, 직접적이고도 개방된 질문, 명료화, 자유연상 기회를 사용하여 증상 평가와 구조적 분석이 이루어졌다.

증상들은 심리내적(intrapsychic) 갈등의 결과로, 발달적 사회문화적 틀 안에서 환자의 과거력과 현재 경험의 맥락 안에 자리 잡은 것으로 생각되었다. 정신분석적 치료에서 이득을 얻을 수 있는 내담자의 능력은 그녀의 성격 구성, 지능, 심리학적-마음가짐, 단지 증상완화를 넘어 깊이 있게 이해를 하려는 동기 수준 등의 측면에서 평가되었다. 이 케이스의 경우에는 필요하지 않았지만, 심리검사를 통해 자아 기능과 성격구조 수준을 평가하면 환자의 가용한 심리적인 자원과 동기 수준에 비추어볼 때 어떤 치료가 적합한지 결정하는데 종종 도움이 된다.

현재와 과거에 종교에 몰두한 정도, 교육, 정규 종교 지침, 예를 들면 견진성사 등에 참여한 정도, 그리고 더욱 중요하게는 갈등과 곤경 경험을 묘사한 것을 통해서 영성의 역할이 평가되었다. 종교 경험에 대한 공식적이고 포괄적인 면담을 수행할 수도 있지만(Chirban, 2001), 내 견해로는, 영성의 특징은 상실, 갈등, 무망감의 시기를 회상하는 내담자의 이야기에 자연스럽게 드러날 때 가장 잘 규명될 수 있다. 종교적 신앙과 영성 활동이 심리적 고통에 기여하는 것처럼 보이는가, 혹은 해결의 자원이 되는 것으로 보이는가? 치료 회기 동안의 연상, 꿈, 전이, 기억을 통해서 환자의 무의식적 하느님-표상과 신념을 점차 이해할 수 있게 된다. 영성과 하느님-표상이 분석의 초점이 되는 정도는 그것이 환자의 지향 체계에 기여하는 정도에 따라 달라지며, 그 개인의 삶에서 특정한 시기의 독특한 심리역동을 반영한다.

진단과 임상적 개념화

초기 평가에서 조앤은 불안 양상이 현저한 혼재성 불안-우울 장애가 있는 것으로 생각되었다. 초반에는, 어머니가 됨에 따라 자기 위치와 역할이 변화될 것이라는 예상과 부부 관계에 있어서의 조정과 관련하여 이러한 증상들이 나타난 것으로 고려하였다. 역할 변화는 종종 불안을 수반하지만, 조앤에게 있어서, 증상들은 임상적으로 유의미하였고, 그녀의 자신감을 깎아내리며, 성생활을 비롯해서 삶의 많은 영역에 부정적 영향을 미치는 것으로 보였다. 그 고통은 특정한 대인관계 세팅에 한정되었으며, 외부적인 요구, 트라마가 증가된 결과이거나 만성적인 범불안 증상이라기보다는 무의식적인 근원에서 비롯된 것으로 보였다. 그녀의 과거력을 볼 때, 힘과 통제에서의 불균형을 지각하는 상황, 특히 남성과 관련된 경우에는 이러한 불안을 지속적으로 보였던 것으로 생각되므로, 적응장애와는 구별되었다. 현재의 기술적인 학술용어(DSM-IV)로는 다음과 같이 진단될 수 있다:

I 축: 300.00 달리 분류되지 않은 불안장애
302.79 성적 혐오 장애(심리적 요인에 의한, 획득된, 일반화된 유형)
II 축: 799.9 II 축 진단 유보
III 축: 진단 없음.
IV 축: 임신 계획을 포함한, 1차 지지 집단과의 문제
직무 수행에 대한 자기 평가에 과도하게 민감함을 포함하는 직업적 문제
V 축: GAF = 70 (현재)
GAF = 95(전년 최고 수준)

정신분석적 진단은 환자의 증상 기저에 있는 심리내적 갈등, 성격 구조, 방어기제에 대한 잠정적인 공식을 제시한다. 조앤의 성격 조직 수준은 대상 항상성이 획득되고 상황 특정적인 방식으로 성숙한 방어(억압, 정서의 격리, 승화, 주지화)가 사용되는 신경증-수준인 것으로 판명되었다. 그녀의 증상은 불안 신경증으로, 임신을 하게 되고, 가족을 이루며, 어머니 역할을 맡게 될 것을 생각하면서 더 악화되는 것이었다. 이러한 역할을 맡는다는 생각은 그녀 어머니와의 고착된 동일시를 떠올리게 했으며, 자율성과 유능감 상실을 표상하는 것으로 보였다. 그녀는 최근의 불안 삽화와 자기가 다른 사람들에게 어떻게 보일지 더 경계하게 된 것이, 결혼에 헌신하는 것에 대해 생각한 것 그리고 어머니가 될 가능성에 대해 친구들이나 마크와 최근에 논의한 것과 병행한다고 보고했다. 남편에게 더 의존하게 되고 더 친밀하고 신뢰로운 관계를 형성한다는 생각은 그녀의 어린 시절에 대한 회상으로 이끌었는데, 그 시기는 그녀가 종종 비난받고, 당황하고 "칠칠치 못하다"고 느꼈던 시절이었다. 그녀는 지갑을 잃어버리고, 차를 찾지 못하고, 머리를 자르는 등, 아주 절박하고 불안한 느낌을 주는 악몽을 보고했다. 자신감과 독립성의 분위기와, 심지어는 성적인 행동까지도 모두 사라져버리고, 원래 그 모두가 보상적이었던 것처럼 보였다. 그녀는 세상과 상호작용하는 능력을 얻었지만 친밀하게 관계하거나 지속적인 안정감을 경험하지는 못했다. 하지만, 평가에서 그녀는 통찰지향적 탐색적 정신분석 접근을 통해서 이득을 얻을 수 있는 심리적인 자원과 동기를 가지고 있음이 시사되었다. 그녀는 단순한 증상완화 보다는 깊이 자리잡은 갈등이라고 그녀가 정확히 지각하고 있는 문제를 해결하려는 동기가 있는 것으로 보였다.

과거에 대한 초기의 조사에서 그녀의 아동기와 청소년기 동안 가톨릭 정신이 주요한 역할을 했

음이 시사되었다. 대학에 진학한 이후 교회 출석은 그만두었지만, 그녀의 영성적 관점은 그녀가 스트레스를 받을 때 가장 중요한 자원이 되었던 것으로 나타났다. 그녀는 하느님이 모든 사람에 대해 계획을 가지고 계시며 인생에는 목적이 있다고 믿었다. 그녀의 종교성은 그 지향에 있어서 내재적이며, 그녀의 근본적인 영적 신앙들은 의문의 여지가 없었다. 그녀는 자신이 언제나 선하고 신실한 사람은 아니었지만, 궁극적으로 구원을 받으리라고 믿는다고 고백하는 가운데, 하느님과의 관계에서 느끼는 어떤 불안에 대한 힌트를 얻었다. 그녀는 만약 자신이 아이를 갖는다 해도 모든 것이 잘 될 것이며, 혹 그렇지 않다면 아이를 갖는다는 생각을 미룰 수 있다는 징표를 하느님이 내려주기를 바랬다. 무의식적인 하느님-표상과 영성이 그녀의 심리에 미치는 역동적인 영향에 대해 신중하게 듣는 것이 어떻게 중요한지 이를 통해 알 수 있다. 또한, Rizzuto(2001)가 정확히 언급하였듯이, 영성이 핵심적인 역할을 하는 케이스에서도 우리는 단지 다음과 같은 것을 알 수 있을 뿐임을 고려하는 것이 중요하다.

> 인생의 횡단점, 개인이 살아있는 한 계속 이어질 긴 발달선상에서의 한 시점만 알 수 있을 뿐이다. 분석 과정을 특징짓는 세부특징에 대한 큰 관심도 치료 시기 전에 선행되었던 하느님 표상들을 들여다볼 수 있게 해줄 뿐이다. 이 표상이 이후 어떻게 변할지, 혹은 치료종결 시기의 하느님 표상이 미래에 어떤 관련성을 띠게 될지도 확신을 가지고 말할 수 있게 해주지는 못한다.

치료 목표, 과정, 개입 전략

치료의 목적은 심리내적 갈등을 명시하고 훈습하는 것으로, 그 안에서 심리 구조의 수정이 이루어지며 이를 통해 증상이 완화되는 것이었다. 자아 심리학 관점에서, 이는 "심리적 현실을 노출하고 재정비하여 그들간 그리고 다른 실재들과의 관계에서 논리적인 자아동조적 질서에로 불러오는 것"(Rangell, 1995, p.17)을 포함한다. 동일시 과정을 통해 이루어진 모성에 대한 조앤의 무의식적 구조는, 과거 경험에 고정된 신념을 반영하였는데, 이 신념들이 비합리적인 불안을 양산하고 그녀의 심리적 행동적 자유를 제한했다. 정신분석적 치료는 이러한 신념들의 기원을 의식적 인식상에 불러오고, 이러한 사고와 불안이 발생되는 경험을 훈습해나감으로써 인지와 무의식적 동일시를 수정할 수 있는 수단을 제공하는 것이다. 치료의 목표는 방어 양식의 수정, 이른바, 자아와 초자아의 기능, 자기 욕구를 보다 직접적으로 표현하는 능력이었다. 치료과정 동안 치료자를 내면화하고 관계맺음에 대한 새로운 양식을 경험하여, 그 결과 그녀가 어머니됨에 대한 도식과 내적 표상 세계를 수정(Sandler & Sandler, 1998)하게 될 것이 기대되었다.

분석과정은 공감 조건에서 치료적 관계가 발달됨에 따라 수립되었다. 관심, 안전, 존경, 공감

조건을 최소한이라도 제공하는 관계가 발달되지 않고서는 어떠한 분석적 작업도 이루어질 수 없다. 자유 연상은 정신분석 기술의 토대로서, 이 안에서 환자는 마음에 떠오르는 것은 무엇이든지 말한다. 이는 연상, 기억, 꿈, 환상의 탐색으로 이끌며, 상호주관적 장(場) 맥락과 저항 상황에서 의식에 떠오르게 된다. 분석가는 치료적 동맹과 전이, 역전이에 충실히 관심을 두고 명료화, 직면, 해석을 제공하여 이 과정을 용이하게 돕는다(Gabbard, 2001; Greenson, 1967). 해석은 환자가 말을 지속하도록 돕기 위해, 부분적으로는 현재에 나타난 대로 그의 경험을 공감적으로 읽어주는 것을 통해서 일차적으로 제시되는 개입이라 할 수 있다(Vergote, 2002, p.16 참조).

정신분석 상황은 독특한 심리적 공간을 제공하는데, 이를 통해 종교적 연상, 영적 경험, 하느님 표상을 이끌어낼 수 있고 개인적 종교 사상의 기원과 정신역동적 기능이 밝혀질 수 있다. 자유 연상, 분석적 틀, 경험의 이행기적인 양상을 보호해주기 등 기술적인 면이 준비되어 있어야 영성에 대한 정신분석적 의미 부여가 정교화될 수 있다. 종교적인 연상도 다른 연상들과 공통된 목적의 맥락에 있기 때문에, 해석에 있어 같은 규칙이 적용된다. 이러한 연상은 심리적인 현상 중에서 특별한 지위에 있는 것이 아니며, 분석적인 담화 내에서 고립되거나 주변적인 것으로 간주되어서도 안 되고, 분석 작업에서 똑같이 핵심적인 것으로 다루어져야 한다. 이러한 입장에서는 개인의 심리적인 경험을 표현하는데 있어서, 정상적인 종교 문화에서 나타나는 독특한 영적 경험과 중심사상이 적극적으로 이바지할 수 있다면 얼마나 유용한지 강조한다(Shafranske, 2002). 마지막으로, 임상적인 접근은 그 내담자가 가지고 있는 영성의 의미와 그것이 불러올 수 있는 변모에 대해 열려있어야 한다. 임상적인 과정에 대한 논의는 치료의 영적 차원, 특히 하느님 표상 과정을 고려해서 한계가 지어져야 한다.

이 케이스에 대한 논의를 시작하면서, 모든 분석 관계와 분석은 프로이트(1961/1913)가 '결정요인은 너무나 풍부해서 어떤 기술도 절차화 되는 것에 반대 한다' (p.123)고 표명한 것처럼 절대적으로 독특하다는 것을 언급하는 것이 필요하겠다. 분석가들은, 무의식적 과정에 주의를 기울인다는 점에서 비슷하기는 하지만, 분석을 수행하는데 각자 다르다. 내 접근은 어쩌면 현대 분석가들과 다를 수 있겠지만, 조용히 있고 환자의 연상의 흐름에 여지를 허용하면서 전이가 발달되도록 이행기 공간이 전개되기를 돕는 것을 강조한다. 다른 사람들은 자기 노출을 더 많이 하는 상호적, 대인적 입장을 제시할 수도 있다. 나는 또 총체적인 복합 이론을 견지하여, 카우치 해석을 달 때 다양한 이론적 모델을 적용했다. 마지막으로, 짐작하건데 나 자신의 신앙관과 신성 경험이 은연중에 그 과정에 영향을 미쳤을 것이다. 그 과정은 정의상으로도 상호주관적이며 함께 구성되는 것이다. 나는 분석에서 많은 순간 정서적으로 감동을 받았고, 많은 연상을 경험했다. 그것은 조앤에 대한 내 관심 뿐 아니라 그 작업의 초월적인 속성에의 경외심-존재의 신성함 안에서 우리가 심오하고도 영속적인 관계로 부르심을 받았다는-을 반영하는 것이었다. 분석은 단지 과거에 관한 것이 아니며, 그 순간 우리가 세상을 보다 완전히 경험할 수 있는 능력을 개발하는 것이었다.

우리가 단지 희미하게만 엿볼 수 있는 초월적인 실재를 포함해서, 우리가 살고 있으며 우리의 역사적 존재감과 "탈역사적인, 인간사의 영원한 차원이 동시에 놓여진" 그 세상을 말하는 것이다(Loewald, 1980, p. 76; Shafranske, 1991도 볼 것).

치료 초기에는 분석 과정을 발달시키는데 초점을 두고 자유 연상을 주로 하였다. 자기 연상에 대해 내가 어떻게 반응할지 신경쓰며 어색하게 느끼면서도, 조앤은 자기 마음에 떠오르는 것을 말해야한다는 기본 규칙을 따르려 애썼다. 그녀 스스로의 자기 제시(self-presentation)를 방향지어줄 만한 어떤 단서도 내 행동 속에 담겨있지 않다는 사실에 그녀는 놀랐다. 그녀의 연상은 일상생활 상황에서부터 과거사건, 현재의 갈등, 치료적 관계 등을 포함하는 주제들로 점차 정교화되며 발전되어갔다. 이를 통해 정신역동적인 정신치료에서부터 정식 정신분석으로 그녀가 더 깊이 몰입하는 전환이 이루어졌다.

신뢰가 발달되고 작업이 깊어지면서, 그녀는 자신이 어머니가 된다는 것을 생각할 때마다 자신이 느끼는 감정이라고는 몸이 굳을 듯한 부적절감과 공포뿐이라는 것을 드러냈다. 그녀는 일생동안 *자기의* 어머니와 같은 상황이 되지 않기 위해서 열심히 일했던 것이다. 그녀는 '분석을 제대로 할 수 있는' 자신의 능력에 대해 의문을 가졌고, 제대로 보이고 행동하고 생각하도록 부모가 요구했었던 일련의 기억들을 보고했다. 그녀는 때때로 자신이 실제로는 사기를 치고 있을 뿐이며 학문적으로나 전문적으로나 성취가 부족하다는 생각에 이름모를 불안과 죄책감을 느꼈다. 그녀는 아동기부터 내내 그녀를 따라다녔던 무언의 불안-자기가 말을 잘못했을지도, 또는 "우습게 보일지"도 모른다는 두려움-과, 그 느낌을 어떻게 극복했는지- 자신이 남자들의 관심을 얻어낼 수 있다는 것을 알고 나서-를 묘사했다. 이 단계의 분석은 그녀가 다시 들어가야하는 심리적 영역에 대한 불안뿐만 아니라 작업 동맹을 강하게 공고화하는 것도 포함했다. 그녀는 내가 진실로 이해하고 있다는 느낌을 받고 몹시 감동했다고 보고했으며, 회기가 끝나고 집으로 가는 동안 종종 울었다고 한다.

영성과 관련된 첫 연상이 나타난 것도 이 시기 동안이었다. 그것들은 꼬마였을 때 성인전을 읽었던 것, 예수의 고난과 죽음에 관한 강론을 듣던 것, 기도 때 열렬하게 노력했던 것 등에 관한 기억이었다. 그녀는 어머니와 9일기도에 같이 참석했을 때나 기도문을 외우러 성당에 들렀을 때 얼마나 어머니와 친근감을 느꼈는지 떠올렸다. 그녀는 하느님으로부터 사랑받고 있다고 느끼며 강한 영적 존재감을 가지고 있었으나 동시에 하느님이 절대 복종을 강요하고 있다고 느꼈다. 그녀의 첫 고백성사는 확연한 불안 속에서 이루어졌는데, 죄를 용서받기 위해서는 모든 잘못을 하나하나 다 헤아려야 한다는 어머니의 주장 때문에 더 악화되었다. 그녀의 어머니는 이제 그녀가 이성적인 나이가 되었다고 주장했고, 그것은 그녀로서는 완전히 이해할 수 없는 생각이었지만, 자신이 '선' 해야만 한다는 뜻이라고 느꼈다. 그녀는 내면의 모든 것이 바뀌고 있으며, 더 나은 사람이 되어야만 한다고 느꼈다. 이런 기억들이 나타나면서 그녀가 자유 연상 법칙을 따르려고 시도할 때 불안이 더 증폭되었다. 그녀는 자신이 나를 향해 가지게 되는 감정들과, 나에게 너무 많이 자신을 드러내지 않았는지 하는 두려움에 더 많이 신경쓰게 되었다. 그녀는 이중 구속(double-bind)을 느꼈다: 그녀는 규칙을 잘 따르고 싶었지만 그것은 억눌러야 한다고 배워왔던 감정, 충동, 환상 등을 표현해야 하는 것을 의미했다. 이것이 체계간 갈등과 불안 환경을 조성했다.

한 회기에, 슬픈 일을 말하고 울고 난 뒤에, 그녀는 갑자기 조용해졌다. 그녀의 다음 연상은 사람들이 총에 맞아 시체들이 다리 위에 많이 누워있는 생생한 이미지로 연결되었다. 나는 마음에 떠오르는 것을 나누는데 그녀가 위험을 느끼고 있는 것이라고 말해주었다. 조앤은 깊이 흐느끼고 나서, 자신이 누구인지, 무엇을 믿고 느끼는지 아는 것이 얼마나 힘든지 말했다. 이어진 회기에서 그녀는 자신이 실험대에 누워있으며, 성기가 거의 드러날만큼 옷이 줄어들기 시작하는 꿈을 꾼 것에 대해 이야기했다. 그 연상은 자기를 너무 많이 드러내고 있다는 불안에 대한 것으로 이어졌다. 나는, 옷이 줄어드는 것은 그녀의 방어에서 미묘한 변화가 있음을 시사하는 것이라 해석했고, 다른 회기에서, 아마도 그녀는 내가 그녀의 성적 충동과 환상을 관찰하는 것이 불안할지도 모른다고 해석했다. 그녀는 그동안 내가 등장하는 꿈을 더 많이 꾸었었는데, 그걸 나한테 말하기가 어려웠다고 했다. 그리고 그녀는 어떤 사람이 공개적으로 구타를 당하는 TV 장면을 회상했다. 그녀는 이 연상이 나타난 것에 대해 몹시 당황했는데, 이것에 "아주 우연히" 떠올랐기 때문이었다. 나는 아마도 그녀가 자신의 환상과 욕구, 감정을 나에게 공개하는데 불안을 느끼고 있으며, 무의식적으로 자신이 벌을 받거나 "맞아야" 한다고 믿고 있는지도 모르겠다고 했다. 이는 감정의 분출로 이어졌으며, 아버지의 의자 옆에 앉아서 아버지의 다리에 기대려 했을 때, 아버지가 발로 차버렸던 기억으로 이끌었다. 나는 그녀가 내 의자 옆 카우치에 누워있음을 언급했다. 이에 따라 아버지를 향한 그녀의 감정과 관련된 고통스러운 일련의 연상이 나타났고, 다시는 그런 상황에 들어가지 않겠으며 마크와도 그렇게 가까워지도록 스스로 허용하지 않겠다는 방어적인 자세를 일깨웠다. 그녀는 심판의 날에 대한 꿈을 보고했고, 어린시절 밤에 "지옥의 불"을 상상하면서 구원의 기도를 하며 깨어있었던 것을 기억했다. 그녀의 하느님 표상은 사랑하시는 하느님이기만한 것이 아니라 그녀의 행동을 지켜볼 뿐만 아니라 그녀의 모든 생각도 엿보는 노기등등한 아버지-하느님이기도 했다. 그녀는 당황하거나 조롱당함에 대해 가정에서 느꼈던 위험을 종교적인 개념에 혼입한 것으로 보였다.

이러한 분석적 탐색은 엄격하고, 처벌적인 초자아의 기능을 조명해주었고, 그녀의 기억을 통해 그렇게 내재화된 원인이 추정되었다. 그녀의 아동기 경험은 완벽하고 통제된 방식으로서의 삶, 그리고 적절한 행동의 불이행에 대한 비난과 정죄라는 갈등적 이미지를 제공한 것으로 보였다. 그녀는 아버지가 어머니에게, 의무들을 잊어버렸다고 길고 신랄하게 비판하는 것을 본 것과, 아버지가 어머니에게 성관계를 요구한 것을 어머니가 자신에게 비밀스럽게 털어놓곤 하던 것을 기억했다. 그녀의 종교적 훈련은 환상과 행동 사이에 구분이 없고, 모든 경험은 전능하지만 쌀쌀한 아버지-하느님의 감시하에 있다는 관점을 강화했다. 그녀가 아주 어렸을 때 경험했던 사랑스러운 경외감은 주로 두려움으로 변했다. 그녀의 초자아 금기는 매우 단호했고, 다른 추동과 심리적인 동기가 작용할 때 그녀가 느끼는 불안의 근원인 것으로 추정되었다.

우리는 그녀의 "마구잡이식의 성 생활"이 대부분 방어적인 것으로, 심리내적 자유의 표현이라기보다는 "위험"과 고양된 흥분 수준을 나타내려는 욕구였으며, 무의식적 위험 상황을 실행해내고 파트너와의 친밀감을 최소화하는 기능을 하는 것이라고 이해하게 되었다. 그녀가 아이를 가지는 것을 고려하게 되었을 때, 그녀의 꿈과 의식적 두려움은 어머니와의 동일시를 밝혀내었는데, 그것은 아이를 가짐으로써 초래되는 예속과 성에 연관된 무기력함과 신체적인 학대를 의미하였다. 한 꿈에서, 그녀는 남자로부터 총을 맞고 상해를 입기 위해 끈으로 절벽에 매달려 있는 장면을 묘사했다: 그녀의 아버지가 이 장면을 바라보며, 이것이 여성의 운명이며 수용해야만 한다고 악의적 만족감을 가지고 선언하며 서 있었다. 그녀는 부모님들이 늦은 밤에 싸울 때 아버지가 어머니에게 성관계를 요구하는 것을 들었던 것을 생생하게 기억했다. 그녀는 아버지의 몸을 어머니를 눌러 부수는 거대한 짐으로 묘사했고, 이러한 연상에 대해 불안하고 메스꺼움을 느꼈다. 그녀는 자기 지갑과 차를 잃어버리거나 도둑맞는 일련의 꿈을 꾸었다. 이러한 상징들은 빼앗길 수 있는 그녀의 성(sexuality)과 간단히 잃어버릴 수 있는 그녀의 자기감 또는 정체성을 나타내는 것으로 보였다. 이러한 자료들을 연구하면서 많은 생생한 기억들과 정서적인 경험이 수면위로 떠올랐다. 그녀는 성을 자신이 힘을 얻을 수 있는 하나의 수단이며, 때로 그녀의 불안을 위장하고 대인관계를 통제하기 위해 이용하였다고 말했다. 교회에 대한 그녀의 갈등은 부분적으로는 하느님이 여성, 즉, 어머니들을 예속과 무기력의 위치에 둔 것에 대한 무의식적 신념과 갈등을 반영한다는 것이 점차 명확해졌다.

여기서의 논의를 넘어서는 것이지만, 시간이 지날수록 그녀는 이러한 자료를 훈습했고, 분석 안에서 나와 그리고 그녀 자신과 보다 정서적으로 깊이 몰입하게 될 수 있었다라고만 말해둔다. 그녀는 점차 남편과의 관계를 진실로 친밀해지게 둘 수 있었고, 그것은 그들의 성생활에서의 주관적인 경험과 행동도 변화시켰다. 길었던 치료의 중반에, 일차적으로 전이 관계를 통해 과거 경험을 훈습하는 동안, 세상에 대한 표상과 방어도 점차적으로 수정되었고, 그녀의 증상도 사라졌다. 그녀는 자신의 현재 경험을 단지 과거의 관점에서가 아니라, 과거에 대한 이해를 가지고 볼 수 있게 되었다.

분석 후반에 친한 친구의 죽음을 다루는 동안 그녀의 하느님상과 영성에 대한 언급이 다시 의식상에 떠올랐다. 그녀는 영성에 대해 한층 새롭게 관심을 가지게 되었으며, 친구의 죽음이 두려움보다는 삶에 대한 더 깊은 감사를 불러일으켰다는 것에 놀랐다. 그녀는 자신이 과거처럼 불안해하며 정서적인 경험을 단지 피하려 하기보다는 상실 경험과 슬픔을 충분히 느낄 수 있다는 것에 놀랐다. 그녀는 점점 삶이 대단한 기회이며, 자신이 어떤 영원한 방식에 따라 돌봄을 받고 있다고 느꼈다. 그녀는 하느님 현존에 대한 자신의 느낌은 본질적으로 다르다고 보고했다-하느님은 더 이상 어린시절의 "신들"이 아니었다. 그녀는 불안이나 두려움을 느끼지 않았고, 신이 누구이든 자신은 수용될 수 있다고 생각했다. 그녀는 더 이상 하느님이 개인의 삶에 직접적으로 개입한다고 믿지 않았지만, 그럼에도 불구하고 여전히 하느님은 그녀와 함께 있다고 믿었다. 아기를 갖기로 결심하면서, 그녀는 자신의 가정을 지켜줄 수 있는 신앙 공동체를 찾기 시작했다. 이렇게 찾아나서면서 그녀는 자신의 종교적, 영적 신념을 더욱 명료화할 수 있게 되었다. 분석적 영역은 자신의 신앙과 자신의 영적 관점에 영향을 주는 심리적인 요인들을 탐색할 수 있는 장소를 제공했다. 조앤은 임신 중에도 분석을 지속하였고, 딸을 출산한 얼마 후에 치료를 종결하였다. 그녀의 관점에서 볼 때, 분석은 이전에는 전혀 하지 않았던 방식으로 자신의 경험을 이야기할 수 있는 공간을 마련해주었으며, 나에 대해 신뢰를 형성하고 안정감을 느낄 수 있었고, 그 뒤로 다른 사람들에 대해서도 쉽게 그렇게 할 수 있었던 것이었다. 불안함이라는 부담 없이, 그녀는 자신의 욕구와 경험을 표현할 수 있었고 자발적이 되었으며, 거기에는 의미 있는 영성 생활을 개발하는 것도 포함되어 있었다.

치료 경과, 치료 빈도, 치료 기간

치료 과정은 주 2회 빈도의 심리치료로 시작되었고, 일 년 내에 주 4회의 전통적 정신분석으로 변했다. 치료는 4년에 약간 못 미치는 기간 동안 지속되었다.

종결과 재발 방지

종결의 지표는 증상의 부재와 더불어, 자신에게 진행되고 있는 심리적 경험을 이해할 수 있도록 자기-분석에 몰입할 수 있는 능력, 남편과 친밀하게 관계를 맺을 수 있는 능력, 자신의 대인관계 및 직업적 관계에서 효율적으로 지낼 수 있는 능력 등을 포함했다. 그녀는 결정을 더 잘 내릴 수 있게 되었고, 불가피한 도전과 실망에 대한 현실적이고도 건강한 인식으로 단련하여, 자신의 가치와 욕구 사이에 조화를 이루며 삶을 꾸려갈 수 있게 되었다. 우리는 종결 6개월 후 추후 상담을 갖기로 합의했고, 만일 그녀가 이후에 상담을 더 원하면, 그때 조정을 하기로 하였다.

치료 결과: 단기 효과와 장기 효과

정신분석적 관점에서 즉각적 그리고 장기적인 성과는 심리적 경험 능력이 증대될 수 있는 구조적 변화가 이루어짐을 포함한다. 이는 무의식적 불안의 감소, 방어적인 반응의 필요성이 줄어드는 것, 자신의 생각, 감정, 욕구를 경험할 수 있는 능력이 증대되는 결과를 낳았다. 분석이 갈등영역이나 심리적 취약성을 완전히 제거하는 것은 아니지만, 조앤은 갈등의 근원을 더 잘 인식할 수 있게 되었고 현재에 반응할 수 있었다. 영성의 측면에서 보자면, 신성함에 대한 그녀의 의식적, 무의식적인 표상에 점진적인 변화 또는 발전이 있었고, 그녀의 영성은 더 이상 낡은 표상적 과정에만 얽매여있지 않았다. 그녀의 증가된 심리적 역량과 심리적 자유는, 신성과 초월적인 실재에 대한 경험을 포함하여 더 깊이 있는 경험을 할 수 있는 기회를 제공하였다. 정신분석은 그녀의 영적 입지를 변화시키려 시도하지는 않았다. 그럼에도 불구하고, Rizzuto(본서 2장)가 밝힌 4가지 변형 요인이-자기와 타인 표상, 무의식적 신념의 탐색, 자아의 객관화, 분석 안에서 의미 있는 두 사람 공동체에 정서적으로 참여함-이 그녀를 마지막 요인에 이르게 하였다: "인간적이고도 신성한 새로운 개인적 내러티브를 창조하는 것: 그녀는 그녀가 어머니가 되었다고 해서 그녀를 예속시키지 않을 그녀의 하느님과 동반하게 되었다. 그녀는 하느님의 집, 신앙 공동체에 안전하게 돌아올 수 있었다"(A.M. Rizzuto, 개인적 대화, May 20, 2003).

결론

정신분석은 깊이 감춰진 종교적 신념과 하느님 표상에 대한 조명과 변모에 대해 독특한 맥락을 제공한다. 정신분석 과정을 통해서, 개인은 영성이 처음 숨 쉬게 된 그 자리를 알고 거기 도착하게 된다. 정신분석이 영성 교리도 아니고 영적 성장에 직접적으로 기여하기를 의도하는 것도 아니지만, 그것은 자아가 인간 존재의 광대한 지평, 하늘에 닿는 그 곳까지 더 완전히 도달하고 경험하게 해준다.

제 6 장

영성지향 심리치료의 인본주의적 접근

(A Humanistic Approach to Spiritually Oriented Psychotherapy)

David N. Elkins

접근에 대한 설명

이 장에 나타나는, 영성에 대한 나의 접근은 윌리엄 제임스(1902)에게 강하게 영향을 받은 것이다. 나는 그를 인본주의 심리학에서 중요한 선구자 중의 한 사람이라고 생각한다. 제임스를 따라, 나는 이 접근을 다음과 같이 특징지었다: 인간의 인격(personality)은, 좀 더 깊은 한계점에 이르면, 영적 영역으로 통하게 되어 있다. 은유적으로 말하자면, 인간의 인격은 강과 같아서 그 끝까지 항해를 해나가면 바다라는 신비의 영역으로 이어진다는 것이다. 어떤 심리치료라도, 인간 정신(psyche)의 깊은 부분을 탐색하는 경우라면 궁극적으로는 이 영적 영역에 닿게 되어 있다. 내담자나 치료자가 그 장소를 인식하게 되거나 아니거나 간에 그러하다. 인간의 인격과 영성은 같은 연속선상에 존재하며, 좀 더 완전한 심리학이라면 이론, 연구, 수련, 임상 실제에서 이 전체적인 연속성을 모두 포괄해야 한다는 것이 나의 의견이다.

● 역사적, 이론적 기초

이 장에서는 인본주의 심리학에 대한 역사적인 개괄을 제공할 것이다. 인본주의 원칙에 근거한 저자 자신의 영성지향적 접근에 대한 요약이 포함될 것이다.

인본주의 심리학의 역사적 개괄

Schneider, Bugental과 Fraser Pierson(2001)이 지적한 바에 따르면, 인본주의 심리학의 역사적 뿌리는 서구 문화에서 인본주의가 번영했던 네 가지 주요 시기에서 발견된다: (a) 소크라테스, 플라토와 같은 철학자들이 그들의 관심을 신에서 인간 존재로 돌렸을 때인 B.C.E 5세기 고대 그리스의 고전적 시기 (b) 고대 그리스의 고전주의로 되돌아온 학자들이 *신학(studia divinity)*과는 대조적으로 *인문학(studia humanitatis)*에 초점을 맞추었던 유럽의 르네상스 시기 (c) 합리주의자들과 낭만주의자들 둘 다가 참여하여 인간 존재를 인지 혹은 감정으로 구별하려고 했던 17, 18세기의 계몽주의 운동 시기 (d) 인본주의가 다시 일어나 심리학에서 정신분석학(Freudianism)의 결정론과 행동주의(Watsonian behaviorism)의 기계론적인 가설에 다시 반발하는 형태를 받아들인 20세기 전환점 시기. William James(1902), Carl Jung(1933), Otto Rank(1958)와 Ludwig Binswanger(1963)는 덜 결정론적이고 덜 기계론적인 심리학의 초기 제안자들이다.

오늘날 우리가 아는 인본주의 심리학이 이러한 모든 역사적 시기에서 일어났지만, 우리는 1950년대, 1960년대를 인본주의 심리학과 더 쉽게 연관지어 생각한다. 그 때는 마슬로우(Abraham Maslow), 로저스(Carl Rogers), 롤로 메이(Rollo May), 버전탈(James Bugental), 알포트(Gordon Allport), 머레이(Henry Murray), 켈리(George Kelly)외 다른 이들이 임상 수련에서는 정신분석, 학계에서는 행동주의가 우위를 점했던 미국 심리학의 주류에 대해 우려를 제기하기 시작했을 때이다(Elkins, 2000; Taylor, 1999). 마슬로우와 인본주의 심리학의 다른 창시자들은 인간 행동의 병리와 예후와 조절보다는 인간 존재의 가능한 잠재력과 독특한 속성에 좀 더 초점을 맞추는 심리학을 만들어내길 원했다. 새로운 심리학의 씨앗은 1940년대와 1950년대의 다양한 작품들과 모임들에 뿌려졌고, 1960년대의 계몽운동으로 꽃피우고 번창했다. *인본주의 심리학회지(Journal of Humanistic Psychology)*는 1961년에 발간되었다. 1년 후에 미국 인본주의 심리학회(American Association for Humanistic Psychology: AAHP)가 형성되었으며 이후에 인본주의 심리학회(Association for Humanistic Psychology: AHP)로 개명되었다. 1964년, 미국 인본주의 심리학회가 "인본주의 심리학의 첫 번째 초청 학회 (First Invitational Conference on Humanistic Psychology)"를 Connecticut의 Old Saybrook에서 개최하였다.

머레이가 기조연설을 하였고, 로저스, 마슬로우, 롤로 메이가 논문을 발표하였다. Old Saybrook 학회는 미국에서 인본주의 심리학의 비전을 명확히 하고, 앞날의 방향을 정하는데 기여했다. 수년 내에, 인본주의 심리학은 미국 심리학의 주된 "세 번째 세력"이 되었다. 그것은 수많은 심리학과 학생들을 매혹시켰으며, 수많은 인본주의 조직을 일으켰다. 그리고 환원주의 과학을 꿰뚫는 비평을 제공했을 뿐 아니라, 연구에서 새로운 방법론과 좀 더 질적인 "지식에 이르는 길"을 분명하게 표현했다. 또한, 심리치료에서 관계(relationship)와 상호주관적인(intersubjective) "사이(between)"의 치료적 힘을 강조하고, 병리보다는 인간 존재의 발전 가능성을 실현하는 데에 좀 더 초점을 맞춘 심리치료와 상담으로의 새로운 접근들을 낳았다.

Taylor와 Martin(2001)이 지적하기를, 인본주의 심리학은 유럽의 실존주의자들과 현상학자들을 포함함으로써 강화되었다. 1958년, Rollo May는 Angel, Ellenberger와 함께 *실존: 정신의학과 심리학에서의 새로운 영역 (Existence: A New Dimension in Psychiatry and Psychology 1958)*을 편집했다. 이 책은 유럽의 실존주의자들과 현상학자들의 심리학적 성과에 대해 미국 심리학의 관심을 이끌어 냈고, 그 관심을 인본주의의 산하로 가져왔다. 또한, 비엔나의 정신과의사이자 세계 2차 대전 이후 베스트셀러가 된 *인간의 의미 추구 (Man's Search for Meaning)*라는 책의 저자로 유대인 대학살의 생존자인 Viktor Frankl(1963)은 그의 실존 분석적 정신요법(logotherapy), "의미 추구의 의지(will to meaning)"라고 부른 것에 근거한 실존주의적 치료 접근을 통해 새로운 인본주의 운동에 기여했다. *인본주의 심리학회지*는 마슬로우가 심리학과장으로 있던 Brandeis University에서 발간되었고, 새로운 인본주의 운동의 초기 기관이 되었다. 이 잡지의 선구자적인 생각은 학계와 다른 학문 집단에서 심각하게 받아들여졌다. 또한 그 편집위원회는 심리학 및 관련 학문분야에서 그 시대의 가장 존경 받고 영향력 있는 인물들 중 일부를 포함하였다. 인본주의 심리학에 있어 인간 인격의 자기실현 가능성에 집중하고, 진실되고 감정적으로 성숙한 관계를 강조하며, 그리고 가치, 사랑, 의미, 예술, 문화, 종교 및 영성에 대해 비환원주의적으로 접근하는 것은 미국 심리학에 강한 영향을 미쳤다. 사실상 고도로 생성력이 있는 이 새로운 심리학은 인간 인격과 경험에 대한 전망을 전개했다. 이제까지 인간 인격과 경험은 좀 더 환원주의적 접근들이 잘 설명하여 해결하려는 시도를 했거나, 탐험되지 않은 채 남겨뒀던 분야였다. 인간 존재의 강점과 잠재력에 초점을 맞추었던 이러한 보다 총괄적인 견해는, 많은 학자들과 임상가들에게 프로이트 심리학과 실험실 안의 동물 실험 50년 이후 청량제가 되었다.

하지만, 인본주의 운동은 궁극적으로 초기 약속을 실천하지 못했다. 하버드의 윌리엄 제임스 학파이자 인본주의 운동의 전문 역사가인 Eugene Taylor(1999, 2000)는, 다음과 같이 지적했다. 인본주의 심리학은 1941년부터 1969년까지 학계에서 높이 평가되는 대안적 시각의 하나로 번창했지만, 그 당시 인본주의 운동의 학문적인 중심은 그 시기의 정치적이고 사회적인 소란에 의해 빛을 잃게 되었다. 그 시대의 혁명적인 환경에 맞는 인본주의 이념들은, 미국의 대항문화

(counterculture)가 선취해 갔다. 고대 그리스까지 되돌아가고 유럽의 르네상스 이면의 주요 세력으로서 공헌한 뛰어난 역사를 가지고 있었던 인본주의는 대항문화내의 극단적 행위들에 의해 하찮은 것이 되어 버렸다. 그래서 인본주의 이념들은 대항문화의 구성원들이 시도했었던 어떤 이상한 개인적 혹은 집단 실험의 구실로 사용되었다. 이것은 1960년대 대항문화를 비난하는 것이 아니다. 대항문화는 주요 정치적 사회적 문제점들을 다루었고 긍정적 방향에서 우리 국민이 변화하도록 도왔다. 하지만 인본주의 심리학이 반-지성주의를 지지하는데 활용되고, 거의 독점적으로 대항문화의 일부분을 특징짓는 신체 및 감정에 초점을 맞추는데 활용되었을 때, 진지한 지적 사고가 꼭 필요했던 학회 및 석학들에게 냉담한 영향을 미쳤다는 점을 지적하려는 것이다. 오늘날조차도 인본주의 심리학의 학자들과 다른 신중한 제안자들은 신뢰성 측면에서 계속 대가를 지불하고 있다. 그것은 여전히 인본주의 운동을 맴도는 1960년대의 고정관념 때문이다. Taylor와 Martin(2001)은 이를 다음과 같이 지적하였다. "주류 심리학자들은, 그 당시 운동에 대해 어떠한 기억이 나냐고 질문을 받으면, 인본주의 심리학이 비과학적이고 나르시즘의 유행을 선전한 것에 대해 죄책감을 가지며, 과거의 일일 뿐이라고 생각한다"(p. 25)

진실은, 1960년대의 고정관념이 인본주의 운동의 학문적 부분과 전혀 관련이 없다는 점이다. 사실상, 오늘날 심리학에서 선구자적 사고의 일부는, 인본주의적이고 실존주의적인 사상가들이 수 년 동안 논의해온 주제들에 초점을 맞추고 있다. 거기에는 Seligman의 긍정 심리학(1990, 1993; Seligman & Csikszentmihalyi, 2000), Stolorow의 상호주관적인 영역(Stolorow, Atwood & Brandchaft, 1994), Kohut의 자기 심리학(1971, 1977,1984)을 포함한다. 예를 들어, Kohut의 자기(self) 이론은 널리 알려지고 존중되지만, 자기(self) 구조와 관련된 칼 로저스의 발달 이론은 거의 논의되지 않는다. 그것이 아마 틀림없이 Kohut 이론만큼 상세하고 임상적으로 타당할 지라도 그러하다. 또한, 치료적 관계의 본질, 역동, 그리고 특성은 인본주의 심리학의 주요 관심이 되어 왔다. 그리고 칼 로저스와 다른 인본주의 심리학자들에게 영향을 준 마틴 부버(Martin Buber: 1965, 1970, 1988)는, Stolorow와 다른 심리학자들이 유명한 주제로 만들기 오래 전에 이미 상호주관적인 "사이(between)"의 치료적 힘에 대해 광범위하게 기록했다. 여기서 나의 의도는 한 명의 이론가를 다른 이론가와 경쟁을 붙이거나, 하나의 견해가 다른 견해보다 우수하다는 논쟁을 하려는 것이 아니다. 그보다는, 인본주의 심리학이 언제나 강력한 학문적 요소를 가졌었다는 점과 심리학 분야에 중요하고 실로 혁신적 공헌을 했다는 점을 보여주고자 한다.

현시대의 학문적 활동의 관점에서, 인본주의 심리학의 주요 "개정(re-visioning)"이 현재 진행중이다. 여기에는 수십 명의 학자들과 연구자들, 많은 인본주의 조직들, 미국과 전 세계에서 인본주의를 지향하는 수많은 전문가들을 포함하고 있다. 또한, Schneider 등(2001)은 최근 *인본주의 심리학 편람(The Handbook of humanistic Psychology)*을 출간하였다. 이는 인본주의 운동과 관련된 현시대의 학자 60명 이상의 투고가 포함된 700페이지 분량의 학술서이다. 게다가, 인본주의적 연구와 이론에 초점을 맞춘 논문들은 *The Humanistic Psychologist, Journal of Humanistic Psychology, The Psychotherapy Patient, Journal of Phenomenological Psychology, Review of Existential Psychology and Psychiatry, The Journal of Constructivist Psychology와 다른* 저널에 정기적으로 발표되고 있다. 인본주의자, 실존주의자, 현상학자, 구성주의자, 초개인심리학자를 포함한 인본주의 학자들은 현재 심리학 및 그와 관련된 분야에서 일어나고 있는 지적인 토론에 기여할 바가 많다. 인본주의 심리학과 관련된 우리들은 동료들과 심리학 학생들이 고정관념을 무시하고 스스로 인본주의 운동의 철학적, 이론적, 학술적 공헌을 탐구하도록 격려하는 바이다.

인본주의 심리학에서의 영성

인본주의 심리학은 항상 영성을 인간 인격에서 빠뜨릴 수 없는 부분으로 고려해 왔다. 인본주의 운동의 주요 이론적 설계자인 마슬로우는, 영성을 인본주의 시각의 주요 요소로 포함했다. 마슬로우(1962)는, 종교적인 욕구를 병적인 것으로 보지 않고 다음과 같이 말했다. "인간이 햇빛과 칼슘과 사랑을 필요로 하는 것과 똑같은 이치로, 살아가고 삶을 이해하기 위해 가치의 틀, 삶의 철학, 종교나 종교 대용물을 필요로 한다"(p. 206). 종교가 신경증의 증후라는 프로이트의 시각과 대조적으로, 마슬로우(1976)는 "인본주의 심리학자들은 어떤 사람이 이러한 '종교적인 질문들'에 관심을 갖지 않는다면, 실존주의적 방식으로는 그를 아프거나 비정상적인 것으로 여길지 모른다"고 말했다(p. 18).

마슬로우는 영성이 심리학의 산하로 와서 심리학적 연구의 초점이 되어야 한다고 주장한 첫 번째 사람들 중의 한 사람이다. *종교, 가치, 절정경험*(*Religions, Values, and Peak Experiences* 1976)에서, 그는 다음과 같이 썼다.

> 나는 영적 가치들이 자연주의적인 의미를 가지고, 조직화된 교회들에게 독점적으로 소유되지 않으며, 그것들을 증명하기 위해 초자연적인 개념들을 필요로 하지 않는다는 점을 증명하길 원한다. 또한 영적 가치들은 적절한 거대 과학의 지배 안에서 건강하므로, 모든 인류의 일반적인 의무가 된다는 점도 증명하고자 한다.(p.33)

마슬로우는 영성이 어떤 종교도 독점적으로 소유하지 않는 보편적인 인간 현상이었음을 믿었지만, 그는 조직화된 종교 자체에 반대하지 않았을 뿐 아니라 비-유신론적 시각이 유일하게 타당한 철학적 또는 신학적 견해라고도 믿지 않았다. 실제로 마슬로우(1976)는 "근본적인 핵심-종교적 경험은 유신론적, 초자연주의적인 맥락, 또는 비-유신론적 맥락 중 하나에 자리 잡고 있을지 모른다"고 말했다(p. 28).

영성에 있어 마슬로우의 관심은 결국 그가 미국 심리학에서 그것의 탐색에 특히 헌신한 또 다른 운동을 일으키도록 이끌었다. Taylor(1999)가 말하기를, 마슬로우는 절정 경험(peak experience)이라고 부른 신비적인 상태가 심리학의 새로운 미개척 영역을 말하는 것으로 믿었다. 1967년, 인본주의 심리학의 영향과 대중성의 절정기에, 마슬로우는 미국 심리학의 "네 번째 세력"이 된 초개인주의 심리학의 등장을 공표하였다. 1969년, *초개인주의 심리학회지(Journal of Transpersonal Psychology)*가 발간되었고, 1971년에는 이후에 초개인주의 심리학회(Association of Transpersonal Psychology: ATP)라고 개명된 미국의 초개인주의 심리학회 (American Association of Transpersonal Psychology)가 형성되었다. 지난 30년간, 초개인주의 심리학은 Charles Tart(1975a, 1975b, 1989), Ken Wilber(1977, 1980, 1981, 1995), Frances Vaughan(1979, 1986), Roger Walsh(1993, 1995, 1999)등과 같은 학자들의 주의를 끌면서 성장을 지속해 왔다.

Hastings(1999)이 지적하기를, 인본주의적이고 초개인주의적인 범위에서 지속되는 논쟁거리의 하나는 초개인주의 심리학이 실제 독립적인 "네 번째 세력"인지 아니면 인본주의 심리학의 산하로 포함되어야 하는지 이다. 내 자신의 의견은 인본주의 토양에서 싹이 트고 자란 초개인주의 심리학이 그 자신의 이론과 견해로 발전해 오고 있다는 것이다. 몇몇 인본주의 심리학자들이 그들 자신의 영적인 견해를 기술하기 위해 초개인주의 이론을 품는 반면, 다른 심리학자들은 그들 자신의 영적인 견해를 표현하는데 반드시 초개인주의적인 시각으로 바라보지는 않는다. 하지만, 인본주의 심리학자들은 초개인주의자들이 두 가지 운동을 위한 "영성 작업"의 대부분을 하도록 허용해 왔으며, 영성에 대한 특정 인본주의적 시각을 발전시키거나 주장해오지는 않은 것으로 보인다.

Elkins, Lipari, Kozora(1999)가 시행한 최근연구에 의하면, 현대의 인본주의 심리학자들은 영성에 여전히 관심을 가지고 있다. 영성에 관한 항목 부문을 포함한 71 항목 질문지가 미국 심리학회의 32분과인 인본주의 심리학회 615명의 회원 모두에게 우송되었다. 그 질문지를 완성하여 되돌려 보내준 230명(37%)중의 77%는 영성을 "중요하다" 혹은 "매우 중요하다"라고 대답했다. 조직화된 종교가 그들 삶에서 얼마나 중요한지 물었을 때, 22%는 "중요하다" 혹은 "매우 중요하다"라고 대답했다. 다른 26%는 "어느 정도 중요하다"라고 했고, 49%는 "전혀 중요하지 않다"라고 했다. 그들의 영적 지향을 가장 잘 표현한 진술을 고르라고 했을 때, 55%가 "나는 영적이지만 종교적이지 않다"를 선택했고, 32%는 "나는 영적인 동시에 종교적이다"를 선택했으며, 단지 6%만이 "나는 영적이지도 종교적이지도 않다"를 선택했다. 마지막으로, 75%는 더 높은 권위와 초월적인 힘의 어떤 형태에 대한 믿음에 긍정했고 43%는 개인적인 신에 대한 믿음을 고백했다. 이러한 결과들은 인본주의 심리학자들의 대다수가 영성을 그들 삶의 중요한 영역으로 보고 있음을 의미한다. 더욱 흥미로운 점은 43%가 개인적인 신에 대한 믿음을 고백했다는 사실과 이 점이 인본주의 심리학자들이 비-유신론적이라는 신화에 도전하는 결과라는 것이다(예: Richards & Bergin, 1997).

영성의 인본주의 모델: 이론, 구성, 임상 적용

인본주의 심리학자로서의 나 자신의 연구에서, 나는 접근하기 쉽고, 임상적으로 유용하며 인본주의 원리에 근거한 영성의 모델을 발전시키려고 시도해왔다. 나는 초개인주의 작가들의 기여를 존중하지만, 내 자신의 접근은 William James(1902), Carl Jung(1933, 1964), Rudolph Otto(1923), Paul Tillich(1948, 1952, 1957), Mircea Eliade(1959), Martin Buber(1970), Gordon Allport(1961), Viktor Frankl(1963), Erich Fromm(1950), James Hillman(1975), Abraham Maslow(1954, 1962, 1971, 1976)와 같은 학자들의 작품들에 좀 더 근거한 것이다.

나는 본래 보수적인 교회에서 성직자로 훈련 받았다. 하지만, 나는 1960년대 말에 그 근본주의적 가르침의 일부를 더 이상 지지할 수 없었기 때문에, 나의 이론적인 견해가 너무 진보적이라는 이유로 해고되고 제명되었다. 그럼에도 불구하고, 영성에 대한 나의 관심은 지속되었고, 1970년대 내가 심리학 박사과정 학생이었을 때, 인간 영혼의 돌봄과 양육에 대한 가르침을 주는 융 학파 정신분석가와 심리치료를 시작했다. 이 분석가와의 영성 지향적 치료는, 교수와 임상심리학자로서의 나 자신의 영성 연구와 함께, 내가 결국 나 자신만의 영성에 대한 접근을 발전시키도록 이끌었다. 요약은 다음 단락에 나와 있다. 이러한 접근의 좀 더 전체적인 토의를 위해 독자들은 나의 책 *종교를 넘어서(Beyond Religion*; Elkins, 1998)를 참조해주길 바란다.

주요 구성

The Soul(영혼). 영혼이라는 단어는 "호흡" 또는 "생명력"을 의미하는 고대영어와 Anglo-Saxon 뿌리로부터 나온 것이다. 영혼은 특히 조작적인 정의를 주장하는 학문의 분야에서 정의하기가 쉽지 않다. 융 학파인 James Hillman(1975)이 예일대학의 강의에서, 그 어려움을 지적했다: "영혼은 헤아릴 수 없이 깊어 이해할 수 없는 거대한 동굴에서 통찰, 섬광에 의해 밝혀질 수 있을 뿐이다"(p.xvi). 영혼은 유형의 존재물이 아니라, 인간 존재의 영적인 영역을 가리키는 구성이다. Thomas Moore(1992)는 "'영혼'은 유형의 것이 아니라 경험하는 삶과 우리 자신의 어떤 특성 혹은 차원이다. 그것은 깊이, 가치, 관련성, 마음, 개인적인 본질과 관계가 있다"고 말했다(p. 5).

아이러니하게도, 영혼을 매우 정의하기 어렵다는 바로 그 사실이 그 본질에 중요한 단서를 제공해준다. 영혼은 추상적인 정의를 필요로 하는 우리 서양에 맞지 않는다. 영혼은 우리의 논리적인 절차보다 좀더 깊은, 보다 근본적인 세계가 있다는 점을 상기시킨다. 우리는 시에 감동받고 음악 한 소절에 의해 마음이 움직이며, 그림으로 어루만져질 때 영혼을 알게 된다. 영혼은 이러한 순간에 우리 안에서 울려지는 깊은 공명이다. 그래서 영혼은 만져지고, 느껴지며, 알려질 수 있으나, 결코 정의될 수는 없다. 영혼은 모든 개념적인 체계의 장벽을 빠져나갈 것이고 추상적인 용어로 잡아내려는 모든 도전들을 허용하지 않을 것이다. 영혼은 그 상상의 본질에 호소하는 시, 음악, 예술, 문학, 의례, 상징, 의식, 친밀한 관계와 다른 사건들과 경험들에서 발견된다. 서구 문화에서 우리는 생각이 모든 문을 열 수 있고 모든 비밀을 풀 수 있다고 믿는 경향이 있다. 그래서 우리는 인지가 물러나고 상상의 과정이 좀 더 중요해진 영혼의 세계에 대해 거의 알지 못한다. 결과적으로, 우리는 종종 어느 정도의 추상적인 정의가 세워지면, 그 개념을 이해한다고 생각해버린다. 하지만 이것은 마치 메뉴를 보면서 그 메뉴가 식사 자체인 양 착각하는 것과 마찬가지인 것이다. 영혼에 대한 우리의 지식이 개인적 경험에 근거하지 않는다면, 우리의 추상적 정의들은 의미가 결여되고 뿌리가 없는 채로 허공에 떠있게 될 것이다.

그렇다면 우리는 어떻게 영혼에 대한 공통적인 이해에 도달할 수 있는 것인가? 공통적인 이해는 개인적이고 경험적인 앎의 중요성을 인정하는 인식론으로부터 나온다. 이와 같은 인식론 없이, 영혼은 알려질 수 없고 학자들은 영원히 식사 대신 메뉴를 토의하게 될 것이다. 그러나 스스로 영적인 작업을 하고 영적인 영역과 친숙해지는 사람들 사이에서는, 점점 더 공통된 어휘를 가지고 이러한 부분들에 대해 이야기할 수 있게 될 것이다.

The Sacred(신성). 사회학자 Emil Durkheim은 토착 문화에 대해 연구하면서, 그는 부족 구성원들이 신성함과 교제하기 위해 떠났을 때, mana라고 불리는 새로운 힘을 가지고 마을로 돌아왔음을 알았다. 이것은 Durkheim(1915, p. 416)이 다음과 같이 쓰도록 이끌었다. "자신의 신과 교제해온 신자는 좀 더 강하다. 그는 생존의 고난을 견디거나 그것들을 극복하게 해 주는 보다 큰 힘을 자신 안에서 느낀다."

수년 동안 시카고대학에서 종교사 학과장이었던 Mircea Eliade는 인간이 항상 신성함과 만나왔다고 믿었다. 그의 고전적인 작품인 *성과 속(The Sacred and The Profane)*에서, Eliade(1959)는 신성을 정의했고 Durkheim이 관찰했었던 신비스러운 힘을 기술했다. 그는 다음과 같이 썼다.

> 신성은 *힘(power)*과 같은 뜻이고, 결국 *실재(reality)*와 같은 뜻이다. 신성은 *존재(being)*에 충분히 스며든 것이다. 신성한 힘은 실재를 의미하는 동시에 영속성과 효험을 의미한다. 신성-세속의 양극화는 종종 *현실(real)*과 *비현실(unreal)*의 대립관계나 혹은 가짜-진짜(pseudo-real)로 표현된다...그래

> 서 종교적인 사람이 *존재(to be)*하고, *실재(reality)*에서 개개의 미립자가 되고, 힘에 충분히 스며들기를 깊이 소망하는 것을 이해하기는 쉽다.(pp. 12-13)

이러한 언어가 서양의 귀에는 이상하게 들릴지 모르지만, Eliade는 영성에 있어 핵심적인 어떤 것에 대해 말하고 있었다. Durkheim과 함께, 그는 신성한 경험들은 힘이 있고 효과를 강하게 한다는 점을 제안하고 있었다. *성스러움의 의미(The Idea of the Holy)*를 쓴 신학자인 Rudolph Otto(1923)는, 신성한 만남에 대한 현상학적 분석을 했고 이러한 경험들이 압도당하는 감각, 매혹의 느낌, 신비로운 경외감, 강렬한 에너지의 경험을 포함하는 몇 가지 요소들을 내포한다고 결론을 내렸다. Otto가 언급한 "강렬한 에너지(intense energy)"는 Durkheim의 *mana*와 Eliade의 *힘(power)*, *존재(being)*와 유사하다.

이것은 심리치료와 어떤 관계가 있는가? 나는 우리 내담자들의 삶을 치유하고 강하게 도울 수 있는 영성과 관련된 어떤 존재론적인 힘이 있다고 제안한다. 이러한 힘은 Durkheim의 말을 빌리자면, 내담자들이 "생존의 고난을 견디고, 그것들을 극복하도록" 도울 수 있다. 어떤 이들은 그 힘이 신이나 어떤 다른 초월적인 에너지에 속한다고 생각하고, 다른 이들은 단순히 인간 인격의 이용되지 않은 영적 자원들로 바라볼지 모른다. 그것을 어떻게 설명하든지 간에, 이 학자들은 인간 존재에게 토대와 강점을 줄 수 있는 영성과 관련된 특별한 힘이 있다고 제안한다. 영성지향 심리치료의 한 가지 목표는 내담자들이 이러한 신성한 힘에 접근하도록 돕는 것이다.

Spirituality(영성). *영성*이라는 단어는 라틴어원 *spiritus*에서 나온 것으로 "호흡"을 의미하고 삶의 살아있는 원리를 말한다. 영성은 우리가 두 가지 세상, 즉 오감을 통해 아는 물질적 세상과 직관, 내적 성찰, 상상을 통해 알려진 비물질적 세상에 살고 있다는 가정에 근거한다. 영성은 비물질적 세상, 즉 신비주의자, 시인, 예술가, 무당, 예언자, 철학자가 거의 수천 년 동안 우리에게 말해주었던 세상과 관계가 있다. 이러한 세상은 인간 존재로서 우리의 실존에 참으로 중요하고, 그 안에서 우리는 우리의 가장 깊은 가치와 의미를 찾는다.

종교를 넘어서(Beyond Religion: Elkins, 1998)에서, 나는 다음과 같은 이야기로 영성에 대한 나 자신의 시각을 표현했다.

> 첫째: 영성은 보편적이다. 영성이 모든 인간 존재에게 가용한 것이라는 말이다. 그것은 한 가지 종교, 한 가지 문화 혹은 한 인간 집단에 제한되지 않는다. 세상 모든 곳에서, 그들의 영혼을 계발해오고 영적 삶을 발전시켜온 사람들이 발견한다.
>
> 둘째: 영성은 인간 현상이다. 이것은 신성한 요소가 없다는 것을 의미하는 것이 아니라, 영성이 인간 존재의 타고난, 자연적인 잠재력이라는 것이다. 또한 진정한 영성은 우리의 인간성에 근거를 둔다

는 것을 의미한다. 그것은 위로부터 혹은 외부로부터 부과되지 않는다.

셋째: 영성의 공통된 핵심은 내부의 현상학적 수준에서 발견된다. 영성은 아메리칸 인디언의 기우춤에서부터 남부 침례교도의 기도회에 이르기까지, 이슬람교도의 빙빙 도는 수도사에서부터 불교 선종의 명상하는 탁발승에 이르기까지, 카리스마 넘치는 교회의 무아지경의 찬양모임에서부터 퀘이커교도의 엄숙한 묵상 예배회에 이르기까지, 셀 수 없이 많은 외부 형태로 나타난다. 하지만 이러한 외부 형태 아래에는, 신성함에 대한 공통된 열망과 삶의 신비를 접하고 기리는 보편적인 소망이 있다. 영성의 본질적이고 보편적인 차원을 발견하는 것은 영혼 깊은 곳에서이다.

넷째: 영성은 누미노제에 반응하는 우리의 능력과 관계된다. 영성의 핵심적 특성은 신비롭다. 이 사실은 과학적이고 유물론적인 시대에서 쉽게 간과되었다. 영성은 영혼에 근거해 있고 신성한 경험에 의해 계발된다. 그것은 통렬함, 놀라움, 경외로 살아간다. 그것의 본질 자체가 삶의 신비와 우리 자신의 존재의 헤아릴 수 없는 깊이의 표현이다.

다섯째: 영성과 관련된 어떤 신비로운 에너지가 있다. 각 문화마다 모든 피조물을 관통하는 생명력을 인식한다. 신비주의자, 시인, 예술가, 샤머니즘의 도사와 그 외 사람들은 이 힘에 친숙하고 수세기 동안 내내 그것을 기술해왔다. 영혼은 이러한 신성한 에너지에 의해 양육받을 때 살아있게 된다. 그리고 한 사람의 존재(existence)에 열정, 힘, 깊이를 불어넣게 된다.

여섯째: 영성의 목적은 불쌍히 여기는 마음, 즉 동정심이다. *동정심(compassion)*이라는 단어는 문자적으로 "함께 괴로워하다"를 의미한다. 영적인 삶은 부드러운 마음에서 나오고 진정한 영성은 다른 사람을 향한 사랑의 실천을 통해 표현된다. 동정심은 언제나 진정한 영성의 특징과 종교의 최고 교훈이 되어 왔다. 사랑없는 영성은 모순어법이자 존재론적으로 불가능한 일이다.

이론의 진술

나는 세 가지의 주요 구성-영혼, 신성, 영성을 기술했다. 이러한 세 가지 구성과 그들의 서로 간 역동적 관계는 내가 영성에 접근하는 토대가 된다. 간단히 말하자면, 이론은 이것이다. 영혼이 신성한 차원과의 정기적인 접촉을 통해 살찌워질 때, 그 결과가 영적 성장 혹은 영성이다. 모든 인간 존재는 영혼을 가진다. 모든 인간 존재는 신성함에 접근할 수 있다. 따라서 모든 인간 존재는 전통적으로 종교적이든 아니든, 신성함에 접근하는 걸 배울 수 있고 그들의 영혼을 살찌울 수 있으며 그들의 영적 삶을 발전시킬 수 있다.

임상적 적용

이 이론의 임상적 적용은 두 가지 가정에 근거한다: 첫째는 내담자가 영혼의 수준에서 고통 받고 있다는 것이다. 둘째는 심리치료는 내담자의 영혼이 양육되고 치유되는 과정이라는 것이다. 이런 종류의 언어가 의학적이고 기계적인 모델이 우위를 차지하는 직업에서는 이상하게 들리기 때문에, 나는 그것의 임상적 적용을 기술하기 전에 이 접근에 대한 배경을 제공할 것이다.

*심리학(psychology)*이라는 단어는 그리스어의 *psyche*와 *logos*에서 나왔으며 문자적으로 "영혼을 공부하는 학문"이다. *치료자(therapist)*라는 단어는 본래 "봉사자(servant)" 혹은 "시중드는 자(attendant)"를 의미하였다. 그래서 어원상, 심리치료자는 "영혼의 봉사자 혹은 시중드는 자"이다. 이것은 왜 융 학파 학자인 James Hillman(1975)이 심리치료를 "영혼의 제작(soul-making)"이라고 정의했고 심리치료자를 영혼의 제작 과정의 봉사자로 보는지를 설명한다. *정신병리학(psychopathology)*이라는 단어조차 영혼을 지적한다. 그것은 그리스어의 *psyche*와 *pathos*에서 나왔으며 문자적으로 "영혼의 고통(the suffering of the soul)"을 의미한다.

심리학 역사를 통해, 병리가 때때로 영적인 갈등과 결핍의 결과임을 인지했던 저명한 심리학자들과 정신과의사들이 있어 왔다. 이 저명한 자들 중에는 Carl Jung, William James, Victor Frankl, Gordon Allport, Abraham Maslow, Irvan Yalom, 그 외 다른 사람들이 있다. 그래서 정신병리가 때때로 영적인 영역에 뿌리내리고 있다는 생각은 새로운 것이 아니다.

영성지향 심리치료는 우리가 영혼의 양육과 치유를 통해 내담자의 고통을 완화시키려고 시도하는 과정이다. 하지만 이것을 실제로 어떻게 하는가? 첫째, 어떤 사람이 영적 수준에서 치유를 원한다면 내담자와 치료자의 관계는 결정적이다. 수년 동안, 우리는 치료적 관계의 질이 심리치료의 중요한 요소임을 알아 왔다. Yalom(1980)은 치료자-내담자의 관계의 질이 치료 결과와 유의하게 관련됨을 증명하는 수많은 조사 연구들이 있다는 것을 지적했다. Yalom은 관계 자체가 치유한다는 점을 심리치료자가 배워야 하는 가장 중요한 점이라고까지 말하였다. 하지만 관계가 치유한다는 것은 무엇을 의미하는가? 영적인 견지에서, 나는 이것이 치료자가 내담자의 영혼을 양육하고 이러한 양육을 통해 내담자가 치유된다고 말하는 다른 표현이라고 믿는다. 사랑은 고통받는 영혼에게 가장 힘이 있는 치유자이다. 그리고 치료적 관계에서 사랑은 공감, 존경, 정직, 돌봄, 수용의 형태를 취한다. 이러한 요소들은 영혼 대 영혼의 접촉을 가능하게 하고 내담자의 내적 삶에 깊은 영향을 미친다.

둘째, 돌보아 주고 영적으로 민감한 치료자는 내담자의 영혼을 양육할 수 있을지라도, 내담자들은 심리치료가 단순히 누군가로부터 그들 영혼의 양육을 받게 되는 장소가 될 뿐 아니라, 그들 자신의 영혼을 어떻게 돌볼지 배우는 훈련의 기초가 된다는 점을 인식하는 것이 중요하다. 내담자들에게 영혼에 자양분을 줄 수 있는 많은 활동들과 경험들이 있음을 보여주어야 한다. 내담자의 깊은 곳을 어루만지고, 동요시키고 호소하는 모든 것은 거의 다 이러한 능력이 있다. 여기에는 음악, 문학, 시, 연극, 영화, 그림, 종교, 자연 그리고 셀 수 없는 다른 가능성들을 포함한다. 주의 깊게 뿌리와 약초를 골라내는 샤머니즘의 도사와 같이, 치료자는 각 내담자들이 그들의 독특한 영혼을 양육하는 활동들과 경험들을 발견하도록 도와줘야 한다. 어떤 내담자들은 음악 감상 혹은 미술관 방문과 시를 읽는 것으로 자양분을 얻는다. 다른 내담자들은 캠핑 여행이나 산악하이킹을 선호한다. 중요한 것은 각 내담자는 그들 자신의 영적인 삶을 가장 풍요롭게 하는 것을 확인하는 데 도움을 받는다는 점이다.

셋째, 내담자는 영혼양육의 정기적인 프로그램을 시작하도록 격려되어야 한다. 한 내담자에게는 이것이 매일 해변이나 강가를 걷는 것을 의미할지 모른다. 또 다른 내담자에게는 시를 읽거나 음악을 감상하는 시간을 따로 떼어놓는 것을 의미하고, 다른 내담자에게는 산장으로의 정기적인 등산을 계획하는 것을 의미할지 모른다. 내담자들은 그들의 영혼에 자양분을 주는 몇 가지 활동들을 선택하고 규칙적으로 이러한 작업을 해야 한다. 이 장의 뒤에서 보여주는 사례에서 이것이 심리치료에서 어떻게 이행되는지를 설명할 것이다.

● 심리학과 영성 간 관계의 본질

나는 심리학과 영성이 긴밀하게 연관되어 있다고 생각한다. 역사적으로, 심리학과 종교 사이에 갈라진 틈이 있었지만, 이 장의 서론에서 기술한 바와 같이, 좀 더 넓고 포괄적인 심리학은 인간 존재의 영적인 영역을 포함할 수 있고 포함해야 한다.

심리학에서는 종종 인간 존재를 네 가지 용어의 주요 영역으로 기술하고 있다: 신체, 마음, 감정, 그리고 행동. 불행히도, 영혼 혹은 영적인 영역은 언제나 소외된다. 영혼은 이러한 다른 구조들에 의해 발견되지 않는 영역을 지목하기 때문에, 중요한 구조이다. 이러한 구조는 심리치료에서 내담자의 영적인 능력을 토론하고 그것의 계발에 초점을 맞출 방법을 제시한다. 물론, 한번 영혼 혹은 다른 어떤 이름에 의해 영적 영역이 심리학의 산하로 오게 되면, 이것은 심리학적 연구, 수련, 임상 실제에 영향을 미친다. 즉각적인 영향은 심리학자들과 대학원생들이 내담자들의 마음, 신체, 감정, 행동에 관해서 현재 수련받은 것과 같은 방법으로, 내담자들의 영적인 문제들에 대해서 수련받아야 한다는 점이다.

● 치료자의 기술과 자질

마틴 부버(Martin Buber: 1970)는 그의 책 *나와 너*(*I and Thou*)에서, I-It(나-그것)과 I-Thou(나-너)라고 불렀던, 관계의 두 가지 기본 방식이 있다고 말했다. I-It 방식에서, 타자(the other)는 목적을 달성하기 위한 수단 혹은 대상이다. I-Thou 만남(encounter)에서, 타자(the other)는 대상이 되는 것을 멈추고 우리는 더 깊은 수준의 관계로 끌려들어간다. Buber는 우리가 It으로 또 다른 쪽과 관계를 맺을 때, It을 만나기 위해 출발하는 I가 Thou를 만나기 위해 출발하는 I와 매우 다르기 때문에, 우리도 또한 영향을 받게 된다고 말했다.

부버의 생각은 미묘하지만 강력하다. 이것을 이 논의와 관계된 용어로 환언하면, 심리치료자들은 그들이 그들 자신의 영혼과 접촉하고 있는 수준에서만 치유할 수 있다고 말할 수 있다. 우리는 우리 자신 속에서 나온 깊이만큼에서만 우리 내담자와 접촉할 수 있다. 우리가 우리 자신의 영혼을 상세히 알고 있고 자신의 존재의 영적 차원에 접근할 수 있다면, 우리는 우리 내담자와 좀 더 깊고 근본적인 수준에서 접촉할 수 있고 *cura animarum*, 즉 "영혼의 치유"를 가능하게 하는 관계를 만들어낼 수 있을 것이다. 이것은 그들 자신의 영성을 계발해오지 못한 치료자들은 심리치료에서 종교적이고 영적인 문제들을 다룰 수 없고, 영적 수준에서 고통 받는 내담자들에게 어떤 도움도 줄 수 없다는 것을 말하는 것이 아니다. 다만 그러한 치료자들이 I–It 근거로서만 내담자들을 다루게 될지 모르고, 좀 더 개인적이고 근본적인 수준에서 영적 싸움을 하고 있는 내담자와 관계를 맺는데 어려움을 가지게 될지도 모른다는 것이다. 내담자의 영적 삶을 다루게 될 때, 우리가 우리 자신의 영적 여행을 깊이 했으면 했을수록, 내담자들과 영혼 대 영혼으로 만나서 도움을 줄 수 있는 기회를 더 많이 가지게 될 것이다. 실존주의 이론가인 Paul Tillich는 "깊이가 깊이에게 호소한다"라고 말했다(Elkins, 1998, p. 177).

강점과 제한점

아마도 이러한 접근의 주요 강점은 영성이 어떤 종교나 영적 체계에 독점적으로 속하지 않는 보편적인 인간 현상이라는 가정에 근거하고 있다는 점이다. 특정한 종교의 중요성에 대한 정통파의 견해를 고수하는 심리학자들이 이러한 가정에 매력을 느끼지 못할지라도, 무종파와 영성에 대한 좀 더 보편적인 접근을 지향하는 심리학자들에게는 그들의 가치에 일치하는 접근이 될 것이다. 또한 종교적이든 비종교적이든, 모든 내담자들은 그들의 영혼에 자양분을 주고 그들의 영적 삶을 성장시키기 위해서 이러한 접근을 사용할 수 있다.

접근의 주요 제한점은 *영성(spirituality)*, *영혼(soul)*, *신성(sacred)*과 같은 구성들을 정의하기가 어렵다는 점과 관련되어 있다. 그러한 "현상학적인 실재"는 쉽게 조작적인 정의와 심리과학의 전통적 방법을 이용한 과학적 조사에 들어맞지 않는다. 그래서 이러한 생각들이 이론의 영역에서 과학적으로 증명된 사실의 영역으로 옮겨가는 것은 어렵다. 하지만 대부분의 심리치료들은 "구성들로 이루어져 있고", 과학을 좀 더 폭넓고 좀 덜 전통적인 "과학주의적인" 용어로 정의하길 원하는 연구자들은 이러한 영역들에서 지식을 증명하고 분명하게 말하는 방법들을 찾을 수 있다. 과학의 좀 더 폭넓은 시각, 즉 주관성과 현상학적 실재를 존중하는 것은 이러한 미묘하지만 중요한 현상들을 보다 적절하게 다룰 수 있는 연구 방법들과 함께 필요하다(Elkins, 1998; Giorgi, 1970).

적응증과 금기

영성에 대한 이러한 접근은 자기 내성(self-reflection)의 능력이 잘 발달되어 있고, 이론에서 영혼 또는 영적 차원이라고 불리우는 그들의 내적 삶의 영역과 이미 친숙한 내담자들에게 가장 유용하다. 이러한 내담자들이 그 접근에서 가장 도움을 많이 받을지라도, 다른 내담자들에게 또한 유용할 수 있다. 예를 들어, 스스로 영적 경향이 있다고 생각하지 않는 많은 내담자들은 그럼에도 불구하고, 그들을 깊이 감동시켰던 노래, 영화, 연극, 콘서트, 시, 예술 작품, 의례, 의식, 자연 공간, 관계와 그 외 경험들을 떠올릴 수 있다. 이러한 경험들은 심리치료에서의 통로, 즉 내담자들이 그들의 영적 영역을 좀 더 인식하고 그들의 내적 삶의 일부를 양육하는 데 좀 더 숙달되도록 돕기 시작하는 기회가 된다.

이러한 접근에 적합하지 않은 내담자들은 다음과 같다. (a) 자기 내성과 내적 작업에 대한 정신적 능력을 가지지 않은 내담자, (b) 정신증적 삽화에서 회복되고 있거나 정신증에 매우 취약한 내담자, (c) 방어기제가 빈약한 내담자와 좀 더 내부 지향적인 작업으로 옮겨가기 전에 지지적 치료가 필요한 내담자, (d) 단순히 그들의 심리치료의 일부로 영성을 다루기를 선호하지 않는 내담자.

이러한 접근에 적합하지 않을 지도 모르는, 그래서 주의 깊게 평가해야 하는 내담자로는 다음과 같은 사람들이 포함된다. (a) 종교적 혹은 영적 체계에 혹은 그 체계와 관련된 권위자에게 깊은 상처를 받은 내담자, (b) 근본주의적 혹은 보수주의적 종교적 믿음을 너무 확고히 가지고 있어서 대안적이고 좀 더 상대주의적인 영성에 대한 시각에 의해 심리적 평형이 심각하게 깨어질 수 있는 사람들. 전통적인 심리학적 검사와 함께, 내담자의 심리적이고 종교적인 과거력에 대한 상세한 탐색을 포함한 임상적 면담은 이러한 결정을 내리는데 유용할 것이다.

문화와 성별에 대한 고려사항

이 접근은 모든 문화에서 영성의 중요성을 인식하는, 보편적인 영성에 대한 시각에 근거하고 있기는 하나, 서양의 역사적 전통인 인본주의의 뿌리에서 성장했다. 따라서 일부 내담자들, 특히 비 서구 문화의 내담자들의 문화적 배경과는 맞지 않을 수 있는 내재적이고 부득이한 문화적 편파를 가지고 있다.

예를 들어, 이러한 접근을 포함하여 서양의 영성은 개별적인 영적 성장에 초점을 두는 경향이 있는 반면, 많은 다른 문화에서는 공동 사회 집단의 관점에서 생각한다. 그럼에도 불구하고, 이러한 접근이 영성의 모든 형태에 대한 깊은 존중에 근거하기 때문에, 내담자들의 독특한 문화적 가치에 대해 기꺼이 듣고 알려고 하는 치료자는 이론을 조정하여 비 서구 문화의 가치체계를 가진 내담자에게 접근의 일부를 적용할 수 있다.

성별과 관련해서는, 이론을 적용하는데 문제가 될 만한 점은 없는 것으로 알고 있다. 이제까지의 내 관찰에 의하면, 남성과 여성은 때때로 그들의 영혼에 자양분을 주는 경험의 종류에서는 차이가 있는 것으로 보인다. 하지만, 이 이론은 개인의 차이와 성별의 차이 둘 다에 적응할 수 있도록 본래 갖춰진 충분한 유연성이 있다. 이렇게 각각의 내담자의 독특한 영혼에 자양분을 주는 것이 무엇인가를 발견하는 것이 실지로 적용된 이론의 시작점이기 때문에, 이론은 남성과 여성 모두에게 적용 가능하다.

기대되는 향후 발전 방향

인본주의 운동에서 영성과 관련되어 미래에 무슨 일이 일어날지, 어떠한 새로운 발전들이 일어날지는 불투명하다. 짐작해 보자면, 나는 다음과 같이 생각한다. 인본주의 심리학자들은 그들의 개인적인 삶과 임상적인 작업 둘 다에서 영성에 지속적으로 매우 높은 가치를 둘 것이다. 그들은 계속해서 영성을 조직화된 종교와 동떨어진 보편적인 인간 현상으로 바라볼 것이며, 그들은 계속해서 영성을 심리치료의 일부로 만드는 새롭고 더 좋은 방식을 찾으려는 노력으로 주제를 탐색해 갈 것이고, 그들은 비 서구 문화 사람들에게 더욱더 민감한 영적 접근을 만들어내려는 노력으로 동양의 종교와 다른 영적 체계로부터 나온 더 많은 개념들을 통합시킬 것이다-서구 인본주의의 긍정적 공헌을 희생하지 않고도 그러하다. 마지막으로, 나는 다음과 같이 예상한다. 조직화된 종교와 그 의식과 의례들이 인본주의 심리학자들에게 늘 중요하게 남을 것이지만, 그들은 자신의 영적 체계를 포함하여 모든 영적 체계를 놀라움과 경외로 바라보고자 하는 모든 인간 존재의 보다 근본적인 욕구의 표현으로 상대화하는 경향이 있을 것이다.

임상 사례

내담자 배경과 현재 문제

다음 사례는 내 접근을 증명하도록 혼합하여 구성된 것이다. 쉘라는 37세의 이혼한 백인 여성으로, 우울감 때문에 치료받으러 왔다. 초기 면담 동안 내가 그녀의 종교적 배경에 대해 물었을 때, 쉘라는 중서부의 보수주의 신교도 집안에서 성장했으며 아이 때와 십대 때는 정기적으로 교회에 참석했다고 말했다. 그녀가 대학에 들어가면서 집을 떠났을 때, 그녀는 종교에 대한 의문이 들기 시작했고 결국 교회에 가지 않게 되었다. 그녀는 여전히 하나님을 믿지만, 더 이상 기도를 하거나 어떤 종류의 종교적 활동도 하지 않는다고 말했다.

쉘라는 신체적으로 건강했고 심리적 어려움을 겪은 과거력이 없었으며 어린 시절 동안 특이한 병이나 외상을 경험한 적은 없었다. 그녀는 그녀의 아버지가 지방 식품점을 운영했던 작은 소도시에서 성장했다. 그녀의 어머니는 쉘라와 그녀의 남동생을 돌보며 거의 대부분을 집에 머물렀다. 쉘라는 그녀가 언제나 부모님께 사랑받고 지지받는다고 느꼈으며, 부모님 및 남동생과 좋은 관계를 지속해왔다고 말했다. 쉘라의 부모님과 남동생 모두는 쉘라가 성장해왔던 도시에서 여전히 살고 있으며, 그녀는 1년에 두 번 정도 방문차 집에 갔다.

오하이오에 있는 대학에서 학사과정을 마친 후에 쉘라와 그녀의 친구(여성)는 남부 캘리포니아로 옮겨왔고, 그녀는 기술 회사 경리사원의 일자리를 찾았다. 그녀는 24세가 되었을 때, 한 남자와 사랑에 빠졌으며 1년 후 결혼을 했다. 하지만 결혼 6년 후에, 그들 둘 다 결혼관계가 잘 되어가지 않는다는 결론에 도달했다. 그녀의 말로는, 그들 둘 다 "좋은 사람이지만 좋은 결혼 상대는 아니었다". 그 결과 그녀가 31세 때 이혼하게 되었다. 쉘라가 치료받으러 왔을 때, 그녀가 이혼한 이후 지난 6년간 누군가와 심각하게 데이트를 해본 적이 없었다. 그녀는 일하는데 시간이 많이 필요했고 데이트에 흥미가 없었다고 말했다. 쉘라는 유능했고 일하기를 즐겼으며, 경리부장으로 승진하였다. 그녀는 또한 정기적으로 만나는 직장밖의 몇몇 친구들이 있었다.

쉘라의 과거력과 현재 상황에서 어떤 특이한 점을 찾을 수 없어서, 나는 그녀에게 그녀의 우울감정에 대해 좀 더 상세하게 질문했다. 그녀는 수 년 동안 "우울함(blue)"을 불규칙적으로 느껴왔었지만, 최근 수 개월 사이에 그 감정들이 좀 더 강해졌다고 말했다. 그녀는 "내가 우울증이 걸렸다고는 생각하지 않아요." 라고 말했다. "나는 잘 살고 있지만 때때로 주위를 돌아보며 '이게 다란 말인가?' 라고 말해요. 불행하고 뭔가 빠진 것 같은 느낌이 들어요." 좀 더 검토해보니, 쉘라가 대학 시절, 교회에 가지 않기 시작한 몇 달 후에 이러한 우울 감정이 처음 시작되었음이 밝혀졌다. 그녀는 이 점을 좀 더 깊이 생각해 보더니, 그녀가 어렸을 때는 언제나 교회에 갔었고 하나님께서 그녀를 돌보아주시고 계심을 확신했다고 말했다. 하지만 그녀가 대학시절 교회에 가지 않게 되었을 때, 하나님으로부터 떨어져 나간 것 같이 느껴지기 시작했고, 그녀의 말로는 "세상에서 몹시 홀로된 느낌이었다." 그녀의 결혼은 이러한 감정들이 다가오지 못하게 하였지만, 이혼 후에는 상당한 정도로 되돌아왔다. 내가 쉘라에게 혹시 교회에 돌아가기를 고려해본 적이 있는지 물었을 때, 그녀는 이전에 배웠던 기독교 신앙의 많은 것들을 더 이상 믿지 않으며 교회에 돌아갈 마음이 없다고 말했다. 하지만 그녀는 여전히 영성에 관심이 있었고 몇몇 불교 영성 워크샵에 참여하기조차 했다.

평가와 임상적 개념화

일반적으로, 나는 첫 번째 치료 회기에 전통적인 임상적 면담을 한다. 나는 내담자의 종교적, 영적 삶에 대해 질문하는 것을 이런 면담의 일부로 시행한다. 이 점에 대해 내가 쉘라에게 특별히 질문하지 않았다면, 이런 중요한 정보를 알아낼 수 없었을 것이다. 동시에, 쉘라가 그녀의 우울 감정과 하나님으로부터 떨어져나가고 세상에서 홀로인 것 같은 느낌을 연결하지 못했다면, 나는 이것을 더 탐색하지 않고 그녀가 경험했던 고통스러운 감정들의 다른 가능한 이유들을 탐색했을 것이다. 분명히, 다른 설명으로는 그녀가 가족들과 떨어져 캘리포니아에 있었던 사실; 그녀 삶에서 남편 혹은 중요한 다른 사람이 없었던 사실; 그녀가 스트레스를 받으며 일했던 사실; 그리고 그 외 등등을 포함할 수 있다. 실제로, 나는 이러한 모든 요소들이 때때로 그녀의 우울 감정에 기여를 했다고 확신하지만, 핵심 문제는 영적인 것으로 보았고, 이 점에 대해서 함께 탐색해 보았을 때 그녀도 동의하였다. 나의 가설은 그녀의 교회와 관계된 의례와 의식들이 그녀의 영혼에 적어도 어느 정도 자양분이 되었었지만, 그녀가 교회에 가지 않게 되었을 때 그녀의 영적 삶의 자양분 공급도 중단되었다는 것이다. 쉘라와 이 점을 논의한 후에, 나는 그녀의 영혼이 자양분을 필요로 하기 때문에 그녀가 우울감을 느꼈다고 생각했음을 그녀에게 말했다. 내가 이것이 그녀가 교회로 돌아가야 한다는 것이 아니라, 함께 그녀의 영적 삶에 자양분을 공급할 수 있는 다른 방법을 찾는 것이라고 설명했을 때, 그녀는 흥미를 보였고 그러한 방향으로 나아갈 준비가 되었다. 우리는 이러한 견해가 도움이 될지를 알아보기 위해 이 점을 수 주간 그녀의 치료의 초점으로 하는 데 동의했다.

치료 목표, 치료 관계, 개입 전략, 치료 경과

나의 첫 번째 치료 목표는 그녀의 영혼에 자양분을 주는 방법을 그녀에게 보여줌으로써 쉘라의 우울 증상이 완화되도록 돕는 것이었다. 하지만, 나의 첫 번째 작업은 "적극적인 공감"의 형태 혹은, 틸리히(Tillich)가 "듣는 사랑"이라고 불렀던 형태로 주의 깊게 경청함으로써 긍정적이고 지지적인 관계를 확립하는 것이었다. 다음으로, 나는 그녀의 영혼에 자양분을 주는 종류의 활동들과 경험들을 결정했다. 나는 쉘라에게 이러한 질문에 대한 대답을 돕기 위해 고안된 세 가지 과제를 포함한 과제 할당을 하였다. 하나는 단순히 따로 시간을 내어 과거에 그녀의 영혼에 자양분을 주었었던 활동들과 경험들을 곰곰이 생각해보는 것이었다. 지시는 다음과 같았다.

> 당신의 삶을 돌아보고 다음의 질문을 스스로에게 해보라: 어떤 경험이 나를 매우 깊이 감동시켰는가? 당신이 경험했던 가장 마음에 사무치는 순간, 당신의 영혼을 어루만지고 자극했던 사건들을 생각해 보라. 당신은 경외, 존경, 놀라움, 겸손, 감사의 마음을 느꼈을지도 모른다. 눈물을 흘렸을지도 모른다. 이러한 경험들은 당신이 음악을 듣고 사랑을 나누며 친구와 대화를 하고 시를 읽으며 연극을 볼 때 일어났을 수 있다. 이러한 모든 경험들의 목록을 작성하고 치료에 가져오면, 우리는 공통적인 주제를 발견하고 당신 특유의 영혼에 자양분을 주는 활동들과 경험들의 종류에 대한 좀 더 분명한 그림을 얻을 수 있을 것이다.

두 번째 과제는 같은 목적이지만 좀 더 구조화되었다. 나는 쉘라에게 많은 사람들이 영적으로 자양분을 받게 된다고 여기는 활동들의 범주의 목록을 기술한 작업표를 주었다. 그 범주에는 영화, 음악, 시, 자연, 종교, 극장, 예술, 문학, 장소, 음식과 외식, 가족, 낭만적인 경험들, 성적인 경험들, 우정이 포함되어 있었다. 나는 쉘라에게 그녀 삶을 되돌아보고 각 범주에서 그녀가 회상할 수 있는 영혼에 자양분을 주는 모든 경험들을 기록해보도록 요청했다. 그녀의 영혼에 자양분을 주는 활동들의 종류를 결정하기 위해 그녀의 답변들을 검토할 수 있도록 나는 그녀에게 치료에 그 결과를 가져오라고 요청했다.

세 번째 과제는 그녀의 즉각적인 영적 욕구에 초점이 맞춰졌다. 그것은 그녀가 그 순간에 그녀의 영혼이 필요로 하는 활동들 혹은 경험들의 종류를 찾아내기 위해 이완하고 상상하도록 훈련받는 또 다른 과제 할당을 포함했다. 그 훈련을 여기에 포함시키기에는 너무 광범위하지만, 편안한 의자에 앉아 눈을 감고 이완한 후 그녀 자신이 선택한 아름답고 영혼에 자양분을 주는 장소에 있다고 상상하는 것을 포함했다. 그리고 나서 그녀는 영적 수준에서 가장 깊이 필요로 했던 것을 받게 되는 환상을 펼쳐나가야 했다. 그녀는 환상을 강요받는 것이 아니라, 그녀가 비디오를 보듯이 일어나도록 하는 것임을 주의 받았다. 환상이 자연적인 결말에 이르렀을 때, 그녀는 과제의 그

부분에서 멈추어야 했고, 현재시제로 그 환상을 자세히 묘사하며 써 내려가야 했다. 그리고 나서 현재 그녀의 영혼이 무엇을 필요로 하는지에 대한 단서들을 포함하고 있는지 알아보기 위해, 환상을 검토하여야 했다.

이러한 과제 할당들이 제공해주는 보다 광범위한 정보에 근거하여, 쉘라와 나는 그녀의 영혼에 자양분을 주는 수많은 활동들과 경험들을 결정할 수 있었다. 이러한 정보를 사용하여, 우리는 영혼에 자양분을 주는 활동들로 매주마다 세 가지 "작은" 활동들과 매달마다 한 가지 "큰" 활동을 포함한 3개월 프로그램을 협력하여 고안하였다. 그녀는 그녀의 매주 "작은" 활동들로 (a) 매주 적어도 한 시간 동안 클래식 음악 감상을 위해 시간을 떼어놓기 (b) 일주에 하루 해질 무렵 해변가를 따라 산책하기 (c) 일주에 한 시간 동안 시를 읽고 묵상하기를 선택했다. 한 달에 한번 그녀의 "큰" 활동들에는 (a) 샌디에고에서 오랜 친구와 함께 주말 보내기 (b) 그 당시에 로스엔젤레스에서 공연하고 있던 Phantom of the Opera 라는 연극 관람하기 (c) 그녀의 영혼에 자양분을 주는 곳인 New Mexico의 Taos 에서 주말 보내기를 선택하였다.

그녀 프로그램의 일부로, 나는 또한 쉘라에게 내가 부르기를 "영혼 일지"라는 것을 시작하도록 요청했다. 그것은 영혼에 자양분을 주는 활동들과 관련된 그녀의 영적 경험들 뿐 아니라 매일 그녀의 영적 삶에 대한 성찰을 기록하는 것이었다. 나는 쉘라에게 매일 적어도 20분간 그녀의 영적 삶에 대해 성찰하고 나서 그녀의 일지에 그녀의 생각과 느낌을 기록할 수 있는 조용한 장소를 찾도록 요청했다.(나는 일반적으로 내담자들에게 공식적인 명상에 들어가도록 요청하지는 않는데 그 이유는 어떤 내담자들에게는 안내자 없이 시행하는 경우 내재적인 위험성이 있기 때문이다. 만약 내담자들이 이미 명상을 훈련하고 있다면, 그들이 일지에 그 경험을 기록하는 20분의 성찰 시간 대신에 명상을 하여도 된다.)

쉘라는 성실하게 3개월 프로그램을 따라왔다. 그녀는 상당한 내적 성찰의 능력을 가졌었고 유의하게 도움을 받았다. 매 치료 회기의 처음부분에는, 그녀가 프로그램을 따르면서 경험하였던 다양한 마음에 사무치는 순간들을 묘사하는 일이 종종 있었다. 치료적 상호작용은 종종 그녀의 영혼에 자양분을 주는 활동 동안 쉘라가 경험했던 감정들에 초점이 맞춰졌다. 주로 나는 주의 깊게 들으려고 노력했고 그녀가 경험하고 있었던 것을 탐색하고 명확하게 하도록 도와주었다. 때때로 나 자신도 우리의 탐색을 밝혀주거나 쉘라의 상황에 호소력이 있다고 생각되는 시와 책을 가져오곤 했다. 첫 달의 마지막에, 우리는 둘 다 그녀의 우울 증상들이 좋아지기 시작하고, 세 번째 달의 끝부분에는 그녀가 새로운 에너지를 경험하고 있고 그녀의 삶에서 여러 가지 일들로 흥분하고 있음을 알았다.

종결, 재발 방지, 치료 결과

영혼에 자양분을 주는 활동들의 또 다른 3개월 프로그램을 협력하여 고안한 후에, 우리는 재발의 경우 추가치료를 받는다는 조건 하에 치료를 끝내자고 상호협의 하에 결정하였다. 나는 그녀에게 이따금 그녀가 어떻게 지내는지 내가 알도록 나와 연락하도록 요청했다. 그녀는 거의 4년 동안 일 년에 두 번 나와 연락했으며 그때마다 잘 지내고 있다고 보고했다. 시간이 지남에 따라, 그녀는 많은 활동들을 보다 자연스럽고 덜 계획된 방법으로 그녀의 삶 속으로 융화시켰고, 그래서 그녀의 영혼에 자양분을 주는 것은 그녀 삶의 일부가 되었다.

마지막으로 덧붙이고 싶은 말

분명하게, 모든 내담자가 쉘라처럼 이러한 영적 접근에 적절한 것은 아니다. 게다가, 그녀 치료의 영적 영역을 강조하기 위해서, 나는 그녀 삶의 다른 부분들에 초점을 맞추었던 다양한 토론들을 포함시키지는 않았다. 그러한 부분에는 그녀의 일, 가족, 그리고 치료중인 3개월간 그녀 매일의 삶에서 일어났던 다양한 갈등들을 포함한다. 나는 쉘라에 대한 명백한 영적 접근이 모든 우울감 혹은 감정적 고통의 다른 형태들을 치료하기 위한 모델이 되어야 한다고 믿지 않는다. 나는 심리 개입의 측면에서 꽤 전통적인 편이고, 영적인 개입들은 내담자가 싸우고 있는 문제들을 다루어야 할 분명할 이유가 있을 때에만 사용해야 한다고 믿는다. 내 견해로는, 영적 접근들을 활용하는 우리들 모두가 내담자의 심리적 어려움에 대한 대안적인 설명에 주의해야 하고, 언제나 내담자가 다루어주길 원하는 무엇이든지 간에 논의하는데 마음을 열어야 한다. 동시에 이것이 내담자의 문제와 관련되고 치료의 진전을 야기하는데 지속되는 한, 영적 문제들에 지속적으로 초점을 맞추어야 한다.

결론

40년 이상 동안, 인본주의 심리학은 특정 시각을 만들어내기를 거부하고, 영성에 대한 열린 논의의 장소를 제공해왔다. 내 자신의 접근은 인본주의 운동에서 영성에 대한 이러한 진행 중인 논의 가운데 단지 한 가지 견해로 바라보아야 한다. 이번 장에서, 나는 전통적인 종교의 독점적인 소유가 아닌 보편적인 인간 현상으로서의 영성을 제시하였다. 게다가, 나는 세 가지 주요 구성들과 그들 간의 역동적 관계에 근거한 영성의 실제적인 이론을 보여주었다. 영혼은 우리의 영적 삶에서 가장 깊은 핵심이다. 신성함은 우리의 영혼에 자양분을 줄 수 있는 힘이다. 그리고 영성은 신성함에 대한 통렬한 경험에 의해 우리 영혼이 자양분을 받은 결과이다. 마지막으로, 나는 어떻게 이러한 접근이 내담자의 영혼에 자양분을 주고 감정적 고통을 완화시키는데 사용될 수 있는지를 증명해주는 사례를 보여주었다. 나는 이번 장이 영성을 그들의 치료 실제로 통합시키기 위한 방법을 찾고 있는 임상가들에게 유용하길 바란다.

제 7 장

영적 관점에서의 대인관계 심리치료

(Interpersonal Psychotherapy from a Spiritual Perspective)

Lisa Miller

접근에 대한 설명

영적 관점에서 수행되는 대인관계 심리치료에서는(IPT-S), 심리적 사건은 보다 근본적인 영적 현실의 지표가 된다고 본다. 우리의 정신은 영적 진실을 탐지한다. 고통받거나 의기양양해짐은, 창조의 큰 힘을 따라가는 여정 안에서 우리의 삶이 도달하고 있는 범위를 가리킨다. IPT-S는 우리의 관계를 이해하고 다시 조정함으로써 고통을 완화시키고 영적 명료성을 향상시킨다. 우리의 심리적 경험은 우리가 관계 속에서 어떻게 하고 있는지 가르쳐준다. 관계는 신성한 선물이며, 창조주로부터 우리의 삶에 의도적으로 부여된, 우리에게 영적 성장의 기회를 주는 것으로 간주된다.

● 역사적, 이론적 기초

IPT는 초기에 Klerman, Weissman, Rounsaville, Chevron(1984) 등에 의해서 중등도 및 중증 (moderate and severe) 우울증에 대한 단기, 구조화된 치료방법으로 만들어진 것이다. IPT

는 국립정신건강연구소(NIMH) 기금의 임상 실험 12개 이상에서 우울증에 효과적인 심리치료로 그 타당성을 검증받았다(Klerman & Weissman, 1993; Weissman, Markowiz, & Klerman, 2000의 연구도 볼 것). 개념적으로 IPT는 우리가 사회적 존재로 타고났으며, 관계에 대한 욕구가 정신적, 신체적 건강에 핵심적이라는 주장에 기초를 두고 있다. 그런 면에서 Sullivan의 대인관계 관점이나 Bowlby, 그리고 Ainsworth의 애착 이론에서 비롯되었다고 볼 수도 있을 것이다.

IPT는 지난 20여년 동안 학술 심리학 분과, 외래 클리닉, 의료 기관 등에서 우울증에 대한 치료로서 널리 활용되어왔다. IPT는 NIMH 임상 실험에서도 광범위하게 연구가 되어왔고 우울증에 대한 인지-행동치료와 맞먹는 정도의 치유력이 있는 효과적인 치료로 나타났다. 몇몇 결과에서는 IPT가 여성에게 특히 더 효과적임이 시사되었다(Weissman등, 2000).

IPT의 직접적 목표는 우울 증상의 개선과 사회적 기능의 증진이다. IPT는 장기적인 심리적 재구조화나 성격 변화를 언급하지는 않는다. 애초에 치료법을 형성할 때, IPT는 DSM-IV의 1축 진단, 즉 성격 장애보다는 일화적인 장애에 맞추어진 것이다. IPT는 기존 연구들에서 잘 밝혀진, 대인관계 문제가 우울증을 지속시키며 악화시킨다는 사실에 초점을 맞춘다. 치료의 주된 기제는, 그 초기 병인에 관계없이 우울은 사회적 맥락에서 발생한다는 입장을 견지한다. 사회적 맥락을 재정돈하는 법을 배우는 것은 우울 증상을 덜어주고 향후에 발생하는 것을 막아준다고 보는 것이다.

네가지 대인관계 문제 영역

IPT 작업의 핵심은 특정 대인관계 구조(interpersonal formulation) 안에서 현재의 사회적 스트레스 요인을 이해하는 것이다. 이는 현재 스트레스 요인이 4가지 근본적인 "문제 영역" 중 한가지 또는 그 이상 안에서 어디에 위치하는지 찾아내는 것이다: 대인관계 분쟁(interpersonal dispute), 대인관계 이행(interpersonal transition), 비탄(grief), 대인관계 결손(interpersonal deficit).

대인관계 분쟁이란 어떤 지속되고 있는 갈등에 관한 것으로, 두 사람 이상이 전혀 다른 기대를 가지고 있어서 어떤 사건으로 인해, 또는 일련의 일들을 겪어나가며 계속 악화되는 것을 말한다. 분쟁은 총력을 다하는 거친 언쟁일 수도 있지만, 가슴속에서만 부글거리는 지속적인 곤경으로 나타날 수도 있다. 분쟁의 해결은 우선 관련된 모든 사람들의 기대를 밝혀내는 것이다. 그 다음 관련된 모든 사람들이 다른 모든 사람들의 기대를 인정하고, 새로운 행동 시스템을 개발하여, 여기에 기반해서 개입된 모든 사람들이 타협할 수 있게 하는 것이다. 난국 수준 대인관계 분쟁의 흔한 예로는, 남편이 가족과 더 많은 시간을 보내기를 원해서, 반복적으로 부탁하다가, 조르기를 멈추고, 앙심을 품어서 부부 사이가 더 소원해지게 하는 아내를 들수 있다.

대인관계 이행은 생활 사건에서의 변화로, 자신의 삶에 가장 중요한 사람들과의 관계에서 개인의 역할이 근본적으로 바뀌는 것이다. 대인관계 역할 변화를 촉발하는 생활 사건은, 아이가 대학 진학을 위해서 집을 떠나는 것이라든지, 새로운 직장을 얻거나 은퇴하는 것, 이혼, 질병, 새로운 지역으로 이동하는 것 등을 포함한다. 이러한 생활 사건과 대인관계 이행은 끊임없이 발생한다. 하지만 이미 효율적으로 이전 역할을 떠나서 사실상 새로운 역할을 당연히 간주하고 있는데도 그 변화를 수용하여 새로운 역할에 맞도록 자기 생활을 적응시키지 못할 때 심리적인 고통이 일어난다. 예를 들어, 막내가 대학 진학을 위해 집을 떠난 부모는 그들이 아이의 생활의 일상 사건들에도 늘 함께 했던 것을 그리워할 수 있고, 아이의 학교와 관련된 공동체를 잃은 상실감을 느낄 수 있으며, 집에서도 막대한 공허감을 경험할 수 있다.

비탄은 죽음을 둘러싼 복잡한 애도 과정이다. 고전적 IPT에서, 비탄이라는 문제 영역은 죽음의 경우에만 쓰인다. 모든 다른 상실은 대인관계 이행으로 이해된다. 비탄 작업은 이행 작업과 아주 비슷하다. 그 사람과, 그의 강점 및 약점, 그리고 그와의 관계에서의 긍정적 부정적 경험을 애도하는 것이다. 그 사람을 그리워하는 느낌이 표현되고, 명백한 일상 감각 생활 속에서 그의 부재가 탐색된다. IPT는 비탄에 대해 고전적인 관점을 고수한다. 즉 그 관계를 솔직하게 평가하는 것을 통해서 자연적인 치유 과정이 시작되고 따라서 내담자는 애도는 하더라도 더 이상 우울하지는 않을 수 있다는 것이다.

IPT에서 대인 결손은 일반적으로 가장 다루기 어려운 것으로 여겨지는데, 이는 사회 기술부족이나 사회적 안목이 타고나게 부족한 것에 관한 것이기 때문이다. 심리교육적 그리고 사회 행동적 측면에서 어떻게 다른 사람들을 만나고, 대화를 시작하고, 관계를 구축해 나가야 하는지에 대한 기본적인 기술 훈련을 습득하게 해 주는데, 기술에 상응하는 정도의 사회적 기대를 발달시키는 것도 수반된다.

IPT의 세 단계

IPT의 초기 단계에서는 내담자가 그 때 경험하는 우울 증상과 전반적인 고통을 그 당시 겪고 있는 특정한 대인관계 갈등과 연결시켜 이해하도록 돕는다. 네 가지 문제 영역을 소개하고, 현재의 어려움이 일차적으로는 한 주된 문제 영역에 맞아 떨어진다는 것을 이해하게 하는 것이다. 치료자와 내담자는 치료의 틀에 대한 이해, 곧, 공동 작업의 입지를 구축하여 내담자가 자기 스스로의 치료자가 될 수 있도록 돕는데 초점을 둔다. IPT는 "모든 것을 내담자에게 노출하는" 치료로서 분석의 기술과 방법을 공공연히 내담자와 공유한다.

치료의 중기에는 가장 급박한 문제 영역을 재조정하는 방법을 개발하는데 초점을 둔다. 여기에는 지난 주 동안의 사건들, 특히 우울감을 유발했던 대인관계 상호작용을 세세히 돌아보는 것이 포함된다. 내담자가 사회적 교류를 다룰 수 있는 대안적인 방법들을 고려하고, 이를 치료자와 함께 회기 내에서 연습하기를 장려한다. 다음 일주일 동안 새로운 기술을 연습하고 그 다음 시간에 다시 고찰하며, 여기서 내담자와 치료자가 서로 협력해서 재구성 방법을 더 다듬어 간다.

치료 종반에는, 치료자가 치료 효과를 요약해주고, 앞으로 비슷한 대인관계 문제에 부딪혔을 때 내담자가 얼마나 "자기 스스로의 치료자"로서 준비되어 있는지 알도록 돕는다.

대인관계 심리치료와 영성

IPT는 원래 영성에 대한 주제들을 논의하는 것을 장려하지도, 반대하지도, 금기시하지도 않았다. 전통적인 IPT는 영성에 관한 문제에 단순히 언급이 없었을 뿐이다. 현재까지 IPT에 대한 연구나 이론 논문들 중 어떤 것에도 내담자의 영적 실재 경험에 대한 논의가 담겨져 있지 않다.

기술적, 이론적 관점 모두에서, 고전적 IPT에서는 영적이고 종교적인 사람들에 대해서도 이전 주간 동안의 대인 사건에만 꼭 맞춰서 초점을 둘 것을 천명했다. 따라서 추정을 해 보자면, 영적 의미를 포함하는 것으로서 가까운 일상 관계들을 살펴보는 것이 IPT의 범위에 해당한다 할 수 있을 것이다. 영성이 풍부한 내담자에게, 대인 관계는 영적 법칙에 맞춰서 기능한다. 대인관계 사건들은 영적 사건들이다. 이에 더해서, 많은 종교적인 사람들에게 있어서 성스러움이나 신성함과의 관계는 하나의 독특한 대인관계로 경험되며 지지와 친밀감만큼이나 인간적 갈등의 대상이 되기도 한다.

영적으로 지향된 내담자들과 IPT를 수행하는 치료자

나는 유일하게 이 방법으로만 내 내담자들 중 많은 사람들과 진정으로 작업할 수 있었기 때문에 영적 관점에서 IPT를 수행하게 되었다. 치료에 들어가는 시점에서, 내 IPT 내담자들 거의 모두가 명백하게 영적으로 지향이 되어 있었다. 미국 사람들 대부분이 자신을 영적 또는 종교적이라고 주장했다는 연구 결과를 생각해 본다면 이는 별로 놀라운 일이 아니다(Gallup & Besilla, 1992; Larson & Larson, 1994). 영적 관점에서 IPT를 수행하면서 나는 뭔가 새로운 영역에 들어섰다는 느낌을 받았는데, 내가 일했던 병원 외래 클리닉이나 임상 시험 장면에서 영성을 고려하는 것이 정규적인(normative) 것은 아니었기 때문이다. 작업에 정직하고, 환자에게 도움이 되고, 그리고 무엇보다도, 진리(모든 내담자들의 개인적 영적 인식이나 신앙 관점을 통해 표현되는 궁극적인 진실을 의미한다)를 공경함으로써, 나는 내담자들의 영적 실재를 포용할 수 있는 방식으로 IPT를 하려고 노력해왔다.

인구학적으로, 나의 IPT 내담자들은 경제적 중산층으로부터 아주 가난한 사람들, 교육면에서는 대학 졸업자들부터 고등학교를 마치지 못한 사람들까지의 범위에 걸쳐있었다. 대부분은 어떤 형태이든 기독교 분위기에서 자랐다. 인종으로는, 모두가 아프리카계 미국인이거나, 유럽계 미국인이거나, 라틴 출신이었다. 내 IPT 내담자 대부분은 여성이었다. 영성 지향적 IPT가 적절해 보이는 내담자 모두가 스스로 "영적"이라고 일컫지는 않았으며, 자신을 "종교적"이라 여기는 사람은 더 적었다. 내가 내담자가 관계를 지각하는 방식 기저에 존재하는 영적 실재를 말할 때에는 특별히 그 내담자가 가지고 있는 가정과 해석 세트를 뜻한다. 내가 치료했던 여성들은 일반적으로 우리가 사랑하고 인도해주는 창조주 그늘에서 살고 있다고 믿었다. 우리 삶의 일상 사건들은 그 사랑하고 인도하는 창조주의 반영으로, 우리의 관계 안에서 가장 확연히 나타난다.

영성 주제에 대해 논의하는 것이 다소 평범하지 않게 여겨지는 맥락에서 작업을 했음에도 불구하고, 영적 차원에서 말하는 것이 허용된다는 것을 내담자가 일단 이해하고 나면, 그들은 일반적으로 그렇게 했다. 나는 논의가 이론적인 영역으로 넘어가는 일은 드물다는 것을 발견했다. 그보다는 IPT를 통해서 이해되어가고 있는, 자신을 직접적으로 압박하고 있는 관계를 이해하는데 영적 현실이 핵심적일 때, 영적 현실에 대한 이야기가 자연스럽게 나왔다.

영적인 관점에서 내가 수행한 IPT는 내가 선험적으로 설계한 어떤 이론 공식이나 기술 세트를 반영하는 것이 아니다. 내가 나눈 IPT 접근은 그 내담자 앞에 머무르는 내 존재(혹은 그렇게 되려고 노력하는 존재)로부터 스스로 발생했다. 영적 관점에서 수행된 IPT가 그 스스로의 생명력을 취하면서, 나는 각각 다른 내담자들과의 치료에 걸쳐서도 현저한 공통성이 있음을 알게 되었다. 나는 IPT의 영적 접근(IPT-S)을 숙고의 자료로 공유하고 싶다.

영적 현실로서의 관계

영성 지향적인 IPT의 이론을 설명하는 것이 이번이 처음이기 때문에, 우선 나의 직접적인 경험과 내담자들의 경험으로부터 설명을 시작하려 한다. 전통적인 IPT에 기반을 두기는 했지만, IPT를 통해 접근하게 되는 영적차원을 알게 된 것은 임상경험이었으므로 IPT와 영성을 통합하는 작업은 임상경험으로부터 비롯되었다. 따라서 영적 이해를 통해서 뿌리 깊은 대인관계상의 고통을 해결한 내담자 3명의 경험을 먼저 소개하겠다.

***** ***어린 클레어(Young Claire)*** 클레어는 최근에 자기네 식료품점에서 일어난 살인사고로 아버지를 잃고, 아주 궁핍한 형편에 처하게 된 가정의 13세 소녀였다. 그녀는 그 심한 비탄감을 완화시켜보고자, 어른의 도움 없이 스스로 치료에 찾아왔다. 그녀는 자신이 이 세상에서 혼자라고, 사랑이나 위안 없이 남겨진 아이라고 처절하게 느꼈다. 그녀가 돌아가신 아버지에게 느끼고 있는 엄청난 사랑과 찬탄에 가까운 감정과 비교해 볼 때, 약물중독인 엄마나 완고하고 처벌적인 할머니는 너무나 미흡한 정서적 유지밖에 제공해주지 못했다.

아버지 사망에 대한 그녀의 비탄감에 대해 작업을 해가면서, 치료 과정이 진행되어감에 따라 점차로 이 초기 사춘기 소녀는 이제 막 싹트기 시작하는 소년들에 대한 관심도 주저하며 탐색해 나가기 시작하였다. 클레어는 잡지에서 젊은 남자 록스타들을 오려내서 만든 큰 포스터들을 가지고 오기 시작했다. 그녀의 올바른 생활과 안전감을 위협하는 자기반 남자친구들에 대해 방어적으로 말할 때에는, 소년들로부터 안전한 거리를 필요로 하는 것처럼 보였다. 그녀는 자신을 사랑해주고 보호해 줄 아버지 없이 젊은 남성을 대하는 것에 불확실감을 느끼는 것 같았다.

치료는 착실히 진행되었는데(13세 고유의 회복력이 있을 때 늘 그러하듯), 그녀가 영적 관점에서 깊이 이해한 대인관계적 사건이 있었을 때에야 진정한 비상이 이루어졌다. 어떤 봄날, 그녀는 내 사무실에 경쾌하게 뛰어 들어왔다. "선생님, 믿으시겠어요? 자, 무슨 일인지 맞춰보세요. 제가 남자친구를 만났어요. 너무나 좋고, 책임감 있는 사람이에요. 우리 반 다른 애들이랑은 달라요. 그 애와 같이 있으면 완전히 안전하게 느껴져요. 그 애 이름이 뭔지 아세요?…엘비스예요. 우리 아빠처럼요. (그리고 나서, 지극히 사무적이지만, 흥분된 톤으로) 아빠가 그 애를 보내신 거예요. 아빠는 나를 지켜보고 계세요." 클레어에게 있어서, 그 육체적 부재에도 불구하고 지속되고 있는 아버지의 보호와 사랑의 존재감은 그녀가 젊은 남자들에 대해 관심을 가져도 된다는 확신을 부여하고 있었다. 그녀는 아버지 영혼의 감독 아래서 안전하고 보호받는다고 느꼈다. 아버지의 존재에 대한 클레어의 확신은 단호하고 인격적인 것이었으나, 내세에 대한 그녀의 관점은 가족의 종교에서부터 비롯된 것이었다. 그들의 신념에 따라, 아버지 사망 후 한 달에 한번, 그리고 그 후 6개월마다, 클레어는 아버지의 사후 여정을 돕는 의도로 열리는 집안 종교 예식에 참석하고 있었다. 이러한 예식에서, 가족은 그녀 아버지의 영혼을 경험했던 것이다.

******한 괴로운 엄마(A Distressed Mother)* 그레이스는, 30대 중반의 엄마로, 그녀의 아들이 낭성섬유종을 가지고 있다는 사실을 알게 되면서부터 지난 3년 동안 아주 심각하게 우울했었다. 치료가 시작되었을 때, 그녀는 아직도 걷지 못하는 4살 된 아들을 위해서 맞춤 유모차를 막 샀던 참이었다. 아들의 한계로 인한 고통, 숨막히도록 아들과 얽혀있는 것 자체가 치료의 주제가 되었다. 그녀는 아들이 또래들에 못미치는 것을 보면서 우울증에 이르도록 깊은 절망을 느꼈다. 그녀는 왜 이런 일이 일어났는지 이해할 수 없었다. 그녀는 임신 중 관리를 잘 하고 조심할 것들도 모두 잘 지켰는데, 이제 와서 느끼는 것은 인생이 "공정하지 못하다"는 우울감 뿐이었다. 그레이스는 모성이라는 덕과 은혜 자체를 의심했다. 유전학자가 둘째 역시 낭성섬유종을 갖게 될 가능성은 희박하다고 조언해주었음에도 불구하고, 그녀는 아이를 더 갖고 싶어 하는 남편의 바람도 거부했다.

IPT 관점에서, 그녀의 슬픔은 대인관계 역할 이행(비탄은 죽음에만 해당함을 기억할 것)에 해당한다. 그녀는 건강한 아들의 어머니가 되기를 원했다 그녀는 사실상 병이 있는 아이의 엄마였다. 그녀의 병에 걸리게 만든 난관은 IPT에서 보자면 대인관계 분쟁에서 비롯된 것이라 할 수 있었다. 그녀는 양육자로서 혼자 모든 통제를 유지하려 안간힘을 썼는데, 때로는 아들의 간호와 심리적인 안녕감에 손해가 되기까지도 했다. 그레이스는 신뢰할 필요가 있었고, 완전한 통제를 놓고 다른 사람들에게 여지를 남겨줄 필요가 있었다. 만약 그녀가 의사, 간호사, 상담자들, 배우자와 팀을 이루는 것을 배운다면, 그녀의 부담과 고립은 훨씬 가벼워질 것이었다. 다른 사람들의 선한 의도와 돌보아줄 수 있는 역량을 믿는 것은 그레이스에게 신뢰를 형성하는 영적 여정이었다. 그레이스가 치료 상황에서 영적인 언어를 사용하지는 않았지만 그녀의 불신은 의사나 간호사를 넘어서, 자신에게 아픈 아들을 보낸 우주 전체에까지 뻗어있었다. 반복적으로 그레이스는 "이건 부당해요. 난 잘못한 게 없어요"라고 말하며 자기 아들의 병을 한탄했다.

지나친 통제를 좀 풀고 아들 주변의 다른 사람들에 대해 좀 더 신뢰를 가져도 된다는 걸 깨닫게 되면서, 그레이스는 어른 동료들로부터 훨씬 덜 분리된 느낌을 받았고, 아들도 덜 고립시키게 되었다. 결국, 그녀는 우울증으로부터 빠져나오게 되었다. 그녀는 아픈 아이를 낳은 결함이 있는 여성으로 자신의 정체성을 완전히 규정지어 버린, 온종일 봉사해야 하는 도우미로서가 아니라 아들이 아픈 한 엄마로서 보다 온전한 여성으로서 자신을 느끼게 되었다.

일단 그녀가 대인 신뢰를 더 많이 갖게 되자, 그레이스는 영적인 언어를 말하기 시작했다. 그녀는 우주를 부당하기 보다는 관대하다고 보았고, 그녀 자신이나 미래의 형제에게 있어서 아들이 축복이라 했다. 이제 그녀는 둘째 아이를 갖기를 고려하고 있었다. "만약 둘째가 건강하다면, 낭성섬유종 같은 병을 가진 형이나 누나가 있다는 게 그 아이를 얼마나 사려 깊고 친절하게 만들지 생각해봤지요. 그리고 만약 내가 낭성섬유종을 가진 아이를 또 갖게 된다면, (침묵) 그렇다면 나는 아픈 아이들을 돌보는 것이 이 땅에서의 나의 소명이라 생각해요" 그녀의 대인 문제의 궁극적인 해결은 모성이라는 선물과 어머니로서의 영적 부르심에 대한 인식이 깨어남에 달려 있었다.

***우연히 연결된 우울 벗어나기 치료** (Out-of-the-Blue Treatment; *('out of the blue'는 숙어로 '우연히, 갑작스럽게'라는 뜻을 가지고 있다. 필자는 진정한 우연은 없으며 모든 만남은 필연적인 의미가 있다는 뜻을 강조하기 위해서 '우울에서 벗어나기'와 '우연히' 두 가지 뜻 모두로도 해석될 수 있는 중의적인 표현을 사용한 것으로 보인다- 역주).* 최근에 우리는 어린 아이가 있는 우울한 엄마들에게 전화를 걸어서, 전화상으로 12주의 IPT 치료를 제공하는 임상 시험을 우연히 하게 되었다(Miller & Weissman, 2002). 바쁜 생활 가운데, 각 여성들은 타당성이 검증된 (비록 이전에 체계적으로 전화상으로 실시된 적은 없지만) 우울 치료를 받으라는 임의의 권유 전화를 받았다. 우리가 전화한 여성들은 (20대 후반과 30대 초반) 초기 성인기동안 평균 200주 이상 우울증으로 고통을 받았지만, 대부분은 몇 달도 제대로 치료를 받지 못했던 사람들이었다.

우리가 전화 했던 여성들의 반 정도가 전화상으로 IPT를 받고 싶다고 말했다. 가장 놀라웠던 것은, 치료를 받기로 한 사람들 거의 모두가 "안그래도 내가 치료를 좀 받아야겠다고 생각하고 있었어요, 선생님이 지금 전화를 한 데에는 분명히 어떤 이유 혹은 목적이 있을 거예요"라고 말한 것이다. 내담자들은 내가 바로 그때 전화를 건 것은 무작위적인 사건도 아니며, 그 순간 그들이 도움을 바란다고 생각하고 있었던 것도 우연한 일이 아니라고 느꼈다. 아마도 바로 이 순간들에 내담자들이 그들 안에 깊이 숨어져 있던 영적 정감을 경험한 것일 수 있다. 몇몇 내담자들에게 있어서 누군가가 도움을 주겠다고 건의했다는 사실은 자신들 삶과 목적을 주관하는 선한 영을 반영하는 것이었다. 내담자와 치료자의 만남에 대한 영적 이해에서 시작한 치료에서는, 치료에서 논의된 대인 사건은 곧 영적 의미를 가지는 것으로 쉽게 해석될 수 있다.

이 내담자들 모두는, 치료 코스 어느 지점에선가는, 관계를 영적 현실의 표현으로 보았다. 내담자들의 영적 비젼 사이에서 놀랄 만큼 공통적인 이해가 나타났다. 관계에 대해 공유하고 있는 영적 관점을 몇 가지 핵심 개념으로 요약해 보겠다.

관계에 대한 영적 관점의 개념화와 함의

관계에 대한 영적인 관점은 상호 연관되어있는 3가지 가정에 기초해있다.

1. 관계는 신성한 것이다. 우리는 창조주의 발현들이다. 우리는 창조주의 선물인 관계 안에 같이 모여있다. 이 선물은 사랑으로 주어진 것이며 인도함을 받는 과정이다. 우리가 신성에 의해 창조된 것처럼, 관계를 통한 우리의 만남도 창조주의 발현이다.
2. 관계는 영적 진화의 수단이다. 관계 속에서의 우리의 작업은 우리가 영적으로 진화하도록 돕는 작업이다. 우리는 관계 속에서 서로 사랑함으로써 사랑, 연민(compassion), 용서, 정의, 그리고 많은 영적 진리를 배운다. 관계는 영적 성장과 영적 진리에 대한 계시를 위한 신성한 기회이다. 관계 속에서, 우리는 창조주를 더 잘 알게 되고 신성함에 가까이 갈 수 있는 기회를 얻는다. 관계는 개인적 관상과 같은 다른 영성 작업들처럼, 영적 성장에 핵심적이다.
3. 관계는 영적 성장을 향해 설계되었다. 우리 삶에 들어온 사람들은 우리가 성장하기에 꼭 맞으며, 우리는 그들을 성장시키기에 꼭 맞는다. 이는 우리가 쉽게 어울릴 수 있을 거라는 의미는 아니다. 이러한 경험들에는 난제들이 꽉 차 있을 수도 있다. 우리가 거리에서 지나친 사람, 결혼한 사람, 일하면서 논쟁한 사람, 사랑한 사람, 또는 싸우게 된 사람 중 아무도 우연히 나타나지 않았으며, 누구도 우리를 변화시키지 않고 우리의 인생길을 지나가지 않는다. 꼭 필요한 그 시점에 꼭 필요한 그 사람이 오는 법이다. 모든 관계는 우리를 변형시킨다.

우리가 관계 기회를 어떻게 다룰 것인지에 대해서는 분명히 선택권을 가지고 있지만, 그 발생 자체는 완벽하게 의도 지어진 것이다. 만나기 전에 전조를 느낀다든지, 만나자마자 즉각 "편안하다"고 느꼈다는 것은, 많은 내담자들이 자기 삶에서 중요한 사람들에 대해 말할 때 흔히 공유하는 표현이다. 이 묘사를 할 때의 어투와 정열적인 느낌 때문에 종종 나는 단지 대인관계 스타일에 잘 맞는 것 이상의 뭔가 더 강한 것이 계시되고 있다는 느낌을 받는다. 그것은 단지 우리들 스스로가 서로에게 다가가는 것 이상으로 큰 힘처럼 느껴진다. 그 진가를 인정하는 것을 통해서 많은 내담자들은 좀 더 명백하게 영성을 고려할 수 있게 되고, IPT를 계속해나가면서 신성과의 관계를 언급하게 된다.

핵심 대인관계 개념화와 우울

고전적인 IPT에서는 우울증이 우리의 대인관계 맥락을 재정비하는 것을 통해서 치료될 수 있다는 입장을 견지한다. IPT-S에서, 관계는 우리의 영적 진화 무대를 구성하고 있어서, 성장 발달 내내 우리를 인도해주는 창조주의 현명한 캐스팅에 따른다. 관계의 목적과 정교한 디자인을 고려할 때, 우리를 치료로 이끈 것들은 영적 장도에서 특별한 기회라 할 수 있다. 영적인 관점에서 보자면 우리는 어려운 관계에 대해 더 특별히 감사해야 한다. 우리는 우울증까지도 고맙게 생각해야 한다. 우울증은 우리에게 성장이 필요한 바로 그 영역에 대한 관심을 고양시킨다. 우울은 영적으로 성장하는 고통이며, 그것이 없이는 우리는 값진 기회를 놓칠 수 있다.

IPT 안에서 영적 관점으로 재협상하기

영적 관점에서 IPT를 수행할 때, 우울증으로부터 단기적으로 벗어나게 하는 모든 대인관계 해결책들이 모두 등등한 것은 아니라는 사실에 특별히 관심을 두어야 한다. 고전적인 IPT는 세속적인 물질적 관점을 명백히 견지하지는 않는다. 그러나 개인 심리치료자의 우주론에 따라, 때때로 쾌락설(hedonics) 입장에서 수행되어 왔다: 만약 그 내담자가 이혼을 함으로써 더 편안해 질수 있다거나 사회적 또는 직업적인 책임을 바꿔서 더 기분이 좋아질 수 있다면, 이는 받아들일만한 대인관계 문제 해결법이 된다.

영적 IPT는 바른 삶에 대한 일반상식 공리를 고무하는 일종의 절대론를 받아들이고 있다. 우리가 삶에서 성공하는데 무엇이 도움이 되는지, 무엇이 쇠약과 고통을 일으키는지에 대해서는 혼동이 거의 없다. 그렇지만 신기하게도 도덕적 상대주의인 우리 문화에서 심리학자들은 종종 이를 받아들이지 않았다. 하지만 이제 심리치료 논의에도 바른 삶에 대한 보편적 공리에 대한 의견이 점차 더 많이 제시되고 있다. Richards와 Bergin(1997)은 "진리의 정신(Spirit of Truth)"이라는, 교파에 속하지 않는(nondenominational) 개념을 제안했다. 이를 따른다면 풍성한 삶으로 이끄는 일단의 삶의 법칙이 존재한다는 것이다. 만약 진리의 정신이 무시되면, 삶은 귀속된다.

Richards와 Bergin이 서술한 진리의 정신 중의 공리 가운데에는 헌신과 혈족관계가 들어있다. 이러한 법칙을 적용하는 것은 자명하다. 만약 내가 내 가족에 헌신을 고수한다면, 내 삶은 풍성해질 것이다: 만약 내가 약속을 깨고 헌신에 틈이 생긴다면, 나는 종국에는 고통을 받을 것이다. 이러한 기본 지침들은, 진리의 정신에서 취해졌건 개인의 종파에서 취해졌건 간에 우리의 경험으로는 알 수 없는 대인 문제, 갈등, 변화를 통과해 나가는데 도움이 되는 것으로 보인다. 영적 관점에서의 IPT는, 영적 성장통으로서의 우울증은 종종 진리의 정신을 우리 활동에 좀 더 밀접하게 통합시킴으로써 감소될 수 있다고 본다. 우리가 직면하는 삶의 부분들을 통해서 바른 행동의 길, 진리의 정신을 따르는 여정을 안내 받을 수 있다. 아이는 숙련되기 위해 어머니나 다른 여러 어른들로부터 각각 다른 레슨을 받는다. 따라서 진리의 정신은, 우리의 생활 주기 변화나 관련된 갈등들을 통해서 표현된다.

IPT-S에서 네 가지 대인관계 문제 영역

IPT-S 안에서 네 가지 대인관계 문제는 발전을 위한 영적기회로 간주된다.

＊대인관계 이행(Interpersonal Transitions). 영적 관점에서, 생활 주기 변화는 본래적으로 인간 여정의 일부이며, 성장을 위한 특정한 영적 기회를 수반한다. 영적 성장의 보편적인 수단은 생활 주기 동안의 변화이다: 우리는 모두 나이를 먹고, 전 생애 동안 헌신을 할 기회를 가지며, 생계유지를 위해 힘써야 하고, 아이를 임신하고 출산하거나 젊은이들을 지도해야 한다. 삶의 과정에서 꼭 필요한 변화를 무시하거나 삶의 과정에 있는 본래적인 난관에서 도망쳐 나가려는 것은 고통을 불러온다. 예를 들어 IPT-S에서 청소년기의 연령에 도달했다는 것은 그가 창조주와 긍정적인 공동체에 참여할 수 있는 방식 안에서 자신의 탐구에 대한 열망에 책임을 지고, 생산성을 정신세계에 통합시키며, 증가한 효율성과 힘을 인식하는 과업을 필수적으로 포함한다. 각 삶의 단계에서의 절대적인 소명이 있다는 것은 진리의 정신이 전 생애에 걸쳐 다른 시간에 다른 방식으로 드러날 수 있음을 의미한다.

이행작업(transitional work)은 생물-정신-사회-영적 관점에서 볼 때 본래적으로 필수적이다. 대인 이행에서의 갈등은 필요한 발달을 포용하는데 실패했거나 이를 무시한 것, 또는 그 절대적인 의미와 가치를 받아들이는데 실패한 데에서 비롯된다. 대부분의 전통적인 문화와 종파에서는 이행을 절대적 가치를 수행하는 것으로 본다. 부모가 되는 것, 나이를 먹는 것, 죽는 것에는 모두 가치가 있다. 이것이 이루어지지 않는 우리 문화에서, 우리는 여전히 이 과정을 찾고 있으며, 때때로 치료로 돌아선다. 우리는 청소년으로서, 부모로서, 죽음을 앞둔 노인으로서 실현을 해야만 한다. 이것들이 모두 우리가 통제할 수 없는 인생-과정 사건들이며, 이러한 사건들에 우리가 참여한다는 것이야말로 Pargament(1997)의 종교적 대처 모델에 묘사된 것처럼, 우리의 신앙과 영적 성장을 근본적으로 조성한다.

*** *대인관계 분쟁(Interpersonal Disputes)*** 영적 관점에서, 분쟁은 인간의 실수, 우리의 맹점, 우리가 아직 이해, 공감, 연민을 달성하지 못한 방식들을 반영한다. 갈등을 재조정하면서 다른 사람들의 관점에 대한 인식을 발달시키게 된다. 새로운 사람의 관점이 우리를 궁극적인 진리에 점점 가까워지도록 끌어준다. 우리는 잘못과 뿌리 깊은 습관들로부터 거리를 두게 된다. 오류로부터 벗어나면 더 큰 현실, 더 궁극적인 진실을 경험하게 된다. 궁극적인 진실 경험은 필연적으로 더 깊은 연민을 불러일으킨다.

*** *애도(Grief)*** 사별에 대한 논의에는 자연스럽게 내세에 대한 믿음과 고인의 존재에 대한 인식이 포함된다. 내담자가 고인과 적극적으로 관계를 갖는 것이 실제로 가능하다고 간주되고 포용된다. 고인과의 관계는 그 관계 양자간의 영적 성장의 측면에서 의미와 목적을 갖는 것으로 이해된다.

*** *대인관계 결손(Interpersonal Deficit)*** IPT-S에서, 대인관계 결손은 행동적인 면에서 다루어지는 한편 우리의 개성화를 구성하는 균형의 한 요인으로 이해될 수 있다. 단지 기능적인 면에서보다 더 넓은 관점에서 결손이나 '적정 이하' 기능이 있는 곳을 보게 된다. 우리의 부족함은 경험의 독특성을 수반하게 되며 다른 강점을 개발함으로써 보상된다. 우리가 다른 사람보다 덜 유능하다고 해서 그것이 꼭 비극은 아니다. 우리의 대인적 부족함은 영적 교훈을 가르쳐줄 수도 있으며, 우리와 삶을 공유하는 사람들에게도 교훈적일 수 있다. 예를 들어, 가족 수준에서, 낭성섬유종을 가진 4살 소년의 엄마는 그녀의 아들이 동생을 더 민감하고 인간미 있는 사람으로 만들 수 있다는 것을 깨달았다. 낭성섬유종은 아들에 대한 그녀의 이전 포부에서 보자면 상실이지만, 그녀 아들의 실제적인 선물의 일부로서 그 자체의 영적 교훈을 가지고 있는 것이었다.

심리학과 영성 간 관계의 본질

IPT-S 기저의 핵심적 영성 교의는 인간 생애주기에는 절대적인 영적 의미가 존재한다는 것이다. 영적 성장이야말로 가장 근본적인 인간 행로이며 목적이다. 모든 다른 형태의 발달-인지적, 심리적, 사회적-은 영적 성장을 위한 것이다.

따라서 영적 성장은 심리적 건강의 기초가 된다. 대인관계는 영적 성장의 기회를 제공한다. 관계 맥락에서의 고통은 영적인 발전으로의 부르심을 나타낸다. 영적인 현실이 가장 근본적이다. 심리적인 현실은 영적인 현실을 탐지하고 참여하는 하나의 방식이다. 우리가 각기 다른 육체를 입었다는 사실에서, 우리의 대인관계는 영적인 교훈을 얻을 수 있는 훌륭한 기회를 제시한다. 우리가 관계에서 고통을 받을 때, 거기에는 영적인 이유가 있다. 관계에서 발생하는 사랑을 통해서 우리는 우주의 조화를 더 잘 알도록 영적으로 진화할 수 있다. 우리는 우리의 심리적인 경험을 하나의 가이드로 활용할 수 있다 이는 우리가 절대적인 창조의 법칙과 어떤 관계를 가지고 있는지에 대한 지표이다. 영적인 법칙은, 일반 상식처럼, 모든 내담자들에게 쉽게 이해되고, 모든 종교적 교파를 통과하여 흐른다.

치료자의 기술과 자질

기술적인 면에서, IPT-S는 관계에 대한 핵심적인 영적 신념에 관련된 부분을 지향하는 가운데 IPT의 주요 개념화와 기술들을 유지한다. 최우선의 치료 기술은 다른 IPT 개입에서와 같다. 치료자는 사회적 변동으로 인해 부각되어있는 영역, 현재 우울과 가장 직접적으로 관련된 영역에 대해 듣고, 내담자가 어떻게 하면 현재의 대인관계 위기를 더 잘 조정할 수 있을지 이해하도록 돕는다. 좋은 치료자라면 누구라도 IPT에 능숙할 것이다.

하지만 IPT의 가장 강력한 추진력은 이 과정이 모든 대인관계에서의 영적인 의의와 영적 성장에 최우선을 두는 신념의 맥락 안에서 발생한다는 것이다. 이러한 핵심 신념들이 작용하기 시작하면 회기의 흐름은 그 자체의 생명력을 수반한다. 고통은 공허한 것이 아니며 영적 성장의 과정으로 기능한다는 강한 확신이야말로 IPT-S가 진보할 수 있는 힘이다.

우리가 "의미를 만드는" 무작위적이고 방향 없는 세상에 대한 지각은 이 작업에 어울리지 않는다. 이러한 지각을 가지고서는 삶의 절대적인 법칙을 발견하는 과정을 진행시킬 수 없으며, 현재의 대인관계 상황은 단지 더 큰 목적을 향하는 길에 놓여 진 사소한 일부분일 뿐이라고 볼 수 없기 때문이다. 때문에, 관련된 신념을 갖지 않는 사람이 IPT-S를 수행하는 것을 상상하기 어렵다. 나는 내담자의 신념을 수용하는 것만으로 충분한지에 대해 의심을 하는데, 치료자의 가르침이 아니라 이러한 신념들로 회기에 대한 통제가 이루어질 때 치유 과정이 가속화된다고 생각하기 때문이다. 따라서 나는, 이러한 형태의 IPT-S를 수행하는 데에는 영적으로 지향되어 있는 것, 혹은 적어도 관계를 통한 영적계시의 현존과 힘에 개방되어 있는 것이 필요하다고 주장한다.

강점과 제한점

영적인 면에 밝은 심리치료자로서, IPT-S의 최강점은 이것이 통찰과 행동을 같이 엮는다는 것이다. IPT-S를 통해 통찰이 이루어지게 되고, 이는 우리 관계안에서 영적으로 분별 있는 행동을 하도록 이끌어 준다. 몇몇 종교적 전통에서는 의로운 행위(Right Action)라고 불리우는 영적으로 분별이 있는 행동은, 곧바로 변모를 일으킬 수 있다.

내담자와 치료자에게 IPT-S가 적합한지는, 관계를 통해 우리를 인도하는, 목적이 있는 사랑에 찬 세계에 대한 선험적인 관점이 있는가에 따라 결정된다. 여기에 물론 IPT-S의 주된 실제적인 한계가 있다. 이른바, IPT-S는 모든 사람들에게 호소력이 있지는 않을 수 있다는 것이다. IPT-S는 세계에 대해 무신론적 또는 불가지론적 입장을 강하게 견지하는 내담자들에 대해서는 특히 유용하지 않을 수 있다.

다른 한계로는, 신학적인 면과 실제적인 면 모두에서, 고통이 있을 때 그 궁극적인 목표가 항상 분명하지는 않다는 것이다. 때로 그 사건의 목적은 한참 더 시간이 지나서야 밝혀지거나 또는 우리가 이를 뚜렷하게 지각할 수 없고 결국 영원히 못 볼 수도 있다. 영적 관점에서 그가 속한 대인관계의 분쟁과 고통을 분명하게 이해하는 것은 우리 통찰의 한계를 고려하였을 때 굉장한 겸손을 필요로 하는 것이다. 관계가 우리 삶의 영역에 들어와서, 삶을 변형시키거나 또는 성장을 야기하는 어떤 형태의 고통을 야기하는 이유가 치료 초기에는 물론이거니와 끝나는 시점에서도 항상 분명한 것은 아니다. 치료자와 내담자는 최종 결과로 해석한다든지 모든 것을 안다는 입장을 자제해야 한다. 시간이 지남에 따라서 그 의미가 앞으로 드러날 것이라고 신뢰감을 가지고 받아들일 때 평화로워지는 경우가 종종 있다. 치료의 즉각적인 작업은 단지 조화를 이룸으로써만이 아니라, 그 관계를 삶의 영적 법칙에 불러들여 정돈함으로써 관계를 바로잡으려는 시도에 초점이 두어져야 한다.

적응증과 금기

여러 문화에 걸쳐 다양하고도 풍성한 영적 전통이 절대적 창조의 법칙을 둘러싼 원리들과 영적 언어를 뒷받침하고 있다. 일군의 공통적인 보편적 영적 법칙이 휴머니티를 유지하며, 그 개인 안에서 특정한 시기와 발달적 과업으로 나타난다는 개념은 동양 달마의 개념에 이르기까지 다양한 종교들과 상호 융합될 수 있다. 이른바, 우리가 영적 장도를 여행하는 동안, 우리는 수많은 문화적 종교적 전통으로부터의 가르침과 진리를 발견할 수 있다. 예를 들어, 우리는 가톨릭, 힌두교, 유대교 신조들을 받아들이고 닦아나갈 수 있다. 모든 가르침은, 시기적절한 순간에, 우리의 영적 성장에 필요하고 적합한 정보이다.

IPT-S에서, 성숙에 대해 인간이 기여하는 몫과, 생활 사건을 통해 신성한 인도가 주어지는 것, 이 두 가지 사이에 지속적으로 마음을 쏟아 균형을 유지할 것을 강조하게 되는 순간들이 있다. 예를 들어 숙명론으로 끌리게 되면, 영적 성장을 향해 가는데 있어서 우리가 내리는 결정의 영향력에 대한 인식과 상충된다. 따라서 내담자가 숙명론으로 여지없이 기울어 있다면, IPT-S에는 맞지 않는다.

비슷한 금기, 혹은 조심하도록 강조해야할 부분은, 영적인 현실에 대해 말은 많이 하지만 심리적이나 대인관계적 삶에서 통합이 되지 않아 보이는 내담자의 경우이다. 이렇게 영성으로 "뛰어넘는" 경우, 우리의 결정이 우리 자신이나 다른 사람들의 감정에 미치는 영향에 대한 통찰이 없는 상태에서라면, IPT-S의 초기 단계에서는 대인관계와 심리적 인식에 먼저 초점을 두기를 제안하는 바이다. 우리는 영적 계시를 향한 장도로서 우리의 관계를 이해할 수 있기 이전에 먼저 자기 대인관계의 자취를 솔직하게 수용할 필요가 있다.

기대되는 향후 발전 방향

미국인들 대부분은 자신의 삶이 영적인 의미를 가지고 있다고 본다. 많은 미국 사람들이 대인관계 다툼이 있을 경우 영적 상담이나 지도를 찾게 되는데, 그들은 영적 통찰을 제공할 수 있을지는 몰라도 일상생활과 영적 이해를 통합하는 것을 돕지는 못하는 사람들일 수 있다. IPT-S는 큰 진리들을 소화하고 그들에 근거하여 행동하기 위하여 구체적인 지금-여기에서 작업한다는 면에서 매우 유용하다. 이는 영적 현실에 의해 정해지는 심리치료로서, 구체적인 사회적 기능 속으로 영적 계시를 통합하도록 해준다.

IPT-S는 사회적 기능에 영적 의미와 실천을 통합함으로써 사람들을 돕는다. 우리가 창조주의 연민, 사랑, 초월적인 위대성을 알게 되는 것은 우리가 형성하는 관계의 세세한 부분들을 통해서이다. 우리는 아주 잘 아는 사람들을 통해서 다가오는 창조주의 목소리를 듣는다. 밀접한 관계 안에 있는 영적 의미가 명확해지고 나면, 마찬가지로 배우자, 상사나 후배, 아이들과의 바른 교섭을 통해서 우리는 영성을 실천하게 된다.

임상적, 학문적 공동체 관점에서, 구조화된 심리치료가 내담자의 영적 현실에 맞도록 조정되는 것이 일리가 있는 것으로 보인다. 단기 모델에 따라 작업하는 심리치료자들은 이미 영적 현실을 포용하는 치료를 적용해온 것 같지만, 학문적, 임상적, 의료적 집단에서 이러한 논의는 별로 이루어지지 않았다. 나는 세속적-물질적 관점에서 수행된 IPT에 반해 IPT-S가 수행된 임상적 시도가 검증되기를 제안한다. 하지만, 그렇게 하면 심각한 윤리적인 딜레마에 당착하게 된다. 나는 사람들이 자신이 요구한 치료를 받을 수 있도록 한 후 효과를 비교하는 연구를 하는 것이 좋다고 생각한다. 결국 IPT-S는 선험적으로 영적인 관점으로부터 행동하는 사람들과 현재 시점에서 다른 세계관에서 비롯된 치료는 받지 않으려는 사람들에게 적절할 것으로 보인다. 더해서, 영적 관점을 통해서 쉽게 도움 받을 수 있는 사람들에게 심리치료 내에서 영적 이슈에 대해 의도적으로 입을 다문다면, 이것은 부당한 행위일 것이다.

IPT가 임상 연구에서는 우울증에 유효한 치료라고 밝혀졌어도, 현재까지의 IPT-S는 그 실행 가능성, 수용가능성, 유익함을 검증하는 단일 개방 임상 시험에서만 검증되었다(Miller, Gur, &

Shanok, 2004). 이 연구 결과들은 통제된 시행에서 치료의 유용성과 효용성을 평가하는 보다 광범위한 임상 연구의 발판이 될 수 있을 것이다.

임상 사례

나는 IPT-S 과정을 보여주기 위하여 할렘의 어린 임신한 소녀 집단의 경우를 골랐다. 그들에게 스스로를 영적이라고 생각하냐고 물었을 때, 그 집단 소녀들의 반응은 정규곡선 분포를 따랐다. 하지만 집단의 모든 소녀들은 잉태한 태아를 지키겠다는 신념은 확고했는데, 신성한 생명이라고 믿었기 때문이었다. IPT-S 기저의 영적 신념들은 모든 소녀들이 살면서 따르고 있는 암묵적인 영적 가정과 같았다.

내담자 배경과 현재 문제

이 임상 사례는 임신한 청소년에서 우울을 예방하기 위한 방편으로 IPT-S를 활용한 집단 치료에 초점을 두었다. 할렘의 공립학교와의 공조하에 예방 개입으로, 등록된 모든 임신한 소녀들은 해당 기간 동안 정규적으로 보건 시간에 IPT-S를 받았다. 소녀들의 나이는 13에서 15세 사이였고, 14세가 평균이었다. 소녀들은 아프리카계 미국인이거나 히스패닉이었고, 집단 시작 시점에서 적어도 임신 4개월 이상이었다. 몇몇은 종교가 없는 가정에서 자랐다고 했지만, 대부분의 소녀들은 기독교 교파에서 자랐다고 보고하였다. 이러한 맥락에서, 이 소녀들 모두가 낙태는 '나쁘다'고 느꼈으며, 임신한 것을 알았을 때 아무도 강한 혼란을 겪지는 않았고, 치료자가 만난 시점에서 그들이 아기를 가진 것을 아주 기뻐하고 있다고 보고했다는 점은 짚고 넘어갈만하다.

소녀들은 모두 심각한 빈곤층이었다. 대부분 통학에 필요한 지하철 요금을 감당할 수 없을 지경이었고, 아무도 임신복을 가지고 있지 않았으며, 입덧을 하면서 입에 당기는 음식을 먹을 수 있는 경우도 드물었다. 대부분이 어머니와 함께 살고 있었고, 몇몇은 할머니와 살고 있었으며, 두 명은 보호 시설에서 기거하고 있었다. 대부분의 소녀들은 "애기 아빠"가 향후 몇 년 동안, 건실한 남자친구는 아니더라도 아기에 대해서 관심을 가지고 헌신적인 아빠가 될 거라고 생각하고 있었다. 남자친구들은 일반적으로 소녀들보다 다섯에서 열다섯 살 정도 나이가 많았으며, 대부분이 일부일처 관계가 아니었고, 몇몇은 감옥에 있었다. 아기 아빠에게 아이 양육에 대한 경제적인 도움을 기대하는 소녀는 극히 드물었다. 따라서 모두가 물질적으로나 사회적으로나 제대로된 "둥지"를 만드는데 난관에 직면해 있었다. 사회 보장 제도를 통해서 약간의 경제적 지원을 얻을 수는 있었지만, 많은 사람들이 정부 기관과의 접촉은 피하고 있었다.

IPT 모델에서, 전통적으로 내담자는 그들의 우울 증상 수준에 따라 치료에 선발된다. 이번이 IPT에서는 처음 시행되는 예방 개입이었지만, 구조화된 심리치료를 이용한 예방 개입은 보통 이차적 예방으로 간주되기 때문에, 목표 대상은 증상 수준이 임상적 역치 바로 아래에 있는 내담자들이 된다. 예방 개입에서 한 단계 앞선 조치로서, 우리는 IPT 모델에서의 우울 유발 기제, 소위 진행되지 않은 대인관계 이행(unprocessed interpersonal transition)에 기반해서 우울 위기에 있는 소녀들을 목표로 삼았다. 이 연구에 참여한 모든 소녀들은 정서적인 도움을 거의 받지 못하고 엄마가 되어가고 있었다.

거의 모든 소녀들이 어린 엄마 역할로의 이행을 둘러싼 문제들을 내어놓고 함께 나누었다. 임신 사실을 알게 된 것에 있어서도 대부분은 자기 어머니들이 심각할 정도로 지지를 해주지 않는 문제에 직면해야 했는데, 그 어머니들 중 다수가 그 자신 역시 한때 임신한 청소년이었다. 아버지와 사는 사람들은 거의 드물었지만, 아버지와 연락을 하고 있거나 삼촌 역할을 하는 사람이 있는 경우는 대부분 야단을 맞거나 비난을 받았다. 많은 소녀들은 학교 상담 교사들이 유산을 하라고 암암리에 권유하고 있다고 느꼈다. 임신을 이유로 전학을 요구하는 것이 불법이기는 하지만, 몇몇 소녀들은 그들이 "나쁜 예"를 보였다는 점을 들어 학교를 떠나라는 압박이 강하게 주어지고 있음을 느꼈다.

그 지역사회에서 청소년 임신률이 높음에도 불구하고, 소녀들은 자신들의 임신이 뒷소문거리되고 있으며, 또래들이 계속 말을 덧붙이고 있고, 심지어는 종종 지나가는 사람들도 자신을 비웃는 것 같다고 느꼈다. 예를 들어, 소녀들은 버스에서 사람들이 자신을 위아래로 훑어보며, 나이든 아주머니들이 비난조의 표현을 하는 것을 알아챘다. 그들 부모에게서부터 가장 자주 전해지는 메시지는 그들이 "이제 아무것도 될 수 없을 것이다"는 것이었다. 이러한 말은 어려서 엄마가 되면 학교를 마치고 직업을 갖는 기회가 막힐 거라는 의미를 내포하고 있었다. 임신을 했든 안했든, 청소년들은 주변 사람들로부터 듣는 말에 민감하기 때문에, 이런 메시지는 특히 더 상처가 되고 파괴적인 것이었다.

몇몇 소녀들에게 있어서, 엄마로부터 수용받지 못한 결과가 나타났다. 예를 들어, 한 열세 살 소녀는 출산 후 한달만에 일을 찾아야 했는데, 그녀의 어머니가 기저귀를 사주지 않겠다고 했기 때문이다 몇몇 엄마들은 크리스마스 트리 아래에 뱃속의 아기 선물만 놓고 자기 딸 선물은 놓아두지 않기도 했다. 하지만, 어떤 어머니들은 점차 좋아하면서 딸에게 훨씬 더 지지적이 되었다.

치료자와 내담자 관계

모성(motherhood)을 통한 창조주의 임재가 치료 동안 생생하게 나타났다. 어머니가 되는 위대한 영적 과정이 진행 중이었고, 존중받고 도움을 받을 필요가 있었다. 나의 목표는 모성이 그

길을 가도록 두는 것이었다. 소녀들의 영적 성장에 산파 역할을 해주고 이 가장 숭고한 과정을 지지하는 것이 나의 목표였다. 좋은 엄마가 되려는 영적으로 생생한, 생동감 있는 열망과 자기 아이들에 대해 느끼는 엄청난 사랑을 소녀들이 포용하고 통합하도록 돕고 싶었다.

우리는 매주 50분 12회기 동안 만났다. 대부분의 소녀들은 강렬한 경험을 나누면서 편안하게 느끼는 것 같았고, 그렇게 말했다. 치료 동안, 소녀들이 공유할 것이 많다는 것이 분명해졌고, 우리가 12회기 이상 진행해 주기를 바란다고 드러내고 말하기도 했다.

진단과 임상적 개념화

60퍼센트 정도의 소녀들이 적어도 중등도로 우울했다. 몇몇은 임신하기 전부터 우울했었다. 다른 사람들은 임신을 둘러싸고, 또는 임신이 진행되면서 우울해졌다. IPT는, 병인을 떠나서, 우울은 사회적인 맥락에서 일어나며, 만약 이것이 재조정된다면 증상을 경감시킬 것이라는 입장을 취한다. IPT-S는 문제 영역을 확인하고 그 다음 재조정하는 작업에 영적 발전의 기회와 영적인 의미를 부여한다.

이 학교의 임신한 소녀들에게, 고전적 IPT 관점에서의 주요 대인관계 문제는 진행되지 못하고(unprocessed) 지지받지 못한(unsupported) 대인관계 이행이다. 이 소녀들은 분명히 엄마가 되고 있었고, 이는 여성의 삶에서 가장 중요한 변모(transformation)인데, 아무런 조언이나 관심, 또는 지지가 없는 가운데 이루어지고 있었다. 오히려, 그 강력한 변모 과정이 제도권과 지역사회의 목소리에 의해 침묵당하고, 비하되고, 방해받고, 조롱당했다. 만약 이 강력한 변모가 지지를 받았다면 소녀들이 덜 우울했을 거라고 볼 수 있었다.

IPT-S 관점 속에서, 나는 어머니됨의 심오한 영적 현실, 힘, 의미를 고려했다. 나는 소녀들이 자신의 변모를 묘사하는 것을 들을 뿐이었다. 임신을 하게 되기 전, 대부분은 마약 중개상과 어울려 다녔고, 폭력에 노출되었으며, 약물을 했었다. 몇몇은 살아남기 위해서 매춘을 하거나 구걸을 했고, 모두가 그들의 삶에서 어머니나 할머니 같은 모성적 힘으로부터 소외되어 있었다. 많은 사람들이 가난 때문만이 아니라 청소년기 위험 추구 성향 때문이라든지 제대로 인정받고 그 시기를 거치지 못하고 있기 때문에 신뢰할만하지 못하고, 학대받고, 위험한 세계에 살고 있었다. 일단 임신을 하기로 선택하고(90% 이상이 임신에서 어느 정도는 선택이 개입되었다고 보고했다) 다음에 임신을 하게 되자, 소녀들은 근본적으로 변했다. 내가 만난 소녀중 단 한명도 약물이나 음주를 보고하지 않았다. 소녀들은 자기 남자친구의 폭력적인 친구들로 인해 화가 났고 이런 친구들이 아이의 안전에 미칠 영향을 걱정했다. 몇몇은 남자친구에게 약물을 끊고, 일을 더 많이 하고, 아기를 보러 올 때에는 혼자 오거나 어머니와 함께 오라고 했다. 소녀들은 남자친구나 형제, 또는 친구들과 머물기 보다는 자기 어머니 집으로 돌아왔다. 그들은 어머니와의 관계를 재정립하여 모계를 이루었다. 모든 것이 이제는 달랐다. 어떤 소녀들은 만약 자신이 임신을 하지 않았다면 자신들은 죽었을 거라고 말하기도 했다. 많은 소녀들이 어떻게 하면 아기를 돌볼 수 있을지 적극적으로 고려하기 시작했다. 현재의 사회적 상황에서, 지금 그리고 장기적으로 자신들이 어떻게 하면 아이들에게 충분한 물질적 뒷받침을 할지 방법을 찾았다.

모성이 이제 소녀들을 궁극적으로 변화시켰다. 창조자의 힘이 그녀의 삶을 변화시키도록 감동시켰다. 하지만 모성이 그녀의 전체적 정신(full psyche), 대인관계 기능, 사회적 그리고 물질적 세계에 통합되지는 못했다. 그 소녀가 여전히 "둥지"를 지을 필요를 느끼고 있고, 이를 구성하는데 앞으로 도움이 별로 없을거라는걸 아는 만큼, 그녀는 우울해졌다.

치료 목표, 과정, 개입 전략

IPT-S에서, 소녀들은 지지받지 못한 채 모성에로의 대인적, 물질적, 영적 이행을 겪고 있는 것으로 보여 졌다. 나의 목표는 첫째 모성에 대한 타고난 영적 변모를 지지해주고, 이후로 이러한 위대한 변모가 구체적인 현실에서 통합될 수 있도록 돕는 것이었다. 모성의 강력한 변형 효과는 그 자체로서의 생명을 가지고 있다. 치료자로서 나의 역할은 이 어린 엄마들의 출산에 들러리요 산파가 되는 것이었다. 소녀들 안에서 나타나고 있는 모성의 힘은 집단이 진행하도록 추진했다. 나는 우선적으로 수용적인 분위기를 설정했으며, 영적 자각의 집단적 과정을 일깨우는 언급만 때로 했을 뿐이다.

IPT-S의 신조를 정신치료적 과정에서 더 세밀하게 조명해보자면, 청소년기 모성으로의 대인적 이행은 목적에 찬 신성한 개입으로, 여기서 인간관계는 영적 진화를 위한 물질적 장(場)이라고 이해될 수 있다. 다른 말로, 영적 관점에서, 집단은 왜 각 소녀들이 지금 그 특정 아기를 임신하게 되었는지에 대한 통찰을 추구하였다. 자발적이며 때로는 나의 직접적인 질문조차 없이도, 소녀들은 IPT-S의 세 가지 근본적인 신조에 따라 이 질문을 탐색해나갔다. 즉, 소녀들은 관계란 신성한 것이며, 영적 성장의 수단이고, 영적 성장을 위해 설계되었다고 생각했다. 이 집단의 모든 소녀들은 아이가 만들어진 것은 창조주의 결정이며, 창조주로부터 주어진 관계의 선물로서 지금 그들이 키워나가고 있다고 믿는 것으로 보였다. 이 관점을 유지하자면, 엄마-아기 관계는 영적 성장을 위해서 특별히 설계된 것이었다. 타냐(14세 임신 8개월)는 지난 몇 년 동안 극악스러울 정도로 어머니의 권위를 무시하며 지내왔는데, 이제 와서 돌이켜보건대 어머니는 여성에 대한 이웃들의 공격과 폭력으로부터 그녀를 보호하기 위해서 그렇게 그녀의 자유를 제한하고 엄격하게 대했다는 것을 깨달았다는 이야기를 나누었다. 이제 타냐는 그녀가 엄마의 사랑을 존중하지 않고 너무 무례하게 굴었다고 느꼈다. 그녀의 아기가 딸이라는 것을 알게 되면서, 타냐는 이야말로 그녀의 엄마가 겪었던 도전들을 이해하는 기회라고 느꼈다. 아기의 성은 우연이 아니었고, 딸을 키우는 것이 어떤 것인지 모녀 관계를 양측 모두에서 타냐가 완전히 이해할 수 있도록 디자인 된 신성한 계획이었다.

안젤라(15세 임신 7개월)는 먹고 살기 위해서 길거리에서 구걸을 하거나, 소매치기를 하거나, 약물을 팔면서 살았었다. 그녀는 집에 가는 것도(집에서 그녀는 어머니의 남자친구에게 반복적으로 성추행을 당했었다) 정부 운영의 그룹홈에 돌아가는 것도(그곳에서는 신체적으로 안전하지 않다고 느꼈었다) 모두 두려워했다. 자기 결정권을 갖는 걸 선택했는데, 그것을 자신의 존엄이라고 여기고 있었다. 결국 안젤라는 한 남자를 만났는데, 그녀보다 12세 연상이었고, 그녀는 지금 그와 함께 살고 있었다(따라서 그가 그녀의 고지서 비용을 지불하도록). 그는 그녀의 현재 임신에도 아버지가 되었지만, 안젤라의 출산예정일 이후 6주 이내에 예정일이 잡혀있는 또다른 여성의 임신에도 아버지가 되었다.

안젤라는 "나는 온갖 종류의 약을 했었고 아주 큰 위험도 무릅썼었어요. 거기서는 아주 많은 일들이 일어날 수있어요. 만약 내가 이 아이를 갖지 않았다면, 나는 아마 죽었을 거예요"라고 말했다. 그 아기는, 안젤라에게는, 구원자로 보였다. 나는 안젤라가 어쩌면 이 이유 때문에 임신했을 거라고 느꼈다. 그녀는 모성이 분명히 자신을 변화시키고 자신의 삶이 거리로부터 벗어나도록 밀어줄 것이라고 기대했다. 새 아기에 대한 그녀의 관계라는 신성한 선물은, 이를 통해서 그녀가 자신과 자신의 삶을 재형성할 수 있는 관계였다. 그녀의 장기적인 목표는 전화회사의 교환원이 되는 것이었다. 이는 그녀가 조사해서 발견한 것으로, 아기를 키울수 있을만한 돈을 충분히 받을 수 있는 직업이라서 지금의 남자친구를 떠나도 되는 것이었다.

라말라(14세 임신 6개월)는 자신이 임신을 하고 난 후 훨씬 좋은 사람이 되었다고 집단에 설명했다. "나는 항상 싸움질을 해왔지요, 만약 누가 날 건드리면, 아, 난 받아쳤어요. 하지만 이젠 그런 건 문제가 아니예요. 아기가 제일 중요해요. 난 엄마거든요. 일단 임신을 하면, 이미 엄마인거예요. 사람들이 거리에서 나를 못살게 굴면, 누군가가 '어이, 그 사람은 곧 엄마가 될거야' 라고 말하고, 그럼 사람들은 더 이상 들볶지 않아요. 엄마는 한 수 위인거죠." 라말라는 그 집단에게 분명하게 선언했다. "이게 바로 한-님(G-d ; 저자는 의도적으로 하느님이라고 다 쓰지 않았음)이 나에게 임신을 하게 한 이유라구요" 집단 모임이 끝나가면서, 라말라는 자기 학교의 사회사업가와 만나서 아동 양육이나 주거, 전문학교 등록금 등을 포함한 복지 혜택을 받을 수 있도록 하기로 결심했다.

이 세 소녀에게서 표현된대로, 그 집단의 대부분 구성원들은 임신이 창조주로부터의 교훈, 지혜, 구원, 선물 등을 가져다 주었음을 발견했다. 진행 수준에 따라, 이러한 언급들은 보통 내 질문 없이 유기적으로 일어났다. 내가 토의를 유발했을 때 내가 물어본 질문은 주로 심리치료적으로 전형적인 것들이었다. 이를테면, 어떻게 임신을 하게 되었는지, 최근 당신들의 생활이 어떻게 변했는지, 엄마가 되면서 이제 당신은 다른 것 같은지 등이다. 하지만 IPT-S를 하면서 나는 거의 언제나 임신 속의 영적 부르심을 끌어들이며 토의에 동참하고 격려했다. 내가 그렇게 하지 않았더라면, 그 토의는 지속되지 않을 거라고 나는 감지했다. 이런 토의들은 주류 사회 지원 프로그램에서 드문 것이었고, 이 소녀들은 사회 지원프로그램을 잘 알았다. 집단이 진행되고 더 많은 자료들이 나오면서, 나는 소녀들에게 그들이 임신의 "목적 또는 계획"이나 그 임신을 둘러싼 생활 환경을 아는지 물어봄으로써 영적인 논의를 시작했다. 이 시점에, 나는 그들의 경험에 이방의 관점을 도입한다는 느낌을 전혀 가질 수 없었고, 그보다는 오히려 그들이 이미 가지고 있고 나누었던 용어들을 따라가며 기름을 부어주는 것처럼 느꼈다.

IPT-S는, 이 장에서 그려졌듯이, 대인 이행의 목적에 대해 절대적인 관점을 견지한다. 모성은, 분명한 대인 이행으로서, IPT-S에서 최상의 본질적으로 영적인 변모 과정으로 이해된다. 임신한 소녀들 집단에서, 이 진리의 힘은 분명했다. 하지만, 청소년기 임신을 둘러싼 우리 사회의 여러 비하적인 메시지는 모성에 대한 이러한 영적 부르심을 거의 무효시켜버렸었다. 우리 작업은 어머니됨의 새로운 목소리가 말하게 하고, 이를 성원하며, 궁극적으로는 이제 막 움트기 시작한 어머니됨을 둘러싼 새로운 생활양식을 지원하는 것이었다. 모성이 말하게 한다는 것은, 나타나기 시작하는 어머니의 힘과 고유한 책임감을 주의 깊게 듣는 것을 의미했다.

제말라(16세 임신 6개월)는 물질 때문에 정신적 가치를 저버리고 싶은 도전을 받았다. 아기 아빠는 갱에서 높은 지위에 있었는데, 만약 제말라가 아이의 갱 입단 서약에 동의한다면, 베이비 샤워를 할 기회를 주겠다고 갱 측에서 제안을 했던 것이다. 마음 깊은 곳으로부터 제말라는 이것이 그릇된 일이라고 느꼈지만, 그녀에게는 아기를 위한 다른 사회적 지원- 베이비 샤워의 형식이든 새로운 생명을 축하하는 어떤 형식이든지간에-이 없었다. 몇 회기에 걸쳐, 제말라는 집단과 의사결정과정을 나누었는데, 이는 집단의 분위기에 영향을 받는 것처럼 보였다. 집단의 초기 과정에 그녀는 최근에 학교를 방문한 한 인사가 50%의 아프리카계 미국인 소년들이 죽거나 감옥에 간다고 말한 것에 대한 분노를 말했다. "이게 엄마들한테 할 소리인가요? 우리는 우리 아들들이 어떻게 자랄지 선택을 할 수 있어요." 치료자로서, 나는 그녀의 아이 눈에 비칠 어머니의 위대한 힘을 강조하여 그녀의 분노와 공포에 반응했다. 나는 "너는 네 아이에게는 해님이자 달님이요, 별들이란다. 어머니는 특별한 도덕적인 권위를 가지고 있지. 너의 아이는 네가 말하는 걸 믿을거야"라고 말했다. 나는 이 권위가 아이를 돌보는 모든 가족 구성원에게까지 확장된다고 단언했다. 치료의 중반기까지 자신의 결정을 두고 계속 힘들어하다가, 자멜라는 10년 후에 자기 아들이 엄마가 자기를 갱이 되게했다는 걸 알게 되는 것을 바라지 않는다고 감정에 복받쳐서 말했다. 집단이 끝날 무렵, 제말라는 자기가 갱에 서약하지 않기로 결심했으며, 아기의 유모차나 요람, 새 옷은 그만두겠다고 집단에 선언했다. "어떤 엄마가 자기 아들이 갱이 되도록 해놓겠어요? 그는 내가 그렇게 해 놓았다는 걸 알게 될 거예요. 그가 갱에 소속하게 된다면 그건 내 책임이 되겠지요" 제말라는 어머니로서의 의로운 힘을 발휘하기 시작했다. 그녀가 영적 언어를 사용한 적은 없었지만, 빈곤과 삶에 대한 존중의 결핍에 반해 모성의 도덕적 권위와 생명 보호에 기울었다는 것은 영적으로 볼 수 있을 것이다. 제말라는 치료 종료 무렵에 이르러, 그녀가 장기적으로는 판사가 되기를 바라며, 그 긴 장정을 시작하기 위해 전문대학에 등록하려 한다고 말했다.

안나 마리아(14세)는 최근까지도 그렇게 짜릿하고, 흥분되고, 모험이 충만하게 느껴졌던 바로 그 세계 때문에 극심한 우울감에 빠져 있었다. 그녀의 남자친구는 마약 딜러로서 하루에도 몇 번씩 마리화나를 피웠고 친구들과 계속 파티를 열었다. 그녀는 임신 전에는 그가 약물을 하는 것에 신경쓰지 않았지만, 지금은 남자친구가 계속 그렇게 해서 아기도 곧 약물에 노출될까봐 몹시 신경이 쓰였다. 안나 마리아는 또 남자친구가 어울리는 동료들이, 잘해야 남자친구가 책임 있는 양육을 하는데 훼방을 놓는 정도이고, 최악의 경우에는 아기에게 직접적으로 해를 끼칠 수도 있다는 것이 두려웠다. 나는 그녀의 관점의 변화와 그와 관련된 심한 우울을 모성의 목소리로 들었다. 한때는 그렇게 신났던 청소년기 위기 문화가 아이에 대한 타고난 책임감과 돌봄을 방해하고 있었다. 현재의 대인적 충돌을 넘어서는 명료함, 파워, 힘의 근원이, 성장하고 있는 엄마에게 힘을 주어야 할 것으로 보였다. 제말라의 케이스에서처럼, 나는 "궁극적으로 누가 이 아이를 보호할 것인가?"라고 묻고, 결국 분명하게 "어머니는 한 사람만 있을 뿐이다 – 너 혼자 뿐이다"라고 천명하여, 집단에게 모성의 궁극적인 책임과 도덕적인 권위에 대해 탐색하게 하였다. 그녀가 자신의 도덕적 권위에 대해 좀 더 확실하게 느끼고 난 후에, 집단 역시 그녀가 자기의 최종 결론을 남자친구와 나눌 수 있도록 자기 목소리를 발달시키게 도왔다. 그녀는, 남자친구가 약물을 하는 것이 그가 "아이에 대해 전혀 신경쓰지 않는" 것처럼 느껴지게 한다고 설명하기로 결심했다. 이것은 젊은 아버지로서의 순수한 사랑에 호소하는 접근방식이었는데, 남자친구가 좀 더 전적으로 부성으로 변모하는 과정을 시작하는데 도움이 되는 것으로 보였다.

모성의 타고난 영적 각성을 포용함으로써, 제말라와 안나 마리아는 모두 아기를 신성하게 존중하도록, 그리고 아기를 더 잘 사랑하기 위해서 자신들을 보호, 양육, 쇄신하도록 그들의 남자친구들과 가까운 사회적 관계망에 영감을 주었다. 반대로, 콘수엘라는 남자친구가 없었는데, 자기 어머니의 숭고한 이해를 통해서 모성의 발견이 이루어졌다. 콘수엘라(15세, 임신 5개월)는 다음과 같은 경험을 나누었다. "친구들은 모두 '내가 널 도와줄게, 내가 책임질게' 라고 말하지만, 정작 내가 임신을 했을 때 그들은 어디 있었나요? 모두들 없어졌죠. 날 위해 항상 그 자리에 있어준 건 우리 엄마였어요. 우리가 가진 건 엄마뿐이에요". 에멜라(집단에서 가장 나이가 많은 18세)는 역시, 자기 엄마를 보고 모성에 대한 새로운 인식을 갖게 되어, 출산 후 남자친구의 아파트에서 나와 엄마의 집으로 왔다. "우리 엄마 집 냉장고가 더 성능이 좋아요. 그리고 엄마는 아기를 어떻게 키워야 하는지를 알지요. 엄마와 나는 내가 엄마가 되고 난 다음에 더 잘 지내요"

명백히, 이 청소년기 소녀들은 모성에 대해 따로 배울 필요가 없었다. 소녀들은 경험 속에 모성의 목소리가 등장할 때 이를 확인해줄 필요만 있었을 뿐이다. 전체적으로, 이행 속에서의 성장에 대한 타고난 영적 부르심이라는 IPT-S 형식을 맞추면서 나는 모성이라는 절대적 가치를 명백하게 지지했다. 나는 임신한 여성의 영적 생동감과 신성한 출산을 축하하는 고대 동굴 벽화와 인물상 사진들을 가져와서 서양 문화 기록에 있는 고대 동굴 벽화는 사냥이나 전쟁에 대한 묘사가 아니라 출산을 상징했다는 정보를 나누었다. 나는 임신한 소녀들에게 가장 오래된 인간 형상인 빌렌도르프의 비너스 이미지를 보여주었고, 그 다산형 체형을 설명하였다. 방은 아주 숙연하게 조용해져서, 바늘 떨어지는 소리도 들을 수 있을 정도였다. 소녀들은 모성이 인정받는 것을 분명히 느꼈다.

어머니됨이 영적 경로로서 지지를 받게 되자, 소녀들은 이 이행에 대한 장애물에 걱정이 밀려옴을 경험했다. 치료를 받는 이 시점에서 어리고, 돈도 없으며, 아버지측의 헌신이 부족하다는 점들이 모성적인 "둥지"를 짓는 과정과 어머니됨에 대한 부름을 깨닫는데 방해가 될 뿐이지, 모성에의 부르심을 무효화하는 것은 아니라는 점을 논의하였다. 소녀들을 둘러싼 파멸 상태가 그런 식으로 이해되었다. 지역사회와 제도권에서의 조롱은 영성을 담고 있지 못하다고 간주되었다. 우울이나 분노는 이렇게 가장 중요한 대인적 그리고 영적 이행에 대한 지지가 부족한 것과 관련되었다.

개괄적으로 말하자면, IPT-S의 중간 시기, 재협상 시기 동안, 우리는 어머니로서, 아기의 보호자로서의 새로운 상태를 지지하는 사회적 물질적 세계를 어떻게 구축할 것인가를 탐색했다. 엄마로서, 아기를 보호하기 위해 소녀는 역량, 권위, 책임이 강화되었다. 우리는 어머니로서의 타고난 도덕적 권위를 탐색하였는데, 아기의 시각에서 그리고 만약 바르게 수용되었을 경우 그녀 공동체가 보였을 시각 모두에서 고려했다. 그녀의 도덕적 권위는 아이를 어떻게 대할 것인지 주장할 수 있는 그녀의 권리와 돌봐줄 환경을 조성할 의무를 포함했다. 어머니로서 발전하면서, 일이나 사회 보장에 개입함으로써 책임을 질 생각이 고무되었다. 또한 성장하는 어머니로서, 그녀는 그녀의 모성을 촉진할 대인관계적, 정서적 지지를 어떻게 구할 수 있을 것인지 탐색하였다. 모성이라는 면에서 그녀에게 멘토가 되어줄 여성은 누구인가? 그녀가 이러한 여성들을 어떻게 선생님으로 받아들일 수 있을까? 그녀를 보호하고 지지해줄 남자는 누구인가? 비록 남자 친구들이 대부분 믿을만하지는 못했지만, 많은 소녀들이 새 엄마가 의지해도 될 만한 아주 충직한 형제들을 가지고 있었다.

종결에는 이러한 주제들을 토론하는 것이 얼마나 도움이 되고 안심이 되게 느껴졌는지 표현하는 것이 포함되었다. 그들이 프로그램 전에는 혼자라고 느끼고 혼란스러웠지만, 이제는 스스로 이러한 주제들을 논의했다. 나는 소녀들이 자신의 새로운 위치를 몹시 자랑스럽게 여기고, 어머니로서의 승격을 통해서 자신과 아이를 도울 수 있는 역량을 갖추게 되었다고 스스로 보는 것에 특히 감격을 느꼈다.

종결, 재발 방지, 치료 결과

개입이 시작되었을 때 60%의 소녀들이 우울했으며, 이전 연구에서는 이후 3개월 동안 더 많은 소녀들이 우울하게 된다는 예측을 했음에도, 치료와 더불어 90% 이상의 소녀들이 종결 시점에서는 더 이상 우울하지 않았다. 내가 볼 때 이러한 결과는, 이 소녀들에 있어서 우울은, 영적 부르심으로서 모성의 자연적인 힘을 방해하고 임신이라는 신성하게 조화된 계획을 통해서 영적 성장으로 나아가려는 그들의 여행을 인정하지 않음에서 비롯되었다는 것을 의미한다. 보다 넓게, 우울은 영적 성장에 대한 방해로 볼 수 있을 것이다.

우울의 예방과 치료를 넘어서서, psyche의 관점에서 본다면, 이 소녀들은 여성에게 주어진 가장 값진 영적 선물-엄마가 되는 기회-을 소유하고 통합하고 있었다. IPT-S 집단 작업은 이 선천적인 과정을 드러내고 정당화해주며 모성적 변모 진행을 지지해주어서 소녀들이 그들 스스로 발전을 해나갈 수 있게 하는 것이었다. IPT-S안에서 이것이 영적 과정으로 이해될 수 있었어도, 이것이 꼭 영적 언어를 필요로 하지는 않았다. 때로 소녀들은 "하느님이 나에게 이 아이를 주셨어요"라든지 "하느님은 나에게 이 아기를 주심으로 나를 구원하셨어요", "나는 내 아이를 죽이지 않을 거예요. 이 아이는 영혼을 가졌어요"라는 등 명백히 영적인 또는 종교적인 단어를 쓰기도 했다. 하지만 대부분, 영성의 용어는 이 소녀들에게 낯설었다. 영성은 그들의 행동으로 정의되어, 그들이 자신의 청소년기 사회적 세계나 즉각적인 개인적 안락함의 규준을 넘어서 생명을 존중함으로 나타났다. 나는 그 소녀들이 어머니가 된 이후 일 년 혹은 그 이후에 어떻게 지내고 있는지에 대한 자료는 가지고 있지 않다. 존엄하고 영적인 부르심으로서 어머니 역할을 보는 그들의 새로운 관점이 지속되기를 바랄 뿐이다.

결론

IPT-S 집단에서 임신한 소녀들에게는 새로운 아기와의, 아기 아빠와의, 자기 엄마와의 관계가 영적 성장을 위한 일차적인 기회로 등장하게 된다. 엄마가 된다는 것은, IPT-S의 관점에서 보자면, 특별한 길-보호하고, 도덕적 권위를 주장하고 유지하며, 한없이 사랑하고, 자신의 어머니를 이해하는-로 발전하게 하는 절대적인 의무를 수반하는 대인관계 이행이다. 소녀들은 IPT-S의 중요 교의에 대한 감을 가지고 여기에 참여하였다: 관계는 영적 성장을 위한 신성한 도구이며, 의도를 가지고 설계된 것이다. IPT-S를 받은 임신한 소녀들은, 이것을 그들 자신의 영적 성장을 위해 활용했으며, 12주 치료 후에는 그 정도가 측정 가능할 정도로 훨씬 덜 우울해졌다. 소녀들은 단순히 우리의 삶에 들어온 사람들이 우리를 위해서 그 자리에 있는 것이며, 우리는 그들을 위해 여기 있는 것이고 영적 성장의 과정에 동참한다는 것을 이해하였던 것이다. 하지만 모든 소녀들이 스스로를 영적이라고 생각했거나 영적 언어를 사용한 것은 아니라는 것을 기억하기 바란다.

IPT-S는 영적 성숙을 향한 대인관계 안에서 일어나는 고통에 관여하는 하나의 방식일 수 있다. 우리의 관계를 통해서 다가오는 심리적인 경험이 영적 성숙을 표시한다. 이런 의미에서 사랑은 기분 좋은 감정 이상이다: 이것은 우리가 창조주의 법칙에 맞춘 합주 안에 있다는 것을 드러내준다. 화, 분노, 우울은 영적 성숙을 향한 문을 우리에게 보여준다. 많은 종교 교파에서는 심리적인 정서와 영적 현실을 편안하게 연결시킨다. 이렇게 명백한 보편적인 지식으로 생각하면, 우리 내담자들이 정서를 보다 심오한 영적 진실의 계시로 보는 것이 이로울 수 있을 것이다.

제 8 장

영성지향 심리치료의 초개인주의-통합적 접근

(A Transpersonal-Integrative Approach to Spiritually Oriented Psychotherapy)

David Lukoff and Francis Lu

접근에 대한 설명

초개인주의 심리학은 심리학과 영적 전통 둘 다를 다룬다. 이는 심리학적인 정보에 근거한 영성과 영적 근거의 심리학에 대한 과감하고 새로운 비전을 만들어내기 위함이다. 아마도 초개인주의 심리학의 핵심 가정은 인간이 단순히 자기(self) 혹은 심리학적 자아(psychological ego)라기 보다 본질적으로 영적인 존재라는 것이다(Sperry, 2001). 인간 경험에는 심리적 영역과 영적 영역이 있다. 영적 측면이 근본적이면서 이 두 영역이 때로는 중복되지만, 서로 다른 것으로 보인다(Cortright, 1997). 영성과 관련된 핵심 특성들은 심리치료의 중심으로 적절할 뿐 아니라, 초개인주의 심리치료의 목표로도 고려된다.

> 영성은 불쌍히 여기는 마음, 감사, 자아초월적인 영역의 인식, 삶에 대한 존중을 포함하는 마음의 어떤 특성들을 전제로 한다. 그것은 존재에 의미와 목적을 준다. 영성이 본질적으로 신성함의 주관적인 경험인 반면, 종교는 일련의 믿음들 혹은 제도화된 교리에 동의하는 것을 포함한다. (Vaughan, 1991, p. 105)

역사적, 이론적 기초

초개인주의 심리학회(Association for Transpersonal Psychology: ATP)는 1971년, Abraham Maslow, Anthony Sutich, Miles Vich, Stanislav Grof, Michael Murphy, James Fadiman을 포함한 인본주의 심리학회의 본래 창시자들 중의 다수에 의해 창시되었다. Sutich와 Maslow는 주로 인본주의 심리학내에서 초개인주의적 시각을 잘 표현하기 위한 산파역으로 여겨져 왔다(Valle, 1989). 그들은 경험들, 특히 영적 체험들을 연구하고 탐색하려는 심리학의 필요성을 인식했다. 그것은 정체감이 개인적 혹은 사적인 것을 넘어서(*trans*personal: 개인의 한계를 넘어서) 인류, 자연 세계, 우주의 좀 더 넓은 측면으로 확장되는 영적 체험들이다. 반면 행동주의 이론("첫 번째 세력"), 정신역동 이론("두 번째 세력"), 인본주의 심리학("세 번째 세력")은 영성과 의식을 연구하기 위한 체계적인 환경이 부족하다.

> 최근 부각되는 초개인주의 심리학(네 번째 세력)은 특히 경험적, 과학적 연구와 관계가 있다. 그리고 다음과 관련된 발견들의 책임 있는 적용과 그리고 연관된 개념, 경험, 활동들과 관계가 있다. 다음은 생성, 개인적이고 전 종에 걸친 meta-needs, 궁극적인 가치, 절정 경험, B-value, 황홀, 신비로운 경험, 경이, 존재, 자기실현, 본질, 행복, 경외, 궁극적인 의미, 자기 초월, 영혼, 조화를 말한다. (Sutich, 1969, p. 16)

이러한 상태는 윌리엄 제임스가 *예외적인 정신 상태(Exceptional Mental States)*에서 지적했듯이, 연구하기가 쉽지 않다(E. Taylor, 1993). 급진적인 경험주의에 대한 제임스의 철학은 진실한 과학이 실험실에서 조작할 수 있는 것이 아니라, 모든 인간 경험들의 연구에 근거해야 한다고 주장했다. 초개인주의 심리학 분야는 초개인주의적인 경험 및 행동의 보고들을 과학적으로 연구하려고 시도한다(Krippner, 1990). 초개인주의 심리학과 임상 실제에서 의식과 영성은 항상 기조가 된다.

하지만, 역사를 거슬러 올라가보면, 초개인주의 심리학의 창시를 이끈 더 큰 힘의 기원을 찾을 수 있다. 그리스의 엘레우시스 제전(곡식의 여신 Demeter를 받드는 신비적 의식- 역주)은 초개인주의적인 상태를 유도하기 위한 의식으로 LSD와 유사한 ergot(환각제 일종- 역주)를 사용했다(Wasson, Hofmann & Ruck, 1978). E. Taylor(1990)는 초개인주의 심리학이 미국에서 제공한 독특한 문화적 배경에서 유래되었다고 생각했다. 그것은 초개인주의 심리학이 많은 신비로운 종교단체(예: Quakers, Shakers)의 본고장이었던 영적 민주주의에서 시작했다는 것이다. 예를 들어 퀘이커들은 내면의 빛에 의해 감동받을 수 있기 때문에, 성직자, 성서, 건물 혹은 종교적인 조직적 관료제도가 필요없다고 주장했다. 칸트의 선험론(transcendentalism), 관념론

(spiritualism), 스베덴보리즘은 1800년대에 미국의 토양에 뿌리를 내렸으며, 초개인주의 심리학의 선행자로 볼 수 있다. 1880년부터 1920년까지 번창했던 Boston 정신치료 학파는 치료에 있어 다양한 종교적인 도상과 실제의 활용에서 초개인주의 심리치료의 직접적인 선구자였으며, 목회 상담과 금주 동맹(Alcoholics Anonymous)의 창시를 이끌었다. 이 학파는 프로이트의 정신분석과 행동과학적 접근 때문에 학문적이고 임상적인 심리학의 주류에서 밀려났다. 하지만, 1964년 대항문화 운동은 내적이면서 공공의 종교 체험으로 초점을 다시 돌려놓았다. 1960년대와 1970년대에는 몇몇 초개인주의 심리학 대학원들이 설립되었다. 이에는 초개인주의 지향 심리치료에서 학생들을 수련하는 Institute of Transpersonal Psychology, Saybrook Graduate School, California Institute of Asian Studies(현재는 California Institute of Integral Studies), JFK University, Naropa가 포함된다.

초개인주의 심리치료는 초개인주의 심리학과 함께 발전하였다. Sutich(1973)는 초개인주의 심리학회의 설립 직후 이 주제에 대하여 논문을 썼고, 거기에서 다음과 같이 기술하였다. "치료는 직접적 혹은 간접적으로 궁극적 상태의 인식, 수용, 실현과 관계되어 있다. 이것은 새로운 것이 아니다. 오히려 아마도 모든 치료적 접근들 중 가장 오래된 것일 것이다"(p. 10). 초기 초개인주의 심리학의 "궁극적 상태"에 대한 관심은 단지 어떠한 사람의 초월적 체험뿐이 아니라 그 사람 전체를 다루기 위해 지난 30년간 확대되었다. 처음에는 다른 심리학 모델에서 병리화하고 무시해왔던 이러한 영역에 관심을 가지게 된 것이 중요했다. 보다 최근에는 초개인주의 심리학에서, 매일의 삶에 영적인 것이 어떻게 표현되는지를 조사하는 것으로 관심이 변화하였다. 유사한 변화가 초개인주의 심리치료에서 일어났는데, 이 치료에서는 현재 통상의 의식, 고통, 통증, 학대, 정신증을 포함한 정신 장애, 그리고 관계 갈등을 포함한 인간 전체를 다룬다. Vaughan(1993)은 이러한 변화를 "초개인주의 심리치료는 안녕감에 대한 신체적, 정서적, 정신적, 영적 측면을 통합시키려는 치유 노력이다. 그것의 목표는 정상적으로 건강한 기능을 하는 것과 같은 고전적인 목표도 포함한다"고 표현했다(p. 160).

● 주요 이론적 구성

융은 초개인주의 심리학의 중요한 선구자였다. 그는 개인적으로 그의 용어인 *überpersonlich*을 초개인주의적(transpersonal)이라고 번역했다. 하지만 대부분의 번역에서는 *총체적인 무의식(collective unconsciousness)*이라는 용어를 사용한다. 그는 *역경(I Ching*(중국의 고전- 역주)) 과 *티베트 사자의 서(Tibetan Book of the Dead)의* 첫 번역본에 서언을 쓰면서 많은 영적 전통들의 심리학적 가치들을 탐색했다. Assagioli(2000)는 영혼의 가르침에 근거하여 종합 심리 요법(psychosynthesis) 이론을 발전시켰다. 그는 초개인주의 영역에서 지속적으로 정교화되어 가고 있는 개념인 "더 높은"과 "더 낮은" 의식 수준 사이의 구별과 함께 영혼의 개념을 심리학적 이론에 소개했다.

Grof의 이론적 접근은 다양한 범위의 초개인주의적인 경험들에 대해 명백한 설명들을 제공하고 통합시킨다는 점에서 아마도 가장 포괄적인 접근일 것이다. Grof 이론의 기원은 LSD 와 holotropic breathwork(일종의 반복 호흡 운동- 역주)의 치료적 잠재성에 대한 그의 확장된 연구에 있다. Grof는 보고된 비일상적인 경험의 유형들이 대단히 유사하며 감각의 변화, 과거의 사건들과 외상들의 정서적 재경험, 죽음과 갱생의 삽화들뿐 아니라, 다양한 정신적, 원형적, 신비적인 경험들을 포함한다는 점을 발견했다. Grof는 초개인주의를 아래와 같이 정의한다.

> 우리는 초개인주의적인 영역을 이해하기 위해서 전적으로 새로운 방식으로 의식에 대한 생각을 시작해야 한다… 우리 외부에, 그리고 우리와 독립된 것으로 존재하며, 본질적으로 물질에 의해 경계가 지어지지 않는 것으로...초개인주의적인 의식 상태는 한정되어 있기보다 무한하고, 시간과 장소의 한계를 넘어 뻗어 있다(S.Grof, 1993).

Wilber는 다양한 학문적, 전문적인 영역들에서의 추종자들과 함께, 초개인주의 심리학자들 사이에서 대중적인 의식, 영성, 심리학, 치료의 포괄적인 모델을 계발한 또 다른 지도적인 초개인주의 이론가이다. 그는 의식의 진화적 변화를 가정하였다. 초기 인류들이 경험했던 신비스러운 자연현상 체험으로부터 시작하여, 마술적, 신화적, 자기중심적 의식 시기들을 거쳐, 현재에 이르러서는 실존적 진정성과 초월적 정체성을 의식할 수 있게 되었다고 가정하였다. 모든 심리학적이고 영적인 체계들은 부분적이고 상보적인 진실들을 담고 있으며, 다른 심리치료들은 특정 수준들을 다룬다. 대부분의 심리치료가 의식 연속체의 보다 낮은 수준을 향해 있는 반면, 초개인주의적 접근은 좀 더 높은 수준에 초점을 맞춘다(Wilber, 2000). Wilber(2000)의 통합적 심리학 모델은 다양한 영적 체험들, 발달 수준들과 문제들을 다루는 심리치료를 위한 영적인 틀을 제공한다. 그는 영적 임상 실제의 어떤 유형들은 각 단계에서 적용되거나 혹은 피해야 하며, 정신 병리의 어떤 유형들은 특정 발단 단계와 관계되어 있다고 제안했다.

● 심리학과 영성 간 관계의 본질

초개인주의적 사고와 행위는 고대에 뿌리를 두고 있지만, 초개인주의 심리학은 다양한 종교, 문화, 시대의 생각들과 행위들을 취하여 서구의 모던, 포스트모던 심리학 언어 및 치료에서의 임상 실제에 적용되었다. 초개인주의 심리학은 다양한 영적 기법, 교리, 방법 등을 엄격히 조사하여 그것들의 핵심과 공통성을 다듬어나간다(Walsh, 1999). 초개인주의 심리학은 모든 종교가 공유하는 보편적인 주제를 가정한 Huxley(1944/1990)의 영원의 철학(perennial philosophy)의 영향을 크게 받아왔다.

영적인 영역을 통합함으로써, 초개인주의 심리학은 이전의 학파들과 뚜렷하게 대비된다. 초개인주의 심리학은 영성 그 자체를 고려하므로, 프로이트가 말한 소원하는 환상(wishful illusions)과 같은 종교적 환원, 엘리스의 비합리적인 사고(irrational thinking) 혹은 스키너의 명백한 무시(manifest disregard)와는 거리가 있다.

하지만, 초개인주의 치료자는 영성을 단지 수용하는 것이 아니라, 내담자들이 그들의 영성을 성취하고 강화하도록 적극적으로 돕는다. 모든 초개인주의 치료자들은 치료에서 영성을 언급한다. 어떤 이들은 내담자들을 위한 영적 안내자 역할조차 한다(Vaughan, 1991). 다른 초개인주의 치료자들은 치료자-내담자 관계를 "내적 암시를 직관적으로 얻게 되고 영적 탐색에 친밀하게 몰두하는 두 명의 영적 체류자"라고 간주한다(Lines, 2002, p. 109). Kornfield(1993)는 두 구역의 경계가 얼마나 분명하지 않은지와 임상 실제에서 얼마나 중복이 되는지를 논의했다.

한편, Vaughan(1993)은 심리치료가 영적 작업을 지원하기는 하지만, 영적 작업과 같지는 않다고 지적했다. 심리치료와 영적 작업 사이의 두 가지 주된 차이점은 다음과 같다.

1. 치료자들은 내담자들이 치료 회기의 내용을 끌어내고 결정하도록 둔다.
2. 교사들은 학생들이 배워야 할 내용이나 따라야 할 실습들을 제공한다. 표준적인 치료적 전통과 마찬가지로, 대부분의 초개인주의 치료자들은 내담자들에게 특정한 영적 철학을 가르치지는 않는다.

초개인주의 치료자들이 명상과 같은 영적 실습들을 심리치료에 통합시킬 때, 치료 밖에서 이루어지는 작업을 지속적으로 탐색하기 위해서 내담자들에게 원래의 실습을 하도록 지시한다. 그리고 내담자들이 그들의 영적 체험들, 믿음들, 실행들에 대한 심리적 의미와 가치를 탐색하는데 치료를 활용한다(Hutton, 1994). 하지만, 비-초개인주의 치료자들은 초개인주의적 견해의 적용 없, 단지 그들의 건강에 좋은 혜택을 얻기 위해 명상과 같은 영적인 실습들을 사용할 수도 있다.

영적 맥락

맥락은 치료의 태도와 방침 즉 고통과 치유, 인간의 잠재력을 향한 기본적인 가정과 태도를 일컫는다. Vaughan(1979)은 특별한 기술보다 치료를 위한 초개인주의적인 맥락을 유지하는 것이, 초개인주의적 접근이 무엇인지를 정의하는 것이라고 주장했다. 초개인주의 치료자들은 영적인 훈련들뿐 아니라 정신역동적 치료, 행동 치료, 가족 치료, 그리고 다른 치료법의 기법들을 활용한다(Hutton, 1994). 유사하게, Boorstein(2000)은 다음과 같이 말했다.

> 치료작업 내에서의 영적인 맥락이 맨 먼저이다. 나는 이것이 특히 어려운 환자들을 볼 때, 돌보는 방식을 유지하도록 도움을 주었다는 점을 의심해본 적이 없다. 환자에게 당신이 그 혹은 그녀를 성스러운 존재로 보고 있다는 점을 전달하는 것은, 일생이 무가치하다는 시각에 반격을 시작하는데 믿을 수 없을 만큼 강력하다. 그것은 정해진 환자에게 적절할 때만 시행될 수 있다. 그리고 만약 치료자가 실제로 그/그녀의 마음으로 그것을 믿고 그/그녀의 가슴으로 경험하지 않는다면 효과가 없을 것이다(p. 413).

이 장의 마지막에 브라이언의 사례에서 예시한 바와 같이, 맥락이 내담자에게 언제나 명백하게 말로 표현되는 것은 아니다.

영성과 정신병리

몇몇 사람들은 영적인 훈련을 함으로써 자신의 정서적, 행동적 문제들을 다루는 것을 피하려고 한다. Welwood(2000)는 이것을 "영적 우회(spiritual bypass)"라고 불렀다. 몇 가지 종류의 영적 우회가 확인되어 왔다: 친밀감에 대한 두려움이 금욕적인 생활습관을 이끄는 것, 연약한 자아를 다루기 위해 신흥종교에 참여하는 것, 우울감을 피하기 위해 비일상적인 의식 상태로 들어가는 것, 문제에 직면하는 것을 피하기 위해 더 높은 힘에 "굴복하는 것". 영적 훈련에 참여하고 있는 사람들 중엔, 자기-증오, 공격성, 자기애적 자아중심성과 우울증 등 심리적 상처로 고통 받는 사람들이 있다. 자아-수준의 심리치료가 이러한 문제들에 도움을 줄 수 있고, 영적 발전으로 더 나아갈 수 있게 해 줄 것이다.

마음챙김(Mindfulness) 훈련

초개인주의 심리치료는 1970년대 초기에 명상과 함께 시작된 마음챙김(mindfullness)을 적용하고 통합시켜왔다. Benson(1975)은 1960년에 고혈압과 같은 의학적 질환을 치료하는데 명상의 가치를 확립하였다. 정신 건강에서 명상의 중요성과 적용은 심리치료에서 명상에 대한 몇몇 다른 논문들(Goleman, 1971; Van Nuys, 1971)과 함께 *초개인주의 심리학회지*에 발표되었던 Ram Dass(1970)의 언급에서 처음으로 논의되었다. Ram Dass는 Timothy Leary와 함께 LSD연구의 공동 연구자였다. 그는 1967년 당시 인도를 여행하였고 거기에서 영적 지도자를 만났다. 그는 최근 뇌졸중에도 불구하고, 휠체어에서 하는 요가, 영창, 수피교(Sufism)를 포함하여 그의 다양한 영적 훈련들에 대한 탐구를 통해서 초개인주의 심리학에 지속적으로 영향을 주고 있다. Alan Watts는 초개인주의 심리학회지의 논문들과 몇 권의 대중적인 책에서 심리치료에 대한 토론을 통해(Watts, 1957, 1974) 명상에 기여하였다.

불교는 초개인주의 치료에 큰 영향을 미쳐왔다. 불교의 마음챙김 훈련은 집중의 질을 높이는 훈련과 효과적인 치료를 위해 필요한 태도를 포함하고 있기 때문이다. 게다가 명상은 치료자에게도 유용할 수 있는 자기 관찰 기술을 훈련시킨다. "우리는 분명히 건강하지 못한 습관적인 정신 과정을 볼 수 있기 때문에, 우리의 첫 번째 방해 요소를 알게 되는 것은 진단적이고 치료적인 측면에서 중요할 수 있다."(Deatherge, 1996, p. 209). 불교는 또한 분노, 불안, 용서와 다른 심리치료적 문제를 다루는 기법들을 포함하고 있으며, 환자들이 단지 그들의 문제들을 인식하는 것을 넘어서, 치료로 보완함으로써 그러한 점들을 치유하고, 지혜와 완전함이라는 새로운 영역에 이르도록 도울 수 있다(Epstein, 1998). 명상은 신체적이고 심리적인 문제들 둘 다를 치료하는데 사용되어온 마음챙김 훈련의 전체 영역 안으로 심리치료의 방식으로서 확장되어왔다(Kabit-Zinn, 1990).

다른 동양의 영적 훈련들 또한 초개인주의 심리학에 영향을 미쳐왔다. 합기도는 경쟁적인 경기대회에서 적을 향해 싸우는 것이 아니라, 상대방과 함께 작업하는 것을 강조한 영적 지향의 일본 무도이다. 훈련의 핵심은 움직임과 호흡의 혼합, 즉 갈등 상황에서 육체적으로 조화를 이루는 것이다.

합기도는 1975년 Robert Frager에 의해 설립된 Institute of Transpersonal Psychology(ITP)에서 대학원 프로그램을 통해 초개인주의 심리치료의 훈련에 영향을 미쳤다. Frager는 그 창시자인 Master Ubeshiba와 함께 합기도를 연구했으며, ITP에서 몸과 마음의 치유 과정에 필요한 수업의 일부로서 일주일에 네 번 합기도를 가르쳤다. Charles Tart(1992)는 초개인주의 심리학에 대한 그의 영향력 있는 이론적 작업에 합기도에서 나온 개념들을 통합시켰다. 합기도는 개인 심리치료(Fagianelli, 1995), 청소년 치료(Heckler, 1985), 가족 치료(Saposnek, 1980)에서의 보조 치료로 기술되어 왔다.

요가(Scotton&Hiatt, 1996), 수피즘(Deikman, 1996), 기공(Mayer, 1999), 그리고 다른 많은 동양의 훈련들이 초개인주의 심리치료의 양식으로 적용되어 왔다(사례를 위해서는 Nootstein, 1996를 볼 것).

초개인주의 심리치료에서 비일상적 의식 상태

윌리엄 제임스는 어떻게 비일상적 의식상태가 유도될 수 있는지와, 그리고 그러한 상태가 통상적인 의식을 통해 얻을 수 없는 특별한 이해에 접근하게 만드는 가치를 처음으로 탐구했다. 많은 심리학파들은 "정신에 대해 불필요하게 제한된 시각을 고수하고, 영적 체험과 비일상적인 현실의 경험들에 대해 치료적으로 작업하는 것을 거부한다"(Scotton, 1996, p. 3). 초개인주의 심리치료에서, 비일상적 의식상태의 유도는 높이 평가되는 상황이다. 초개인주의 심리치료자들은 명상, 신체운동(bodywork), 움직임, 꿈 작업, 심상 유도, 기도, 북치기, 영창, 사우나(sweat lodge), 금식, 샤머니즘적인 여행과 환각을 일으키는 약물들과 연관된 것을 포함하여 많은 의식상태가 가진 치유 가능성을 탐구해 왔다(Cortright, 1997). 인류학자 Michael Harner(1990)와 미국 원주민 출신 심리학자인 Leslie Gray(2002)는 비일상적인 상태를 유도하는 샤머니즘의 훈련(특히 북치기)을 기반으로 한 샤머니즘적 카운슬링 접근법을 발달시켰다.

비일상적인 상태를 유도하는 새로운 기법들은 또한 holotropic breathwork과 같은 것으로 발달해왔다. 그것은 Stanislav와 Christina Grof에 의해 개발된 경험적인 절차로, 환각을 유발하는 약물 경험과 유사한 경험을 하기 위해 음악, 에너지 작업, 과호흡 등의 수 시간의 회기를 포함한다(K. Taylor, 2003).

치료자의 기술과 자질

Scotton(1985)과 Wittine(1989) 둘 다 초개인주의 심리치료를 하는데 필수적인 자격들을 가정했다. 여기에는 다음을 포함한다:

1. 초개인적인 영역과의 접촉이 변화와 치유를 가져올 수 있다는 믿음을 포함한 초개인적인 영역에 대한 개방성
2. 영적 훈련들, 꿈, 환영, 동시적인 사건이나 영적 지도자와의 상호작용에서 일어나는 초개인주의적 경험들의 존재와 가치를 평가하는 능력
3. 다양한 영적 통로들에 대한 지식
4. 변화와 치유를 고무시키기 위해서 치료안과 밖에서 영적이고 비일상적인 상태를 경험하도록 촉진하는 능력
5. 그들 자신의 영적 성장에 대한 적극적인 추구
6. 다른 심리치료 접근과 심리 이론에 대한 기초 지식

초개인주의 치료자 자신의 의식과 존재는 "치료적 여행을 위한 안내 불빛을 제공한다"

(Cortright, 1997, p.238). 그래서 초개인주의 심리치료자들은 그들 자신에 대한 작업을 지속하도록, 그리고 주의력, 명확성, 불쌍히 여기는 마음, 비-애착 성질에 있어서 발전하도록 기대된다. 그들은 또한 그러한 안내를 찾는 내담자들과 효과적으로 작업하기 위해 초개인주의적 상태의 경험을 직접적으로 해보았어야 한다. 직접적인 경험은 종종 영성에 대한 기초를 제공해주는 훈련의 의미로 해석되어진다(Walsh & Vaughan,1996).

초개인주의 심리치료자들은 또한 비일상적인 상태와 연관된 독특한 윤리적 문제들을 역점을 두어 다룰 수 있어야 한다. 비일상적인 상태에는 신비로운 경험과 관련된 황홀경 상태와, 명상 상태와 관련된 분리와 같은 것이 있다. "비일상적인 의식 상태를 유도하기 위한 적절한 훈련에는, *내담자로서의* 비일상적인 의식에 대한 개인적인 치료 경험들이 많이 요구된다"(K. Taylor, 1995, p.49). 비일상적인 상태의 내담자들은 또한 좀 더 암시적이고 취약해지기 때문에, 전이와 역전이 문제가 강조될 수 있다. 설명후 동의서에는 일어날지 모르는 종류의 경험들에 대한 포괄적인 정보, 접촉에 대한 동의, 회기의 기간, 힘들 때 치료자의 가용성, 치료적 과정, 치료비, 비밀보장, 그 외 다른 사전 동의의 요구를 포함한다.

강점과 제한점

강점

초개인주의 심리치료는 샤먼과 아메리칸 인디언의 주술 치료자와 같이 범문화적인 의사소통, 전통적인 치유자와의 진실한 대화를 허용하는 이론과 실제의 기초를 제공한다. 남아프리카의 심리학 교수인 Edwards(1995)는 다음과 같이 말했다.

> 초개인주의 심리학은 남아프리카 상황과 특히 관련된 연구와 임상 실제의 다양한 형태를 포함하고 있다. 그것은 의식의 다양한 상태를 중요하다고 인식하는 다 상태(multistate) 훈련이다. 많은 상담 모델들이 한 가지 상태에 대한 시각을 적용하며, 이러한 시각은 아프리카 전통 치유자들에게는 거의 의미 있는 기여를 하지 못했다. 초개인주의 심리학은 심리학내의 다른 많은 접근들보다 좀 덜 유럽인 중심의 시각으로써, 아프리칸 전통 치유자와의 진실한 대화를 허용하는 이론과 임상 실제의 기초를 제공한다. (n.p.)

제한점

초개인주의 심리학은 대부분의 인지행동 치료자들과 정신분석자들과는 달리, 임상가들 사이에서 이론적 동의를 이루지 못했다. Abraham Maslow, C.G. Jung, Roberto Assagioli, Stanislav Grof와 Ken Wilber의 주요 초개인주의 이론들에는 어떤 일정한 공통성이 있다. 이들 모두 초개인주의적 경험들을 자아와 실존적 정체성 이상의 것으로 간주하고, 모두 영적 체험의 중요성에 동의한다. 또한 무엇이 기본적인 영적 성질을 구성하는지에 대한 근본적인 동의에 이르고 있다: 그것은 자비롭고, 사랑하며, 현명하고, 수용적, 직관적, 자발적, 창조적이며, 영감을 받고, 평온하며, 깨어있고, 연결된다는 점이다(Vaughan, 1991).

하지만 "이론들이 초월적인 자기에 대한 그들의 개념적 이해와, 발달 심리학(developmental psychology) 혹은 어떻게 초월적인 정체성이 이루어지는지에 대한 설명에서 동의를 이루는 데에는 실패했다"(Daniels, 2002, p.5). 결과적으로 초개인주의 심리학은 경쟁하는 이론들의 타당성에 대한 내부적인 논쟁에 의해 때때로 의견이 분분해 왔다. 게다가, 이론에 대한 전반적인 동의 부족은 그 분야의 비평가들에게 그 타당성에 대한 의문을 가지게 했다. 초개인주의 심리학자들이 1990년에, 미국심리학회(APA)에 정식으로 초개인주의 심리학 분야의 설립을 청원했을 때, 제안이 받아들여지지 않았다. 그것은 초개인주의 심리학의 "비과학적인" 특성에 대한 어느 정도의 걱정 때문이었다. 두 번째 제안이 얼마 후에 있었지만 그 또한 받아들여지지 않았다. 그때는 초개인주의 심리학이 초월적인 상태에 초점을 맞추고 고통, 죄책감, 질투를 무시하면서 인간 본질의 어두운 면을 "건너 뛰어넘으려는" 시도에 대해 비난하는 롤로 메이와 같은 저명한 인본주의 심리학자들에 의한 일부 비평 때문이었다. 앨버트 앨리스는 신성한 존재들에 대한 비합리적인 믿음, 독단주의적 경향성, 과학에 대해 반대한다는 점에서 초개인주의 심리학을 공격했다. 하지만, 메이와 엘리스는 초개인주의적 접근들에 있어 뉴 에이지의 대중화, "초개인주의 심리학자들과 '초개인주의자' 사이의 일반적인 혼동"에 초점을 맞춰온 것으로 보인다(Chinen, 1996, p.13). 현재 초개인주의 심리학에 초점을 맞추는 APA내 분과는 없다. 다만 32(인본주의 심리학) 분과가 이사회에 초개인주의 심리학자들을 포함하고 있고, APA의 연간 회의 내용에서 초개인주의적 발표들을 포함할 뿐이다.

● 적응증과 금기

초개인주의 심리치료적 접근은 비일상적인 상태의 중요성에 주의를 기울이고 이를 수용하기 때문에, 영적 위기와 정신증적 장애(급성과 만성 둘 다 Lukoff, 1996)의 치료에 성공적으로 사용되어 왔다. 의식의 정신증적 상태는 초개인주의 이론에서 특별한 중요성을 띤다. Wilber(1980)의 의식 스펙트럼 모델에서, 정신증은 *prepersonal*(유아적이고 퇴행적인)이거나 *transpersoanl*(초월하고 절대적인)인 것이 아니라 *depersonal*-좀 더 높고 낮은 수준의 혼합물이다. Wilber(1980)가 "[정신증]은 고도의 정신구조가 황폐하게 붕괴되어 떨어지는 부분들을 수반한다"라고 썼다(p. 64.) 그리고, 계속해서 그는 정신증적인 사람은 "종종 깊은 영적 통찰력에 이른다"고 했다(p. 108). 하지만 초개인주의 심리학자들은 정신증을 좀 더 고도의 상태로 보는 게 아니라, 그 개인과 사회 둘 다에게 문제를 야기할 수 있는 것으로 본다. 일부 개인들은 그러한 경험들로부터 혜택을 본 것으로 알려져 있다. 그러나 비참한 결과가 초래될 수 있고 일생에 걸쳐 장애로 남을 수 있다는 점은, 치료와 영적 훈련들과 같은 대안적 돌파구들이 좀 더 안전하고 좀 더 믿을 만하다는 점을 시사한다.

이 장에서 두 가지 사례 연구는 정신증적 삽화가 있었고, 초개인주의적 접근을 통해 그들의 경험들을 통합할 수 있었던 환자들에 대한 것이다. 초개인주의적 접근들의 유효성을 증명하는 장기적인 추적 연구들과 어떤 종류의 환자들이 그것들을 통해 좀 더 효과를 얻을 수 있는지는 결론 나지 않았다. 그렇다고 할지라도, 여기서 포함한 사례와 같은 사례 연구들은 성공적인 결과가 있는 장기 추적 연구를 포함하고 있다. 입원과 약물치료를 필요로 하는 심각한 정신증적 장애와 영적 응급상태를 감별 진단할 수 있는 기준도 제안된 바 있다(Lukoff, 1985). 정신 장애에서조차, 정신증에서 일어나는 강력하고 때때로 긍정적인 초월의 경험을 인정하는 것이 약물 치료의 순응도를 보장하기 위해 필요한 치료적 동맹을 발전시키는데 도움이 될 수 있다(Jamison, Gerner, Hammen, & Padesky, 1980).

초개인주의적 접근들은 또한 더 높은 힘과의 교신을 위해 "영적 갈구"로 잘못 이끌어진 것으로 보이는 중독 장애에도 활용되어 왔다(C.Grof, 1993; Miller, 1990). 많은 약물 중독들과 연관된 비일상적인 상태들은 대안적인 비일상적인 상태를 야기하기 위한 초개인주의적 개입방법을 사용함으로써 다루어지기도 했다(Peteet, 1993).

또한 초개인주의 심리치료는 이러한 문제들을 다루는 영적 전통들을 통해 통찰력을 통합시킴으로써 사망과 애도에도 적용되어 왔다. (*초개인주의 심리학회지* 참조: Garfield, 1975; Leslie, 1976; Lieff, 1982; Richards, Grof, Goodman &Kurland, 1972; Waldman, 1990). 이것은 *티베트 사자의 서(Tibetan Book of Living and Dying)*와 같은 책을 포함하여 불교에서 매우 깊이 영향을 받은 또 다른 영역이다(Sogyal Rinpoche, 1994).

문화와 성별에 대한 고려사항

일부 종교적이고 영적인 믿음과 실행들은 가부장적인(Campbell, 1972) 가치와 이미지를 포함하고, 만약 그것들 고유의 형태로 적용된다면 여성에 대해서 억압적일 수 있다. 하지만, 초개인주의적 견해는 일반적으로 여성의 가치와 여성의 종교적 도상에 대해 매우 수용적이다(예: *초개인주의 심리학회지*의 논문 제목이 "티베트의 Vajrayana 불교에서 여성의 이론: 불교 페미니스트의 고찰" Asante, 1984). 초개인주의 심리학 학회에서는 Jean Bolen, June Singer와 그 외 다른 저자들의 여성 영혼에 대한 많은 발표를 포함시켰다.

연구에 의하면 환자들은 그들의 건강상의 문제와 관련되는 영적인 욕구들에 대해 그들의 의료인들이 그들과 이야기해주기를 원하고 있으며, 단지 소수의 미국인(5-10%)만이 분명한 종교적 혹은 영적 개념, 언어, 실행들에 불편함을 느낀다고 일관적으로 보고되고 있다(Koenig, McCullough & Larson, 2001). 그래서 초개인주의 치료자들은 영성의 중요성을 분명하게 인정함으로써, 그들의 의료인들과 영성에 대해 세밀하고 정보에 근거한 토론을 원하는 대중의 대다수와 좀 더 같은 태도를 취하고 있다

기대되는 향후 발전 방향

세상에서 주요 정치적 갈등의 대부분은 종교적인 방향을 따라 일어나고 있다. 초개인주의 심리학은 점차 글로벌화되어가는 이 세계에서 현시대의 갈등을 해결하도록 돕는, 이 종교간의 대화가 가능하도록 기여할 수 있다(Rothberg, 1990).

미래에는, 초개인주의적 임상 접근들이 종종 초개인주의적인 심리학적 구조 없이 더욱 확장되고 진화될 것이다. 다양한 세계 종교들에 근거한 용서 훈련은 집단 갈등을 다루기 위해, 또한 개인 심리치료에서 널리 활용되어 왔다(Luskin, 2001). 또 다른 예는 전직 미국 심리학회 회장이었던 Matin Seligman이 앞장선 긍정 심리학 운동이다. 한 연구에서, 그는 우울증에 대항하는 주요 통계학적 완충제들 중의 하나가 진지한 종교적 헌신이라고 보고했다(Sethi & Seligman, 1993). 그리고 그는 영성과 종교가 미국과 다른 나라에 걸쳐 엄습하고 있는 우울증의 유행을 다루는데 중요한 역할을 한다고 밝혔다(Seligman, 2001). 또 다른 예는 마음챙김 개입이다. 그것은 근본적으로 초개인주의 심리학 분야이지만 지금은 보조 의학과 대체 의학에서 성장하는 분야로 넓게 통합되었다. 초개인주의 심리치료에서의 중심인 영적 치유와 샤머니즘은 또한 보조 의학과 대체 의학에서 영적 개입들로 연구되어 오고 있다(http://nccam.nih.gov).

임상 사례

초개인주의 치료는 개인이 그들의 정신증적 삽화의 변형적 측면을 깨닫게 해준다. 그것은 Laing(1972)이 기술한 것처럼, 정신증을 잠재적으로 "붕괴(breakdown)라기보다는 진전(breakthrough)"이라고 보는 대안적인 견해에 근거하고 있다. 초개인주의 치료는 개인의 통찰력과 영적 영역을 이해하기 위해 환자의 환청과 망상의 내용을 탐구하는 것을 수반한다. 그것은 급성 시기와 정신증후 통합 시기 두 기간 동안 수행될 수 있지만 두 상황에서 달리 접근하게 된다. 급성 정신증적 환자의 치료는 그들의 내적 탐색을 안전하게 마치게 하는데 주력한다. 정신증후 통합시기에서는 이번 두 가지 사례에서 연구 초점을 맞춘 것처럼, 내담자들이 그들의 정신증적 삽화를 새로운 이야기로 구성하도록 도와주는 것이 주요 작업이 된다. 그것은 좀 더 열정적이고 의미 있는 삶으로 긍정적인 인도를 하는 것과 같은 기능을 할 수 있다.

DSM-IV 분류에서 종교적 혹은 영적 문제(Religious and Spiritual problem: V62.89)의 제안은 정신증적 증상들과 함께 나타나는 영적인 응급상태의 오진과 치료에 대한 초개인주의 심리학자들의 염려에서 비롯되었다. 이러한 영적 응급상태들은 미국심리학회와 *초개인주의 심리학 회지*의 논문에서 몇 가지 발표된 주제이다(Lukoff, Lu & Turner, 1992). 이 진단적 범주는 원래 "정신영적(psychospiritual) 위기"라고 제안되었으나, 후에 종교적 문제를 포함하는 것으로 확장되었다(Lukoff, Lu, & Turner, 1992). 이 진단적 분류는 정신 장애가 아니라 "임상적 관심의 초점이 되는 다른 상태(Other Conditions That May Be the Focus of Clinical Attention)"라는 부문의 목록이다. 따라서 그것은 정신증의 한 형태로 고려되는 것이 아니라 종교적이고 영적인 경험들과 관련된 문제이다. 이러한 개념에서, *DSM-IV의* 애도(Bereavement)의 분류와 유사하다. 애도는 우울증상을 포함할 수 있지만 상실에 대한 정상 반응으로 여겨지기 때문에 정신장애는 아니다(Lukoff, 2003). 게다가 이 부문의 모든 진단들은 *DSM-IV에* 있는 그것과 관련된 혹은 관련이 없는 정신장애와 동시에 발생할 수 있다.

하워드

● 내담자 배경과 현재 문제

1981년, 하워드(28세 남자)는 내가 근무하던 UCLA 신경정신의학 연구소의 내(DL) 사무실로 전화를 했다. 그는 "정신증: 신비주의 체험, 샤머니즘, 혹은 병인가?"라는 제목의 내가 진행하고 있던 워크샵의 광고를 보았었다. 그는 워크샵에 참여할 수 없었지만 내가 그의 "정신적 방랑(Mental Odyssey)"의 이야기에 관심이 있을 거라고 확신했었다. 우리는 점심 때 만나기로 했다. 그리고 거기서 그는 9년 전에 6주간 입원했던 상황에 대한 경험을 나에게 이야기하기 시작했다. 나는 정신과 전공의, 심리학 수련생, 간호 스탭을 위한 내 UCLA 세미나의 발표에 그를 초대했다. 다른 몇몇 이전 환자들이 이미 왔었고 그들의 정신증적 삽화, 정신 건강 시스템에 의한 그들의 치료, 합의된 현실과 사회적 규범에 재적응하면서 직면했던 어려움들을 논의했었다. 하워드는 내 발표를 위한 초대에 열렬히 호응했다. 이전에 자신의 정신적 방랑에 대한 완전한 이야기를 해볼 기회가 전혀 없었기 때문이다. 그의 이야기는 마술적이었으며 나는 그의 정신증적 경험에 대한 설명에 스며들어 있던 풍부한 상징적 이미지에 특히 흥미를 느꼈다. 나는 그에게 긍정적으로 변화시킬 수 있는 정신증적 삽화 사건을 기록하는 사례 연구에 함께 작업할 의사가 있는지 물었다. 그 삽화는 영적 응급상태의 초개인주의 모델에 적합한 것이었다. 나는 그의 표현을 녹음하고 녹취록으로 풀어썼다. 결국 "정신 질환의 신비(The Myths in Mental Illness)"라는 제목의 사례 연구를 하는데 2년간 15번의 만남이 이루어졌다(Lukoff & Everest, 1985).

하워드가 입원했던 당시, 그는 고등학교를 졸업한 다음 미국과 멕시코 주위를 8개월간 히치 하이킹을 하며 돌아다닌 후에 캘리포니아 중심부의 부모님 집으로 막 돌아왔었다. 그는 작곡하고 시를 정정하는데 매일 밤을 새운 후에 다음과 같은 일이 있었다고 말했다.

> 새벽녘에, 나는 황홀한 상태였다. 그날 아침에 나는 "나는 다시 태어났어요 아버지는 나의 태양이고 어머니는 나의 달이예요 나는 우주의 아이예요...내 경험은 성공적이예요!"라고 알리며 부모님을 맞이했다.

하워드는 고대 신화의 상징적 이미지와 주제에 몰입되었다. 예를 들어, 그는 단순한 오후 산행을 천국으로 가는 여행이었다고, 즉 그 동안 입구로 들어가는 마술적 통로, 효험의 장소, 신성한 산, 인도하는 영혼, 강력한 적들을 마주쳤다고 자세히 설명했다. 그 후에 그는 지옥에서 돌아왔고 다시 태어났으며 천국에 그에게 정당한 장소를 차지했다고 그의 가족들에게 말했다. "나는 선천옹이고 당신은 비둘기입니다"라고 그는 말했다. 하워드는 또한 상세한 만다라를 그렸다-그는 그것들을 "열쇠"라고 불렀다. 그것들은 널리 잘 알려진 상징들과 문화적 모티브들을 포함했다: 구멍 낸 손과 눈, 원과 함께 이슬람교적 초승달과 별, 음양의 상징, 무한대 기호(그림 8.1 참조) 등이다.

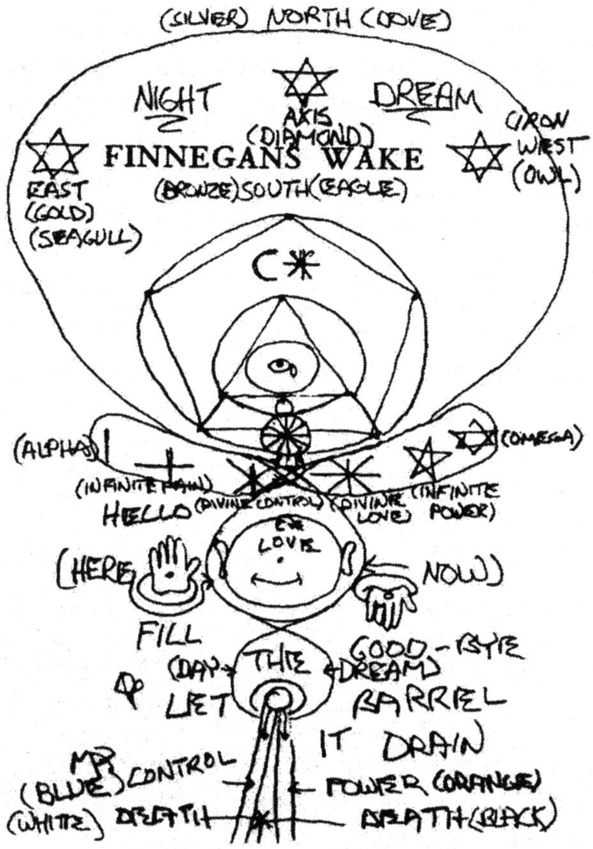

그림 8.1. 하워드가 첫 번째 입원 시에 그의 "열쇠"를 연필로 그렸다. "정신 질환의 신비"-D.Lukoff and C. Everest, 1985, *초개인주의 심리학회지*, 17, P.136.

그가 집에 돌아온 네 번째 날에, 일반 개업 의사인 그의 아버지는 그에게 병원에 가지 않겠냐고 물었다.

> "우리는 너에게 몇 가지 시험을 해보길 원한단다."라고 그는 말했다. 나는 과학과 인문학의 잠재적 가치에 대한 생각으로 동의했다. "의학계는 내가 경험하고 있는 것들에 주시해야 하고 그것으로부터 무언가 배워야 해요."라고 나는 아버지께 말씀드렸다. "의학 전문가들은 그것을 과학적으로 살피고 연대기순으로 기록하고, 세상은 이득을 얻을 거예요. 나는 분명히 이득을 얻고 있고 그것을 모든 사람과 공유할 필요가 있어요." 정신과 병동에서 나는 시험에 동의한다는 뜻으로 종이에 사인했다. 그리고 나서 내 아버지는 간호사에게 나를 맡기고 떠났다. 나는 나의 실험을 마치기 위해 떠나야 했기 때문에 시험을 시작하자고 말했다. "편하게 생각하세요." 그가 말했다. "마음을 가라앉히세요. 당분간 여기 계실 거예요."

그의 의학 기록이 7년 후에 폐기되었으나, 나는 급성 정신분열성 반응이라고 나와 있는 하워드의 입원 기록 복사본을 얻을 수 있었다.

평가

나는 그의 정신적 방랑에서 보여줬던 정신증적 증상의 유형이 어떤 것인지 결정하기 위해 하워드에게 1시간가량 후향적인 정신 상태 검사(Wing, Cooper & Sartorius, 1974)를 실시했다. 몇 가지 망상은 다음과 같다.

- *사고 침투의 망상* : “이러한 단어들이 내 자신의 인지적 과정에서 꾸며낸 것이 아니라...외부 근원에서 들어오는 것 같았다.”
- *관계 망상* : “멕시코인이 특별한 목적 즉 나, 내 의지를 시험하기 위해 여기 있었다. 관리인은 그가 아는 것처럼 보이는 것보다 더 알고 있었고 또 다른 기능을 하였다.”
- *과대 능력* : “나는 피리 부는 사나이였다-경험이 이루어질 수 있다는 것을 보여주고 문을 열어서 다른 사람들이 성공할 수 있도록 하기 위해 사람들을 부르고 있었다.” “사건들이 영원, 시간, 장소에 대한 지배와 개명을 위해 나를 준비시키고 있다.”
- *종교 망상* : “나는 천국 왕국으로 들어가는 사람들의 행렬의 첫 번째 중 한 사람이 될 것이다.”

환청과 괴이한 행동 또한 평가되었다:

- *환시* : “나는 죽음이 웃고 있는 얼굴을 보았다. 내 병실에서 세 마리의 노란 새를 보았다. 하늘은 밝은 오랜지 빛이었다.”
- *환촉* : 광선이 내 복부를 향했을 때, “나는 둔한 물체에 의해 찔리거나 눌려져.. 내 명치가 둔하게 찔리는 느낌을 받았다.”
- *괴이한 행동* : 8자를 그리면서 걷기, 다른 방향으로 돌기, 휘파람 불기, 이해할 수 없는 단어로 소리지르기를 포함한 관습적인 행동.

그는 입원치료로 이어진 상승된 기분(기준 A)과 조증 삽화(기준 B)의 특징적인 *DSM-IV* 목록의 5가지 증상이 있는 것으로 평가되었다:

- *상승된/확장된 기분* : 입원 전 4일과 6주간의 입원기간 동안 “황홀한” 기분을 보고했다.
- *조증 증상* : 수면 욕구의 감소, 말수의 증가, 사고 비약, 팽창된 자신감, 주의 산만

진단과 임상적 개념화

그의 입원 기간 당시에, 하워드의 정신증적 증상들은 *DSM-I*(American Psychiatric Association, 1952)의 급성 정신분열성 반응(Acute Schizophrenic Reaction)으로 진단되었다. (실제로, *DSM-II*[American Psychiatric Association, 1968]가 그 당시 유효하였기 때문에 정확한 진단은 급성 정신분열성 삽화(Acute Schizophrenic Episode], 295.4)였다. 그는 진단을 받고 약물치료를 받았으며 정신분열증 환자로 치료받았다.

최신판인 DSM-IV-TR(American Psychiatric Association, 2000)에서, 이러한 삽화는 양극성 장애, 기분에 일치하지 않는 정신증적 양상을 동반한 조증(296.44)의 진단기준을 만족한다. 단기 반응성 정신증은 증상들이 한 달 이상 지속되었기 때문에 배제될 수 있다. 그는 또한 영적 영역의 경험 요소들이 있었기 때문에 종교적 혹은 영적 문제의 진단 기준을 또한 만족한다(이후에 기술).

초개인주의적 진단

하워드는 "영적 응급상태"를 가진 환자의 좋은 예증이다. 1960년에 시작된 명상, 요가, 태극권 등의 동양의 영적 훈련뿐 아니라, 환각 유발 약물의 시도에 대한 관심은 많은 신비적이고 시각적 경험들을 유발했고, 그것의 일부는 그것들을 경험한 사람들에게 문제가 되었다. Christina Grof와 Stanislav Grof는 *영적 응급상태(spiritual emergency)*라는 단어를 만들어냈다. 그리고 영적 훈련들과 자발적인 영적 경험들과 관련된 심리적 어려움을 겪는 사람들을 돕기 위해 1980년에 Esalen Insititute에 영적 응급상태 네트워크를 창립했다.

Grof와 Grof(1989)는 영적 응급상태를 자발적인 비일상적 상태로 다음과 같은 현상을 불러온다고 기술했다:

> 성장과 변화의 과정이 혼란스러워지고 압도되는 위기. 그러한 삽화들을 경험하는 개인은 그들의 정체감이 무너지고, 그들의 오랜 가치가 더 이상 진실이 아니며, 개인적 실재 아래 깊은 지반이 급진적으로 변화하는 것 같은 느낌을 가진다. 많은 경우에, 신비적이고 영적인 체험들의 새로운 영역들이 그들의 삶 속으로 갑자기 그리고 극적으로 들어가서 공포와 혼돈을 일으킨다. 그들은 무시무시한 불안과 그들 매일의 삶, 직업, 관계에 대응하는데 어려움을 느끼고 그들 자신의 정신이 멀쩡한지에 대한 두려움조차 느낀다.

영적인 응급상태가 종종 정신증적 장애로 여겨지고 치료될지라도, 그것들은 잠재적으로 치유와 변화에 도움이 되는 영적 문제들로 다루어져야 한다.

하워드의 정신적 방랑에는, 신비적 경험들과 상당한 중복이 있다. 황홀한 기분이 조증과 신비적 상태 둘 다의 특징이라고 종종 기록되어 왔다(Podvoll, 1990). 신비주의자들은 또한 특징적인 영적 인식의 감각 혹은 하워드를 몰입시켰던 "새롭게 얻어진 지식"을 공유한다(James, 1902/1958).

하워드는 삽화 이전의 좋은 기능, 증상의 급성 발병, 경험에 대한 긍정적 태도와 같이 긍정적인 예후 요소들을 많이 보여줬다. 그는 정신분열증의 특징인 개념적 와해를 보여주지는 않았다(Buckley, 1981). 신비적인 경험들과 현상학적으로 중복되어 좋은 예후를 보였다는 점은 하워드가 영적 응급상태 유형의 내담자임을 시사해준다(Lukoff & Everest, 1985).

1970년에 융 학파 분석자인 John Perry는 샌프란시스코에 있는, 급성 정신증적 회복 과정에 있는 사람들을 위한 모범적 치료 환경인 Diabasis라는 주거 시설을 설립했다. Diabasis는 가족 같은 분위기를 만들어냈다. 그곳은 진단적 꼬리표가 사용되지 않고, 집중적인 내적 과정을 편안하게 할 수 있는 능력이 있는 사람들로 근무 구성원들이 선발된 곳이다. Perry는 다음과 같이 보고했다.

> 이러한 상황에서 우리가 놀란 것은 우리 내담자들이 매우 빠르게 정신이 맑아진다는 것이다!..급성 환청 시기는..보통 6주정도 지속된다. 그런데, 이것은 다양한 종교적 맥락에서 환상의 경험들에 대한 고전적인 기술과 일치한다.

하워드는 아마 Diabasis에 갔었더라면 안전한 환경에서 그의 "위대한 실험"을 탐색하도록 격려되며 잘 지냈을 것이다. 그의 상태가 정신병리적인 것으로만 보여서 정신과 입원을 6주하는 대신에, 그의 내면의 정신적 방랑 기간 동안 만다라를 그리고, 의식을 수행하며 영향력 있는 대상을 창조하는데 6주를 보낼 수 있었을 것이다. 그런 삽화들을 영적인 문제로 인식한다면 초개인주의적 치료에 타당성을 부여할 수 있을 것이다. 그래서 값비싼 병원 입원치료를 하지 않고 보다 비용효과적인 초개인주의적 치료를 할 수 있을 것이다.

치료 목표, 치료 관계, 개입 전략, 치료 경과

우리의 2년간의 만남 동안, 나는 15차례 면담을 하였으며, 몇 가지 평가 도구를 사용하였다. 하워드에게 그의 상징체계에 대해 적어보도록 요구했으며 그의 입원 기록 일부와 그 시기의 다른 자료들을 얻었다. 이러한 회기에, 하워드는 좀 더 세부적인 내용을 이야기했으며, 이 경험에서 나온 그림들과 다른 가공품들을 가지고 왔고, 사례 기록의 초고를 검토했다. 나는 곧 사례 연구를 준비하는 것이 그의 정신증적 경험을 통합하도록 하는데 도움이 되고 있다는 것을 알게 되었다. 하워드는 처음 점심때 만남에서 그가 그의 정신적 방랑의 전체 이야기를 어느 누구에게도 해본 적이 없었음을 나에게 보고했었다. 한 면담에서 그는 다음과 같이 이야기했다.

> 주기적으로 나는 친구들, 가족들과 내가 새로 발견한 지식을 함께 나누려 시도했지만 잘 받아들여지지 않았다. 나는 내가 여전히 "미쳤다고" 여겨지는 것을 알 수 있었다. 나는 다른 사람들과 이러한 문제들에 대해 이야기하지 않게 되었다. 우리가 다른 주제에 대해 이야기하면, 나는 내 경험들을 목격했던 사람들과 좋은 관계를 맺을 수 있었다.

하워드는 그의 입원 기간 동안에도, 그 후로도, 그의 경험에 있을 수 있는 가치에 대해 다른 사람으로부터 어떠한 인정도 얻지 못했다. 초개인주의 심리학자의 역할은 정신증적인 환자가 그들의 경험 속에 포함된 "메시지"를 보도록 돕는 것이다. James Hillman(1992)은, 회복이란 장애 안에서의 신성을 회복하고, 그 내용이 진정으로 종교적임을 보는 것이라고 주장하였다.

나와 하워드와의 몇 번의 만남에서, 그는 그의 "열쇠"의 상징이 여전히 그에게 매우 중요하다고 말했다. 그래서 나는 그에게 그 의미와 관련된 논평을 써보고 그의 "열쇠"를 다시 그려보도록 요청했다. 하워드가 적었던 18페이지 분량의 해석은 종교적이고 영적으로 다양한 자료와 관련된 광범위한 참고문헌을 포함했다. 그 종교적이고 영적인 자료에는 연금술적이고 난해한 구절, 미국 토착 원주민의 믿음, 융 학파의 개념을 포함한다. 그것을 발췌하면 다음과 같다:

> 미국 원주민들의 네 가지 방향의 중심성에 대한 믿음과 융의 네 가지 성격구조 사이에는 명백한 유사점이 있다. 나는 선천옹은 직관을, 올빼미는 감각을, 독수리는 사고를, 비둘기는 느낌을 대표한다고 본다. 나는 이 새들을 "신비적인 수단"이라고 명명하였고, 이들이 우주적인 진실의 매우 개인적인 표현이라고 이해하였다.

불교도 정신과의사인 Podvoll(1990)에 의하면 조증적 정신증에서, "종교적인 진실이 현실화된다. 바로 그 종교적 진실들, 사막의 교부(desert fathers: 이집트 황야의 은자로 생활하면서 최초로 그리스도교 수도원을 설립한 Saint Anthony와 Saint Pachomius 등의 수사들- 역주)와 위대한 신비주의자들의 종교적 진실 말이다."(p. 118). 삽화 10년 후에 기록된 하워드의 설명은 그 종교적 주제와 이미지에 대한 그의 이해를 보여준다.

하워드는 본능적으로 그의 상징 열쇠를 뚜렷한 중앙에서 시작해서 세로축을 따라 확장하는 만다라 형태로 그렸다. 만다라는 많은 종교와 심리적 갈등상태에서 발견되고 정신증적 환자들의 그림들에서 종종 관찰되어 왔다(Jung, 1969). 융은 그것들이 다음과 같은 면을 도와줌으로써 그림을 그린 환자들이 치료적 효과를 얻을 수 있다고 제안한다.

> 장애와 정신적 상태의 혼돈을 보상하도록 도와줌으로써–즉, 모든 것과 관련된 중심점을 구축함으로써, 혹은 혼란스러운 다양성과 모순되고 조화되지 않는 요소들의 집중적 배치에 의해서. 이것은 자연의 일부로서 자기 치유의 시도(attempt at self-healing)이다.(p. 4)

하워드의 재표현(그림 8.2)은 좀 더 정돈되고 기하학적이다. 그리고 사각형안의 원과 같이 중요한 새로운 요소들을 포함한다. 융(1969)에 의하면, “원을 사각형 안에 가두는 것”과 같은 이미지가 연금술의 도해에서 많이 발견되며, “기능적 관점으로 볼 때 가장 중요한 [연금술의 모티브]중의 하나이다. 사실상, 그것은 전체성의 원형(archetype of wholeness)이라고 불리울 수도 있다.”(p. 4). 하워드의 열쇠의 재표현에서 전체성의 원형으로의 통합은 그의 정신증적 삽화의 통합을 반영한다.

그림 8.2. 12년 후 하워드가 동일하게 연필로 그린 “열쇠”. “정신 질환의 신비”–D.Lukoff and C. Everest, 1985, *초개인주의 심리학회지*, 17, P.137.

치료 결과

2개월 후에 하워드는 병원에서 나갔고 "곧 방랑 전 의식상태로 되돌아 왔다." 그는 집중력과 기능을 되찾아야 한다는 걸 알았다. "나는 완전히 지쳤다–육체적으로, 감정적으로, 정신적으로. 나는 병원에 있을 때 주었던 약물 복용을 중단하였고 그 후로 결코 어떤 유사한 약물도 복용하지 않았다."

이 사례 연구의 마지막 작업에서, 하워드는 그의 정신적 방랑을 회상하며 다음과 같이 기록하였다.

나는 내 경험으로부터 많은 것을 얻었다. 나의 견해로는, 방랑은 성공적이었고 나는 어찌됐던 그 경험을 후회하지 않는다. 하지만, 누구에게나 통제된 광기 속으로의 여행을 권유하지는 않는다. 인간이 얻기를 바랄 수 있는 가장 좋은 것은 아무리 변하는 것일지라도, 안개 속을 정말 잠시 흘끗 들여다보는 것뿐이다. 그 위험성은 매우 크다. 사람을 영원한 깨달음과 기쁨으로 안전하게, 단계적으로 이끌 수 있는 검증되고 참된 통로들이 이미 이용 가능하다는 점을 고려해본다면 말이다.

하워드는 사례 연구를 출판한 지 11년 후에 나에게 다시 한 번 연락했다. 그는 심리학 학사 과정을 졸업했고 나와 대학원 선택에 대해서 의논하기를 원했다. 그는 병원에서 퇴원한 이후로 어떤 약물도 복용하지 않았었고 입원한 적도 없었다. 나는 나중에 그가 심리학 대학원 과정에 합격하고 과정을 마쳤음을 알게 되었다.

브라이언

내담자 배경과 현재 문제

브라이언(47세, 베트남 참전 군인)은 2개월간 4차례의 입원치료가 필요했던 연속적인 조증적 정신증 삽화 이후에, 재향군인 주간치료센터에 들어가기 위해 퇴원하였고 내게(DL) 배정되었다. 나는 이전 2개월간 단 한번 브라이언을 보았다. 그가 아팠던 지난 16년간과 마찬가지로, 그를 병원으로 데려오는 사람은 경찰이나 정신 건강 전문가라기보다 브라이언의 친구들이었다. 그의 입원 배정을 위한 모임에서, 브라이언은 완전히 헝클어져 있었다. 그는 그의 담배에서 담뱃재가 떨어져 옷을 태우는 것조차 거의 주의를 기울이지 못했다. 담배가 그의 손가락을 태워버릴 때조차 그는 통증을 느끼지 못하는 것 같았다. 브라이언은 다른 세상 사람 같았다. 나도 그 누구도 그와 접촉할 수 없었다.

짧은 과거력상, 브라이언은 1966년 징집되기 전에 대학교를 졸업했고 영화학 대학원 과정을 마쳤다. 그의 상태에 대한 첫 번째 증상과 첫 번째 입원이 1968년 군대 제대 이후 1년 이내에 일어났다. 그와 재향군인 보훈병원의 담당 의사들 모두 그의 발병 이유를 군 생활 때문인 것으로 보았다. 두 번의 결혼과 이혼을 한 후에 브라이언은 이웃에 살았던 그의 스무 살 된 딸과 가까운 관계를 유지하였다. 브라이언은 그가 독립된 예술가로서의 삶의 방식을 추구하였던 세 개의 방이 딸린 아파트를 유지할 수 있었다. 그것은 그가 100% 군대 관련 장애에 대해 재향군인 보훈병원으로부터 연금을 받았기 때문이다.

브라이언이 잘 기능할 때는, 그는 데생, 회화, 이따금씩 바와 카페에서 그의 작품들을 전시하는 등 생산적이었다. 그는 산문, 단편소설, 시, 편지를 편집자들에게 썼으며, 그것은 신문이나 잡지에 실렸었다. 과거에, 브라이언은 다큐멘터리 영화를 제작했었고 지역 영화 협회에서 일주에 하루씩 자원봉사를 했다.

● 평가와 진단

정신병리(Psychopathology). 브라이언은 양극성 장애, 기분과 일치하는 정신증적 양상을 동반한 조증 삽화의 DSM-III 진단 기준을 만족했다. 그는 우주인이 그를 조정한다는 망상적 몰두와 함께 팽창된 가치, 힘, 지식에 대한 과대 망상을 가졌다. 그의 삽화는 또한 초월적 의미의 핵심 문제들과 관련되었으므로, 종교적 혹은 영적 문제(religious or spiritual problem)의 기준을 만족한다(이후에 기술).

초개인주의적 진단(Transpersonal Disagnosis). 나는 브라이언의 기능과 행복을 최대화하기 위한 나의 평가와 치료 계획을 짤 때 마슬로우(1943)의 욕구 모델 위계를 따랐다.

> 다음은 우세함의 순서에 따라 정한 목적 혹은 목표, 욕구 설정의 5가지 위계이다. 첫째, 생리적 욕구의 만족...둘째, 안전 욕구...셋째, 사랑, 애정, 따뜻함, 수용, 소속감. 넷째, 강함 혹은 충분함의 느낌을 위한 자존감, 자긍심, 자신감...다섯째, 자기실현, 자기 충족, 자기표현, 자기 자신의 근본적인 인격의 실천, 그 잠재력의 충족, 그 능력의 사용, 사람이 될 수 있는 가장 좋은 상태가 되는 경향.(Maslow, 1943, pp.85-92)

재향군인 보훈병원 장애 급여 덕택에, 브라이언의 기본적인 육체적 욕구와 안전 욕구는 모두 만족되고 있었다. 충족되고 있지 않는 것은 보다 높은 단계의 욕구였다.

우리의 첫 번째 개인치료 회기에서, 브라이언은 둔하고 우울해 보였다. 그는 창조적이지 못하고 예술이나 글쓰기에 더 이상 흥미가 없다고 호소했다. 그는 그의 약물이 과다하다고 믿었고 약물 용량을 줄여달라고 담당 정신과 의사에게 내가 요청해주도록 부탁했다. 최근 이어진 그의 입원을 고려하였을 때, 나는 약물 변경이 필요하지 않다고 생각했다. 나는 머지않아 창조성이 방해받고 있다는 그의 호소를 매우 심각하게 받아들였다.

예술가로서의 브라이언의 정체성은 그가 활동적인 사회인으로서 살아가는데 핵심적이었다. 브라이언의 사회적 지지체계는 주로 예술가들과 그들의 가족, 친구들로 구성되어 있었다. 어떤 양극성 장애 환자는 그들의 삶에 어렵게 대응하기보다 과대 망상적 현실에서 살아가기를 더 선호한다. 이러한 내적 환상 속으로의 철회는 "미치고자 하는 욕구"라는 말로 표현된다(Vam Outten, Crumpton, & Yale, 1976). 나는 브라이언의 창조성 장애가 그가 미치지 않도록 동기를 부여했던 예술가 사회와의 접촉을 잃게 할까봐 염려되었다. 브라이언은 또한 예술가 사회에서의 친구들을 통해 Maslow의 세 번째 단계인 소속감과 사랑의 욕구를 충족하고 있었다.

● 치료 목표, 과정, 개입 전략

치료는 브라이언의 창조 에너지가 글쓰기를 통해 다시 불붙게 하는데 초점이 맞춰졌다. 처음으로 정신 질환의 설명을 노출하여 집대성한 Kaplan(1964)은 다음과 같이 기술했다. "환자는 정신과의사와 과학자의 역할을 취하여 그가 경험하고 있는 것의 의미를 반영해 본다. 글을 쓴다는 행위 자체에 그런 숙고와 관심이 함축되어 있다"(p. ix). 정신증은 주관적인 경험의 상당한 변형과 관계되기 때문에, 생생하고 풍부한 표현의 글을 쓰기 위한 다양한 자원을 제공한다. 위대한 작품들에서 광기는 흔히 등장하는 주제이고, 광기를 기록한 설명들은 풍부한 유산이다(Sommer & Osmond, 1960; Vonnegut, 1975).

브라이언은 많은 산문과 단편소설들을 썼지만, 이전에 조증적 정신증 시기의 경험들에 대해 쓴 적은 없었다. 그는 그의 정신증적 경험들의 환상적 본질을 표현하는 것에 대한 기대로 흥미를 느끼는 것처럼 보였다. 이것은 특히 그의 지난 18년간의 입원기간 동안 우주인과의 만남이 처음 있는 일이기 때문이다.

그는 그의 최근 정신증적 경험에 대한 기록이 그가 수행하고 성취할 수 있는 창조적인 작업임에 동의했다. 그 다음 주에 그는 "통제 받는다는 것"이라는 제목의 5페이지 분량의 에세이를 치료 회기에 가져왔다. 다음의 10회기 동안 그는 5편의 에세이를 더 썼다: "한 차례 조증-우울증의 시간", "메신저가 되는 것", "또 다른 병원", "거대한 질문들", "공룡들이 영혼을 갖는 것의 의미" 브라이언은 이것을 "창조적인 치료"라고 불렀다.

에세이 혹은 그 속에 기술된 어떠한 사건들도 시간적으로 조직화되지는 않았다. 시작, 중간, 끝이 있는 이야기가 아니라 단지 잘 기술된 환상적 경험들과 사건들이었다. 예술가로서 브라이언은 그의 환상적인 비일상적 경험들을 그 자신에게 미학적인 경험들로 만들어주고 다른 사람들에게는 즐거움을 주는 예술적인 창작품으로 변형하는 일을 하기를 원했다.

브라이언의 도움으로, 나는 그의 에세이들을 사건이 발생한 시간 순서에 따라 편집했다. 그의 입원 기록도 퇴원 기록도 브라이언이 외계인 유괴 경험(alien abduction experience: AAE)을 겪었다고 언급하지 않았기 때문에, 결과적인 이야기는 나를 놀라게 했다.

> 외계인 유괴 경험들은 주관적으로는 실제의 기억들로 특징지어진다. 그것은 비밀스럽게 그리고/혹은 보기에 비인간적인 속성으로 의지에 반해, 보통 우주선(예:UFO)으로 해석되는 장소로 납치당하는 것으로 이루어진다. (Appelle, Lynn & Newman, 2000, p. 254)

브라이언은 그가 경험한 우주인 유괴의 핵심 요소들을 보고했다: 생포, 검사, 우주인과의 의사소통, 다른 세계로의 여행, 신의 출현(영적 메시지를 받음), 지구로의 귀환.

그러한 경험들을 했던 많은 사람들은 그들의 삶이 우주인을 만남으로써 깊은 영적 수준에서 근본적으로 변화되었다고 보고한다. 임사체험(near-death experience: NDE)의 세계 권위자 중 한 사람인 Kenneth Ring(1992)은, 외계인 유괴 경험을 한 사람과 임사체험을 한 사람들을 비교하는 연구를 하였다. 그는 그것들이 같은 유형의 심리영적 변형에 이르는 *다른* 통로라고 결론지었다. 그들은 그런 심리 영적 변형 상태에서 모든 삶이 연결되어 있고 신성하다는 것을 크게 깨닫게 된다. 외계인 유괴 경험(AAEs)이 영적으로 변화시킬 힘이 있다 하더라도, 그것들은 또한 환자들이 괴로운 측면들을 통합하는 작업을 함에 따라 영적인 문제들로 나타날 수 있다(Grof & Grof, 1989).

내가 브라이언의 조증적 정신증 기간 동안 치료를 맡았던 정신건강 전문가들과의 개인적인 접촉에서 얻은 바에 의하면, 그의 우주인과의 경험들은 단지 양극성 장애의 증상으로만 다루어졌다. 그의 치료에서 그것들에 대해 한 번도 관심이 기울여지지 않았다. 조만간 그러한 경험들은 치료의 초점이 될 수 있다.

치료의 초점이 내담자들에게 외계인 유괴 경험의 가능한 설명들을 교육하는 것, 내담자의 인생에서 외계인 유괴 경험의 의미를 찾도록 격려하는 것, 또는 불가피한 결정의 부재를 초월하는 대응전략을 세우는 것에 맞춰질 때, 치료를 제공하는 위험이 최소화되고 긍정적인 결과가 최대한

보장될 수 있다. (Appelle et al., 2000, p.271)

나는 몇몇 치료자들이 정신증적 환자들에게 한 것처럼 브라이언의 망상적 세계에 참여함으로써 함께하는 전략을 쓰지는 않았다(Linder, 1954). 나는 브라이언이 이러한 믿음들에 대해 "현실검증"하도록 돕는 역할을 하지 않았다. 우주인 유괴 경험자와 역시 폭넓게 작업했었던 John은, 치료에서 "보고하는 경험들의 문자적 혹은 물질적 실제성을 확립하기 위한 권고는 없다... 나는 유괴 보고들이 필연적으로 인간 신체의 문자적, 육체적 체포를 반영한다고 보지 않는다"(Mack, 1999, pp. 29, 31)라고 썼다. 나는 브라이언이 경험한 외계인 유괴 경험의 육체적 실제성에 대해서는 중립적인 태도를 취하면서도, 그의 경험의 강력함과 기이함은 인정하였다.

브라이언은 그것이 "융 학파의 경험들"은 아니라고 주장했기 때문에, 나는 우리의 치료 회기에서 브라이언이 저항을 보일 수 있는 신화나 외계인 유괴 경험, 혹은 영성에 대한 토의는 하지 않았다. 브라이언이 그의 경험들에 대한 초월적인 요소가 있음을 부정한다 할지라도, 나는 그를 치료하는데 나의 초개인주의적 맥락, 즉 외계인 유괴 경험을 영적 문제의 한 유형으로 보는 시각으로 도움을 주었다.

그가 다시 글을 쓰고 그림을 그리기 시작함에 따라 그의 우울증은 줄어들었고, 그는 좀 더 창조적임을 느끼기 시작했다. 편지에서 브라이언은 우리 치료의 중간 즈음에 친구에게 다음과 같이 썼다:

> 나는 소위 말하는 "정신 질환"의 치유의 일부가, 내담자와 자격이 있는 사람 간의 의사소통이라고 말하고 싶다. "작업"이나 "O.T"[작업요법]라기보다는, 무엇이 그 개인을 움직이게 하는지 알아내는 것이다. 나는 내가 그것들을 대부분 하고 있다. 내가 느끼는 것을 적음으로써 말이다. 그렇지 않으면 그것이 내 머릿속의 전부라는 것을 배우는데 큰 돈을 지불해야 한다.

● 치료 결과

매주 우리의 "창조적인 치료" 회기 동안, 브라이언은 우리의 치료 목표-예술적인 창작을 하는 것과 그의 사회 지지체계와 다시 연결되는 것-둘 다를 이루었다. 치료의 시작에서 브라이언은 여전히 우주인에게 몰입했었다. 창조적인 치료의 3개월 끝 즈음에, 그의 몰입이 사라졌다. 그는 다시 예술가의 삶의 양식을 추구하기 시작하였고, 동네의 술집에 그의 그림을 전시했으며, 그의 예술가 동료들과 다시 연락하였다.

브라이언이 그의 에세이 "한 차례 조증-우울증의 시간"을 영화 제작자 친구에게 보여주자, 그

친구는 그 이야기를 근거로 브라이언을 주연으로 발탁하여 영화를 제작하겠다고 결정했다. 나는 한 화랑에서 열린 영화의 시사회와 리셉션에 참석했다. 예술가로서 브라이언에게 있어, 그의 작품에 근거한 영화의 제작은 그의 정신증적 삽화를 개인적인 신화의 건설적인 부분으로 변모시켰다(Feinstein & Krippner, 1988).

Jamison(1996)은 양극성 장애가 있는 예술가들을 연구했고 많은 사람들에게 있어 정신증의 기간이 창조적으로 생산적인 기능을 하는 기간과 섞여있음을 발견했다. 특히 양극성 장애는 예술적인 창조성의 리듬과 중요한 연관성이 있는 것으로 보인다. 사실상, 기분장애로 치료받고 있는 Jamison의 사례에서의 예술가들조차 그들의 기분 변화가 긍정적인 영향을 미쳤다고 느꼈다.

브라이언의 작품과 예술은 분명히 우주인과 관련되어 있다. 초개인주의 치료자로서, 나는 이러한 믿음들을 그의 망상적 체계의 일부로 보았을 뿐 아니라, 그러한 경험들을 신비롭고 환상적이며 창조적인 영역으로 보았다. 치료를 통해, 그것들은 초월적인 현실과 브라이언의 영적 연결의 건설적인 부분으로 변모되었다.

브라이언은 나의 사례 연구를 검토한 후에, 다른 사람들이 그를 그런 이상한 경험들을 했었던 것에 대해 "괴짜"라고 인식할까봐 염려하였다. 나는 그 삽화가 그에게 어떤 의미인지에 대해 마지막 설명을 기록하도록 제안했다. 다음에 나오는 브라이언의 의견은 그의 정신증적 경험들의 긍정적 통합을 보여준다.

회고

내 경험 이야기들을 기록한 이후로 수개월이 지나갔다. 지금, 나는 "정신증적 삽화" 혹은 "망상적인"이라는 용어로 돌아가길 원하지 않는다. 그것들은 개인이 그것을 경험하면서 가장 잘 아는 유일하고 복잡한 경험을 객관화하기 위해 다른 사람들이 사용하는 단어들이다. 그 때에, 자비가 많고 깨달음이 있는 존재가 나와 함께 했었다. 이것은 더 높은 지혜였으며 신도 악마도 통로도 아니고, 생생한 상상도 아니다. 더 나은 용어가 없었기 때문에, 나는 어떤 알려지지 않은 존재가 나에게 알려준 대로, 이것을 "우주인"이라고 부르게 되었다.

나는 그러한 보다 많은 실험들이 의사와 환자 사이에서 "주고받는" 관계(프로이트와 달리)와 과학적으로(스키너와 다른 방식으로) 일어나기를 바란다... 양극성 장애는 실제로 "장애"라기보다는 사실상 진화적이고, 마음과 그 이상을 이해하는 열쇠가 될 수 있다.

결론

이상 두 가지 사례에서 나타난 바와 같이, 정신증적 경험들을 통합하는 초개인주의 접근에는 세 가지 단계가 포함된다.

1 단계 : 개인의 이야기를 말하기
2 단계 : 상징적/영적인 유산을 되짚어 찾아내기
3 단계 : 새로운 개인적 신화를 창조하기

Perry(1974)는 기록하기를, 정신증적 삽화 뒤에 "남는 것은...사람이 그 자신의 목적이 있는 방법을 통해 변모를 마치는 데에 사용할 수 있는 이상적인 모델이고 방향 감각이다"(p. 38)라고 했다. 어떤 임상가들은 환자들과 그들의 망상적 경험들을 논의하는 것이 그것들을 강화함으로써 증상을 악화시킬 수 있다는 염려를 표했다. 그들의 정신증적 증상들을 탐색하도록 격려를 받은 정신증적 장애를 가진 환자의 연구에서, 그들의 이야기를 말하는 것이 그러한 악화를 가져온 사례는 아직까지 없었다(Lukiff, Wallace, Liberman & Burke, 1986). 이전의 많은 환자들은 그들의 정신증적 경험들에 대한 영적인 영역을 탐색하는 것이 그들의 회복에 중요하다는 점을 지적했다(Clay, 1987).

최근 미국 심리학회에서 이례적인 경험들(Cardena, Lynn & Krippner)을 편집한 책을 출판하였다. 그러한 경험들은 세상에 대한 우리의 이해에 도전하는 것으로 보이고 종종 심리학 주류에서 무시되거나 조롱당해 왔던 비일상적인 경험들의 종류로 정의된다. 저자들은 많은 이례적 경험들이 종교적이고 영적인 내용을 포함한다고 말했다. 사실상, 책에서 언급된 이례적인 경험들의 유형들은 Grof와 Grof(1989)에 의해 확인되었던 영적인 응급상태의 유형과 중복된다. 다섯 가지 유형들(신비적, 과학적으로 설명할 수 없는, 외계인에 의한 유괴, 죽음에 가까운 경험, 전생)은 두 종류 모두에서 나타난다. 환상의 범주는 또한 환각의 유형과 중복되고, 샤머니즘적 위기는 이례적인 치유 경험들과 중복된다.

신비적이고 과학으로 설명할 수 없으며 죽음에 가까운 경험과 같은 이례적인 경험들은 어떤 사람들에겐 고통스럽고, 정신 건강 전문가를 찾게 만드는 것으로 기록되어 있다. 그래서 이 장에서 기술한 영적 응급상태와 정신증적 삽화들에 대한 초개인주의 심리치료적 접근들은 또한 이례적인 경험들의 많은 유형에 적용될 수 있을 것이다.

제 9 장

체험적 초점두기 접근

(The Experiential Focusing Approach)

Elfie Hinterkopf

접근에 대한 설명

역사적, 이론적 기초

체험적 초점두기 접근(experiential focusing approach)은 시카고 대학의 철학자이자 심리학자인 Eugene Gendlin(1996)이 개발했다. 그는 1950년대 칼 로저스와 함께 성공적인 심리치료와 성공적이지 못한 심리치료의 차이를 공부(Rogers, Gendlin, Kiesler & Truax, 1967)하면서 자기 연구를 시작했다. Dilthyey, Dewey, Merleau-Ponty, McKeon의 철학적 전통을 따라 Gendlin은 '암묵의 철학(philosophy of the implicit)' 을 발전시켰고, 이를 로저스의 작업에 적용시켜 성격 변화(Gendlin, 1964)에 관한 더 심오한 이론을 확립하였다. 그는 내담자들이 보다 성공할 수 있도록 가르치기 위해 초점 기법(focusing method)을 창설했고(1969, 1981), 이후 보다 심도있는 통합된 심리치료 이론으로 체험적 초점두기 접근(experiential focusing approach) 또는 초점두기 지향 심리치료(focusing-oriented psychotherapy, 1996)을 개발했다. 또한 체험적 초점두기는 또한 어떤 이론적 지향에 적용되어도 그 효율성을 높여줄 수 있다(Gendlin, 1996)

체험적 초점두기 기법은 단순히 초점두기 기법을 활용하는 것보다는 세가지 면에서 더 폭이 넓다. 첫째, 이는 내담자 또는 인간 중심적 접근을 정교화하고 확장한 것이다. 둘째는 이 방법이 어떤 다른 심리치료적 또는 영적 접근을 더 강력하게 하는데 사용될 수 있다는 점이다. 셋째는 체험적 초점두기 과정은 치료자가 치료적 상황의 복잡함을 감지하기를 돕는다는 것이다. 이에 따라 치료자는 여러 지향, 개입, 새로운 기술로부터 선택하는데 도움을 얻을 수 있으며, 치료적 관계 안에서 전이 가능성을 시험적으로 언급하거나 일관성과 공감, 긍정적 존중을 표현하게 되는 등의 가이드를 받을 수도 있다(Gendlin, 1996).

Hinterkopf(1994, 1998)은 체험적 초점두기 접근이 심리치료에서의 영성 주제에 적용되도록 그 범위를 확장했다. 이 접근은 내담자가 종교적, 영적 문제를 훈습하고, 기존의 영적 경험을 심화하고, 영성에 대해 새로운, 활력을 주는 관계에 도달하도록 돕는데 사용된다. 이 모델 안에서 영적 경험은 단지 생리적이고, 환원적인 육신에서 떨어져 나온 것이 아니라, 살아있는, 자기-지각력이 있는 육신에 기반을 두고 있는 것이다.

체험적 초점두기 심리치료 기저의 철학은 특별한 종류의 개념을 사용하는데, 여기에서는 상호작용을 최우선으로 둔다. 즉, 인간은 상황 속에서 살아가는 육체를 가지고 있는 존재로서, 물리적 공간과 분리되어있지 않으며 단순한 수리적인 단위와는 다르다는 것이다. 이 철학은 사회과학과 행동과학에 새로운 인식론을 제공한다.

Gendlin과 그의 동료들은 심리치료에서의 성공은 대부분 *내담자*들이 무엇을 하며 그들이 자신의 문제를 어떻게 말로 나타내는지에 달려있다는 것을 발견했다. 처음 몇 회기의 오디오테이프를 체험 척도(Experiencing Scale)에 따라 측정한 결과를 바탕으로 했을 때, 내담자가 치료에 성공적일 수 있을지를 우연 확률보다 더 잘 예측할 수 있었다(Gendlin, Beebe, Cassens Klein, & Oberlander, 1968; Gendlin & Tomlinson, 1967; Klein, Mathieu, Gendlin, & Kiesler, 1970). 체험 척도는 내담자의 언어적 행동에 나타난, 자기 경험에 주목하고 있는 정도를 측정하는 것이다

체험(*experiencing*, EXP; Gendlin, 1962, 1981, 1984)은 어떤 상황에서 내담자가 즉각적으로 감지했지만 암묵적으로 경험한 것을 일컫는다. 암묵적 경험은 전형적으로 그 상황에서 모호한 의미를 포함하는 미묘한, 신체적인 느낌으로 감지된다. 내담자는 '무언가' 느끼지만 그것이 무엇인지 알지는 못한다.

EXP 척도는 7점 척도 상에서 언어적 행동의 높고 낮음을 측정한다. 이 척도는 평정자간 신뢰도가 높으며, 녹음 기록된 상담 자료들을 평정하려 할 때 훈련받은 평정자들에 의해 사용된다(Mathieu-Coughlin & Klein, 1984). 낮은 EXP 수준은, 내담자들이 현재의 경험에 대한 언급이 없이 사건들만 이야기함을 의미한다. 중간 EXP 수준에서, 내담자들은 어떤 정서들을 식별할 수 있고, 사건들이 어떤 개인적인 관련성을 갖는지 생각할 수도 있지만, 상황에 대한 자신의 암묵

적인 감각에 직접적으로 주목하지는 않는다. 높은 EXP 수준에서, 내담자들은 상황에 대한 자신의 경험, 또는 미묘한 신체 감각을 언급한다.

Gendlin과 그의 동료들은(Gendlin & Tomlinson, 1967; Klein 등, 1970) EXP 척도로 측정된 경험 수준이 낮은 내담자들은 심리치료에서 성공적이지 못한 결과를 나타내는 경향이 있는 반면, 어느 수준 이상인 사람들은 성공적인 경향이 있음을 발견했다. 이 결과는 신경증 환자(Tomlinson & Hart, 1962; Walker, Rablen, & Rogers, 1960)나 정신병동 입원환자(Gendlin, 1966; Rogers 등, 1967) 모두에서 나타났다. Hinterkopf와 Brunswick(1981)도 정신병동 입원환자에서 비슷한 결과를 발견했다. Klein, Mathieu-Coughlan, Kiesler(1986)가 요약한 보다 최근의 연구에서도, EXP 수준과 치료 결과간의 상관이 발견되었다.

또 한가지 중요한 부가적인 발견은, EXP 수준이 낮은 사람들, 즉 치료가 성공적이지 않았던 내담자들 거의 모두가 치료 동안 EXP 수준이 증가하지 않았다는 것이다. 이는 그들이 미묘한, 내부적, 신체적 느낌에 어떻게 주의하는지 배우지 못했으며, 따라서 치료를 잘 활용할 수 없었다는 것을 의미한다. 이 문제를 극복하기 위해 Gendlin은 특별한 방식에 따라 내부에 주의를 기울일 수 있는 방법을 개발하여, 성공적이지 못한 내담자들에게 가르쳐서 치료에 도움이 되게 하였다. 그는 이 방법을 '*초점두기(focusing*; Gendlin, 1969, 1981)'라 하였다. 연구 결과(Durak, Bernstein, & Gendlin, 1997) 내담자들에게 초점두기 훈련을 시키면 치료에서의 경험 수준이 높아지고 치료적 성공에 도움이 된다고 나타났다.

체험적 초점두기 접근은 역사적, 이론적으로 이렇게 연구에 깊이 뿌리를 두고 있다. 심리치료적, 영적 성장 영역 모두에서 강력한 연구 결과가 반복적으로 나타나고 있다. Hendricks(2001)은 연구 결과를 요약하여 다음과 같이 정리하였다.

- 27개의 연구에서, 높은 체험 수준이 치료에서의 성공적인 결과와 관련이 있는 것으로 나타났다. 23개의 연구에서, EXP 척도가 아닌 다른 도구로 측정했어도, 초점두기가 성공적인 결과와 상관이 있는 것으로 나타났다.
- 12개의 연구에서 초점두기 또는 EXP 수준이 훈련을 통해 상승함을 보여주었다.
- 몇몇 연구에서 치료자의 반응이 내담자의 경험을 깊게 또는 얕게 함이 시사되었다. 효과적으로 초점을 두는 치료자들은 내담자들도 그렇게 잘 할 수 있도록 돕는다.

연구 결과들은 내담자와 치료자 모두에게 있어서 초점두기를 훈련하는 것이 심리치료 성공 가능성을 증가시킨다는 사실을 강력하게 지지하였다. 이 결과는 문화, 치료적 지향, 대상들에 걸쳐 통용되는 것이었다(Hendricks, 2001). 따라서 치료자와 내담자 모두에 대한 초점두기 훈련이 필요하다고 생각할 수 있다.

심리치료에 과정 접근(process approach)을 할 때, 심리치료적 성장과 영적 성장은 동의어이다(Hinterkopf, 1998). 따라서 초점두기 훈련은 영적 성장을 용이하게 하는데 바람직하다. (영성에 대한 이러한 생각과 결론은 이장의 다음 부분에서 제시될 것이다.)

주요 이론적 구성

영성에 대해 명확하게 정의내리면 심리치료자들이 자기 내담자들에게 보다 효과적으로 반응하는데 도움이 된다. 영성이라는 주제에 관해서 많은 사상들이 있어왔지만, 심리치료의 목적에서 이것이 어떻게 정의되어야 할지에 대해서는 아직도 혼란이 있다. 영성에 대한 명확한 정의에 도달하려면 우선 두 가지 오해가 해결되어야 하겠다: *영성(spirituality)*과 *종교성(religiousness)* 간의 차이와 *유신론(theism)*과 *무신론(Nontheism)*의 문제가 그것이다. 이 주제들은 Gendlin(1961, 1964)의 체험 이론으로 해결될 수 있다.

첫 번째 주제는 영성과 종교성간의 차이에 관한 것이다. 이 장에서 *종교성*이란 용어는 조직된 교회나 종교 제도의 신념과 행위를 고수하는 것을 의미할 때 사용될 것이다(Shafranske & Malony, 1990). *영성*이란 고유한 개인적 의미있는 체험을 일컬을 때 사용된다(Shafranske & Gorsuch, 1984). 영성이 다양한 형태의 종교성을 포함하고 있을 수는 있지만, 필수적으로 종교성을 포함하는 것은 아니다. 영성에 대한 명확한 정의를 이해하고 있으면 치료자들이 종교성과는 관련이 있든 없든 내담자가 가지고 있는 영성에 반응하는데 도움이 된다.

두 번째 주제는 유신론과 무신론에 관한 것이다. 서구 전통에서 영성에 관한 대부분의 주제는 우리 자신보다 더 큰 무언가, 이를테면 신, 더 상위의 힘, 신성함을 언급한다. 한편, 종교적 조직과 결별을 고한 사람들은 때로 동양 전통을 빌어 와서는, 환영, 임사(near-death), 전생, 체외 경험 등의 "비범한" 사건이라는 식으로 영성에 대해 말한다. 종종 그들은 하느님이나 신성에 대한 언급은 하지 않는다. 영적이기는 하지만 유신론자는 아닌 사람들도 많기 때문에, 심리치료에서 사용되는 영성에 대한 통합적 정의는 하느님이나 신성을 종교적으로 일컫는 것과는 별개이다. 하지만 동시에, 신성이나 하느님을 종교적으로 일컫는 풍부한 표현들은 영성에 대한 통합적인 정의에 포함되고 있다.

영적 주제를 다룸에 있어서, 치료자는 민감하게 반응해서 내담자에게 성장을 산출하는(growth-producing)과정이 일어나도록 해야 한다. 만약 치료자가 어떤 종류의 내용은 제외하는-예를 들면, 영성은 조직화된 종교 또는 신론 또는 비범한 사건과 연결된 것일 뿐이라는-영성의 정의를 가지고 있다면 그는 자신의 정의에 맞지 않는 내용에 대해서는 둔감하게 반응할 것이다.

이 절의 목적은 영적 내용의 본질에 국한되지 않고 영적 과정에 초점을 맞춤으로써 모든 내담자들의 영성을 포함하는 영성의 정의를 제시하는데 있다. 영적 과정을 촉진하기 위해 체험적 초점두기 기법을 사용한 사례를 제시하고, 심리치료 실제를 위한 영성의 과정 정의(process definition of spirituality)를 논의할 것이다.

영성의 과정 정의에 대한 필요

Gendlin의 체험 이론(theory of experiencing, 1961, 1964)은 영성을 정의하는 데에서 나타나는 혼란을 상당히 명료하게 해준다. Gendlin은 심리치료에서 *과정(process)과 내용(content)* 사이에 중요한 구별을 하였다. 그는 체험하기 *과정*이란 모호하고, 암묵적인, 신체적 느낌에 대해서 특별한 방식으로 주의를 기울여서 새로운 명확한 의미를 드러나게 하며 결과적으로 생리적인 완화 또는 방출이 되게 하는 것이라고 했다. 이에 반해 *내용*이란 상징화, 또는 그 과정이 무엇에 관한 것인지를 포함하는 것이다. 이러한 구분을 영성에 적용시키자면, 내용은 하느님, 그리스도, 어머니 대지, 알라, 상위의 힘, 전생, 임사, 그리고 ESP 등의 단어를 포함하는 것일 수 있다.

과정과 내용 사이의 구분은 일반적으로 심리치료의 수행에 있어서, 특히 심리치료에 영성을 통합하는데 있어서 결정적이다. 심리치료자는 치료에서 어떤 반응이나 개입이 내담자에게 도움이 될지, 즉 어떤 개입이 내담자에게 체험적인 차이(felt difference)를 일으킬 것인지 아니면 단지 지적인 수준에서의 차이(mental difference)만 알게 할 것인지 판단 내리려면, 과정을 따를 수 있어야 한다. 내용 이야기들, 이를테면 하느님 같은 단어들은 각 개인에게 각각 다른 연상이나 의미를 담고 있다. 만약 치료자가 과정을 제외하고 영적 내용에만 집중한다면, 특히 친숙하지 않은 영적 내용을 접했을 때 그렇게 한다면 치료자는 판단적인 될 위험이 있다.

영성을 정의하는데 있어서 내 목표는, 심리치료에서 유용하며 치료에 있는 모든 내담자의 영적 경험을 포함할 수 있는 정의를 제시하는데 있다(Hinterkopf, 1994, 1995b, 1998). 이 정의는 내담자의 영성 체험을 가리킬 것이며, 이는 그의 성숙에 도움이 되는 것이다.

따라서, 나는 다음과 같은 영성, 또는 영성 체험의 정의를 제안 한다: *모호한 의미를 가진 미묘한, 신체적 느낌으로서, 초월적인 성장 과정을 포함하는 새롭고 명료한 의미를 가져오는 것.*

첫째, 영성 체험은 모호한 의미를 가진 미묘한, 신체적 느낌이다. 내담자는 그 주어진 순간에 신체 안에서 주의를 끄는 모호하고 미묘한 느낌을 갖는다. 영성은 단지 인지적인 신념 체계만이 아니라, 미묘한 느낌, 신체적인 감각을 포함하는 것이다. 그 느낌들은 분노, 행복, 또는 두려움과 같은 단일 감정이 아니다. 이 느낌들은 신체 안에, 예를 들면, 목에, 가슴에, 또는 위에 자리 잡을 수 있다. 이것들은 보다 복합적인, 정서적 특성을 가지고 있다. 예를 들면, 한 내담자는 가슴 속에

풍성한 평화와 안정감을 담고 있는 모호한 '좋은' 느낌을, 또는 상체 부분에 공허감을 포함하는 모호한 '불편'감을 가지고 있을 수 있다. 이 느낌들은 미묘하고, 암시적이며, 묘사하기 어렵고, 종종 말로 표현할 수 있는 것 이상이다. 이 모호하고 복잡한 감정은 단지 모호하게만 느껴질 수밖에 없는, 암묵적으로 느껴지는 의미를 수반하고 있다. 그 정확한 의미는 아직 모른다.

둘째, 모호한 의미를 가지고 있는 이 미묘한, 신체적 느낌은 새롭고, 분명한 의미를 가져온다. *가져온다* 함은 사람들이 흔히 그들이 이러한 새로운, 명료한 느낌이 일어나도록 주도하지는 않았다고 지각한다는 것이다. 내담자가 이 불분명하고 미묘한 느낌에 대해서 부드럽고 관심있게 주의를 기울이면 새로운 의미가 전개되며 좀 더 분명해진다. 예를들어, 내담자가 그 모호한 평화와 안정감에 주의를 기울이면, 그는 "다른 사람들과의 차이를 수용하라"는 새로운, 명료한 의미 또는 깨달음을 얻을 수 있다.

셋째, 영적체험은 초월적인 성장 과정을 포함한다. 초월이란 개인의 이전 준거틀을 넘어 보다 높은 또는 넓은 영역, 더 포괄적인 관점으로 나아가는 것이다. 이러한 초월은 인간의 성장에 핵심적이다. 모든 인간 존재에게서 보여지는 초월적 성장 과정은 자신의 건강하지 못한 자기중심성(unhealthy egocentricity), 이원론, 배타성으로부터 나아가 보다 건강한 자기중심성(healthy egocentricity), 포괄성, 그리고 사랑할 수 있는 능력으로 움직이는 것을 포함한다(Chandler, Holden, & Kolander, 1992). 건강하지 못한 자기중심성에서 건강한 자기중심성으로 이동한다는 것은 보다 주장적이 되는 것 또는 자신의 입장에 설 수 있는 능력이 향상되는 것을 포함할 것이다.

Gendlin(1996)은 성장 과정을 다음과 같이 묘사했다:

> 어떤 사람의 핵심적 자기 또는 내적 자기가 팽창할 때... 그것이 강해지고 발달할 때, "나"는 더 강해진다. 그 사람은– 나는 단순히 눈으로 보는 것 그 이상으로 깊이 볼 수 있는 것을 의미한다– 보다 그 자신 안으로 간다... 살려는 그리고 무언가 하려는 욕구가 깊은 곳에서부터 일어날 때, 자신만의 희망과 욕구가 휘몰아칠 때, 자기 스스로의 지각과 평가가 새로운 확신을 가져올 때, 자신의 입지를 유지할 수 있는 능력이 증가했을 때, 다른 사람들과 그들의 욕구를 고려할 수 있을 때... 그는 분리된 존재로서 자신을 확실히 느끼게 되어, 있는 그대로의 자기로서 다른 사람들과 가까워지기를 충분히 바랄 수 있게 된다. 어떤 사람이 직접적으로 흥미를 느끼는 무언가에 끌리는 것, 그리고 즐기기를 원하는 것이 발달이다. 움직이지 않고 조용했던, 옥죄어있어 거의 우둔해진 내부에서 무언가가 휘몰아치는 것, 삶의 에너지가 새로운 방식으로 흘러나가는 것 그것이 발달이다. (pp.21-22)

영적 성장은 신체적으로 느껴지는 해방, 더 많은 삶의 에너지, 더 온전히 현재와 전체를 느끼는 것, 더 크게 느끼는 감각 그리고 자기의 더 많은 부분, 더 많은 사람들, 더 많은 생명에까지 닿을 수 있고 수용할 수 있는 능력을 포함한다(Campbell & McMahon, 1985). 예를 들면, "다른 사람들과의 차이를 수용하라"는 새로운 이해를 얻어 평화롭고 차분해짐을 느낀 내담자는 다른 사람들을 더욱 있는 그대로 받아들이는 성장 경험을 할 수 있으며, 따라서 더 많은 사람들에게 다가설 수 있다. 영적 경험 후에, 성장은 종종 내담자의 많은 영역에서 일어난다.

나는 일본에서 초점두기를 가르친 경험이 있다. 그 워크샵에 참석한 참가자들을 통해서 나는 심리치료를 다문화적으로 적용할 때에는 특히 영성의 과정적 정의를 내리는 것이 매우 중요하다는 것을 확인하게 되었다. 서양에서, 사람들은 주로 영성을 보다 자기-초월적이며 다른 사람들을 사랑하는 것(이는 내용 용어다)을 포함하는 것으로 생각한다. 일본인들은 다른 사람들과 환경과의 조화와 일치를 가정하고 자란다. 그들의 언어가 이를 반영한다. *나*와 *너* 같은 인칭 대명사가 문장에 종종 빠져있다. 일본인들에게, 영적 성장의 과정은 보다 건강한 자기중심성(egocentricity), 개인주의와 분리의 감을 포함한다. 서양인들이 일치와 자기-초월(내용 용어)의 뜻으로 영성을 말할 때, 일본인들은 자신들에게는 영성이 필요 없다는 반응을 보일 수 있다. 내가 영성을 과정 용어로 말했을 때(암시적인 느낌으로서, 평안과 삶의 에너지를 불러오는 명백한 의미로 전개되는 것), 그들은 자신들의 삶 안에서 영성의 적절성을 알 수 있었다.

영성에 대한 이런 정의는 종종 초개인적 경험(transpersonal experience)이라 불리는, 보통의 자아 경계를 넘어서며 시공간 한계를 넘어서는 의식의 확장 또는 팽창 사건을 포함한다(Grof, 1976). 영적 과정은 직관적, 정신적(psychic), 신비적 경험과 같은 초개인적 경험을 포함할 수 있다. 영적 내용을 일컬을 때, 나는 초개인적 내용이 포함된다고 가정한다.

영적 체험에 담겨진 성장은 개인적 발달에 아주 중요하다. 하지만 여러 가지 이유로, 내담자의 체험은 "꽉 막히거나(stuck)", "구조에 묶이거나(structure-bound)", 불완전할 수 있다. 이런 경우, 치료자에게는 그 영적 체험이 진행되기를 돕기 위해서 무엇을 할 것인가가 문제가 된다. 이 시점에서, 체험적 초점두기 방법이 적용될 수 있다.

다음의 예는 내가 초점두기 방식을 어떻게 사용해서 내담자가 자기 영성을 체험하도록 도왔는지 보여준다. 내담자는 자기 아버지와 보다 분리되면서 동시에 보다 전체적이 되는 감을 얻는 방식으로 영성을 체험했다. 나는 내담자의 영적 체험을 보여주는 회기의 중요 부분들을 설명하고, 나의 치료적 반응들도 나누겠다. 회기에서 이 부분은 실제로 20분 정도였다.

메리는 신학생으로, 기도할 시간을 내는데 있어서 그녀가 겪는 어려움을 다루기 원한다고 했다. 그녀는 "하느님과만 같이 있는 시간을 내는 것"에 "무언가 걸림돌이 있는 것 같다"고 말했다. 그녀는 지난 학기보다 스케줄에 더 여유가 있어 자유시간이 많았기 때문에 이는 이해가 되지 않는 것이었다.

나는 시간을 내서 내부에, 걸림돌이 있는 것 같은 그 "무언가"에 주의를 기울이도록 했다. 그리고 그녀가 그 느낌을 표현할 수 있을만한 단어가 떠올랐을 때 나에게 설명해 달라고 하였다. (무

언가, 일종의, 마치~같은 등의 단어가 빈번히 모호한 의미를 지닌 불분명한 느낌을 표시한다. 이런 때에, 치료자가 내담자에게 이러한 모호한 느낌을 깊이 느껴보는 시간을 갖도록 권유하는 것이 도움이 된다).

45초쯤 후에, 그녀는 "두려움과 불안에 더불어 구역질이 날 것 같은 모호한 혐오스러운 느낌이 위와 가슴쪽에 있었다"고 말했다. 그녀는 그녀가 진실로 하기를 원하는 무언가에 대해서 이렇게 부정적인 느낌을 갖는다는 것에 대해 매우 놀랐다고 했다. 나는 그녀에게 그 느낌 전체 속에 부드럽고 조심스럽게 머물며 그것이 그녀에게 무엇을 말하려하는지 알아채보도록 하였다.

거의 일분쯤 되었을 때, 그녀는 이것이 자기를 성적으로 학대했던 아버지와 단둘이 있는 것 같은 느낌이라고 말하며 울었다. 그녀는 하느님과 단둘이 있는 시간과 아버지와 단둘이 있었던 시간을 혼동하고 있다는 것을 깨달았다. 그녀는 그 깨달음에 상응하는 해방감을 보고했다. 다음 회기에서 그녀는 매일 기도 시간을 가질 수 있었다고 보고했다.

이 예는, 하느님(영적 내용)을 포함했기 때문이 아니라, 사려 깊게 주목했을 때 해방감과 함께 새로운 명백한 의미를 불러오는, 불분명한 의미를 지닌 모호한 신체적 느낌을 포함하고 있기 때문에 영적 과정을 포함하고 있는 것이다. 메리의 사례에서, 초월적 성장 과정은 더 많은 자기 부분들을 아버지와 분리된 것으로 받아들임과 동시에 하느님과의 관계에서는 보다 전체감을 느낄 수 있게 된 것을 포함한다.

초월적인 성장 과정은, 꼭 필수적인 것은 아니지만, 신적인 또는 상위의 힘을 포함한다. 신성이나 상위 힘을 언급하지 않는 다른 사람들은, 자기 영성을 다른 사람들을 도울 때나 환경운동, 또는 보다 주장적이 되는 것에서 찾을 수 있다고 보고한다. 초월적 성장 과정은 관련된 본질, 즉, 믿음, 사랑, 상호 연관성, 순리에 따름(道), 허용(통제하려하기 보다는), 애착을 끊음 등을 포함할 수 있다. 영적 체험은 목적과 의미에 대한 의문과 같은 실존적 의문을 포함할 수도 있는데, 주로 이런 의문들이 사람을 보다 높은 혹은 넓은 시야로 관심을 돌리게 하기 때문이다.

영성에 대해 이렇게 넓은 과정 정의를 사용하면, 내담자가 자기 안에 담고 있는 영성적 주제들 중에서 서로 부딪친다고 느껴지는 부분들을 통합할 수 있는데 도움이 된다. 이러한 정의는 그 사람이 더 넓은 시야를 가질 수 있도록 돕기 때문에 양측 모두를 포용할 수 있게 되는 것이다. 예를 들면, 한 내담자는 크리스찬인 자기 어머니와 불가지론자인 아버지로부터 내면화된 갈등적인 부분들을 가지고 있었는데, 양부모 모두로부터 생기를 주는 부분들을 통합할 수 있게 되었다. 더불어, 그녀는 양측 모두에서 삶의 확신을 주지 않는 부분들을 거부할 수 있었다. 그 결과 자신 안에 내적 갈등이 줄어들고 평화로운 느낌이 증가할 수 있었다.

일반적으로 영적 체험은 극적인 혹은 삶을 변화시키는(life-changing) 순간이지만, 이는 거의 항상 보다 큰 성장 과정의 일부분이다. 그 극적인 순간 전에는, 종종 많은 작은 단계들이나 움직임이 있다. 예를 들어, 내담자는 전에 비해 자신의 지각에 인식력이 있게 되고, 새로운 구분이나 연결을 지을 수 있게 된다. 이러한 작은 스텝이 영적 성장 과정의 일부로 보여질 수 있으며 심리치료자에 의해 긍정될 필요가 있는 것이다.

심리치료에서, 치료자는 내담자가 어떤 특정 체험이 영적인 것인지 스스로 결정하게 두어야 한다. 하지만 만약 내담자가 치료자에게 자기 체험이 영적인 것인지 묻는다면, 나는 치료자가 적어도 영성에 대한 간략한 정의라도 제시해서 그의 반응을 설명하는 것이 중요하다고 믿고 있다. 예를 들어, 만약 어떤 내담자가 나에게 자신의 체험이 영적이라고 생각하는지 묻는다면, 나는 "네, 만약 내가 영성이란 자기 자신, 다른 사람들, 그리고 삶의 더 많은 부분에까지 나아갈 수 있는 특별한 종류의 경험이라고 정의내린다면 그렇다 할 수 있죠"라고 대답할 것이다.

영적 체험에 대한 나의 정의는 심리적 성장과 영적 성장은 같은 뜻이라고 가정하고 있다 (Helminak, 1987). 이는 과정 정의이지, 내용 정의가 아니라는 것을 다시 한 번 명심할 필요가 있다. 영적 체험의 *내용*, 즉 하느님, 예수, 또는 높은 힘 등도 특정 사람에게 풍부하고 암묵적인 의미를 가지고 있어서 아주 고무적일 수는 있겠지만, 나의 정의는 심리영적 변화 *과정*과 관련되어 있다. 많은 성장 사건이 일어나는 심리영적 변화 과정을 묘사하기 위해서, *심리영적 체험* 이라는 용어가 쓰일 수도 있겠다.

어떤 목적에서는, 영적인 내용과 심리적인 내용을 구분하는 것이 유용하다. 하지만 심리치료에서, 가장 중요한 것은 같은 성장 과정이 두 가지 모두에 포함된다는 것이다. 따라서 치료자는 심리적인 측면과 영적인 측면의 내용을 같은 방식으로 다루어야 한다. 그 둘 사이에 구분이 있어서는 안된다. 내담자의 과정과 그 내용이 내담자에게 해방과 삶의 활력을 주는지에 중점을 두어야 한다. 이는 심리적인 주제들에 익숙한 심리치료자들이라고 해서 내담자에게 영적인 주제가 나타났을 때 뒤로 물러날 필요는 없다는 것이다. 오히려, 치료자는 심리영적 성장을 촉진하기 위해서, 초점두기 등의 같은 방법을 계속 사용할 수 있다. 물론, 치료자의 전문성을 넘어서는 주제가 야기되었을 때에는 의뢰를 할 수도 있다.

온전히 내용에만 근거한 영성 정의는 어떤 사람들은 배제할 수도 있기 때문에 판단적일 수 있다. 내용에 근거해서건 내담자의 말에 근거해서건 간에, 내담자의 체험이 영적인지 아닌지 판단하는 것은 손실이 되는 면이 있다. 하느님, 알라, 또는 예수라는 말들은 각 사람들에게 다른 의미나 함축된 뜻을 가지고 있기 때문이다. 대신, 내담자의 체험 과정에 근거해서 결정이 내려져야 한다. 예를 들어, 내담자가 더 편안하고 삶의 에너지를 느끼는가? 내담자가 자신의 부분들, 타인, 다른 생명에 대해 더 많은 부분을 수용하며, 거기에까지 뻗어나가는가? 하는 것들이다.

Gendlin의 체험하기 이론은 심리치료 수행에 유용한 영성의 정의를 개발하는데 활용될 수 있다. 이러한 과정 정의를 활용하는 것은 많은 이점이 있다. 가장 중요한 것은 심리치료 중에 모든 내담자들의 다양한 영적 체험을 포함할 수 있다는 것이다.

느껴지는 감 (The Felt Sense)

초점두기에서 핵심 개념인 느껴지는 감이란 상황에 대한 모호하고, 신체적이며, 전체적인 느낌을 말한다. 초점두기란 심리영적 성장이 일어날 수 있도록, 느껴지는 감과 함께 조용하고 사려깊고 강력하게 시간을 보내는 방법이다(Hinterkopf 1883, 1995a, 1998).

느껴지는 감은 주어진 상황에 대한 내담자의 모든 내적 지식과 내담자가 자신에 대해서 아직 모르고 있던 것들을 포함한다. 느껴지는 감은 다음 성장 단계로 이끌 수 있다. 심지어 이것은 아직 체험한 적이 없는 것에 대한 답도 감지할 수 있게 해 준다(Gendlin, 1986). 느껴지는 감은 마음과 신체와 영이 따로 분리되기 이전 그 무엇에 대한 느낌이다.

느껴지는 감 안에서 아직 경험하지 못한 것에 대해 개방된 자세를 유지하는 것을 종종 "삶의 신비에 열려있기"라고 일컫는다. 느껴지는 감은 내담자가 내적 지혜에 닿아 내면의 "잔잔하고, 작은 음성"을 듣는 것을 도우며, 내담자가 영적 차원을 경험하는데 도움이 된다.

Gendlin은 "느껴지는(felt)" 이라는 용어를 썼는데, 이는 한 사람의 몸에서 실제로 느껴진 무언가를 묘사하는 것이기 때문이다. 그가 "감(sense)"이라 한 것은, 이것이 처음에는 단지 무언가 불확실하고 모호한, 아직 충분히 생각해보지 않은, 암묵적인 의미를 가진 감이기 때문이다. 느껴지는 감의 한 예는, 집을 떠날 때 무언가 잊어버린 것 같지만 그것이 무엇인지는 모르겠을 때 느끼는 모호한 감이다. 다른 예로는 누군가가 겉으로는 좋아 보이지만 사람들이 이유없이 모호하고 불편한 느낌을 받을 때이다(이 장에서, 느낌(feeling)도 역시 느껴지는 감(felt sense)을 일컫는데 사용된다.).

그 모호하고 암묵적인 느껴지는 감에 주의를 기울이고, 경이로운 호기심의 태도를 갖는 것은 아주 중요하다. 종종, 느껴지는 감에 대해서 몇 가지 단어들로 묘사할 수 있기까지 머무르면 새로운 의미를 불러오기도 한다. 성공적인 내담자는 문제에 대한 이 모호한 느낌에 머물러 주의를 기울이는 반면, 성공적이지 못한 내담자는 그들이 그 문제에 대해서 이미 알고 있는 것을 반복하기만 한다.

초점두기 과정에서, 느껴지는 감이 드러난다. 내담자가 느껴지는 감에 주의를 기울이면서 적어도 두 부분이 보다 분명해진다: (a) 신체 감각, 이미지, 운동들: 그리고 (b) 정서적 특성(emotional qualities). 신체적 감각의 예로는 가슴이 무거워진다든지 위에 압박이 느껴지는 것 등이다. 신체 이미지의 예는 위에 느껴지는 압박에 상응하는 풍선의 그림이 떠오르는 것이 있겠다. 신체 움직임의 예는 너무나 흥분해서 위아래로 뛰어오르는 것이 있겠다. 신체 감각이 초점두기의 핵심이지만, 신체 이미지나 움직임이 나타날 수도 나타나지 않을 수도 있다. 느껴지는 감은 소리나 냄새를 포함할 수도 있다.

정서적 특성의 예는 극심한 슬픔, 공허감, 불안 등이다. 정서적 특성은 단일 정서보다 더 큰데 그 안에 암묵적인 의미들을 가지고 있기 때문이다. 정서의 숫자는 제한되어 있지만 정서적 특성의 숫자는 무한대이다. 정서는 제한된 정보만 주지만, 정서적 특성은 상황에 대해서 엄청난 양의 복잡 미묘한 정보들을 줄 수 있다.

내담자가 그 느껴지는 감을 묘사하는데 아주 적당한 단어를 찾고 나면, 치료자는 그 느껴지는 감에 대해 개방형의 "무엇" 질문을 하도록 제안할 수 있다. 즉 " 이 전체적 상황에 대한 무엇이 날 이렇게 느끼게 하는가?", "이 상황에서 나에게 가장 나쁜(또는 좋은)것이 무엇인가" 그리고 "이 모든 것에 지금 즉시 필요한 것은 무엇인가". 이장의 뒤에서 제시되는 사례에서, 치료자는 내담자에게 기다리고 그 느껴지는 감에서 새로운 의미가 *나오게 하라고* 권한다.

예를 들면, 조는 자기 상사에 대해서 모호한 불편감을 느끼고 있을 수 있다. 치료자는 그 전체적인 모호한 불편감 안에 머물며 그 느낌에게 신중하게 묻도록 권할 수 있다. "이 모든 것의 어떤 부분이 날 이렇게 느끼게 하는 것일까?" 내담자가 그 느낌에 주의를 기울이는 동안 몇 분간의 침묵이 흐른 후, 의미가 나타날 수 있다: "그는 우리 아버지를 떠오르게 해요". 이 예에서, 그 새로운 의미가 상황을 명료하게 한다. 다른 경우, 새로운 의미가 문제의 해결이 되거나 잘못된 신념을 교정할 수도 있다.

새로운 의미를 가져오는 말들은 이미 알고 있던 말들과 다르다. 이러한 말들은 보통 더 느리게 나타나며 한 번에 단지 몇 마디만을 담고 있다. 이러한 말들은 종종 놀랄만한 요소를 가지고 있다. 이것들은 신체 감각과 맞으며 거기에 신체적인 안도와 해방감을 불러온다. 이러한 안도나 해방감의 예는, 사람들이 어떤 잊고 있던 것들을 기억하거나, 왜 그 좋아 보이는 사람이 불편한 느낌을 남기는지를 깨달을 때 같은 것들이다. 어떤 사람에 대한 불편한 느낌이 왜 존재하는지 깨닫는 것이 불편할 수도 있지만, 진실을 깨닫는 데에는 안도와 해방감이 있기 마련이다. Gendelin은 이러한 안도나 해방 경험을 "느껴지는 전환(felt shift)"이라고 칭했다.

사람들이 주지화나 합리화를 할 때는, 느껴지는 전환을 경험하지 않는다. 느껴지는 전환이 일어나면, 사람들은 느껴지는 감에서 새로운 의미가 나왔다는 것을 안다. 불편한 느낌에서 해방이 일어나는 것은 그 말들이 진정으로 내면에 있는 진실을 표현했음을 가리킨다. 이는 느껴지는 전환이 일어났음을 알아채는 것이 심리치료에서 진정한 자기 탐색과 변화에 핵심적이라는 것을 의미한다.

느껴지는 전환은 미묘할 수도 극적일 수도 있다. 미묘한 형태에서, 이는 새로운 관계나 새로운 구분을 깨닫는 것일 수 있다. 때때로 느껴지는 감은 그 의미가 완전히 명료하지 않아도 변환을 야기할 수 있다. 보다 극적인 형태인 경우, 느껴지는 감은 통찰이나 '아하!' 경험으로도 알려져 있다. 느껴지는 변환이 초월적인 차원을 포함하고 있는 경우, 심리영적 성장이 일어난다. 미묘하거나 극적이거나, 느껴지는 변환은 가치롭게 여겨져야 한다. 이를 통합하기 위해서 여기에 시간을 보내는 것이 아주 중요하다.

뒤따르는 예는, 내담자가 느껴지는 감의 다른 부분들을 식별하는 것을 내가 어떻게 도왔으며, 느껴지는 감이 느껴지는 변환으로 펼쳐지도록 어떻게 개방형의 "무엇" 질문을 제시 했는지 보여준다. 이 예에서, 내담자는 느껴지는 감에 초점두기를 한 결과로서 영적 경험을 하게 되었다.

D여사의 딸은 최근 들어 여러 번 거짓말을 했었다. D여사는 3일 동안 이 문제로 고심해왔었고, 아주 비참한 기분이 들었다고 말했다. 그녀는 이 문제로 인해서 희망이 없고, 우울하고, 몹시 긴장되며, 때로는 구역질이 난다고 했다(희망 없고 우울한 것이 그녀의 정서였다).

그녀의 보다 큰 느낌, 또는 느껴지는 감에 접근하기 위해서, 나는 "이 모든 것이 당신 신체에서 어떻게 느껴집니까?"하고 물었다(질문에서 '모든' 이라는 단어를 사용한 것, 그리고 D여사에게 그녀의 몸에서 그 모든 문제가 어떻게 느껴지는지 정확하게 묘사하라고 요구한 것이 그녀가 느껴지는 감을 인식하게 되는데 도움이 되었다). 한동안 말을 끊고 있다가, 그녀는 "이건 아주 온통 팽팽하게 긴장되어 있는 느낌이예요. 마치 뭔가가 내 위를 꽉 죄고 있는 것 같아요"라고 말했다(*긴장(tense)*은 신체 느낌과 정서 모두이다. *뭔가가 내 위를 꽉 죄고 있다*는 것은 모호한 의미를 담고 있는 신체 감각이다). 나는 "그러니까 온통 팽팽하게 긴장된 느낌, 뭔가가 당신의 위를 꽉 죄고 있다는 것 같다구요"라고 그녀의 말을 반영해주었다. 그리고 나서 "아마 그 느낌에 좀 더 머물면서 그 느낌을 표현할만한 다른 단어가 떠오르는지 알아보세요"라고 말했다(나는 내담자들이 느껴지는 감에 좀 더 오래 머물도록 하기 위해서 이런 제안을 자주 한다). 몇 분 후 그녀는 "이상하지만, 이건 마치 짓밟히는 것, 내 몸 전체를 마구 짓밟히는 것 같아요"라고 말했다. 나는 "그래요. 이건 밟히는 것, 몸 전체를 마구 짓밟힌 것 같다구요"라고 반영해주었다.

약 15초 동안의 침묵 후에, 나는 "아마 당신은 이 느낌에게 '이 모든 것이 요구하고 있는 게 무얼까?' 물어볼 수 있을 거예요." 그녀는 이 느낌에 주의를 기울이고 몇 분 동안 기다렸다. 그리고 깊은 숨을 쉰 다음, "아마 모든 것을 하느님께 넘기기를 요구하고 있는 것 같아요. 나는 이제 하느님의 얼굴을 볼 수 있고, 이를 하느님께 드려요"(이것은 새로운, 보다 명백한 의미였다). 나는 지금은 몸이 어떻게 느껴지는지 물었고, 그녀는 보다 이완되고 가볍다고 말했다(이것이 느껴진 전환이다). 이 시점에서 나는 D여사에게 이 새로운 느낌에 시간을 좀 보내도록 했다. 그리고 그녀는 "내 몸에 하느님께 드릴 수 있는 무언가 구체적인 것이 있다는 것이 몹시 도움이 되었어요. 전에는 이것이 내 머릿속에서 범벅이 되어 떠다니고 있을 뿐이었고, 내가 원한다 하더라도 이걸 하느님께 드릴 수가 없었어요.

이 예에서 내담자의 영적 체험은 처음에는 "아주 긴장되고, 마치 뭔가가 내 위를 꽉 죄고 있는 것 같은" 것에서 다음에는 "내 몸을 마구 짓밟는 것 같은" 것으로 이어지는 모호하고, 미묘한, 신체적 느낌을 포함하고 있다. 내담자가 이러한 느낌에 주의를 기울이기 시작하자 그것들은 "이는 하느님께 바치기를 필요로 하는 것이다" 라는 새로운 의미를 불러왔다. 이러한 새 의미는 하나의 이미지를 수반했다. "나는 이제 하느님의 얼굴을 볼 수 있어요" 초월적 성장 과정은 신체적 해방,

깊은 호흡과 보다 이완된, 가벼운 느낌을 몸에서 경험하는 것을 포함한다. D여사는 더 이상 혼자서 문제를 해결할 필요 없이 이를 하느님께 드릴 수 있었기 때문에, 이전의 준거틀을 초월했다.

내담자가 모호한 단어들, -- *같은*, --*처럼*, 식의 모호한 단어를 사용하는 것을 알아채야 한다. 이런 단어들은 내담자가 불분명한 의미를 가진 모호한 느낌 또는 느껴지는 감에 주의를 기울이고 있다는 것을 의미한다. 내담자가 "이건 아주 온통 팽팽하게 긴장되어 있는 느낌이예요. 마치 뭔가가 내 위를 꽉 죄고 있는 것 같아요"라고 말한 후에, 어떤 치료자들은 너무 명확하게, 그리고 질문으로 이어지는 반응을 하는 실수를 할 수도 있다. 예를들면, "그러니까 당신은 온통 팽팽하게 긴장을 느끼는군요. 혹이 이것이 …?" 같은 식이다. 대신 내담자의 느껴지는 감에 대한 언어를 모두 반영해주는 것이 특별히 중요한데, 특히 -- *같은* 등의 명료성이 부족함을 나타내는 단어의 경우에 더 그렇고, 내담자가 그 느껴지는 감에 더 오래 머물도록 인도해야 한다(Hendrick, 1986).

Hendricks(2001)은 내담자의 느껴진 감을 인식하지 못한 치료자의 예를 제시하였다. Hendricks는 이 내담자가 혼란스럽고, 부적절하게 느끼며, 치료자의 권위에 결정을 맡기게 되어서 스스로 직접적 체험을 못하게 되었을 수 있다고 설명했다.

내담자 1 : 그리고 나는…그 아래 무언가 있는 것처럼 느끼는데 그게 무언지는 모르겠어요…[느껴지는 감] 만약 내가 그게 뭔지 좀 안다면 좀 다른 느낌을 가질지도 모르는데, 난 모르겠어요. 지금은 모호해요.

치료자 1 : 좋아요. 만약 좀 더 명확해 진다고 봅시다. 만약 당신이 진짜로 그 이유를 확인할 수 있다면 그때는 당신이거기에 대처할 수 있다고 정말로 생각하지요. 하지만 지금 당신은 진짜 문제가 무엇인지 정곡을 찌를 수 없는 것 같네요.

내담자 2 : 네,,, 그리고,,, 어,,, 당신이 말한 것처럼…그게 날 화나게 해요. 나는…아시다시피 뭐랄까…지적이라고 할까 뭐 그렇게 생각하는데요. 나는 일을 잘 파악할 수 있어요. 그런데도…지금은 도대체 나에게 무슨 일이 일어나고 있는지 모르겠어요.

이에 대해Hendrick(2001)은 이렇게 말했다.

치료자는 내담자의 느껴지는 감에 반응할 수 없었는데, 그것은 풍부하고, 복잡하며, 아직 알려지지는 않은 곳으로서, 거기서부터 어떤 움직임이 일어날 수도 있었다. 내담자는 다음에 벌어져야 하는 것이 무엇인지 분명히 제시하였다. 그녀는 문자 그대로, 만약 자기가 이 모든것 기저의 불분명한 장소를 더 깊이 느낀다면, 거기에서부터 무언가가 일어날 수 있다고 느낀다고 말했다. 치료자가 이 수준의 과정을 몰랐기 때문에, 인지적이고, 폐쇄된, 한정된 용어를 사용했고, 따라서 알려지지 않은 것이 나타날 수 있도록 이끌어줄 수, 또는 지적해줄 수 없었다. 내담자는 자기 비판적이 되었고 아마도, 그리고

> 정당하게, 치료자에게 화가 났다. 이러한 상호작용을 보면, 치료자가 훈련 과정에서 민감성을 키우는 것이 얼마나 중요한지를 알 수 있다(p.239).

어떤 내담자들은 정서를 확인하는데 어려움을 겪는다. 전형적으로 이러한 내담자들에게는 슬픔, 분노, 공포, 즐거움 같은 몇몇 주요한 정서들을 몸에서 확인하도록 돕는다. 내담자가 자신의 삶에서 슬펐던 시간을 기억하고 자신이 그 상황에 있다고 상상하고, 그 슬픔이 몸에서는 어떻게 느껴졌는지 기억하도록 할 수 있다. 예를 들어, 어떤 내담자가 자기 어머니가 돌아가셨을 때를 기억했을 때, 나는 그에게 그때의 신체 감각을 묘사하도록 요구했다. 그는 자기 눈에 눈물이 차오름을 느꼈고, 목이 메이며, 가슴이 답답했다고 말했다. 다음에 나는 그가 분노, 공포, 즐거움을 느꼈던 때를 기억하게 했다.

어떤 내담자들은 정서들을 정신적으로는 구분할 수 있지만 자신의 몸에서 찾아내는 데에는 어려움을 겪는다. 이러한 사람들 역시 초점두기를 배우기 전에 도움이 필요할 수 있다. 나는 우리가 가지고 있다고 생각하는 정서들이 우리가 실제로 몸으로 겪고 있는 것과 다를 수 있다고 설명한다. 예로서, 나는 어떤 상실 때문에 실망하고 있다고 생각하고 있을 수 있지만, 내가 몸을 체크해 보면, 실제로는 그 상실에 대해서 분노를 느끼고 있을 수 있다는 것을 내담자에게 말해준다. 실제로 나를 괴롭히고 몸에 스트레스를 주고 있는 것은 그 분노인 것이다.

"그 모든 것이 당신의 몸에서 지금 어떻게 느껴집니까?"라고 물어서 신체 느낌을 끊임없이 확인하는 이유는 이러한 미묘한 신체적인 느낌이 지혜의 근원이기 때문이다. 초점두기에서, *신체*라는 용어는 같이 체험되는 *신체, 정신, 영혼*을 의미한다. 어떤 종교적 전통에서는 이를 *heart*라고 일컫는다. Gendlin(1996)은 인간 유기체는 기묘하게 복잡하다고 설명했다. 이것은 어떤 순간에 우리가 의식적으로 생각하는 것보다 훨씬 많은 것을 알고 있다. 그는 이것이 생리학으로 환원되는 신체만을 말하는 것이 아니라 삶이 일어나는 근원점으로서의 신체를 말하는 것이라고 했다. 이는 항상 함축적으로 복잡미묘하다: 이는 한 번도 일어난 적이 없지만 일어날 수 있는 모든 범위의 가능한 체험을 포함하고 있다.

느껴진 감은 또한 암묵적으로 맥락을 포함하고 있다. 이는 다른 사람들과 환경도 고려하고 있는 것이다(Gendlin, 1996). 이는 더 큰 것, 더 큰 전체로 이끈다. 느껴지는 감은 다른 사람들과 분리되었든지 보다 전체적이든지 간에, 그 사람에게 무엇이 필요한지를 탈문화적 방식으로 말해준다. 느껴지는 감은 내담자가 전-생명 에너지(pro-life energy)-때로 *spirit*이라 일컬어지는-와 계속 연결되도록 도와준다. 내담자가 자신의 느껴지는 감에 주의를 기울이고, 그것이 느껴지는 전환으로 이어져 초월적 성장 과정이 발생할 때, 그 체험은 영적이라고 생각될 수 있다.

우호적인 초점두기 태도를 유지하기

초점두기 방법의 일부로, 내담자들은 느낌에 주의를 기울이는 동안 자기-비판적인 태도를 갖기보다는 우호적이고, 수용적이고, 참을성 있고, 친절하고, 감수성있는 태도를 갖는 것이 중요하다고 배운다(Hinterkopf, 1983,1998). 느낌에 대한 우호적인 태도는 안도, 해방, 보다 큰 삶의 에너지를 불러온다. 자기-비판적인 태도는 보다 긴장되고, 경직되고, 무거우며, 둔감하게 한다. 내담자들이 초점두기에 어려움을 느낄 때, 이는 종종 그들이 자신들의 느낌(느껴지는 감)에 초점두기를 유지하는데 어려움이 있기 때문이다. 이런 때에, 치료자는 내담자에게 요구되는 태도를 상기시킨다. 이 태도를 기억하면 느낌이 진행되고 변화가 나타나는데 도움이 된다. 결과적으로 이는 심리영적 성장 과정이 발생하도록 허용하는 것이다.

뒤따르는 예는 내담자가 초점두기 태도를 유지하도록 상기하는 것이 느껴지는 전환을 가져오는데 어떻게 도움이 되었는지 보여준다. 초점두기 치료는 모든 신체 체험에 대해 우호적이고 연민어린 태도를 보인다는 점에서 다른 치료와 구분되는 경우가 종종 있다. 내담자가 어떤 내적 신체 체험을 수용하지 않는 것을 치료자가 알아채는 순간, 치료자는 이러한 태도를 갖도록 노력하라고 권한다.

J씨는 38세로, 자신의 체중 문제를 다루기를 원한다고 말했다. 나는 그에게 체중 문제가 그의 신체 안에서 어떻게 느껴지는지 물었다. 그는 얼굴에서는 달아 오른 듯, 목에서는 뻣뻣하게, 배는 너무 불러있는 것처럼, 손에서는 따끔따끔한 듯이 느껴진다고 했다. 그는 자기가 감자로 꽉 찬 푸대자루 같이 보여서 슬프다고 보고했다.

그가 자신의 슬픔에 대해 따듯한 태도를 갖도록 도와준 후에, 나는 그에게 "당신이 이에 대해서 우호적인 태도를 갖게 된다면 이 모든 것이 어떻게 느껴질까요?"하고 물었다. 그는 과식을 바라는 자기 일면에 대해 부끄럽게 느끼고 있기 때문에 우호적인 태도를 갖는 것을 상상하기 어렵다고 말하였다. 나는 "당신이 부끄럽다고 느끼는 것과 과식하기를 바라는 일면을 따로 두기로 상상할 수 있을까요?"하고 물었다. 그는 할 수 있을 것 같다고 말했다. 그리고 나서 나는 그에게 같은 종류의 체중 문제를 가진 다른 사람에 대해서 우호적이고 따듯한 태도를 가지는 것을 상상해보라고 했다. 친구에 대해서 이러한 태도를 상상한 후, 그는 과식을 원하는 자기 일면에 대해서도 우호적인 태도를 가질 수 있었다. 이후 그는 보다 이완되었으며 자신의 체중 문제에 대해서 무언가 할 수 있는 에너지를 더 갖게 되었다고 보고했다. 그는 자기 문제를 숨기는 방식으로 자기 일면을 통제를 하느라 너무 안간힘을 써왔다는 것을 깨달았다고 했다. 뒤의 회기에서 그는 "내 체중 문제에 대해서 우호적인 태도를 유지하도록 상기시켜준 것이 많이 도움이 되었다. 체중 감량을 착수하기가 쉬워졌다"고 보고했다.

이 예는 행동에 대한 장애(이 예에서 내담자의 체중 감량에 대한 장애)가 있을 때, 연민어린 초점두기 방식으로 여기에 귀를 기울이면 어떻게 쉽게 해소될 수 있는지 보여준다. 이러한 장애는 종종 자기-비판으로 인해 발생한다. 그 느낌에 대해 수용적 태도를 채택하면 (이 예에서, 슬픔과 부끄러움 모두), 그 장애가 해소되는 경우가 많다.

이 예는 본질적으로 영성적이다. 내담자가 모호한 의미를 가지는 미묘한, 신체적인 느낌에 집중하여 초월적인 성장 과정을 포함하는 보다 명확한 새로운 의미를 불러올 수 있었기 때문이다. J씨가 느꼈던, 모호한 의미의 미묘한, 신체적 느낌은 감자가 가득찬 푸대자루의 이미지와 얼굴 달아오름, 목의 뻣뻣함, 배부름, 손의 따끔거림, 그리고 슬픔을 포함하고 있었다. 새로운 보다 분명한 의미는 그가 자신의 이러한 일면을 단지 숨김으로써 통제하려 지나치게 안간힘을 써왔다는 깨달음이었다. 내담자의 체험은 초월적인 성장 과정을 포함하고 있는데, 내담자가 과식을 원하는 자신의 일면에 대해서 이전보다 더 연민어린 태도를 가지게 되었기 때문이다.

일정 거리를 유지하기

내담자들은 종종 어떤 문제를 다룰 때 두 가지 실수 중 하나를 범한다. 주로 정서에 압도되어, 문제에 너무 밀착해 있거나, 또는 주지화를 하면서 문제로부터 너무 떨어져 있다. 나는 내담자들에게 일정 거리를 찾도록 가르치는 것이 몹시 중요하다고 생각한다(Hinterkopf, 1983, 1998)-그 문제를 몸에서 느낄 수 있을 만큼은 충분히 가깝지만 자신의 삶이 그 문제보다 훨씬 크다는 것을 깨달을 만큼 멀어야 한다. 문제에 대한 적절한 거리는 내담자가 자료들을 진행시키며 변화를 깨달을만한 거리이다. 이 거리에서, 내담자는 해방과 안도를 경험한다. 이 거리를 지킬 수 있을 때 문제를 해결해나갈 수 있다.

치료에서 많은 내담자들은 극단적으로 불편한 상태이다. 특히 그들이 어떤 문제에 압도되어 보다 거리가 요구되는 때 그러하다. 일정 거리를 두는데 어려움을 느끼는 내담자들은, 적절한 거리를 찾는데 도움이 되는 충고를 필요로 하는 경우가 많다. 다음의 예에서, 내담자가 점 더 거리를 둘 수 있도록 내가 T2 와 T3에서 돕는 것을 볼 수 있다. T4와 T5에서는 내가 내담자에게 우호적인 태도를 갖도록 충고를 한다.

K씨는 성공한 대중 연설가였는데, 연설 중에 공황 증상을 경험하기 시작하게 되어서 나에게 왔다. 그는 공황 증상이 몹시 위압적이고 마비되게 한다고 설명했다. 최근까지 그는 자신에 대해서 "슈퍼맨"이라는 자기 개념을 가지고 있었다. 그는 자신을 강하고, 분명하고, 정력적인 연설가라고 보고 있었다. 공황 증상을 갖게 되었을 때, 그는 자신의 에너지를 고갈시키는 '크립토나이트'에 한방 먹은 것 같은 느낌을 받았다.

T1: 그러니까 당신은 대중 연설에 공황을 느끼는 당신 일면에 대해서 "안녕?"이라고 말할 수 있네

요. [40초간의 침묵]. 이 모든 것이 당신 몸에서 지금 어떻게 느껴지나요?

C2: 나는 가슴에서, 특히 어깨와, 팔과, 신경들에서 쇠약하고 과민함을 느껴요. 그건 너무 팽팽하게 조여진 기타 줄처럼 느껴져요. 나는 에너지가 끔찍하게 고갈되고 있는 느낌이예요. 나는 공포로 마비되고 얼어붙었어요. 내 가슴이 조여든 듯 숨을 쉬게 되어서 마치 과호흡 같고, 죽을 것 같아요.

T2: 나는 당신이 이 모든 공황 증상을 좀 더 거리를 두고 상상할 수 있는지 궁금하군요.

C3: 그건 너무 어려울 것 같네요.

T3: 아마 당신이 당신 자신에 대한 중립적인 관찰자가 될 수도 있을거예요. 마치 기자처럼, 공황 증상을 당신 자신과 거리를 두고 보는 거지요. 당신이 준비가 되면 나에게 그걸 말해주세요.

C4: [30초간의 침묵] 내가 공원에서, 불에 너무 가까이 걷고 있어서, 데는 것이 보여요. 무서워요. 나는 기분이 좀 나아졌지만, 여전히 약하고 무기력하게 느껴요.[내담자는 이를 자기 비판적인 목소리로 말했다].

T4: 그렇다면 당신이 약하고 무력하다는 느낌에 대해 우호적이고, 수용하는 면을 만드는게 특히 중요하겠네요.

C5: [35초의 침묵] 그건 나에게 너무 어려울 것 같네요. 나는 내 그런 면을 인정해본 적인 한 번도 없는 것 같아요.

T5: 당신 친구 중에 공개 연설을 할 때 공황 증상을 가진 친구가 있다면 그를 어떻게 대할지를 상상해 볼 수는 있을까요?

C6: 네 그건 하겠네요. 나는 대중 앞에서 연설을 할 때 공황 증상을 경험하는 친구한테는 이해하고 공감하는 태도를 보일 것 같아요. 이제 기분이 좀 나아지네요. 이제 나는 내가 연못가의 나무가 우거진 공원에 있는 것을 보며 더 평화롭고 고요하게 느껴요.

T1, T1, T3의 제안들은 내담자가 좀 더 거리를 두고 관찰자로서 자기를 발달시키는 것을 도왔다. C4에서 그는 자신이 공원에서, 불에 너무 가까이 걸어가는 것을 보았지만, 약간 기분이 나아졌다. C4에서 그가 자기 비판적으로 보였기 때문에, 나는 T4와 T5에서 우호적이고 수용적인 태도를 취하도록 부가적으로 제안했다. 이는 내담자 안에서 C6와 같이 올바른 거리를 찾는 결과로 이어졌다. 그는 이제 평화롭고 고요함을 느꼈다. 나중에 이 내담자는 이 회기 후 그의 공황 증상이 멈췄다고 보고했다.

전형적으로 내담자들은 불편한 감정에 압도되었을 때 올바른 거리를 찾는 것이 필요하지만, 즉시 더 거리를 두도록 돕는 것은 적절하지 않을 수 있다. 만약 내담자가 울거나 분노를 표현하는 것처럼 정서를 표현할 때, 보통은 적절한 거리를 찾으려 노력하기에 앞서서, 치료자가 그러한 감정들을 표현하도록 두는 것이 중요하다.

● 심리학과 영성 간 관계의 본질

심리치료에서 과정 접근법을 사용할 때, 심리치료적 성장과 영적 성장은 동일하다. 내용보다는 과정을 따름으로써, 치료자들은 내담자의 과정을 덜 참견하게 되고 보다 비판단적으로 남아있게 된다.

초점두기-지향 치료자는 내담자의 내용 언어, 이를테면 하느님, 알라, 또는 비시누 등에 언외로 담고 있는 뜻과 의미가 치료자와 다를 수 있다는 것을 인식해야 한다. 다른 언외의 뜻이나 의미에 대해 치료 회기 어떤 순간에 논의할 수도 있다. 하지만, 내담자가 내적으로 감지하고 있는 동안에는, 치료자가 이러한 차이나 유사점에 대해 묻거나 토의하기를 피하는 것이 중요하다. 그렇지 않으면 내담자가 나중에는 다시 얻지 못할 수도 있는 아주 섬세한 성장 과정을 치료자가 의도하지 않게 방해할 수 있다.

체험적 초점두기 치료자들은 내담자의 과정과 그 내용이 내담자에게 해방과 삶의 에너지를 일으키는지를 강조한다. 이는 익숙하지 않은 영적 문제가 야기되었을 때에도 심리치료자가 내담자로부터 물러날 필요가 없다는 것을 의미한다. 오히려, 치료자는 같은 방법-초점두기를 포함하여- 을 계속 사용하면서 성장을 촉진할 수 있다.

● 치료자의 기술과 자질

치료자는 초점두기 훈련 강사 또는 체험적 초점두기-지향 치료자로 훈련을 받을 수 있다. 초점두기 훈련 강사는 개인이나 집단으로 사람들에게 체험두기 기술을 사용하기를 가르친다. 체험적 초점두기-지향 치료자는 치료에서 자신이 행하는 어떤 것에든지 체험적 초점두기를 기반으로 사용하며, 치료적 관계를 인도하는데 체험적 초점두기를 사용한다. 초점두기 치료자는 치료에서 대개 다양한 접근법을 사용할 수 있다. 어떤 치료자들은 다른 접근과 함께 사용되는 하나의 기술로서만 초점두기 기법을 사용하기 위해 배운다.

초점두기 훈련 강사는 치료자일 수도, 치료자가 아닐수도 있다. 치료자가 아닌 사람들은 대개 교사, 마사지 치료자, 호스피스 지원자 등과 같은 조력 전문가(helping profession)들이다. 그들은 진행되고 있는 내적인 과정에 주의를 두는 직업에 자연스럽게 자기 삶이 관여하게 되는 사람들이다. 초점두기 훈련 강사로 훈련받기 원하는 사람은 Focusing Institute의 웹 싸이트(http://www.focusing.org)를 통해서 가까운 지역의 인증받은 초점두기 코디네이터를 찾아볼 수 있다. 인증받은 코디네이터들은 주로 수년간 초점두기 기법을 사용하고 가르친 경험이 있는 사람들이며 이 분야에 주요 업적을 남긴 사람들이다. 이들은 뉴욕에 있는 Focusing Institute에서 자격증을 받았고, 미국 전역과 전세계에서 활동하고 있다.

인증받은 코디네이터의 90% 이상이 초점두기-지향 치료자들이며 다른 치료자들이 치료에서 체험적 심리치료를 사용할 수 있도록 훈련시킨다. 대학에서는 초점두기-지향 치료가 코스의 일부이거나 한 코스 전체이거나 혹은 주요 전공으로 가르쳐지고 있다. 공식적인 초점두기-지향 치료 훈련 프로그램이 뉴욕과 보스톤, 시카고와 미국외 다른 여러 나라에 있다. 대학에 기반을 둔 새로운 훈련 프로그램이 워싱톤, 캘리포니아와 미국 이외에서 개발되고 있다. Focusing Institute에서 심리치료를 수행할 수 있는 면허를 주는 것은 아니다. Hinterkopf 박사는 전세계에서 초점두기 방법, 체험적 심리치료, 상담에서 영성을 통합하기 위해 체험적 초점두기를 활동하기, 꿈 분석에서 초점두기를 활용하기 등을 수련시키며 워크샵을 제공한다.

체험적 초점두기 치료는 강의, 집단 토의, 소그룹 체험 연습, 수퍼 비전 등을 활용해서 가르칠 수 있다. 대개 학생들은 수련 회기동안 서로 짝을 지어 과정을 연습하게 된다. 수련 과정은 보통 2년 정도인데, 수련 받고 있는 치료자의 이전 경험에 따라 다르다. 때로는 개인적으로 수련을 받기도 한다. 인증 받은 코디네이터 각자가 수련회기를 조정한다. 수련에 드는 비용은 각 지역에서 다른 이러한 수련과 비슷한 수준으로 결정된다.

체험적 초점두기 접근을 활용하는데 필요한 기본 속성과 기술은 조화(congruence), 공감(empathy), 긍정적 관심(positive regard)이다. 심리치료자들은 내담자의 암묵적이고 복잡하게 느껴지는 감에 반응하여 진행을 촉진할 수 있도록 초점두기를 수련 받을 필요가 있다. 초점두기는 다른 치료적 방법과 마찰이 없다. 내담자의 암묵적, 복잡 미묘한 과정을 인식하지 못하는 치료자는 내담자에게서 나타나고 있는 과정을 의도적이지는 않지만 저해할 수 있다(Hendricks, 2001). 치료자에게 필요한 기술들은 느껴지는 감 자료에 정확하고 공감적인 청취와 반응을 보이는 것, 태도와 거리에 관해 초점두기 제안을 하는 것 등이다(Hinterkopf, 1998).

체험적 초점두기 방법을 효과적으로 사용하는 치료자는 자기 자신에게도 초점두기를 활용하여, 내적 삶의 오리엔테이션으로 삼는다. 그들은 한 상황의 복잡성에 대해 감을 잡기 위해서 종종 자기 자신의 내적 과정을 체크한다는 면에서, 직업적인 생활에서나 개인적인 생활에서나 영성 지향적인 사람들이다. 직업적으로, 그들은 여러 지향, 개입, 치료 중에서 선택을 할 때 자신들의 느껴지는 감을 사용한다. 그들은 자기 내담자들에게 그들 스스로의 내적 감을 체크하도록 장려한다. 내용면에서, 어떤 초점두기-지향 치료자들은 전통적, 영적 수행을 하지만, 그렇지 않은 사람들도 있다. 다른 수행 방법을 많이 연구했지만 초점두기가 자신이 아는 한 가장 심도있는 영적 수행이라고 하는 사람들도 많다.

초점두기-지향 치료자에게 필요한 영적 속성에는, 그들이 종교적이건 아니건간에 모든 내담자에게 영적 과정에 대해 개방된 태도를 가질 수 있는 능력이 포함된다. 치료자는 내담자의 과정에 집중하기 위해서 일시적으로 개인적인 문제들은 제쳐두어야 한다. 체험적 초점두기 치료자는 자기 과정을 존중하고 가치있게 여기며, 식견있는 관찰자로서 자기 또는 목격자를 개발하도록 내담자에게 가르치며 스스로 모델이 되어야 한다. 초점두기 과정에 가치 두기를 배우는 것은 거의 항상 용서, 신뢰, 희망의 체험으로 이끈다. 치료자와 내담자는 삶의 의미와 목적에 대한 감을 갖는 것을 배우며 개인적 힘과 자율성의 감을 키우게 된다. 그들은 종교적이고 영적인 신앙을 좀 더 체험적 현실로 형성하기를 배운다. 초점두기-지향 치료자들은 알지 못하는 가운데에도 머물 수 있게 된다. 그들은 치료자의 얄팍한 생각이나 개념은 절대로 내담자 스스로의 설명보다 나을 수 없다는 것을 안다. 내담자의 과정에 있는 느껴지는 전환에 가치두기를 배우면, 내담자가 그들의 이전 준거들을 넘어서 자신, 타인, 삶의 더 많은 부분에로 뻗어나가는데 도움이 된다(Hinterkopf, 1998). 이것이 영적 과정을 포함하는 것이다.

강점과 제한점

이론

초점두기-지향 치료에 담겨있는 이론은 심리영적 변화 과정의 핵심을 묘사한다. 이의 강점은 과정 지향적이라는 데에 있다. 이는 다른 어떤 심리적 또는 영적 접근에서도 사용되어 더 효과적으로 만들 수 있다는 뜻이다. 한계라면, 초점두기-지향 치료는 내용을 가르치지는 않는다는 것이다. 예를 들어, 여기에서는 이혼에 대해서 어떤 종교나 교회가 뭐라고 하는지 가르치지 않는다. 만약 내담자가 종교적 실행의 특정 내용에 대해서 의문을 갖는다면, 치료자는 그 내담자를 그의 종교 관계자에게 의뢰할 수 있다. 대신, 초점두기-지향 치료는 내담자가 자기 삶에서 무엇이 가장 중요한지 감을 잡는 것을 돕는다. 초점두기-지향 치료는 치료자가 어떤 내용을 내담자와 나누는 것이 가장 도움이 될지 감을 잡는 데에도 도움이 된다.

실제

체험적 초점두기 접근은 다양한 심리학자와 심리치료자 집단에서 사용되어 왔다. 이는 개인 치료실, 입원 및 외래 환자 작업, 개인, 커플, 가족 치료 등을 모두 포함한다. 영적 자료를 가지고 초점두기 접근을 하는 것은 개인과 에이전시 세팅에서 가장 널리 사용되고 있다.

실제적인 제한은 모든 대학원 과정에 초점두기-지향 심리치료 수련 과정이 있지 않다는 것이다. 하지만 체험적 초점두기 심리치료 수련과 연구를 하는 대학원 과정이 점차 늘고는 있다. 그 최근 발전에 기여한 두가지 이유는 다음과 같다. 자기 계발 책으로 쓰여진 '초점두기(Focusing,

Gendlin, 1981)' 라는 책이 1981년에 처음으로 Bantam Books 출판사에서 출판되었다. Gendlin의 *초점두기-지향 심리치료(Focusing-oriented psychotherapy)*라는 책은 1996년에서야 출판되었다. 따라서 초점두기-지향 심리치료가 널리 알려지게 된 것은 최근의 일이다. 심리치료에서의 영성적 접근에 관한 과목을 제공하는 많은 대학원 과정에서는 Hinterkopf가 1998년에 출판한 *'상담에서 영성을 통합하기: 체험적 초점두기 방법 사용 지침서(Integrating Spirituality in Counseling: A Manual for Using the Experiential Focusing Method)'* 를 많이 사용하고 있다.

적응증과 금기

체험적 초점두기를 사용할 때, 내담자에게 더 편안하고 삶을 고양시키는 행동을 불러오는지 각각의 치료 반응을 조심스럽게 체크하여야 한다. 반응이나 제안이 내담자에게 진행되는 과정으로부터 멀어지게 할 때에는, 예를 들어 내담자가 더 긴장이나 혼란을 경험하게 된다면, 그 반응은 그만두어야 한다. 치료자는 내담자에게 이전 반응은 무시하고 회기 중에서 편안했던 마지막 시점으로 돌아가자고 제안할 수 있다(Hinterkopf,1998).

상상에 대해서 편안하고 쉽게 느끼는 것이 필수조건은 아니지만, 내적 느낌을 어려워하는 내담자들은 대개 초점두기에 어려움을 느낀다. 물론 초점두기 과정은 느낌, 신념, 행동, 이미지, 행동을 인식하는 것 등 다양한 방식으로 유도될 수 있다. 하지만 내적으로 느끼는 것에 어려움을 겪는 것처럼 보이는 내담자들도 즉각적으로 부드럽게 코치를 받으면 자신의 감정을 분별할 수 있다. 예를 들어, 눈물이나 다른 강한 감정처럼, 느껴지는 지점을 치료자가 주의 깊게 보고, 내담자에게 "내면에서 무엇을 느낍니까?"라고 물을 수 있다. 만약 내담자가 "무슨 말씀이세요?"라고 묻는다면 치료자는 "당신 눈에 눈물이 있는 걸 봐서, 당신이 슬픔을 느끼고 있는 것 같네요. 또는 이 전체 상황에서 감동을 느끼고 있을 수도 있겠지요. 나는 당신이 자기 안을 느낄 수 있는지, 자신의 눈과 목, 가슴을 살펴보고 거기서 어떤 느낌을 얻는지 알아챌 수 있는지 궁금해요. 예를 들면, 만약 내가 슬픔을 느낄 때 나는 눈에는 눈물을 느끼고, 목이 메어오고 가슴이 무겁겠지요. 당신도 그게 당신 안에서 어떻게 느껴지는지 체크해볼 수 있어요".

어떤 내담자들은 정서를 느끼는 것이 불가능하다고, 즉 감정부전증이라고 보고할 수 있다. 이런 내담자들에게는 "아무것도 느끼지 않는 경험이 어떤거지요?"라고 물을 수 있다. 만약 내담자가 자신의 경험을 묘사할 수 있다면, 예를 들어 "모든 것이 판지와 같이 밋밋해요"같이 표현한다면, 그는 이미 느껴지는 감을 묘사하고 있는 것이다. 내담자가 초점두기-지향 질문이나 제안에 반응할 수 없는 경우에도, 치료자는 무엇이 필요한지 느끼기 위해 초점두기를 다시 사용할 수 있다.

문화와 성별에 대한 고려사항

체험적-초점두기 접근은 다양한, 다문화 상황에서 특히 적절하다. 이것이 과정 지향적이며 어떤 내용에도 사용될 수 있기 때문이다. 이는 어떤 종교적 또는 영적 신념이나 전례에도 사용될 수 있다. Hinterkopf(1998)는 다양한 문화적 상황에서 남녀 내담자 모두에서 이러한 접근을 활용한 예를 많이 제시하였다. 체험적인 초점두기는 힌두교, 모슬렘, 불교, 유대교, 기독교와 같은 다양한 집단에서 사람들이 심오한 체험적인 지점을 찾는데 도움이 되었다. 수피나 퀘이커와 같은 종교의 사람들도 그들의 종교가 자신들에게 요구하는 것- 억압하는 것 없이 일상에서 명상하고 존재를 발견하기-을 하는데 초점두기가 도움이 되었다고 보고하였다(Omidian, 2002; Saunders, 2003). 심리치료자는 종교적이지 않는 내담자들에게도 그들의 영성을 지지하는데 이러한 접근을 사용할 수 있다. 이 방법은 양성 모두에게서 자신의 성격과 이에 대한 문화적으로 적절한 의미를 끌어낼 수 있게 해 준다. 많은 나라에서 치료에서의 긍정적인 결과라든지 다른 연구 측정 변인들을 통해 초점두기의 이로운 효과가 시사된 바, 이 과정은 성과 문화에 걸쳐 보편적임이라 할 수 있다(Hendricks, 2001). 과정-지향적 관점에서 볼 때, 치료 맥락에서 진실된 것은 무엇이든 영성적 맥락에서도 진실되다.

기대되는 향후 발전 방향

심리치료에서 영성에 대한 다문화적 접근의 필요성이 부각되면서, 체험적 초점두기는 점차 영향력을 더해갈 것이다. Fosucing-Institute는 비영리 조직으로, 강의, 연구, 출판 등을 통해서 대중들과 국제 학술 단체가 초점두기를 접할 수 있게 하는데 목적을 두고 있다. Fosucing-Institute는 전세계에 수련 받은 강사와 치료자를 두고 있으며, 그들이 연수 프로그램, 워크샵, 개입 지도를 하고 있다. 회원이 점차 늘어가고 있으며 미국과 캐나다, 벨기에, 독일, 일본의 주요 대학들에서 연구가 지속되고 있다(Hendricks, 2001). 사실, 체험적 초점두기는 일본에서 주요 심리치료 학파중의 하나이다.

임상 사례

다음에 제시되는 사례는 초기 사례 자료를 수정, 축약한 것이다(Hinterkopf, 1998). 이는 초점두기-지향 치료 접근을 묘사해주고 있다. 회기 동안, 치료자는 필요한 것-치료적 관계에서 무엇이 필요한지와 내담자의 과정을 더 깊게 하기 위해서는 어떤 치료적 반응이 도움이 될 수 있는지-을 느끼기 위해서 초점두기 과정을 사용하였다. 회기의 이 부분 동안, 정확한 경청과 초점두기 질문과 반응이 사용되었다. 회기 내에서 내담자가 자신의 느껴지는 감에 주의를 기울인 시간은 5분에서부터 40분까지 지속될 수 있다.

이 사례에서의 내담자는 이전에 초점두기를 배웠고, 우리는 이미 관계를 성립한 사이였다. 그는 쉽게 나의 초점두기 제안을 따를 수 있었다. 초점두기에 더 어려움을 겪는 내담자와의 작업 예는 *상담에서 영성을 통합하기(Integrating Spirituality in Counseling,* Hinterkopf, 1998)에 나와있다.

내담자는 자주 울게 되는 우울한 기분을 경험하고 있었다. 그녀는 최근 새로운 직장과 결혼이라는 두 가지 주요 생활 스트레스를 겪고 있었다. 우호적인 초점두기 태도를 지속하며, 일정 거리를 유지하고, 개방형 초점두기 질문을 하는 것이 내담자의 감정에서부터 새로운 의미가 나타내는데 어떻게 도움이 되었는지 주목하기 바란다.

내담자는 자신이 슬픔(단일 감정)을 느낀다고 말하면서 회기를 시작하였다. 이어 그녀는 더 크고, 모호하고, 전체적인 느낌(느껴지는 감)을 묘사할 수 있는 단어를 찾았는데, 그것이 마치 가슴과 목에서 '슬프게 울기 직전' 같다고 했다. 이러한 감정을 인식하고 묘사하게 되면서 그 느낌에서 더 많은 의미가 나타났다. 나는 내담자에게 우호적이고 부드러운 방식으로 그 느낌에 머물기를 제안하였다(우호적인, 초점두기 태도를 유지하기). 이 느낌을 인정한 후, 그녀는 이것이 항상 "무얼 하지 않고" "때때로 단지 그냥 있기"를 바랬던 자신의 일면이라는 것을 깨달았다. 그녀가 우는 사이 몇 분 동안 내담자와 머무른 후, 나는 그녀에게 이 모든 것을 약간의 거리를 두고 떼어놓는 것이 도움이 되겠는지 물었다(일정 거리를 유지하기). 몇 분 후, 내담자는 권투 링의 두 반대 측에 있는 두 인물의 이미지를 생각해내었다. 그 두 인물은 자신의 양면이었다. 나는 그녀가 자신에게 "이 전체에서 무엇이 나에게 가장 나쁜가?"(개방형 초점두기 질문)를 물어볼 수 있다고 제안하였다. 얼마 후, 내담자는 이중에서 자신에게 가장 나쁜 것은 자신이 항상 "뭔가를 하는 측면-다른 대안은 없는 것처럼"을 선택해야 했다는 것이라는 것을 깨달았다. 한동안의 침묵 후에 나는 이제 그녀의 몸에서 이 모든 것이 어떻게 느껴지는지 물었다. 그녀는 "그냥 있기"를 원했던 면은 자기 배가 꼬인 것처럼 느껴지며 그 안에 슬픔이 꽉 찬 채로 방치되어 있는 것 같다고 했다. 이후 그 내담자는 스스로에게 만약 모든 것이 괜찮다면 이 모든 것이 어떻게 느껴질지 스스로 물어보기를 택했다(개방형 초점두기 질문). 거의 일분정도 침묵속에서 기다린 후, 그녀는 나선 혹은 원 안에서 두 측면이 통합되어 흐르는 느낌을 받았다. 그녀는 이제 더 이상 두 측면 사이에서 선택할 필요가 없다고 말했다. 그녀는 평화롭고, 고요하고 무난하게 흘러가는 듯이 느꼈다 (느껴지는 전환). 내담자가 이전에 하느님에 대한 자신의 신앙이 매우 중요하다고 말했었기 때문에, 나는 그녀가 이 경험을 통해서 하느님을 어떻게 체험하고 있는지 스스로 물어보는 것이 좋을 것 같은지 물어보았다(개방형 초점두기 질문). 이 질문에 대한 답으로 그녀는 스스로에게 물어보았고, 그녀는 하느님이 "이것이 바로 평안하게 사는 것이다"라고 말하는 것을 상상할 수 있다고 하였다. 그녀는 보다 큰 기쁨과 더 많은 가능성이 시작됨을 느낀다고 보고하면서 이 회기의 초점두기 부분을 마쳤다. 그녀는 마지막 질문이 그녀가 느껴지는 전환에 좀 더 오래 머물며 이를 확장할 수 있게 도왔다고 말했다.

이 예에서, 내담자는 내적으로 느껴지는, 복잡하고, 암묵적인 의미에 자신의 관심을 돌렸기 때문에 영적 과정을 체험할 수 있었다. 그녀는 새로운 의미가 나타나서 이전의 준거틀을 초월하도록 허용했다. 느껴지는 전환 동안, 내담자는 평화, 고요, 순탄한 흐름을 느끼며 신체적으로 느껴지는 해방감을 경험했다. 내담자는 이전에 무시되어왔던, 단지 그냥 존재하고 싶었던 자신의 일면을 통합할 수 있게 됨으로써 이전 준거틀을 초월했다. 통합 과정에서, 무언가를 하는 일면과 더불어, 이 측면이 순환하는 나선으로 변형되었다. 내담자는 하느님과 같은 개념을 언급했다는 면에서 영적 내용에도 참여하였다.

● 내담자 배경과 현재 문제

내담자는 38세의, 최근에 결혼한 여성으로, 직업을 바꾼 참이었다. 그녀는 어려서부터 가톨릭이었고 현재 전통적인 기독교 교파와 최근에 설립된 초교파적 모임 모두에 참여하여 활동하고 있었다. 그녀는 향심 기도(centering prayer)와 명상을 하고 있었고, 독실하였으며, 두 교파 모두를 편안하게 느낀다는 점에서 교조주의적이지는 않았다. 내담자의 부모는 그녀가 5세 때 이혼하였다. 그녀의 어머니는 알코올 중독자였고 AA에 10년간 참석하고 있었다. 내담자는 약물이나 술은 하지 않았다. 그녀는 현재 어머니와의 관계는 좋다고 했다. 그녀의 아버지는 작고한 상태였다. 그녀는 약간의 허리 통증을 제외하고는 건강 상태는 좋았다. 그녀는 결혼 생활에 대해서는 지지적이라고 묘사했다. 그녀가 제시한 문제는 스트레스와 쉴 시간을 낼 수 없는 "일 중독"이었다.

● 치료자와 내담자 관계

이 치료적 관계에서, 치료자는 주의 깊은 경청자로 존재하였고, 특별히 초점두기 시간 동안에는 내담자가 자신의 치유 단계를 탐색하고 찾아나가도록 도왔다. 이 시간동안 치료자는 동반자요 안내자였으며, 내담자의 경험에 같이 하였다. 치료적 개입은 체험적 초점두기 기법에 국한된 것은 아니었다. 체험적 접근이 기본이었지만, 때로 내담자가 초점두기를 하지 않을 때에는 치료자가 인지적 또는 행동적 접근과 같은 다른 기술을 사용해서 반응하기를 선택하기도 했다. 회기를 통해서 안도와 해방, 삶의 에너지를 얻었는지 알기 위해서 각 회기 전후에 내담자의 체험이 신중하게 체크되었다.

● 평가: 이론적 근거와 자료 수집

초기 인터뷰에서, 내담자는 알코올과 약물 검사를 했고 음성 반응을 보였다. 그녀는 체중은 일정하며, 식욕도 좋고, 자살 사고나 죽고 싶은 마음이 없다고 보고했다. 그녀는 주의집중에 아무 문제가 없다고 하였으며 조증 증상도 보이지 않았다. 그녀는 자기 일에 흥미를 가지고 있었다. 그러나 그녀는 두 달 동안 슬픔을 느꼈으며, 자주 울었다.

나는 보통 초기 접수 면접에서 내담자의 종교 전통과 영성 지향에 대해 알아둔다. 내가 물어보는 질문들은 "당신은 어떤 종교적 선호나 영적 지향을 가지고 있습니까?"와 "당신이 어렸을 때 당신 집안은 어떤 종교 전례를 수행했죠?" 같은 것들을 포함한다. 만약 내담자가 자신이 종교적이라고 답하면 나는 "당신에게 종교의 어떤 부분이 제일 좋습니까?"라고 묻는다. 만약 내담자가 자신은 종교적이지는 않지만 영성적인 사람이라고 답하면 나는 "당신은 영성을 어떻게 체험하나요?"라고 묻는다. 이런 질문들을 통해서 알게 된 것들이 상담 중에 영성적 과정을 용이하게 하는데 도움이 된다. 접수 면접에서 이러한 질문들을 묻는다는 사실이 내담자에게는 상담중에 영성-종교를 포함해서-의 주제를 다루는 것이 허용되며 적절하다는 암시가 된다.

나는 내가 접수 면접 때 물은 질문과 이후 상담 회기에서 내담자의 어휘를 배운다. 단어가 각 사람에게 특별한 의미와 시사점이 있기 때문에 나는 영성적 이슈를 다룰 때 내담자와 같은 용어를 쓰도록 특별히 주의한다. 신학적 또는 무신론적 용어를 모두 사용하는데 익숙해야 한다는 것이 나에게 특별히 중요하다. 예를 들어, 만약 내담자가 하느님, 알라, 비시누와 같은 인격신 용어를 사용하면, 대개는 내담자에게 반응할 때에도 같은 단어를 쓰는 것이 가장 도움이 된다. 무신론적 용어는 "무언가 나보다 큰 것과 관련된" 또는 "우주 전체와 연관된 듯한 느낌" 등이라 할 수 있다.

진단과 임상적 사례 개념화

DSM-IV-TR의 I축 진단으로 우울 증상을 수반한 적응장애(미정신의학회, 2000)가 내려졌다. 내담자의 증상은 그녀가 직업을 바꾸면서 시작되었다. 그녀는 변화를 긍정적인 것으로 생각하고 있었다. 하지만 그녀는 눈물이 자주 나는 우울을 보고했다. II축 진단은 없었다. 내담자가 단지 경미한 허리 통증만 있었기 때문에, III축 진단은 내리지 않았다. 그녀의 현재 GAF 점수는 75였다. 그 내담자는 하느님에 대해 긍정적인 관점을 가지고 있었고 어려운 시간동안 신앙이 위안을 주었다고 했다. 이러한 보고에 따라서 나는 치료적 과정을 용이하게 하기 위해서 내가 그녀의 종교적인 신념을 사용할 수도 있겠다고 생각했다. 자신의 감정과 정서를 묘사할 수 있는 그녀의 능력은 초점두기 기술을 사용하는데 좋은 후보자가 되는 면이었다.

치료 목표, 과정, 개입 전략

치료의 목표는 내담자가 우울과 스트레스를 줄이도록 돕는 것을 포함했다. 내담자는 이미 이완에 사용될 수 있는 도구들을 가지고 있었다. 이 도구들이란 기도와 명상이었다. 그녀는 또한 허리 때문에 마사지 치료도 받은 적이 있었다. 그녀의 문제는 자기 시간을 어떻게 사용하는지 다소 무의식적으로 선택하는 점에 자리잡고 있는 것 같았다. 체험적 초점두기는 이러한 선택을 탐색하는데 적절한 접근으로 생각되었다. 초점두기 기술이 유용한 개입으로 증명될 수 있을 것이었다.

체험적 초점두기 접근에서 독특한 치료 과정은 내담자가 지속적으로 자신의 진행되는, 암묵적인, 내적 과정에 주의를 기울이도록 권유를 받는다는 것이다. 내담자가 어려움을 겪을 때, 그녀는 자신의 느껴지는 감에 주의를 기울이도록 배웠다. 느껴지는 감은 체험적 초점두기 심리치료의 아주 중요한 공헌점이라 할 수 있다. 느껴지는 감은 단지 정서나 신체 감각 이상이다. Gendlin은 "성격 변화 이론"(1964)에서 다음과 같이 썼다.

> 직접적인 지시 대상(referent)은 내적으로 복합적이며 어떤 사람이 그것을 지칭할 때 그 자신과 닮았다고 느끼는 것이다. 반면 정서는 내적으로 모두 한 속성이다....그것들은 단순한 감정이다. 종종 우리는 우리의 정서 때문에 그 바탕이 되는 우리 안의 복잡한 느낌을 알 수 없게 된다....죄책감, 부끄러움, 당황, 또는 나는 "나쁘다" 등의 느낌은 나나 내 경험의 이러한 측면, 그리고 그것이 나에게 갖는 의미에 관한 것이다. 이러한 정서들은 그 자체가 나에게 체험이나 의미가 되지 않는다. 우리는 부끄럽거나, 죄스럽거나 나쁘다고 느낀것에 관련해서가 아니라 이러한 정서를 대신 느낀다. 이러한 정서들 자체가 그 모든 것이 우리에게 주는 느낌을 느끼지 못하게 막는다.…왜냐하면 이 때문에 우리가

불완전하고 암묵적인 의미에 주의를 기울이며, 그 반응을 상징으로 해석하고 완성할 수 있는 순간을 놓쳐버리기 때문이다.

초점두기는 개인이 보다 내적으로 인식하게 될 수 있는 강력한 과정이다. 한 상황에 대해 신체의 전체적인 반응을 인식하게 됨으로써, 개인은 종종 그 문제가 체험되고 있는 상황에서 해방되는 변화를 경험하게 된다. 신체의 반응에 주의를 기울이는 단순한 행동이, 그 문제가 그를 "움켜쥐는" 상태로부터 놓이게 한다. 전체 문제가 다르게 보이고 새로운 해결이 일어난다.

치료 경과, 치료 빈도, 치료 기간

치료 과정 기간은 주 1회 50내지 60분 회기를 갖는 5주 과정이었다. 어떤 내담자들은 초기 치료적 목표를 달성한 후에도 나와 치료를 지속한다. 이런 경우, 나의 주 역할은 동반자나 안내자가 된다.

종결, 재발 방지, 치료 결과

종결은 내담자와 치료자가 모두 치료 목표가 달성되었다고 동의할 때 이루어진다. 체험적 초점두기 접근은, 내담자가 자신의 과정을 스스로 인도하도록 점차적으로 배운다는 면에서 재발을 내재적으로 예방한다.

초점두기는 워크샵이나 치료동안 분절적으로 가르치게 될 수 있다. 예를 들어, 한 회기동안 나는 내담자에게 보다 큰, 함축적인 느껴지는 감에 주의를 기울이도록 가르칠 수 있다. 다른 회기에서는 수용하는, 초점두기 태도를 어떻게 유지할지를 가르칠 수 있다. 내담자가 정기적으로 자신의 내적 대상(referent)에 주의를 기울이기를 배우면, 그는 나중에 치료의 필요성을 더 빨리 감잡게 된다.

치료 결과: 단기 효과와 장기 효과

치료 끝에, 이 사례에 제시된 내담자는 슬픔이 없어졌다고 보고했다. 다음 두 회기동안, 그녀는 거의 슬프지 않고 전반적으로 좋은 상태라고 보고했다. 그녀는 이완할 시간을 좀 더 가질 수 있게 되면서 스트레스를 덜 보고했다. 그녀의 GAF 점수는 85였다. 치료는 5회기로 끝났다. 종결 후 6개월과 12개월에 그녀는 새 직장에서 잘 지낸다고 보고했다. 그녀는 직장 동료들이나 남편과 사이에서 도전이 되는 상황에 있을 때 초점두기를 사용해서 이를 극복할 수 있다고 보고했다. 따라서 내담자는 영적으로 심리적으로 높은 기능을 계속 유지할 수 있었다.

제 10 장

용서를 증진시키는 접근 : 화해를 가르치는 장기적인 모델의 활용을 통해 내담자들이 용서에 도달하도록 돕기

(Forgiveness-Promoting Approach: Helping Clients Reach Forgiveness through Using a Longer Model that Teaches Reconciliation)

Everett L. Worthington Jr., Suzanne E. Mazzeo,
and David E. Canter

대부분의 사람들은 용서라는 단어를 들을 때, 자동적으로 영적인, 그리고 대부분 종교적인 개념으로 생각한다. 용서는 기독교 신앙의 핵심적인 구성이다(Marty, 1998). 그리고 모든 주요 종교에서 용서를 소중히 여긴다(Rye등, 2000).

여전히 많은 사람들이 어떤 조직화된 종교와 거의 연결되지 않고 특별히 영적인 용어로 생각하지 않을지라도, 용서에 대해 말하고 용서를 경험할지 모른다. 용서는 많은 자연적인 관계 회복 기제들 중 하나인 것으로 보인다. 더욱이 비록 그 관계 자체에 영향을 주지 못할지라도, 많은 심리적 상처들은 현재 혹은 과거의 관계들에 그 기원이 있고 용서가 사람들에게 심리적으로 도움을 줄 수 있다(예를 들어, 중년 여자가 어렸을 때 그녀를 성희롱했던 그녀의 죽은 아버지를 용서함으로써 심리적 증상들을 없애고 이전에 알지 못했던 평화를 누리는 것). 그래서 용서는 개인, 커플,

가족, 집단 치료에서 흥미를 일으킨다.

역사적으로, 많은 학문의 분야에서 용서에 대해 기술해왔다. Murphy와 Hampton(1988)과 같은 철학자들은 철학의 고찰을 예증해왔다. Shakespeare, Yeats, O' Neill은 용서를 주요 주제로 다루었다. 주요 종교의 종교적인 작가들이 용서에 대해서 토론해왔다(Rye등, 2000). 심리학 내에서 용서하는 것에 대한 흥미는 *용서하는 것과 잊는 것: 우리가 받지 않아도 됐을 상처의 치유 (Forgive and Forget : Healing the Hurts We Don' t Deserve)*라는 책의 발간 이후에 번성하였다(Smedes, 1984). 치료자들은 어떻게 용서가 심리치료에서 활용되는지에 대해 논문을 썼다(Fitzgibbons, 1986). Enright는 어떻게 아이들이 용서에 대해 이해하게 되는지를 연구했고(Enright & the Human Devepoment Study Group, 1994), 곧 용서를 증진시키는 개입을 발전시켰다(Hebl & Enright, 1993). 그 후, Worthington, DiBlasio와 McCullough는 용서를 연구하기 시작했다(McCullough & Worthington, 1994; Worthington & DiBlasio, 1990). 그 다음에 John Templeton Foundation에서 1997년에 제안서 모집 공고를 냈고, 용서를 연구하는 연구소들이 급격히 늘었다.

용서 그 자체가 반드시 개인 심리치료의 일부는 아니다. 용서는 커플 치료, 가족 치료, 혹은 집단 치료나, 공동사회와 연고 관계를 소중히 하는 상황에서 최대한의 유용성을 찾을 수 있다(예: 종교적으로 갖춰진 치료 혹은 문화적인 자치 단체의 치료).

이번 장에서, 우리는 한 커플이 결혼 생활에 대한 "자문가(consultant)"를 만난, 용서를 증진시키기 위한 심리교육적인 개입을 기술하고자 한다. 이 접근은 커플치료를 위해 바로 적용가능하고, 임상적 기법들의 일부는 개인치료, 집단치료, 가족치료에서도 사용될 수 있다.

접근에 대한 설명

● 역사적, 이론적 기초

Worthington의 개입은 종교에 관계하지 않는 대학인 Virginia Commonwealth University(VCU)에서 발전되었다. Worthington은 비종교적 사회와 기독교 사회 둘 다에 관여하는 기독교인이었지만, 그의 동료들과 대학원생들 전부가 그와 같은 신앙적 태도를 지니고 있는 것은 아니었다.

1980년대 중반에 Worthington은 대학원생 Donald Danser를 지도감독하고 있었다. 다루기 힘든 부부 문제가 있는 한 커플을 치료하기 위해 Worthington과 Danser는 이 커플이 용서의 문제를 다루도록 돕기 위한 2회기 개입을 정성들여 만들었다. 그 접근은 각 개인의 죄를 고백하고 그 고백을 들은 배우자로부터 공감적인 반응들을 얻는 것에 초점을 맞췄다. 배우자들은 번갈아 고백과 반응을 했다. 커플의 관계는 변화되었다. 동료 Fred DiBlasio와 Worthington은 그 개입을 정교화하였고 기독교 상담 기관에서 기독교인 내담자들에게 사용하였다 (Worthington & DiBlasio, 1990도 볼 것). 이것은 DiBlasio의 결심에 근거한 용서(decision-based forgiveness)라는 접근의 초석이 되었다(DiBlasio, 1998).

1990년에, Michael MaCullough가 VCU의 대학원에 들어갔고, 그와 대학원생 Steve Sandage, 그리고 Worthington은 용서에 대한 협동 연구 작업을 시작했다(MaCullough등, 1998; MaCullough, Sandage & Worthington, 1977; MaCullough & Worthington, 1994, 1995; MaCullough, Worthington & Rachael, 1997; Sandage, 1977). MaCullough, Sandage와 Worthington(1997)의 책에서는 용서가 기독교인들에게 특히 중요할지라도, 일반적인 은혜의 일부라는 논문을 발전시켰다. 사랑, 합리성, 의미 만들기와 같이, 용서는 인간적인 것으로 기독교인의 활동에만 국한되는 것은 아니다.

Jennifer Ripley는 그녀의 학위논문에서, 희망중심의 결혼의 질 향상(Hope-Focused Marriage Enrichment)과 공감 경험을 통한 용서와 화해(Forgiveness and Reconciliation through Experiencing Empathy)의 초기 버전을 포함한 결혼의 질 향상을 위한 심리교육적인 개입들을 비교했다(FREE; Ripey & Worthington, 2002). 이 프로젝트는 더 큰 프로젝트, 즉 연구 기금을 딴 초기 결혼 커플들의 연구를 위한 첫 번째 예비연구가 되었다(두 번째 예비 연구: Burchard 등, 2003). 공감 경험을 통한 용서와 화해의 확장된 버전이 이번 장의 초점이다.

이론적 선구자

용서를 위한 REACH 모델-REACH는 각 단계를 뜻하는 단어의 첫 글자를 따와서 만들어진 이름이다-의 이론적 선조들에는 정서중심의 커플치료, 통합적 행동치료, 구조적 가족치료가 포함된다. 이는 커플간의 사랑, 신뢰, 노력을 증진시키는 전략과 희망에 초점을 맞추며, 이러한 구성은 희망중심 커플치료(hope-focused couple therapy)라고 불린다(Worthington, 1999; Worthington 등, 1997). 신학적으로, 그 접근은 전통적인 기독교에 뿌리를 둔다. 중요한 것은, 집단 혹은 커플과의 비종교적인 작업에서 사용되는 구조 틀에서는 노골적인 종교적 구성들을 거의 언급하지 않는다는 점이다. 그래서 참여자들이 이 접근이 기독교적인 것에 대해서 부정적으로 반응하는 경우는 거의 없다. 하지만, 그 접근이 기독교 신앙과 일치하기 때문에 분명하게 기독교적인 환경에서 사용될 때, 적용하기가 쉽긴 하다(Worthington, 2001a의 비종교적 버전의 기독교적 개정을 위해서는 Worthington, 2003을 볼 것).

용서하지 못하는 마음

죄(transgression)는 보통 범죄(offense)로 인식되는 도덕적 경계선의 침범, 혹은 보통 상처로 지각되는 심리적 혹은 육체적 경계선의 침범이다. 범죄는 즉각적인 분노의 감정을 일으키는 반면, 상처는 즉각적으로 분노와 두려움(분노는 고통-분노 연결 때문이고 두려움은 보통 미래에 받게 될 상처에 대한 불안과 관련된다)의 혼합된 감정을 일으킨다. 그런 의미에서 죄를 짓는다는 것은 현재 관계와 앞으로 기대할 수 있는 궁극적인 관계 사이에 "불의한 간격(injustice gap)"을 만드는 셈이다. 그리고 불의한 간격의 크기가 사람이 느끼는 용서하지 못하는 정도와 100%는 아니지만, 강하게 연관된다. 그리고 불의한 간격의 크기가 정당성에 대한 동기를 갖도록 부추긴다(Exline, Worthington, Hill & McCullogh, 2003). 용서하지 못하는 마음은 사건의 반추, 불의한 간격, 희생자에게 가해지는 결과로써 생겨난다. 용서하지 못하는 마음은 분개, 괴로움, 적대감, 분노 그리고 두려움을 포함하는 부정적인 감정들의 복합체로 정의된다. 그것들은 죄 이후 어느 정도 지체되어 나타나고 그 사람이 그러한 감정들을 줄이도록 자극한다(Worthington & Wade, 1999).

사람들은 많은 이유로 용서를 승인한다.

사람들은 다음과 같은 이유로 용서를 하려고 한다. (a) 그들이 종교적이고, 용서가 그들의 종교에서 요구되고 격려하는 것으로 믿기 때문에, (b) 특정한 상황에서 용서가 도덕적으로 정당하다고 믿기 때문에, (c) 범죄자, 친구들, 권위자 혹은 사회로부터 용서하라는 사회적 압력을 느끼기 때문이다. 용서를 "승인하게" 될 때, 용서하려는 결심을 하게 된다. Worthington(2003)은 "결심하는 용서(decisional forgiveness)"를 죄로 초래된 인간관계의 빚에서 다른 사람들을 놓아주고, 복수와 회피를 피하며, 마치 죄가 결코 일어나지 않은 것처럼 행동하려는 의도를 말하는 것으로 정의했다. 용서를 결심했다고 하더라도 여전히 용서하지 못하는 마음을 느낄 수 있다. 결심하는 용서는 용서를 표현하는 것이지 반드시 그것을 감정적으로 경험하는 것은 아니다.

사람들은 용서하지 못하는 감정을 줄이도록 동기화된다.

용서하지 못하는 마음은 사람들이 상처 혹은 범죄에 대한 반추를 함으로써 발전시키는 불쾌한 부정적인 감정이다. 비록 이러한 감정들이 그들로 하여금 사회적으로 긍정적인 행동을 하는데 힘을 준다고 믿을지라도, 그들은 일반적으로 용서하지 못하는 마음을 줄이기 위해 노력한다. 많은 일반인들은 용서만이 용서하지 못하는 마음을 없애는 행동이라고 생각한다. 하지만, Worthington(2001b)

은 사람들이 용서하지 못하는 마음을 없애거나 줄이는 다른 많은 방법들도 확인하였다. 첫 번째, 사람들은 다음을 통해 이루어지는 공정함을 볼 때 용서하지 못하는 마음을 줄인다. (a) 사적인 제재를 가하는 사람(자경단원)의 노력(보복과 복수); (b) 형사상의, 사법의 혹은 정치 체계 내에서의 법적 정당성 (c) 신성한 정당성 (d) 범죄자와의 대화와 상호작용이 범죄자의 자존감을 떨어뜨리거나 희생자의 물질적 심리적 행복감을 회복시키는 경우(예: 사과 혹은 변상). 둘째, 사람들은 변명을 하거나 범죄를 정당화하는 것과 같은 이야기식의 방법으로 불의한 간격을 좁힌다. 셋째, 사람들은 죄를 받아들이거나 참고 삶을 계속 살아간다. 넷째, 사람들은 심리적으로 죄에 대해 방어(부정 혹은 투사)한다. 다섯째, 사람들은 상대적으로 가벼운 죄는 잊어버린다. 여섯째, 사람들은 감정적으로 용서한다.

용서

감정적인 용서-결심하는 용서와 구별되는 것으로 용서의 경험-는 용서하지 못하는 부정적인 감정 위에 공감, 동정, 자비, 이타적인 사랑 혹은 로맨틱한 사랑과 같은 긍정적인 타인 지향의 감정들을 놓는 것으로 정의된다(Worthington & Wade, 1999). 용서하지 못하는 마음과 긍정적인 감정이 상충될 때, 용서하지 못하는 마음의 강도가 줄어들게 된다. 만약 용서가 완전하다면, 사람은 최소한 범죄자를 향해 중립적인 감정을, 최상으로는 남아있는 긍정적인 감정을 경험하게 된다. 어떻게 용서가 시작되었는지(인지적으로, 행동적으로, 결심한 것으로, 사회적으로 혹은 영적으로)에 관계없이, 용서의 과정은 부정적인 감정이 좀 더 긍정적인 감정으로 중화되는 것을 포함한다.

치료의 함의

용서를 증진시키기 위해 세 가지 당면한 상황이 중요하다. 첫째, 치료자는 내담자가 죄에 대해 카타르시스를 느끼도록 허용하지만, 결국 좀 더 쉬운 감정적 치환을 위해 부정적인 감정의 경험을 조절하도록 도와야 한다. 둘째, 몇 가지 긍정적인 타인 지향적 감정들의 어떤 것은 용서하지 못하는 마음에 대항하여 나란히 놓일 수 있다. 셋째, 용서는 사람들이 죄를 다룰 수 있는 단 한 가지 방법이 아니다. 그들이 합법적으로 정당성, 죄의 서술적인 재해석이나 수용(Jacobson & Christensen, 1996)을 추구할 수 있기 때문에, 그들은 용서하도록 강요받지 않아야 한다.

용서에 도달하는(REACH) 피라미드 모델

REACH모델 내의 용서에 대한 5가지 단계들은 사람들이 용서하도록 돕기 위한 핵심적인 요소들의 패키지로 구성된다. 화해(예: FREE)를 포함하는 좀 더 포괄적인 모델은 REACH 모델의 맥락들을 뒷받침해 준다. FREE는 4회기 프로토콜을 사용하며 첫 번째, 마지막 회기는 3시간 정도 소요되고 중간 회기는 2시간 반 정도 소요된다. 우리는 모든 회기 동안 상호 공감을 증진시키기 위해 노력한다. 그래서 그 혹은 그녀의 경험들에 대해 이야기하도록 한쪽의 배우자에게 요청하는 일반적인 방법을 사용하려고 한다. 그리고 나서 상대방이 이해와 공감을 표현하도록 요청한다. 다음에는 그 배우자가 관련된 경험들을 기술하고, 상대방이 공감을 표현한다. 일반적으로 1, 2회기에서는 결혼 밖에서 일어날 수 있는 죄를 다루고, 배우자들은 REACH 모델에 대해 배우게 된다. 3회기에는 어떻게 죄를 생산적으로 토의하는지에 대해 배운다. 4회기에, 그들은 실제로 결혼생활 내에서의 죄에 대해서 이야기하고 용서하려고 노력한다.

1회기에서, 커플들과 그들의 상담가는 라포를 형성하고, 그들의 결혼과 그 과거사에 대해서 이야기하며, 모임에 대한 목표를 정하고 용서하지 못하는 마음과 용서의 의미들을 논의한다. 2회기에서는, 커플들이 REACH모델의 핵심적인 요소들을 배운다. 그들은 공감을 실천하고 반복적으로 공감하고 용서하기를 연습하는 데에 그들의 결혼 생활 밖의 죄들을 다룬다. 3회기에서는, 커플들이 모델의 나머지를 배운다. 이 회기의 마지막 반에, 그들은 상대방이 그들에게 가했던 죄에 전체 모델을 적용한다. 4회기에서, REACH모델은 화해 방법의 더 넓은 6가지 단계에서 세 번째 단계의 맥락에 놓이게 된다. 많은 시간이 2단계(죄에 대해서 말하기)에 쓰이고, 좀 적은 시간이 1단계(화해할지 안 할지, 어떻게 할지, 언제 할지 결정하기), 4단계(손상을 복구하기), 5단계(미래의 죄를 다루기), 6단계(사랑을 좀 더 돈독히 하기)에 쓰인다. 3단계(REACH모델을 통해 용서하기) 또한 중요하다. 이러한 것들은 사례 연구에서 좀 더 기술된다.

● 심리학과 영성 간 관계의 본질

우리는 많은 프로그램의 연구에서 종교적인 사람들이 비종교적인 사람들보다 좀 더 용서하려는 경향이 있다는 것을 보았다 (Ripley 등, 2003). 우리는 종교를 신성함에 대한 추구라고 했던 Pargament(2002)의 정의를 채택했다. 개인적 추구의 강도인 영성은, 우리의 연구에서는 종교와 용서를 제외하고는 연구되지 않았다. 기독교인들은 다른 종교인들보다 좀 더 용서하는 집단이라고 보고된다(McCullough & Worthington, 1999).

종교와 영성은 사람들이 용서하는지 안하는지 그리고 어느 정도 용서하는지에 영향을 미치는 중재자이다. 용서함으로써 더욱 영적이거나 종교적이 된다는 것에 대한 경험적 증거는 없는 것으로 알고 있다. 임상적으로는, 우리는 죄인을 향해 용서하지 못하는 마음을 가진 종교적인 사람이 결국에 용서하고 나서 회복된(혹은 새로운) 종교적 감성을 경험한 사례들을 보아왔다. 얼마나 자주 그러한 사례가 생기는지는 경험적으로 결론나지 않았다.

최근에 두 가지 연구에서 종교적으로 혹은 영적으로 맞춰진 용서의 개입들에 대한 내담자의 반응들을 조사해왔다. Rye와 Pargament(2002)는 배신당한 경험을 했던 대학생들 사이에서 비종교적인 개입과 종교적인 용서의 개입을 비교했다. 그들은 가치와 믿음에 대한 종교적인 조화가 사람들이 종교적인 개입을 수용하는데 중요하였다는 점을 발견했다. 비종교적인 개입은 매우 종교적인 내담자들에게는 강한 영향을 미치지 못했고, 좀 덜 종교적인 내담자들에게 좀 더 강한 영향을 미쳤다. Hart와 Shapiro(2002)는 Enright의 용서 치료를 모델로 한 비종교적인 용서 개입(알코올리즘 및 약물 남용을 위한 12단계 프로그램)에 참가했던 구성원들과 영성 지향의 전형적 12단계 집단의 구성원들을 비교하였다. 영성 지향의 12단계 집단이 Enright에 근거한 비종교적인 용서 개입보다 큰 효과를 보였다. 하지만 Hart와 Shapiro는 용서 개입이 용서하기에 있어, 개입 전/후와 개입 전/추적 후 변화에서 긍정적이었다는 것이 내담자의 공감을 매개로 했다는 점을 관찰했다. 현재까지 연구는 용서 개입에 대한 종교적인 혹은 영적인 조화와 관련해서 결론에 이르지는 못했다.

치료자의 기술과 자질

치료자의 개인적인 차이는 용서를 증진시키는 효과에 영향을 준다. 우리 연구의 대부분은 치료가 아니라, 심리교육적인 집단(개인, 커플, 부모) 혹은 커플들의 "상담"과 관련되어 있다. 현재, 우리는 경험적 연구들을 통해서 효과적인 용서의 증진을 예측하는 치료자의 특징을 발견할 수는 없다. 여러 연구들에서, 치료자의 교육, 경험, 전문 영역과 결과들 사이에서 일정한 관계는 발견되지 않았다.

반면에, 어떤 치료자들은 다른 치료자들에 비해 좀 더 효율적인 것처럼 보인다. 그렇다면, 치료자의 개인적인 특성이나 치료자들이 매뉴얼화된 개입을 수행하는 방식에 그 차이가 있을 것이다. 아직 실험적으로 연구하지는 못했지만, 치료 관계를 맺는 능력과 같은 치료자의 개인적인 자질들이 중요할 것으로 보인다. 이론에 근거하여, 우리는 공감, 동정, 자비, 사랑을 보여주는 상담가들은 집단 구성원들이 더 쉽게 용서하도록 돕는 것 같다고 가정한다. 그것은 용서가 그러한 특성들과 중요하게 연관되는 것으로 생각되기 때문이다. 집단 지도자의 용서를 중요하게 여기는 믿음이 아마도 결과에 많은 영향을 미치는 것으로 보인다.

아직까지는 명백하게 종교적인 지역사회에 용서 개입을 시험해 본 경험적 연구들은 없다. 하지만 Worthington은 심리교육적인 집단과 종교적인 개인과, 커플, 가족들에게 치료를 수행하였다. 경험적인 근거가 확실하지는 않지만, Worthington은 최대의 치료 효과를 위해 치료자의 종교적인 확신이 내담자들의 종교적인 확신과 조화를 이루어야 한다고 믿는다. (Worthington & Sandage 참조, 2001). Wade와 Worthington(2004)은 명백한 기독교인 상담협회에 참여하여 상담 받고 있는(모두가 기독교인이라고 인정하지 않을지라도) 212명의 내담자들과 그들 스스로 명백하게 기독교인 상담가로 분류하는 52명의 치료자를 대상으로 연구하였다. 전국적으로 7개 협회의 유효성 연구에서, Wade와 Worthington은 종교적인 가치를 맞춘 짝이 그렇지 않은 짝보다 내담자가 스스로 보고한 호전 정도에서 좀 더 나은 결과를 보였다는 것을 발견하였다. 그 연구는 종교적인 조화의 유효성을 보여준, 지금까지 가장 강력한 증거를 제공했다. 현재 그 연구는 편집자가 검토 중으로, 동료들의 엄격한 검토를 통과할 때까지 너무 강하게 주장하기에는 분명치 않다.

강점과 제한점

이론적으로, REACH와 FREE 모델의 주요 강점은 일반적인 문화에서 용서가 평범하게 수용된다는 점에 있다. 이것은 특히(그러나 국한되지는 않으면서) 기독교적인 유산을 공유하는 문화에서는 사실이다. 종교 역사가인 Martin Marty(1998)는, 실제로 용서는 기독교를 정의하는 가치이면서 다른 종교에서 실행되는 것을 넘어선다고 주장했다. 하지만 제한점은, 기독교에 헌신한 사람들 혹은 다른 신앙을 가진 사람들 가운데서도 모든 사람이 용서의 가치를 높게 평가하지는 않는다는 점이다. 그래서, 임상가들은 개인이 용서를 원하는지 확인하기 위해 내담자의 가치를 평가해야 한다. 용서 치료는 또한 용서를 가치 있게 여기는 치료자들에게만 호소력이 있을지도 모른다.

한 가지 개인적인 차이가 용서 개입에 대한 매력을 느끼는가 혹은 거부를 느끼는가 하는 점을 결정할 수 있겠다. Worthington, Berry와 Parrott(2001)는 미덕의 두 가지 종류를 확인하였다. 따뜻함을 근거로 한 미덕들에는 용서, 감사, 자비, 동정 등이 포함된다. 양심을 근거로 한 미덕들에는 책임, 책무, 양심, 본분, 정직 등이 포함된다. 사람들이 따뜻함에 근거한 혹은 양심에 근거한 미덕들을 수긍할 가능성에서 차이가 있다. Berry, Worthington, O'Connor, Parrott와 Wade는 이러한 미덕들의 군집을 경험적으로 지지했다. 따뜻함에 근거한 미덕들을 선호하는 치료자들과 내담자들은 관계의 문제들을 용서 지향적인 해결책으로 추구하길 원하는 것 같다. 반면, 양심에 근거한 미덕들을 선호하는 치료자들과 내담자들은 정의를 지향하는 해결책들을 추구하길 원하는 것 같다. 따라서 부조화는 치료자들을 좌절시키고, 내담자들에게 강요를 느끼게 할 수 있다.

따뜻함 혹은 양심 근거의 미덕들에 대한 간접적인 지지는 심리치료 연구로부터 나온다. Malcolm과 Greenberg(2000)는 심리치료에서 끝나지 않은 문제들을 해결하기 위한 방법으로 빈 의자 기법(empty chair technique)을 연구했다. Malcolm과 Greenberg는 많은 내담자들이 다른 사람과 그 관계에 대해서 좀 더 자율적이고 좀 덜 염려하는 해결책으로 빈 의자 대화를 마친다고 보고했다. 하지만, Malcolm(2000)은 다른 내담자들은 자발적으로 용서를 경험한다고 말했다.

용서를 증진시키는 접근은 종교적인 상담가들 특히, 기독교 전통을 가진 상담가들에게 호소력이 있는 것 같다. 유대교 상담가들은 양심에 근거한 미덕들에 좀 더 치중하고 용서 치료를 자주 사용하는 것 같지는 않다. 예를 들어, Dorff(1998)는 유대교에서 용서는 보통 넓은 의미의 되돌아옴(회개)의 개념에 포함된다고 말했다. Rye 등(2000)은 5개 주요 종교의 실행자들에게 용서에 대한 그들 종교의 태도를 요약하게 했다. 모두 그들 종교가 용서를 가치 있게 여긴다고 말했을지라도, 전문가들은(기독교를 제외하고) 용서가 일반적으로 그들 종교에서 주장하는 첫 번째 가치는 아니라는데 동의했다. 경험적으로 임상가들에 의해 시행된 용서의 활용에 대한 연속적인 연구에서, DiBlasio(1992, 1993, DiBlasio & Benda, 1991; DiBlasio & Proctor, 1993)와 그의 동료들은 기독교인들이 용서를 그들의 치료에서 가장 자주 사용했지만, 유대교 치료자들과 종교가 없다고 고백하는 치료자들 또한 용서 개입을 상당한 정도로 활용했다는 점을 발견했다.

그 접근의 실제적인 약점은 그것이 심리치료 내로 통합되어야 하거나 심리치료의 보조로 사용되어야 한다는 점이다. 이러한 점 둘 다가 용서를 증진시키는데 소요되는 시간을 제한한다. 그 동안의 연구는 시간을 쓴 만큼 반응이 있다는 뚜렷한 관계를 보여 주었다. (Worthington, Kurusu et al., 2000). 따라서, 짧은 개입 이후에 경험하게 되는 용서의 정도에 대한 기대는 별로 크지 않을 수 밖에 없다.

● 적응증과 금기

Enright와 Fitzgibbons(2000)는 용서 치료가 이론적으로 몇 가지 *DSM-IV* 진단에 적절하다고 가정했다. 몇 가지 분명한 문제들–분노, 반추가 주된 우울, 대인관계에서의 거절, 관계 문제와 연관된 불안, 커플 문제, 가족의 분쟁–은 용서 치료에 적당한 것으로 보인다. 불행하게도, 그러한 권고들을 지지하는 경험적인 데이터는 없다. 인격장애들은 용서 치료에 대한 성공적인 반응 가능성이 낮아 보인다. 이것은 특히 공감을 하지 못하는 자기애적 혹은 경계선 인격장애에서는 사실이다.

● 문화와 성별에 대한 고려사항

표면적으로, 용서는 소녀들과 여성들이 남성들보다 더 하기 쉬운 것으로 보인다. 그것은

Gilligan(1982)의 여성의 관계적 도덕 지향성-보살핌의 가치체계에 대한 이론에 근거한 것이다. 하지만, 4개의 연구실에서 시행한 효과 연구에서, Worthington, Sandage와 Berry(2000)는 심리교육적인 용서 개입으로부터 각각 얻는 도움의 정도에서 남녀 차이가 없음을 발견했다. 남성과 여성 참여자들은 다른 비율로 개입에 지원했다. 실험적으로, Fincham과 그의 동료들(Fincham & Beach, 2002; Fincham, Paleari & Regalia, 2002)은 또한 결혼한 커플들의 배우자들 사이에서 차이가 없다는 점을 발견했다. 일화로, Luskin(2003)은 회의에서, Thoresen과 그가 용서 연구에 대한 지원자들을 어떻게 구했는지를 이야기했다. 원한-조절 연구(grudge-management study)라는 좀 더 강한 단어로 연구가 묘사되기 전까지 광고에 응답한 남성은 거의 없었다.

아프리칸 미국인들은 다른 많은 종교 집단들보다 좀 더 종교적임이 밝혀졌다(예를 들면 Thompson & Vardaman, 1997, 살해를 경험한 가족들 참조). 따라서 아프리칸 미국인들은 특히 용서 개입을 흔쾌히 받아들일 수도 있다. 이것이 경험적으로 검증되지는 않았다.

● 기대되는 향후 발전 방향

최근 몇 년 사이에, 용서에 대한 연구는 극적으로 증가하였다. 많은 새로운 연구자들이 이 영역에 들어서고 있다. 이러한 연구자들의 많은 수가 새로운 용서 개입들을 만들 것이고, 이러한 연구자들이 그들의 개입들을 연구해 나가는 대로 어떻게 용서를 증진시키는지에 대해 좀 더 배우게 될 것이다.

우리 연구실에서, 우리는 경험적인 연구들이 보여준 정보대로 용서를 증진시키는 우리의 접근을 체계적으로 변경했다. 우리는 개입을 증진시키기 위해 계속해서 경험적이고 임상적이며 이론적이고 신학적인 발전을 활용할 것이다.

우리는 개입의 방향에서 주요 3대 변화를 기대한다. 첫째, 우리는 다음을 제공함으로써 4시간(총 12 혹은 13시간으로)의 개입을 늘릴 것이다. (a) 사람들이 용서에 추가하여 용서하지 못하는 마음을 다루는데 다른 방법들을 활용하도록 돕기 위한 모듈 (b) 용서하지 못하는 마음을 대체하는 긍정적인 감정으로 동정, 자비, 아가페적 사랑에 좀 더 주의를 기울임 (c) 반추를 줄이는 것을 좀 더 강조함 (d) 좀 더 용서하는 사람이 되도록 적용 (e) 죄에 대해 어떻게 이야기할지를 좀 더 훈련하기. 둘째, 우리는 새로운 상황-다른 문화에서, 부모님들과 함께, 교회 사람들과 함께-에서 사용하기 위한 모델에 적응하고 있다. 셋째, 우리는 결혼생활을 풍요롭게 하고 이혼을 예방하기 위한 경험적인 연구들을 출판하려고 한다. 우리는 이제 막, 초기 결혼생활에서 용서 개입을 수용하고, 희망중심의 결혼 상담을 받은 커플과 그렇지 않은 커플을 6년간 추적한 연구를 마쳤다. 그 결과들이 현재 분석 중에 있다. 다음 부분에서, 우리는 심리교육적인 개입을 받은 커플들로부터 얻은 사례를 보고하고자 한다. 두 번째 저자가 그 자문가였다. 그 커플의 평가는 세 번째 저자에 의해 지도감독 되었다. 우리는 이 사례를 초기 결혼 생활에서 용서 기술을 증진시키는 FREE 심리교육적인 개입의 예로서 개념화하였다.

임상 사례

내담자 배경과 현재 문제

"제니"와 "존"은 그들이 VCU에 있는 결혼의 평가, 치료, 질 향상 센터(Marriage Assessment, Treatment and Enrichment Center: MATE Center)에 평가 받으러 왔을 때, 결혼한 지 2개월째였다. 이 센터에서는 기금을 받은 연구와 받지 않은 연구를 수행한다. 두 사람 모두 이전에 상담을 받은 적이 없었다. 그들은 결혼 전에는 함께 산 적이 없었다. 제니는 23세 백인으로 대학을 졸업했다. 그녀는 첫 번째 결혼이었다. 로마 가톨릭계로 성장하였고 교회 활동을 "일 년에 몇 번 정도" 참여하였고 "중간 정도로" 종교에 헌신하고 있다고 보고했다. 그녀는 주정부에서 재정 분석가로서 심한 압박을 받는 높은 지위의 직업을 갖고 있었다. 그녀의 직업은 스트레스가 심했으며 많은 시간을 요구했다.

제니의 남편인 존은 39세 백인으로 대학을 졸업했다. 이번이 두 번째 결혼이었다. 그는 6년 전에 이혼했으며 6살 된 Jake라는 아들이 있었다. 그는 스스로를 종교적인 활동에 "한 달에 한 번 정도" 참여했고 그의 종교에 "아주 많이" 헌신하는 감리교 신자라고 밝혔다. 존은 저당 중개인으로 일했지만 초기 평가 이후에 직장을 잃었다. 그 실업은 이 커플에게 스트레스였다.

존과 제니는 결혼한 지 6개월 이내 커플들 중에 결혼의 질 향상을 증진시키는 연구에 참여를 권하는 신문 광고에 응답했다. 그래서 그들은 "문제"를 보이지는 않았다. 그들은 친밀함을 증진시키기 위한 방법들을 배움으로써 그들의 결혼의 질을 높이기 위해서 FREE 개입을 찾았다. 그것은 문제 발생시에 친밀함을 회복하기 위해 용서하고 화해하는 전략을 포함하고 있다.

치료자와 내담자 관계

치료자는 박사 후 연구과정의 심리학자로 백인 여성이었다. 그녀는 비종교적인 매뉴얼을 사용했다. 이러한 개입을 마친 매우 종교적인 커플들이 대부분 치료자의 종교에 대해 물었지만, 이 사례의 내담자들은 그런 질문을 하지 않았다.

연구의 일부로서 시행되었던 평가에서 커플의 보고에 의하면, 치료적 관계와 작업 동맹이 강했다. 회기를 녹음한 테잎이 그들의 평가를 지지했다. 상호작용은 부드러웠고 즐거웠으나 전문적이었다. 유머가 가끔 사용되었고 남편과 아내 둘에 의해 시작되었다. 치료자는 두 배우자의 성취를 격려하고 축하했다.

평가: 이론적 근거와 자료 수집

평가하는데 한 시간 반이 소요되었다. 커플은 우리 연구실에서 모든 평가를 마쳤다. 그들이 함께 내려야 할 결정에 대해 논의하는 것을 추후 코딩을 위해 비디오테이프로 녹화하였다. 상상하는 동안 타액의 코티솔을 모았고, 커플의 일반적인 상호작용은 나중에 분석될 것이다(Berry & Worthington, 2001). 그리고 나서 배우자들은 스스로 그리고 상대방이 보고하는 측정을 마쳤다. 커플은 18개월 동안 5차례 평가를 받았다. 임상적으로 연관된 자가 보고 측정치들만이 여기에서 소개된다.

종교적인 헌신

매우 종교적인 사람들은 중간 정도로 종교적인 혹은 비종교적인 사람들보다 일반적으로 좀 더 용서하려는 경향이 있다(McCullough & Worthington, 1999). 그래서 커플의 종교적인 헌신의 정도는 관계가 있다. Religious Commitment Inventory(RCI-10; Worthington 등, 2003; range 10-50)의 10개 항목의 지역사회 성인 평균이 26점이었다(SD=12). 초기 평가에서 존은 RCI-10 점수가 31, 제니의 점수는 19였다.

성격

성격은 44개 항목의 Big Five Inventory(BFI; Benet-Martinez & 존, 1998)를 사용하여 평가되었다. 제니와 존 둘 다 외향성에서 "높은" 점수와 우호성에 "평균" 점수를 보였다. 성실성에서 존은 "평균" 점수였고, 제니는 "높은" 점수였다. 신경증 성향에서 제니는 "평균", 존은 "낮은" 점수였다. 경험에 대한 개방성에서 제니는 "높은", 존은 "평균" 점수였다. 우호성은 용서와 긍정적인 상관관계가, 신경증 성향(감정적 반응성으로 해석됨)은 부정적인 상관관계가 발견되었다 (Berry & Worthington, 2001; Berry, Worthington, Parrott, O' Connor & Wade, 2001).

용서의 기질

용서의 기질은 Transgression Narrative Test of Forgiveness(TNTF;Berry 등, 2001)와 Trait Forgiveness Scale(TFS;Berry 등, 2003) 두 가지로 측정되었다. 처음 TNTF에서, 존의 점수는 19, 제니의 점수는 18(둘 다 평균)이었다. TFS 점수는 제니와 존 둘 다 37(평균)이었다.

자가 평가된 스트레스

스트레스를 주는 생활 사건들은 결혼생활 과정에서 가장 중요한 맥락적인 고려인자로서 점점 더 확인되고 있다(Cohan & Bradbury, 1997). 배우자들은 지난 주 동안 그들이 느끼는 스트레스의 수준을 0=*완전하게 차분하고 평화로운으로*, 100=*당신의 삶에서 가장 스트레스를 받는으로* 매기는 0에서 100점 척도로 평가했다. 초기 평가 단계에 참여했던 갓 결혼한 배우자들 516명에서 평균 스트레스가 47(SD=27)점이었다. 초기 평가에서 제니와 존 둘 다 80점(높은 스트레스)으로 보고했다.

심리적 스트레스

심리적 스트레스는 Brief Symptom Inventory(BSI; Derogait, 1993), 단축형Symptom Checklist-90(SCL-90-R; Dergogait & Cleary, 1977)를 사용하여 평가되었다. BSI의 53항목은 9가지 주요 증상 영역(신체화, 강박증, 대인관계적 예민성, 우울, 불안, 적개심, 공포 불안, 편집증적 사고와 정신증)과 3가지 전반적 영역(전반적 심각도 척도[GSI], 양성 증상 총점, 양성 증상의 고통 척도)으로 점수를 매긴다. 영역들의 원 자료 점수가 t점수로 변환되었다(M=50;SD=10). 내담자의 GSI T점수 혹은 최소한 두 영역에서의 t점수가 63점 이상일 때, 임상 사례로 고려된다. 초기 평가에서 존의 GSI점수는 53, 제니는 56이었다. 존의 적개심 점수는 62, 제니는 53이었다.

용서못함과 용서함

제니와 존은 "[그들의] 배우자를 완전히 용서할 수 없었던 가장 심각한 상처 혹은 상처를 준 죄"

를 드러냈다. 존은 결혼 전에, 그의 부인이 그의 아들에게 관심이 부족했던 점에 대해서 가장 화가 났었다고 말했다. 이것은 그를 "화나고 슬프게" 했고, 그는 그 죄를 중간정도로 심각하게 지각했다. 심각하지 않은(1)에서 매우 심각한(5)의 범위에서 3점에 해당했다. 그는 이 상처를 준 죄에 대한 그의 최근 용서를 2(0=용서 못함에서부터 4=완전한 용서에 이르는 점수에서)점으로 매겼다. 제니는 존을 용서하기 힘들었었던 가장 심한 상처는 "내게 경제적인 문제에 대해 거짓말을 한 것...내가 스스로 발견해서 그와 대면해야 했다."라고 말했다. 그녀는 그가 다른 목적으로 함께 쓰기로 했던 돈을 써버린 것을 알게 되었을 때, 그녀가 즉각적으로 "극도의 화가 났음"을 느꼈었다고 보고했다. 그녀는 나중에 "믿지 못하고 배신당한" 느낌이었다. 제니는 이러한 죄를 "심각한"(1–5점 척도에서 4점)으로 점수를 매겼다. 그녀는 그녀의 용서를 3(1–4점에서)점으로 매겼다.

결혼 만족도

결혼 만족도는 Dyadic Adjustment Scale(DAS; Spanier, 1976)를 사용하여 평가했다. DAS는 32개의 항목으로 이루어진다(0–151점). 97점 이하의 DAS 점수는 임상적으로 심각한 관계 스트레스가 있음을 의미한다(Heyman, Feldbau-Kohn, Ehrensaft, Langhinrichesen-Rohling & O' Leary, 2001). 치료 전에 존의 점수는 107, 제니의 점수는 89였다.

표적이 되는 죄에 대한 배우자의 공감은 8개의 공감 형용사를 사용하여 평가되었다(Toi & Batson, 1982). 분노는 Trait Anger Scale(Spielberger, Jacobs, Russel & Crane, 1983)으로 측정되었다. 용서하지 못하는 마음은 Transgression-Related Interpersonal Motivation Inventory(TRIM; McCullough등, 1998)를 통해 평가되었다. TRIM은 복수와 회피의 소척도로 이루어진다(Table 10.1 참조).

부부 갈등

부부 갈등을 생산적으로 다룰 수 있게 되는 것은 배우자 개인과 가족의 정신적이고 육체적인 건강을 위해 중요하다(Fincham & Beach, 1999). 부부 갈등은 Conflict Tactics Scale(CTS; Straus, 1979)의 Form A를 사용하여 평가되었다. CTS는 3가지 점수로 이루어진다: 추론, 언어적 공격, (신체적) 폭력. 그것은 행동(예: 논리적인 토의, 언어적 공격 혹은 신체적 폭력)과 행동의 빈도(*한 번도 한 적인 없는*에서 *한 달에 한번 이상*까지) 측면에서의 갈등을 평가한다. 추론 척도(4가지 항목)에서 점수의 범위는 0에서 20점이고, 높은 점수가 좀 더 갈등에 대해 합리적인 처리를 한다는 것을 의미한다 (제니 13, 존 15). 언어적 공격의 5가지 항목들의 범위는 0에서 25점이고, 높은 점수가 좀 더 언어적 공격이 크다는 것을 의미한다(제니 8, 존 20). 신체적 공격성(5가지 항목)에서는, 그 범위가 0에서 25점이고, 높은 점수가 좀 더 신체적 폭력이 크다는 것을 의미한다(제니 1, 존 3). 존의 언어적 공격 점수는 제니의 점수보다 상당히 높았으며, 그는 "다른 사람을 밀거나 잡아채는"의 폭력 항목에 대해 높은 빈도("자주, 하지만 한 달에 한번보다는 적게")를 보고했다. 제니도 이 항목에 대해 "1년에 한번"의 빈도로 있음을 시인했다. 존의 CTS 자가 보고에서 기록된 공격성의 높은 수준은 BSI에서 증가된 적개심 점수와 일치한다.

친밀함의 지각

제니와 존은 또한 그들의 감정적, 성적, 영적 친밀함에 대한 그들의 지각을 평가했다. 그것은 11점의 "친밀함 온도계"로 이러한 항목들에 대해 그들의 실제적인, 그리고 희망하는 수준을 만들어서 평가되었다. 이러한 지필식 방법은 해결중심의 치료에서 사용되는 척도 기법과 유사하다. 처음 평가에서, 제니의 희망하는 그리고 실제의 점수(0에서 10점)는 감정적인 친밀함에서 각각 9와 3이었고, 성적인 친밀함에서 각각은 8과 2이었으며, 영적인 친밀함에서는 각각 7과 6이었다 존은 10과 3, 10과 5, 10과 10이었다. 따라서 두 명 모두 감정적, 성적 친밀감에서의 희망수준과 실제 수준간에 차이를 보이고 있었다. 그들은 그들의 영적 친밀함에서 만족을 보였다.

표 10.1 결혼 2개월에서 16개월 동안 용서와 관련된 변인의 변화(개입이 4개월 동안 이루어졌음)

구조	범위	중앙값	아내 치료 전	아내 11개월 후 추적조사	남편 치료 전	남편 11개월 후 추적조사
특정한 상처에 대한 공감	8-48	28	27	22	34	36
특정한 상처에 대한 분노	15-60	3	22	15	28	17
특정한 상처에 대해 용서 못함	12-60	36	16	15	18	12
특정한 상처에 대한 용서	0-4	2	3	3	2	3
가장 심한 상처에 대해 배우자를 용서하기	0-4	2	2	4	3	4
모든 상처에 대해 배우자를 용서하기	0-4	2	3	3	3	4
가장 심각한 공격에 대해 배우자에게 용서받기	0-4	2	1	2	2	3
모든 공격들에 대해 배우자에게 용서받기	0-4	2	2	3	2	4

진단과 임상적 개념화

평가와 개입이 진행되는 동안 이 커플의 관계 유형이 밝혀졌으나, 공식적인 *DSM-IV* 평가는 시행하지 않았다. 이 커플은 몇 가지 강점을 가졌다. 그들은 그들의 결혼생활에 강한 헌신을 보였으며, 건강과 야외 활동들에 대한 관심을 공유했다. 그들의 성격은 상호보완적인 것으로 보였다. 존이 나이가 더 많았지만 제니가 종종 보다 책임 있게 행동했다. 이것은 직장에서 그녀의 리더로서의 역할과 성격검사(BFI)에서 그녀의 성실성에 대한 높은 점수와 일치했다. 존은 좀 더 자발적이고 충동적인 것으로 보였다. 아직까지 제니는 존의 자발성을 즐기면서, 좀 더 능동적이고 책임 있는 배우자로서 그녀의 힘에 편안함을 느끼는 것으로 보였다. 아마도 그와 함께 있으면서, 그녀는 책임감 이외의 그녀 자신의 다른 면모들을 경험했던 것 같았다. 존은 또한 이러한 차이점들에서 혜택을 보고 있는 것으로 보였다. 제니는 때때로 그의 무질서한 삶에 구조를 제공했다.

하지만, 그들이 자주 겪게 되는 스트레스 상황에서 종종 이러한 성격 차이들이 긴장을 만들어 냈다. 예를 들어, 제니에게 있어 존이 그녀가 알지 못하는 개인적인 용도로 그들의 저금에서 돈을 사용하는 것은 용서하기 어려웠다. 제니가 그녀의 용서를 0에서 4점 척도에서 3으로 평가했을 지라도(앞에서 논의), 이것은 결심하는 용서이지 감정적인 용서가 아닌 것 같았다. 이 점이 치료 회기 동안 다시 수면위로 떠올랐고 여전히 긴장의 근원인 것으로 보였다. 제니는 그녀의 성실한 본성과 대조적인 이러한 점을 공감하는 데에 어려움을 느꼈기 때문에, 특히 이러한 유형의 죄를 감정적으로 용서하기 어려운 것 같았다. 그녀에게 재정 분석가로서의 경력이 있었고 그녀가 가정의 경제를 관리하는 책임이 있었기 때문에, 존의 죄는 심각한 것으로 보였다. 또한 제니가 경력이 어떤가를 중심으로 정체성을 느낀다는 것을 고려할 때, 존의 불규칙한 직장 경력은 특히 불안을 느끼게 하는 것으로 보였다.

그들의 성격 차이들이 또한 때때로 부부 스트레스(그리고 만족)의 원인이 되어 왔다. 존은 신경증 성향(즉, 감정적 반응성)이 낮은 반면, 제니는 평균이었다. 제니가 경제적 문제를 포함한 생활 스트레스 요인들에 대해 존보다 더 힘들어 하였다. 존과 제니가 둘 다 결혼생활에 대한 헌신을 중요하게 여기는 것은 영적인 배경에서 나오는 것으로 보였다. 종교가 FREE의 일부로 분명하게 다루어지지 않지만, 존과 제니 둘 다 개입과정에서 종교에 대한 의견을 말했다.

치료 목표, 과정, 개입 전략

개입의 첫 번째 목표는 커플에게 그들이 결혼생활에 적용할 수 있는 용서와 화해 모델을 가르치는 것이다. 두 번째 목표는 커플에게 감정적이고 육체적인 친밀감을 어떻게 형성하고 향상시키는지를 가르치는 것이다. 치료적인 전략은 (a) (종종) 자기 발견 혹은 교육을 촉진시키기와 (b) 그들 자신의 삶에서 특정한 사건에 대해 용서와 화해의 원칙들을 적용해 보기이다. 초기 적용은 상대방이 공감적인 지지자로서 행동하는 동안 각각의 배우자가 분리되어 경험했었던 사건들에 대한 작업을 포함했다. 용서, 공감, 친밀감의 회복 기술들을 형성한 후에만 배우자들은 커플의 문제점을 논의했다.

1회기

친밀감을 향상시키기 위한 종합적인 목표가 언급되었다. 배우자들은 무엇이 서로 친밀감을 느끼게 하는지, 어떻게 그들이 친밀감을 향상시킬 수 있는지, 무엇이 친밀감을 위협할 수 있는지에 대해서 곰곰이 생각했다. 용서는 커플의 부부간 친밀감을 유지하고 향상시키며, 관계적인 문제들을 예방하기 위한 도구로 특징지어졌다(Gottman, 1994). 어떻게 의사소통하고 논쟁을 피하며 차이점들을 해결하는지를 아는 것이 중요하지만, 우리는 상처를 치료하고 빨리 죄를 용서하며 친밀감과 사랑을 형성하는 것을 강조했다. 무엇이 용서를 의미하고 용서를 의미하지 않는지에 대한 설명들(예: 용서하는 것은 잊어버리는 것이나 죄를 간과하는 것과 동등하지 않다)이 논의되었다. 각각의 배우자는 배우자가 아닌 다른 어떤 사람이 그 혹은 그녀에게 상처를 주었지만 그 후 용서했던 때에 대해서 논의했다. 배우자들은 인내, 공감, 화해를 논의했다. 과제물로 그들의 배우자가 아닌 다른 어떤 사람에게 상처받았지만 그들을 용서했던 때에 대해서 생각해야 했다. 이것은 2회기에서 활용되었다.

2회기

2회기에서, 치료자는 커플이 특히 스트레스가 심한 상황 동안에 어떻게 서로를 가장 잘 지원할 수 있는지에 대해서 논의하도록 조장했다. 그리고 용서의 5단계 REACH 모델의 첫 번째 3단계를 소개했다. 지원에 대한 논의는 다음과 같이 커플이 서로를 지원하도록 격려함으로써 더 넓은 용서의 개념으로 결합되었다. (a) 상대방이 상처를 주었을 때 빨리 용서하기 (b) 그들 중 한 명이 다른 어떤 사람에게 상처받았을 때 용서하도록 상대방을 도와주기. 그런 후 치료자는 REACH 모델을 소개했고, 배우자들은 그들 자신의 상처받은 경험에 그것을 적용하였다. 배우자들은 그 사건(R=Recall the hurt[상처를 기억하라])에 대한 그들의 느낌을 기술했다. 왜 그 사람이 그들에게 상처를 주는지, 어떻게 그 사람이 느꼈고 생각했었는지에 대해서 기술했다. 목표는 그 가해자에 대해서 이해하고 불쌍히 여기는 마음을 증가시키고(E=Empathy[상처를 준 사람의 처지로 감정이입해서 그 행동을 이해하라]), 그 후 배우자가 어떻게 지난 상처를 다루는지를 관찰한 후에 배우자 서로에 대한 이해와 연민을 촉진시키는 것이었다. 이타주의(A 단계)는 "다른 사람을 향한 자기중심적이지 않은 관심"으로 정의된다. 각각의 배우자는 상대방에게 상처를 준 것에 대해서 얼마나 용서가 필요했는지를 말하였다. 각각의 배우자는 그 혹은 그녀가 누군가에게 상처주고, 용서받고 싶었으며, 실제로 용서받은 때를 회상했다. 치료자는 용서받을 때의 감사하는 마음을 이끌어냈다. 과제물로, 배우자들은 그들이 상대방에게 상처받았던 때에 대한 설명을 적었다. 이러한 예는 다음 회기들에서 사용되었다.

3회기

마지막 두 단계(C=Commit to forgiveness[용서하는 마음에 헌신하라]; H=Hold on to forgiveness during doubts[의심의 시간에 용서를 유지하라])가 논의되었다. 치료자는 존과 제니에게 그들이 실제로 용서를 하였는가를 의심한 적이 없었는지에 대해서 토의하도록 요청했다. 치료자는 용서에 대한 느낌을 의심하는 것이 일반적임을 기술했다. 특히 스트레스 상황일 때 혹은 다시 상처를 받았을 때 그렇다는 점을 말한다. 그 사람이 가해자를 용서했다는 것을 스스로에게 떠오르게 하기 위한 전략을 설명하였다: 용서의 증명서를 쓰고 전시하는 것; 가해자를 용서했음을 소리 내어 말하는 것; 친구가 가해자가 아니라면, 용서했던 일에 대해서 친구 혹은 배우자와 이야기 하는 것; 가해자에게 용서를 표현하는 편지를 쓰는 것. 용서를 유지하는 것의 중요성(H=Hold on[유지하기])이 논의되었다. 제니와 존은 어떤 사람을 용서하는 것이 죄를 잊어버리는 것과 같지 않아서, 그 기억이 유발될 때 가해에 대한 고통을 떠올리는 것이 정상이라는 것을 이야기했다. 하지만 고통을 느끼는 것 혹은 분노는, 용서하지 않았다는 것을 의미하지는 않는다. 제니와 존은 그들이 과거의 상처들을 반추하고 있다는 것을 발견했을 때, 그들 스스로의 주의를 다른 데 돌리도록 격려되었다. 그들은 관계적인 상처를 활용하여 각 단계를 훈습하기 위해 과제물에서 얻은 예들을 사용하였다. 존과 제니는 치료자가 촉진하는 토론에서 돈에 대한 존의 배신을 논의했다. 각 배우자의 과제 할당은 화해하게 되었던 그들 배우자와의 불화를 기억하는 것이었다.

4회기

마지막 회기에서, 치료자는 친밀감을 확립하기 위한 전략들에 초점을 맞추었고 화해의 6단계 모델을 가르쳤다(Worthington & Drinkard 참조, 2000). 존과 제니는 서로 가까움을 느끼게 만들었던 행동들을 확인했다. 존과 제니는 그들이 죄에 대해 그들의 상대방을 용서했었고 이후 화해했었던 때 당시의, 그들 자신의 예를 제공했다. 그들의 예는 6단계 "화해의 다리"에 적합했

다: 화해하기로 결심하기, 부드러운 분위기를 만들기, 용서하기, 부정적인 연속성을 반전시키기, 신뢰의 위배를 다루기, 사랑을 확립하기. 작업의 대부분은 "딱딱한" 분위기보다는 "부드러운" 분위기를 만드는 것과, 어떻게 부드럽게 야단치고 그 오해에 대해 잘 설명하고, 그리하여 용서할지 말지를 결심하는 것에 대한 훈련과 관계가 있었다. 그리고 적극적인 경청이 훈련되었다. 제니와 존은 다음 달 동안 사랑을 드러내고 어떻게 그들이 그렇게 하려고 했는지에 대한 구체적인 예들을 제공하기로 서약하였다. 그들은 개입과 그들이 치료자와 한 작업을 통해 무엇을 얻었는지를 논의했다.

치료 경과, 치료 빈도, 치료 기간

평가회기는 첫 번째에 있었다. 제니와 존은 치료자와 함께하는 주 2시간씩의 치료 회기에 4번 참여하였다. 그들은 4차례 평가를 위해 추적 조사되었다. 마지막 평가만(상담이 끝난 이후 11개월째)이 보고 되었다.

종결과 재발 방지

4회기 이후 종결이 되었다. 이 모델은 결혼 초기에만 적용되기 때문에 그리고 시간이 지남에 따라 부부 만족도는 잘 알려진 직선적인 감소를 보이기 때문에, 재발 방지(혹은 좀 더 정확하게는 미래의 문제 예방)는 모든 치료 회기에 걸쳐 일차적 초점이 되었다. 결혼생활 초기에 성공적인 개입이 이뤄진다면, 관계의 적응, 갈등의 심각도, 상대방에 대한 일반적인 용서에 있어서, 이런 수준이 유지되기를 기대할 수 있을 것이다. 성공은 또한 표적으로 한 죄들이 개입의 시작점에서 확인되고 개입 후 11개월에 재평가된 것과 같이, 심각한 과거 상처들의 악화 예방을 포함한다.

치료 결과: 단기 효과와 장기 효과

개입은 거의 성공적인 것으로 보였다(Table 10.1 참조). 치료 후 11개월에 존과 제니는 여전히 함께 살았다. 어떤 배우자의 DAS도 스트레스 범위에 있지 않았다. 표적으로 삼은 죄에 대한 대부분의 점수들은 호전되었다. 아내의 DAS 점수는 평가 초기에 89(스트레스를 의미하는 수준)에서 101(스트레스가 없는)로 상승하였다. 남편의 DAS 점수는 107에서 112로 상승하였다. 용서와 관련된 척도들의 변화도 표 10.1에 나타나 있다. 표적으로 삼은 죄에 대한 분노와 용서하지 못하는 마음은 감소하였고 용서는 증가하거나(존) 혹은 같았다(제니). 용서하는 것과 용서받는 느낌은 증가하였다. 반면, 제니는 표적으로 삼은 죄에 대한 존의 특정한 배반에 대해 공감하는 것이 감소하였다.

일반적으로, 제니는 그 개입을 통해 존만큼 효과를 보지는 않은 것 같았다. 개입에 대한 반응성의 차이에 대한 많은 가능한 설명들이 있다. (a) 존은 처음의 위반자였다. 이것은 그가 제니보다 언어적이고 신체적으로 좀 더 공격적임을 의미하는 부부갈등척도점수가 높았다는 점에서 지지된다. 따라서 존은 제니가 완전히 용서하기 어렵게 만들도록 반복적으로 위반했을지도 모른다. (b) 제니의 높은 성실성은 존이 그녀를 용서할 수 있는 것보다 덜 그를 용서하게 만들었을지도 모른다. 그녀의 성실성은 존의 범죄에 대해 공감과 용서를 감소시키도록 이끄는 "정의의 견지"를 의미할 수도 있다. (c) 제니의 공감은 시간이 지남에 따라 감소하였다. 공감은 용서 과정에서 중요한 매개자인 것으로 증명되어 왔다(McCullough등, 1998). 이론에서 용서에 이를 수 있는 추가적인 통로들을 다음으로 제안한다(Worthington, 2001b): 사랑, 애정, 동정, 헌신, 불쌍히 여기는 마음

예측불가능하게도, 그 커플의 영적 친밀함은 감소되었다. 아내는 6에서 2로, 남편은 10에서 7로 감소되었다. 아내의 마지막 스트레스 t점수는 89였고 남편은 70이어서 둘 다 여전히 매우 높았다. 그 커플의 CTS점수는 치료 밖에 있었을 때와 유사한 정도였다.

마지막으로, 수치로 나타날 수 없는 몇 가지 사항들을 나누려 한다. 개입 후 수개월이 지났고 존은 분노 조절을 위한 의뢰에 대해 치료자에게 연락하였다. 이러한 의뢰에 존이 잘 따랐는지는 알려지지 않았을지라도, 존의 치료자와의 접촉은 치료적 도움을 의미했다(Schumm, Silliman & Bell, 2000). 이것은 초기 결혼생활에 개입하는 것이 이후 결혼생활에서 문제점들이 돌출될 때 커플들을 치료로 이끌 수 있다는 것을 의미한다.

우리는 커플 상담의 일부로 혹은 보조적으로 적합한 용서 개입을 논의했다. 우리의 사례 연구에서, 결혼생활의 초기에 있는 커플이 매뉴얼 지향의 개입에 참여하였다. 그들은 스트레스가 심했고 한 명의 배우자는 임상적으로 유의한 DAS 점수를 보였다. 그들은 어느 정도 향상된 상태로 그들 결혼위기의 첫 1년을 마쳤다. 결혼생활에 대한 표준적인 첫 1년 반응은 종종 낮은 만족과 때때로 부부 해체를 낳기도 한다. 용서의 훈련은 대인관계적인 문제들에 대한 개입으로 경험적인 지지를 받고 있지는 못하지만 유망한 것이다.

결론

용서와 화해는 부부 해체로 이끌 수 있는 문제들이 쌓이는 것을 예방하기 위해 중요하다. 용서와 화해를 위한 방법으로 결혼생활 초기 커플들을 훈련시킴으로써, 우리는 갈등 해결, 의사소통, 친밀감의 추구를 위한 기술들이 강화될 수 있다는 것을 발견하였다. 커플들은 상처를 피하여 방향을 돌릴 수 있을 뿐 아니라, 거의 불가피하게 일어나는 결혼관계를 위반하는 행동들을 다룰 수 있다. 우리의 각 커플들을 위한 구조화된 심리교육적 개입은 부부치료 상황과 커플 집단치료에까지 사용되도록 변형될 수 있다. 용서를 소중히 여기고 특히 그들의 종교적인 믿음과 가치 때문에 용서를 하는 커플들을 위해, 이 개입은 좋은 결혼 생활을 위한 다른 치료와 다른 노력에 강력한 보조제가 된다.

제 11 장

유신론적 통합 심리치료

(Theistic Integrative Psychotherapy)

P. Scott Richards

이번 장에서 기술할 심리치료적 접근은 *상담과 심리치료를 위한 영적 전략(A Spiritual Strategy for Counseling and Psychotherapy)*이라는 책에서 처음으로 기술되었던 것이다(Richards & Bergin, 1997). 그 책에서 Allen Bergin과 나는 통합적인 심리치료의 전략을 기술하였다. 그것은 유신론적 개념의 틀 구조, 영적인 치료적 개입의 본체, 그리고 효과적이고 적절한 방법으로 유신론적인 시각과 개입을 이행하기 위한 과정과 윤리적인 지침을 포함하였다. 우리는 이러한 전반적인 심리치료 전략 혹은 방향을 유신론적 심리치료(theistic psychotherapy)라고 부르기로 결정하였다(Richards & Bergin, 근간).

그림 11.1은 유신론적 심리치료에 대한 우리의 개념적 틀을 설명하고 있다. 여기에는 다음을 포함한다. (a) 유신론적 세계관에 기초를 둔 신학의 전제들, (b) 유신론적 세계관과 일치하는 철학적인 가정들, (c) 유신론적 인격 이론, (d) 심리치료에 대한 유신론적 시각. 이러한 개념적 기초는 왜 영적인 개입들이 심리치료에서 필요하고, 어떤 유형의 영적 개입들이 유용하며, 언제 이러한 개입들이 적절하게 수행될지에 대한 이론적 근거를 제공한다.

하지만, 유신론적 심리치료 전략은 심리치료자들에게 구체적으로 어떻게 치료에서 영적인 개입을 할지에 대해서도, 어떻게 이러한 개입들과 비종교적인 주류 시각과 개입들을 통합시킬지에 대해서도 말해주지 않는다. 따라서 그림 11.1에서 의미하는 바와 같이, 우리는 우리의 유신론적 심리치료의 틀과 방향이 다양한 방법으로 치료 실제에서 적용될 수 있다는 점을 인정한다. 그것은 우리의 최근 *상담과 심리치료에서의 영적 전략에 대한 사례집(Casebook for a Spiritual Strategy in Counseling and Psychotherapy)*이라는 책에서 밝힌 바와 같다(Richards & Bergin, 2004).

상담과 심리치료에서의 영적 전략에 대한 사례집(Richards & Bergin, 1997, 근간)에서 제안한 광범위한 유신론적 개념의 틀에 덧붙여, 우리는 또한 심리치료에 대한 우리 자신의 특유한 유신론적 접근을 기술하였다. 이 접근을 유신론적-정신역동적 심리치료(예: Shafranske, 본서 5장), 유신론적-합리정서행동치료(예: Nielson, 2004), 유신론적-대인관계심리치료(예: Miller, 2004)와 그 외 유신론적 심리치료들과 구별하기 위해서, 우리는 *유신론적 통합 심리치료(theistic integrative psychotherapy)*라고 부르기로 결정했다. 우리의 유신론적 접근은 영적인 개입들이 정신역동적, 행동주의적, 인본주의적, 인지적, 체계적 방법들을 포함한 널리 쓰이는 주요 기법들의 다양한 측면들을 치료적으로 맞춘 양식으로 결합되어야 한다고 주장하는 점에서 통합적이다. 우리는 유신론적 접근이 이러한 개입들의 필요성이나, 불가피한 경우 약물치료나 입원치료의 필요성을 대신한다고 믿지는 않는다. 대신, 그것은 이러한 지속적인 치료적 전통들을 보완해야 하고 특유의 형태로 인간의 인격과 치료적 변화에 대한 이해를 풍부하게 해야 한다(Bergin, 1988, 1991).

또한 우리의 유신론적 통합 심리치료적 접근은 심리치료와 영성에 대한 현재 연구에 기초를 둔 점에서 경험적이다. 그리고 경험적인 세밀함에 대한 주장은 지속될 것이다. 우리의 접근은 또한 보편적이며 광범위하게 진술되어서, 유대교, 이슬람교, 기독교내의 많은 분파들을 포함하여 다양한 유신론적 종교 전통의 치료자들과 내담자들에게 적합하다. 마지막으로, 우리의 접근은 심리치료자들에게 특정 유신론적 종교 교파의 세심한 뉘앙스에 맞추도록 여지를 남긴다는 점에서 교파적이다(Richards & Bergin, 1997).

유신론적 심리치료 접근들

유신론적 통합
유신론적-정신역동
유신론적-인본주의
유신론적-인지
유신론적-가족 체계
유신론적-대인관계

↑

심리치료의 유신론적 시각

보편적이고 교파적인
영적 목표
영적 평가
영적 실행과 기법
치료적 가치두기
메타 공감, 영감

↑

유신론적 인격 이론

영원한 영적 정체성, 진실의 영혼
행동 양식, 도덕적 책임감
영적으로 고무된 인성, 충실한 친밀감
자비로운 힘
결혼, 가족과 지역사회

↑

유신론적 철학적 토대

과학적 유신론
도덕적 절대가치들, 행동 양식
이타주의, 유신론적 관계론
영적 전체론, 맥락화

↑

유신론적 세계관 혹은 신학

신은 존재한다
인간은 신의 창조물이다
신과의 영적 교통
선과 악
사후의 삶

그림 11.1. 유신론적 심리치료의 신학적, 철학적, 이론적, 실용적인 기초. 상담과 심리치료를 위한 영적 전략(A Spiritual Strategy for Counseling and Psychotherapy)에서 인용, P. S. Richard and A. E. Bergin, 간인, Washington, DC: 미국 심리학회.

접근에 대한 설명

● 역사적, 이론적 기초

유신론적 통합 심리치료는 비교적 새로운 접근이지만, 그 뿌리는 길고 복잡한 역사를 가진다. 유신론적 세계 종교들, 특히 유대교, 기독교, 이슬람교는 지난 몇 천 년 동안 서구 문명화와 지적 사고에 중요하게 영향을 미쳤다(Hearnshaw, 1987). 대조적으로, 근대의 심리학과 정신의학의 성장은 19세기 후반과 20세기 초에 일어났다. 그 시기는 근대 과학이 진실에 대한 지배적인 근거인 종교적인 권위에 도전하고 있었던 때였다(Barbour, 1990; Hearnshaw, 1987). 심리학과 정신의학이 높이 평가되는 과학으로 자리 잡기 위해서, 행동주의 과학의 초기 창시자들은 종교적인 전통으로부터 그들의 이론과 임상적 작업을 분리하려고 시도했다. 그 결과, 인격 이론과 치료적 변화에 대한 자연주의적-무신론적 견해가 20세기 대부분 동안 주류 심리학과 정신의학을 지배했다(Bergin, 1980; Leahey, 1991).

주류인 행동주의 과학으로부터 종교적인 견해의 지속적인 소원함에도 불구하고, 동시에 종교와 심리학을 통합시키려고 노력한 오랜 역사가 있었다. 이러한 노력들의 상세한 기술은 이번 장의 영역을 넘어서는 것이지만, 자세한 내용을 위해서는 Vande Kemp(1996)를 참조할 것을 권한다. 여기서는 19세기와 20세기 동안, 종교와 심리학에 대한 많은 논문들과 책들이 쓰여졌고, 종교와 심리학의 통합에 헌신한 전문가 사회가 형성되었으며, 종교와 심리학에 초점을 둔 전문적인 저널들이 창간되었고, 종교적인 병원과 크리닉이 열렸다고만 말해 두기로 하겠다(Vande Kempe, 1996). 이러한 모든 점에도 불구하고, 반종교적인 시대사조 혹은 20세기의 많은 기간 동안 행동주의 과학이 우세했던 "시대적 정신" 때문에, 종교적 견해들은 수용되지 못했거나 심리학적 이론 혹은 실제의 주류에 큰 영향을 미치지 못했다(Bergin, 1980). 하지만, 이것은 1980년대와 1990년대 동안 변화하기 시작했다. 당시 세계에 널리 퍼졌던 문화적, 지적인 경향들이 자연주의적이고 행동주의적인 과학의 주류에서 좀 더 영적으로 개방된 시대사조의 발전을 이끌었다. 많은 학자들과 임상가들은 현재 유신론적 영적 견해를 주류 이론, 연구, 임상 실제 속으로 통합시키기 위한 국제적인, 이 분야 제휴의, 세계적인 노력에 기여하고 있다(Bergin, 1980; Richards & Bergin, 1997, 2000).

● 유신론적 통합 심리치료의 이론적 기초

우리의 유신론적 통합 심리치료적 접근의 기초적인 가정들은 "신이 존재한다는 것, 인간 존재는 신의 창조물이라는 것, 신과 인간의 연결을 유지하는 보이지 않는 영적인 작용이 있다는 것이다"(Bergin, 1980, p. 99). 우리는 또한 신의 힘에 대한 믿음을 가지고 치료 과정 동안 그들의 삶의 영적인 자원들을 이용하는 사람들이 대처하고 치유되고 성장하기 위한 힘이 늘어날 것이라고 가정한다.

우리는 몇 가지 이유들로 치료적 접근을 유신론적 세계관에 기초를 두었다. 첫째, 우리는 신과 영적 실재를 믿는다. 우리는 모든 전통적인 주류 심리학 전통에 기초를 두었던 자연주의적-무신론적 세계관이 삶과 우주의 복잡성과 신비들에 대한 충분한 설명이 되지 않는다고 생각한다. 우리는 영적 견해들이 인간 존재, 우주의 기원과 작용, 건강과 인간의 복지에 대한 과학적인 이해를 풍성하게 하는데 필요하다고 주장했던 많은 다른 학자들과 같은 의견이다(Barbour, 1990; Griffin, 2000; Jones, 1994). 우리가 유신론적 세계 종교들에서 주장하는 교리와 실행들 모두를 받아들이지는 않더라도, 이러한 전통들에는 치료적 잠재성이 크다.

둘째, 우리는 유신론적 세계관이 인간 본질, 인격, 치료적 변화에 대한 이론 구성에 보다 충분한 기초를 제공한다고 생각한다. 많은 학자들이 비종교적 혹은 자연주의적-무신론적 세계관이 철학적으로 그리고 경험적으로 문제가 있다고 제안해왔다(Bergin, 1980; Griffin, 2000; Slife, 2004; Slife, Hope & Nebeker, 1999). 예를 들어, Griffin(2000)은 자연주의적-무신론적 세계관은 인간 본질에 대해 빈약한 시각을 제공할 뿐 아니라, 경험적인 증거와 불일치하고, 일반인과 과학자들 둘 다에 의해 "임상 실제에서 불가피하게 미리 가정하게 된" 믿음들과 불일치한다고 주장했다(p. 90). 우리는 자연주의적-무신론적 세계관에 대한 이러한 비평들에 동의한다.

셋째, 우리는 북미 사람들의 대다수가 그것을 믿고 그것으로부터 그들의 가치를 찾기 때문에 유신론적 세계관을 선호한다. Bergin(1980)은 자연주의적 가정들에 근거한 주류 심리학적 이론들과 치료 접근들이 "인간 존재와 관련된 가치들의 스펙트럼과 그들이 살아가는 틀 구조를 포함하기에 충분하지 않다"고 주장했다. 그는 또한 "그래서 다른 대안이 필요하다... 내가 주장하는 대안이 영적인 것이다....이 대안은 종교적인 사람들 사이에서 윤리적이고 효과적인 도움을 주는데 필수적이다"(p. 99). 우리는 유신론적 세계관이 치료적 접근과 개입들을 근거할, 보다 문화적으로 그리고 영적으로 민감한 개념적인 틀 구조와 가치의 틀 구조를 제공한다고 생각한다.

신학적, 철학적 기초

세계에는 다섯 가지 유신론적 종교들이 있다: 유대교, 기독교, 이슬람교, 시크교, 조로아스터교(Smart, 1994). 대략 세계 인구의 60%가 이러한 종교 중의 하나를 믿고 있다(Barrett & Johnson, 2002). 특정한 종교의 믿음과 실행 측면에서 이러한 다섯 가지 세계 종교 사이, 그리고 종교 내에 많은 차이점들이 있다. 그렇더라도, 좀 더 일반적인 수준에서 그것들은 공통된 전체적인 세계관을 공유하고 있다. 유신론적 세계관에 따르면, 신이 존재하고, 인간 존재는 신의 창조물이며, 삶에 신성한 목적이 있고, 인간 존재는 기도와 다른 영적인 실행들을 통해 신과 소통할 수 있다. 또한, 신은 인간의 행동을 안내하기 위한 도덕적인 진실을 보여주고, 인간의 영과 혼은 사후에도 지속적으로 존재한다(Richards & Bersin, 1997).

우리의 유신론적 통합 심리치료적 접근은 또한 유신론적 세계관과 조화를 이룰 수 있는, 인간 본질, 윤리, 인식론에 대한 수많은 철학적인 가정들을 근거로 한다. 이러한 것에는 *행동 양식(agency), 맥락화(contextuality), 유신론적 전체론(theistic holism), 유신론적 관계론(theistic relationism), 도덕적 객관주의(moral objectivism), 이타주의(altruism), 과학적 유신론(scientific theism)*들에 대한 철학을 포함한다(Richards & Bergin, 1997, 2004). 이러한 철학적인 시각들은 현시대의 과학자들과 과학적 철학자들(예: Griffin, 2000; Jones, 1994; Slife, 2004; Slife등, 1999)에게 지지를 얻고 있고, 우리의 유신론적 통합 심리치료적 접근에 대해 긍정적이고 옹호할 수 있는 철학적 근거를 제공한다.

인격에 대한 유신론적 시각

우리는 인간 발달과 인격이 다양한 체계들과 과정들(예: 생물학적, 인지적, 사회적, 심리적)에 의해 영향을 받지만 정체성과 인격의 핵심 본질은 영적인 것이라고 믿는다. 대부분의 유신론적 세계 종교들의 가르침과 일치하여, 우리는 인간 존재가 죽을 수밖에 없는 몸과 죽을 수밖에 없는 몸의 죽음을 지나 계속해서 존재하는 영원한 영 혹은 혼 둘로 이루어졌다고 이론화한다. 이러한 영원한 영혼은 신성하게 창조되고 가치 있으며, 개인의 지속적이고 영원한 정체성을 구성한다. 그 영혼은 "보통 인격과 행동이라고 지칭되는 것들을 만들기 위해, 인간의 다른 측면들과 상호 작용한다" (Richards & Bergin, 1997, p. 98). 이러한 견해가 심신 이원론의 문제에 대해 마음에 염려를 일으킬지 모르겠지만, 그것은 철학적으로 해결할 수 없는 것이 아니다(예: Griffin, 2000). 또한 이러한 시각과 일치하는 경험적 증거들의 본체가 성장하고 있다(Richards & Bergin, 근간).

우리가 가진 인격 발달에 대한 유신론적 시각에 따르면, 그들의 영원한 영적 정체성을 믿고, 신의 영혼의 영향을 따르며 보편적인 도덕적 원칙과 조화되어 살아가는 사람들은 사회적으로 그리고 심리학적으로 좀 더 건강한 태도로 발전한다(Richards & Bergin, 1997). 영적으로 성숙한 사람들은 다른 사람들과 사랑하고 긍정하는 관계를 즐길 능력을 지니고 분명한 정체성과 가치관을 가지고 있으며, 그들의 외적인 행동은 그들의 가치 체계와 조화를 이루고 있다(Bersin, 1980). 그들은 또한 신과의 친밀감과 조화됨을 느끼고 그들의 영적인 믿음들로부터 강함과 의미, 충족감을 경험한다. 영적 성장과 안녕감을 무시하거나 시종일관 신의 영혼에 대한 영향을 무시하고 악을 행하는 사람들은 좀 더 정서적인 장애와 갈등, 충족되지 않는 대인관계로 고통받을 수 있다. 물론, 유신론적 심리치료자들은 그들의 내담자들의 가치관, 삶의 방식, 영혼에 대한 개인적인 시각들에 관계없이 내담자들을 향해 비난하거나 나무라거나 비판적인 태도로 행동하지 않는다.

치료적 변화와 치유는 생리적, 심리적, 사회적, 교육적, 영적인 개입들을 포함하여 다양한 방법들을 통해 촉진될 수 있다. 하지만, 완전한 치유와 변화에는 영적인 과정이 필요하다. 사람들이 신의 감화와 사랑을 통해 영적으로 치유되고 성장할 때, 치료적 변화가 촉진되고 종종 좀 더 깊어지며 지속화된다. 이것은 다양한 방법으로 일어나지만, 종종 내담자의 영적 정체감을 긍정해주는 것도 포함된다. 내담자들이 기도 혹은 다른 영적인 경험을 하는 동안 그들의 영원한, 영적 정체감과 가치에 대한 깊은 긍정을 경험하게 될 때, 그것은 종종 그들에게 삶을 변화시키는 사건이 된다. 이러한 경험들은 내담자들의 수치감이나 부정한 느낌을 치유하는데 도움이 되며 종종 비종교적인 혹은 물질주의적인 가치체계에서 좀 더 영적 지향의 가치체계로, 가치체계의 새로운 방향을 제공한다. 자기 지각과 가치에서의 이러한 내적 변화들은 종종 그들의 삶의 양식에 외적 변화를 이끌어, 좀 더 건강한 행동을 하게 하고 심리적이고 신체적인 증상들과 문제들을 감소시킨다. 그래서 영적인 경험들을 긍정하는 정체성은 사람들의 신체적이고 정신적인 건강에 도움이 되곤 한다 (Richards & Bergin, 1997; Richards, 1999).

심리치료에 대한 유신론적 시각

표 11.1에서 심리치료에 대한 우리의 유신론적인 시각의 독특한 특징들을 몇 가지로 요약하였다. 주요 유신론적 종교 전통의 모든 신성한 저서들은 영감을 주고, 편안하게 하고 치유하는 신의 힘을 긍정한다. 우리의 입장에서는 심리적인 치료 동안 신의 치유력을 믿고 그들의 삶에서 영적인 자원들을 이용하는 내담자들이 대처하고, 치유되고, 성장하는데 추가적인 정신력과 힘을 받을 것이라고 가정한다(Richard & Bergin, 1997). 그러므로 유신론적 통합 심리치료자들은 그들의 내담자들에게 치료와 회복기간 동안 그들이 가진 신에 대한 믿음과 개인적인 영성이 어떻게 그들을 돕는지를 탐색하도록 격려한다.

우리 시각의 또 다른 독특한 특징은 심리치료에 대한 유신론적인 도덕적 틀 구조가 가능하고 바람직하다는 점을 우리가 믿는다는 것이다. 도덕적 틀 구조란, 일반적인 도덕적 가치와 원칙들을 말한다. 이 가치와 원칙들은 건강한 인간 발달과 기능에 영향을 미치고, 심리치료를 안내하고 평가하는데 사용될 수 있는 것이다(Bergin, 1980, 1991). 믿음과 실행들에 관해서 유신론적 종교의 전통들 간과 전통들 내에서 매우 다양함이 있을지라도, 그들은 인간 존재가 영적인 성장과 다른 사람들의 복지를 증진시키기 위해서는 쾌락주의적이고 자기중심적인 영향을 뛰어넘을 수 있고 뛰어넘어야 한다는 점에 동의한다. 또한 고결, 정직, 용서, 회개, 겸손, 사랑, 영성, 종교적 독실함, 부부 헌신, 성적 충실, 가정에 충실함과 친족관계, 힘의 자비로운 사용과 같은 가치들, 원리들과 인간의 행동 양식(agency)에 대한 존중이 영적인 깨달음과 개인적이고 사회적인 조화를 증진한다는 점에 일반적으로 동의한다(Bergin, 1991; Richards & Bergin, 1997).

대부분의 정신 건강 전문가들, 윤리학자들과 도덕적인 철학자들이 승인한 건강 가치들과 이러한 유신론에 근거한 가치들에는 많은 중복이 있다(Bergin, 1991). 이러한 가치들은 유신론적 통합 심리치료자들에게 그들의 내담자들의 생활양식이 건강하고 성숙한지 어떤지를 평가하고, 어떤 치료적 목표를 선택할지를 결정하는 데에 일반적인 틀 구조를 제공한다. 치료자들은 내담자들로 하여금 그들이 무엇을 가치 있게 여기고 그들이 어떻게 그들의 삶 속으로 이러한 가치들을 적용할 것인지에 대해서 그들 스스로 선택하도록 허용해야 한다. 그렇다고 할지라도, 그것이 내담자의 문제와 관련될 때, 그 가치에 대한 지혜를 치료자가 공유하지 않는 것은 무책임한 것이라고 생각한다(Bergin, 1991; Richards등, 1999). 하지만 이것은 관대하고 정중한 태도로 이루어져야한다. 그리고 치료자들은 내담자들이 그들 치료자의 가치에 동의하지 않을 권리가 있다는 것을 이해하는지를 확인할 필요가 있다. 다른 말로 하면, 우리는 치료자가 정중하게 가치들을 공유하는 것은 적절할 수 있지만, 치료자들이 가치들을 강요하는 것은 좋지 않다고 생각한다(Bergin, 1991; Richards, Rector & Tjeltveit, 1999).

표 11.1 유신론적 통합 정신치료의 독특한 특징들

치료의 목표	치료에서 치료자의 역할	영적 기법들의 역할	치료에서 내담자의 역할	치료 관계의 본길
영적 시각은 인간에 대한 절충주의적이고 다체계적인 시각의 일부이다. 그래서 치료 목표는 내담자의 문제들에 달려 있다. 영적 차원과 직접적으로 관련된 목표는 다음을 포함한다: (a)내담자들이 그들의 영원한 영적 정체성을 확인하고 진리의 영과 조화롭게 살도록 도와주기; (b)내담자들의 삶에서 종교적이고 영적인 믿음들이 어떤 영향을 갖는지와 충족되지 않은 영적 욕구가 있는지 평가하기; (c)내담자들이 대처하고 변화하고 성장하기 위한 그들의 노력들을 돕도록 종교적이고 영적인 자원들을 사용하는 것을 도와주기; (d)내담자들이 영적 염려와 의심을 해결하고 그들의 삶에서 영성의 역할을 선택하도록 도와주기; (e)내담자들이 그들의 영성을 조사하고 영적 성장에 대한 그들의 추구를 지속하도록 도와주기.	보편적인 치료적 위치를 적용하고, 적절할 때 교파적인 위치를 취하라. 내담자가 종교적이고 영적인 믿음, 의심, 염려들을 탐색하는 것이 수용되고 안전함을 느낄 수 있도록 따뜻하고 지지적인 환경을 확립하라. 내담자들의 종교적이고 영적인 믿음들과 활동들이 그들의 정신 건강과 대인관계에 영향을 미치는지 평가하라. 내담자들이 그들의 대처와 성장 과정에서 그들의 종교적이고 영적인 자원들을 보다 효과적으로 사용하도록 돕기 위해 종교적이고 영적인 개입들을 사용하라. 건강한 가치의 모델이 되고 이를 보여줘라. 내담자들을 어떻게 하면 가장 잘 도울 수 있는지 영적 인도와 깨달음을 구하라.	개입들은 내담자들이 그들의 영적 정체성과 가치에 대한 신념을 보다 더 얻고, 그들의 종교적이고 영적인 관심들에 대해 이해하고 훈습(work through)하며, 그들이 대처하고 치유하고 변화하는데 도움을 주는 종교적이고 영적인 자원들을 사용하도록 돕는 것이 중요하다고 간주된다. 주요 개입들의 예로는 비합리적인 종교적 믿음들의 인지적 재구조화, 이행기적 인물 기법, 용서, 명상과 기도, 성경 공부, 축도, 종교적인 의식에 참여하는 것, 영적인 심상, 영적 느낌들에 대하여 일지 쓰기, 회개, 내담자의 종교지지 체계의 사용이다.	내담자들은 그들의 종교적이고 영적인 믿음들과 활동들이 그들의 행동, 감정, 관계에 어떻게 영향을 주는지 조사한다. 그들의 삶에서 종교와 영성이 어떤 역할을 할지에 대해 선택하라. 목표를 정하고 영적이고 정서적인 성장을 촉진하기 위해 고안된 영적인 개입들을 실행하라. 치유하고 변화하기 위한 노력을 돕도록 삶에서 종교적이고 영적인 자원들을 사용하려고 시도하라. 어떻게 더 잘 대처하고 치유하고 변화할지에 대한 신의 인도와 교화를 추구하라.	무조건적인 긍정적 존중, 따뜻함, 진실성과 공감은 치료의 핵심적 기초로 여겨진다. 치료자들은 또한 내담자들을 향한 자비심, 형제애와 자매애를 가지고 그들의 영원한 영적 정체성과 가치를 긍정하려고 노력한다. 내담자들은 작업 관계를 형성하고 변화의 작업을 공유하도록 기대된다. 내담자들은 치료자를 신뢰하고 치료자와 그들의 종교적이고 영적인 믿음들과 유산을 공유하는데 안전하다는 믿음을 가져야 한다. 내담자들은 치료자가 그들의 자율성과 선택의 자유를 높이 평가하고 존중하고 있다는 점을 알아야 한다. 또한 치료자가 때때로 그들의 가치에 동의하지 않고 건강하지 않은 가치와 생활양식의 선택에 대해 그들에게 직면시킨다 하더라도, 그들의 믿음과 가치에서 치료자와 차이가 나는 것이 그들에게 안전하다는 것을 알아야 한다.

Note. 상담과 심리치료를 위한 영적 전략(A Spiritual Strategy for Counseling and Psychotherapy: pp.140-141)에서 인용, P.S. Richards and A.E. Bergin, 1997, Washington, DC: 미국심리학회.

우리의 유신론적 시각의 세 번째 공헌은, 심리치료자들이 그들 내담자들의 삶의 영적인 영역에 개입하는 데 사용할 수 있는 영적 개입들의 본체를 제공한 점이다. 유신론적 통합 심리치료자들이 사용하는 영적 개입들에는 내담자들을 위해 기도하기, 기도하도록 내담자들을 격려하기, 신학적인 개념들을 논의하기, 성경을 참조하기, 영적인 이완과 상상 기법들을 활용하기, 회개와 용서를 격려하기, 내담자들이 그들의 영적 가치에 따라 살도록 도와주기, 자신의 영적 믿음들 혹은 경험들에 대해 이야기하기, 종교 지도자에게 자문 구하기, 종교적인 책을 읽도록 권유하기를 포함한다(Richards & Bergin, 1997). 이러한 영적인 개입들의 대부분은 종교적인 신앙인들이 수세기 동안 참여해왔던 실제적인 실행들이다. 그것들은 인간 존재의 가장 깊은 욕구들, 관심들과 문제들을 표현하고 그것들에 반응하기 때문에, 지속되어 왔다(Benson, 1996; Miller, 1999; Richards & Bergin, 1997, 2000).

우리 시각의 네 번째 요소는 치료자들과 내담자들 둘 다가 치료와 회복을 돕는 데에 영적 깨달음을 찾고, 때때로 얻는다는 점이다(Chamberlain, Richards & Scharman, 1996; Richards & Bergin, 1976). 묵상에 잠기거나 기도하는 순간으로 들어가기 때문에, 치료자들과 내담자들은 영감에 의한 통찰력을 경험하게 된다. 영적인 감명은 치료자들과 내담자들에게 문제들에 대한 중요한 통찰력뿐만 아니라, 효과적인 개입이나 치유 전략에 대한 아이디어들을 줄 수 있다.

심리학과 영성 간 관계의 본질

우리의 유신론적 모델은 인간 존재가 다체계적인 유기체임을 가정한다. 생물학적, 사회적, 인지적, 심리학적, 행동주의적, 그리고 영적인 체계와 과정들이 인간 인격과 기능에 영향을 미친다. 하지만 인간 인격의 핵심은 영적이다. 각 개인은 시간과 영원성을 통해 지속되는 영원하고 불멸의, 인격적인, 영적인 정체성을 가진다. 영적 영역은 다른 체계들과 서로 연결되어 있고 그것들 중 어떤 것의 영향을 받거나 그 반대일지라도, 다른 영역이며 다른 체계들에 포함될 수 없다(Richards & Bergin, 1997).

영성은 인간 유기체의 다른 체계들에 영향을 미치고 서로 연결되어 있기 때문에, 우리는 영적인 성장과 안녕감이 심리적 성장과 행복에 중등도의 긍정적인 원인적 영향을 미친다고 가정한다. 긍정적인 영성을 누리는 사람들은 그래서 사회적, 심리적으로 보다 더 건강한 방식으로 발전하고 기능하는 것 같다. 현재 이러한 견해를 지지하는 많은 경험적인 문헌들이 있다(예: Koenig, McCullough & Larson, 2001).

하지만, 우리는 영적인 체계가 다른 체계들을 완전하게 조절하거나 보다 우월하다고 믿지 않는다. 영적인 치유와 성장이 심리적이고 대인관계적인 기능에 긍정적인 영향을 줄지라도, 신앙과 영성이 보통 만병통치약은 아니다. 영적으로 성숙한 사람들도 여전히 신체적인 혹은 심리적인 장애들로 고통을 받을 수 있다. 하지만 그런 문제들을 치유하지는 않을지라도, 그들의 영성은 그들이 심각한 신체적, 심리적, 그리고 대인관계의 문제들에 좀 더 잘 대처하도록 도움을 준다. 게다가, 신체적이고 심리적인 역경은 실제로 사람들의 신앙과 영적인 성숙을 더욱 깊어지게 한다. 그래서 우리는 정서적으로 혹은 대인관계에 대해 고심하는 사람들이 그들의 신앙 혹은 영성이 부족하다고 여기는 것은 옳지 않다고 생각한다. 우리는 또한 영성이 부족한 사람들이 반드시 심리적으로 혹은 대인관계에 있어 불완전하게 기능하는 건 아니라고 생각한다.

심리치료와 치유에 관해서, 우리는 좀 더 심각한 정신 장애들(예: 정신분열증, 양극성 장애, 해리 장애)로 고통 받는 사람들이 처음에는 약물치료, 집중적인 정신사회적 치료, 입원치료와 같은 의학적이고 널리 알려진 심리적 치료 요법들로 치료할 필요가 있을지 모르고, 영적인 접근들로 먼저 치료하는 것이 덜 이로울지 모른다고 가정해왔다(Richards & Bergin, 1997). 이것은 만약 영적인 요소가 치료 프로그램에 포함된다면 심각한 정신 장애가 있는 사람들에게 도움이 되지 않는다는 것을 의미하지 않는다. 하지만 치료에 소요되는 시간의 비율이 널리 알려진 기법들과 개입들을 향해 좀 더 비중 있게 쓰여야 한다는 것을 의미한다. 우리는 또한 영적 개입들이 좀 덜 심각한 문제들이 있는 사람들에게 좀 더 크게 다루어질 수 있고 좀 더 도움이 되는 경향이 있을 거라고 가정하고 있다.

치료자의 기술과 자질

전문적이고 영적인 준비는 효과적인 유신론적 통합 심리치료자가 되기를 원하는 사람들에게 필수적이다. 우리는 훌륭한 교육과 전문적인 훈련을 대체할 수 있는 것은 없다고 생각한다. 유신론적 통합 심리치료자들은 이러한 전통들의 개념들과 개입들을 그들의 접근속으로 주의 깊게 그리고 효과적으로 통합할 수 있도록, 주류 비종교적인 심리치료 전통으로 잘 훈련되어 있어야 한다. 그들은 또한 보편적인 치료적 자세 즉 다양한 영적 견해들에 예민하고 열려있는 자세를 적용할 수 있도록 다문화적인 상담과 다양한 종교적 측면들에 훈련되어야 한다. 보편적인 치료적 자세의 기초들은 유능한 다문화적인 치료자의 태도이고 기술이다. 훌륭한 보편적인 기술을 가진 치료자들은 또한 그들 자신의 종교적 전통과 가치를 알고 있으며, 그것들이 다른 영적 전통을 가진 내담자와의 작업에 어떻게 영향을 미칠 수 있는지에 대해 예민하다. 그들은 관심과 이해, 존중하는 마음으로 자신들과 다른 영적 믿음들을 가진 내담자들과 의사소통할 수 있다.

유능한 유신론적 통합 심리치료자들은 또한 수많은 다른 자질들을 가지고 있다. 거기에는 적절할 때 특정 종파적인 치료적 자세를 적용할 수 있는 능력, 영적으로 열려있고 안전한 치료적 관계를 확립할 수 있는 능력, 내담자들의 삶의 종교적이고 영적인 영역을 평가할 수 있는 능력, 윤리적이고 유능한 태도로 영적인 개입들을 실행할 수 있는 능력, 그리고 내담자들이 치료와 치유 과정에서 도움을 주는 그들의 믿음, 실행, 공동체의 자원들에 접근하도록 촉진할 수 있는 능력을 포함한다. 우리는 이러한 기술들과 자질들을 다른 책에서 좀 더 상세하게 기술하였다(Richards & Bergin, 1997, 2000).

유신론적 통합 심리치료자들은 또한 심리적으로 건강해야 한다. 그래야 그들이 그들의 내담자들을 위해 건강한 심리적, 대인관계의 행동의 모델이 될 수 있다. 필요하다면, 그들은 스스로를 위해 치료를 받아야 한다. 성과가 있으려면 유신론적 통합 심리치료자들은 또한, 시종 일관된 방법으로 그들의 비종교적인 훈련과 이론적 견해들을 그들의 종교적인 믿음들과 통합시키기 위해 노력해야 한다. 이것은 도전이 될 수 있다. 하지만 유신론적 통합 심리치료자들을 위해서는 이것을 하는 것이 중요하다. 그래야 그들의 접근이 이론적이고 철학적인 불일치로 꼬이지 않는다(Richards & Bergin, 2004).

우리는 또한 유신론적 통합 심리치료자들이 그들 자신의 영적인 안녕감을 돌보기 위해 노력할 필요가 있다고 생각한다. 그래야 그들이 그들의 내담자들과 작업하도록 영적으로 준비되게 된다. 심리치료자들의 영적인 준비에 대한 중요한 한 가지 모습은 그들의 개인적 가치 체계와 일치하는 삶을 살도록 노력하는 것이다. 우리는 또한 유신론적 통합 심리치료자들이 그들의 치료 회기 동안 좀 더 영적으로 조율되는 데에 도움을 얻도록, 기도하고 명상하거나 다른 영적 실행들에 참여하는 것을 격려한다.

강점과 제한점

이러한 접근의 이론적 강점은 그것이 인격 이론, 심리치료 그리고 치유와 변화의 과정에 깊이 영향을 미치는, 인간 본질과 세상에 대한 영적 시각에 근거하고 있다는 점이다(Bergin, 1991). 이러한 견해는 인간 본질과 인격에 대한 유신론적 개념과, 심리치료를 유도하고 평가하는데 참고적인 도덕적 틀, 그리고 영적인 기법들과 개입들의 본체를 제공함으로써, 심리학과 심리치료에 독특하게 기여하고 있다. 그것은 또한 과학적인 발견과 연구 과정에 대한 유신론적 영적 시각을 제공한다(Richards & Bergin, 1997).

이러한 접근의 실제적인 강점은 대부분의 심리치료자들이 다른 세계관보다 유신론적 세계관으로 살아가는 내담자들을 좀 더 많이 만나게 된다는 점이다. 북미에서 신앙을 고백하는 사람들의 85%이상이 유신론적 세계 종교들 중 하나의 교리를 따르거나 그 모임에 참여하고, 유럽에서는 80%이상의 사람들이 그러하다(Berrett & Johnson, 2002). 그래서 숫자만 보면, 심리치료에 대한 유신론적 접근 즉 유신론적 믿음과 실행을 과소평가하지 않는 접근들이 필요하다.

우리의 유신론적 통합 접근의 이론적이고 실제적인 제한점은 그 틀과 기법들이 무신론적, 불가지론적 혹은 비-유신론적 영적 믿음을 가진 치료자들과 내담자들을 위해 적용될 수 없거나 도움이 되지 않는다는 점이다. 하지만, 유신론적 통합 심리치료는 그 접근의 전체 잠재성이 그러한 상황에서 현실화되지 않을지라도, 그러한 내담자들에게 사용될 수는 있다. 그 접근의 또 다른 제한점은 다른 유신론적 심리치료 접근들과 마찬가지로 여전히 "최근 만들어진" 접근이라는 점이다. 유신론적 심리치료적 접근들이 다른 주류 심리치료 전통들 사이에서 영향력과 동등성을 가질 수 있기 전에, 그것이 이루어지기 위해서 좀 더 이론적이고 실용적이며 경험적인 작업들이 필요하다.

● 적응증과 금기

유신론적 통합 심리치료는 가장 분명하게는 유신론적 내담자들, 특히 종교와 신에 대한 믿음이 그들의 삶에서 중요하다고 느끼는 내담자들에게 적응증이 된다. 또한 치료 동안 종교적이고 영적인 문제들에 대해서 논의하기를 바라고 그들의 영적인 믿음을 그들에게서 나타나는 문제들과 관련이 있는 것으로 바라보는 내담자들에게 적응증이 된다. 유신론적 통합 심리치료자들은 폭넓고 다양한 종교적, 영적인 관심들과 문제들을 적절하게 다룰 수 있다. 하지만, 치료자들과 종교 지도자들 간 역할의 경계선이 존중될 필요가 있다. 만약 내담자들이 특정한 교리에 대해 의문이 있거나 치료자들의 전문 기술 혹은 전문가 역할 밖에서 일어나는 영적인 지도를 찾는다면, 그들을 그들의 종교 지도자들에게 의뢰하는 것이 적절할지 모른다.

유신론적 통합 심리치료를 통해 가장 효과적이라고 언급되는 정신과적 혹은 심리적 상황에 대해서 명확한 지침이 주어지기 위해, 좀 더 많은 연구들이 필요하다. 일반적으로, 앞서 언급한 것과 같이, 우리는 유신론적 통합 심리치료가 좀 덜 심각한 장애들(예: 불안, 우울, 죄책감, 자존감과 정체성 문제, 결혼과 가족 문제, 적응 장애)에서는 보다 효과적이라고 가정했다. 우리는 생물학적인 기원이 많은 보다 심각한 장애들에는, 심리치료자들이 심리학적이고 약물학적인 치료의 보다 집중적인 형태에 좀 더 크게 의존할 필요가 있을 것이라고 가정한다(Richards & Bergin, 1997).

신이나 더 높은 권력자에 대한 믿음의 중요성을 인정하는 유신론적 치료 접근들이 특히 종교적인 사람들에서의 중독증과 식사 장애에 효과적이라는 증거가 차차 커지고 있다(Miller, 1999; Richards, Hardman & Berrett, 2001; Ringwald, 2002). 또한 유신론적 인지치료 접근들이 우울증의 치료에 효과적이라는 증거가 있다(Propst, Ostrom, Watkins, Dean & Mashburn, 1992). 다른 심리적 장애들에 있어 유신론적 심리치료의 효과에 대한 보다 많은 연구가 필요하다.

문화와 성별에 대한 고려사항

종교와 영성은 다양성의 중요한 요소가 되며 복잡한 방식으로 개인의 문화, 인종, 성별, 성적 취향, 다른 특징들과 상호작용한다(Richards & Bergin, 2000; Richards, Keller &Smith, 2003; Smith & Richards, 근간). 종교와 영성이 다양성의 다른 측면들과 상호작용하는 여러 방식들을 고려하는 것은 이번 장의 범위를 벗어나는 것이다. 그래서 나는 독자들에게 이러한 점들에 대해 깊이 있게 다룬 다른 책들을 언급하고자 한다(Fukuyama & Sevig, 1999; Richards & Bergin, 2000, 2004; Smith & Richards, 근간).

유신론적 세계 종교의 지도자들과 구성원들이 역사적으로 소수 집단과 여성에게 고통을 주는 압박과 차별에 많은 기여를 해온 것을 고려하였을 때, 유신론적 통합 심리치료자들은 다문화적이고 성별에 관계없는 공평한 상담에 있어, 훈련하고 유능함을 추구하는 것이 절대 필요하다. 그것은 때때로 심리치료자들에게 도전이 되고 예민한 문제가 될 수 있는데, 역사적으로 유신론적 종교 및 문화들이 보여 온 인종차별, 성차별 및 선입견적인 태도들과 실행들을 번복하지 않으면서 그 종교적 권위와 전통에 대해 존중을 보여줘야 하기 때문이다. 그럼에도 불구하고, 유신론적 통합 심리치료자들이 이것을 하도록 배우는 것은 핵심적이다. 그래서 유신론적 통합 심리치료자들은 인종적, 문화적, 성별 그리고 생활양식 문제들에서의 유능함에 더해, 세상의 종교적이고 영적인 전통들에서의 전문지식을 얻는 것이 필요하다. 전문지식에는 어떻게 종교적 전통들이 압력과 차별을 조장해 왔고 여전히 지속하고 있는지 이해하는 것을 포함한다.

기대되는 향후 발전 방향

유신론적 통합 심리치료와 다른 유신론적 접근들이 주류 심리학과 심리치료에서 동등한 위치와 영향을 획득할지에 대해서는 아직 두고 보아야 한다. 이것이 일어나려면 좀 더 많은 철학적, 이론적, 그리고 연구 작업이 필요하다. 예를 들어, 철학적이고 경험적인 작업은 다음의 주제들에 대해 필요하다: (a) 인간 본질과 인격에 대한 유신론적 시각의 의미는 무엇인가? (b) 유신론적 심리치료가 다양한 심리적, 대인관계의 문제들에 얼마나 효과적인가? (c) 영혼, 영성, 영적인 안녕감의 본질은 무엇인가? (d) 종교적이고 영적인 발전이 사람의 일생을 통해 어떻게 일어나는가? (e) 인간 존재의 주요 영적 필요와 문제는 무엇인가? (f) 치료적 변화와 과학적 발견에서 직관과 영감의 영향력과 역할은 무엇인가? (g) 영적인 경험들(예: 임사체험, 사후 환상, 영감적이고 계시적인 경험, 전환 경험, 치유)의 본질, 빈도, 효과, 의미는 무엇인가? (h) 인식론적이고 방법론적인 다원론의 의미와 유용성은 무엇인가?

임상 사례

● 치료자 배경

나는 Minnesota University에서 1988년 상담 심리학 박사 학위를 취득했다. 나는 1988년부터 1990년까지 Central Washington University의 교수였다. 그리고 1990년 이후로는 Brigham Young University(BYU)의 교수로 현재는 상담 심리학과 특수 교육 분야의 교수이다. BYU에서의 나의 교수직에 더해, Utah의 Orem에서 변화를 위한 센터(Center for Change)와 제휴하여 거기서 성인들 및 후기 청소년들을 위한 작은 개인 외래환자 진료소를 유지하고 있다.

내가 함께 작업하는 내담자들의 대부분은 우울, 불안, 아동기 성적 학대, 식사 장애, 법적인 문제들(예: 절도), 부부 갈등 혹은 다른 관계의 문제, 종교적인 염려, 혹은 이러한 것들의 혼합의 문제를 보인다. 일반적으로, 나는 내담자들을 1주에 한번 60분간 회기로 본다. 치료의 기간은 평균 8개월 정도로, 2,3개월에서 2년까지 다양하다. 나의 유신론적 접근에서 만약 내가 그것이 내담자들에게 도움이 된다고 믿을 뿐 아니라, 그것들이 나의 유신론적 틀 구조, 가치와 철학적으로나 이론적으로 갈등을 일으키지 않는 한, 나는 주류 치료 전통들 중 어떤 것의 견해와 개입들도 기꺼이 통합한다.

나는 말일 성도 교회(Church of Jesus Christ of Latter-Day Saint: LDS)에서 신앙생활을 하고 있다. 나는 개인 기도와 명상, 개인 성경 공부, 교회와 회당 참석과 같은 영적 의식들에 자주 참여한다. 나는 교회에서 높은 성직자이고 다양한 평신도 지도자와 내 지역 집회에서 가르치는 일로 봉사하고 있다. 나는 Marcia T. Richards와 결혼했고 우리는 다섯 명의 자녀가 있다. 우리의 종교적 믿음은 우리 가족의 삶의 중요한 부분이다. 함께 교회 예배에 참여하는 것에 더해, 우리는 가족 기도, 가족 가정의 밤, 가족 성경 읽기와 같은 집에서 하는 다양한 영적 의식들에 참여한다. 나의 개인적인 믿음과 영성은 나의 개인적이고 전문적인 삶 둘 다의 기초가 된다. 모든 인간이 하나님과 신성한 가치의 자녀라는 나의 믿음은, 내담자들의 종교, 인종, 성별 혹은 생활양식에 관계없이 내가 그들을 사랑하고 관심을 가지며 수용하도록 도와주고 있다.

● 내담자 배경과 현재 문제

자넷은 36세, 결혼한 주부로 세 아이의 엄마이다. 접수 설문지에서 몇 가지 질문에 대한 그녀의 반응들은 자넷이 말일 성도 교회의 독실한 정통파 신자였다는 점을 알려주었다. 자넷은 로마 가톨릭 전통에서 성장하였었지만, 그녀가 열두 살 때 그녀의 부모님과 다른 형제들을 따라 말일 성도교로 개종하였다. 자넷의 남편 또한 말일 성도 교회로 개종한 사람이었고, 자넷에 의하면 독실한 신자였다.

자넷은 다음과 같은 문제들을 보였다. (a) 그녀의 인생 전체에서 정서적으로 그녀를 학대하고 무시했던 그녀의 아버지에 대한 풀리지 않은 갈등과 문제들 (b) 사람들을 믿기 어려움. 그녀의 접수 설문지에서 그녀는 "나는 어렸을 때 느껴지지 않는 많은 상처를 받았다. 나는 내가 다른 사람들에게 어떤 인상을 남기는지에 대해 지나치게 염려한다. 나의 부모님들은 여전히 나에게 상처를 주고 그것은 내게 많은 영향을 미치고 있다. 나는 사람들이나 인간 본성을 신뢰하지 않는다"라고 썼다. 그녀는 또한 그녀가 성장과정에 있을 때 그녀의 아버지가 알코올 중독이었다고 설명했다. 그녀의 아버지가 말일 성도 교회에 함께 다니게 되었을 때 술을 끊으셨다. 그럴지라도, 자넷의 어린 시절에 대한 그녀의 기술에서는, 음주가 중단된 후조차도 가족 내에 많은 문제들이 남아있는 것이 분명하다는 것을 보여주었다. 자넷에 따르면, 그녀의 아버지는 "우리 집에 살았지만 항상 없었다. 그는 무서웠고, 못된 말들을 했고, 우리가 조용하기를 원했고 어떤 관심도 생각도 느낌이나 필요도 없었다. 그는 여전히 두렵고 통제적이다. 그는 잠시도 내 주변에 있기를 원치 않는다. 그의 바람은 내가 한 달에 한번 방문하여 30분 이하만 머무르는 것이다."

● 치료자와 내담자 관계

나는 치료적 관계가 영적으로 개방적이고 안전해야 한다고 생각한다. 내담자들은 그들이 바란다면 치료 동안 그들의 종교적이고 영적인 믿음들과 관심들에 대해 이야기하는 것이 적절하다는 것을 아는 것이 필요하다. 자넷에게 나는 몇 가지 방법으로 이것을 알리려고 하였다. 첫 번째, 초기 회기에서 나는 설명후 동의서 형태의 기록 복사본을 주었다. 그것은 치료 동안 분명하게 내담자들에게 종교적이고 영적인 문제들을 논의하는 데 대한 동의를 얻는 것이다. 둘째, 처음 몇몇 회기 동안 자넷이 종교적이고 영적인 문제들을 언급할 때, 나는 관심, 이해, 수용의 태도를 전하려고 시도했다. 내가 영성에 대한 토의에 개방적이었다는 것을 분명히 하려고 노력했는데도 불구하고, 종교적이고 영적인 문제가 최전선에 나타난 치료 두 달째 한 회기 동안 자넷은 여전히 잠시 말을 멈추고 그녀가 영적인 문제에 그 정도로 초점을 맞추는 것이 괜찮다는 것에 대해 나에게 다시 한번 확인 받길 원했다. 나는 그녀에게 그렇다고 안심시켰고 그녀는 이것에 대해 감사를 표현했다. 그녀는 몇 가지 이유로 그녀가 치료 시작 전에 스스로 심리치료 동안 종교적이고 영적인 문제들에 대해 이야기하는 것이 좋지 않다는 인상을 받고 있었다고 말했다.

나의 유신론적 견해로, 최선의 치유를 위한 치료적 관계는 또한 박애의 성경적 특성 혹은 형제

자매의 사랑이 포함되어야 한다(Fromm, 1956). 나는 적절한 태도로 나의 내담자들에게 관심을 가지려고 한다. 나는 또한 치료적인 관계는 영적으로 긍정해주는 것이어야 한다고 믿는다. 나는 나의 내담자들이 영원하고 신성한 잠재력과 가치가 있는 하나님의 창조물이라는 것을 문화적으로 섬세한 방식으로 긍정하려고 한다. 자넷과의 작업에서, 나의 치료적 관계에 대한 이러한 특징들은 그녀의 치유와 성장의 중요한 부분이었다. 자넷은 나에게 치료를 마친 2개월 후에 편지를 썼다. 그녀는 우리의 치료적 관계의 중요성에 대해 다음과 같이 표현했다:

> 나는 당신 치료실에의 첫 번째 방문에서 무슨 일이 일어날 지에 대해 전혀 예상치 못하고 있었다. 당신은 돌보아 주면서 내가 당신과 공유하는 것에 대해 이해하였다. 당신은 나의 두려움에 대해서 자비로웠다. 내가 가장 잘 기억하는 것은 방이 안전한 천국같이 느껴졌다는 것이다. 당신의 치료실에는 매우 특별한 영혼이 있었다. 그것은 평화로웠고 나는 용납되고 있었다. 나는 내 영혼이 위로 받고 내 인생에서 처음으로 적어도 조금은 나의 경계를 늦출 수 있는 것처럼 느끼며 치료실을 나왔다. 나는 이미 그 첫 방문에서 내가 당신의 치료실에서는 실재하고 있음을 알게 되었다. 나는 당신의 친절함에 기뻤지만 나에 대해 그 정도로 관심을 보일 거라고 기대하지는 않았다. 곧 나는 내가 당신에게 실제적인 방식으로 문제가 됨을 알았다. 나의 치유를 위해 돌보는 것이 얼마나 중요한지를 그때 바로 알지는 못했었다.

내가 내 내담자의 정서적이고 영적인 복지와 성장에 대해서 깊이 관심을 가지고, 그들의 타고난 신성한 가치에 대한 나의 믿음을 긍정할 때, 나는 정서적이고 영적으로 치유가 되는 치료적 관계를 맺을 수 있다고 믿는다. 나는 또한 그러한 관계가 치료 동안 진실의 영혼(Spirit of Truth)과 하나님의 사랑을 나타나게 할 수 있다고 믿는다. 내담자들이 그들 치료자의 사랑과 관심을 느낄 때, 그들이 하나님의 사랑을 경험하기 시작하도록 도울 수 있다. 사랑받는다는 느낌은 종종 내담자들을 그들의 영적인 정체감과 신성한 가치감으로 연결시켜준다(Richards & Bergin, 1997). 박애 혹은 사랑은 강력한 치유의 힘이 있다.

평가: 이론적 근거와 자료 수집

나는 종교적이고 영적인 평가가 다체계적인 평가 전략에 입각하여야 한다고 믿는다(Richards & Bergin, 1997). 자넷과의 처음 2-3회기 동안, 나는 전체적인 그녀의 신체적, 사회적, 행동적, 인지적, 교육적, 심리적, 영적 기능을 평가했다. 나는 자넷의 언어적인 자기 서술과 접수 설문지에 기록된 응답들, 그리고 이러한 영역 각각에서 그녀가 어떻게 기능하고 있었는지에 대한 내 자신의 임상적 인상에 의존했다. 나는 일부 내담자들에게는 나의 평가와 진단을 돕기 위한 표준적인 평가 측정(예: Minnesota Multiphasic Personality Inventory-2[Butcher, 1990], Eating Attitudes Test, Outcome Questionnaire, Religious Orientation Scale, Spiritual Well-Being Scale)을 시행하지만, 자넷에게는 그렇게 할 필요를 느끼지 못했다.

● 진단과 임상적 개념화

나는 자넷이 신체적으로 건강했고 종종 스트레스 관련 두통을 제외하고는 대부분의 신체 증상이 없다고 결론 내렸다. 그녀는 다른 사람들을 믿는데 어려움이 있는 것이 그녀로 하여금 친구들과 정서적으로 매우 가깝게 지내는 것을 방해한다고 보고하기는 했지만, 사회적으로 능숙하고 유능했다. 그녀는 행동적인 문제들이 없었다. 그녀는 분명히 매우 지적이었다. 그녀가 아이를 갖고 키우기 위해 대학 교육을 미루었었지만, 그녀는 최근에 그녀의 모든 아이들이 취학한 후 대학 수업을 파트타임으로 듣기 시작하였었다. 그녀는 이것을 만족스러워하고 있었고, 학업적으로 많은 성취를 얻고 있었다.

자넷은 기본적으로 심리적으로 건강한 사람이었다. 하지만 그녀는 그녀의 삶과 관계들의 질을 떨어뜨리고 있는 수많은 증상과 문제들로 고통 받고 있었다. 자넷은 중등도의 불안과 우울을 보고했다. 그 증상들은 그녀의 가족관계에서 종종 자극 받는 것이 대부분이었다. 자넷은 또한 그녀의 가치와 선함에 대한 깊이 자리 잡은 의심으로 고통 받고 있었다. 그 의심은 그녀가 아이이고 청소년이었을 때 학대 받고 무시 받은 경험들에서 씨 뿌려졌던 것이다. 자넷은 또한 그녀와 남편이 어느 정도 "신체적 친밀감에 어려움"이 있다는 것을 인정했다. 그녀의 영성과 관련해서는, 자넷이 독실한 신자였고 전체적으로 그녀의 종교적 참여가 그녀의 삶에 긍정적인 영향을 주고 있었기는 하지만, 나는 그녀가 어느 정도 완벽주의적인 경향을 가지고 있고 지나치게 종교적인 규칙들과 체면에 대해 염려한다고 결론 내렸다. 아마도 그녀 내면의 부족감과 악한 느낌 때문인 것으로 보았다. 마지막으로, 나는 전반적으로 나의 내담자들에게 진단적인 꼬리표를 붙이는 데 저항하긴 하지만, 보험회사의 요구에 따라 자넷을 우울증(달리 분류되지 않는)과 범불안으로 진단했다. Axis II 진단을 내리는 것은 미루었다.

● 치료 목표, 과정, 개입 전략

심리치료의 전반적인 목적은 내담자들이 보이는 문제들과 염려들을 대처하고 해결하도록 돕고 그들의 치유, 성장, 장기적인 안녕감을 증진시키는 것이다. 모두는 아니지만 일부 내담자들에게는, 이러한 전반적인 목적을 달성하기 위해 치료 동안 종교적이고 영적인 문제들에 초점을 맞추는 것이 중요하다. 그래서, 나는 각 내담자들의 독특한 배경과 욕구에 적절하게 맞추고 난 후에만, 종종 내담자들과 영적인 치료 목표를 추구한다(Richards & Bergin, 1997).

자넷과의 첫 번째 회기 이후 내 치료 노트에서, 나는 "치료의 주요 목표가 (a) 자넷이 그녀가 어린 시절 경험했던 무시와 정서적인 학대에 대해서 여전히 느끼고 있는 고통으로부터 정서적으로 치유되도록 돕는 것 (b) 자넷이 현재 가까운 곳에서 거주하고 있는 그녀의 부모님과의 현재 삶을 효과적으로 살아가는 것을 배우도록 돕는 것이다"라는 점에 우리가 동의했다고 기록했다. 또한, 자넷도 동의한 바와 같이, 나는 치료가 진행됨에 따라 그녀의 신앙과 영성이 그녀의 치유와 성장을 위한 노력에서 중요한 자원들이 될 것으로 보았다.

아마도, 치료 초기에 내가 추구하기 시작했던 가장 중요한 영적인 목표는, 자넷이 그녀의 영원한 영적 정체성과 신의 창조물로서의 신성한 가치를 보다 깊이 인정하고 믿도록 도와주는 것이었다. 나의 유신론적 심리치료의 견해에 의하면, 지속적인 치료적 변화와 치유가 일어나기 위해서는 이러한 목표를 달성하는 것이 필수적이다(Richards & Bergin, 1997). 나는 또한 그녀의 도덕적 가치들과 조화되고, 그녀의 삶을 위한 하나님의 의지와 목적에 대한 이해와 조화를 이루면서 살고자 하는 자넷의 욕구의 중요성을 지지하고 긍정하려고 했다. 이것은 유신론적 심리치료의 또 다른 중요한 영적 목표이다.

나는 또한 치료 과정을 통해서 자넷의 종교적이고 영적인 믿음들이 그녀의 문제들과 염려들(예: 그녀의 정체감, 가족 구성원들과 관계, 그녀의 완벽주의)에 어떤 영향을 주는지 조사하고 좀 더 이해하도록 도우려고 노력했다. 마지막으로 나는 자넷이 대처하고 치유되고 변화하기 위한 그녀의 노력을 돕는 수단으로서, 그녀의 삶에서 영적인 자원들(예: 기도, 신앙, 성스러운 글)을 확인하고 사용하도록 격려했다. 이러한 것들 둘 다, 유신론적 통합 심리치료가 또한 적절하게 보일 때에는 내담자들과 함께 추구하는 영적인 목표들이다(Richards & Bergin, 1997).

자넷의 심리치료는 10개월간 지속되었다. 치료의 시작 시기 동안(거의 1-4개월간), 자넷과 나는 그녀의 과거 관계, 특히 그녀의 아버지, 어머니, 남편, 형제들과의 관계를 탐색하는데 많은 시간을 들였다. 치료의 중기 동안(4-7개월간), 자넷과 나는 그녀의 현재 관계들과 그녀가 어떻게 달라지기를 원하는지를 조사하고 다루는데 비교적 더 많은 시간을 보내기 시작하였다. 이러한 것들에는 그녀의 아버지, 어머니, 자녀들, 형제들과의 관계를 포함했다. 치료의 후기 동안(8-10개월간), 자넷과 나는 어떻게 그녀의 현재 관계들이 변하고 있는지를 논의하는데 상당한 시간을 보냈다. 우리는 또한 우리 자신의 관계의 역동을 처리하는데 비교적 보다 많은 시간을 보내는 것이 필요하고 도움이 된다는 것을 발견했다. 치료 과정을 통해, 특히 마지막 시기 동안에, 자넷과 나는 또한 그녀가 하나님과의 관계에 대해 어떻게 지각하고 느끼는지에 대해 이야기하는 데에 상당한 시간을 보냈다.

치료 초기

치료의 내용면에서, 치료 시작 시기 동안, 자넷과 나는 먼저 그녀가 다음에 대한 통찰력을 얻도록 도움을 주는데 초점을 맞추었다. 그것은 아동기와 청소년기의 고통스러운 경험들이 그 당시 그녀에게 어떤 영향을 미쳤는지, 그리고 그것들이 어떻게 계속해서 그녀의 삶에 지속적인 영향을 미치는지에 대한 것이다. 자넷의 과거 관계들에 대한 논의의 많은 부분들은 다음의 내용을 탐색하고 이해하도록 돕는데 초점을 맞추었다. 과거 관계들이 어떻게 그녀의 정체감과 가치감에 영향을 미쳤고, 어떻게 그녀가 다른 사람들을 지각했으며 그들과 관계를 맺었는지에 대한 내용이다. 이러한 치료 기간 동안, 자넷은 엄청난 고통과 분노, 슬픔을 느꼈다. 그녀의 고통과 분노의 많은 부분들은 그녀를 학대한 아버지를 향하였다. 그녀는 또한 그녀의 어머니에 대해서도 비슷한 감정들을 느꼈다. 그녀의 어머니는 · 자신의 남편을 달래고 기쁘게 하려고 많은 시간과 에너지를 들였기 때문에, 자신의 아이들을 정서적으로 방치했다고 자넷은 느꼈다. 자넷은 또한 어린 십대에 성적인 학대로 인한 고통과 수치에 대해 작업해나갔다. 자넷은 그녀의 아동기와 청소년기에 대한 감정들과 기억들을 탐색해가면서, 그녀 자신의 천함과 악함에 대해 내재화되었던 많은 부정적이고 고통을 주는 메시지들을 보다 더 인식하게 되었다.

점점, 자넷은 이러한 내재화된 메시지들의 타당성에 의문을 가지기 시작했고 그것들이 그녀의 진정한 가치와 정체성에 대해 진실을 말해주지 않았다는 것을 깨닫게 되었다. 그녀가 부정적인 메시지들을 그녀의 능력과 사랑스러움에 대해 좀 더 긍정적인 진실한 믿음들로 대체하기 시작했을 때, 자넷의 남편, 아이들, 형제들, 친구들과의 관계들이 변하기 시작하였다. 그녀는 그녀의 남편, 아이들, 형제들과 새롭고 좀 더 건강하고 애정이 깊은 방식으로 관계를 맺기 시작하였다.

다음은 자넷과 내가 치료 시작 시기 동안 작업했던 문제들과 관심사들의 일부를 좀 더 설명한 나의 사례 기록으로부터 선택한 인용문이다.

5월 17일 사례 기록. 자넷은 그녀의 어린 시절 문제들에 대해 이번 주에 많은 감정들을 경험했다고 말했다. 그녀는 남편과 느낌의 일부를 나누었고, 남편은 지지적이었다... 그녀의 아버지는 참석하지 않은 어머니와 형제들, 종교 지도자와의 모임에서, 자넷은 그녀의 종교 지도자에게 그녀 가족의 모든 것이 좋지는 않으며 그녀 아버지가 문제라고, 가족에 대해 숨김없이 드러내기 시작했다고 말했다. 자넷은 나머지 가족들이 그들의 종교 지도자에게 가족 문제들을 인정하면서 그녀와 함께했다고 말했다. 자넷과 나는 그녀의 아버지와 그녀의 어린 시절에 대한 그녀의 감정들, 그리고 알코올 중독 가정구조 속에서 살아가는 것이 어떤 것인지들을 탐색했다.

6월 7일 사례 기록. 자넷은 이번 주에 한차례, 그녀의 어린 시절에 대한 감정들을 경험하고 그

것들을 그녀의 남편 빌과 공유했을 때, 그녀에게 "검은 독"을 붓는 아버지의 이미지를 떠올렸다고 내게 말했다. 이것을 나와 논의했을 때, 자넷은 검은 독이 그녀의 아버지가 보낸 그녀가 나쁘고 그의 사랑을 받을 가치가 없으며 존재할 가치도 없다는 파괴적인 메시지들을 상징한다는 것을 깨달았다.

6월 21일 사례 기록. 자넷은 오늘 성에 대한 그녀의 감정들과 경험들의 일부를 공유했다. 그녀는 작은 소녀이고 젊은 여인이었을 때, 그녀의 아버지가 성적으로 "변태적"(그는 불륜을 행했고, 포르노책을 보았으며 그녀와 그녀의 자매들에게 성행위에 대해 변태적인 시각으로 이야기했다) 이었음을 깨달았다. 그녀는 성욕과 남자는 나쁜 것이라고 느끼게 되었다. 자넷은 또한 그녀가 십대였을 때 어느 시기에, 나이든 남자가 그녀를 성적으로 학대했음을 드러냈다. 그녀는 이러한 경험에 대해서 이야기할 때, 엄청난 고통과 수치심을 경험했다. 이러한 경험들 때문에, 자넷은 여성으로서 그녀 자신의 성과 여성으로서의 장점에 대해서 나쁘게 느끼고 있었다.

7월 18일 사례 기록. 자넷은 그녀의 어머니가 아버지와 이혼하기로 결심했다고 나에게 이야기했다. 거의 30년 동안 지속적인 정서적, 성적 학대 이후에, 자넷의 어머니는 마지막으로 이제 그만두자고 결정했다. 자넷은 어머니의 결정에 대한 그녀의 감정들-먼저 안도감, 그뿐 아니라 그러한 일들이 실제로 있었고 그녀의 부모 관계가 그렇게 나쁘다는 것을 다시 인정함으로써 느끼는 어느 정도의 고통을 탐색했다.

7월 25일 사례 기록. 오늘 우리는 어린 시절 자넷의 몇 가지 사진들을 보았다. 나에게 그것들을 보여주기 전에, 자넷은 그녀가 이러한 어린 시절 사진들을 나와 공유했을 때, 내가 "실제의 그녀를" 거부할 수 있다는 두려움을 표현했다. 나는 그녀에게 기꺼이 그녀가 "보였었던" 것과 같이 결코 느껴지지 않는 어린 소녀를 "보고" 싶고, 그녀가 존재했고 중요했다는 것을 긍정하기를 원한다고 말했다.

8월 2일 사례 기록. 우리는 자넷의 현재 남편과의 성적 관계에 대해서 이야기했다. 그리고 그녀 신체에 대해 권리를 갖는 것과 그녀가 그렇다고 느낄 때는 성관계에 대해 "아니오"라고 말할 권리가 있음을 아는 것이 중요하다는 이야기를 했다. 이것은 여전히 자넷에게는 다루기 힘든 문제이다- 그녀는 그녀가 아니오라고 말할 때 의무감과 죄책감을 느낀다. 나는 그녀가 그녀 신체의 주인이라는 점을 알고 그녀가 원하면 "아니오"라고 말해야, 그 때 성관계가 선물이 될 수 있고 그녀가 그렇다고 느낄 때 빌과 자유롭게 공유하는 사랑의 행위가 될 수 있다는 나의 시각을 나누었다.

치료중기

치료의 중기 동안, 우리는 그녀의 부모님, 남편, 아이들, 형제들, 친구들과의 관계를 포함하여 현재의 관계들에 대한 자넷의 느낌들을 조사하는데 좀 더 많은 시간을 보냈다. 자넷은 그녀의 현재 관계들에서 새로운 방식으로 관계 맺고 행동하기 시작했다. 그녀는 그녀가 나쁘고 부족하다는 이전의 내재화된 믿음들을 버리고, 그녀가 사랑스럽고 유능하다는 신념과 느낌으로 다른 사람들과 관계를 맺기 시작했을 때, 그녀의 관계들이 좀 더 나아지기 시작했다.

그녀의 아버지에 대해서, 자넷은 더 이상 그의 학대적이고 정당치 않은 방식에 참지 않았다. 그녀는 그를 많은 상황들에 적절하게 직면시켰고 그녀가 좀 더 힘있고 정직하다고 느끼는 태도로 그들의 관계를 다시 규정하는 것을 지속했다- 그녀는 그녀의 아버지가 내키지 않아 하고 혹은 아마도 그녀와 진실하고 애정이 깊은 관계를 맺을 수 없다는 고통스러운 사실에 직면하더라도 그렇게 했다.

그녀의 어머니와 형제들에 대해서, 자넷은 그녀의 "돌보는 역할"로부터 벗어났고, 그것은 그녀가 모두를 정서적으로 바로잡으려고 하는 것에 대한 너무 많은 책임을 지려는 것을 그만둔다는 것을 의미했다. 대신에, 그녀는 딸과 자매로서 그녀의 어머니와 형제들과 관계를 맺기 시작하였다. 그녀는 때때로 그녀를 가족의 돌보는 자 혹은 "조정자"로서의 역할을 지속하기를 원하는 이들로부터 우연히 어느 정도 분노와 실망을 느꼈을지라도, 보다 분명한 경계선을 확립했고 이러한 관계들을 보다 즐기기 시작했다.

자넷은 그녀의 남편과의 관계가 또한 변하고 좋아지기 시작했다고 보고했다. 그녀는 그들 관계에 있었던 남편의 과거 실수들을 용서했다. 그녀는 그를 정서적으로 밀어내기보다 그와 그의 사랑에 그녀의 마음을 열기 시작했다. 그들의 대화와 신뢰가 좋아졌고 그들은 그들의 성적인 관계에 보다 행복감을 가지게 되었다. 그녀의 아이들에 대해서, 자넷은 그들이 "바르게" 행동하는 것에 덜 요구적이고 덜 염려하게 되었고 그들과 보다 더 재미있게 즐기고 놀아줄 수 있게 되었다. 자넷이 보다 자기 수용적이고 쾌활해졌으며 그녀 성격의 창조적인 부분이 나타남에 따라, 그녀의 아이들과 남편도 기뻐하게 되었다.

다음은 자넷과 내가 치료 중기 동안 작업했던 문제들과 관심사들의 일부를 좀 더 설명한 나의 사례 기록으로부터 선택한 인용문이다.

8월 28일 사례 기록. 자넷은 이번 주에 그녀 아버지에게 썼던 편지를 나와 나누었다. 그녀는 그 편지를 아버지에게 드리지 않았지만, 그가 그녀 집에 왔을 때 직접적으로 그녀의 상처와 분노의 일부를 표현했다. 그녀는 그와의 관계에서 그녀 자신을 다시 규정하고 있고, 그가 그녀를 나쁘고 천하게 느끼도록 만드는 것을 거부하고 있다.

9월 8일 사례 기록. 오늘 자넷은 그녀 아버지와의 관계 (또는 관계 부족)에 대해 보다 많이 이야기하였다. 자넷은 그녀가 그를 기꺼이 보고 그녀의 아이들이 그를 보도록 허락할지라도, 모든 것이 괜찮지 않다는 것을 그가 알게 되기를 원한다고 결심했다. 그녀는 여전히 그를 향해 많은 상처와 분노를 가지고 있고 이것을 그가 알게 되기를 원하고 있다.

9월 22일 사례 기록. 이번 주에 자넷은 그녀 원 가족에서 "가족의 돌보는 자" 그리고 그녀 어머니의 "상담가"로서 자신의 역할을 보다 명확하게 인식하였다. 나는 자넷이 이러한 건강치 못한 역할로부터 빠져나오거나 그만두는 과정을 시작하도록 격려했다.

10월 12일 사례 기록. 자넷은 이번 주에 그녀 자신을 정서적으로 돌보기 위한 몇 가지 제한과 경계선들을 그었다. 그녀는 그녀의 남편에게 한 달 동안 한 젊은이가 다른 주에서 와서 그들과 지내는 것을 원치 않는다고 말했다. 그녀는 자기표현을 했고, 빌이 적절하게 이 점을 알도록 만들었다. 그리고 그가 그녀의 감정을 이해하게 되었을 때 그는 지지적이었다.

10월 19일 사례 기록. 오늘 자넷과 나는 그녀의 성과 관련된 그녀의 느낌들에 대해서 보다 많이 이야기했다. 그녀는 지금 그녀가 십대일 때 경험했었던 성적 학대가 그녀의 잘못이 아니었음을 알고 있다. 그녀는 지난 수 주간 동안 그녀의 학대자에게 심한 분노를 경험해왔고, 그녀가 스스로와 그녀의 성에 대해서 보다 긍정적이고 수용적인 태도로 바라보는 입장으로, 정서적으로 옮겨가고 있는 것으로 보인다.

10월 26일 사례 기록. 자넷은 그녀의 어린 시절이 그녀에게 어떻게 영향을 미쳤고 그 영향을 지속해왔는지에 대한 정서적인 깨달음과 통찰력이 생기고 있다. 그녀와 그녀 남편은 그들의 문제에 대해 효과적으로 의사소통하고 작업하고 있다. 자넷은 또한, 그녀의 상상 속 어린 시절 친구 "자넷인 척 하는 아이"의 활발하고 말괄량이 같으며 반항적이었던, 그녀 어린 시절 성격 측면에 대해 이야기했다-그녀의 부모들이 수용해주지 않아서 그녀가 그녀의 일부였다고 부정했던 측면. 그녀는 또한 그녀 성격의 이러한 부분이 다시 생기는 것에 대한 두려움을 탐색했다.

11월 6일 사례 기록. 자넷은 오늘 그녀와 그녀 남편이 그녀 성격의 일부인 "자넷인 척 하는 아이"와 친분을 맺어가는 것을 즐기고 있다고 말했다.

11월 20일 사례 기록. 자넷의 자기 가치감과 자존감이 발달하게 되었고 그녀 남편과의 관계는 지속적으로 향상되고 있다. 그들은 이전보다 더 대화를 많이 하고 있다. 자넷은 그녀의 사랑스러

움과 선함을 긍정하고 있다. 자넷은 오늘 나에게, 내가 내 내담자들에 대해 진정으로 신경을 쓰는지, 아니면 "내게 그냥 직업"인지 물었다. 나는 내가 그녀에게 관심을 가지고 존중하고 있다고 표현했고, 그녀가 내 가슴과 마음에 "존재하고" "중요하다"라고 말했다. 자넷은 지난주에 하나님의 사랑과 그녀의 선함에 대한 하나님의 인정을 느낀 신성한 영적 경험을 이야기했다.

치료 후기

자넷과 내가 치료 시작 시기와 중기 동안 그녀의 하나님과의 관계에 대해 이야기하는데 일부 시간을 보냈을 지라도, 우리는 비교적 치료 마지막 시기 동안 이러한 주제에 좀 더 초점을 맞추었다. 치료의 중기 동안, 자넷의 하나님과의 관계는 좀 더 좋은 쪽으로 변하기 시작했다. 그녀는 한때 멀리 떨어져 있고 비판적이며 사랑해주지 않는 존재로서 하나님을 바라보았었고, 그녀 아버지에 대한 그녀 시각과 많이 다르지 않았다. 그녀의 부족감 때문에, 그녀는 단지 다른 사람들을 위해 할 뿐 결코 스스로를 위해 기도하지 않았다. 치료와 그녀 자신의 영적 경험들 때문에, 자넷은 치료의 마지막 시기에 와서는, 하나님께서 그녀를 사랑하시고 수용해주신다는 신념과 확신을 강하게 가지게 되었다. 하나님께서 그녀를 소중히 여기고 진실하고 소중한 그녀로 바라봐주신다는 그녀의 신념이 강하게 자라났다. 그녀는 하나님께 다른 사람들뿐 아니라 자신을 위해서 기도하기 시작했다. 그녀의 기도들은 사랑, 감사, 신념의 표현이 되었다.

치료의 후반기에, 자넷과 나의 치료적 관계 또한 그녀의 치유에 있어 매우 중요하게 자리잡기 시작하였다. 치료 과정 내내, 자넷은 내가 그녀를 돌보아 주고 그녀를 소중하고 선한 존재로 바라봐준다고 믿기 어렵다는 것을 발견했다. 그녀는 종종 이것이 사실인지 나를 시험했다. 치료 중기 동안, 내가 곧 그녀를 거절하고 정서적으로 유기할 거라는 그녀의 두려움들이 종종 나타났다. 그녀가 고지식할 정도로 나를 신뢰했기 때문에, 그녀는 치료를 지속했고 치료에서 정서적으로 뒤로 물러나고 치료를 그만 두기보다 거절에 대한 두려움을 이야기했다. 우리는 그녀의 거절의 두려움에 대해서 논의하고 그녀의 어린 시절과 청소년 시절에 내재화되었던 메시지들이, 그녀가 나에 대해서 기대하고 나를 지각하는데 어떻게 영향을 주었는지를 조사하는데 상당한 시간을 보냈다. 자넷의 나와 나의 돌봄에 대한 신뢰가 커짐에 따라, 그녀의 자긍심과 자기 수용이 발달하기 시작했다.

치료의 후반기 동안, 자넷은 그녀가 우리 관계의 상황에서 치료 동안 배웠던 다른 많은 점들을 실제로 시험해보았다. 다양한 문제들에 관해 내가 실제로 어떻게 느꼈는지를 그녀가 아는 것이 중요하였다. 예를 들어, 그녀가 정직하고 나에게 자기표현을 한다면 내가 그녀를 받아주겠는가? 그녀가 자발적이고 즐거워한다면 내가 그녀를 기뻐하겠는가? 내가 이전에 그녀가 알았었던 다른 남자들과 마찬가지로, 그녀를 단지 성적인 대상으로 돌보았겠는가? 혹은 내가 그녀를 다차원적인 여성과 하나님의 자녀로서 가치를 부여하였겠는가? 내가 그녀의 아버지처럼, 자넷은 바보 같고 귀 기울여들을 가치도 없다고 결론 내리겠는가? 내가 그녀를 가치 있고 선하며 소중하다고 믿겠는가?

치료가 마무리를 향해 지속되면서, 자넷은 나와의 경험이 그녀가 과거에 경험했었던 학대 받고 방치되는 것과 같지 않다는 깨달음과 확신이 커졌다. 이런 의미에서, 우리의 관계는 그녀에게 교정적 정서 경험(corrective emotional experience)으로 작용하였다. 우리의 관계는 자넷이 그녀 스스로와 그녀의 관계들에 대해 형성했었던 내재화된 믿음들의 많은 부분들에 도전하였고 그것들을 변화시켰다. 치료의 후반부에, 우리의 관계는 서로 돌보아주고 감사함을 깊이 느끼는 것으로 특징지어졌다. 자넷의 선함과 가치에 대한 나의 애정과 긍정은 그녀에게 깊이 자리잡은, 자신이 사랑스럽지 못하고 악하며 무능하다는 믿음에 도전하도록 도와주었다.

다음은 자넷과 내가 치료 마지막 시기 동안 작업했던 문제들과 관심사들의 일부를 좀 더 설명한 나의 사례 기록으로부터 선택한 인용문이다.

12월 4일 사례 기록. 자넷은 이번 주에 좀 특별한 정서적이고 영적인 경험들을 했다. 그것들은 그녀에게 매우 치료적이었고 그녀가 저질렀다고 느껴지는 실수들에 대해 그녀 스스로 용서하도록 도와주었다. 자넷은 이러한 경험들을 나와 공유하면서 기쁨과 평화를 발산하였다. 나는 이번 주에 그녀가 진실로 하나님의 사랑으로 치유되는 감화를 받았다고 믿는다. 자넷과 남편 빌과의 관계는 지속적으로 성장하고 있다. 그들의 의사소통은 열려있고 지지적이며, 자넷은 그들의 성적 관계가 이전 어느 때보다 좋아졌다고 말했다.

12월 18일 사례 기록. 오늘 자넷과 나는 우리의 관계에 대한 이야기로 회기 대부분을 보냈다. 매우 어려웠고 느리게 진행되기는 했지만, 자넷은 내가 진실로 그녀를 선하고 유능하며 사랑스럽다고 믿는다는 점에 대한 신뢰를 하게 되었다고 설명했다. 그녀는 치료 초기에 내가 그녀를 돌보거나 가치 있게 여긴다고 믿지 않았다고 말했다. 그리고 나서 몇 달 동안 그녀는 내가 그녀를 위해 발전시켰던 관심이 그녀를 성적 대상으로 보는 점에 근거할 것이라는 두려움이 있었다. 현재 그녀는 내가 그녀를 돌보고 그녀의 지적 능력, 선한 마음, 인격, 하나님의 딸로서의 그녀를 가치 있게 여긴다는 것을 믿는다. 그녀는 나에 대해 애정과 감사를 표현했고, 나도 그녀에게 내 마음을 다시 확언해주었다.

1년 후 추적

치료를 마치고 약 1년 후, 나는 자넷이 어떻게 지내는지 알고 싶고, 이 책의 이번 장에 그녀의 사례를 소개하는 것에 대해 그녀의 허락을 얻기 위해 그녀와 연락하였다. 자넷은 그녀가 개인적으로 그리고 그녀의 결혼 생활, 가족, 영적 삶에 있어서도 잘 지내고 있다고 하였다. 자넷은 그녀 자신의 사랑스러움, 유능함, 선함에 대해 좋은 느낌을 지속적으로 갖고 있다고 말했다. 그녀는 또한 지속적으로 하나님의 사랑하심과 수용하심을 느끼고 있었다.

자넷은 또한 그녀의 결혼 생활이 이전보다 좋아졌다고 말했다. 그녀와 빌은 여전히 서로 잘, 즐겁게 의사소통하고 있다. 자넷은 또한 그녀가 어머니로서 좀 더 편안해졌고 그녀의 아이들과 (그들도 그녀와) 많은 시간을 즐긴다고 말했다.

자넷은 그녀의 아버지가 여전히 "이상한 사람"이지만 그와의 관계에서 확립한 경계에 대해 편안함을 느낀다고 말했다. 그는 더 이상 과거에 했듯이 그렇게 자주 그녀에게 상처 줄 수 없었다. 그래서 그녀는 스스로를 나쁘게 느끼지 않고 그의 주변에 머무를 수 있다. 자넷은 그녀의 어머니와 진실로 사랑하고 친밀한 관계를 맺을 수 없다고 다시 느껴질지라도, 어머니와의 관계가 이전보다 좋아졌다고 말했다.

자넷의 아이들이 현재 모두 학교에 가기 때문에, 그녀는 풀타임 학생으로 대학에 돌아가기를 결심했다. 그녀는 많은 성공을 즐기고 있고 이 해 말에 학위를 받게 되면 대학원에 갈 계획을 하고 있다. 자넷이 내게 보내준 편지에서, 그녀가 치료를 통해 어떻게 도움을 받았는지에 대한 추가적인 인식들을 다음과 같이 말했다.

> 1년 전에 당신의 치료실에 있었던 "나"는 변화가 필요치 않고 탈출이 필요했다. 치료는 나를 진실한 내가 되고 그 아름다운 나를 사랑하고 신뢰하도록 자유롭게 해주었다. 나는 내 안에 쌓아두었던 수많은 고통과 수많은 상처 입은 메시지들을 가지고 있었다. 당신은 그것들을 진실과 사랑으로 바꿔주었다. 치료 때문에, 천국의 아버지가 내게 주신 그 사랑을 배우는데 더욱 쉬웠었다.
>
> 내가 하나님께서 나를 사랑하시고 나를 믿으시며 나를 소중한 딸로 보신다는 것을 배웠을 때, 내 삶을 즐길 수 있게 되었다. 나는 "나쁜 근원"에서 태어났기 때문에 내가 사랑한 사람들을 "망치는" 것 같다고 자주 생각했었다. 내가 나의 선함을 알게 되었을 때, 내가 사랑하는 사람들이 나의 "악함"의 결과로 실패할 것이라고 보지 않고, 그들의 선함에 감사할 수 있고 그들을 사랑하는 것이 기쁠 수 있었다. 치료 때문에, 나는 좀 더 행복하고 수용하는 방식으로 나의 가족들을 사랑하도록 배웠다.
>
> 나는 지금 나의 여자다움을, 나에게 준 선물의 일부로 신성한 증여가 된 것으로 여긴다. 내 남편과의 성적인 관계는 사랑을 경험하고 보여주는 방식이 되었다. 그것은 내 선한 본성의 왜곡이 아니라, 재확인이다.
>
> 나는 이제 내가 기도할 때, 나를 사랑하고 내 얘기를 듣길 원하며 내 삶의 일부가 되기를 기뻐하시는 하나님 아버지에게 기도하고 있다고 믿는다. 그는 나의 깊은 핵심을 아시기 때문에 나를 사랑하신다. 그는 내 안에서 선함을 보시고 나도 그러고 있다. 이러한 선함에 대한 느낌에서, 나는 나 자신을 다른 사람들과 공유하고 그들을 더욱 사랑하려는 소망과 용기를 찾는다.

개입 전략의 요약

개입 전략에 관해서, 나는 다양한 치료 방법들을 사용했다. 칼 로저스(19961)의 인간 중심 접근에 일치하여, 자넷의 탐색과 정서적 경험과 통찰력을 촉진하기 위해서 나는 매우 공감적인 경청과 반응을 하였다. 자넷의 내재화된 비적응적인 믿음들과 지각들이 확인됨에 따라, 나는 종종 그녀가 그것들을 인식하고 그것들에 도전하도록 돕기 위해 내 자신의 인지치료 방법을 사용했다. 자넷이 그녀의 아버지, 어머니, 형제들에게 좀 더 자기표현을 하도록 격려하는 점에서 나는 행동치료 문헌의 자기주장 훈련을 이용했다. 자넷의 과거와 현재 비적응적인 관계 양상에 초점을 맞추는데 보낸 많은 시간들은 Stupp과 Binder(1984)의 시간 제한적인 정신역동적인 견해의 영향을 받았다. 나와 자넷과의 관계를 치료에 "이익이 되도록" 기꺼이 허용하는 것은 또한 이러한 정신역동적 견해의 영향을 받았다. 뿐만 아니라, 치료적 치유는 진실한 "I-Thou"관계의 맥락에서 가장 잘 일어난다는 실존주의적 견해의 영향을 받았다.

하지만 나의 자넷과의 작업의 핵심은, 그녀가 하나님의 창조물이고 신성한 잠재력과 사랑스러움, 가치를 가진 하나님의 딸이라는 나의 확신의 영향을 받았다. 그녀와 작업함에 따라, 나는 내가 사용했던 단어들로 그리고 내가 치료했던 방식으로 되풀이해 그녀에게 그 메시지를 전달하려고 했다. 그 견해와 확신 때문에, 나는 또한 그녀의 진실한 정체성을 강화하도록 돕는다고 믿었던 수많은 영적 개입들을 사용하였다. 그것들에는 자주 종교적이고 영적인 개념들에 대해 논의하는 것, 치료 회기 밖에서 자넷을 위해 개인적으로 기도하는 것, 자넷이 치료 회기 밖에서도 스스로 기도하고 명상하며 신성한 저서들을 읽도록 격려하는 것, 치료 회기 동안 몇 차례에 걸쳐 하나님과 하나님의 사랑의 실재에 대한 나의 믿음을 나누는 것을 포함했다. 나는 이러한 유신론적 견해와 개입들이 자넷의 치유와 성장에 핵심적이었다고 믿는다.

제 12 장

집중적 영성 수련: 심리치료와 영성 지도를 통합하기

(Intensive Soul Care: Integrating Psychotherapy and Spiritual Direction)

David G. Benner

이 장에서는 집중적 피정(retreat)에 기반을 둔, 심리치료와 영적 지도(spiritual direction)의 조합을 소개하겠다. 정신분석적 심리치료에 뿌리를 둔 집중적 영성 수련(Intensive Soul Care, ICS)은 다른 여러 심리치료 접근 기술과 더불어 분석적 심리치료와 실존적 심리치료의 요소들로 이루어지며, 매일(혹은 하루 2회) 진행되도록 구성되어 있다. 또 이 접근은 기독교 영성 형성과 지도에서의 지식과 수행, 특히 이냐시오 영신수련에서부터 끌어온 부분이 많다. Spirit과 soul 사이의 구분을 나타내주는 용어를 통해서, 심리와 영성의 관계를 이 접근에서 어떻게 보고 있는지 설명할 것이며, 그 풀 수 없는 상호 관련성 또한 이를 통해 이해하게 될 것이다. 그리고 나서 사례를 통해 이 접근법을 설명하고자 한다.

자신의 생각을 출판할 용기가 있는 사람들은 자신이 제시했던 입장을 공식적으로 바꿀 때 느껴지는 무안함 또한 감수할 준비가 되어있어야 한다. *Psychotherapy and the Spiritual Quest*(Benner, 1988)에서, 나는 심리치료와 영적 지도는 그 주안점과 목표에 있어서 분명히 다르며, 따라서 임상가는 둘을 통합시키려 시도하지 말아야 한다고 주장했었다. 그 책과 *Care of*

Souls(Benner, 1998) 사이의 10년 동안, 나는 이 둘이 동시에 가능하며, 어떤 환경에서는 이 두 가지 형태의 영성 케어를 통합하는 것이 바람직하다고 확신하게 되었다. 이 장에서 나는 이 확신에 대한 이론적 기반을 제시하고, 내 임상 실행에서 바로 이를 수행하는 방식을 묘사하겠다.

접근에 대한 설명

● 역사적, 이론적 기초

심리치료와 영적 지도를 통합하려는 내 노력의 역사적 기원은 내 생애사에 있다고 할 수 있다. 내 유년기 경험은 지극히 개인적인 영성관을 남겨주었는데, 이는 내 존재의 나머지 부분과 잘 통합되지 않았다. 그리하여 나는 초월 경험과 심리적, 영성적 측면 모두에서의 전체성을 추구하는 데 이끌렸지만, 이로 인해 내 영성은 심리적, 신체적 측면의 자아와 심각하게 해리되게 되었을 뿐이었다. 나는 심리와 영성이 융합되는 개인 내면의 장소를 더 잘 이해하기 위한 질문의 일부로서 심리학에 매료되었다. 어쩌면 나는, 학부에서 심리학과 종교학을 공부하는 동안 융학파와 만난 것 이외에는 이러한 확신을 지지받을 기회를 별로 얻지 못했음에도 불구하고, 이런 장소가 존재한다는 것을 한 번도 의심하지 않았는지도 모른다. 과학자-임상가로서의 임상심리학 모델을 내세우는 대학원 임상 수련은 심리학과 영성이 어떻게 상호 연관되는지 아는데 더더욱 도움이 되지 못했다.

정신분석적 심리치료 박사 후 수련에서야 드디어 내 관심을 끌었던 내적 역동에 대해 언급하고 이해할 가능성이 제시되었다. Fairbairn(1952)이 완벽한 타인(perfect other)을 향한 인간의 관계 갈망을 설명한 데에서, 영적 역동을 어떻게 이해할지 힌트를 얻었다. Winnicott의 이행기 공간(transitional space)에 대한 언급 역시, 정신 안에서 영성이 어디에 위치할 수 있는지 그 지점을 제시해주었다. Arieti(1976)가 창의성의 기저에 있는 일차적 사고와 이차적 사고의 통합에 대한 논의를 한 것 또한 영성 이해에 중요한 자리를 차지했다. Kohut(1971)이 일차적 자기애로부터 과대 자기(Grandiose Self)에로의 여행에서 초월 경험의 역할에 대해 언급한 것도 그렇다. McDargh(1983)와 Meissner(1984)는 훨씬 더 도움이 되었다. 그리고 나는 Jung(1933,1961)을 다시 발견하게 되었다. 정신의 본질에 관한 그의 시각은 영적 권리를 인간됨의 가장 근본에 자리매김하였다. 분명히 영성과 심리는 상호 배타적인 영역이 아니었다.

이 기간 동안, 나는 나의 심리치료가 영적으로 민감하게 되도록 노력했다. 우리 작업과 관련된 것이라면 내담자가 영적인 것으로 체험한 것은 무엇이든 포함하려 하였고, 내담자의 영적 그리고 종교적 개인사를 항상 물어보았다. 내가 발견하게 된 것은, 영적 또는 종교적 배경을 묻는 것에 반대하는 환자들은 거의 없었으며, 대부분의 사람들은 이전 또는 현재의 종교적 또는 영적 경험 이야말로 우리가 함께 작업하고자 하는 주된 부분으로 꼽았다는 것이다. 나는 어떤 자료라도 들어주며 작업을 하였는데, 그들이 제시한 자료에 대한 영적 인식이나 반응을 육성한다는 원칙 이상의 구체적 틀은 미리 짜놓지 않았다. 나의 신념은, 개인의 영성은 누군가가 짚어주는 것이 그냥 두는 것보다 낫다는 것이었고, 치료에서 영성적 자료를 포함하도록 허용하면 그 과정이 손상되기보다는 더 용이해진다고 점점 더 확신하게 되었다.

이 틀을 보다 넓히는 방법을 탐색하려는 노력은 1984년에 처음 시작되었다. 누군가가 나에게 와서 혹시 3주 동안 매일 회기를 갖는 작업을 할 생각이 있는지 묻는 것이었다. 그동안 그는 자기 인생을 말끔히 정리하고 자기 문제에 대해 강도 높게 작업을 하기 위해서 집을 떠나 호텔에 머무를 것이었다. 나는 그에게 그 제안에 흥미를 느끼기는 하지만, 그가 원하는 것을 제공할 수 있다고 느껴지지는 않는다고 하였다. 그러나 이 제의로 인해 나는 그렇게 할 수 있는 방법을 찾기 시작하게 되었다.

이는 내가 로마 가톨릭의 영적 지도와 피정 전통을 발견하는 시점이었다. 어느 것도 내가 자란 개신교 부분은 아니었지만 이 둘은 심리치료적 틀을 넓힐 수 있는 가능성을 제시하는 것 같았다.

영적 지도는, 내가 새롭게 알게 된 바, 심리치료에서의 문제나 병리에 대한 초점을 두는 면은 부족했지만 다른 많은 중요한 면들을 가지고 있었다. 영적 성장을 추구하는 사람이 신성에 대한 자신의 인식과 반응을 탐색해나가는 동안 영적 지도자(spiritual director)—혹은 그들이 종종 칭하듯, 내적 여정의 안내자—가 동반한다. 이런 동반이 종종 피정에서 제공되는데, 피정에서 지도자와의 대화는 하루 중 극히 일부분이며, 나머지 대부분의 시간은 혼자서 하는 일기쓰기와 기도 그리고 다른 형태의 영적 작업들로 채워진다. 나는 즉시 피정 맥락 안에서 심리치료를 제공할 수 있는 방법을 탐색하였고 회기 동안 나타나는 영적 자료들을 더 잘 활용할 수 있는 방법을 찾기 시작했다.

이와 같이 나타나기 시작한 접근의 이론적인 기초는 정신분석적 정신치료, 특히 Winnicott(1971)과 Fairbairn(1952)의 저술과 관련된 영국의 대상관계 전통에 뿌리를 두고 있다. 내가 순수주의자라고 생각한 적은 한 번도 없었지만, 나의 전반적 틀은 정신역동 이론이었다.

다소 절충주의적인 양식에서 나는 이 틀에 분석 그리고 원형 심리학에서 비롯된 기법과 이해를 짜 넣었다. 나의 임상 꿈 작업은 점차 융학파적이 되었는데, 단지 융에서만 비롯되었다기보다는 Kelsey(1978)와 Sanford(1978)과 같은 기독교 분석가들로부터도 끌어낸 것이며, 나의 치료적 과정은 점차로 누미노제 경험의 존재에 주의를 두게 되었다. 심리치료에서 이러한 주제를 다루는 방식에 대한 Corbett(1996)의 이해와 더불어 Moor(1992)의 견해도 여기에 영향을 미쳤다. Hillman(1975)는 심리학과 soul의 심리치료 모두에 대한 견해를 제시하였다.

세 번째로 영향을 준 이론적 기류는 실존 심리학이었다. Yalom(1980), Frankl(1963),

Tournier(1957), 그리고 van Kaam(1972) 모두가 인간과 치료 과정에 대한 나의 관점에 중요한 공헌을 하였다.

내 모델에 영향을 준 마지막 주요 구성 요인은 기독교 영성 형성과 지도, 특히 이냐시오 영신 수련에서 비롯되었다. (이러한 수련에 대해서는 Barry(1991)가 쉽게 설명해놓았고, 이 과정의 심리적 정교화는 Meissner(1999)가 훌륭히 기술해 놓았다.) 이를 넘어서, 나는 Pennington(1982)과 Keating(1992)의 향심 기도(centering prayer)에 관한 저술, 특히 침묵 기도가 내적 자아의 변형에 기여하는 방식에 관한 이해로부터 크게 영향을 받았다(Keating, 1998). 하지만 내가 영의 역동을 이해하는 데에 토머스 머튼보다 더 영향을 미친 사람은 없었다. 거짓 자아(false self, Merton, 1961a), 영적 성장에서 고독(solitude)의 역할(Merton, 1993), 그리고 영적 자유의 본질(Merton, 1961b) 등에 대한 그의 이해는 나와 내 작업에 깊은 영향을 미쳤다.

마지막으로 언급할만한 것은 Tyrrell(1982)의 그리스도테라피 모델이다. 이는 이냐시오 영신수련의 형식을 많이 빌려 온 것으로, Tyrrell은 심리적, 영적 성장 모두를 용이하게 하려는 노력 속에 심리치료 실제에서 통찰과 기술들을 통합하였다. 나의 접근 방식은 이와 목표는 같지만, 심리치료의 형식을 좀 더 따르고 있다.

접근의 개요

ISC는 체류 피정(residential retreat)의 맥락 안에서 제공되는 심리치료와 영적 지도의 통합체계이며, 심리적 문제를 치료 받고 영적 성장에 대해 지지 받기를 추구하는 사람들을 돕도록 설계된 것이다. 이 접근은 기독교 전통 안에서 영적 여행을 떠나는 사람들에게 이상적으로 맞춰진 것이지만, 일단 그 체험에 들어가고자 동의한 사람이라면 어떤 영적 여정에 있는 경우라도 그에게 도움이 되는 방식으로 수정될 수 있다. 개인이나 함께하는 작업의 단계에 따라, ISC는 심리치료, 영적 지도, 또는 그 둘의 어떤 조화 상태와 아주 비슷하게 보이며 비슷한 기능을 할 수 있다.

ISC에 의뢰를 하게 되는 경우는, 그 과정을 겪어본 지인의 소개를 통해서일 수도 있고, 우연히 내 글을 접하고 나서일 수도 있다. 참여자들은 주로 멀리서 오며, 전형적으로 이메일을 통해서 처음 접촉을 한다. 피정은 보통 적어도 일년 이상 먼저 예약을 해야 하기 때문에, 첫 단계는 이메일 상호작용을 통한 준비 단계가 된다. 이때에는 함께할 작업을 구성할 영적 그리고 심리적 핵심 주제들을 식별하고, ISC의 피정 부분이 내담자에게 적합한지를 결정하게 된다. 거의 모든 참여자들이 이전에 심리치료나 영적 지도를 받은 경험이 있으며, 이중 적어도 하나는 이 준비 과정 동안에도 지속되고 있는 경우가 전형적이다. 또한 첫 단계에는, 안내를 받아 자서전 쓰기, 일정하게 일기 쓰기, 꿈 기록, 여러 가지 심리 검사 등도 포함된다. 피정을 할 것인지 결정하기 전에 이러한 것들이 제출되고 진행되어야 한다.

작업에서 일대일로 만나는 부분은 대개 2내지 3주 정도이며, 정확한 기간은 피정 시작 전에 결정되고, 과정 중에 바뀌는 경우는 극히 드물다. 다음에는 주로 이메일 상호작용을 하게 되며 뒤이어 좀 더 짧은 피정이 따르기도 한다. 참여자들은 피정 센터나 호텔에 머물면서 치료자와 하루에 한번 또는 두 번 각각 한 시간 또는 반시간 만난다. 나머지 시간에는 전형적으로 고독 체험을 강조하는 것들로서 서로간에 동의한 활동들, 일기쓰기, 관상 활동(걷기, 그림 등), 다른 형태의 영적 작업(soul work)을 하며 보내게 된다. 이 시간 동안 참여자들은 약물, 알코올, 성행위, TV시청, 사회적 활동을 금하고 전화 통화도 최소화하며 다른 일상적 책무들도 잠시 미루어두도록 권유 받는다. 주말에는 원하는 것은 무엇이든지 할 수 있도록 자유롭다.

ISC에 참여하는 사람들은 전형적으로 30대 후반에서 40대초로서, 어느 정도의 크리스찬 정체성을 가지고 있으며, 자신의 영적 여행에 도움을 찾고 그 여정에 어떤 심리적인 문제가 있음을 감지하는 사람들이다. 참여자들에게 가장 흔한 심리적 문제는 DSM-IV의 I축 진단인 기분 또는 불안 장애이다. 간혹 II축 진단인 자기애성 또는 분열형 성격 장애를 가진 참여자들에게도 현저하게 유익한 경험이 되기도 하였다.

● 심리학과 영성 간 관계의 본질

지난 삼십년간 내가 심리학과 영성의 관계에 대해 쓴 글들을 다시 읽어보면서, 그동안 내 생각이 얼마나 끊임없이 변화하는 과정에 있었는지 새삼 충격을 받았다. 아마도 이는 문제를 제대로 이해하지 못했다는 표시일 수도 있겠지만, 어쩌면 영성의 무정형의 본질을 반영하는 것일 수도 있겠다.

내가 "영성"이라 함은, 개인을 초월적 유대감과 순명에로 이끄는 신성(궁극적이라고 지각되는 것은 무엇이든지)에 대한 어떠한 인식이나 반응을 의미한다. 나는 이러한 인식 능력이 인간의 인간성에 근본적인 것이며, 또한 초월적 유대감과 순명에 대한 갈망이야말로 인간 영성의 가장 기본 갈망이라고 생각한다. 하지만, 이러한 갈망이 큰 양가감정을 수반한다는 점도 역시 나는 확실히 믿고 있다.

우리는 자기 자리를 찾는데 도움을 줄 존재의 의미와 일관성을 추구하지만, 자율성이나 자아중심성이 위협을 받을 때에는 또 즉시 방어적이 된다. 초월적 유대감과 순명은 우리를 우리가 바라는 본향으로 이끌어 줄 가능성도 품고 있지만, 우리가 고향으로서 적응하고 있는 이 이행기 장소(transitional place; Winnicott의 개념으로 현재 살아가는 장소를 이렇게 표현한 것으로 보인다-역주)를 혼란스럽게 할 징후도 의심할 여지없이 품고 있다. 무질서한 애착에 대한 이냐시오적 이해(Silf, 1999)에 따라, 나는 중독이나 강박은 부분적으로, 우리의 가장 깊은 영적 허기로부터 멀어짐이라고 이해한다. 이는 또한 인식을 차단하고 갈망을 줄인다. 다른 형태의 정신병리도 비슷한 방식으로 기능한다.

영어 단어 spirituality와 psychology의 어원적 뿌리를 살펴보는 것은 spirit과 soul의 개념으로 우리를 다시 이끌어간다. 하지만 불행히도, 두 단어 모두 종교와 관련이 있음으로 인해, 대부분 심리학자들에게 둘 중 어떤 개념도 심리학에서 자리를 잡지 못하는 결과를 낳았다. 하지만 Hillman(1975)처럼 나도, 심리학이 soul에 대한 관점을 다시 다루어야 한다고 생각한다. 이는 심리학을 spirit과 다시 연결시키는 일이 될 것으로, 제대로 이해된다면 spirit과 soul은 서로 떨어질 수 없게 상호 연결되어있는 것이다.

Hillman은 spirit이 사람을 "위로 그리고 밖으로(up and out)"으로 부르는 반면, soul은 사람을 "아래로 그리고 안으로(down and in)" 부른다고 했다. Spirit은 높이에 관한 것이며, soul은 깊이에 관한 것이다. Karasu(1999)는 soul의 여행은 경험의 어두운 부분과 계곡으로 들어가는 것이며, spirit의 여행은 자기와 다른 사람들간의 관계를 통해서 자기 초월을 향하는 것이라고 했다. 하지만 soul과 spirit은 밀접하게 연계되어 있어서, 내가 믿건대, 둘의 여행은 모두 전인성의 발달에 필수적인 것이다. 초월을 향한 여행은 자기 안에 기반을 둔 것이어야 하며, 자기 기반을 잘 닦음은 결국 자신을 넘어 타인에게로 우리를 이끈다.

내 견해로, 심리와 영성은 내적 자아(inner self)라는 동전의 양면과 같다. 한 면에서의 성숙이 다른 한 면의 성숙에 전적으로 달려있는 것은 아니지만, 어느 한편의 성숙은 다른 편에 성숙의 기회를 제공한다. 심리치료를 찾는 사람들 중 어느 누구도 온전히 심리적이라고만 기술되는 문제만을 가지고 오지는 않는다. 정신병리는 soul의 고통과 spirit의 갈망이 어느 정도 조합된 것으로 이해될 수 있다. 심리적 그리고 영성적 측면의 기능 모두에 민감하기를 추구하는 치료자는 이 둘 모두에 주의 깊어야 한다. 치료자는 외관상으로는 심리적으로 보이는 문제지만 그것이 품고 있는 영적 의미에 귀 기울여야 하며, 영적인 갈망처럼 보이는 것의 심리적인 의미를 들어야 한다. 병리는 현재의 진단적 분류(미정신의학회, 1994)에 나타난 것보다 더 넓은 개념으로 이해되어야 하며, 인간 경험으로서의 소외, 고립, 무의미감, 존재론적 죄책감, 개인의 잠재력의 박탈 등도 항상 포함해야 한다(Karasu,1999, p.155). 정신병리는, Maslow(1970)가 일깨워주었듯이, 단순한 증상이 아니라 인간성이 축소되는 것이다. 내가 이해하게 된 바로는, 인간의 안녕과 병리는 항상 영적 그리고 심리적인 차원을 모두 포함하고 있다.

치료자의 기술과 자질

집중적 영성 수련를 추구하는 사람은 반드시

- 정신역동 이론과 실제에 탄탄한 기반을 가지고 있어야 한다.
- 심리 안에서 영성의 자리를 찾을 수 있도록 실존적, 분석적, 초월적, 또는 다른 영성 로드맵에 친숙해야 한다.
- 심리적 그리고 영적 안녕을 향한 개인적인 여행에 헌신해야 한다.
- 지도를 받아 이냐시오 영신수련을 마친 경험을 포함해서, 영성 지도를 받은 개인적 경험이 있어야 한다.

강점과 제한점, 적응증과 금기

ISC의 가장 큰 이점은, 그 강도 면에서 심리적, 영성적 주제 모두에 대해 깊고 뚜렷한 작업을 제공할 수 있는 잠재력이 아주 크다는데 있다. 피정을 위해 1년간 준비함으로써, 전형적인 피정 안에서의 30-40시간 일대일 접촉이 훨씬 집중적으로 이루어진다. 또한 피정의 나머지 대부분의 시간동안 Soul work을 하기 때문에, 이런 강도 높은 경험들은 자기와 신성 모두를 깊게 만날 수 있는 기회를 제공해 준다.

ISC는 도움을 찾는 사람이 자신의 스케줄을 완전히 비울 수 있고, 극도로 강도 높은 영성 작업에 참여할 동기를 가지고 있을 것을 요구한다. 여기에 경비 또한 조합이 되면, 이는 상당히 값비싼 것이다. 고독의 역할이 핵심적으로 중요하다는 것을 고려하면, 개인의 심층에 대한 생산적인 내성과 아주 솔직한 만남을 지탱할 수 있는 충분한 자아 강도가 필요하다. 피성의 강도가 아주 높기 때문에 종종 제한된 시간 내에 해결될 수 없는 강한 전이 반응이 발달하기도 한다. 따라서 이는 정신증 기능 수준에 있거나, 경계선이나 낮은 수준의 자기애성 성격에는 부적절하다. 또한 아동이나 청소년에게도 부적절하다.

한편, 이는 비교적 건강한 성인들, 심리적인 문제와 영성적 갈망을 모두 다루는데 도움을 받기 원하는 사람들에게 이상적이다. 중년기 재적응이나 재평가에 직면한 사람들이 이상적인 후보로 보이는데, 20대 후반이나 30대 초반 사람들 중에서도 이 과정을 훌륭하게 활용하는 경우가 있었다.

문화와 성별에 대한 고려사항

ISC는 모든 문화에서 남성 여성 모두에게 동등하게 적용될 수 있다.

기대되는 향후 발전 방향

ISC의 다음 단계는 더 많은 임상가를 수련하고 결과 연구를 하는 것이 포함된다.

임상 사례

내담자 배경과 현재 문제

앤지는 내 책 중 한 권을 읽고 나서 이메일로 나에게 연락한 40살의 여성이었다. 그녀는 자신이 레지비언이라고 밝혔고 현재 자신은 신흥 이교인 위카(neo-pagan Wicca)라고 천명했다. 그녀는 정기적으로 워크샵과 부흥회에 참여함으로써 이 교를 따르고 있었고, 여기서 때때로 묵상을 시도하고 있었다. 그녀는 또한 지난 몇 년 동안 주 2회씩 정신분석 심리치료를 받아왔다고 했다. 그녀가 나와 처음 연락을 한 때부터 피정에 오기까지 14개월 동안, 우리는 매주 이메일 연락을 하였고, 그녀는 자기 심리치료자와 작업을 계속하고 있었다.

앤지는 근본주의 기독교 교회에서 자라났으며, 언니가 하나 있었다. 그녀는 자기 가정이 아주 역기능적이라고 묘사했다 어머니는 겉으로는 티가 나지 않는 알코올 중독자였고, 아버지는 반복적으로 외도를 하였으며, 항상 가족간 다툼이 있는 집안 분위기였다고 한다. 하지만 그들 가족의 진실에 대해서는 아무것도 모르는 아주 극단적으로 율법주의적이고 도덕적인 교회 안에 이 모든 사실들이 숨겨져 있었다. 그녀는 아버지로부터 무시당하고 어머니로부터는 정서적으로 학대를 받았다고 느꼈는데, 어머니는 그녀를 비난하며 다소 가학적이고 잔인한 모습을 보이기도 했던 것 같았다.

열 살이 되었을 때, 앤지는 학습 장애로 인해 치료 프로그램이 필요했기 때문에 사립 기독교 학교로 보내졌다. 그녀는 집에서부터의 이 탈출이 자신에게 일어났던 일 중 최고였다고 했다. 이 학교에서 그녀는 영적이라고 묘사할 수 있는 최초의 경험을 하였다. 그녀는 매일 예배의 성찬식을 좋아했고, 학교 다니는 동안 예배실 안에서 묵상 시간을 보내는 습관을 가지게 되었다. 그녀는 이 시간동안 종종 하느님의 현존을 감지했다고 말했다. 하지만, 이년 후 그녀는 무신론자임을 선언하고 예배에 참석하기를 거부했다. 그래도 간간이 예배실에 들르기는 지속했고, 이로부터 평안을 얻었다고 보고했다.

앤지는 학창시절 친구가 적었고 그 시기 대부분 행복하지 않았다고 말했다. 그녀는 16세 때 자살 시도를 하여 심리학자에게 의뢰되었지만 첫 회기 이후에 다시 방문하지 않았다. 대학시절은 보다 행복했다. 그녀는 먼 곳으로 이사했으며 자기 스스로의 정체성과 생활을 가질 수 있을 만큼 충분히 가족들과 멀어졌다고 느꼈다. 그녀는 교회 의식에는 절대 참여하지 않았지만, 학교 예배실에 정기적으로 방문하는 습관은 지속되었고, 이 시기에 그녀가 유지하고 있는 친구관계는 거기에서 만난 사람들이었다. 이 친구들 중 몇 명과 같이 파티에서 취해있었을 때 그 중 한명이 그녀를 강간했다. 이 날 이후 예배실에서 울고 있을 때 한 목회자가 그녀에게 다가와서 위로를 건넸다. 그녀가 자기 경험을 나눌만큼 충분히 신뢰를 가지게 된 후에, 그 역시 그녀를 강간했다. 이로 인해 그녀는 예배실에서 묵상하는 습관을 버리게 되었다.

졸업 후 얼마 되지 않아, 앤지는 스스로를 레지비언이라고 천명했다. 그녀의 부모는 충격을 받고 역겹다는 반응을 보였고, 몇 달 후 아버지는 어머니를 떠났다. 그녀 가족의 모든 비밀이 교회에서 공공연하게 되었다. 앤지는 가정의 파탄은 물론, 그동안 지속적으로 쌓여온 가족의 수치에 대해서도 책임을 느끼게 되었다. 가족과 자기 과거와의 이 모든 연결을 끊어내는 해결책으로, 그녀는 대학원 진학을 위해 영국으로 이사했고, MBA를 취득한 후 영주권을 얻었다. 나와 연결을 했던 시점에, 그녀는 영국의 광고 회사에서 근무하고 있었다. 그녀는 14년 동안 자기 가족 누구와도 연락을 하지 않고 있다고 말했다.

앤지는 최근 몇 년간 만성적 우울감을 경험하고 있었다. 그녀는 이 시기 대부분동안 다양한 항우울제를 복용하고 있었고, 나에게 처음 연락했을 때에는 심리치료 중이었다. 그녀는 치료가 우울을 경감시켜주기는 하지만, 치료자가 자신의 영적 갈망을 이해하지는 못한다고 단언했다. 그녀는 자신의 일차적 목표는 영성 생활을 되돌려 제자리를 찾게 되는 것이라면서, 여기에 방해가 되는 심리적인 문제들도 역시 다루기를 바란다고 했다.

현재 neo-pagan Wicca의 입장을 취하고 있으면서 기독교인인 나와 작업을 해나갈 것에 대해 어떻게 느끼는지 물어보자, 앤지는 앞으로 나가기 전에 우선 자신의 기독교 과거를 다루어야 한다는 것을 알기 때문에, 도움이 되리라 생각한다고 말했다. 또한 그녀는 지난 몇 년 동안, 교회와 관련을 맺기 시작했고, 예배에는 참석하지 않았지만 이 모임에서 성직자들을 사귀게 되었으며, 때때로 교회에서 묵상을 하는 어린 시절의 습관으로 되돌아갔다고 말했다. 자기가 이렇게 하고 있는 것들에 대해 심한 두려움을 느끼면서도, 그녀는 차차 기독교 세계로 다시 이끌려가고 있다고 느꼈다. 나는 neo-pagan Wicca에 대해서는 사실상 아무것도 모르며, 내가 읽었으면 하고 추천하는 것들이 있는지 물었다. 그녀는 우리가 만날 때, 나에게 필요한 것을 말해주겠다고 답했다.

치료자와 내담자 관계

나는 ISC에서 나의 역할을 soul curate으로 이해하고 있다. 영어 문장 "care of souls"는 라틴어의 *cura animarum*에서 온 것으로, *cura*는 cure와 care 모두를 불러오도록 설계된 행동을 말한다. Soul curate는 따라서, soul에 대해 care와 cure를 모두 제공하기를 추구하는 사람이며 "soul"은 내적 자아의 심리적 그리고 영성적 차원이 수렴되는 부분에 대한 은유인 것이다.

나는 일반적인 심리치료 관계에서 하는 것보다 ISC 만남에서는 좀 더 나를 많이 투입한다. 나는 그들이 원한다면, 그냥 편하게 내 이름을 부르도록 하고, 나의 전문적인 도움을 필요로 하는 사람들로서가 아니라 그들 여정에 같이하는 여행 동반자로서 그들에게 다가간다. 하지만, 이 관계가 상호간에 그렇게 형성된다는 것은 아니다. 나는 우리가 함께하는 작업 과정을 지도할 책임을 가지며 그 여정에 포함된 영역의 지도에 더 친숙할 뿐 아니라 전문적인 능력을 가져야함을 인정한다. 또한 나는 분명히 다른 사람들을 위해서 그곳에 존재한다. 그들이 나를 위해 존재하는 것이 아니다. 전통적인 정신분석 심리치료에서보다는 더 개인적일 수 있겠지만, 그 관계는 전문적인 것이다.

이 관계에서 제3의 참여자는, 나의 견해로는, 하느님이다. 영적 지도의 관계 안에 있으므로, 나는 개인적으로 하느님 영의 현존과 인도에 민감하도록 주의하며, 내 도움을 구하는 사람들에게도 자신이 신성하다고 생각하는 대상에 이러한 주의를 유지하도록 권한다.

평가: 이론적 근거와 자료 수집

이미 밝혔듯이, 이메일 상호작용으로 이루어지는 첫 단계동안, 나는 4가지 자료로부터 그 사람에 대한 정보를 얻는다: 자세한 자서전, 그의 일기(꿈 기록 포함), 다면적 인성검사(MMPI-2), 그리고 우리간에 지속되는 상호작용 등.

나는 자서전을 쓸 때 우리가 만난 시점에 이르기까지 내담자의 삶을 발달적으로 세등분하여 각 부분에 동일한 관심을 기울이도록 요구한다. 또한 사건들보다는 경험에 초점을 두며, 종교적 또는 영적 배경, 경험, 관심에 대한 정보를 담도록 한다. 나는 대부분의 사람들이 15내지 30페이지 분량을 작성하며, 며칠만에 쓰는 것이 아니라 몇주 또는 몇 달에 걸쳐서 작성해야 한다고 말해준다. 다른 사람들처럼, 앤지는 이 자서전을 완성하는 것이 무척 도움이 되었다고 보고했다.

또한 나는 내담자들이 만약 일기를 쓰고 있지 않다면, 정기적으로 일기쓰기를 시작할 것을 권한다. 꼭 매일일 필요는 없지만 적어도 주 1회 이상은 되어야 한다. 여기에 최근 경험에 대한 성찰 내용을 담고, 자신의 내적 삶에 주의를 두게 하는 도구로 활용하도록 권장한다. 만약 그 사람이 신성과 관계를 맺는 감을 느낀다면, 나는 일기를 하느님과의 대화 장소로 활용하는 것도 고려해 보도록 권한다. 나는 꿈 작업에 권장되고 있는 틀을 제공하여(Benner, 1998, pp.157-183), 기억되는 꿈을 담고 있는 일기 부분과 그에 대해 이루어진 작업의 기록을 나와 공유하도록 권유한다.

앤지의 일기는 처음에는 나와의 대화 형식이었다. 나는 그녀에게 자기 자신과 대화하는 방식을 취해보도록 권장했고, 이것이 훨씬 더 생산적이었다. 그녀의 일기를 통해서 나는 그녀가 현재 가지고 있는 영적 갈망의 강도, 대인관계에서의 부적절감과 좌절, 그녀가 지속적으로 경험하고 있는 현저한 우울 수준, 고도의 적대감과 강박성의 존재, 꿈이 극단적으로 어두운 본질을 지니고 있음 등을 잘 감지할 수 있었다.

그녀의 꿈은 그녀를 겁이 나게 했다. 꿈은 괴물, 악귀, 혼돈, 끝없는 구덩이, 항존하는 위험으로 가득 차 있었다. 그녀는 거의 매일 그런 꿈을 꾸며, 밤이 다 지난간 것에 대해 안도감을 느끼며 아침을 맞는 경우가 잦다고 보고했다. 그녀는 이러한 꿈들을 가지고 어떠한 생산적인 작업도 할 수 없었으며, 우리는 만나서 같이 작업할 때까지 그녀 혼자서는 꿈에 관련된 아무것도 하지 않기로 동의했다.

나는 MMPI-2를 포함시켰는데, 그 사람의 정신건강 수준과 정신병리의 본질에 대한 개괄적인 그림을 얻기 위한 것이었다. 앤지의 프로파일은 Welsh 코드로 보았을 때, 42'7+80-631/5:9#F+-LK/,였다. 이는 심한 정도의 정신병리를 시사하는 것으로, 우울, 반사회적 경향, 충동성, 미성숙, 자기 인식이나 생산적인 내성 능력이 제한됨, 사회적 내향성, 낮은 자존감과 개인적 부적절감, 부정적 평가에 대한 과민성, 불신 등을 포함하였다. 이는 또한 기분 장애와 성격장애 모두를 시사하는 것이었다.

우리의 이메일 상호작용 또한 앤지에 대한 많은 정보 자원이 되었다. 그녀는 개방적인 태도로 나를 신뢰하기를 배우려 하면서도 동시에 나에 대해 매우 의심쩍어 했다. 나는 그녀가 자기 성찰 동안 얼마나 정직한지를 보고 아주 놀랐고 또한 감동을 받았다. 그녀는 또한 내 편의 약점이나 오류라고 해석될 수 있는 것에 대해서는 어떤 것이든지 아주 격렬하게 반응을 했다 - 심한 격노와 실망으로 반응했던 것이다.

몇가지 오해가 관계를 종식시킬 위험에 빠트리기도 하였다. 이 중 하나는, 그녀가 내가 쓴 무언가를 읽고 영성에서 순명(surrender)의 역할에 대한 논쟁거리를 찾은 것이었다. 의문을 일으킨 그 문장은, 완전한 사랑(Perfect Love) 이외의 어떤 것에 대한 순명의 위험에 대한 것이었다. 하지만 그녀는 즉시 나에게 이메일을 보내서, 이것이, 즉 심리학자로서 내가 누군가나 어떤 것에게 순명할 것을 요구하는 것이 얼마나 무책임한지 다그쳤다. 그녀는 나를 "관계에서 권력이 남용되는 방식을 무비판적으로 수용한다"면서 "아주 전형적인 남자"라고 비난하였다. 또 다른 오해도 일시적으로 관계를 불안정하게 하였는데, 그 모두가 정말 나와 작업하기를 원하는지 재고하게 하는 것이었다. 각 경우마다, 그녀는 지속하기로 결심하였고, 시간이 지날수록 우리의 관계는 견고

해졌다. 비슷하게, 이 피정에 그녀가 적합한지에 대한 나의 의심도 감소되었고, 이러한 작업에 대한 희망이 커졌다.

정보를 얻는 마지막 자원은 그녀의 심리치료자로부터의 초기 진단적 평가와 치료 경과 관찰지였다. 치료자는 앤지를 주요우울장애와 더불어 우울성과 경계선 양상이 혼재된 성격 병리를 가지고 있다고 묘사하였다. 그녀는 앤지가 강한 전이 반응을 발전시키기는 하지만 항상 이를 생산적인 방식으로 고찰하여, 결국은 흩어버린다고 했다. 또한 앤지가 자신의 정서를 차단하며, 따라서 그녀의 외상적 경험에 대해서 생산적인 작업이 별로 이루어지지 못했다고 했다. 하지만, 치료적 과정이 변덕스러웠을지라도 전반적으로 볼 때 앤지는 상당한 호전을 보였으며, 집중적 심리치료에 좋은 대상이라고 하였다.

● 진단과 임상적 개념화

진단적으로, 나는 앤지가 I축의 주요우울장애 진단과 II축의 회피성 인격 장애에 합당하다고 판단했다.

나는 사례 개념화를 하면서, 그녀의 심리적 영적 완고함의 핵심에는 해결되지 않은 외상이 자리잡고 있다고 보았다. 정서적으로 학대적이고 가학적인 어머니와의 관계, 아버지의 냉담한 무관심, 그리고 두 번의 강간 경험 모두를 볼 때, 권위 대상-특히 남성에 대해-과 종교 제도에 대한 불신은 이해할만한 것이었다. 해결되지 않은 외상은 또한 그녀 내면에 깊이 자리잡은 적대감, 의심, 만성적인 알코올남용과도 관련이 있을 것이었다. 하지만, 외상의 잔존물 아래를 들추어보면, 회피성과 우울성 성격 구조가 내사, 죄책감, 철회 경향과 맞물려 있는 것으로 보였다. 그녀가 감정에 닿기가 어렵다고 보고했듯이, 그녀의 전이 패턴을 보건대 분열(split) 경향이 있는 것 같았다. 그녀의 대상관계 발달은 이 그림에 일관되는 양상으로, 사회적 불편감이 단지 대인관계 기술 부족에서 비롯된 것이 아니라 애착 장애에 뿌리를 둔 발달적 미성숙을 반영하는 생각되었다. 그녀가 정서적으로 변덕스러운 것과 충동적이고 행동 발산적인 경향 역시 정서 조절의 손상을 시사하였다.

그녀의 강점을 보자면, 가장 놀라운 것은 영적인 갈망이 항상 지속되었고 현재도 존재하고 있다는 것이었다. 그녀의 해악적 종교 배경과 경험이 영적인 각성을 영구적으로 제거할수도 있었을 거라 생각하는 사람도 있을 것이다. 나는 그녀의 영적인 허기를 좋은 예후 인자로 보았다. 또한 현재 심리치료를 받고 있다는 사실도 좋은 요인이었다. 이메일 단계의 마지막 부분에 그녀가 나에게 보여주었던 강한 참여 의식과 신뢰도 역시 좋은 신호였다. 이 모든 것을 더불어 볼 때, MMPI-2에서 확인되었던 바, 자아강도가 높은 사람임이 시사되었다.

● 치료 목표, 과정, 개입 전략

14개월동안 40시간의 이메일 상호작용 이후에, 피정 부분이 시작되었다. 이는 3주에 걸친 15일 동안 매일 90분 회기를 두번 갖는 것으로 구성되어있었다. 회기는 매일 아침 첫 일과로 잡혔고, 또 한 번은 오후 늦게였다.

ICS에 오는 대부분의 사람들은 피정 센터에 머물며 그곳이나 근처에 있는 내 사무실에서 나를 만난다. 앤지는 시내 호텔에서 머물기를 원했는데, 전원적인 분위기 역시 종교 분위기처럼 그녀를 불안하게 만드는 반면, 도시는 위안의 장소이기 때문이었다.

1주

나는 앤지에게 우리가 함께 작업하는 이 피정 기간에 무엇을 얻기 원하는지 물음으로써 첫 회기를 시작하였다. "나는 하느님이 정말 존재하시는지 자신이 없어요" "만약 그분(she를 사용-역주)이 계시다면, 과연 그분과 개인적인 접촉을 원하는 것이 맞는지도 모르겠구요, 또 만약 그렇다면, 그분이 왜 그렇게 피해 다니시는지도 모르겠어요. 제가 원하는 것은 이러한 질문에 답을 얻는데 나를 방해하고 있는 것들을 다루는데 도움을 받는 거예요"

자서전을 통해서 내가 그녀의 종교적 배경에 대해서는 상당히 알고 있었지만, 그녀의 영적인 경험에 대해서는 별 정보가 없는 상태였다. 나는 첫 회기동안 이를 탐색하기로 하고, 그녀에게 하느님의 존재 또는 부재에 대한 그녀의 경험에 대해 좀 더 말해달라고 했다. 그녀는 학창시절 예배시간 동안 느꼈던 경외감과 위안에 대해 말했다. 그녀는 그 이후에도 때때로, 주로 명상 동안에, 이러한 경험을 했다고 했다. 또한 최근에도 예배가 없는 동안이라면 교회에서 평화로움을 느끼기 시작했다고 했다. 그녀는 자기가 최대한으로 추측하건대, 개인적인 신성은 존재하지만, 자신은 그것을 얻을 수 없는데, 자신에게 무언가 근본적인 결함이 있기 때문이라고 했다.

그녀의 neo-pagan Wicca 영성 편력에 대해 묻자, 처음 영국으로 건너갔을 때 시작되었다고 했다. 자신은 단순히 자신의 영적 갈망을 무시할 수 없었고, 그래서 기독교에 대한 다른 대안을 찾으려는 시도로서 Wiccan 예배에 참석하기 시작했다는 것이다. 그 결과는 복합적이었다. 이 집단에서 배운 명상 기술만 주기적으로 실행했을 뿐이었는데도, 그녀는 이를 통해서 놀라운 자기 내면의 장소로 인도될 수 있었다. 명상의 가장 긍정적인 측면은 때로 이것이 신의 존재에 대한 느낌을 포함한다는 것이었다. 두번, 그녀는 신 또는 신의 메신저로 생각되는 한 여성을 내적으로 만났다고 보고했다.

첫 회기가 끝날 때, 우리는 그녀가 그날 오후에 있을 다음 회기까지의 시간을 어떻게 보내기 원하는지 의논했다. 그녀는 우리 대화에서 떠오른 것들을 적고 그에 대해 명상을 하기 원한다고 했다. 나는 그녀의 명상 기술에 대해 간략히 설명해달라고 말했다. 일반적으로 그녀는 눈을 감고서 자기 아래로 대지 속에 뻗어있는 뿌리를 시각적으로 떠올리면서 잠겨든다고 했다. 그리고는 단지 조용하고 개방된 상태로 앉아서 자신에게 오는 것은 무엇이든 받아들인다고 했다. 나는 만약 내가 회기 중간 동안 개인적으로 그녀를 위해 기도를 한다면 그녀가 기분이 언짢을지 물었는데, 그녀는 내가 무엇을 하는지는 자신과 관계가 없다고 했다. 다만 우리가 같이 있을 때, 그녀가 요청하지 않는 한은 자신을 위해서 소리내어 기도하거나, 그녀에게 성경을 읽어주지는 말아달라고 했다. 그녀는 자기가 근본주의자였던 시절에 성서가 무기로 쓰여졌기 때문에 성서 문장에 질렸다고 했다. 나는 물론 그렇게 할 수 있다고 흔쾌히 동의했다.

다음 회기에 나는 앤지의 달라진 태도를 보고 충격을 받았다. 그녀는 훨씬 안정되었으며 의심이 덜해 보였다. 오후를 어떻게 보냈느냐는 나의 질문에, 그녀는 자기 명상 경험을 이야기해 주었다. 그녀는 통상적인 절차로 시작을 했는데, 곧바로 자신이 어떤 여인 앞에 있음을 발견하게 되었다. 이 여인은 그녀가 이전 몇 년의 과정동안 몇번 만났던 사람이었다. 이번에, 그 여인은 스쿨버스를 운전해서 그녀에게로 다가왔다. 앤지는 그녀가 "평온하고 내적인 빛으로 빛난다"고 묘사했다. 그들의 상호작용은 짧았는데, 여인이 그녀에게 미소를 지으며 "여행은 좋을 거예요"라고 말하는 것이었다. 그리고 나서 앤지는 눈을 떴고 오후 동안 일기를 쓰며 보냈다.

이 만남에 대해서 그녀가 어떻게 느끼는지 물었더니, 앤지는 그 상황 속에서는 굉장히 멋지게 느껴졌지만 현재의 느낌은 묘사하기 어렵다고 했다. 그녀는 강간을 당하기 전에는 어떤 느낌을 강하게 느낄 수 있었지만, 이후로는 실상 아무것도 느낄 수 없다고 했다. 또한 치료자가 그녀에게 어떤 느낌을 받는지 물을 때 짜증이 난다고 하면서, 나에게는 그렇게 묻지 말 것을 요구했다. 회기의 나머지 시간동안 우리는, 이렇게 자기 감정에 닿지 못하게 됨을 탐색하고 피정의 나머지 부분을 구조화하였다.

앤지는 다음 회기에서, 강간을 당하기 전에는 그림 그리기를 몹시 좋아했었다는 이야기부터 시작했다. 그녀는 나무 그리기가 특기였는데 그 질감을 너무나 잘 표현해서 사람들이 그녀의 그림을 보고 있으면 마치 그 나무를 만지는 것 같다고 말했다고 했다. 그녀는 강간을 당한 후에는 자신이 본 것을 재생해낼 수 없었기 때문에 그림을 포기하였다. 이로 인해 그녀는 몹시 좌절했고, 지금까지 그림에 아무 흥미를 느낄 수 없었다. 그녀는 스케치북과 연필을 살까 생각 중이라고 하였고, 나는 그렇게 하도록 격려하였다.

다음 회기에서, 그녀는 스케치 도구들을 샀지만 그림을 그릴 수는 없어서 좌절을 했다고 말했다. 그녀는 호텔 창문을 통해서 밖의 나무가 보이는 곳에 앉아 있었지만 자기가 본 것을 전혀 그릴 수 없다고 느꼈다고 했다. 강간이라는 외상, 감정의 억압, 이로 인해 그림을 그릴 수 없어짐 등의 연결을 탐색하면서 나는 그녀가 아마도 모든 신체 인식을 차단했는지도 모르겠다고 시사했다. 이는 자기 고통을 다루기 위한 방법일 수 있는데, 그녀가 재질을 보고 그림으로 재생할 수 있는 능력을 상실했다는 사실을 한 겹 걷어보면, 그 뒤에는 신체적 감각을 상실했다는 사실이 자리잡고 있을 수도 있었다. 이러한 해석은 그녀의 관심을 끌었고, 우리는 이 회기의 나머지 시간 동안 이 가능성이 의미하는 것에 대해 논의하였다. 우리는 또한 회기 사이의 그녀의 경험을 말하였고, 그녀는 명상을 하려는 노력은 별 성과가 없었지만 일기 쓰기는 회기 동안의 자기의 경험을 다루는데 아주 도움이 되는 방법이라는 걸 깨닫고 있다고 했다.

다음 회기에, 나는 만약 그녀가 동의한다면 한번 해보고 싶었던 다감각 최면치료 접근(multisensory hypnotherapeutic approach)을 설명했다. 이 방법은 에릭슨 학파의 간접적 최면치료(Erickson & Rossi, 1981)에 바탕을 두고, 신체, 시각, 청각적 감각 요소들을 엮은 이야기를 하는 것인데, 감각 양식(앤지의 경우는 신체라 할 수 있다)을 깨어나게 하는데 도움이 되게 하기 위해서이다. 내가 그녀에게 좀 억지스러운, 분명히 따분할, 그래서 사실 그녀가 제대로 듣기는커녕 눈을 뜨고 있기도 힘들만한 이야기를 해줘도 되겠냐고 묻자, 그녀는 회의적이기는 했지만 동의는 했다. 그 다음 나는 한 소녀의 이야기를 했다. 그녀는 아주 유별나게 자기 주변 세상에 젖어드는, 자기 모든 감각을 동원해서 세상에 몰입하는 사람이었다. 나는 그녀가 특별한 노력을 기울이지 않고도 따듯함을 보고, 색의 냄새를 맡고, 소리를 느낄 수 있었던 방식들을 묘사하였다. 특히 그녀는 어떤 감각으로 경험한 것이라도 그림으로 그려낼 수 있는 재능이 있었다. 그리고 나서, 나는 앤지에게 시간이 지남에 따라 이 소녀가 이러한 감각 채널에 연결되는 방식을 잊은 것 같다고 말했다. 그녀의 그림은 밋밋하고 무미건조해졌고, 그녀는 너무나 좌절스러워서 결국 그림을 포기하기에 이르렀다. 하지만, 어느날 그 소녀는 주변과 자기 내면의 모든 것들을 다시 보고, 느끼고, 들을 수 있게 되었으며, 자기 그림들로 자기가 경험한 모든 것을 표현할 수 있게 되었다.

이 이야기를 끝냈을 때, 나는 앤지에게 그 경험에 대해 물었다. 그녀는 내게 이제껏 본 사람들 중에 제일 재미없게 이야기하는 사람이라고 했고, 이야기로 밥벌이를 하지는 않는게 좋겠다고 했다. 또한 그녀는 내가 이야기를 시작한지 얼마 안되어서부터 내 바보 같은 이야기를 듣지 않았다고 했다. 사실 이야기는 30분이었는데도, 그녀는 시간이 한 5분쯤이었던 것 같았다고 했다. 그녀의 행동으로 볼 때, 이는 그사이 명확히 최면 경험이 있었음을 시사하는 것이었다.

앤지는 다음 회기에 한 묶음의 그림을 들고 왔는데, 이전 회기부터의 사이에 그녀가 그린 것이었다. 그녀는 훨씬 생기 있었고, 자기가 본 것을 다시 그릴 수 있다는 걸 알고 얼마나 흥분되어 있는지 말했다. 그녀는 또 명상 중에 만났던 여인이 다시 스쿨버스를 타고 그녀에게 와서 같이 타지 않겠냐고 묻는 꿈을 꾸었다고 말했다. 그 여인은 그녀를 그녀 가족에게로 데려갔고 버스가 그 집 위를 나는 동안 약간의 거리를 두고 함께 그곳을 내려다 보았다. 그녀는 가족들에게 자신의 동성애에 대해 말하던 날의 자기 자신과 가족을 관찰할 수 있었는데, 아무런 느낌도 없었다고 말했다. 그 여인은 앤지가 느껴야 하는 것을 느낄 준비가 되었을 때, 그렇게 할 수 있을 것이라고 앤지에게 말했다. 그리고 나서 앤지는 행복감을 느끼며 깼다.

집에서 어떤 일이 있었는지 말할 수 있는지, 그리고 그때의 느낌을 그 일부로 허용할 수 있는지 묻자, 앤지는 그렇게 할 수 있다고 했다. 그녀의 느낌은 이번과 그 다음 회기동안 아주 생생하게 드러났다. 첫 주의 나머지 회기동안 일차적인 초점은, 가족 내에서 앤지의 경험을 탐색하는 것이었다. 앤지의 느낌은 강렬했고, 그녀는 이 작업동안 이를 아주 직접적으로 표현했다. 그것들은 분노, 실망, 깊은 외로움, 공포, 그리고 부끄러움이었다. 하지만 이 중 어떤 것도 그렇게 압도적이지는 않았기 때문에 그녀는 해리를 보인다든지 보상 작용을 상실한다든지 하지는 않았다.

각 회기마다 그녀가 회기 사이 혼자 있는 시간을 어떻게 활용하고 있는지도 탐색했다. 앤지는 대부분 그림을 그리거나 일기를 쓰면서 보냈고, 이것들을 회기에 많이 가져왔다. 이 시점에서 그녀의 그림은 회기내의 치료적 작업과 밀접하게 관련이 있었고, 또한 치료에 부수적인 것이라 할 수 있었다. 주간 동안의 명상 노력은 훨씬 덜 생산적이었다. 하지만 그녀는 그 문제는 당분간 그냥 두기를 바란다고 했는데, 아동기 작업이 상당히 도움이 됨을 알았고, 이를 마친 후에 영성에 대해 더 초점을 둘 수 있겠다고 생각하기 때문이었다. 나도 이 판단에 동의하였다.

2주

앤지는 2주에 들어서서는, 주말에 다시 교회에 나가기로 했다고 말했다. 이는 10여년 만에 처음 있는 일이었는데, 일이 잘 풀리지는 않았다. 목사가 성경을 읽을 때 흥분해서, 그녀는 예배 중간에 뛰쳐나와 버렸던 것이다.

첫 주의 경험을 되돌아보면서, 앤지는 자기가 과거를 다룰 수 있는 능력이 생겼다는 면에서 아주 현저한 발전을 이루었다고 했다. 그녀는 신기하게도 자기 감정과 다시 닿을 수 있게 되었음을 발견했고, 상당부분 이로 인해서 발전이 가능해졌다고 했다. 그녀는 이것이 나의 "바보 같은 이야기"와 어떤 관련이 있을 수 있다는 데에는 아주 회의적이라고 말했지만 내가 또 해주고 싶은 어떤 이야기가 있는지 물어보았다. 또 이제 초점을 다시 영적인 경험에 두고 싶다고 했다. 그리고 나서 교회를 떠난 후 자기 명상에 대해 말을 하였다.

다시 한 번, 여자 버스 기사가 나타나서는, 앤지를 교회에까지 태웠고, 자기를 따라서 안으로 들어가도록 초대했다. 앤지는 불안해졌지만 요청 받은대로 했다. 교회에 들어서자, 그녀는 즉각 내부 장식이 자기 사립학교의 예배실과 같다는 것을 알아차렸다. 앤지는 늘상 자기가 앉던 자리에 앉았고 곧 깊은 평화로움을 느꼈다. 또한 몇 년 만에 처음으로, 그녀는 하느님이 현존하신다는 것을 느꼈다. 얼마 후 버스 기사가 와서 돌아갈 시간이 되었다고 말했다. 그녀를 따라 교회 밖으로 나가면서 앤지는 평상시 의식상태로 돌아와 방안에 앉아있음을 발견했다.

이 경험은 앤지를 아주 놀랍게도 했지만 행복한 느낌도 남겨주었다. 앤지는 이것이 사랑받는 느낌과 비슷할 거라고 추측했다고 말했다. 그녀는 이렇게 말하는데 확신은 없었는데, 실제로 사랑에 빠져 본 경험이 없었기 때문이었다. 나는 만약 그녀가 명상 기술을 수정해서, 내가 제시하는 짧은 문장을 명상의 초점으로 삼을 생각이 있는지 물어보았다. 앤지는 몹시 그렇게 하고 싶어 했다. 나는 그녀가 "앤지는 깊이 사랑받고 있다"는 문장으로 명상을 하고, 그 명상이 그녀를 어디로 이끌었는지 다음 회기에 말해달라고 했다.

앤지는 미소를 지으며 다음 회기에 들어왔고, 명상이 아주 대단했다고 말했다. 그녀는 자기가 평상시와 같은 방식으로 시작을 했는데, "앤지는 깊이 사랑받고 있다"고 몇 번 반복을 하고난 후에, 다시 자기가 학교 예배실에 있는 것을 발견했다고 한다. 다시 한 번 그녀는 하느님의 현존과 평화를 느꼈는데, 이번에는 자기가 사랑받고 있다는 느낌 역시 아주 뼈저리게 경험했다고 보고했다. 내가 누구에게 사랑받고 있었느냐고 묻자, 그녀는 망설임없이 "하느님으로부터요"라고 대답했다. 그리고 그녀는 이 하느님이 이전에 가정이나 어린시절 교회에서 만났던 하느님과 얼마나 다른지 말했고, 우리는 진실로 하느님이 사랑이시라면 뒤이어 일어날 영적 여행이 어떤 의미일지 탐색했다. 그녀가 만난 하느님-일반적으로 남성으로 표현되는 것과 별개로-이 기독교의 하느님이라는 점을 짚으면서, 그녀는 교회에 대한 공포와 성서에 대한 반항심을 가지고도 어떻게 이 하느님을 알게 될 수 있는지 의아해 하였다. 그녀는 혹시 내가 어떤 아이디어를 가지고 있는지 물었다.

나는 그녀가 내가 준 문장으로 명상해서 도움을 받았으니, 성경에 있는 문장으로 명상하는 것도 수용할 수 있지 않겠냐고 물어보았다. 그녀는 동의를 했는데, 어쩌면 이것이 성서에 대해 덜 민감해지는 것을 도울지도 모르겠다며 웃었다. 나는 다음 회기 전에 그녀가 "하느님은 앤지를 극진히 사랑하셔서"라는 문장으로 명상을 하도록 제안했다. 이는 그녀에게도 아주 익숙한 성서 문장 "하느님은 이 세상을 극진히 사랑하셔서"를 응용한 것이다. 다음 시간에, 그녀는 명상이 아주 달랐다고 말했다. 이번에는 아무런 시각적 요소를 담고 있지 않았던 것이다. 그녀는 처음에 평화와 행복감으로 가득찼다고 했다. 하지만, 곧, 깊은 수치심과 자기 혐오가 스며들기 시작했다. 명상에서 더 이상 진전이 없었기 때문에, 그녀는 일기쓰기를 시작했다. 이는 어머니께 쓰는 편지 형식이었고, 여기에서 그녀는 어머니로부터 배운 거짓된 사실, 즉, 자신은 별 가치가 없다는 걸 계속 믿고 싶지 않다는 것과 분노를 모두 표현했다. 수치심에 대한 논의는 강간 경험으로 이끌었고, 나머지 회기는 여기에 초점이 맞춰졌다. 그녀는 다음 명상 때에도 같은 문구를 사용해보고 싶다고 말하면서 회기를 마쳤다.

다음 며칠 동안 계속 그녀의 뿌리 깊은 수치심과 하느님께로부터 사랑받고 있다고 깊이 믿기 원하는 마음에 초점을 두었다. 강간 경험에 대한 생산적 외상 작업(productive trauma work)도 진행되었다. 앤지는 이를 이전 치료에서 끝냈다고 생각했었다고 보고하면서, 자신이 하느님으로부터 사랑을 받는다는 것을 알게됨으로써 자기 수치심을 더 직접적이고 완전하게 직면하는데 도움이 되었다고 했다. 이는 또한 그녀가, 실제로, 깊이 사랑받고 있다는 것을 더 믿을만하게 해주는 것 같았다.

2주가 진행되면서 그녀의 그림과 꿈의 질도 변하기 시작했다. 그녀는 몇 년만에 처음으로 악몽을 꾸지 않는 밤들이었다고 보고하면서, 불안이나 고통이 지속되지만 희망과 평화가 도래함을 암시하는 사인을 모두 품고 있는 꿈들에 대해 이야기했다. 그녀 그림의 정서적인 톤과 색채도 변하기 시작했다. 그녀도 이 변화를 감지하고 있었는데, 한번은 그녀가 "감상적인 파스텔톤 기호"를 가지게 된 게 아닌가 두렵다고 말했다.

그녀는 이 둘째주 동안 일기쓰기를 잘 활용했다. 자기 스스로, 앤지는 일기를 통해서 하느님과 대화를 했고, 이를 매일 나와 나누었다. 한 주 동안 앤지의 일기는 의문과 분노를 표현하는 데에서부터, 신성한 사랑과 현존을 경험하고 알기 위해서 자기를 개방하려는 표시가 더 많아졌다. 앤지는 또한 하느님께, 예수를 남성으로 연관시키는데 어려움이 있기 때문에 이 관계에서 예수는 어디에 위치하는지 모르겠다고 말했다. 앤지는 만약 자기 영적 수행과 신념의 일부에 예수가 포함되려면, 그는 기꺼이 -적어도 그녀의 마음속에서는- 여성이어야 할거라고 했다. 앤지는 또한 이것이 그녀가 어떻게 나와 편안해질 수 있었는지 이유가 될 수 있다고 고백하였고, 여기에서부터 나에 대한 긍정적인 전이뿐만 아니라 다른 남성들과의 관계에 대해서도 탐색하는데 여러 회기를 보냈다.

3주

앤지는 마지막 주였던 3주 첫 회기가 되자 자기의 명상이 한 단계 나아갈 수 있도록 도와줄 수 있냐고 물었다. 그녀는 지난 주말 동안 계속 "하느님은 앤지를 극진히 사랑하셔서"를 명상의 기반으로 삼았는데, 이제 이것이 더 이상 새롭거나 생산적이지 않은 것 같다고 했다. 그녀는 이제 하느님이 정말로 자신을 사랑한다는 느낌을 강하고 지속적으로 받고 있지만, 예수는 그 전체적인 틀에서 어디에 위치하는지 윤곽을 그릴 수 없다고 했다. 자기가 따르는 영성이 기독교적이어야 하는지 알고 싶기 때문에, 그녀에게는 이것이 몹시 중요했다.

나는 내가 예수의 이야기를 해주는 것이 그 또는 그녀(저자는 이후로 예수를 칭할 때 he와 she를 번갈아 사용했음- 역주)를 알게 되는데 도움이 될지 물었다. 그녀는 즉각 동의했고, 나는 아이들에 둘러싸여 있는 제자들과 예수가 만나는 장면에서 예수가 아이들을 초청하는 장면을 Ericksonian(Erickson & Rossi, 1981) 방식으로 이야기해주기 시작하였다. 예수를 방해한다고 생각한 어른들로부터 쫓겨나는 아이들을 묘사하고, 나는 예수가 그들을 초대해서 가까이 오도록 하고 무릎위에 올려 앉히는 이야기를 하였다. 이야기를 하는 동안 깊이 심취되어 있다가, 마지막에 앤지는 이 예수가 어린아이였을 때 교회에서 배운 예수와 얼마나 다른지 말했다. 이것이 실제 예수의 모습인지 물어보면서, 그녀는 만약 그녀(예수)가 이렇게 사랑스럽고 부드럽다면 자기는 그녀(예수)를 좀 더 잘 알게 되기를 바란다고 말을 이어갔다.

이 주의 나머지 회기들은 이와 비슷하게 예수의 생애 사건들이나 그가 말한 이야기들에 관한 최면 이야기를 중심으로 이루어졌다. 우물가의 여인을 만난 일, 자신을 선한 목자로 묘사한 것, 가장 멸시당하고 힘없는 사람들을 위한 향연에 관한 이야기 등이 여기에 포함된다. 앤지는 각각의 이야기들을 회기간 명상의 토대로 삼았다. 그녀는 또한 하느님과 일기를 통해서 대화를 지속했고 예수와 만나기 시작하면서 느끼는 희망과 불안을 이야기하는데 회기의 많은 시간을 할애했다. 이 주의 마지막 즈음에, 그녀는 근처의 교회에 갔고, 자신에 대한 예수의 사랑을 깊이 느끼면서 십자가 앞에 앉아있는 자신을 발견하게 되었다고 다음 회기에 보고했다. 십자가를 바라보는 동안, 그녀는 예수를 여성으로 보았지만, 다른 사람들은 왜 그녀를 남성으로 생각할 수도 있는지 이해하게 되었다고 했다.

치료 결과: 단기 효과와 장기 효과

피정을 끝내면서, 앤지는 우울이 현저히 감소되었고, 새로운 행복감을 얻었다고 말했다. 그녀는 깊은 평화를 지속적으로 느끼고 있으며, 하느님이 그녀를 사랑하신다는 확신을 얻었다고 했다. 그녀는 다시 심리치료를 받고 싶지 않다고 했는데, 얻어야할 것을 이미 다 얻었다고 느끼기 때문이었다. 나는 치료자와의 작업을 계속하도록 권했고, 적어도, 나와의 경험을 마무리짓는 기회라도 가져보라고 했다.

그로부터 4개월 후에 나는 앤지의 소식을 들었는데, 그녀는 치료자를 다시 찾지 않았고 약도 끊었다고 했다. 그녀는 지난 10여년 동 안에 비해 덜 우울했고 자존감이나 남성과의 관계 모두 아주 극적으로 좋아졌다고 했다. 아직도 게이 남성과 있을 때가 가장 편안하기는 하지만, 남성 동료 한명과도 충분히 안전하게 느낄 수 있었고, 그와 조심스럽게 우정을 형성하고 있는 중이었다. 그녀는 그림을 시작했고 작은 갤러리에 몇 개를 전시하기도 했다고 했다. 또한 그녀는 깊은 평화와 행복감이 지속되고 있다고 했고, 하느님의 현존과 그녀에 대한 사랑을 비교적 깊고 안정되게 느끼고 있다고 했다. 그리고 놀랍게도 예수에게 자신을 봉헌하는 마음이 있다는 걸 알았다고 했다. 예수는 다소간의 남성적인 특징을 가진 대부분 여성적인 대상으로 남아있었다. 마지막으로, 그녀는 교회 예배와 활동에 가끔씩 참석했고, 이것이 도움이 된다는 것을 알았다고 했다.

물론, 단일 케이스가 사람들의 유형이나 어떤 접근법의 전형적인 과정 또는 결과를 적절히 반영해주지는 못한다. 한 가지 부분에서 앤지가 집중적 영성 지도를 받는 사람으로서는 상당히 비전형적이었다는 사실은 중요하게 짚고 넘어가야 하겠다. 그녀의 영적 행로는 -적어도 함께 작업을 하기 시작하는 시점에서는- 분명히 또는 자기가 의식하기로는 기독교가 아니었다. 대부분 집중적 영성 지도를 받는 사람들은 기독교 영성에 투신한 사람들이고, 그 과정이 상당히 진전되어 있는 경우도 종종 있다. 하지만, 몇몇은 앤지처럼 처음에는 시작단계에 있을 뿐이거나 또는 자기 행로의 본질을 잘 모르는 경우도 있다. 그녀와 같은 케이스를 선택해서 보여준 것의 한 가지 장점은, 심리영적 형성에 대해 명백한 기독교적 기반을 가지고 있는 ISC 접근이 기독교 신앙이나 영성을 뚜렷이 가지고 있지 않은 사람들에게도 유용하게 적용됨을 보여주는 것이다. 아쉬운 점이라면, 하느님의 사랑에 기반을 둔다는 점 외에는, 영성 형성에 대한 이냐시오적 전망이 이 모델에 어떻게 정보를 제시하는지 잘 묘사되고 있지 않다는 것이다.

하지만, 많은 다른 면에서 ISC에서 앤지의 경험은 전형적이었다. 이는 ISC가 심리치료와 영성지도를 어느 정도 조합하여 이루어지는 방식을 보여주었다. 이는 또한 작업의 초점이 영성과 심리적인 기능 수준을 오가는 경향이 있으며, 내담자들이 전형적으로 그 두 가지 측면에서 도움을 받는다는 것도 보여주었다.

제 13 장

통합적 영성지향 심리치료

(Integrative Spiritually Oriented Psychotherapy)

Len Sperry

이 방식의 심리치료에서는 치료자가 심리치료자와 영적 지도자 모두로서 기능한다. 인간 경험의 심리적, 영적 차원은 우선적으로 영적인 차원과 관련되었다고 생각하는데, 영성이란 우리의 가장 기본적인 갈망과 욕구에 대한 반응이라고 보기 때문이다. 통합적인 접근으로서, 이 방식은 건강과 행복의 발달 모델과 병리 모델을 합성한 것을 기반으로 한다. 여기서는 성장을 생물학적, 심리적, 사회적, 영적 차원을 포함하는 전체적인 방식 안에서 본다. 또한 다른 이론들에서 끌어온 개념들과 방법들을 많이 혼용한다. 내담자의 전체적인 건강 상태, 심리적인 강점과 방어, 도덕적, 영적 성장을 총체적으로 평가하는데에 특별히 관심을 둔다. 영적인 차원을 고려한다는 것은 하느님과의 관계, 하느님 이미지 또는 하느님 표상, 핵심 심리영적 도식, 영적 수행(practice; 영적 지지 공동체 참여 등) 등을 포함한다. 이 접근에서, 임상가는 심리적 영적 의미를 모두 들어야 한다. 이 접근의 목표는 치료(cure, 증상 완화, 기능 향상, 심지어는 주된 성격적 변화 등)와 치유(healing, 자기 그리고 사회적 변모) 과정 모두를 증진시키는 것이다. 이 목표를 성취하기 위해서 다양한 심리치료적 그리고 영적 방법들이 이용된다.

접근에 대한 설명

역사적, 이론적 기초

심리치료에 대한 영성 지향 접근은 특수한 이론적, 맥락적 상황에서 비롯되었다. 이에 따라, 통합적인 영성 지향 심리치료는 이론적인 접근들과 구성 요소들의 융합물(생물심리사회적 그리고 생물심리사회영적 모델, 생물심리사회적 치료, 덕행 개발과 영적 지도, 애착 이론 등)과 독특한 맥락적 상황(내가 대학 의료 기관에서 복잡하고 다루기 어려운 환자들, 내담자들을 대하며 수련받고 경험한 것)에 그 뿌리를 두고 있다. 이 접근에 대한 네 가지 역사적 기원과 네 가지 이론적 가정이 있는데, 이 장에서 간단히 묘사하고자 한다.

역사적 기원

1. 생물사회심리영적 모델 (Biopsychosociospiritual Model) 대학 병원에서 정신과와 행동의학과의 교수이자 상근 의사로 임상 경험을 하기 전까지, 나는 개업의로서 비교적 잘 기능하는 사람들을 상대로 단일 양식의 심리치료를 성공적으로 수행해왔었다. 하지만 3차 치료기관에서는 보다 다루기 힘든 환자들을 대하게 되었는데, 이들은 단일 양식을 지향하는 지역사회 임상가들이 어려움을 느껴 의뢰하게 된 사람들이었다. 불행히도 이들에게는 이전에 성공을 거두었던 방식이 곧바로 적용되지 않았고, 나는 곧 생물심리사회적 모델을 접하고 포용하게 되었다. Engel(1977)이 묘사한 바, 생물심리사회적 모델은 건강, 질병, 행복에 영향을 주는 생물학적, 심리적, 사회적 힘이 서로 어떻게 결합하여 작용하는지 이해하고 설명하는 전체적인 관점이다. 보다 자세히 말하자면, 단순히 심리적 또는 생물학적, 또는 사회적 차원만 이해하는 것보다는 전체적이고 다차원적으로 이해하는 것이 더 강력하고 완전하기 때문에, 임상가가 그 개인에게 영향을 주는 생물학적, 심리적, 사회적 측면을 모두 이해해야만 개인의 상황을 적절히 이해하고 설명할 수 있다는 것이다. 당연히, 생물심리사회적, 다차원적 이해는 생물심리사회적, 다차원적, 중다양식의 치료적 개입으로 연계되어야 한다. 따라서 그 후로 나는 모든 내담자들을 생물심리사회적 관점에서 평가하게 되었다. 주로 심리적인 문제를 가진 내담자들과는 단일 양식 접근을 활용해왔었지만, 문제가 보다 광범위한 내담자들에게는 다차원적, 중다양식 치료를 계획하고 적용하려고 하였다. 나는 이 접근을 생물심리사회적 치료라 부르게 되었다(Sperry, 1988, 1999a, 2000a, 2000b, 2001a, 2001b). 생물심리사회적 치료는 그리 독특한 새 치료법은 아니며 생물심리사회적 원칙에 바탕을 두고 치료를 개념화하고 적용하는 방식을 체계화해서 정리한 것이라 할 수 있다.

이 즈음에 나는 정신과적 증상 속에 종교적, 영적 주제들이 반영되어 있는 사람들을 의뢰받기 시작하였다. 이러한 사례들에 생물심리사회적 모델이 도움이 되기는 하였으나, 거기에는 영적 차원이 빠져 있었기 때문에 다소 환원주의적인 것 같았다. 영적 차원을 포함하는 보다 종합적이고 통합적인 관점을 인식하게 되면서 나의 연구와 저술은 *생물심리사회영적(biopsychosociospiritual)* 관점으로서 진행되어 나갔다(Sperry, 1986, 2000a). 나는 영적 차원에 민감한 생물심리사회적 치료를 생각하기 시작하여 통합적 영성지향 심리치료를 창설하였다(Sperry, 1998, 2003a, 2003b).

2. 영적 지도(Spiritual Direction) 영성지향 심리치료에 내가 접근하는 방식은 영적 지도와 상당히 비슷하다. 다른 치료자들의 경우도 마찬가지일 것이다(May, 1982; Tyrell, 1982). 초개인적(transpersonal) 심리치료와 같이 내담자의 영적 관심사를 다루는데 수용적이고 효과가 있는 심리치료는 영적 지도의 기능을 다소간 섞어 들인 것이며(Sperry, 2003a), 치료적 경청과 영적 경청을 모두 포함하는 것이다. 영적인 차원과 심리적인 차원 모두를 다루기에 가장 이상적인 맥락은 치료적 관계라는 것이 여러 초개인적 심리치료에서의 입장이다(Cortright, 1997). 대부분의 초개인적 접근에서 명상이나 다른 영적 수행을 심리치료에 사용하는 것을 표준으로 삼아 왔다는 것을 상기할 필요가 있다. 이러한 접근들이 모두 기독교적인 지향을 가지고 있는 것은 아니지만, 영성지향 심리치료자의 역할 안에 심리치료 기능과 더불어 영적 지도의 기능 부분도 성공적이고 효과적으로 조합한 것을 여기에서 보여주고 있다. 이 치료에서의 내담자들이 따로 명상 선생을 두거나 집단에 소속되기도 했지만, 다는 아닐지라도 많은 부분 영적 지도 기능이 심리치료자들에 의해 수행된다. 영적 지도 기능은 몇 가지가 있는데, 그것들은 심리치료 기능과 매우 비슷하다(Sperry, 2003a). 이러한 기능 아홉 가지를 표13.1에 간단하게 요약하여 정리하였다.

표 13.1

심리치료(P)와 영적 지도(SD)에서 유사한 기능

1. **치료적 경청과 영적 경청.** P에서 치료적으로 경청하는 것은 해결과 성격 변화, 또는 치료를 촉진하는 것으로서, SD에서 영적인 의미의 경청이 변모, 영적 온전함, 또는 치유를 촉진한다는 면에서 비슷하지만 차이가 있다.
2. **초기 평가: 영적 측정.** P에서 초기 평가는 나타내는 문제, 사회력과 발달력 등을 이끌어내지만, SD에서 측정은 내담자의 종교적 훈육, 하느님 이미지, 기본적 가치와 신념, 영적 공동체나 기도, 다른 영적 수행에 참여하는 정도를 탐색한다.
3. **변별 진단: 영적 경험과 정신병리를 변별하는 것.** P에서 변별 진단의 기능과 같이, 비슷한 SD 기능은 영적 체험, 문제들, 응급 상황들을 정신병리로부터 구분하는 것이다. 정신과적 질환에 대한 뚜렷한 개인적인 취약성이나 가족력이 없는 사람들도 자기 영적 행로에서 비정상적이고 문제시되는 영적

경험을 할 수 있다(예를 들면, 환영과 같은 신비적인 체험이 정신증과 비슷하게 보일 수 있음, "영혼의 암흑기" 경험이 우울 장애와 유사함).

4. **증상 감소와 기능 향상: 변모.** 변모는 아마 SD의 핵심 주제이자 목표일 것이다. 변모는 정신과 감정의 근본적인 변화를 겪어내는 과정으로, 거짓 자아가 죽고 하느님의 이미지와 모상을 반영하는 참 자아에 가까이 가는 것이다. 변모는 일생동안의 과정이며 치유를 반영한다. 이는 심리치료의 궁극적인 목표인 치료, 즉 증상 해결, 기능 증진, 또는 주요 성격 변화와 대비된다.
5. **치료적 동맹 대 치료자-내담자-하느님 관계.** SD는 개인이 하느님과의 관계를 발달시키는데 강력한 수단이 된다. SD는 하느님, 내담자, 지도자 간의 관계를 포함하기 때문이다. P에서 내담자와 심리치료자 사이에 치료적 동맹을 수립하는 것과 SD에서 관계를 육성하는 것 간에 뚜렷하게 비슷한 점도 있지만, 분명한 차이도 있다.
6. **임상적 개입 대 영적 조언.** 변모라는 목표를 촉진하기 위해 SD에서는 기도나 명상, 영적 수행을 하는 것에 대해 내담자에게 조언을 해주는 것에 초점을 둔다. P에서 이러한 조언과 가장 비슷한 것은 해석, 인지적 재구조화, "과제" 등– 물론 조언도 포함해서– 임상적 개입이다.
7. **상호 협동 대 식별.** P에서는 치료에 대한 결정을 내리는데 서로 협동하는 것이 내담자가 치료적 과정에 헌신하는 것을 촉진한다. SD에서 식별 과정은 그 내담자를 향한 하느님의 뜻을 식별하기 위해서 지도자가 내담자와 함께 주의를 기울여 경청하고, 탐색적인 질문을 하고, 제언을 하고, 깊은 들음(deep listening)을 위해 지지적이고 기도해주는 존재로서 있어주는 것이다.
8. **심리적 저항 대 영적 저항.** 영적 지도자는 심리치료자가 저항을 인식하고 다루는 기술과 경험은 가지고 있지 않을지 모르지만, 저항은 P와 SD에서 모두 나타난다.
9. **전이와 역전이.** 영적 지도자는 심리치료자가 이를 인식하고 다루는 기술과 경험을 가지고 있지 않을지 모르지만, 전이와 역전이는 P와 SD 모두에서 문제가 된다.

3. 애착 이론과 하느님-이미지 하느님-이미지 즉, 개인의 내적 하느님 표상은 한동안 임상 연구와 실행의 주제가 되어왔다(Rizzuto, 1981,1991). 애착이론에서는 개인이 다른 사람들과 갖는 정서적 관계는 부모와의 초기 애착 관계에 현저하게 영향을 받는다고 주장한다(Ainsworth, Behar, Waters, & Wall, 1978). 신경생물학적 연구에서는 초기 애착이 뇌 구조에 영향을 주기는 하지만, 효과적인 심리치료나 다른 획기적인 경험은 신경망을 변화시킬 수 있다고 한다(Siegel, 1999). 하느님이라 함은 어떤 사람이 자신의 안전한 피난처이며 안정적인 기반(secure base)으로 삼는 애착 대상이 가지고 있는 모든 특징들을 불러일으킨다는 것이 최근 애착과 하느님-이미지에 대한 연구에서 밝혀지고 있다. 하느님에 대한 이러한 애착은, 부모에 대한 애착이 불안정했던 때에도, 사람들이 안정된 대인 애착에서 얻게되는 심리적인 이득을 제공하는 것으로 보인다(Kirkpatrick, 1999).

나는 치료를 시작할 때 항상 내담자의 하느님-이미지를 유도해내며, 치료 과정이 진행되는 동안 중요한 시점에서 이를 모니터한다. 치료에서 진전을 보임에 따라 내담자의 초기 기억이 점차 긍정적인 방향으로 변하듯이, 그동안 내가 관찰한 바에 따르면 긍정적인 치료적 변화가 일어남에 따라 내담자의 하느님-이미지도 비슷하게 변한다. 최근의 임상 연구에 따르면 외래 치료 경과에 따라 내담자들의 하느님 이미지도 긍정적으로 변했다고 한다(Cheston, Piedmont, Eanes, & Lavin, 2003).

4. *긍정심리학과 강점-덕행 연구(Positive Psychology and Strength-Virtue Research)*

좋은 성격은 다양한 덕행들을 실행하는 것으로 구성된다. 덕행을 육성하는 것이야말로 영성 형성과 영적 지도의 핵심이며 통합적 영성지향 심리치료의 완전한 모습이다. 개인에게 일차적으로 초점을 둔 자아(self)와 성격(personality) 같은 심리적 구성요소들과 달리, 인격(character)은 공동체에 대한 개인의 관계와 책임에 초점을 둔 신학과 도덕 철학의 구성 요소이다. 따라서 인격과 덕행은 원칙적으로 개인적이기보다는 사회적인 구성 요소이다.

과거에, 심리학과 도덕 철학이 상당히 겹쳤던 시기에는 실험심리학이나 응용 심리학 모두에서 덕행과 인격이 중요한 요소였다. 심리학이 과학적이며 가치중립적인 학문을 지향해 나아감에 따라, 덕행과 인격은 20세기 초기에 그 인기를 잃어갔다(Allport, 1937). 최근, 덕행과 인격이 다시 과학적 심리학의 영역에 되돌아오기 시작했으며(McGullough & Snyder, 2000), 심리학 분야의 부정적, 병리적, 임상적 초점을 시정하기 위한 노력의 일환으로 긍정심리학 운동이 우세해지면서 덕행과 인간 강점이 그 분야의 3대 중요 기둥의 하나가 되었다(Seligman & Csikszentmihalyi, 2000). 강점과 덕행이 인격을 형성하고 불행과 정신병리를 완충하는 역할을 하며 심리적인 탄력성(psychological resilience)을 발달시키는데 핵심이라는 것이 긍정심리학의 핵심 주장이다(Seligman & Peterson, 2003). 자기 통제, 사랑, 희망, 겸손, 인내, 지혜, 용기, 감사, 용서 등과 같은 덕목에 대한 관련 임상 연구들이 진행되고 있다.

이론적 가정

통합적인 영성지향 심리치료의 기본적 네 가지 이론적 가정을 간단히 소개하겠다.

1. 영적 차원의 우위 (Primacy of the Spiritual Dimension) 통합적 영성지향 심리치료에서는 모든 차원의 인간 경험-생물학적, 심리적, 사회적, 영적-을 치료 과정에 고려한다고 가정한다. 이 중 영적 차원이 다른 세 가지 차원에 비해 우위를 차지하는데, 영적 차원이 궁극적인 관심을 포함하며 삶의 의미와 방향을 제시하기 때문이다. 앞서 말했듯이, 통합적 영성지향 심리

치료는 *생물심리사회영적* 모델과 생물심리사회 치료에서 비롯되었다. 여기서는 인격과 덕행을 강조하므로, 개인의 욕구와 관심을 넘어서 보다 큰 공동체로까지 그 범위가 확장된다. 다른 기본 가정들은 하느님이 존재하시며, 영성이 치료의 도덕적인 틀을 제공하고, 따라서 신앙과 영적 체험이 치유와 안녕에 중요하다는 것 등이다. 치료적 경청이 영적 지도에서도 작용할 수 있겠지만, 영적 경청이야말로 필수불가결한 것이다.

2. 발달-성장 관점 (Developmental-Growth Perspective) 1960년대부터 DSM 3판까지는, 자아실현이 "보험처리 가능한" 치료의 목표였으며, 발달 모델이 심리치료의 가슴이요 영혼으로서, 특히 성장-지향 접근에서 더욱 그러하였다. 이후 DSM-III와 유지 치료(managed care)에 더불어 병리 모델이 발달 모델을 대신하게 되었다(Sperry, 2002a). 하지만 심리치료에서 발달에 초점을 두는 경향이 이제 다시 살아나고 있다(Sperry, 2002a). 발달적으로 초점을 둔 심리치료에서는 내담자의 욕구와 관심사가 병리적 상태로부터 성장 상태 범위에 이르는 연속선상, 또는 발달선상에 있는 것으로 본다. 따라서 치료가 진행되고 내담자가 그의 발달선상에서 이동함에 따라 치료의 목표는 "문제에 초점을 둔" 또는 "성장에 초점을 둔" 것으로 세분 될 수 있다. 이 발달선은 3가지 범위로 구분될 수 있다: 장애(disordered), 적당한(adequate), 최적(optimal)의 범위이다. 성격장애를 가진 내담자들에 대한 전통적 심리치료의 목표는 주로 내담자가 장애 범위로부터 적당한 기능 범위 어딘가로 이동하는 것에 초점을 둔다. 그 지점에 도달하면, 치료는 성공적이라고 간주된다. 하지만 영적 관점에서, 이러한 변화 혹은 성장 목표는 한계가 있을 수 있다. 나는 그보다, 영성 지향적 심리치료의 목표는 가능한한 최적의 기능 범위에까지 확장되어야 한다고 생각한다. 통합적인 영성지향 심리치료는 이러한 발달적 모델에 기반을 두고 있다(Sperry, 2002a).

3. 목표로서의 변모 (Transformation as the Goal) 대부분의 주요 종교적 영적 전통에 걸쳐서, 변모는 영적 행로의 도달점 또는 결과로 간주된다. 영적 변모는 하느님과의 성숙한 관계에 들어가는 변화 과정으로서, 이는 인간관계와 인간 행위에 반향을 일으키는 것이다. 이처럼 이것은 자기 초월, 즉 보다 큰 그리고 객관적인 시각에서 삶을 볼 수 있는 능력의 경험을 포함하는 성장과 발달의 여정이다. 변모는 *회심 경험(conversion experience,* Rambo, 1993)이나 *quantum change(획기적 변화* Miller & C' deBaca, 2001)로도 일컬어진다. 갑작스럽게 일어나건 점진적으로 일어나건 간에, 영적 변화 경험은 정체성이나 삶의 의미 등 인격 기능을 특징짓는 부분에 영향을 주어 현격한 삶의 변화를 불러일으키는 경우가 많기 때문이다(Paloutzian, Richardson, & Rambo, 1999).

기독교 전통에서, 변모는 하느님 주권 아래에서 자아 변화와 더불어 세상과 공동체의 사회적 변화 모두를 의미한다(Sperry, 2002b). 통합적 영성지향 심리치료에서도 증상 완화와 기본 기능 회복이라는 전통적인 치료 목표를 포함하기는 하지만, 일차적으로는 변모에 초점을 둔다. 임상에서, 치료 과정을 따라가면서 변모의 여섯가지 표시를 측정하고 평가 한다: 생물학적, 정서적, 도덕적, 지적, 사회정치적, 그리고 영적 표시(marker)가 있다(Gelpi, 1998; Sperry, 2006b).

4. 통합적 맞춤 치료 (Integrative and Tailored Treatment) 영성지향 심리치료에 대한 통합적인 접근은 그 정의상 편협하고 환원적일 수 없고 포괄적이며 전체적이다. 이는 다양한 심리적 영적 구성요소들을 연관짓고 통합시킬 수 있게 해주며, 단지 한두 영역만이 아니라 모든 차원의 인간 경험–생물학적, 심리적, 사회적, 영적–을 다룬다. 나아가 여기에서는 변모의 여정 또는 과정과 변모의 차원을 강조한다. 이러한 접근은 일차적으로 심리적인 면에 초점을 둔, 환원적인, 단일 양식 치료를 하는 영성지향적 접근과 다르다.

여기서 묘사하는 통합적 영성지향 심리치료는 *생물심리사회영적* 관점에 기반한 통합적인 접근이다. 여기서는 이론을 통합시키고 맞춤 치료 양식과 개입을 발달시키도록 장려한다. 맞춤 치료란 내담자의 독특한 욕구, 인지적, 정서적, 성격 양식과 치료 기대에 '꼭 맞도록', 치료 양식과 절차를 맞추어 나가는 특별한 방식을 말한다(Sperry, 1995).

치료 과정은 단계–약속(engagement), 평가, 개입, 유지와 종결–에 따라 발달하며, 맞춤은 각 단계에서 필수적이다(Sperry, 1999a, 2002b). 약속 단계에서, 치료자는 효과적인 치료적 관계를 수립하며 내담자가 변화와 발달에 대해 동기를 갖고 준비하는 자세를 최대화하도록 노력한다. 평가 단계에서, 내담자의 증상적 고통 그리고 손상 정도와 더불어 부적응적인 정서, 사고, 행동 패턴을 평가한다. 이러한 도식들, 특히 심리영적 도식은 건강하지 못한 종교적 신념이나 수행을 반영하는 영적 주제들을 담고 있을 수 있다(Cecero, 2002). 더불어, 덕행 영성 수행이나 변모의 표시에 대한 영적 평가를 착수한다(Sperry, 2002b). 개입 단계에서는 부적응적인 패턴의 교정이나 변모(또는 두 가지 모두)에 초점을 두고 노력을 기울인다. 유지–종결 단계에서, 변화를 유지하고, 필요한 경우, 치료적 관계에 대한 내담자의 의존을 감소시키는데 초점을 둔다.

통합적인 생물심리사회영적 평가에 기반을 두고, 내담자의 욕구와 성격 스타일, 기대에 맞춰 치료를 계획한다. 다양한 심리치료적, 심리영적, 영적, 생물학적 혹은 신체적인 개입과 전략들이 이 계획 속에서 사용된다(Sperry, 2001c).

*심리치료적 개입*에는 부적응적인 도식을 수정하기 위해서 역기능적인 종교적 신념과 관련 전략들을 인지적으로 재구조화하는 것이 포함된다. 또한 심리역동적 해석, 교정적 정서 경험을 촉진하는 것, 필요한 경우 사회기술훈련이나 회기 사이에 특정한 과제를 부여하는 것도 포함될 수 있다.

*심리영적 개입*에는 영적 토의, 마음챙김(mindfulness), 덕행을 실행하기, 영적 일기쓰기, 체험적 접근(예를 들면, 초점두기) 등이 포함된다. 필요한 경우에는 내담자의 사목자나 영적 지도자에게 의뢰를 하거나 협동으로 작업을 할 수도 있다(Sperry, 2001c).

*영적 수행*을 장려하기도 하는데, 기도, 금식, 자선, 명상, 영적 독서, 종교적, 영적 공동체에 참여하기, 자연 환경 보존 관리나 사회참여 등이 여기에 해당한다(Sperry, 2001c, 2002b).

*생물학적 개입*에는 필요에 따라 투약이나 투약 평가와 관리를 위해 의뢰하는 것, 식이요법과 영양 보충, 또는 이러한 평가와 처방을 받도록 의뢰하는 것, 운동처방이나 그에 의뢰하는 것, 다른 스트레스 관리 프로그램 등이 포함된다.

심리학과 영성 간 관계의 본질

영성은 우리의 가장 깊은 갈망에 관한 것으로, 모든 사람들이 경험하면서도 완전히 충족될 수는 없는 것인데 그 이유는 이 갈망이 어떤 만족감보다 항상 더 강하기 때문이라고 이해할 수 있다. 더불어, 이는 우리의 궁극적인 관심을 포함하며 삶에 의미와 방향을 준다. 따라서 영성은 심리치료에서 최소한도의 활동도 아니며 소수의 사람들만이 추구하거나 논의하고 싶어 하는 선택 주제가 아니다. 보다 명확히 하자면, 영성은 우리가 그 갈망을 가지고 무엇을 행하는가이며, 우리의 에너지를 어떻게 발산하는가이고, 살아가는데 선택한 습관과 원칙들로서, 우리 자신 속에서나 하느님을 포함한 다른 사람들과의 관계 속에서 보다 큰 통합이나 해체로 이끄는 것이다(Rolheiser, 1999).

영적 성장은 심리적 성장과 병렬적인 것으로 생각된다. 인간 경험과 성장에서 생물학적인 차원과 사회적 차원이 상호 의존되어 있듯이, 심리적인 것과 영적인 것 사이에도 상호 의존적인 부분이 있다. 한 차원에서의 성장이 다른 차원에서의 성장을 장려하는 경향이 있지만, 한 차원에서의 성장이 다른 차원의 성장에 절대적으로 달려있는 것은 아니다. 기본적으로 담고 있는 의미는 심리적 주제와 영적 주제가 같은 회기 안에서 논의되고 치료적으로 다루어질 수 있다는 것이며, 한 영역에서의 성장은 다른 영역의 성장을 장려하고, 적어도 준비시킬 수는 있다는 것이다. 많은 내담자들에 있어서, 전체성을 이루는 데에는 영적 훈련과 심리치료적 작업이 모두 필요하다.

치료자의 기술과 자질

필요 지식과 기술

통합적인 영성 지향 심리치료를 유능하게 수행할 수 있으려면 치료자가 정신역동 이론에 대한 완숙한 지식을 가지고 있어야 한다. 대상관계 이론과 하느님-이미지(Kirkpatrick, 1999; Rizzuto, 1981), 애착 이론(Ainsworth등, 1978), 아들러(1956)에서 비롯되고 이후 Beck과 그의 동료들(1990), Young(1999; Young, Klosko, & Weishaar, 2003)등 인지 치료자들에 의해 발전된 핵심 도식에 대한 이해 등이 여기에 포함된다. 치료자는 치료적 의미와 영적 의미 즉, 인간 경험과 환경 속에서의 신성(sacred) 모두를 잘 들어야 한다. 또한 생물심리사회 치료와 같은 통합적 심리치료 접근에 대한 기반이 잘 다져져 있어서, 거기에 영적 차원을 더하여 사례 개념화를 하고 치료 계획을 짤 수 있어야 한다. 나아가, 이 접근을 효과적으로 활용할 수 있으려면 앞에서 언급한 바와 같이 심리영적 개입, 영적 수행, 신체적 개입과 더불어 개인에 잘 맞추어진 생물심리사회적 개입을 하는데 유능해야 한다.

훈련 및 경험

이 방법을 사용하려는 치료자는, 최소한 내담자로서 영적 지도나 영성 지향 심리치료를 받은 경험을 개인적으로 가지고 있어야 한다. 이상적으로는, 치료자가 자기 자신의 영성 조성 과정에 지속적으로 참여하고 있는 중이어야 한다. 또한, 이러한 접근을 활용하는 사람은 심리치료에서 통합적인 영적 개입을 받은 경험이 있어야 하며, 그러한 수퍼비전을 받은 경험이 있으면 더 좋다.

개인적, 영적 자질

가장 중요한 것은, 이 접근은 치료자가 내담자의 영적 수행과 종교적, 교파적 신념을 존중하고 민감해야 하며, 이를 개종시키려 하면 안된다는 것이다. 현재까지, 이 접근은 기독교 영성 구조틀에서 개발되고 수행되어왔다. 이에 따라, 넓은 개념에서 기독교적이거나 다른 유신론적 영성에 헌신하여 개인적, 영적 발달을 추구하고 있는 치료자들에게 가장 접근하기 좋은 방식일 수 있다. 따라서 치료자가 어떤 지지적인 영성 공동체에 참여하고 있는 것이 당연하다.

강점과 제한점

이론적 강점과 제한점

통합적 영성지향 심리치료의 주된 이점은 통합적이고 전체적인 데에 초점을 둔다는 것이다. 그리고 넓은 범위의 사람들, 즉 영적, 심리적 문제로 볼 때 복잡하고 심하게 손상된 사람들과 기능이 좋은 사람들 모두에게 효과적으로 적용될 수 있는 역량이 있다는 것이다. 이론적인 취약점을 보자면, 이는 다양한 이론적 접근에서 비롯된 구성요소들을 통합하려는 시도로 보일 수 있다. 또한 모든 통합적인 접근에서 그렇듯이, 다양한 요인들을 실제로 가능하고 현실적인 수준 이상으로, 이론적이고 임상적으로 양립가능한 것으로 보는 경향이 있다는 것이다.

임상적 강점과 제한점

이 접근법의 최대의 강점은 아마도 이것이 치료에 대한 맞춤 접근이기 때문에, 넓은 범위의 내담자 욕구와 스타일에 적용할 수 있다는 것이다. 모순되게도, 한편으로는 이것이 최대의 약점이기도 하다 통합적인 영성지향심리치료는 다양한 개입 방식을 효과적으로 활용하기 위해 광범위한 지식과 경험을 필요로 하며, 치료자 혹은 임상가는 내담자의 욕구와 스타일에 치료를 조정하고 맞추려는 의지가 있어야 한다. 이는 치료자 스스로도 계속 진행되고 있는 영성적 형성 과정에 개인적으로 헌신하고 있을 것을 가정하는데, 어떤 치료자는 이를 약점이나 방해물로 지각할 수 있다.

접근의 호소력

통합적 영성지향 심리치료는 다양한 요인들이 영적 문제에 영향을 준다는 점을 수용하는 사람들에게 특히 관심을 끈다. 그들은 통합적인 관점에 가치를 두며, 개인에 맞춘 치료가 가장 좋은 결과를 낳는다는 것을 믿는 사람들이다.

● 적응증과 금기

이 접근은 통합적이고 전체적인 시야로 보기 때문에, 영적인 문제를 가지고 있는 심각한 정신과적 장애 상태에 있는 사람부터 다양한 영적, 종교적 관심을 가지고 있는 기능이 좋은 사람들에 이르기까지 넓은 범위에 적용될 수 있다. 이 접근에 특별히 금기가 되는 것은 없다.

● 문화와 성별에 대한 고려사항

이 접근에서는 치료 과정중에 내담자와 치료자가 서로 적극 관여하여 협동적인 작업 관계를 이루어야함을 강조하기 때문에, 치료자는 문화적 민감성과 역량 수준이 상당히 높은 사람이어야 한다. 이 접근은 남녀 모두에게 똑같이 적용가능하다.

기대되는 향후 발전 방향

사회적, 문화적 경향

베이비 붐 세대를 비롯해서 점차 많은 성인들이 영적, 심리적인 도움을 찾으리라 예상되고 있으므로, 보다 복잡한 생물심리적 상황에 있는 사람들이 자신들의 생물심리사회적 욕구에 부응하는 치료를 필요로하게 될 것이라 예상된다. 통합적 영성지향심리치료와 다른 비슷한 전체적이고 통합적인 접근은 내담자의 욕구와 양식에 맞추는 만큼 효과적인 치료 양식이 될 수 있다.

이론 및 연구의 발전

애착 이론과 신경과학에서의 이론적 발전과 경험적인 연구가 더 깊이 이루어짐에 따라 이 접근의 이론적인 기반을 뒷받침해주며 임상적인 적용 가능성도 넓혀줄 것으로 기대된다. 현재까지 이 접근에 대한 통제 집단 연구는 이루어지지 않았다.

임상 사례

내담자 배경과 현재 문제

현재 문제

그웬은 42세의 기혼 여성으로, 유럽계 미국인이었다. 그녀는 약 5년간 지속된 "만성적 우울"에 대한 평가와 치료가 필요하다고 생각되어 가정의로부터 의뢰되었다. 가정의는 Prozac을 시도했었는데, 부작용만 많았을 뿐 "듣지는 않았다".

약물을 시작하기 전에, 그녀는 두 명의 심리치료자에게 2회기 또는 3회기씩의 상담을 가졌었다. 그녀는 두 치료자 모두 그녀를 이해하지 못했으며, "그들은 어쨌든 나를 도울 수 없었을 것이다"고 했다. 내가 이전의 치료자들보다 조금이라도 더 그녀를 잘 이해할 수 있을 것 같다고 생각하는지 물었을 때, 그녀는 신문에서 내가 쓴 글을 읽었는데, 거기에 심리치료에서의 영성 문제들이 언급되어 있을 걸 보고 나는 무언가 자신에게 해 줄 것이 있을거라 생각하게 되었다고 했다.

치료력

치료가 시작되기 6년전, 그웬은 폭식증(Bulimia)이었으리라 생각되는 섭식장애로 입원을 했었다. 그녀는 운동, 스스로 유도하는 구토, 그리고 하제를 "통제" 방편으로 삼았다. 입원까지 하게 된 것은 결혼 생활에서의 갈등을 겪으며 그녀가 남편 제이슨의 부정을 점차 더 의심하였기 때문이었다. 그녀는 4일 후 의료적 권고에 반해서 자의 퇴원을 하였다. 병원 기록을 보면, 그녀는 치료진의 동기에 의심을 품고 있었다. 내가 처음 그녀를 평가했을 때, 그웬은 약간 자기애적이고 편집적인 양상과 더불어서 상당히 강박적이고 완벽주의적인 성향을 보였다. 그녀는 가족력상 어떤 심리적인 문제나 약물 남용도 없다고 하였다. 하지만 몇몇 친척들이 어떤 친척의 죽음에 대해 사실상 자살이었을거라고 믿고 있다는 언급은 덧붙였다. 그녀 아버지의 육촌인 그 친척은 정서 기복이 심했음이 분명했다.

초기 면담 시기의 상황

그웬은 제이슨과 23년 동안 결혼생활을 유지해오고 있었다. 그들에게는 자녀가 둘 있었으며, 아들 알렉스는 22세, 딸 낸시는 21세였다. 그웬은 사립 고등학교의 진로상담교사였고, 제이슨은 지역 은행의 부행장이었다. 그녀는 일생동안 성공회 교회의 일원이었다. 그녀는 소교구 초등학교와 중고교를 다녔고, 졸업 후에는 바로 주립 대학에 진학하여 영문학을 전공했다. 그녀는 2학년 때 제이슨을 만나서 졸업 후 바로 그와 결혼하였다.

발달력

그웬은 자매 중 언니였다. 여동생은 38세로, 대학을 졸업하고 증권인수자로 일하고 있었다. 그녀는 결혼한 적이 없었고, 그웬에 의하면 "종교적 감수성"이 거의 없었다. 그웬의 양친은 모두 살아계셨고, 39년 동안 같은 집에 거주하고 있었다. 그들은 비교적 건강한 편이었는데, 그웬의 아버지가 최근에 전립선 암 초기라는 진단을 받았으며, 20년 이상 고혈압 치료를 받고 있었다. 그녀의 부모는 몇 년 동안 그들의 교회에서 상당히 활발하게 활동하고 있었다. 그녀의 아버지는 30년가량 교회 재정 위원장을 맡고 있었고, 어머니는 몇 년 동안 교회 주일학교에서 종교 교육 교사로 있었다.

치료자와 내담자 관계

통합적 영성지향 심리치료에서는 치료적 관계가 핵심적이다. 내담자가 공감적 치료 과정에 얼마나 관여하는지에 치료적 결과가 상당부분 달려있기 때문에, 치료 목표와 치료 계획을 협상하는 것과 더불어 그웬이 자기 관심의 본질과 치료에 대한 기대를 설명하도록 이끌어 분명히 해둘 필요가 있었다. 그녀는 지난 치료와 치료자들이 자신을 진정으로 이해하거나 도와주지 못했다고 지각하고 있었으므로, 이해와 관심을 분명히 표명할 의무가 나에게 부과되어 있었다. 따라서 초기 회기동안 나는 그녀와 진심어린 만남을 이루는데 총력을 기울였다. 뒤에 언급하겠지만, 이는 그녀가 나와 치료 과정에 대해 품고 있는 신뢰와 확신의 수준을 높이는 것을 의미했다. 첫 회기에 그녀에게는 증상 완화가 너무나 중요했으므로, 그녀의 의심과 걱정뿐만 아니라 약물 부작용에 대한 민감성을 다루는 것도 필수적이었다.

평가: 이론적 근거와 자료 수집

종합적인 영적 평가를 포함해서, 자세한 접수 평가가 실시되었다. 이전 기록들을 검토했고, Millon 임상적 다축 질문지(MCMI-III)와 Beck 우울검사(BDI)를 포함한 심리검사가 시행되었다. MCMI-III 결과 감정 부전 장애와 달리 분류되지 않는 신체화 장애 진단 가능성이 시사되었으며, 편집적, 자기애적, 연극적 양상을 띤 강박성 인격장애도 시사되었다. BDI 점수는 17점이었으며, 이는 중등도의 우울을 시사하는 것이었다.

그녀의 유일한 정신과적 입원 기록도 조사되었다. 입원 시 수행된 MMPI의 결과는 9-4 패턴을 보이고 있었다. 주제 통각 검사(TAT)와 로샤검사로 실시된 투사 검사에서 부모를 향한 분노가 상당함이 나타났다. TAT에는 맞추기 어려운 수준의 기대를 가지고 있는 요구적인 아버지나, 아버지의 눈에 띄지 않는 딸들이 등장했다. 또한 베풀지 못하고, 무능하며, 딸로부터 보살핌을 받기 원하는 어머니에 관련된 주제도 나타났다. 보고서에는 그녀가 "상황을 건설적으로 통제하기보다는 어린아이 같은 방식으로 저항하면서 자기 분노를 다루고 있다"고 결론짓고 있었다.

영성 평가

그웬의 공식적인 종교 예식은 아들이 고등학교를 졸업하면서 현격히 줄어들었다. 그녀는 간신히 교회 출석만 유지하며 "아이들에게 좋은 본을 보이기 위해" 전통적인 영적 수행을 했었다고 했다. 지난 몇 년간, 그녀의 영적 수행은 매일의 기도문 기도와 가끔씩의 성서 봉독, 일요일 예배 정도였다. 그녀는 명상을 한번 시도해보았으나 한주 정도 지나서 포기했는데, "나는 단지 너무나 산만하고 근심스러운 생각이 꽉 차있기만 할 뿐"이어서였다. 치료를 시작하는 시점에, 그녀는 자신의 하느님 이미지를 "판단과 감독자"로 묘사했다. 심층 면접에서, 그녀는 하느님은 "어려운 요구를 하고, 당신을 체크하며, 기쁘게 하기 어려운" 나이든 남성으로 묘사했다. 그녀에게 있어서, 하느님은 정서적으로 철수되었고, 지지적이지 않으며, 비판적이었다. 놀랍지는 않지만, 치료 초기에 그웬에게는 인식되지 않았던 문제로서, 그녀의 하느님 이미지는 그녀의 양부모 모두를 혼합해서 묘사한 것이었다.

그웬에게, 신앙은 하느님이 계시다는 것을 믿는 것이었고, 구원을 얻는 것은 자신에게 달려있었다. 그녀는 열심히 일하고 완벽해야만 했으며, 그렇지 않으면 하느님 눈에, 그리고 교구에서 가치없는 사람으로 보여질 수 있었다. 입원 전후로 그녀의 세상이 산산조각 났기 때문에 그녀가 교회 공동체 속에서 "불편"하게 느끼는 것은 놀라운 일이 아니었다. 불행히도, 그녀가 "한 번도 충분히 좋은 적이 없다"는 그녀의 완벽주의적 믿음은 그녀의 종교적 신념, 즉 "하느님은 …한 사람들을 도우신다", "하느님은 항상 너를 지켜보시며 너의 죄를 보신다"는 종교적 신념과 자아 동조적이었다. 그녀의 하느님 이미지가 판단과 감독의 하느님이라는 것은 놀라운 일이 아니었다. 다행히도, 치료가 진행됨에 따라, 그녀의 자기관을 뒷받침하던 이러한 신념들은 순화되기 시작하여, 하느님 이미지도 중화되었다.

그웬은 최근 6년 동안 교회 모임에 그리 활동적이 아니었다고 했다. 그녀는 "더 이상 이 사람들과 함께 있을 때 편하지 않다"고 설명했다. 그것이 어떤 의미인지 설명하도록 하자, 그녀는 아들이 졸업해서 이사를 나가버린 후, 아들 친구 부모들과 함께 교회에 봉사하려는 욕구도 서서히 감소했다고 했다. 후에 깨닫게 된 바로, 입원 시기에 "내가 인생을 망쳐놓은 다음에는" 이전에 같이 했던 사람들 속에 있을 때마다 "무가치하다"는 느낌을 받았다고 한다. 교회 사람들에 대한 이러한 태도는 치료 과정 동안 이를 다룰때까지 지속되었다.

진단과 임상적 개념화

그웬은 다음 DSM-IV 상의 진단 준거에 해당하였다.

I 축: 달리 분류되지 않는 기분장애(296.50); 달리 분류되지 않는 섭식장애(307.50)-과거력 상
II 축: 자기애적, 히스테리적, 편집적 양상을 수반한 강박성 인격장애(301.4)
III 축: 없음.
IV 축: 부부 갈등
V 축: GAF 54(지난 12개월간 최고 수준 68)

그웬의 기분 장애에 유전적 영향이 다소 있을 수도 있겠지만, 완벽주의나 통제에 대한 강한 욕구 등 정신역동적 요소들이 섭식 장애와 관련이 있을 가능성이 많았다. 그녀의 회피-불안 애착 스타일은 그녀의 양친 부모와의 관계를 반영하는 것이었다. 즉, 자기 탐닉적이며 정서적으로 억제적인 어머니와 엄격하고 요구적이며 학대적인 아버지와의 관계에서 어쩔수 없이 이루게 된 양상이었다. 그녀의 회피-불안 애착 스타일은 또한 다른 사람들을 기쁘게 하지 못하는 것에 대한 두려움과 그로 인해 몰리게 되는 그녀의 자기관, 그리고 인생과 다른 사람들은 잔인하고, 요구적이며, 냉담하다는 그녀의 세계관을 반영하는 것이기도 했다. 그녀가 하느님을 요구적이며, 비판적이고, 품어주지 않는 분으로 상상하게 된 것도, 힘이 들 때면 다른 사람들에게 분노와 의심으로 반응하게 된 것도 놀라운 일이 아니었다. 그녀가 지역사회 지지 집단, 특히 교회와 별로 연결되고 싶어하지 않는 것도 다른 사람들로부터 수용 받지 못한다고 지각하고 무가치감을 느끼는 것과 관련 있어 보였다. 그녀가 말하고 있는 영적 수행(기도문 암송과 교회 출석에 국한된)도 그녀의 종교적 전통과 일관되며 두려움과 의무에 바탕을 두고 있었다. 구원을 '벌어야' 한다는 그녀의 종교적 신념이 그녀 자신의 완벽주의적 신념과 추구를 강화하는 것처럼 보여서 흥미로웠다. 마지막으로, 잠재적으로 치료적 가치가 될 수 있는 세 가지 강점 영역을 언급할 수 있겠다. 첫째, 그녀는 치료 기간 이전 거의 일년 동안이나 하제 사용과 구토를 끊고 있었다. 둘째, 이전에는 아들에게 좋은 본을 보이기 위해서 교회 참석과 영적 수행을 지속하는 끈기를 보여주었다. 셋째, 갈등이 있음에도 불구하고 그녀는 남편과 오랫동안 관계를 지속하고 있었다.

● 치료 목표, 과정, 개입 전략

그웬은 초기에는 투약과 "상황이 좀 나아지기까지 다소간의 치료"를 원한다고 했지만, 지속적으로 치료를 유지하며 몰입하는 것은 자기에게는 어려운 일이라고 했다. 나는 조심스럽게 약을 처방하고 투약을 관찰하며, 모든 치료를 결정할 때 그녀가 참여하는데 동의했다.

치료의 단기 목표

초기에는 우울과 섭식장애에 관련된 스트레스 요인을 감소시키는데 치료의 초점을 두자는데 상호간에 의견이 모아졌다. 나는 조기 종결을 부를 수도 있는 일종의 전이 '덫' 에 걸리지 않도록 조심했다. 그녀는 지난 일 년 동안 구토 행동은 근본적으로 없앴는데, 이제는 매일 아주 격하게 운동을 하고 있다는 것을 인정했다. 다른 말로 하자면, 한 강박적인 행동(구토)을 다른 행동(운동)으로 대치한 것이다. 그녀는 구토 행동을 계속 끊은 상태에서 적당한 수준의 운동 계획을 적용하기로 하고, 치료 과정 동안 지켜야 하는 약속으로 삼았다.

심리치료와 약물치료로 구성된 치료가 진행되면서, 치료의 방향은 보다 직접적으로 영적인 측면으로 향하게 되었는데, 그녀의 강박성과 완벽주의적 성향이 부모와 하느님 이미지와 연관되었기 때문이다. 그녀는 아버지를 엄격하고, 요구적이고, 언어적으로나 정서적으로 거칠고 사나운 사람으로, 어머니는 자기 탐닉적이고 정서적으로 철수된 사람으로 묘사했다. 앞서 말했듯이, 그녀의 하느님 이미지는 요구적이고, 비판적이고, 억누르는 것이었다. 이에 더하여, 관계가 소원한 아들과 관련된 해결되지 않은 과제도 좀 있었다. 이러한 주제들이 진행되고 해결되면서 그녀는 드디어 아들과 화해할 수 있었다.

치료의 장기 목표

치료의 장기적 목표는 우선 그녀의 강박적 양식을 장애 수준에서 적정 수준 범위로 수정하는 것이며, 이후 상호 동의 아래, 적정 수준에서 보다 최적 수준으로 끌어올리는 것이었다. 이는 그녀의 기본적 완벽주의 양식을 변화시켜서, 그녀가 좀 더 정서에 편안해지고, 사고 기능에 덜 의존하며, 이로써 보다 자발적이며 즐길 수 있게 되려고 시도한다는 것을 의미했다. 수용 받고 가치있다는 느낌을 얻기 위해서는 열심히 일하고, 착해야하며, 실수를 피해야만 한다는 그녀의 핵심 신념을 시험하고 탐색하였고, 과도하게 책임감을 갖고 통제하려는 욕구도 다루었다. 강박적 양식의 정서적, 인지적, 관련 영역을 수정하는데 사용된 주된 치료적 전략은 해석과 인지적 재구조화였다. 그녀가 정서적으로 몰입할 수 있는 능력을 증진시키는 것이 특별한 목표였다. 이는 강박적 발달적 선상에서 "평균" 수준이라고 생각되었다.

내가 수행하는 통합적 영성지향 심리치료와 전통적 심리치료적 관점의 차이점은 치료 목표가 다르다는 것인데, 특히 성격 장애를 가진 사람의 경우에 더욱 그렇다. 이러한 사람들에 대한 전통적 심리치료의 목표가 전형적으로 증상 경감과 기준 기능으로 되돌아가는 것인데 비해, 통합적 영성지향 심리치료의 목표는 개인적, 영적 성장과 안녕이다. 보다 명확히 말하자면, 심리적, 영적 변모(transformation)이다.

그웬은 망가지고 갈망(초콜릿, 커피 등에 대한)을 지닌 상태로 치료에 왔지만, 또한 그녀의 지적 능력, 강인함, 연관된 강점들도 가지고 왔다. 치료를 발달선상의 관점에서 보아, 그녀의 강박적 성격 양식을 구조변경하고 그녀의 재능과 강점 위에 다시 짓는 것에 처치의 초점이 두어졌다. 이러한 것들은 그녀의 종교적 전통에서는 찾아볼 수 없는 것이었다.

그녀의 종교적 배경의 관점에서 보았을 때, 그녀의 망가짐과 갈망에 대한 감각이 영적 변모의 기반이 되었다. 영적 성장을 향한 그녀의 노력을 지지하는 것이 나의 역할이었는데, 특히 그녀가 낙담하는 상황에서 더욱 중요했다. 그녀의 갈망을 단지 폭식과 구토를 유발하는 요인이 되게 하지 않고, 영적, 심리적 성장을 고무하는 동인으로 재구성하고 재조명하는 것 역시 나의 역할이 되었다. 그녀의 종교적 전통에서도 신도들의 지역사회 모임-교구, 피정 등-이 성장과 치유의 도구가 될 수 있다는 입장을 가지고 있었으므로, 그녀가 이 지역사회 차원을, 특히 지역사회 안의 영적 자원을 치료 과정에 통합할 수 있는 방법을 찾는 것도 우리에게는 중요했다. 따라서 나는 그녀가 체험적 초점두기 피정에 참여하고 싶어할 때 지지해주었고, 그녀가 초점두기 방법과 일기쓰기를 몸에 익히려고 노력하는 것에 격려를 보냈다. 처음에 그녀는 주일 저녁에 남편과 함께 초점두기를 연습하기 시작했는데, 시간이 지나면서 그들은 몇몇 친구들을 초대했다. 나중에 나는 그녀가 자기 교구 활동에 복귀하려는 것을 지지해주었다.

치료적 전략

그웬의 운동을 적당한 수준에서 최적의 범위로 조성하는 일반적인 치료적 전략에는 재구성 전략과 발달적 전략이 모두 포함되었다. 재구성 전략 면에서, 특별히 목표 지향적이며 주도면밀할 필요가 있고 그렇게 하는 것이 합리적인, 그런 특정한 상황들을 내담자가 명시하도록 돕는 것이 초기 치료의 초점이었다. 그웬에게 이 상황은 일에 쏟는 시간으로 일 년 중 9개월, 월요일부터 금요일까지, 오전 8시부터 오후 3시 사이였고, 가사 일과 교회에서의 자원봉사 활동을 위한 일주일에 열 시간 정도에 해당했다. 이는 또한 그녀가 남편, 직장 상사, 목회자 등 그녀가 안전하다고 느끼는 중요하고 의미 있는 관계와 일에서 덜 경직되고 자발적이 됨으로써 보다 민첩하고 기민하게 되는 것을 의미했다.

강박적 성격 스타일은, 앞서 언급했던 세 가지 수준의 기능 범위로 설명할 수 있다. 장애 범위에 있을 때의 개인은 완벽주의와 회피를 느낌으로 특징지어지며, 이는 과제 완성과 관계를 방해하는 것이다. 그 사람의 생각과 태도는 너무나 완고하며, 그들은 비관적이고 느낌을 피하려는 경향이 있다. 적정한 기능 범위에서, 개인은 덜 완벽주의적이며, 과제에서나 관계에서의 완고함도 다소 완화되어 어느 정도 정서적으로 관여하고 책임을 느낄 수 있다. 최적 범위일 때, 개인은 성실하기는 하지만 일에 몰리지는 않으며 보다 자발적이다. 그들은 관대함, 희망참, 친절함으로 개인적인 통합을 이루어 균형잡힌 모습을 보여준다.

심리적 변모

심리적 변모라는 목표를 향해 작업하는데에도 몇 가지 특별한 전략이 사용되었다. 여기에는 섬세하고 초점을 둔 방식으로 완벽주의 주제에 주의를 두는 것이 포함된다. 예를 들면, 그웬의 자기관 또는 자기도식은 "무언가가 잘못된다면 그 책임은 나에게 있다"는 것으로, 기저에 깔려있는 세계관은 "삶은 항상 예측불가능하고 너무 많은 것을 기대한다. 따라서 나는 열심히 일해야 하고, 통제하며, 실수를 저지르지 말아야 한다"는 것이었다. 본인이 모든 상황에 책임을 져야 한다는 것과, 삶은 항상 예측불가능하고 요구적이며, 자신은 모든 상황에서 최선을 다해야만 한다는 그웬의 절대적인 신념이 장애 범위에 해당하는 특징이었다. 하지만 평균 범위에서라면, 그녀의 도식은 덜 절대적이어야 한다. 이는 그녀가 성실과 완고함과 회피 느낌으로 무장한 자신의 경계를 풀 수 있는 상황과 환경들도 조금은 있다는 것을 의미한다. 나머지 시간에는 그녀가 경계 상태로 있을 수도 있다. 최적 범위라면, 이러한 신념들이 여전히 작동할지라도 아주 상황 특정적이어서, 그웬이 많은 상황에서 보다 자발적이고 즐거울 수 있게 되는 것을 의미한다.

또 다른 유용한 책략은 그웬이 자신의 미묘하고 지속적인 완벽주의적 양식, 일련의 완벽주의적인 생각을 시작하게 하는 촉발 사건이나 사고-독선을 포함하여-, 행동이나 관련 반응들을 다스리도록 돕는 것이었다. 그웬의 세 가지 보다 미묘한 완벽주의적 패턴에는 돈을 안전하게 보관하는 것, 시간에 지나치게 치중하는 것, 가벼운 갈망을 다루는 것 등이 포함되었다.

돈 문제에 있어서, 그녀의 남편은 장난스럽게 그녀를 "우리 구두쇠"라고 칭하곤 했다. 그녀는 항상 세일때만 쇼핑을 하고, 쿠폰을 사용하며, 할인 상품만 찾아다녔기 때문이었다. 이러한 인색한 태도에서 변모한다는 것은 관대해지는 것이었다.

시간과 기한에 초점을 맞추는 면에서 보자면, 그녀는 시간을 "정확하게 지키기" 위해서 집과 차의 시계들을 모두 20분 빨리 맞춰둔다고 했다. 그런데 재미있는 것은 그녀가 우리 회기 중 몇 번이나 5분내지 10분 가량 늦은 적이 있다는 것이다. 그녀는 교통체증을 감안하지 않고 시간표를 너무나 빡빡하게 짜 두었는데, 그녀의 완벽한 세계에서는 교통체증은 일어나서는 안 될 일이었다. 말할 필요도 없이, 그웬은 시간을 과도하게 의식하고 있었고 다른 사람들이 시간 낭비를 하면 분개하곤 했다. 시간에 대한 이러한 태도에서의 변모는 보다 자연스럽고 즐겁게 되는 것이었다.

세 번째는 그녀가 갈망을 다루는 방식이었다. 스트레스를 받거나 지쳤을 때, 정서적으로 고갈되었을 때나 신경이 곤두서 있을 때, 그녀는 초콜릿, 콜라, 커피 등 카페인을 섭취하는 경향이 있었고, 모험 영화나 TV 프로그램등 자극이 되는 상황을 찾았다. 그녀의 표현에 따르자면 이 "아드레날린 호출기"는 일시적으로는 갈망을 완화시키는 결과를 불렀다. 그녀는 즉시 기분이 나아졌지만, 곧 무가치한 실패자처럼 느끼게 된다고 했다. 폭식과 구토를 반복하는 것보다는 소량의 카페인을 섭취하는게 더 낫지만, 그 결과는 같았다: 그녀는 실패했다고 느끼고 완벽해지기 위해 더 노력하도록 결심하게 되는 것이다. 이러한 갈급함을 성장 동기로 재구성하고 재발을 방지하기 위해 전략을 세움으로써 이러한 악순환을 끊게 할 수 있었다.

흥미거리를 즐기고 걱정 없이 지내는 것도 그웬에게는 어려운 일이었다. 그녀 마음의 기저에 있는 공통적인 경구는 "나는 꼭 그것을 해야 하고, 아주 잘 해야만 한다"는 것이었다. 이러한 의무-성실의 태도에서의 변모는 삶에서 성실, 자발성, 정직 사이에 균형을 이루는 것을 포함했다.

따라서 이 패턴에서의 변모는 지금 현재에서 생활하라는 규칙을 담고 있었다.

그녀의 반추적 인지 양식을 생각해볼 때 체험적 초점두기 연습이 처음에는 그웬에게 몹시 어려웠다는 것이 그리 놀랍지 않다. 그녀는 끊임없이 지난 일과 새로운 걱정거리를 떠올렸고, 이러한 정신적 수다와 배경 소음에 압도될 지경이었으며, 따라서 현재에 집중하는 것이 불가능했다. 향심 명상과(centering meditation) 초점두기(focusing)는 이러한 반추적 양식에서 빠져나와 평온해져야 하기 때문에, 그녀는 간단한 기도 단어-mantra라고 할 수 있는 것-를 사용하기를 배웠는데, 그것은 "예수님"이라는 것이었다.

특징적으로, 그웬은 자신이나 다른 사람들에게 요구적이었다. 그녀는 다른 사람들의 행동을 끊임없이 사회적 규준이나 자기 자신의 개인적인 규준에 비추어 감시했다. 이 기준에 맞는 사람들이 얼마 없다는 것은 당연한 일이었고, 그녀는 다른 사람들이 책임감이 없다고 판단하곤 했다. 다른 사람들의 행동은 그녀의 의분을 자극하곤 했다. 말할 필요도 없이, 그녀는 판단적이며 융통성 없는 도덕주의자가 되어 있었다. 그웬에게 있어서 이러한 전반적인 태도에서의 변모는 친절하고 희망차게 되는 것이었다. 성취지향적인 우리 문화에서 이러한 완벽주의적 추구는 단지 수용되는 정도가 아니라 강화되고 있기는 하지만, 그웬은 이로 인해서 자신의 개인적, 영성적 발달이 억제되고 있다는 것을 인식하기 시작했으며, 이를 변화시키고 싶은 동기가 있었다.

이러한 치료적 지향은 완벽주의 성향의 좋은 측면에 초점을 두어, 성실하지만 자발적인 사람, 관대하고, 희망차고, 친절함으로써 균형잡힌 인격을 이룰 수 있는 사람이 되는 것을 목표로 할 때 효과가 있었다. 다시 말하자면, 모든 문제에 있어서 강박적으로 완벽주의적이 되기 보다는, 몇몇 영역만 의도적으로 선택하여 뛰어난 수준이 되기를 추구하고, 다른 부분에서는 그렇지 않을 수 있게 되는 것이다.

그웬에게 있어서 그녀의 완벽주의적 양식을 촉발하는 요인들을 수정하는 것이 이 역동을 변모시키는데 핵심적이었다. 자세히 관찰한 결과, 우리는 "그건 옳지 않아"라든지 "엉망이군" 등의 독선적인 사고가 결국 그녀의 완벽주의적인 패턴을 유발한다는 것을 알게 되었다. 따라서 우리는 이러한 촉발요인들을 중화시키고 독선적이지 않은 생각들로 대치할 수 있는 방법들을 찾도록 함께 노력하였다: "지금은 상황이 허락하는 만큼 완벽한거야". 이러한 중화적 사고는 그웬이 완벽주의적 패턴이 자극되는 "고위험" 상황에 있을 때 암송하는 mantra처럼 되었다. 좀 더 탐색하면서, 그웬은 고위험 상황에 들어간다 싶을 때 콧노래를 흥얼거리면 그 패턴에서 빠져나올 수 있다는 것도 알게 되었다.

영적 변모

앞에서 말했듯이, 몇 가지 영적 훈련이 치료 과정에 포함되었다. 여기에는 기도, 특히 향심 기도와 명상, 영적 일기쓰기, 건강한 종교 공동체에 참여하기 등이 포함되었다. 이러한 참여를 통해서 그녀는 사회적 지지를 얻을 뿐만 아니라 그녀의 엄격하고 완벽주의적인 종교적 신념과 태도에 대해 교정적인 정서 경험도 하게 되었다. 영적인 의미에 비추어 그녀의 삶의 상황과 스트레스 요인들에 대해 영적 토론을 하는 것도 치료적 과정의 일부가 되었다. 나아가, 역기능적 종교적 신념을 인지적 재구성 하는 것이 그녀의 하느님 이미지 변화에 영향을 준 것으로 보였다.

덕성을 개발하고 강점을 다지는 것도 치료의 또 다른 목표였다. 그웬의 경우, 인내와 침착함이라는 덕성을 더욱 개발함으로써 최적 수준으로 기능하는 데에 도움을 받을 것으로 보였다. 그웬은 이 두 덕성에 집중하는데 수용적이었고, 그녀는 인내라는 덕목에 관한 긍정 심리학 논문 몇 개를 찾아 읽었고, 이는 이 영역에서 그녀의 노력을 강화하고 타당성을 부여해 주었다.

● 치료 경과, 치료 빈도, 치료 기간

처음에는 치료를 더 자주하는 것이 가능하지 않다면 주 1회 50분 회기로 스케줄 잡기로 상호간에 합의하였다. "통제당할" 것에 대한 걱정 때문에, 그녀는 지속되는 치료에 몰입하기를 원하지 않았고 언제라도 치료를 중단할 수 있는 권리를 확보했다. 하지만 그렇게 하기 전에 이에 대해 미리 논의를 할 것이라고 동의했다. 결국, 치료는 3년 동안 지속되었다.

치료 첫해

주 1회 회기를 6개월 동안 가진 후, 그웬은 충분히 안정되었고 그녀의 표현에 의하면 "삶을 지속"하기를 고려할만큼 자신을 얻게 되었다. 때로, 그녀는 학교에 돌아가서 고교 진로 상담자가 되거나 섭식 장애를 가진 환자들을 대하는 중독 상담가가 되는 상상을 즐기기도 했다. 결혼 전에 그녀는 2년 동안 가르친 적이 있었고, 중학교에서 아이들을 가르치는 일에서 보람을 느꼈다. 그녀는 혼자서 집에 있는 것이 우울한 생각과 반추를 키울 뿐이라고 생각해고, "밖에 나가 내 인생에서 무언가 하기를" 바란다고 했다. 그녀는 상담 전공 석사 과정에 입학했었는데, 풀타임으로 출석할 수 있었지만, 만약 한 번에 두 과목 이상 수강하게 되면 학생으로서 당연히 해야 할 만큼 잘 할 수 없을까 두려워서 파트타임으로 등록하기를 택했다. 또한 그녀는 치료 회기를 주 1회에서 월 1회로 줄이기를 요구했고, 나는 마지못해 이에 동의하였다.

치료 두 번째 해

약 1년쯤 후에 그녀가 석사 과정의 약 절반 정도에 왔을 때, 그녀는 가톨릭 피정 센터에서 열리는 주말 영성 워크샵에 참석한다고 말했다. 이것은 체험적 초점두기에 기반을 둔 피정이었고, 그 방식은 Gendlin에 의해 개발된 것이었다(1981; 본서의 9장). 이 경험의 무언가가 그녀에게 깊이 다가왔는데, 하지만 그녀는 이 경험과 이것이 촉발하는 느낌을 묘사하는 데에는 어려움을 겪었다. 그녀는 또한 내가 최근에 출판한 영성에 대한 논문을 읽었으며 우리의 상담에서도 종교와 영성의 차원을 포함시킬 수 있는지 궁금해 했다. 그녀는 근처 고등학교에서 상담 실습 과정을 시작하기로 예정되어 있는데 그 생각 때문에 쩔쩔매고 있으며, 다시 주 1회 회기를 시작할 준비가 되어있다고 했다. 그녀는 다음해 열리는 영성 피정 부속 회기에 참석할 생각에 즐겁다고 했다.

치료 세 번째 해

다음 해 동안, 그웬은 자기비판과 통제할 수 없는 충동에 덜 시달리게 되었고, 스스로에 대해 좀 더 집중하고 평화를 느끼게 되었다. 그녀는 이러한 집중과 평화는 그동안 다양한 피정에서 배운 초점두기 책략들을 규칙적으로 수행한 것의 도움이 크다고 했다. 그녀의 정서는, 현재는 주요우울 장애보다는 감정부전장애에 가까워보였는데, 상당히 완화된 것으로 보였다. 따라서 우리는 항우울제를 중단하기를 시도하였고, 다음 몇 달 동안 투약없이 지켜보기로 하였다. 그녀는 더 이상 투약이 필요하지 않은 것으로 보였다.

● 종결과 치료 결과

이 과정을 시작한지 3년 후에, 우리는 치료를 종결하기로 상호 동의 하였다. 그웬은 자신의 경과에 대해 만족했고 미래에 대해 확신을 가지고 있었다. 우리는 재발 방지 계획으로 3개월 후에 한번 회기를 갖고, 첫 1년 동안은 3개월 간격으로 전화 연락을 하기로 서로 동의하였다. 만약 필요하면, 응급 회기를 마련할 수도 있다는 것도 이해하였다. 치료가 끝날 무렵 그녀의 GAF 점수는 90대 초반이었다.

치료 결과: 단기 효과와 장기 효과

치료 시작 2개월 안에, 그웬은 거의 증상을 보이지 않았다. 투약을 서서히 증량함으로써 이전에 경험했던 부작용없이 치료 효과를 볼 수 있었다. 치료 경과에 대해 신뢰가 증가함으로써 그녀가 성장과 변모에 초점을 두고 치료를 지속하려는 마음을 갖기 편하게 되었다.

우리가 종결을 준비하면서 그웬은 더욱 중심을 잡고, 덜 몰렸으며, 갈망을 거의 경험하지 않았고, 스스로에 대해 더 좋게 느끼게 되었다. 우리의 작업을 되돌아보면서, 우리는 처음 치료 목표를 성취하였다고 동의하였다. 그리고 두 가지 선택에 대해 논의 하였다: 종결을 준비하기 위한 유지 양식으로 옮겨갈 것인지, 또는 치료 초점을 "성장" 목표로 변환시킬 것인지, 즉 최적 기능 수준을 향해 움직일 것인지 중에서 택하는 것이었다. 전혀 망설임 없이, 그녀는 성장 목표에 초점을 두기를 선택했다. 당시 나는, 그녀가 참된 성장과 보다 미묘한 완벽주의적인 추구와의 차이를 식별하는 것이 어려울 수도 있겠다고 예견적 해석을 했었다. 하지만 이 여정에서 내 역할중의 하나가 바로 이러한 차이를 식별하는 것을 돕는 일이라는 것도 다시금 짚어주었다.

그웬과 남편은 교회 공동체에 더 적극적으로 참여하게 되었고, 모두 청년 집단을 이끄는데 소속되었다. 추수감사절 직후, 그녀는 섭식 장애가 잠시 재발하는 경험을 했다. 다음 봄에, 그녀의 남편은 명예퇴직을 신청했고 이제 그녀가 "생계유지자"가 되어야 할 때라고 통보했다. 이러한 책임을 져야 한다는 생각이 처음에는 그녀를 압도했는데, 그녀는 실수를 하거나 완벽한 아내와 진로상담가가 되지 못하는 것을 두려워했기 때문이었다. 이러한 걱정은 심리적인 관점과 영적인 관점 모두에서 다루어졌다. 시간이 지나자, 그녀는 충분한 진전을 이루었고, 회기는 처음에는 한 달 간격으로 줄다가 나중에는 계절에 한번이 되었다. 이후 3년이 지나 이 글을 쓰고 있는 시점에서, 그녀는 여전히 투약을 하지 않고 있다.

제 3 부

논평과 비교분석

(COMMENTARY AND CRITICAL ANALYSIS)

제14장

영성지향 심리치료의 접근들 : 비교 분석

(Approaches to Spiritually Oriented Psychotherapy : A Comparative Analysis)

Len Sperry and Edward P. Shafranske

지금까지 열 가지 현대의 접근들을 4장부터 13장에 걸쳐 기술하고 임상적으로 설명하였다. 보통의 심리치료 교과서들에서 일반적으로 언급되지 않는, 많은 새로운 개념들과 적용들이 소개되었다. 이번 장에서는 독자들에게 이러한 열 가지 접근들의 개념과 임상적인 적용에 대한 이해와 비판적인 숙고를 돕기 위한 인지지도를 제공하려고 한다. 지도는 이러한 접근들을 고취하고 격려하는 기저의 전제들과 견해들로 구성되어 있다. 뿐만 아니라 이러한 열 가지 접근들을 나란히 비교하여 조목 별로 분석해볼 수 있는 통합적인 도표를 포함한다. 첫 번째로 우리는 심리치료와 영성의 관계에 대한 기저 모델들을 논의한다. 그리고 나서 서술적인 분석이 따라오는 나란한 도표 혹은 행렬을 제공한다.

심리치료와 영성 간 관계의 모델들

특성화된 분야로서 영성지향 심리치료가 발전함에 따라, 필연적으로 그것의 근본적인 철학적 전제들과 견해들을 자세히 명기할 필요가 있을 것이다. 이론적이고 임상적인 발전이 일어나도록 하기 위해, 삶의 심리적이고 영적인 영역간의 기본적인 관계가 기술되어야 한다. 그리고 그러한 기술은 두 가지 기초적인 고려 대상이 있다: 두 가지 영역들을 같거나 다르게 바라볼 것인가와 심리적 영역 혹은 영적 영역 어느 것이 우위를 차지하는가이다. 따라서 다음과 같은 네 가지 가능성이 있다: 심리적 영역이 우위를 차지하면서 두 영역의 동등성; 영적 영역이 우위를 차지하면서 두 영역의 동등성;심리적 영역이 우위를 차지하면서 두 영역의 차이; 영적 영역이 우위를 차지하면서 두 영역의 차이. 이러한 네 가지에 덧붙여, *전체론적인(holistic)* 견해를 반영하는 다섯 번째 전제가 있다. 그것은 어느 영역도 우위를 차지하지 않으면서 일정 부분에 있어서 차이를 보이는 것이다.

심리적인 영역과 영적인 영역의 관계에 대한 이러한 전제들의 각각에서 심리치료와 영성의 관계에 대한 독특한 견해가 발생한다. 다음의 다섯 가지 특성들과 견해들은 영성과 심리치료의 관계 모델을 제시한다(Sperry & Mansager, 2003).

1. *인간의 경험과 발전의 심리학적이고 영적인 영역은 심리학적 영역이 우위를 차지하면서 근본적으로 동일하다. 영성과 심리치료는 근본적으로 동일하다.* 그 의미는 영적 성장이 사회적인 그리고 대인관계적인 기술과 마찬가지로 심리적 성장의 일면이라는 점이다. 내담자와 효과적인 심리치료적 작업을 함으로써, 내담자는 보다 완전해지는 것 외에도 그것에 의해서 보다 더 영적으로 되는 것이다. 내담자가 영적인 훈련들의 유용성을 찾지 못한다면, 그것들은 필요가 거의 없거나 아예 없다.

2. *인간의 경험과 발전의 심리학적이고 영적인 영역은 영적 영역이 우위를 차지하면서 근본적으로 동일하다.* 1의 관계와 마찬가지로, 심리적이고 영적인 영역들은 동일한 것으로 여겨진다. 하지만, 2의 관계에서는 영적인 영역이 우위를 차지한다. 이러한 견해는 이론적으로는 가능하지만 실제로는 잘 발견되지 않는다. 전통적인 융 학파의 접근과 영적 지도, 목회 상담을 위한 몇 가지 전통적인 접근을 제외하고, 이러한 견해는 영적 영역에 민감한 심리치료에 대한 현재의 접근들에서 드물게 발견된다.

3. *인간의 경험과 발전의 심리학적이고 영적인 영역은 때때로 중복되더라도, 심리학적 영역이 우위를 차지하면서 다르다.* 영성은 심리적 성장과 별개이거나 병렬적일지 모른다. 영적이고 심리적이라는 점이 서로 뒤엉켜있을 수 있고 서로 상승 작용(예: 한 영역에서의 성장이 다른 영역에서 반영될 수 있다)하기도 하나, 그것이 필연적인 것은 아니다. 그러므로 심리적 성장은 영성의 성장을 반드시 포함하지도 영성의 성장을 이끌어내지도 않는다. 영성은 또한 심리치료와 달라서 이러한 견해와 관련된 어떤 접근들에서 심리적 성장이 영적 성장보다 먼저 나타난다. 만약 영적 작업을 하는 동안

좀 더 깊거나 미묘한 심리적 갈등들이 나타난다면, 영적 문제들에 다시 집중하기 전에 심리적 문제들을 다루도록 치료의 초점이 "되돌아 간다".

4. *인간의 경험과 발전의 심리학적이고 영적인 영역은 때때로 중복되더라도, 영적 영역이 우위를 차지하면서 다르다.* 영성은 심리적 성장과 별개이지만 심리적 성장과 병행할 수는 있다. 하지만, 영적 성장을 위해서 반드시 심리적 성장이 필요한 것은 아니며, 그 반대도 마찬가지이다. 영적이고 심리적인 면이 서로 뒤엉켜있을 수 있고 함께 상승 작용하더라도, 즉 한 영역의 성장이 다른 영역의 성장을 반영할 수 있을지라도, 그것은 필연적인 것이 아니다. 그 의미는 영적 훈련들과 심리적이고 심리치료적인 작업 둘 다가 필요하다는 것이다.

5. *인간의 경험과 발전의 심리학적이고 영적인 영역은 그 중 어떤 것도 우위를 차지하지 못한 채(그 중 하나로 환원될 수 없으면서) 다르다.* 영성과 심리학과 심리치료는 다른 결과를 향해 나아가는 연속적인 목적 지향의 과정으로 이해된다. 내담자의 즉각적인 관심이 증상 완화 혹은 문제 해결과 관련될 때, 심리치료 지향의 전략들과 방법들은 적절하다. 내담자들의 관심이 초월과 변모를 위한 추구, 탐색, 노력일 때는 보다 영성 지향의 전략들과 방법들이 적용될 수 있다. 이러한 전체론적인 방향은 때에 따라 발생하는 단기와 장기 목표 혹은 초월적인 목표를 다루면서 심리적 치료와 영성 혹은 영적 지도 사이를 편안하게 움직이다.

● 열 가지 접근들의 비교 분석

이번에는 몇 가지 고려점들에 근거하여 열 가지 접근들을 나란히 비교하고 서술한 분석을 제공한다. 이것들에는 다음을 포함한다: 역사적 이론적 기초, 심리학과 영성 사이 간 관계의 본질, 치료자의 기술과 자질, 적응증과 금기, 문화와 성별에 대한 고려사항, 강점과 제한점, 기대되는 향후 발전 방향. 표 14.1은 이러한 고려점들의 나란한 비교를 제공한다. 서술적인 분석은 종종 2, 3장에서 이야기했던 정신분석적이고 융 학파적인 기초들과 수렴하는 점들을 지적한다.

표 14.1 영성지향 심리치료 접근들의 비교 분석

접근	역사적, 이론적 기초	영성과 심리치료 간 관계	치료자의 기술과 자질	치료 적응증과 금기, 문화와 성별에 대한 고려사항	강점과 제한점, 향후 발전 방향
영성지향 인지행동 치료 (SO-CBT) (Tan & Johnson)	***역사적 뿌리:*** CT, BT, REBT의 뿌리와 현재 심리치료에서 CBT의 우세; CBT에 대한 성경적 지지와 SO-CBT의 등장 ***이론적인 전제:*** SO - CBT의 신념 지향, 교육의 강조, 믿음을 수정하기 위한 치료적 초점은 종교적인 내담자들에게 적합하다; 유신론적 현실주의; 연구와 결과 근거; 개입들에는 성경구절을 사용한 논박, 종교적 심상의 사용을 포함한다.	SO-CBT는 암시적이라기보다 명시적인 영성과 치료의 통합과 관련된다. 구조화되고 지시적이며 명시적인 접근을 하기 때문이다; 영성은 심리적 성장과 병렬적이지만 그것에 의존하지는 않는다; 영성의 우위를 강조한다. (모델 4)	***전문적:*** 협력적인 관계를 맺을 수 있는 능력, 사례를 개념화할 수 있는 능력, 적절한 CBT 기법들을 선택하여 적용할 수 있는 능력 ***치료자 자질:*** 인간관계에서의 따뜻함, 개인적인 정신 병리의 부재, 부정적인 내담자의 정서적 상태에 대한 인내심, 추상적인 개념 형성 능력, 종교적인 믿음과 경험의 존중; 유신론적 현실주의 ***개인적:*** 치료자의 개인적인 신앙의 견해가 SO-CBT의 효과에 영향을 미칠 수 있다.	***적응증:*** 일부 정신증(psychosis)을 제외한 대부분의 장애에 적용 가능하고 효율적이다; 많은 내담자들에게 영성 수련이 유용하다. ***문화:*** SO-CBT는 기독교, 힌두교, 이슬람교, 유대교, 불교인 내담자들에게 사용되어 왔다; 종교가 있는 아시안계 미국인들은 SO-CBT를 선호할 수도 있다. ***성별:*** 여성 내담자들에게 CBT를 효과적으로 적용하기 위한 지침이 존재한다.	***강점:*** CBT와 SO-CBT의 효과에 대한 강력한 연구결과의 지지; 내담자들과 치료자들 사이에서 높은 호소력 ***제한점:*** 경험적인 연구가 거의 없다; 훈련과 감독의 기회가 거의 없다. ***방향:*** 특정 임상적 장애와 종교 집단에 대한 SO-CBT의 효과에 대한 보다 많은 연구; SO-CBT에서 영적 지도의 통합; 만성적인 건강 문제들에 대해 CBT /SO-CBT의 활용

영성지향 정신분석 (Shafranske)	***역사적 뿌리:*** 종교적 경험에 대한 프로이트의 비평; 인간의 상호작용과 환상으로부터 비롯된 내적 대상을 반영하는 신의 표상; 자기 심리학; Spero의 비평; 최근에는 관계적 관점에 초점을 둔다. ***이론적인 전제:*** 심리적 상태의 변화는 영적 수행에서의 초월적 목표를 돕는다; 종교는 신성한 존재와의 관계에서 자기 경험을 표상하는 문화적인 모티브를 제공한다; 영성은 초월적인 관계성을 고무시킨다	심리적 성장과 영적 성장은 다르기도, 유사하기도 하며, 궁극적으로는 통합적이다; 발달은 각 영역 안에서 일어나며 개인의 심리와 영성이 위계적인 양식으로 재조직되게 이끌 수 있으며, 결과적으로 복잡성이 증가된다. (모델 3)	***전문적:*** 정신분석적 훈련을 통한 기법적인 기술; 존중하고 헌신하는 태도; 비판단적이고 개방적이며 여지를 남기는 자세; 정신분석적 과정의 협력적인 본질에 대한 확신 ***개인적:*** 영성을 의미 있는 차원으로 두는 치료자들은 정신생활의 전체성에 종교적인 경험이 미치는 영향과 그 미묘한 의미에 개방적이어야 한다.	***적응증:*** 내담자는 충분한 자아 강도와 심리적 마음가짐 (psychological mindedness)을 가지고 있어야 한다. ***금기:*** 충동 장애, 정신병리적(psychopathic) 성격 구조, 심한 경계선 인격 구조 ***문화:*** 개인 정신역동에 대해 초점을 둠; 문화의 역할 한계를 정함. ***성별:*** 관계적 접근은 패미니스트들에게 예민한 주제이다.	***강점:*** 무의식의 과정과 인식의 진행에 대한 포괄적인 분석. ***제한점:*** 시간과 자원의 투자; 해결에 초점을 둔 지시와 충고를 찾는 이들에게는 상대적으로 덜 적절하다. ***방향:*** 상호주관주의에 대한 연구의 지속; 애착; 뇌-무의식 과정의 관계; 영성과 관련된 심리적 과정

표 14.1 계속

접근	역사적, 이론적 기초	영성과 심리치료 간 관계	치료자의 기술과 자질	치료 적응증과 금기, 문화와 성별에 대한 고려사항	강점과 제한점, 향후 발전 방향
실존적-인본주의적 (Elkins)	***역사적 뿌리:*** Kierkegaard, Maslow, May, Allport, Rogers, Jung뿐 아니라, James, Tillich, Otto, Frankl, Buber, Hillman; 인본주의 대 초개인주의 옹호자의 긴장 ***이론적인 전제:*** 주요 구성: 영혼, 신성, 영성; 영혼이 신성한 차원과의 규칙적인 접촉을 통해 자양분을 받을 때 그 결과가 영적인 성장이나 영성이다; 내담자는 영혼 수준에서 고통받고 심리치료는 영혼이 성장하고 치유되는 과정이다.	심리학은 영적 차원을 포함한다; 심리치료를 영혼, 신성, 영적인 영역들을 포함하기에는 불충분한 폭넓은 단어들로 생각해야 한다; 하지만 심리적인 영역이 우위이다. (모델 3)	***전문적:*** 기본적인 치료적 기술들과 심리영적 영역에 대한 이해가 필요하다. ***개인적:*** 발전된 영적 삶 없이는 치료자들은 영혼 수준의 문제들을 I-It 대 I-Thou 근거로 다루려는 경향이 있다; 보다 깊이 있는 치료자들은 그들 자신의 영적 여행을 해왔고 보다 더 영혼 대 영혼으로 내담자들을 다루고 그들을 도울 기회를 가진다.	***적응증:*** 자기 성찰에 대한 잘 발달된 능력이 있는 대부분의 사람들에게 유용하다. ***금기:*** 정신증적, 방어적인 사람, 근본주의자; 제한된 자기 성찰 능력이 있는 사람; 영적 제도에서 깊이 상처받은 적이 있는 사람들 ***문화:*** 폭넓게 적용가능하지만 비서구적인 가치를 가진 사람들에게 임상적 접근 시 적응이 필요하다. ***성별:*** 동등하게 적용가능하다.	***강점:*** 자신의 영적인 삶의 발전에 관심이 있는 대부분의 내담자들에게 적용가능하다. ***제한점:*** 영성, 영혼, 신성이라는 구성의 정의에 대한 이론적 어려움 ***방향:*** 심리치료의 실제에서 영성의 촉진을 지속한다; 동양의 그리고 다른 영적 체계들을 인본주의 속으로 통합한다; 주관성과 현상학적 실체를 더 가치있게 여기기 위해 과학의 시각과 연구 방법들을 넓히려고 노력한다.

대인관계적 심리치료 (Miller)	***역사적 뿌리:*** 증상의 감소와 좀 더 나은 사회적 기능을 목표로 한 우울증의 치료로 Klerman에 의해 개발되었다; 영성 지향 ITP(ITP-S)는 Miller에 의해 조성이 되었다. ***이론적인 전제:*** 대인관계는: (a)신성하고; (b)영적인 발전을 위한 매체이며; (c)우리를 변화시킨다.	영적 성장은 심리적 건강의 기저이다; 영성을 우위에 둠; 고통이 영적 성장을 이루게 한다는 근본적인 확신; 모든 대인관계에 영적 의미를 두고 영적 성장을 우선으로 하는 것에 대한 믿음이 치료를 추진시킨다. (모델 4)	***전문적:*** IPT의 기법들에 능숙할 뿐만 아니라, 치료자는 목적이 있고 사랑하는 우주, 관계를 통해서 개인을 인도하는 우주에 대한 믿음이 배어있어야 한다. ***개인적:*** 이상적으로, 치료자들은 영적 성장, 고통, 모든 대인관계에서의 영적 의미에 대한 기저의 IPT-S의 믿음들에 개인적으로 동의한다.	***적응증:*** 선험적으로 영성적 관점에서 행동하는 내담자들에게 가장 적절하다; 대부분의 Axis I과 II 양상에서 유용하다. ***금기:*** 내담자들이 신앙의 위기에 있거나 비유신론자이거나 인류에 대한 불가지론적인 자세를 취하는 경우에는 유용하지 않다. ***문화:*** 내담자들의 다른 문화적 관점에 대한 민감성 ***성별:*** 동등하게 적용 가능하다.	***강점:*** IPT-S는 비전통적인 치료 내담자들의 욕구에 맞는 영적으로 구조화되어 있고 구체적인 치료이다. ***제한점:*** 신앙의 위기가 있거나 불가지론적인 혹은 무신론적인 내담자들 ***방향:*** 비전통적인 내담자들 사이에서 ITP-S와 같이 구조화되고 구체적으로 초점을 맞춘 치료법에 대한 요구의 증가; 공식적인 훈련 프로그램이나 계획된 연구 프로젝트가 없다.

표 14.1 계속

접근	역사적, 이론적 기초	영성과 심리치료 간 관계	치료자의 기술과 자질	치료 적응증과 금기, 문화와 성별에 대한 고려사항	강점과 제한점, 향후 발전 방향
초개인주의적(TP)–통합적 (Lukoff & Lu)	***역사적 뿌리:*** Maslow와 Sutich에 의해 창시되었다; 다른 접근들이 영적 또는 초개인적인 (T) 영역, 의식(C)을 생략했기 때문에 Grof, Wilber와 Vaughan에 의해 확장되었다; 초개인주의 심리치료(TP)의 발전; DSM-IV의 종교적 영적 문제들이라는 범주 ***이론적인 전제:*** 주요 구성: 의식은 무한대다; 치료에 대한 "초개인주의적인 맥락"(치유하는 고통, 성장과 관련된 태도); 목표는 의식을 확장하는 것이다; 영적 응급상태; 통합적인 접근	개인들은 영적인 우위를 가지면서 영적이고 심리적인 존재들이다; 영적 믿음들과 경험들은 초개인주의 심리치료의 심리적 견지에서 탐색된다. (모델 4)	***전문적:*** 초월에 대한 개방성과 그것을 평가하는 능력; 다른 접근들로부터 기법들을 사용하면서 치료를 위해 T 맥락을 촉진한다. ***개인적:*** 초개인주의 치료자들은 그들 자신의 발전에 노력하고 주의, 명확함, 동정심, 비애착의 성질을 발전시키도록 기대된다; 초개인주의적인 상태에 대한 경험과 영적인 실행을 직접 경험한 적이 있어야 한다.	***적응증:*** 영적 위기, 정신증적 장애, 물질남용 문제, 사망과 애도 문제, 우울증과 강박증의 감별진단에 유용 ***금기:*** 급성 정신증적 혹은 해리성 상태에서 명상은 불가 ***문화:*** 초개인주의 심리치료는 비서구 전통의 전통적인 치유자들과 협력하도록 촉진한다. ***성별:*** 여성의 가치를 수용한다.	***강점:*** 전통적인 치유자들과의 진실한 대화를 제공한다. ***제한점:*** 초개인주의적 자기 혹은 성취된 초개인주의적 자기정체성에 대한 의견 일치가 없다; 그것 자체로 완전한 접근이 아니다. ***방향:*** 정치적인 갈등과 관련된 상호 종교 간의 대화에 기여한다; 초개인주의적 임상적 접근들은 초개인주의 구조의 사용 없이도 확장될 것이다; 보조 의학과 대체 의학에서 영적 치유에 대한 연구

체험적-초점두기 (Hinterkopf)	***역사적 뿌리:*** Gendlin의 EF 접근; 영성 문제 대해 Hinterkopf에 의해 확장되었다; 연구에서 심리치료에서의 긍정적인 결과의 증가로 그 역할이 증명된다. 이론적인 전제: 기본 ***구성:*** felt sense, felt shift, 영적 경험; 초점두기는 심리적이고 영적인 성장을 촉진하기 위해 felt sense에 머무르는 것으로, 부드럽고 힘 있는 방법이다; felt shift가 이러한 성장을 신호한다.	과정과 내용을 구분한다. 내용(영적, 심리적)은 개별적이지만 과정은 개별적이지 않다. (모델 5)	***전문적:*** 치료로 적용되는 것처럼 EP에서 특정한 훈련이 요구된다; felt sense 자료에 대한 정확하고 공감적인 경청 반응을 보일 수 있는 능력; 일치성, 공감, 긍정적 존중 ***개인적:*** 효과적인 EF 치료자들은 영성 지향적이고, EF의 방법을 스스로 실행한다; EF는 그들이 사용하는 가장 깊은 영적 수행이다.	***적응증:*** 이야기 치료(talk therapy)에서 진행을 촉진시키는데 모든 상황에서 유용하다; 내담자가 편안해하면 이 방법을 계속 사용한다. ***금기:*** 긴장하고 불편해하는 내담자에게 사용을 중지하라. ***문화:*** 초점이 과정 지향이기 때문에 다양한 다문화 상황에 적절하다. ***성별:*** 동등하게 적용 가능하다.	***강점:*** 폭넓은 적용성; 다른 치료적 접근의 보조로 유용하다. ***제한점:*** 내용 없는 방법; 제한된 훈련 ***방향:*** 전 세계에 걸쳐 지속적이고 협력적인 임상적 연구 결과; 치료자들의 훈련, 학문적 연구, 대중적인 전파에 대한 국제적 관심

심리치료에서의 용서 (Worthington, Mazzeo & Canter)	***역사적 뿌리:*** 커플 상담에서 용서에 대한 초점이 경험적인 연구와 REACH모델의 발전을 이끈다. ***이론적인 전제:*** 조작적으로 정의된 핵심 구성: 용서하지 못하는 마음, 용서, "불의한 간격"; 용서는 내담자의 가치, 종교적인 믿음과 일치할 때와 용서를 하기 원할 때 효과적인 개입이 될 수 있다.	종교와 영성은 용서의 중재자이다. (모델 1)	***전문적:*** 매뉴얼화된 용서 집단에서 공식적인 훈련; 아직 경험적으로 증명되지 않았을지라도, 치료자들의 친절함, 공감, 동정, 자비, 사랑은 용서 집단의 사람들에게 긍정적인 영향을 미칠 가능성이 높다. ***개인적:*** 치료자의 종교적인 확신은 접근의 최대 성공을 위해서 내담자의 종교적인 확신과 맞아야 한다.	***적응증:*** 관계문제에 근거한 우울, 분노, 불안; 치료의 보조 혹은 일부로 사용 ***금기:*** 공감이 부족한 인격 장애(예: 자기애적 인격장애자) ***문화:*** 아프리칸 미국인들은 접근을 흔쾌히 받아들이는 것 같다. ***성별:*** 여성 내담자들이 용서 집단에 좀 더 기꺼이 참여하는 것 같다.	***강점:*** 자신의 기독교 신앙을 가치 있게 여기는 기독교인 치료자들에게 호소하는 면이 크다. ***제한점:*** 용서가 높은 가치가 있다고 생각하지 않는 치료자들에게는 호소력이 낮다; 이 개입은 지속적인 치료에 통합되어야만 한다. ***방향:*** 모델은 새로운 상황들에서 연장되어 경험적으로 시험되고 있다(예: 양육, 기독교, 국제적 상황).
유신론적 심리치료 (Richards)	***역사적 뿌리:*** 연합된 유신론적 자원들의 폭넓은 다양성 ***이론적인 전제:*** 신이 존재한다; 영적 과정이 우리와 신을 연결한다; 신앙을 가진 사람들은 치료에서 영적인 자원들을 이용할 수 있다; 접근은 통합적, 경험적, 보편적(다문화적)이며 특정 종교의 교파에 맞춰진 치료에 관심을 가진다.	영적인 부분이 우위를 차지한다; 변화와 치유가 많은 영역들을 통해서 촉진되기는 하지만, 치유와 변화는 일차적으로 영적 과정이다. (모델 4)	***전문적:*** 다문화적이고 교파적인 입장을 적용하고 영적 영역을 평가하며 윤리적으로 영적 개입을 시행하는 능력. 그리고 내담자들이 유용한 영적 자원들을 평가하도록 돕는 능력. ***개인적:*** 개인적인 영적 행복을 증진시킨다; 개인적인 가치 체계와 일치하는 삶을 추구한다; 내담자와의 영적 조율을 증가시키기 위해서 영적 실행을 활용한다.	***적응증:*** 보다 덜 심각한 장애가 있고 부수적인 영적 문제들이 있거나 이를 논의하기 원하는 유신론적 내담자 ***금기:*** 심한 심리적 장애 ***문화:*** 다문화적이고 보편적인 관심에 민감하다. ***성별:*** 동등하게 적용 가능하다.	***강점:*** 미국인들은 유신론적 믿음을 가지고 있으므로, 접근은 폭넓게 적용가능하다. ***제한점:*** 비유신론적 믿음을 가진 내담자들에게는 적용가능하지 않을 수 있다. ***방향:*** 임상적 연구 결과를 포함한 더 많은 철학적이고 경험적인 발전

표 14.1 계속

접근	역사적, 이론적 기초	영성과 심리치료 간 관계	치료자의 기술과 자질	치료 적응증과 금기, 문화와 성별에 대한 고려사항	강점과 제한점, 향후 발전 방향
집중적 영성 수련 (ICS) (Benner)	***역사적 뿌리:*** 개인적인 경험; 정신분석적, 분석심리학적, 원형적, 실존주의적 심리학; 기독교의 영적 지도와 이냐시오 영신수련 ***이론적인 전제:*** 영혼과 영성은 긴밀하게 연결되어 있고 두 여정은 모두 완전한 성장을 위해 필수적이다; 정신병리는 항상 영혼의 고통과 영적 갈구가 어느 정도 혼합된 것을 반영한다; ICS는 초점화된 성장을 촉진시키기 위해 피정(retreat) 상황에서 심리치료와 영적 지도를 집중적으로 경험하는 것이다.	심리적인 부분과 영적인 부분은 내적 자기의 동전의 양면을 형성한다; 영혼(정신)과 영성 사이에 실제적 구분은 없다; 둘은 긴밀하게 연결되어 있으며 두 가지 여정은 충분한 성장을 위해 필수적이다. (모델 5)	***전문적:*** 정신역동 이론과 실제에 대한 전문성; 영성에 대한 실존주의적, 분석적, 초개인주의적 접근에 대한 실용적 지식 ***개인적:*** 기독교적인 관점 내에서 개인의 심리영적 안녕에 헌신; 영적 지도와 이냐시오 수련에 내담자로서의 참여	***적응증:*** 높은 자아 강도, 정직성, 심리영적 문제를 가진 건강한 개인 ***금기:*** 청소년, 아이들, 정신증자, 경계선적 내담자 혹은 낮은 기능의 자기애적 내담자; 집중적인 치료에 2–3주를 보내는 것이 가능해야 한다. ***문화:*** 적합한 문화와 종교의 집단에게 적용 가능하다. ***성별:*** 동등하게 적용가능하다.	**강점:** *집중적인 접근이므로 짧은 시간에 유의한 변화를 이끌어 낼 수 있다.* **제한점:** *일부의 치료자와 내담자에서만 적당하다.* **경향:** *임상가들의 훈련이 증가; 임상적 결과에 초점을 맞춘 연구*

표 14.1 계속

접근	역사적, 이론적 기초	영성과 심리치료 간 관계	치료자의 기술과 자질	치료 적응증과 금기, 문화와 성별에 대한 고려사항	강점과 제한점, 향후 발전 방향
통합적 영성지향 심리치료 (Sperry)	***역사적 뿌리:*** 생물심리사회영적인 모델과 생물심리사회적 치료; 영적 지도; 애착 이론–하나님 이미지; 긍정 심리학과 미덕, 강점 연구 ***이론적인 전제:*** 영적 영역의 우위; 발달론적 성장 견해; 목표는 변모(transformation); 통합적, 결과 근거의, 맞춤 치료	심리적이고 영적인 영역은 다르지만 상호의존적이다; 영적인 면이 우위이다; 영성은 심리적 성장과 별개이지만, 병렬적일 수 있다. 하지만 전체성을 성취하기 위해서는 영적 훈련과 심리치료적 작업 둘 다 필요하다. (모델 4)	***전문적:*** 영적 요소를 고려하여 개인에 맞춰진 통합적 치료를 개념화할 수 있고 제공할 수 있어야 한다; 해석과 스키마 변화에 능숙해야 한다. ***개인적:*** 영적 지도와 영적 훈련의 경험; 영적 발전에 지속적으로 헌신하고 있어야 한다.	***적응증:*** 심각한 장애에서 영적 문제를 가진 높은 기능의 내담자까지 넓은 범위 ***문화:*** 치료자–내담자의 상호작용이 핵심 요소이기 때문에 높은 문화적 유능성이 요구된다. ***성별:*** 동등하게 적용 가능하다.	***강점:*** 대부분의 증상에 적용가능하다; 전체적이고 포괄적이다. ***제한점:*** 광범위한 지식과 경험, 높은 개인적 헌신이 요구된다. ***경향:*** 접근은 연구 결과와 전체적 접근에 대한 내담자의 기대와 더불어 발전하고 확장될 것이다.

BT=behavior therapy(행동치료); CBT=cognitive-behavioral therapy(인지행동치료); CT=cognitive therapy(인지치료); IPR=interpersonal relationship(대인관계); REBT=rational emotive behavior therapy(합리정서행동 치료)

역사적 기초

심리학적 이론들과 이론가들이 이러한 영성지향 접근들의 대부분에 지배적인 영향을 주고 있다는 점은 놀라운 일이 아니다. 다른 영향들은 초개인주의적인 통합적 접근에서의 영적 응급상태, 혹은 심리치료에서의 용서로 커플 상담에서의 용서 문제와 같이 치료적 경험들에서 영적 영역의 깨달음과 관련되어 있다. 영적 지도와 같이 개인적인 성장과 치료자의 영적 경험의 문제들은 집중적 영성 수련과 같은 다른 접근들에 영향을 주었다. 미덕과 생물심리사회적 모델은 통합적인 영성지향 심리치료에 중요했다. 유사하게, 영적 자원들은 유신론적, 초개인주의적-통합적 그리고 영성지향 인지행동 치료를 포함한 몇 가지 접근들에 영향을 미쳤다. 철학적이고 종교적인 구조들, 예를 들어, 영감(the niminous)은 집중적 영성 수련에 중요했다. 신의 이미지 혹은 신의 표상들은 정신분석적 접근과 통합적 영성지향 심리치료 둘 다에서 중요한 영향을 미쳤다. 마지막으로, 원형은 융 학파의 기초일 뿐 아니라 집중적 영성 수련의 한 차원이다.

이론적 기초

기저의 이론적인 전제들은 이러한 접근들 사이에서 보다 넓어져 영혼(집중적 영성 수련)과 문화적 영향(영성지향 정신분석)에서부터, 신의 존재(유신론적)와 인지적 논쟁에 성경적인 초점을 맞춘 것(영성지향 인지행동 치료)에 이른다. 예를 들어, 종교는 신성한 존재와의 관계에서 자신의 경험을 표상하는데 문화적으로 주어진 모티브를 제공한다. 이것은 영성이 초개인주의적인 상관성을 고무시키는 영성지향 정신분석 접근의 전제이다. 융 학파의 기초에서 정신이 신성한 경험의 매개라는 정신내적 전제는, 대인 관계가 대인관계 치료적 접근에서 영성이 발전하는 장(場)이라는 사회적-관계적 전제와 대조적이다. 결과 면에서, 초개인주의적 통합적 치료의 목적은 의식을 확장하는 것이다. 반면에 통합적 영성지향 심리치료의 목표는 개인적이고 영적인 변화이다. 영성지향 인지행동 치료, 유신론적 심리치료, 심리치료에서의 용서는 보다 지시적이고 보다 명백히 연구와 결과에 근거한다. 반면에, 융 학파의 기초와 마찬가지로, 체험적 초점두기와 경험적-인본주의적 접근들은 보다 경험적(experiential)이고 내면에 초점이 맞춰 있다.

심리학과 영성 간 관계의 본질

우리가 처음에 저자들에게 심리학적 영역과 영적 영역 사이의 관계와 심리치료와 영성 사이의 관계에 대한 그들의 견해를 물었을 때, 우리는 좀 더 깊이 있는 설명을 들었다-어떤 사람들은 꽤 조작적인 단어로, 다른 사람들은 철학적인 혹은 시적이기조차 한 언어로 말했다. 이러한 시각들을 비교하기 위해서는, 공통의 언어와 공통의 구조 세트가 필요함이 분명해졌다. 따라서 우리는 모든 저자들에게 초기에 기술했던 다섯 가지 견해들(Sperry & Mansager, 2003)의 복사본을 보냈다. 그리고 각자에게 심리학적 영역과 영적 영역 사이의 관계에 대해서와 심리학-심리치료와 영성에 대해서 그들의 기본 전제와 견해에 가장 가깝고 가장 잘 표현한 것을 지적하도록 요청했다.

열 가지 접근들은 다섯 가지 모델의 스펙트럼을 아우르고 있다. 융서의 접근은 심리적 영역이 우위를 차지하면서 심리적이고 영적인 영역이 유사하다는 모델 1과 가장 가까운 것으로 보인다. 영성지향 정신분석 치료와 경험적-인본주의적 접근은 심리적 영역이 우위를 차지하면서 심리적이고 영적인 영역이 다르다는 모델 3과 가장 가까운 것으로 보인다. 접근들 중 다섯 가지(유신론적 치료, 통합적 영성지향 치료, 영성지향 인지행동 치료, 대인관계 치료, 초개인주의적 통합적 치료)는 영적 영역이 우위를 차지하면서 때때로 중복될지라도, 심리적이고 영적인 영역이 다른 것으로 보인다는 모델 4와 가장 가깝다. 단지 두 가지 접근들, 집중적 영성 수련과 체험적 초점두기는 전체론적 시각인 모델 5와 가깝다. 그 모델에서, 인간의 경험과 발전에 대한 심리학적이고 영적인 영역은 영적 영역이 우위를 차지하면서 때때로 중복될지라도, 다른 것으로 보인다.

초기에, 우리는 많은 접근들이 전체론적 견해(모델 5)를 지지할 것이라고 생각했었지만, 그것이 아님이 분명해졌다. 대부분의 심리학적 이론들과 대부분의 훈련 프로그램들을 좌우하는 심리적 환원론의 중대한 영향 때문에, 심리학적 영역이나 영적인 영역 어느 것도 우위를 차지하지 못한다는 전체론적 시각을 지지하는 접근들은 거의 상상할 수 없을지도 모른다.

치료자의 기술과 자질

저자들이 기법적인 기술들이나 치료자들이 그 접근을 효과적으로 실행하는데 필요한 훈련 요소들을 명기했다는 점은 놀랄 일이 아니다. 예를 들어, 치료에 적용 시 초점을 맞추는 특정한 훈련은 체험적 초점두기 접근을 사용하는 사람들에게는 핵심적이다. 마치 보편적인 자세를 채택하고, 영적 영역을 평가하고, 윤리적으로 영적 개입들을 사용하며 내담자들이 유용한 영적 자원들을 평가하도록 돕는 능력이 유신론적 접근에 필요한 것과 마찬가지이다. 융 학파를 기초로 한 장에서 언급했듯이, 치료자들은 그러한 접근을 효과적으로 사용하기 위해 원형, 신화학, 세계 종교들에 대한 실용적 지식을 가져야 한다.

놀라운 것은 저자들의 대다수가 치료자들이 그 접근들을 활용하는 데에 기대되는 개인적 자질들을 구체적으로 적지 않았다는 점이다. 예외로는 집중적 영성 수련(예: 영적 지도와 이냐시오 영신수련에 내담자로서의 참여), 통합적 영성지향 심리치료(예: 영적 지도와 영적 훈련에서의 경험 지속적인 영적 발전에 헌신), 초개인주의적 통합적 치료(예: 치료자들이 명상과 같은 영적 실행에 참여하도록 기대됨)가 있다.

문화와 성별에 대한 고려사항

저자들의 다수가 문화적 민감성이 효과적인 그들 접근의 실행을 위해 핵심적이라고 서술하거나 암시하였지만, 어떤 저자들은 이것을 상술한 반면 다른 저자들은 이러한 주제에 대한 상세한 설명을 거의 하지 않았다. 예를 들어, Tan과 Johnson은 영성지향 인지행동 치료가 기독교, 힌두교, 이슬람교, 유대교와 불교 내담자들에게 효과적으로 사용되어 왔다고 지적했다. 게다가, 이러한 저자들은 종교가 있는 아시안계 미국인들(특히 그들이 기독교인일 경우)은 종종 인지행동 치료에 대한 영적 접근을 분명히 선호하는데 주목했다. Worthington, Mazzeo, Canter의 용서에 대한 장에서는 경험적으로 시험되지는 않았지만, 다른 사람들보다 종교적인 것으로 알려진 아프리칸 미국인들이 특히 그러한 개입들을 흔쾌히 받아들이는 것 같다고 지적한다.

모든 저자들은 본질적으로 그들의 접근들이 남성과 여성 내담자 모두에게 동등하게 적용 가능하다고 말했다. 용서의 접근과 관련해서, 일화의 증거로 여성은 용서 집단에 보다 더 기꺼이 참여하는 것으로 보인다고 제안한다. 초개인주의적 통합적 접근의 장에서는 그것이 여성적인 가치에 대해 수용적이라고 말하고, Shafranske는 정신분석적 접근이 패미니스트의 견해에 민감하다고 말했다. 또한 Tan과 Johnson은 여성 내담자들에게 영성지향 인지행동 치료적 접근을 효과적으로 사용하기 위한 지침을 개발하였다고 하였다.

강점과 제한점

모든 저자들이 그들 접근의 임상적인 혹은 치료적인 강점을 명시했다. 예를 들어, 접근들은 단기간에 중요한 심리영적 변화(집중적 영성 수련), 넓은 적용성(통합적 영성지향 심리치료), 어떤 치료 접근에도 유용한 보조치료(체험적 초점두기), 혹은 비전통적인 치료, 내담자들의 욕구를 만족시키는 영적으로 구조화되고, 구체적인 치료(대인관계 심리치료)를 제공했다. 한편으로, Corbett와 Stein은 융 학파의 접근이 전통적인 교리와 독립적이어서, 영적인 면에 대해 민감성을 지닌 치료자들에게 특별한 관심이 되었다고 말했다. 단지 두 명의 저자가 어떤 이론적이거나 연구 근거의 강점들을 지적했다. 이것들에는 유신론적 심리치료 접근에 대한 경험적 지지의 증가, 인지행동 치료 접근과 영성지향 인지행동 치료적 접근 둘 다의 효과에 대해 강력한 연구 결과의 지지가 포함된다.

주목할 만 한 점은, 특별히 놀라운 것은 아니지만, 그들의 접근의 제한점을 언급한 저자들이 거의 없다는 점이다. 예외는 Sperry의 통합적 영성지향 심리치료 장이다. 거기서 이러한 접근을 실행하는 치료자들에 대한 요구가 높다고 언급했다: 통합적 치료를 제공하는데 폭넓은 지식과 경험과 내담자들의 영적 필요에 대해 맞춰진 치료, 치료자 자신의 영적 발전을 위한 높은 개인적 헌신을 요구한다. 비슷하게, Benner는 집중적 영성 수련 접근이 집중적 시간 구성을 계획할 수 있는 치료자들과 내담자들 소수에서만 알맞다고 말했다. 유신론적 접근의 장에서는 비 유신론적 믿음들을 가진 내담자 혹은 치료자들에게는 적용되기 힘들 수 있다고 말했다. 마지막으로, 용서와 체험적 초점두기 접근들은 다른 접근들 혹은 체계들의 전체 활용에 융합될 수 있는 보조적 치료라고 이야기된다. 어떤 독자들은 초개인주의적 통합적 접근이 그것 자체로 완전한 접근이 아니고 일반적으로 정신 역동적 혹은 실존주의적-인본주의적 지향의 치료와 함께 사용된다는 점을 알게 되어 놀랄지도 모르겠다.

기대되는 향후 발전 방향

미래의 발전과 방향에 대해 전망해보라는 요청을 받을 때, 저자들은 일반적으로 그들의 접근에 대해 증가하고 있는 필요와 인식을 기대했다. 흥미롭게도, Lukoff와 Lu는 영성지향 초개인주의적 통합적 임상적 접근들이 초개인주의 심리학 구조의 활용 없이도 매우 확장되고 진화할 것이라고 예상했다. 어떤 접근들의 제안자들은 치료자들의 교육과 자격이 보다 중요하다고 예상했다. 예들 들어, Hinterkopf는 체험적 초점두기에서 치료자들의 훈련에 대해 확장된 국제적인 집중을 예상했다. Benner가 집중적 영성 수련 접근과 관련해서 예상했던 것과 마찬가지이다.

일부 접근들의 제안자들은 예상되는 이론적 혹은 연구의 발전을 지적했다. 예들 들어, 융 학파적 접근의 Corbett와 Stein은 획기적인 물리학의 발달에서 미래의 약진은 동시성(synchronicity)과 같은 과정을 보다 분명하게 설명할지 모른다고 예상했다. 정신분석과 관련해서, Shanfrnske는 상호주관주의, 애착이론뿐 아니라 영성과 관련된 뇌-무의식적 과정과 심리학적 과정의 관계에 대한 지속적인 연구가 진행될 것이라고 제안했다. Tan과 Johnson은 특정한 임상적 장애와 종교집단에 초점을 둔 영성지향 인지행동 치료의 효과에 대한 보다 많은 연구를 예상하면서 미래의 연구 과정을 예측하는데 가장 구체적이었다. 그들은 또한 그것이 만성 건강 문제들로 확장될 것이라고 제안했다. 마지막으로, Hinterkopf는 다른 나라에서의 연구 프로토콜을 포함하여, 체험적 초점두기에 대한 지속적이고 협력적인 임상연구들이 계속될 것이라고 기대했다.

맺음말

인간 경험의 영적 영역에 대한 관심의 증가와 동반된 몇 가지 전통적이고 현시대에 등장한 영성지향의 접근들의 발전에 대한 관심의 증가는 놀랄 만하다. 이전에 가치중립적인 과학으로 남아 종교적이고 영적인 관심을 피해온 심리학의 지속적인 노력이 있었기 때문이다. 이번 장에서는 이전 장에서 기술되었고 설명하였던 열 가지 접근들에 대한 비교 분석을 시도하였다.

이러한 접근들의 나란한 비교에서 어느 정도 공통성뿐 아니라 상당한 차이점을 보여준다. 모든 접근들에 공통적인 것은 치료자들 뿐 아니라 내담자들의 삶에서 영적인 영역의 중요성에 대한 민감성과 지각이다. 이러한 접근들의 차이점들은 많다– 기본적인 전제들뿐 아니라, 영적인 문제들의 개념화와 평가하기, 개입의 계획과 실행 면에서 그러하다. 표 14.1 은 이러한 접근들의 요약을 제공한다. 이장의 서술은 그것들 간의 유사성과 차이점에 대해 분석하고 토의한 것이다. 심리학과 심리치료에서 이러한 특정 영역의 지속적인 성장을 위해 최고 중요한 것은 이론에 대한 지속적인 발전의 필요성이다. 이론에 대한 발전의 핵심적인 부분은 개념들을 조작하는데 유용한 기본적인 철학적 전제들에 대한 명확한 표현과 연구 발의를 북돋고 임상적인 발전을 촉진할 수 있는 연구할 만한 가설들에 대한 명확한 표현이다. 이론의 발전에 대한 기여로써, 우리는 이 장에서 처음에 기술하였던 다섯 가지 기본적인 전제들과 견해들을 설립하였다. 다음 장에서는 영성지향 심리치료의 이론, 연구, 전문적인 실행에서 기대되는 미래의 발전에 대해 논의가 지속된다.

제 15 장

향후의 방향 : 기회와 도전

(Future Directions: Opportunities and Challenges)

Edward P. Shafranske and Len Sperry

인간이라는 존재는 우리가 우주라고 부르는 전체의 일부이고 시간과 장소가 제한된 일부이다. 인간은 자신 외의 나머지 사람들과 분리된 것처럼 자신과 자신의 생각과 느낌을 경험하지만, 그것은 그 의식에 대한 시각적 망상의 일종이다. 이 망상은 우리에게는 일종의 감옥이다...우리의 작업은 모든 살아있는 피조물과 그 아름다움의 본질 전체를 끌어안는 동정심의 원을 넓힘으로써 이 감옥으로부터 우리 자신들을 자유롭게 해야 한다.

–*Albert Einstein*

영성지향 심리치료는 심리적 갈등과 고통을 다루는 것을 목적으로 한다. 인간 의미를 알아내고 동정심을 나타내는 데에 있어 가장 넓은 가능한 범위를 제공하는 방식으로 다룬다. 이러한 접근이 과학적인 기초에서 세워졌을지라도, 경험론에 의해 제한되지 않고 신성함과 관련된 초월적인 실재에 대한 개방성을 통합한다. 이러한 자세는 인본주의가 의미와 관계의 보다 큰 우주 안에 위치해 있다고 주장한다. 이러한 우주는 경험적 과학의 좁은 한계 안에서 관찰되고 이해될 수 있는 것을 넘어선다. 영적 접근은 환자들에 대한 영적 세계관을 강요하지 않는다. 오히려 우리는 영성지향 심리치료가 환자들에 대해 보다 전체적인 인간으로 대하는 접근을 제공하려고 한다. 이러한 접근은 Puchalski, Larson, Lu(2000, 2002)가 보고한 바와 같이, 치료에서 영적 문제들을 다루기 원한다고 표현한 대부분의 환자들의 요구를 존중하고 거기에 응답하는 것이다. 그리고 갤럽 조사 결과, 성인의 70%가 영적으로 그들에게 조율하는 의사를 만나는 것이 중요하다고 대답했다 (Gallup, 2002).

우리는 영성지향 심리치료가 치료의 다른 형태들을 대신해야 한다고 믿지 않는다. 그것은 만병통치약도 아니고 모든 임상 상황에 적절하지도 않다. 그보다는, 영성과 종교성이 환자의 지향체계에 중요한 역할을 하는 상황에 대한 심리적이고 정신과적인 다른 형태의 치료를 보완하기 위한 것이다. 앞의 장에서 살펴본 바와 같이, 임상적 초점으로서 영성의 포함은 환자의 삶에서 기인하고 임상적 상황에 적절한 것으로 제시되었다. 게다가, 영성에 대한 관심은 환자들이 갈등의 해소와 건강의 호전을 얻도록 도와줄 뿐 아니라 그들의 삶에서 직면한 도전들과 역경들에 의미를 부여하기 위한 통합적이고 전체론적 노력의 일부이다.

기회와 도전

영성지향 심리치료가 보다 발전하는 데에 직면할 수많은 기회들과 도전들이 있다. 우리는 이번 마지막 논의에서, 임상 실제에서 영성과 특히 관련된 문제들을 고찰하도록 체계적인 학문과 과학에서 나온 노력들이 격려되고 기울어져야 한다는 바람으로, 이러한 몇 가지 도전들을 열거하려고 한다. 우리는 세 가지 지배적인, 상호 연관된 가치들이 이러한 기획을 특징짓는다고 제안한다: (a) 다양한 종교적인 경험과 개인적인 영적 믿음의 통합에 대한 존중, (b) 과학적 정보에 근거한 실행, (c) 임상 실제에서의 윤리적 측면. 첫 번째 가치는 신성함에 대한 개인적인 경험들의 독특함을 인정하고, 순수한 심리학적 분류로의 환원주의를 통한 잠재적인 가치폄하에 반대한다. 게다가, 이것은 영적 표현의 넓은 스펙트럼에 대한 이해를 조장한다. 우리는 과학의 정보에 근거한 실행이 지식과 임상 적용의 체계적인 발전을 위해 가장 좋은 기회를 제공한다고 믿는다. 그것은 전문적인 실천을 증진시키고 공공의 복지를 보장한다. 우리는 다음과 같은 도전들을 마음에 두고 있다. 하지만, 종교적 대응과 긍정 심리학에서 전개하고 있는 문헌은 이러한 노력들의 실행 가능성을 지적한다. 연구 프로그램들은 주제에 적절한 과학의 이해를 요구하고, 영성의 심리학적 측면을 완전하게 이해하기 위해 양적인 방법뿐 아니라 질적인 방법을 포함한다. 마지막으로 언급되었던, 윤리는 학문과 임상 적용의 각 단계에서 기초가 되어야 한다. 영성지향 심리치료를 제공하는 데에 수많은 윤리적인 문제들이 있다. 특히, 치료 수행 자격을 평가하는 기준과, 이중 역할 및 부적절한 영향을 다루는 지침을 수립하는 데에는 다소 시간이 걸릴 것으로 예상된다. 우리는 앞으로 고려되어야 할 몇 가지 사항들을 지식, 임상 실제, 교육과 훈련이라는 세 가지 분류 아래 다음과 같이 질문의 형태로서 제시하였다.

지식

- 종교와 영성의 구성 요소들은 무엇인가? 서로, 그리고 인간 의미의 다른 체계들과 어떻게 차이가 나는가?
- 심리학과 영성 사이의 관계는 무엇인가? 14장에서 말한 것과 같이 이 관계에 대한 수많은 접근들이 있다. 그것은 이론과 실제의 발전에 영향을 줄 것이다.
- 정서적이고 신체적인 건강과 주관적 안녕감에 대한 영적인 믿음, 연합, 실행의 효과는 무엇인가?
- 정서적이고 신체적인 건강과 주관적인 안녕감에 대한 영혼에서 비롯된 가치들과 궁극적인 목적의 효과는 무엇인가?
- 영성에서 확인 가능한 발전적 궤도가 있는가? 이것은 심리적 발전과 어떻게 관련되는가?
- 영성과 문화적 다양성의 다른 측면들과의 관계는 무엇인가?

임상 실제

- 존재하는 심리치료의 모델 안에 내재되어 있는 실체적인 헌신은 무엇인가? 이러한 헌신의 효과는 무엇인가? 영성지향 심리치료 안에서 실체적인 헌신은 무엇인가?
- 종교성과 구별되는 영성을 평가하기 위해서 어떤 접근들과 과정들이 사용될 수 있는가?
- 심리치료, 종교적 상담, 영적 지도 사이의 유사점과 차이점은 무엇인가? 영성지향 심리치료의 유일한 특징은 무엇인가?
- 심리치료 안에 영적 자원의 통합은 심리치료자들에 의해서 수행되어야 하는가? 아니면 협력하에 종교 전문가에 의해 이루어져야 하는가? 종교적인 혹은 영적인 권위를 대체하거나 침해하는 것과 관련된 경계의 침해에 주의하기 위해 어떤 지침이 확립되어야 하는가?
- 환자의 정서적이거나 신체적인 건강을 직접적으로 해하는 것으로 보여진 영적 믿음들과 실행들을 수정하기 위해 어떤 지침과 윤리가 참고되어야 하는가?
- 영성지향 심리치료를 제공하는 심리치료자의 영적 헌신의 영향은 무엇인가?
- 영성지향 심리치료의 윤리적 실행을 위해 어떤 능력이 요구되는가? 설명후 동의를 얻고, 이중의 역할을 피하며, 실행을 위한 최소한의 능력을 확립하기 위해 어떤 절차들이

이루어져야 하는가? 영성지향 심리치료는 특정 전문 분야로 고려되어야 하는가? 혹은 능숙함으로 간주되어야 하는가?

● 교육과 훈련

- 정신 건강 전문가의 훈련에서 최소한으로 다루어야 할 영성에 있어서의 지식과 임상 실제의 영역은 무엇인가? 핵심 능력들은 무엇이고, 그것들은 어떻게 개발되고 평가될 수 있는가?
- 교육 과정과 임상 수련 과정의 핵심 요소들은 무엇인가?
- 영성지향 심리치료는 전문 분야로 혹은 능숙함으로 고려되어야 하는가? 교육, 수련, 전문적인 발전의 어떤 단계에서 그러한 훈련을 해야 하는가?
- 유능함을 확립하기 위해 교육과 훈련에서 어떤 지침이 확립되어야 하는가? 감독자의 자격을 위한 요구 사항은 무엇인가?

이러한 질문들은 영성지향 심리치료의 윤리적 실행을 보장하기 위해 과학으로서의 지식, 임상 실제, 교육과 훈련의 영역 사이에서의 복잡한 상호 관련성들을 보여준다. 이전 장에서 설명했던 바와 같이, 심리치료에 존재하는 많은 모델들이 영적으로 조율된 접근을 쉽게 통합할 수 있고 존재하는 임상 실제의 확장으로 보여진다는 점은 다행스럽다. 또한 영성지향 심리치료의 발전이 심리학 분야에서 다른 중요한 발전들과 병행하거나 그것들을 보완하고 있다는 점이 고무적이다. 예를 들어, 긍정 심리학은 건강 증진과 심리적 힘에서 미덕과 가치의 역할을 연구하고 있고, 영성과 종교성을 중요한 변수들로 고려하는 연구 안건을 확립하고 있다.

결론

우리는 심리학적 치유의 르네상스로 들어가고 있다는 관찰로 이 책을 시작하였다. 이 책은 정신 건강에 대한 전체적인 접근에서 영성의 역할을 심각하게 고려하는 임상적 접근들의 발전을 통해 이러한 부활에 기여하는 것을 목적으로 한다. 영성지향 심리치료는, 내담자들이 인생의 더 많은 의미를 찾고 영적 위기와 의혹에 직면하며 그들의 고통을 치유하는 치료적 담론에서, 대부분의 내담자들의 삶에서 중요한 역할을 하는 영성이 다루어질 수 있는 수단을 제공한다.

저자에 대하여

Len Sperry, MD, PhD는 Florida Atlantic University에 있는 상담학 박사 과정의 교수이자 코디네이터이고, Medical College of Wisconsin의 정신과 임상교수이다. American Psychological Association의 회원인 그는 또한 American Psychiatric Association의 특별회원이며 American College of Preventive Medicine의 회원이다. 또한 American Board of Professional Psychology의 임상심리학 전문가 자격이 있으며 American Board of Psychiatry and Neurology, American Board of Preventive Medicine의 자격증을 가지고 있다. 그의 300가지 이상의 출판물 중에서 47권이 전문서적이다. 여기에는 *Spirituality in Clinical Practice: Incorporating the Spiritual Dimension in Psychotherapy and Counseling; Sex, Priestly Ministry and the Church; Transforming Self and Community; Revisioning Pastoral Counseling and Spiritual Direction* 그리고 *Ministry and Community: Recognizing, Healing and Predicting Ministry Impairment*가 포함된다. 그는 *Who's Who in America, Best Doctors in America,* 그리고 *Guide to America's Top Physicians* 에 선정되었다. American Psychological Association에서 Harry Levinson Award를 포함하여 생애 두 번의 상을 수상하였으며, *Counseling and Values, Journal of Family Psychology, The Family Journal, American Journal of Family Therapy, Journal of Individual Psychology, Depression and Stress, Journal of Child Psychiatry and Human Development, Journal of Pastoral Counseling*등의 학회지의 편집위원회 일을 하고 있다.

Edward P. Shafranske, PhD, ABPP는 Pepperdine University의 심리학 교수이자 임상심리학 박사 과정의 디렉터이다. American Psychological Association(APA)의 회원이며,

APA의 36분과(종교의 심리학)의 대표를 맡아왔다. 또한 APA Council of Representatives의 회원이고, California Psychological Association Division of Education and Training의 의장이며, Committee on Graduate Education of American Psychoanalytic Association의 공동의장이다. 그의 출판물에는 *Religion and the Clinical Practice of Psychology*(APA, 1996)와 *Clinical Supervision: A Competency-Based Approach*(APA, 2004;with Carol A. Falender) 등이 있다. *Encyclopedia of Psychology*(APA, 2000)의 부편집자로 일했고, *International Journal of the Psychology of Religion*의 편집위원회의 일원이다. APA 36분과로부터 William Bier Award와 Distinguished Service Award를 수상했으며, 학문적인 활동과 연구 활동에 더해, Irvine, California에서 임상심리학과 정신분석학의 개인진료를 지속하고 있다.

• 참고문헌 •

서언

Pargament, K. (1997). *The psychology of religion and coping: Theory, research, practice.* New York: Guilford Press.

Pargament, K. (1999). The psychology of religion and spirituality? Yes and no. *International Journal for the Psychology of Religion*, 9, 3–16.

Rolheiser, R. (1999). *The holy longing: The search for a Christian spirituality*. New York: Doubleday.

제1장

Bauman, Z. (1998). Postmodern religion? In P. Heelas (Ed.), *Religion, modernity and postmodernity* (pp. 55–78). Oxford, England: Blackwell.

Baumeister, R. F. (2002). Religion and psychology [Special issue]. *Psychological Inquiry*, *13*(3).

Beck, J. R. (2003). Self and soul: Exploring the boundary between psychotherapy and spiritual formation. *Journal of Psychology and Theology*, *31*(1), 24–36.

Bellah, R. N., Madsen, R., Sullivan, W. M., Swidler, A., & Tipton, S. M. (1985). *Habits of the heart: Individualism and commitment in American life*. Berkeley: University of California Press.

Cimino, R., & Lattin, D. (1998). *Shopping for faith. American religion in the new millennium*. San Francisco: Jossey-Bass.

Emmons, R. A. (1999). Religion in the psychology of personality [Special issue]. *Journal of Personality*, 67(6).

Exline, J. J. (2002). Stumbling blocks on the religious road: Fractured relationships, nagging vices, and the inner struggle to believe. *Psychological Inquiry*, *13*, 182–189.

Fichter, J. H. (1981). *Religion and pain: The spiritual dimensions of health care*. New York: Crossroads.

Foucault, M. (1973). *The birth of the clinic: An archeology of medical perception* (A. M. S. Smith, Trans.). New York: Pantheon Books.

Frame, M. W. (2003). *Integrating religion and spirituality into counseling*. Pacific Grove CA: Thomson Brooks/Cole.

Fredrickson, B. L. (2002). How does religion benefit health and well-being? Are positive emotions active ingredients? *Psychological Inquiry*, *13*, 209–213.

Fuller, R. C. (2001). *Spiritual but not religious*. New York: Oxford University Press.

Gallup, G., Jr. (2003a, January 14). *Religious awakenings bolster Americans' faith*. The Gallup Organization. Retrieved February 1, 2003, from http://www.gallup.com poll/tb/religValue/20030114b.asp

Gallup, G., Jr. (2003b, February 11). *Americans' spiritual searches turn inward*. The

Gallup Organization. Retrieved March 1, 2003, from http://www.gallup.com/poll/tb/religValue/20030211b.asp

Gallup, G., Jr., & Johnson, B. R. (2003, January 28). *New index tracks "Spiritual State of the Union."* The Gallup Organization. Retrieved February 1, 2003, from http://www.gallup.com/poll/tb/religValue/20030128.asp#rm

Gallup, G., Jr., & Jones, T. (2000). *The next American spirituality: Finding God in the twenty-first century.* Colorado Springs, CO: Cook Communications.

George, L. K., Ellison, C. G., & Larson, D. B. (2002). Explaining the relationships between religious involvement and health. *Psychological Inquiry, 13,* 190–203.

Habermas, J. (1971). *Knowledge and human interests* (J. J. Shapiro, Trans.). Boston: Beacon Press. (Original work published 1968)

Hathaway, W. L. (2003). Clinically significant religious impairment. *Mental Health, Religion and Culture, 6,* 39–55.

Hill, P. C., & Pargament, K. I. (2003). Advances in the conceptualization and measurement of religion and spirituality. *American Psychologist, 58,* 64–74.

Hill, P. C., Pargament, K. I., Hood, R. W., Jr., McCullough, M. E., Swyers, J. P., Larson, D. B., et al. (2000). Conceptualizing religion and spirituality: Points of commonality, points of departure. *Journal for the Theory of Social Behavior, 30,* 51–77.

Hoge, D. R. (1996). Religion in America: The demographics of belief and affiliation. In E. P. Shafranske (Ed.), *Religion and the clinical practice of psychology* (pp. 21–41). Washington, DC: American Psychological Association.

Jackson, S. W. (1999). *Care of the psyche. A history of psychological healing.* New Haven, CT: Yale University Press.

James, W. (1982). *The varieties of religious experience.* New York: Penguin Books. (Original work published 1902)

John E. Fetzer Institute. (1999). *Multidimensional measurement of religiousness/spirituality for use in health research.* Kalamazoo, MI: Author.

Keller, R. R. (2000). Religious diversity on North America. In P. S. Richards & A. E. Bergin (Eds.), *Handbook of psychotherapy and religious diversity* (pp. 27–55). Washington, DC: American Psychological Association.

Koenig, H. G., McCullough, M. E., & Larson, D. B. (2000). *Handbook of religion and health.* New York: Oxford University Press.

Larson, D. B., & Larson, S. S. (2003). Spirituality's potential relevance to physical and emotional health: A brief review of quantitative research. *Journal of Psychology and Theology, 31,* 37–51.

Larson, D. B., Swyers, J. P., & McCullough, M. E. (Eds.). (1997). *Scientific research on spirituality and health: A consensus report.* Rockville, MD: National Institute for Healthcare Research.

Lifton, R. J. (1993). *The protean self: Human resilience in an age of fragmentation.* Chicago: University of Chicago Press.

Lovinger, R. J. (1984). *Working with religious issues in therapy.* Northvale, NJ: Jason Aronson.

Lovinger, R. J. (1990). *Religion and counseling: The psychological impact of religious belief*. New York: Continuum.

Marler, P. L., & Hadaway, C. K. (2002). "Being religious" or "being spiritual" in America: A zero-sum proposition? *Journal for the Scientific Study of Religion, 41*, 289–300.

Miller, G. (2003). *Incorporating spirituality into counseling and psychotherapy*. New York: Wiley.

Miller, W. R. (1999). *Integrating spirituality into treatment: Resources for practitioners*. Washington, DC: American Psychological Association.

Miller, W. R., & Thoresen, C. E. (2003a). Spirituality, religion, health [Special section]. *American Psychologist, 58*(1).

Miller, W. R., & Thoresen, C. E. (2003b). Spirituality, religion, health: An emerging research field. *American Psychologist, 58*, 24–35.

Mills, P. J. (2002). Spirituality, religiousness, and health [Special issue]. *Annals of Behavioral Medicine, 24*(1).

O'Donohue, W. (1989). The (even) bolder model: The clinical psychologist as metaphysician-scientist-practitioner. *American Psychologist, 44*, 1460–1468.

Pargament K. I. (1997). *The psychology of religion and coping*. New York: Guilford Press.

Pargament, K. I. (1999). The psychology of religion and spirituality? *International Journal for the Psychology of Religion*, 9, 3–16.

Pargament K. I. (2002a). The bitter and the sweet: An evaluation of the costs and benefits of religiousness. *Psychological Inquiry, 13*, 168–181.

Pargament, K. I. (2002b). Is religion nothing but . . .? Explaining religion versus explaining religion away. *Psychological Inquiry, 13*, 239–244.

Pargament, K. I., Smith, B. W., Koenig, H. G., & Perez, L. (1998). Patterns of positive and negative religious coping with major life events. *Journal for the Scientific Study of Religion, 37*, 710–724.

Pargament, K. I., Zinnbauer, B. J., Scott, A., Butter, E. M., Zerowin, J., & Stanik, P. (1998). Red flags and religious coping: Identifying some religious warning signs among people in crisis. *Journal of Clinical Psychology, 54*, 77–89.

Plante, T. G., & Sherman, A. C. (2001). *Faith and health. Psychological perspectives*. New York: Guilford Press.

Powell, L. H., Shahabi, L., & Thoresen, C. E. (2003). Religion and spirituality. Linkages to physical health. *American Psychologist, 58*, 36–52.

Reiff, P. (1966). *The triumph of the therapeutic*. Chicago: University of Chicago Press.

Richards, P. S., & Bergin, A. E. (1997). *A spiritual strategy for counseling and psychotherapy*. Washington, DC: American Psychological Association.

Richards P. S., & Bergin, A. E. (Eds.). (2000). *Handbook of psychotherapy and religious diversity*. Washington, DC: American Psychological Association.

Richards, P. S., & Bergin, A. E. (Eds.). (2004). *Religion and psychotherapy: A case-*

book. Washington, DC: American Psychological Association.

Roof, W. C. (1993). *A generation of seekers: The spiritual journeys of the baby boom generation*. San Francisco: Harper.

Roof, W. C. (1999). *Spiritual marketplace*. Princeton, NJ: Princeton University Press.

Scott, A. B. (1997). *Categorizing definitions of religion and spirituality in the psychological literature: A content analysis method*. Unpublished manuscript, Department of Psychology, Bowling Green State University.

Shafranske, E. P. (Ed.). (1996). *Religion and the clinical practice of psychology*. Washington, DC: American Psychological Association.

Shafranske, E. P. (2001). The religious dimension of patient care within rehabilitation medicine. The role of religious beliefs, attitudes, and personal and professional practices. In T. G. Plante & A. C. Sherman (Eds.), *Faith and health: Psychological perspectives* (pp. 311–335). New York: Guilford Press.

Shafranske, E. P. (2002). The psychoanalytic meaning of religious experience. In M. Arieti & F. De Nardi (Eds.), *Psychoanalisi e religione* (pp. 227–257). Torino, Italy: Centro Scientifico Editore.

Shafranske, E. P. (in press). Psychology of religion in clinical and counseling psychology. In R. Paloutzian & C. Park, (Eds.), *Handbook of the psychology of religion*. New York: Guilford Press.

Shafranske, E. P., & Falender, C. A. (2004). *Addressing religious and spiritual issues in clinical supervision*. Manuscript in preparation.

Smith, H. (2001). *Why religion matters*. San Francisco: HarperSanFrancisco.

Snyder, C. R., Sigmon, D. R., & Feldman, D. B. (2002). Hope for the sacred and vice versa: Positive goal-directed thinking and religion. *Psychological Inquiry*, *13*, 234–238.

Sperry, L. (2000). Spirituality and clinical practice [Special issue]. *Psychiatric Annals*, *30*(8).

Sperry, L. (2001). *Spirituality in clinical practice*. Philadelphia: Brunner-Routledge.

Sperry, L., & Mansager, E. (2003). *Spirituality and psychotherapy: Five conceptual models*. Unpublished manuscript.

Stern, E. M. (Ed.). (1985). *Psychotherapy and the religiously committed patient*. New York: Haworth Press.

Stifoss-Hanssen, H. (1999). Religion and spirituality: What a European ear hears. *International Journal for the Psychology of Religion*, *9*, 25–33.

Taylor, C. (1989). *Sources of the self. The making of modern identity*. Cambridge, MA: Harvard University Press.

Thoresen, C. E., Harris, A. H. S., & Oman, D. (2001). Spirituality, religion, and health: Evidence, issues, and concerns. In T. G. Plante & A. C. Sherman (Eds.), *Faith and health. Psychological perspectives* (pp. 15–52). New York: Guilford Press.

Wheelis, A. (1999). *The listener*. New York: Norton.

Wulff, D. M. (1997). *Psychology of religion* (2nd ed.). New York: Wiley.

Wuthnow, R. (1998). *After heaven: Spirituality in America since the 1950s*. Berkeley: University of California Press.

Zinnbauer, B. J., Pargament, K. I., Cole, B., Rye, M. S., Butter, E. M., Belavich, T. G., et al. (1997). Religion and spirituality: Unfuzzying the fuzzy. *Journal for the Scientific Study of Religion*, *36*, 549–564.

Zinnbauer, B. J., Pargament, K. I., & Scott, A. B. (1999). The emerging meanings of religiousness and spirituality: Problems and prospects. *Journal of Personality*, *67*, 889–919.

제2장

Bley, N. F., & King, M. V. (1981). Some thoughts about the synthetic function of the ego. *International Review of Psycho-Analysis*, 8, 333–340.

Bloss, P. (1979). *The adolescent passage: Developmental issues*. New York: International Universities Press.

Eagleton, T. (1987, February). Awakening from modernity. *London Times Literary Supplement*, p. 20.

Freud, S. (1912). The dynamics of transference. In *The standard edition of the complete psychological works of Sigmund Freud* (Vol. 12, pp. 97–108). London: Hogarth Press.

Hall, T. W., & Edwards, K. J. (2002). The spiritual assessment inventory: A theistic model and measure for assessing spiritual development. *Journal for the Scientific Study of Religion*, *41*, 341–357.

Harvey, D. (1990). *The condition of postmodernity*. Cambridge, MA: Basil Blackwell.

Hoge, D. R. (1996). Religion in America: The demographics of belief and affiliation. In E. P. Shafranske (Ed.), *Religion and the clinical practice of psychology* (pp. 21–41). Washington, DC: American Psychological Association.

James, E. (Ed.). (1968). *Spirituality for today*. London: SCM.

Jones, C., Wainwright, G., & Yarnold, E. (1986). *The study of spirituality*. New York: Oxford University Press.

Meissner, W. W. (1996). The self as object in psychoanalysis. *Psychoanalysis and Contemporary Thought*, *19*, 425–460.

Meissner, W. W. (1999). The self as subject in psychoanalysis: I. The nature of subjectivity. *Psychoanalysis and Contemporary Thought*, *22*, 105–201.

Meissner, W. W. (2001). The self-as-person. *Psychoanalysis and Contemporary Thought*, *23*, 479–523.

Merriam-Webster's collegiate dictionary (10th ed.). (1993). Springfield, MA: Merriam-Webster.

Nasr, S. H. (1996). *Religion and the order of nature*. New York: Oxford University Press.

Oxford English dictionary (2nd ed.). (1989). Oxford, England: Oxford University Press.

Rizzuto, A.-M. (1979). *The birth of the living God. A psychoanalytic study*. Chicago: University of Chicago Press.

Rizzuto, A.-M. (2001). Vicissitudes of self, object, and God representations during psychoanalysis. In M. Aletti & G. Rossi (Eds.), *L'Illusione religiosa: Rive e derive*

[Religious illusion: Foundations and evolution] (pp. 25–55). Torino, Italy: Centro Scientifico Editore.

Rizzuto, A.-M. (2002a). Believing and personal and religious beliefs: Psychoanalytic considerations. *Psychoanalysis and Contemporary Thought, 25*, 433–463.

Rizzuto, A.-M. (2002b). Technical approach to religious issues in psychoanalysis. In M. Aletti & F. De Nardi (Eds.), *Psicoanalisi e religione* [Psychoanalysis and religion] (pp. 184–215). Torino, Italy: Centro Scientifico Editore.

Rizzuto, A.-M. (2003b). Psychoanalysis: The transformation of the subject by the spoken word. *Psychoanalytic Quarterly, 72*, 287–323.

Shafranske, E. P. (2002). The necessary and sufficient conditions for an applied psychology of religion. *Psychology of Religion Newsletter, 27*(4), 1–12.

Tan, S.-Y. (2002–2003). Religion in clinical practice: Integrating spiritual direction into treatment. *Psychology of Religion Newsletter, 28*(1), 1–7.

제3장

Bobgan, M., & Bobgan, D. (1987). *Psychoheresy: The psychological seduction of Christianity*. Santa Barbara, CA: Eastgate.

Bollas, C. (1999). *The mystery of things*. New York: Routledge.

Borges, J. L. (1964). The God's script. In *Labyrinths*. New York: New Directions.

Bucke, R. M. (1989). *Cosmic consciousness*. Secausus, NJ: Citadel Press.

Christou, E. (1976). *The logos of the soul*. Zurich, Switzerland: Spring.

Corbett, L. (1996). *The religious function of the psyche*. New York: Routledge.

Corbett, L. (2000a). A depth psychological approach to the sacred. In D. P. Slattery & L. Corbett (Eds.), *Depth psychology, meditations in the field*. Eisiedeln, Switzerland: Daimon Verlag.

Corbett, L. (2000b). Jung's approach to the phenomenology of religious experience. In R. Brooke (Ed.), *Pathways into the Jungian world*. NY: Routledge.

Corbett, L., & Kugler, P. (1989). The self in Jung and Kohut. In *Dimensions of self experience: Progress in self psychology* (Vol. 5). Hillsdale, NJ: Analytic Press.

de Voogd, S. (1977). C. G. *Jung: Psychologist of the future, philosopher of the past* (pp. 175–182). Dallas, TX: Spring.

Edinger, E. (1984). *The creation of consciousness*. Toronto, Canada: Inner City Books.

Eigen, M. (1998). *The psychoanalytic mystic*. London: Free Association Press.

Hinton, D. (1999). *The selected poems of Po Chü-I*. New York: New Directions.

Ignatieff, M. (2000). *A life of Isaiah Berlin*. London: Random House.

Jung, C. G. (1966). *Collected works of C. G. Jung: Volume 7. Two essays in analytical psychology*. Princeton, NJ: Princeton University Press. (Original work published 1953)

Jung, C. G. (1969). Answer to Job. In *Collected works of C. G. Jung, Volume 11. Psychology and religion*. Princeton, NJ: Princeton University Press. (Original work published 1958)

Jung, C. G. (1973). *Letters* (Vol. 1; G. Adler & A. Jaffe, Eds., R. F. C. Hull, Trans). Princeton, NJ: Princeton University Press.

Jung, C. G. (1975a). *Letters* (Vol. 2; G. Adler & A. Jaffe, Eds., R. F. C. Hull, Trans). Princeton, NJ: Princeton University Press.

Jung, C. G. (1975b). Problems of modern psychotherapy. In *Collected works of* C. G. *Jung, Volume 16. The practice of psychotherapy*. Princeton, NJ: Princeton University Press. (Original work published 1959)

Jung, C. G. (1989). *Memories, dreams, reflections*. New York: Vintage Books. (Original work published 1963)

Kohut, H. (1971). *The analysis of the self*. New York: International Universities Press.

Milner, M. (1987). *Eternity's sunrise*. London: Virago.

Ogden, T. (1999). *Reverie and interpretation*. London: Karnac Books.

Otto, R. (1958). *Das Heilige* [The idea of the holy, 2nd ed.]. (J. W. Harvey, Trans.). London: Oxford University Press. (Original work published 1917)

Rizzuto, A.-M. (1998). *Why did Freud reject God?* New Haven, CT: Yale University Press.

Spiegelman, J. M., & Mansfield, V. (1996). On the physics and psychology of the transference as an interactive field. In J. M. Spiegelman (Ed.), *Psychotherapy as a mutual process*. Tempe, AZ: New Falcon Press.

Stein, M. (1995). Synchronicity and divine providence. In J. M. Spiegelman (Ed.), *Protestantism and Jungian psychology*. Tempe, AZ: New Falcon Press.

Stein, M. (1998). *Transformation: Emergence of the self*. College Station: Texas A&M University Press.

제4장

Abramowitz, J. S. (2001). Treatment of scrupulous obsessions and compulsions using exposure and response prevention: A case report. *Cognitive and Behavioral Practice*, 8, 79–85.

Azhar, M. Z., & Varma, S. L. (1995a). Religious psychotherapy as management of bereavement. *Acta Psychiatrica Scandinavia*, 91, 223–235.

Azhar, M. Z., & Varma, S. L. (1995b). Religious psychotherapy in depressive patients. *Psychotherapy and Psychosomatics*, 63, 165–173.

Azhar, M. Z., Varma, S. L., & Dharap, A. S. (1994). Religious psychotherapy in anxiety disorder patients. *Acta Psychiatrica Scandinavia*, 90, 1–3.

Backus, W. (1985). *Telling the truth to troubled people*. Minneapolis, MN: Bethany House.

Bandura, A. (1977). *Social learning theory*. Englewood Cliffs, NJ: Prentice Hall.

Beck, A. T. (1976). *Cognitive therapy and the emotional disorders*. New York: International Universities Press.

Beck, A. T., Rush, A. J., Shaw, B. F., & Emery, G. (1979). *Cognitive therapy of depression*. New York: Guilford Press.

Beck, A. T., Ward, C. H., Mendelson, M., Mock, J., & Erbaugh, J. (1961). An inventory for measuring depression. *Archives of General Psychiatry*, *4*, 561–571.

Beck, A. T., & Weishaar, M. (2000). Cognitive therapy. In R. J. Corsini & D. Wedding (Eds.), *Current psychotherapies* (6th ed., pp. 241–272). Itasca, IL: Peacock.

Bergin, A. E. (1980). Psychotherapy and religious values. *Journal of Consulting and Clinical Psychology*, *48*, 95–105.

Beutler, L. E. (2000). David and Goliath: When empirical and clinical standards of practice meet. *American Psychologist*, *55*, 997–1007.

Blagys, M. D., & Hilsenroth, M. J. (2002). Distinctive activities of cognitive–behavioral therapy: A review of the comparative psychotherapy process literature. *Clinical Psychology Review*, *22*, 671–706.

Chambless, D. L., & Ollendick, T. H. (2001). Empirically supported psychological interventions: Controversies and evidence. *Annual Review of Psychology*, *52*, 685–716.

Craighead, L. W., Craighead, W. E., Kazdin, A. E., & Mahoney, M. J. (1994). *Cognitive and behavioral interventions: An empirical approach to mental health problems*. Boston: Allyn & Bacon.

Craigie, F. C., & Tan, S. Y. (1989). Changing resistant assumptions in Christian cognitive–behavioral therapy. *Journal of Psychology and Theology*, *17*, 93–100.

Derogatis, L. R. (1977). *SCL-90-R: Administration, scoring, and procedure manual*. Baltimore: Johns Hopkins University Press.

DiGiuseppe, R. A., Robin, M. W., & Dryden, W. (1990). On the compatibility of rational–emotive therapy and Judeo-Christian philosophy: A focus on clinical strategies. *Journal of Cognitive Psychotherapy: An International Quarterly*, *4*, 355–368.

Dobson, K. S., & Block, L. (1988). Historical and philosophical bases of the cognitive–behavioral therapies. In K. S. Dobson (Ed.), *Handbook of cognitive–behavioral therapies* (pp. 3–38). New York: Guilford Press.

Dobson, K. S., & Dozois, D. J. A. (2001). Historical and philosophical bases of the cognitive–behavioral therapies. In K. S. Dobson (Ed.), *Handbook of cognitive–behavioral therapies* (2nd ed., pp. 3–39). New York: Guilford Press.

Dobson, K. S., & Shaw, B. F. (1993). The training of cognitive therapists: What have we learned from treatment manuals? *Psychotherapy*, *30*, 573–576.

Ellis, A. (1962). *Reason and emotion in psychotherapy*. New York: Lyle Stuart.

Ellis, A. (2000a). Can rational emotive behavior therapy (REBT) be effectively used with people who have devout beliefs in God and religion? *Professional Psychology: Research and Practice*, *31*, 29–33.

Ellis, A. (2000b). Rational emotive behavior therapy. In R. J. Corsini & D. Wedding (Eds.), *Current psychotherapies* (6th ed., pp. 168–204). Itasca, IL: Peacock.

Ellis, A., & Dryden, W. (1997). *The practice of rational emotive therapy* (2nd ed.). New York: Springer.

Ellison, C. W. (1983). Spiritual well-being: Conceptualization and measurement. *Journal of Psychology and Theology*, *11*, 330–340.

Hall, G. C. N. (2001). Psychotherapy research with ethnic minorities: Empirical, ethical, and conceptual issues. *Journal of Consulting and Clinical Psychology*, *69*, 502–510.

Hawkins, R. S., Tan, S. Y., & Turk, A. A. (1999). Secular versus Christian inpatient cognitive–behavioral therapy programs: Impact on depression and spiritual well-being. *Journal of Psychology and Theology*, *27*, 309–318.

Hollon, S. D., & Beck, A. T. (1994). Cognitive and cognitive–behavioral therapies. In A. E. Bergin & S. L. Garfield (Eds.), *Handbook of psychotherapy and behavior change* (pp. 428–466). New York: Wiley.

Hollon, S. D., & Kendall, P. C. (1980). Cognitive self-statements in depression: Development of an automatic thoughts questionnaire. *Cognitive Therapy and Research*, *4*, 383–395.

Johnson, W. B. (2001). To dispute or not to dispute: Ethical REBT with religious clients. *Cognitive and Behavioral Practice*, *8*, 39–47.

Johnson, W. B., DeVries, R., Ridley, C. R., Pettorini, D., & Peterson, D. R. (1994). The comparative efficacy of Christian and secular rational–emotive therapy with Christian clients. *Journal of Psychology and Theology*, *22*, 130–140.

Johnson, W. B., & Ridley, C. R. (1992). Brief Christian and non-Christian rational–emotive therapy with depressed Christian clients: An exploratory study. *Counseling and Values*, *36*, 220–229.

Jones, S. L., & Butman, R. E. (1991). *Modern psychotherapies: A comprehensive Christian perspective*. Downers Grove, IL: InterVarsity Press.

Keijsers, G. P. J., Schaap, C. P. D. R., & Hoogduin, C. A. L. (2000). The impact of interpersonal patient and therapist behavior on outcome in cognitive–behavior therapy. *Behavior Modification*, *24*, 264–298.

Kruis, J. G. (2000). *Quick scripture reference for counseling* (3rd ed.). Grand Rapids, MI: Baker.

Lazarus, R. S., & Folkman, C. (1984). *Stress, appraisal, and coping*. New York: Springer.

Lovinger, R. J. (1984). *Working with religious issues in therapy*. New York: Jason Aronson.

Mahoney, M. J. (1974). *Cognition and behavior modification*. Cambridge, MA: Ballinger.

Mahoney, M. J. (1977). Reflections on the cognitive learning trend in psychotherapy. *American Psychologist*, *32*, 5–13.

McCullough, M. E. (1999). Research on religion-accomodative counseling: Review and meta-analysis. *Journal of Counseling Psychology*, *46*, 92–98.

McMinn, M. (1991). *Cognitive therapy techniques in Christian counseling*. Dallas, TX: Word.

Meichenbaum, D. (1977). *Cognitive–behavior modification: An integrative approach*. New York: Plenum.

Miller, P. A. (2002). *Quick scripture reference for counseling women*. Grand Rapids,

MI: Baker.

Nielsen, S. L., Johnson, W. B., & Ellis, A. (2001). *Counseling and psychotherapy with religious persons: A rational emotive behavior therapy approach*. Mahwah, NJ: Erlbaum.

Nielsen, S. L., Johnson, W. B., & Ridley, C. R. (2000). Religiously sensitive rational emotive behavior therapy: Theory, techniques, and brief excerpts from a case. *Professional Psychology: Research and Practice*, *31*, 21–28.

Norcross, J. C. (Ed.). (2002). *Psychotherapy relationships that work*. New York: Oxford University Press.

Norcross, J. C., Karg, R. S., & Prochaska, J. O. (1997). Clinical psychologists in the 1990's: Part I. *The Clinical Psychologist*, *50*, 4–9.

Pargament, K. I. (1997). *The psychology of religion and coping: Theory, research, practice*. New York: Guilford Press.

Pecheur, D. R., & Edwards, K. J. (1984). A comparison of secular and religious versions of cognitive therapy with depressed Christian college students. *Journal of Psychology and Theology*, *12*, 45–54.

Persons, J. B., Davidson, J., & Tompkins, M. A. (2001). *Essential components of cognitive–behavior therapy for depression*. Washington, DC: American Psychological Association.

Propst, L. R. (1980). The comparative efficacy of religious and nonreligious imagery for the treatment of mild depression in religious individuals. *Cognitive Therapy and Research*, *4*, 167–178.

Propst, L. R. (1988). *Psychotherapy in a religious framework: Spirituality in the emotional healing process*. New York: Human Sciences Press.

Propst, L. R. (1996). Cognitive–behavioral therapy and the religious person. In E. P. Shafranske (Ed.), *Religion and the clinical practice of psychology* (pp. 391–407). Washington, DC: American Psychological Association.

Propst, L. R., Ostrom, R., Watkins, P., Dean, T., & Mashburn, D. (1992). Comparative efficacy of religious and nonreligious cognitive–behavioral therapy for the treatment of clinical depression in religious individuals. *Journal of Consulting and Clinical Psychology*, *60*, 94–103.

Razali, S. M., Aminah, K., & Khan, U. A. (2002). Religious–cultural psychotherapy in the management of anxiety patients. *Transcultural Psychiatry*, *39*, 130–136.

Richards, P. S., & Bergin, A. E. (2000). *Handbook of psychotherapy and religious diversity*. Washington, DC: American Psychological Association.

Sue, D. W., & Sue, D. (2003). *Counseling the culturally diverse: Theory and practice* (4th ed.). New York: Wiley.

Tan, S.-Y. (1987). Cognitive–behavior therapy: A biblical approach and critique. *Journal of Psychology and Theology*, *15*, 103–112.

Tan, S.-Y. (1996a). Practicing the presence of God: The work of Richard J. Foster and its applications to psychotherapeutic practice. *Journal of Psychology and Christianity*, *15*, 17–28.

Tan, S.-Y. (1996b). Religion in clinical practice: Implicit and explicit integration.

In E. P. Shafranske (Ed.), *Religion and the clinical practice of psychology* (pp. 365–387). Washington, DC: American Psychological Association.

Tan, S.-Y. (1999). Cognitive–behavior therapy. In D. G. Benner & P. C. Hill (Eds.), *Baker encyclopedia of psychology and counseling* (2nd ed., pp. 215–218). Grand Rapids, MI: Baker.

Tan, S.-Y. (2001). Empirically supported treatments. *Journal of Psychology and Christianity*, *20*, 282–286.

Tan, S.-Y. (2002). Empirically informed principles of treatment selection: Beyond empirically supported treatments. *Journal of Psychology and Christianity*, *21*, 54–56.

Tan, S.-Y. (2003a). Empirically supported therapy relationships: Psychotherapy relationships that work: *Journal of Psychology and Christianity*, *22*, 64–67.

Tan, S.-Y. (2003b). Integrating spiritual direction into psychotherapy: Ethical issues and guidelines. *Journal of Psychology and Theology*, *31*, 14–23.

Tan, S.-Y., & Dong, N. J. (2000). Psychotherapy with members of Asian American churches and spiritual traditions. In P. S. Richards & A. E. Bergin (Eds.), *Handbook of psychotherapy and religious diversity* (pp. 421–444). Washington, DC: American Psychological Association.

Tan, S.-Y., & Dong, N. J. (2001). Spiritual interventions in healing and wholeness. In T. G. Plante & A. C. Sherman (Eds.), *Faith and health: Psychological perspectives* (pp. 291–310). New York: Guilford Press.

Tan, S.-Y., & Ortberg, J., Jr. (1995). *Understanding depression*. Grand Rapids, MI: Baker.

Tan, S.-Y., & Ortberg, J., Jr. (2004). *Coping with depression* (2nd ed.). Grand Rapids, MI: Baker.

White, C. A. (2001). *Cognitive behavior therapy for chronic medical problems*. Chichester, England: Wiley.

Worthington, E. L., Jr., Kurusu, T. A., McCullough, M. E., & Sandage, S. J. (1996). Empirical research on religion and psychotherapeutic processes and outcomes: A 10-year review and research prospectus. *Psychological Bulletin*, *119*, 448–487.

Worthington, E. L., Jr., & Sandage, S. J. (2001). Religion and spirituality. *Psychotherapy*, *38*, 473–478.

Wright, H. N. (1986). *Self-talk, imagery and prayer in counseling*. Waco, TX: Word.

제5장

Arlow, J. A. (1985). The concept of psychic reality and related problems. *Journal of the American Psychoanalytic Association*, *33*, 521–536.

Arlow, J. A. (1996). The concept of *psychic reality*—how useful? *International Journal of Psycho-Analysis*, *77*, 659–666.

Bartoli, E. (2001). Psychoanalytic practice and the religious patient: The politics of agency and responsibility (Doctoral dissertation, University of Chicago). *Dissertation Abstracts International*, 62(10), 4772. (UMI No. AAT 3029474)

Brokaw, B. F., & Edwards, K. J. (1994). The relationship of God image to level of object relations development. *Journal of Psychology & Theology*, *22*(4), 352–371.

Chirban, J. T. (2001). Assessing religious and spiritual concerns in psychotherapy. In T. G. Plante & A. C. Sherman (Eds.), *Faith and health: Psychological perspectives* (pp. 265–290). New York: Guilford Press.

Chodorow, N. (1978). *The reproduction of mothering*. Berkeley: University of California Press.

De Luca, A. J. (1977). *Freud and future religious experience*. Totowa, NJ: Littlefield, Adams.

De Mello Franco, O. (1998). Religious experience and psychoanalysis: From man-as-God to man-with-God. *International Journal of Psycho-Analysis*, *79*, 113–131.

Engler, J. H. (1983). Vicissitudes of the self according to psychoanalysis and Buddhism: A spectrum model of object relations development. *Psychoanalysis and Contemporary Thought*, *6*, 29–72.

Epstein, M. D. (1988). The deconstruction of the self: Ego and "egolessness" in Buddhist insight meditation. *Journal of Transpersonal Psychology*, *20*, 61–69.

Erikson, E. (1958). *Young man Luther: A study in psychoanalysis and history*. New York: Norton.

Fauteux, K. (1994). *The recovery of the self. Regression and redemption in religious experience*. Mahwah, NJ: Paulist Press.

Feuerbach, L. (1841/1957). *The essence of Christianity* (E. G. Waring & F. W. Strothmann, Eds.). New York: Ungar.

Finn, M. (1992). Transitional space and Tibetan Buddhism: The object relations of meditation. In J. Gartner & M. Finn (Eds.), *Object relations theory and religion* (pp. 109–118). Westport, CT: Praeger.

Freud, A. (1936). *Ego and the mechanisms of defense*. New York: International Universities Press.

Freud, S. (1961). A seventeenth century demonological neurosis (and the undeveloped part). In J. Strachey (Ed. & Trans.), *The standard edition of the complete psychological works of Sigmund Freud* (Vol. 9, pp. 72–105). London: Hogarth Press. (Original work published in 1923)

Freud, S. (1961). Obsessive actions and religious practices. In J. Strachey (Ed. & Trans.), *The standard edition of the complete psychological works of Sigmund Freud* (Vol. 9, pp. 115–127). London: Hogarth Press. (Original work published 1907)

Freud, S. (1961). On beginning the treatment. In J. Strachey (Ed. & Trans.), *The standard edition of the complete psychological works of Sigmund Freud* (Vol. 12, pp. 121–144). London: Hogarth Press. (Original work published 1913)

Freud, S. (1961). Totem and taboo. In J. Strachey (Ed. & Trans.), *The standard edition of the complete psychological works of Sigmund Freud* (Vol. 13, pp. 1–162). London: Hogarth Press. (Original work published 1913)

Freud, S. (1961). The future of an illusion. In J. Strachey (Ed. & Trans.), *The standard edition of the complete psychological works of Sigmund Freud* (Vol. 21, pp. 5–56). London: Hogarth Press. (Original work published 1927)

Freud, S. (1961). Civilization and its discontents. In J. Strachey (Ed. & Trans.), *The standard edition of the complete psychological works of Sigmund Freud* (Vol. 21, pp. 167–172). London: Hogarth Press. (Original work published 1930)

Freud, S. (1961). The question of a weltanschauung. New introductory lectures, Lecture XXXV. In J. Strachey (Ed. & Trans.), *The standard edition of the complete psychological works of Sigmund Freud* (Vol. 22, pp. 158–182). London: Hogarth Press. (Original work published 1933)

Freud, S. (1961). Moses and monotheism. In J. Strachey (Ed. & Trans.), *The standard edition of the complete psychological works of Sigmund Freud* (Vol. 23, pp. 3–139). London: Hogarth Press. (Original work published 1939)

Gabbard, G. O. (2000). *Psychodynamic psychiatry in clinical practice* (3rd ed.). Washington, DC: American Psychiatric Press.

Galatzer-Levy, R. M., Bachrach, H., Skolnikoff, A., & Waldron, W., Jr. (2000). *Does psychoanalysis work?* New Haven, CT: Yale University Press.

Gay, P. (1987). A *Godless Jew: Freud, atheism and the making of psychoanalysis*. New Haven, CT: Yale University Press.

Geertz, C. (1973). Religion as a cultural system. In C. Geertz (Ed.), *The interpretation of cultures* (pp. 87–125). New York: Basic Books. (Reprinted from *Anthropological approaches to the study of religion*, pp. 1–46, by M. Banton, Ed., 1966, London: Tavistock.)

Gill, M. (1994). Comments on "Neutrality, Interpretation, and Therapeutic Intent." *Journal of the American Psychoanalytic Association*, *42*, 681–684.

Granqvist, P., & Hagekull, B. (1999). Religiousness and perceived childhood attachment: Profiling socialized correspondence and emotional compensation. *Journal for the Scientific Study of Religion*, *38*, 254–273.

Granqvist, P., & Hagekull, B. (2001). Seeking security in the new age: On attachment and emotional compensation. *Journal for the Scientific Study of Religion*, *40*(3), 527–545.

Greenson, R. R. (1967). *The technique and practice of psychoanalysis* (Vol. 1). New York: International Universities Press.

Guntrip, H. (1968). Religion in relation to personal integration. *British Journal of Medical Psychology*, *42*, 323–333.

Hall, T. W., Brokaw, B. F., Edwards, K. J., & Pike, P. L. (1998). An empirical exploration of psychoanalysis and religion: Spiritual maturity and object relations development. *Journal for the Scientific Study of Religion*, *37*(2), 303–313.

Hoffman, I. (1983). The patient as interpreter of the analyst's experience. *Contemporary Psychoanalysis*, *19*, 389–422

Hoffman, I. (1991). Discussion: Toward a social–constructivist view of the psychoanalytic situation. *Psychoanalytic Dialogues*, *1*, 74–105.

Hoffman, I. (1992). Some practical implications of a social–constructivist view of the psychoanalytic situation. *Psychoanalytic Dialogues*, 2, 287–304.

Jones, J. W. (1991). *Contemporary psychoanalysis and religion: Transference and transcendence*. New Haven: CT: Yale University Press.

Jones, J. W. (1996). *Religion and psychology. Psychoanalysis, feminism, and theology*. New Haven, CT: Yale University Press.

Jones, J. W. (2002). *Terror and transformation*. East Sussex, England: Brunner-Routledge.

Kakar, S. (1991). *The analyst and the mystic*. Chicago: University of Chicago Press.

Kirkpatrick, L. A. (1992). An attachment-theory approach to the psychology of religion. *The International Journal for the Psychology of Religion*, 2, 3–28.

Kirkpatrick, L. A. (1997). A longitudinal study of changes in religious belief and behavior as a function of individual differences in adult attachment style. *Journal for the Scientific Study of Religion*, 36, 207–217.

Kirkpatrick, L. A. (1998). God as a substitute attachment figure: A longitudinal study of adult attachment style and religious change in college students. *Personality & Social Psychology Bulletin*, 24, 961–973.

Kirkpatrick, L. A. (1999). Toward an evolutionary psychology of religion and personality. *Journal of Personality*, 67, 921–952.

Kohut, H. (1959). Introspection, empathy, and psychoanalysis. *Journal of the American Psychoanalytic Association*, 7, 459–483.

Kohut, H. (1984). *How does analysis cure?* Chicago: University of Chicago Press.

Kung, H. (1979). *Freud and the problem of God* (E. Quinn, Trans.) New Haven, CT: Yale University Press.

Loewald, H. W. (1980). On the therapeutic action of psychoanalysis. In *Papers on psychoanalysis* (pp. 221–256). New Haven, CT: Yale University Press.

McDargh, J. (1983). *Psychoanalytic object relations theory and the study of religion*. Washington, DC: University Press of America.

McWilliams, N. (1994). *Psychoanalytic diagnosis. Understanding personality structure in the clinical process*. New York: Guilford Press.

Meissner, W. W. (1987). *Psychoanalysis and religion*. New Haven, CT: Yale University Press.

Messer, S. B., & Warren, C. S. (1995). *Models of brief psychodynamic psychotherapy*. New York: Guilford Press.

Modell, A. H. (1990). *Other times, other realities*. Cambridge, MA: Harvard University Press.

Ogden, T. H. (1994). The analytic *third*: Working with intersubjective clinical facts. *International Journal of Psycho-Analysis*, 75, 3–20.

Poland, W. (1984) On the analyst's neutrality. *Journal of the American Psychoanalytic Association*, 32, 283–299.

Rangell, L. (1995). Psychoanalytic realities and the analytic goal. *International Journal of Psycho-Analysis*, 76, 15–18.

Rangell, L. (1997). At century's end: A unitary theory of psychoanalysis. The unitary theory of Leo Rangell. *Journal of Clinical Psychoanalysis*, 6, 465–484.

Rangell, L. (2000). Psychoanalysis at the millennium: A unitary theory. *Psychoanalytic Psychology, 17*, 451–466.

Reiff, P. (1961). *Freud: Mind of the moralist.* New York: Doubleday.

Renik, O. (1993). Analytic interaction: Conceptualizing technique in light of the analyst's irreducible subjectivity. *Psychoanalytic Quarterly*, 62, 553–571.

Richards, P. S., & Bergin, A. E. (1997). *A spiritual strategy for counseling and psychotherapy*. Washington, DC: American Psychological Association.

Ricoeur, P. (1970). *Freud and philosophy: An essay on interpretation* (D. Savage, Trans.). New Haven, CT: Yale University Press.

Rizzuto, A.-M. (1979). *The birth of the living God.* Chicago: University of Chicago Press.

Rizzuto, A.-M. (1998). *Why did Freud reject God?* New Haven, CT: Yale University Press.

Rizzuto, A.-M. (2001). Vicissitudes of self, object, and God representations during psychoanalysis. In M. Aletti & G. Rossi (Eds.), *L'Illusione religiosa: Rive e derive* [Religious Illusion] (pp. 26–55). Torino, Italy: Centro Scientifico Edtore.

Rizzuto, A.-M. (2003). Psychoanalysis: The transformation of the subject by the spoken word. *Psychoanalytic Quarterly*, 72, 287–323.

Rowatt, W. C., & Kirkpatrick, L. A. (2002). Two dimensions of attachment to God and their relation to affect, religiosity, and personality constructs. *Journal for the Scientific Study of Religion*, 41, 637–651.

Sandler, J., & Sandler, M. (1998). *Internal objects revisited.* New York: International Universities Press.

Shafranske, E. P. (1991). Subjective historicity and teleology. In H. N. Malony (Ed.), *Psychology of religion: Personalities, problems, possibilities* (pp. 563–570). Grand Rapids, MI: Baker.

Shafranske, E. P. (1995). Freudian theory and religious experience. In R. W. Hood Jr. (Ed.), *Handbook of religious experience* (pp. 200–230). Birmingham, AL: Religious Education Press.

Shafranske, E. P. (2002). The psychoanalytic meaning of religious experience. In M. Arieti & F. De Nardi (Eds.), *Psychoanalisi e religione* (pp. 227–257). Torino, Italy: Centro Scientifico Editore.

Smith, J. H. (1990). On psychoanalysis and the question of nondefensive religion. In J. H. Smith & S. A. Handelman (Eds.), *Psychoanalysis and religion*. Baltimore: The Johns Hopkins University Press.

Sorenson, R. L. (1994). Therapists' (and their therapists') God representations in clinical practice. *Journal of Psychology & Theology*, 22, 325–344.

Sorenson, R. L. (1997). Transcendence and intersubjectivity: The patient's experience of the analyst's spirituality. In C. Spezzano & G. J. Gargiulo (Eds.), *Soul on the couch: Spirituality, religion, and morality in contemporary psychoanalysis* (pp. 163–199). Hillsdale, NJ: Analytic Press.

Sorenson, R. L. (2004). *Minding spirituality*. Hillsdale, NJ: Analytic Press.

Spero, M. H. (1992). *Religious objects as psychological structures*. Chicago: University of Chicago Press.

Stern, D. (1991). A philosophy for the embedded analyst—Gadamer's hermeneutics and the social paradigm of psychoanalysis. *Contemporary Psychoanalysis, 27*, 51–80.

Stern, D. N. (1995). *The motherhood constellation*. New York: Basic Books.

Strozier, C. B. (1997). Heinz Kohut's struggles with religion, ethnicity, and God. In J. L. Jacobs & D. Capps (Eds.), *Religion, society, and psychoanalysis* (pp. 165–180). Boulder, CO: Westview Press.

Suler, J. R. (1993). *Contemporary psychoanalysis and Eastern thought*. Albany: State University of New York Press.

Van Herik, J. (1982). *Freud on femininity and faith*. Berkeley: University of California Press.

Vergote, A. (2002). At the crossroads of the personal word. In M. Arieti & F. De Nardi (Eds.), *Psychoanalisi e religione* (pp. 4–34). Torino, Italy: Centro Scientifico Editore.

Wallerstein, R. S. (1988). One psychoanalysis or many? *International Journal of Psycho-Analysis, 69*, 5–22.

제6장

Allport, G. W. (1961). *The individual and his religion*. New York: Macmillan.

Binswanger, L. (1963). *Being-in-the-world: Selected papers of Ludwig Binswanger*. New York: Basic Books.

Buber, M. (1965). *The knowledge of man* (M. Friedman, Ed.). New York: Harper & Row.

Buber, M. (1970). *I and thou* (W. Kaufmann, Trans.). New York: Scribner.

Buber, M. (1988). *Between man and man* (R. G. Smith, Trans.). New York: Macmillan.

Durkheim, E. (1915). *The elementary forms of religious life*. London: Allen & Unwin.

Eliade, M. (1959). *The sacred and the profane*. New York: Harper & Row.

Elkins, D. N. (1998). *Beyond religion: A personal program for building a spiritual life outside the walls of traditional religion*. Wheaton, IL: Quest Books

Elkins, D. N. (2000). Old Saybrook I and II: The visioning and re-visioning of humanistic psychology. *Journal of Humanistic Psychology, 40*(2), 119–131.

Elkins, D. N., Lipari, J., & Kozora, C. J. (1999). Attitudes and values of humanistic psychologists: Division 32 survey results. *The Humanistic Psychologist, 27*, 329–342.

Frankl, V. E. (1963). *Man's search for meaning*. Boston: Beacon.

Fromm, E. (1950). *Psychoanalysis and religion*. New Haven, CT: Yale University Press.

Giorgi, A. (1970). *Psychology as a human science*. New York: Harper & Row.

Hastings, A. (1999). Transpersonal psychology: The fourth force. In D. Moss (Ed.), *Humanistic and transpersonal psychology: A historical and biographical sourcebook* (pp. 192–298). Westport, CT: Greenwood.

Hillman, J. (1975). *Re-visioning psychology*. New York: Harper & Row.

James, W. (1902). *The varieties of religious experience*. New York: Longmans, Green.

Jung, C. G. (1933). *Modern man in search of a soul*. New York: Harcourt Brace & World.

Jung, C. G. (1964). *Man and his symbols*. Garden City, NY: Doubleday.

Kohut, H. (1971). *The analysis of the self*. New York: International Universities Press.

Kohut, H. (1977). *The restoration of the self*. New York: International Universities Press.

Kohut, H. (1984). *How does analysis cure?* Chicago: University of Chicago Press.

Maslow, A. H. (1954). *Motivation and personality*. New York: Harper & Row.

Maslow, A. H. (1962). *Toward a psychology of being*. New York: Van Nostrand Reinhold.

Maslow, A. H. (1971). *The farther reaches of human nature*. New York: Viking.

Maslow, A. H. (1976). *Religions, values, and peak experiences*. New York: Penguin.

May, R., Angel, E., & Ellenberger, H. (Eds.). (1958). *Existence: A new dimension in psychiatry and psychology*. New York: Basic Books.

Moore, T. (1992). *Care of the soul*. New York: HarperCollins.

Otto, R. (1923). *The idea of the holy*. London: Oxford University Press.

Richards, P. S., & Bergin, A. E. (1997). *A spiritual strategy for counseling and psychotherapy*. Washington, DC: American Psychological Association.

Rank, O. (1958). *Beyond psychology*. New York: Dover.

Schneider, K. J., Bugental, J. T., & Fraser Pierson, J. (2001). Introduction. In K. J. Schneider, J. T. Bugental, & J. Fraser Pierson (Eds.), *The handbook of humanistic psychology* (pp. xix–xxv). Thousand Oaks, CA: Sage.

Seligman, M. (1990). *Learned optimism*. New York: Knopf.

Seligman, M. (1993). *What you can change and what you can't: The complete guide to successful self-improvement*. New York: Knopf.

Seligman, M. E. P., & Csikszentmihalyi, M. (2000). Positive psychology: An introduction. *American Psychologist, 55*, 5–14.

Stolorow, R. D., Atwood, G. E., & Brandchaft, B. (1994). *The intersubjective context of intrapsychic experience: The intersubjective perspective*. Northvale, NJ: Jason Aronson.

Tart, C. T. (1975a). *States of consciousness*. New York: Dutton.

Tart, C. T. (1975b). *Transpersonal psychologies*. New York: Harper & Row.

Tart, C. T. (1989). *Open mind, discriminating mind*. New York: Harper & Row.

Taylor, E. (1999). *Shadow culture: Psychology and spirituality in America*. Washington, DC: Counterpoint.

Taylor, E. I., (2000). What is man, psychologist, that thou are so unminded of him? Henry A. Murray on the historical relation between classical personality theory and humanistic psychology. *Journal of Humanistic Psychology*, 40(3), 29–42.

Taylor, E. I., & Martin, F. (2001). Humanistic psychology at the crossroads. In K. J. Schneider, J. T. Bugental, & J. Fraser Pierson (Eds.), *The handbook of humanistic psychology* (pp. 21–27). Thousand Oaks, CA: Sage.

Tillich, P. (1948). *The shaking of the foundations*. New York: Scribner.

Tillich, P. (1952). *The courage to be*. New Haven, CT: Yale University Press.

Tillich, P. (1957). *Dynamics of faith*. New York: Harper & Row.

Vaughan, F. (1979). *Awakening intuition*. New York: Doubleday.

Vaughan, F. (1986). *The inward arc: Healing in psychotherapy and spirituality*. Boston: Shambhala.

Walsh, R. (1993). The transpersonal movement: A history and state of the art. *Journal of Transpersonal Psychology*, *25*, 123–140.

Walsh, R. (1995). The problem of suffering: Existential and transpersonal perspectives. *The Humanistic Psychologist*, *23*, 345–356.

Walsh, R. (1999). *Essential spirituality*. New York: Wiley.

Wilber, K. (1977). *The spectrum of consciousness*. Wheaton, IL: Quest Books.

Wilber, K. (1980). *The atman project*. Wheaton, IL: Quest Books.

Wilber, K. (1981). *No boundary*. Boston: Shambhala.

Wilber, K. (1995). *The eye of the spirit*. Boston: Shambhala.

Yalom, I. D. (1980). *Existential psychotherapy*. New York: Basic Books.

제7장

Gallup, G. H., & Bezilla, R. (1992). *The religious life of young Americans*. Princeton, NJ: George J. Gallup International Institute.

Klerman, G., & Weissman, M. M. (1993). *New applications in interpersonal psychotherapy*. Washington, DC: American Psychiatric Press.

Klerman, G., Weissman, M. M., Rounsaville, B., & Chevron, E. (1984). *Interpersonal psychotherapy of depression*. New York: Basic Books.

Larson, D., & Larson, S. (1994). *The forgotten factor: Review of research on religion and health*. Rockville, MD: National Institute of Health Research.

Miller, L., Gur, M., & Shanok, A. (2004). *Interpersonal psychotherapy with poor pregnant girls, depression and anxiety*. Manuscript submitted for publication.

Miller, L., & Weissman, M. M. (2002). Interpersonal psychotherapy delivered over the telephone to recurrent depressives. A pilot study. *Depression and Anxiety*, *16*, 114–117.

Pargament K. I. (1997). *The psychology of religion and coping*. New York: Guilford Press.

Richards, P. S., & Bergin, A. E. (1997). *A spiritual strategy for counseling and psychotherapy*. Washington, DC: American Psychological Association.

Weissman, M., Markowitz, J., & Klerman, G. (2000). *Comprehensive guide to interpersonal psychotherapy*. New York: Basic Books.

READINGS THAT INFORMED THE AUTHOR'S FORMULATION OF SPIRITUAL INTERPERSONAL PSYCHOTHERAPY

Charlton, H. (1989). *Saints alive. Golden Quest Series Volume III*. New York: Golden Quest.

Dass, R. (1974). *The only dance there is: Talks given at the Menninger Foundation, Topeka, Kansas, 1970, and at the Spring Grove Hospital, Spring Grove, Maryland, 1972*. Garden City, NY: Archor.

Lundstrom, M., & Belitz, C. (1998). *The power of flow: Practical ways to transform your life with meaningful coincidence*. New York: Three Rivers Press.

제8장

American Psychiatric Association. (1952). *Diagnostic and statistical manual of mental disorders*. Washington, DC: Author.

American Psychiatric Association. (1968). *Diagnostic and statistical manual of mental disorders* (2nd ed.). Washington, DC: Author.

American Psychiatric Association. (2000). *Diagnostic and statistical manual of mental disorders* (4th ed., text rev.). Washington, DC: Author.

Appelle, S., Lynn, S., & Newman, L. (2000). Alien abduction experiences. In E. Cardena, S. Lynn, & S. Krippner (Eds.), *Varieties of anomalous experience: Examining the scientific evidence* (pp. 253–282). Washington, DC: American Psychological Association.

Asante, M. (1984). The feminine principle in Tibetan Vajrayana Buddhism: Reflection of a Buddhist feminist. *Journal of Transpersonal Psychology, 16*, 167–178.

Assagioli, R. (2000). *Psychosynthesis: A collection of basic writings*. New York: Synthesis Center.

Benson, H. (1975). *The relaxation response*. New York: Avon.

Boorstein, S. (Ed.). (1996). *Transpersonal psychotherapy* (2nd ed.). Albany: State University of New York Press.

Boorstein, S. (2000). Transpersonal psychotherapy. *American Journal of Psychotherapy, 54*, 408–424.

Buckley, P. (1981). Mystical experience and schizophrenia. *Schizophrenia Bulletin, 7*, 516–521.

Campbell, J. (1972). *Myths to live by*. New York: Viking Press.

Cardena, E., Lynn, S., & Krippner, S. (Eds.). (2000). *Varieties of anomalous experience: Examining the scientific evidence*. Washington, DC: American Psychological Association.

Chinen, A. (1996). The emergence of transpersonal psychiatry. In B. Scotton, A. Chinen, & J. Battista (Eds.), *Textbook of transpersonal psychiatry and psychology*. New York: Basic Books.

Clay, S. (1987). Stigma and spirituality. *Journal of Contemplative Psychotherapy, 4*, 87–94.

Cortright, B. (1997). *Psychotherapy and spirit: Theory and practice in transpersonal psyhotherapy*. Albany: State University of New York Press.

Daniels, M. (2002). The transpersonal self: Comparing seven psychological theories. *Transpersonal Psychology Review*, 6(2), 4–21.

Dass, R. (1970). Baba Ram Dass lecture at The Menninger Foundation. *Journal of Transpersonal Psychology*, 2, 91–140.

Deatherage, O. (1996). Mindfulness meditation as psychotherapy. In S. Boorstein (Ed.), *Transpersonal psychotherapy* (2nd ed., pp. 209–240). Albany: State University of New York Press.

Deikman, A. (1996). Sufism and psychiatry. In S. Boorstein (Ed.), *Transpersonal psychotherapy* (2nd ed., pp. 241–260). Albany: State University of New York Press.

Edwards, D. (1995). *Guidelines for conducting clinical and phenomenological case studies*. Unpublished manuscript, Rhodes, South Africa.

Epstein, M. (1998). *Going to pieces without falling apart*. New York: Broadway Books.

Fagianelli, P. (1995). *The relationship of aikido training and psychotherapy training in licensed mental health professionals who are advanced practitioners of aikido*. Unpublished manuscript, Saybrook Graduate School, San Francisco.

Feinstein, D., & Krippner, S. (1988). *Personal mythology: The psychology of your evolving self*. Los Angeles: Tarcher.

Garfield, C. (1975). Consciousness alteration and fear of death. *Journal of Transpersonal Psychology*, 7, 147–175.

Goleman, D. (1971). Meditation as meta-therapy: Hypotheses toward a proposed fifth state of consciousness. *Journal of Transpersonal Psychology*, 3, 1–26.

Gray, L. (2002). *Shamanic counseling and ecopsychology*. Retrieved April 20, 2003, from http://woodfish.org/

Grof, C. (1993). *The thirst for wholeness: Addiction, attachment, and the spiritual path*. New York: HarperCollins.

Grof, S. (1993). *The holotropic mind: The three levels of human consciousness and how they shape our lives*. San Francisco: HarperCollins.

Grof, S., & Grof, C. (Eds.). (1989). *Spiritual emergency: When personal transformation becomes a crisis*. Los Angeles: Tarcher.

Harner, M. (1990). *The way of the shaman*. San Francisco: HarperCollins.

Heckler, R. (1985). Aikido and children. In R. Heckler (Ed.), *Aikido and the new warrior*. Berkeley, CA: North Atlantic Books.

Hillman, J. (1992). *Revisioning psychology*. New York: HarperCollins.

Hutton, M. (1994). How transpersonal psychotherapists differ from other practitioners: An empirical study. *Journal of Transpersonal Psychology*, *26*, 139–174.

Huxley, A. (1944/1990). *The perennial philosophy*. New York: HarperCollins.

James, W. (1958). *The varieties of religious experience*. New York: New American Library of World Literature. (Original work published 1902)

Jamison, K. (1996). *Touched with fire: Manic depressive illness and the artistic temperament*. New York: Touchstone.

Jamison, K., Gerner, R., Hammen, C., & Padesky, C. (1980). Clouds and silver linings: positive experiences associated with primary affective disorders. *American Journal of Psychiatry*, *137*, 198–202.

Jung, C. G. (1969). *Mandala symbolism*. Princeton, NJ: Princeton University Press.

Kabit-Zinn, J. (1990). *Full catastrophe living: Using the wisdom of your body and mind to face stress, pain, and illness*. New York: Delta.

Kaplan, B. (Ed.). (1964). *The inner world of mental illness*. New York: HarperCollins.

Koenig, H., McCullough, M., & Larson, D. (2001). *Handbook of religion and health*. New York: Oxford University Press.

Kornfield, J. (1993). *A path with heart: A guide through the perils and promises of spiritual life*. New York: Bantam Doubleday.

Krippner, S. (1990). Beyond the blind and dumb. *Transpersonal Psychology Interest Group Newsletter*, *3*, 3.

Laing, R. D. (1972). Metanoia: Some experiences at Kingsley Hall. In H. M. Ruitenbeck (Ed.), *Going crazy*. New York: Bantam.

Leslie, R. (1976). Yoga and the fear of death. *Journal of Transpersonal Psychology*, *8*, 128–132.

Lieff, J. (1982). Eight reasons why doctors fear the elderly, chronic illness and death. *Journal of Transpersonal Psychology*, *14*, 47–60.

Lindner, R. (1954). The jet-propelled couch. In R. Lindner (Ed.), *The fifty minute-hour*. New York: Holt, Rinehart & Winston.

Lines, D. (2002). Counseling within a new spiritual paradigm. *Journal of Humanistic Psychology*, *42*, 102–123.

Lukoff, D. (1985). The diagnosis of mystical experiences with psychotic features. *Journal of Transpersonal Psychology*, *17*, 155–181.

Lukoff, D. (1996). Transpersonal psychotherapy with psychotic disorders and spiritual emergencies with psychotic features. In B. Scotton, A. Chinen, & J. Battista (Eds.), *Textbook of transpersonal psychiatry and psychology*. New York: Basic Books.

Lukoff, D. (2003). The importance of spirituality in mental health. In B. Horrigan (Ed.), *Voices of integrative medicine* (pp. 174–184). St. Louis, MO: Elsevier Science.

Lukoff, D., & Everest, H. C. (1985). The myths in mental illness. *Journal of Transpersonal Psychology*, *17*, 123–153.

Lukoff, D., Lu, F., & Turner, R. (1992). Toward a more culturally sensitive *DSM–IV*:

Psychoreligious and psychospiritual problems. *Journal of Nervous and Mental Disease*, *180*(11), 673–682.

Lukoff, D., Lu, F., & Turner, R. (1998). From spiritual emergency to spiritual problem: The transpersonal roots of the new *DSM–IV* Category. *Journal of Humanistic Psychology*, *38*, 21–50.

Lukoff, D., Wallace, C. J., Liberman, R. P., & Burke, K. (1986). A holistic health program for chronic schizophrenic patients. *Schizophrenia Bulletin*, *12*, 274–282.

Luskin, F. (2001). *Forgive for good: A proven prescription for health and happiness*. San Francisco: Harper.

Mack, J. (1999). *Passport to the cosmos: Human transformation and alien encounters*. New York: Crown.

Maslow, A. (1943). Preface to motivation theory. *Psychosomatic Medicine*, *5*, 85–92.

Mayer, M. (1999). Qigong and hypertension: A critique of research. *Journal of Alternative and Complementary Medicine*, *5*(4), 371–382.

Miller, W. (1990). Spirituality: The silent dimension in addiction research. *Drug and Alcohol Review*, *9*, 259–266.

Perry, J. (1974). *The far side of madness*. Englewood Cliffs, NJ: Prentice Hall.

Perry, J. (1992). *Mental breakdown as a healing process*. Retrieved April 24, 2003, from http://www.global-vision.org/interview/perry.html

Peteet, J. (1993). A closer look at the role of a spiritual approach in addictions treatment. *Journal of Substance Abuse Treatment*, *10*, 263–267.

Podvoll, E. (1990). *The seduction of madness: Revolutionary insights into the world of psychosis and a compassionate approach to recovery at home*. New York: HarperCollins.

Richards, W., Grof, S., Goodman, L., & Kurland, A. (1972). LSD-assisted psychotherapy and the human encounter with death. *Journal of Transpersonal Psychology*, *4*, 121–150.

Ring, K. (1992). *The Omega Project: Near-death, UFO encounters, and mind at large*. New York: Morris.

Rothberg, D. (1990). Epistemology and the study of mysticism. In R. Forman (Ed.), *The problems of pure consciousness: Mysticism and philosophy* (pp. 163–210). New York: Oxford University Press.

Saposnek, D. (1980). Aikido: A model for brief strategic therapy. In R. Heckler (Ed.), *Aikido and the new warrior* (pp. 178–197). Berkeley, CA: North Atlantic Books.

Scotton, B. (1985). Observations on the teaching and supervision of transpersonal psychotherapy. *Journal of Transpersonal Psychology*, *17*(1), 57–76.

Scotton, B. (1996). Introduction and definition of transpersonal psychiatry. In B. Scotton, A. Chinen, & J. Battista (Eds.), *Textbook of transpersonal psychiatry and psychology* (pp. 3–8). New York: Basic Books.

Scotton, B., & Hiatt, J. (1996). The contribution of Hinduism and yoga to transpersonal psychiatry. In B. Scotton, A. Chinen, & J. Battista (Eds.), *Text-*

book of transpersonal psychiatry and psychology (pp. 104–113). New York: Basic Books.

Seligman, M. (2001). *Spirituality and depression: A century-long research review*. Retrieved April 24, 2003, from http://www.nihr.org/programs/researchreports/centurylongresearch.cfm

Sethi, S., & Seligman, M. (1993). Optimism and fundamentalism. *Psychological Science*, *4*, 256–259.

Sogyal Rinpoche. (1994). *The Tibetan book of living and dying*. San Francisco: HarperCollins.

Sommer, R., & Osmond, H. (1960). Autobiographies of former mental patients. *Journal of Mental Science*, *106*, 648–662.

Sperry, L. (2001). *Spirituality in clinical practice*. Philadelphia: Brunner-Routledge.

Sutich, A. (1969). Some considerations regarding transpersonal psychology. *Journal of Transpersonal Psychology*, *1*, 11–20.

Sutich, A. (1973). Transpersonal therapy. *Journal of Transpersonal Psychology*, *5*, 1–14.

Tart, C. (1992). *Transpersonal psychologies: Perspectives on the mind from seven great spiritual traditions*. New York: HarperCollins.

Taylor, E. (1983). *William James on exceptional mental states: The 1896 Lowell Lectures*. New York: Scribner.

Taylor, E. (1990). *Shadow culture: Psychology and spirituality in America*. Washington, DC: Counterpoint.

Taylor, K. (1995). *The ethics of caring: Honoring the web of life in our professional healing relationships*. Santa Cruz, CA: Hanford Mead.

Taylor, K. (Ed.). (2003). *Exploring holotropic breathwork: Selected articles from a decade of the inner door*. Santa Cruz, CA: Hanford Mead.

Valle, R. (1989). The emergence of transpersonal psychology. In R. Valle & S. Halling (Eds.), *Existential–phenomenological perspectives in psychology* (pp. 257–268). New York: Plenum Press.

Van Nuys, D. (1971). A novel technique for studying attention during meditation. *Journal of Transpersonal Psychology*, *3*, 125–134.

Van Putten, T., Crumpton, E., & Yale, C. (1976). Drug refusal in schizophrenia and the wish to be crazy. *Archives of General Psychiatry*, *33*, 1443–1446.

Vaughan, F. (1979). Transpersonal psychotherapy: Context, content and process. *Journal of Transpersonal Psychology*, *1*, 101–110.

Vaughan, F. (1991). Spiritual issues in psychotherapy. *Journal of Transpersonal Psychology*, *23*, 105–120.

Vaughan, F. (1993). Healing and wholeness: Transpersonal psychotherapy. In R. Walsh & F. Vaughan (Eds.), *Paths beyond ego: The transpersonal vision* (pp. 160–164). Los Angeles: Tarcher.

Vonnegut, M. (1975). *The Eden express*. New York: Bantam.

Waldman, M. (1990). Reflections on death and reconciliation. *Journal of Transpersonal*

Psychology, *21*, 167–174.

Walsh, R. (1999). *Essential spirituality: The 7 central practices to awaken heart and mind*. Hoboken, NJ: Wiley.

Walsh, R., & Vaughan, F. (1996). Comparative models of the person and psychotherapy. In S. Boorstein (Ed.), *Transpersonal psychotherapy* (2nd ed., pp. 15–30). Albany: State University of New York Press.

Wasson, R. G., Hofmann, A., & Ruck, C. (1978). *The road to Eleusis: Unveiling the secret of the mysteries*. New York: Harcourt Brace Jovanovich.

Watts, A. (1957). *The way of Zen*. New York: Penguin.

Watts, A. (1974). Psychotherapy and eastern religion: Metaphysical bases of psychiatry. *Journal of Transpersonal Psychology*, *6*, 18–31.

Welwood, J. (2000). *Toward a psychology of awakening: Buddhism, psychotherapy, and the path of personal and spiritual transformation*. Berkeley, CA: Shambhala.

Wilber, K. (1980). *The spectrum of consciousness*. Wheaton, IL: Quest.

Wilber, K. (2000). *Integral psychology: Consciousness, spirit, psychology, therapy*. Boston: Shambhala.

Wing, J., Cooper, J., & Sartorius, N. (1974). *Description and classification of psychiatric symptoms*. Cambridge, England: Cambridge University Press.

Wittine, B. (1989). Basic postulates for a transpersonal psychotherapy. In R. Valle & S. Halling (Eds.), *Existential–phenomenological perspectives in psychology*. New York: Plenum Press.

제9장

American Psychiatric Association. (2000). *Diagnostic and statistical manual of mental disorders* (4th ed., text rev.). Washington, DC: Author.

Campbell, P., & McMahon, E. (1985). *Bio-spirituality: Focusing as a way to grow*. Chicago: Loyola University Press.

Chandler, C., Holden, J. M., & Kolander, C. (1992). Counseling for spiritual wellness: Theory and practice. *Journal of Counseling and Development*, *71*, 168–175.

Durak, G. M., Bernstein, R., & Gendlin, E. T. (1997). Effects of focusing training on therapy process and outcome. *The Folio: A Journal for Focusing and Experiential Therapy*, *15*, 7–14. (Available from the Focusing Institute, 34 East Lane, Spring Valley, NY 10977)

Gendlin, E. T. (1961). Experiencing: A variable in the process of therapeutic change. *American Journal of Psychotherapy*, *15*, 233–245.

Gendlin, E. T. (1962). *Experiencing and the creation of meaning*. New York: Macmillan.

Gendlin, E. T. (1964). A theory of personality change. In P. Worchel & D. Byrne (Eds.), *Personality change* (pp. 102–148). New York: Wiley.

Gendlin, E. T. (1966). Research in psychotherapy with schizophrenic patients and the nature of that "illness." *American Journal of Psychotherapy*, *20*, 4–16.

Gendlin, E. T. (1969). Focusing. *Psychotherapy: Theory, Research and Practice*, *6*,

4–15.

Gendlin, E. T. (1981). *Focusing*. New York: Bantam Books.

Gendlin, E. T. (1984). The client's client. In R. Levant & J. M. Shlien (Eds.), *Client-centered therapy and the person-centered approach*. New York: Praeger.

Gendlin, E. T. (1986). *Let your body interpret your dreams*. Wilmette, IL: Chiron.

Gendlin, E. T. (1996). *Focusing-oriented psychotherapy: A manual of the experiential method*. New York: Guilford Press.

Gendlin, E. T., Beebe J., III, Cassens, J., Klein, M., & Oberlander, M. (1968). Focusing ability in psychotherapy, personality, and creativity. In J. Shlien (Ed.), *Research in psychotherapy III* (pp. 217–241). Washington, DC: American Psychological Association.

Gendlin, E. T., & Tomlinson, T. M. (1967). The process conception and its measurement. In C. R. Rogers, E. T. Gendlin, D. J. Kiesler, & C. B. Truax (Eds.), *The therapeutic relationship and its impact: A study of psychotherapy with schizophrenics* (pp. 109–131). Madison: University of Wisconsin Press.

Grof, S. (1976). *Realms of the human unconscious*. New York: Dutton.

Helminiak, D. (1987). *Spiritual development*. Chicago: Loyola University Press.

Hendricks, M. N. (1986). Experiencing level as a therapeutic variable. *Person-Centered Review, 1*, 141–162.

Hendricks, M. N. (2001). Research basis of focusing-oriented/experiential psychology. In D. Cain & J. Seeman (Eds.), *Humanistic psychotherapies: Handbook of research and practice* (pp. 221–251). Washington, DC: American Psychological Association.

Hinterkopf, E. (1983). Experiential focusing: A three-stage training program. *Journal of Humanistic Psychology, 23*, 113–126.

Hinterkopf, E. (1994). Integrating spiritual experiences in counseling. *Counseling and Values, 38*, 165–175.

Hinterkopf, E. (1995a, April). *Integrating spirituality in counseling*. Paper presented at the meeting of the American Counseling Association, Denver, CO.

Hinterkopf, E. (1995b). *Die Dimension Spiritualitat in Beratung und Therapie*. Unpublished manuscript.

Hinterkopf, E. (1998). *Integrating spirituality in counseling: A manual for using the experiential focusing method*. Alexandria, VA: American Counseling Association.

Hinterkopf, E., & Brunswick, L. K. (1981). Teaching mental patients to use client-centered and experiential therapeutic skills with each other. *Psychotherapy: Theory, Research and Practice, 18*, 394–402.

Klein, M. H., Mathieu, P. I., Gendlin, E. T., & Kiesler, D. J. (1970). *The Experiencing Scale: A research and training manual*. Madison: University of Wisconsin Extension Bureau of Audiovisual Instruction.

Klein, M. H., Mathieu-Coughlan, P. I., & Kiesler, D. J. (1986). The Experiencing Scales. In L. S. Greenberg & W. M. Pinsof (Eds.), *The psychotherapeutic process: A research handbook* (pp. 21–71). New York: Guilford Press.

Mathieu-Coughlan, P. I., & Klein, M. H. (1984). Experiential psychotherapy: Key events in client-therapist interaction. In L. N. Rice & L. S. Greenberg (Eds.), *Patterns of change* (pp. 213–248). New York: Guilford Press.

Omidian, P. (2002). The use of focusing by Afghan aid workers. *Staying in focus: The Focusing Institute newsletter*, 2 (2). (Available from the Focusing Institute, 34 East Lane, Spring Valley, NY 10977)

Rogers, C. R., Gendlin, E. T., Kiesler, D. J., & Truax, C. B. (Eds.). (1967). *The therapeutic relationship and its impact: A study of psychotherapy with schizophrenics*. Madison: University of Wisconsin Press.

Saunders, N. (2003). *Focusing on the light: A modest proposal*. Retrieved March 3, 2002, from the Focusing Institute's Web site: http://www.focusing.org/spirituality.html

Shafranske, E. P., & Gorsuch, R. L. (1984). Factors associated with the perception of spirituality in psychotherapy. *Journal of Transpersonal Psychology*, *16*, 231–241.

Shafranske, E. P., & Malony, H. N. (1990). Clinical psychologists' religious and spiritual orientations and their practice of psychotherapy. *Psychotherapy*, *27*, 72–78.

Tomlinson, T. M., & Hart, J. T. (1962). A validation of the process scale. *Journal of Consulting Psychology*, *26*, 74–78.

Walker, A., Rablen, R. A., & Rogers, C. R. (1960). Development of a scale to measure process change in psychotherapy. *Journal of Clinical Psychology*, *16*, 79–85.

제10장

Benet-Martinez, V., & John, O. P. (1998). Los cinco grandes across cultures and ethnic groups: Multitrait multimethod analyses of the Big Five in Spanish and English. *Journal of Personality and Social Psychology*, *75*, 729–750.

Berry, J., & Worthington, E. L., Jr. (2001). Forgiveness, relationship quality, stress while imagining relationship events, and physical and mental health. *Journal of Counseling Psychology*, *48*, 447–455.

Berry, J. W., Worthington, E. L., Jr., O'Connor, L. E., Parrott, L., III, & Wade, N. G. (in press). The measurement of trait forgivingness. *Journal of Personality*.

Berry, J. W., Worthington, E. L., Jr., Parrott, L., III, O'Connor, L., & Wade, N. G. (2001). Dispositional forgivingness: Development and construct validity of the Transgression Narrative Test of Forgivingness (TNTF). *Personality and Social Psychology Bulletin*, *27*, 1277–1290.

Burchard, G. A., Yarhouse, M. A., Worthington, E. L., Jr., Berry, J. W., Killian, M., & Canter, D. E. (2003). A study of two marital enrichment programs and couples' quality of life. *Journal of Psychology and Theology*, *31*, 240–252.

Cohan, C. L., & Bradbury, T. N. (1997). Negative life events, marital interaction, and the longitudinal course of newlywed marriage. *Journal of Personality and Social Psychology*, *73*, 114–128.

Derogatis, L. R. (1993). *Brief Symptom Inventory (BSI): Administration, scoring, and procedures manual* (4th ed.). Minneapolis, MN: National Computer Systems.

Derogatis, L. R., & Cleary, P. A. (1977). Confirmation of the dimensional structure of the SCL-90-R: A study in construct validation. *Journal of Clinical Psychology*, *33*, 981–989.

DiBlasio, F. A. (1992). Forgiveness in psychotherapy: Comparison of older and younger therapists. *Journal of Psychology and Christianity*, *11*, 181–187.

DiBlasio, F. A. (1993). The role of social workers' religious beliefs in helping family members forgive. *Journal of Contemporary Human Services*, *74*, 163–170.

DiBlasio, F. A. (1998). The use of decision-based forgiveness intervention within intergenerational family therapy. *Journal of Family Therapy*, *20*, 77–94.

DiBlasio, F. A., & Benda, B. B. (1991). Practitioners, religion and the clinical use of forgiveness. *Journal of Psychology and Christianity*, *10*, 168–172.

DiBlasio, F. A., & Proctor, J. H. (1993). Therapists and the clinical use of forgiveness. *American Journal of Family Therapy*, *21*, 175–184.

Dorff, E. N. (1998). The elements of forgiveness: A Jewish approach. In E. L. Worthington Jr. (Ed.), *Dimensions of forgiveness: Psychological research and theological perspectives* (pp. 29–55). Philadelphia: Templeton Foundation Press.

Enright, R. D. (1998). Comprehensive bibliography on interpersonal forgiveness. In R. D. Enright & J. North (Eds.), *Exploring forgiveness*. Madison: University of Wisconsin Press.

Enright, R. D., & Fitzgibbons, R. P. (2000). *Helping clients forgive: An empirical guide for resolving anger and restoring hope*. Washington, DC: American Psychological Association.

Enright, R. D., & the Human Development Study Group. (1994). Piaget on the moral development of forgiveness: Identity or reciprocity? *Human Development*, *37*, 63–80.

Exline, J. J., Worthington, E. L., Jr., Hill, P. C., & McCullough, M. E. (2003). Forgiveness and justice: A research agenda for social and personality psychology. *Personality and Social Psychology Review*, *7*, 337–348.

Fincham, F. D., & Beach, S. R. H. (1999). Conflict in marriage: Implications for working with couples. *Annual Review of Psychology*, *50*, 47–77.

Fincham, F. D., & Beach, S. R. H. (2002). Forgiveness in marriages: Implications for psychological aggression and constructive communication. *Personal Relationships*, *9*, 239–251.

Fincham, F. D., Paleari, F. G., & Regalia, C. (2002). Forgiveness in marriage: The role of relationship quality, attributions, and empathy. *Personal Relationships*, *9*, 27–37.

Fitzgibbons, R. P. (1986). The cognitive and emotive uses of forgiveness in the treatment of anger. *Psychotherapy*, *23*, 629–633.

Gilligan, C. (1982). *In a different voice: Psychological theory and women's development*. Cambridge, MA: Harvard University Press.

Gottman, J. M. (1994). *What predicts divorce? The relationship between marital processes and marital outcomes*. Hillsdale, NJ: Erlbaum.

Hart, K. E., & Shapiro, D. A. (2002, August). *Secular and spiritual forgiveness interventions for recovering alcoholics harboring grudges*. Paper presented at the annual convention of the American Psychological Association, Chicago.

Hebl, J., & Enright, R. D. (1993). Forgiveness as a psychotherapeutic goal with elderly females. *Psychotherapy, 30*, 658–667.

Heyman, R. E., Feldbau-Kohn, S. R., Ehrensaft, M. K., Langhinrichsen-Rohling, J., & O'Leary, K. D. (2001). Can questionnaire reports correctly classify relationship distress and partner physical abuse? *Journal of Family Psychology, 15*, 334–346.

Jacobson, N. S., & Christensen, A. (1996). *Integrative couple therapy. Promoting acceptance and change*. New York: Norton.

Luskin, F. (2003, October). *Stanford forgiveness projects: Teaching forgiveness*. Talk presented at the Helping People Forgive conference, Atlanta, GA.

Malcolm, W. M. (2000). Relating process to outcome in the resolution of unfinished business in process experiential psychotherapy. *Dissertation Abstracts International, 60*, 4235.

Malcolm, W. M., & Greenberg, L. S. (2000). Forgiveness as a process of change in individual psychotherapy. In M. E. McCullough, K. I. Pargament, & C. E. Thoresen (Eds.), *Forgiveness: Theory, research, and practice* (pp. 179–202). New York: Guildford Press.

Marty, M. E. (1998). The ethos of Christian forgiveness. In E. L. Worthington Jr. (Ed.), *Dimensions of forgiveness: Psychological research and theological perspectives* (pp. 9–28). Philadelphia: Templeton Foundation Press.

McCullough, M. E., Rachal, K. C., Sandage, S. J., Worthington, E. L., Jr., Brown, S. W., & Hight, T. L. (1998). Interpersonal forgiveness in close relationships II: Theoretical elaboration and measurement. *Journal of Personality and Social Psychology, 75*, 1586–1603.

McCullough, M. E., Sandage, S. J., & Worthington, E. L., Jr. (1997). *To forgive is human: How to put your past in the past*. Downers Grove, IL: InterVarsity Press.

McCullough, M. E., & Worthington, E. L., Jr. (1994). Encouraging clients to forgive people who have hurt them: Review, critique, and research prospectus. *Journal of Psychology and Theology, 22*, 3–20.

McCullough, M. E., & Worthington, E. L., Jr. (1995). Promoting forgiveness: A comparison of two psychoeducational group interventions with a waiting-list control. *Counseling and Values, 40*, 55–68.

McCullough, M. E., & Worthington, E. L., Jr. (1999). Religion and the forgiving personality. *Journal of Personality, 67*, 1141–1164.

McCullough, M. E., Worthington, E. L., Jr., & Rachal, K. C. (1997). Interpersonal forgiving in close relationships. *Journal of Personality and Social Psychology, 73*, 321–336.

Murphy, J. G., & Hampton, J. (1988). *Forgiveness and mercy*. Cambridge, England: Cambridge University Press.

Pargament, K. I. (2002). The bitter and the sweat: An evaluation of the costs and benefits of religiousness. *Psychological Inquiry*, *13*, 168–188.

Ripley, J. S., & Worthington, E. L., Jr. (2002). Hope-focused and forgiveness-based group interventions to promote marital enrichment. *Journal of Counseling and Development*, 80, 452–463.

Ripley, J. S., Worthington, E. L., Jr., Berry, J. W., Wade, N. G., Gramling, G. S., Canter, D. E., et al. (2003). *Religious commitment and beliefs about big five personality factors as predictors of trait and state forgiving*. Manuscript submitted for publication.

Rye, M. S., & Pargament, K. I. (2002). Evaluation of a secular and religiously integrated forgiveness group therapy program for college students who have been wronged by a romantic partner. *Journal of Clinical Psychology*, *58*, 419–441.

Rye, M. S., Pargament, K. I., Ali, M. A., Beck, G. L., Dorff, E. N., Hallisey, C., et al. (2000). Religious perspectives on forgiveness. In M. E. McCullough, K. I. Pargament, & C. E. Thoresen (Eds.), *Forgiveness: Theory, research, and practice* (pp. 17–40). New York: Guilford Press.

Sandage, S. J. (1997). *An ego-humility model of forgiveness: A theory-driven empirical test of group interventions*. Unpublished doctoral dissertation, Virginia Commonwealth University, Richmond.

Schumm, W. R., Silliman, B., & Bell, D. B. (2000). Perceived premarital counseling outcomes among recently married Army personnel. *Journal of Sex & Marital Therapy*, *26*, 177–186.

Smedes, L. B. (1984). *Forgive and forget: Healing the hurts we don't deserve*. New York: Harper & Row.

Spanier, G. B. (1976). Measuring dyadic adjustment: New scales for assessing the quality of marriage and similar dyads. *Journal of Marriage and the Family*, *38*, 15–28.

Spielberger, C. D., Jacobs, G., Russell, S., & Crane, R. S. (1983). Assessment of anger: The State–Trait Anger Scale. In J. N. Butcher & C. D. Spielberger (Eds.), *Advances in personality assessment* (Vol. 2, pp. 161–189). Hillsdale, NJ: Erlbaum.

Straus, M. A. (1979). Measuring intrafamily conflict and violence: The Conflict Tactics (CT) Scales. *Journal of Marriage and the Family*, *41*, 75–88.

Thompson, M. P., & Vardaman, P. J. (1997). The role of religion in coping with loss of a family member in homicide. *Journal for the Scientific Study of Religion*, *36*, 44–51.

Toi, M., & Batson, C. D. (1982). More evidence that empathy is a source of altruistic motivation. *Journal of Personality and Social Psychology*, *43*, 281–292.

Wade, N. G., & Worthington, E. L., Jr. (2003). Overcoming interpersonal offenses: Is forgiveness the only way to deal with unforgiveness? *Journal of Counseling and Development*, *81*, 343–353.

Wade, N. G., & Worthington, E. L., Jr. (2004). *Religions and spiritual interventions in therapy: An effectiveness study of Christian counseling*. Unpublished manuscript.

Worthington, E. L., Jr. (1999). *Hope-focused marriage counseling*. Downers Grove, IL: InterVarsity Press.

Worthington, E. L., Jr. (2001a). *Five steps to forgiveness: The art and science of forgiving*. New York: Crown.

Worthington, E. L., Jr. (2001b). Unforgiveness, forgiveness, and reconciliation in societies. In R. G. Helmick & R. L. Petersen (Eds.), *Forgiveness and reconciliation: Religion, public policy, and conflict transformation* (pp. 161–182). Philadelphia: Templeton Foundation Press.

Worthington, E. L., Jr. (2003). *Forgiving and reconciling*. Downers Grove, IL: InterVarsity Press.

Worthington, E. L., Jr., Berry, J. W., & Parrott, L., III. (2001). Unforgiveness, forgiveness, religion, and health. In T. G. Plante & A. Sherman (Eds.), *Faith and health: Psychological perspectives* (pp. 107–138). New York: Guilford Press.

Worthington, E. L., Jr., & DiBlasio, F. A. (1990). Promoting mutual forgiveness within the fractured relationship. *Psychotherapy*, *27*, 219–223.

Worthington, E. L., Jr., & Drinkard, D. T. (2000). Promoting reconciliation through psychoeducational and therapeutic interventions. *Journal of Marital and Family Therapy*, *26*, 93–101.

Worthington, E. L., Jr., Hight, T. L., Ripley, J. S., Perrone, K. M., Kurusu, T. A., & Jones, D. R. (1997). Strategic hope-focused relationship-enrichment counseling with individual couples. *Journal of Counseling Psychology*, *44*, 381–389.

Worthington, E. L., Jr., Kurusu, T. A., Collins, W. B., Berry, J. W., Ripley, J. S., & Baier, S. N. (2000). Forgiving usually takes time: A lesson learned by studying interventions to promote forgiveness. *Journal of Psychology and Theology*, *28*, 3–20.

Worthington, E. L., Jr., & Sandage, S. J. (2001). Religion and spirituality. *Psychotherapy*, *38*, 473–478.

Worthington, E. L., Jr., Sandage, S. J., & Berry, J. W. (2000). Group interventions to promote forgiveness: What researchers and clinicians ought to know. In M. E. McCullough, K. I. Pargament, & C. E. Thoresen (Eds.), *Forgiveness: Theory, research and practice* (pp. 228–253). New York: Guilford Press.

Worthington, E. L., Jr., & Wade, N. G. (1999). The social psychology of unforgiveness and forgiveness and implications for clinical practice. *Journal of Social and Clinical Psychology*, *18*, 385–418.

Worthington, E. L., Jr., Wade, N. G., Hight, T. L., Ripley, J. S., McCullough, M. E., Berry, J. W., et al. (2003). The Religious Commitment Inventory–10: Development, refinement, and validation of a brief scale for research and counseling. *Journal of Counseling Psychology*, *50*, 84–96.

제11장

Barbour, I. G. (1990). *Religion in an age of science: The Gifford lectures 1989–1991* (Vol. 1). San Francisco: HarperCollins.

Benson, H. (1996). *Timeless healing: The power and biology of belief*. New York: Scribner.

Bergin, A. E. (1980). Psychotherapy and religious values. *Journal of Consulting and*

Clinical Psychology, 48, 75–105.

Bergin, A. E. (1988). Three contributions of a spiritual perspective to counseling, psychotherapy, and behavior change. *Counseling and Values*, 32, 21–31.

Bergin, A. E. (1991). Values and religious issues in psychotherapy and mental health. *American Psychologist*, 46, 394–403.

Berrett, D. B., & Johnson, T. M. (2002). Religion. In *Britannica book of the year* (p. 303). Chicago: Encyclopedia Britannica.

Butcher, J. N. (1990). *MMPI–2 in psychological treatment*. New York: Oxford University Press.

Chamberlain, R. B., Richards, P. S., & Scharman, J. S. (1996). Spiritual perspectives and interventions in psychotherapy: A qualitative study of experienced AMCAP therapists. *AMCAP Journal*, 22, 29–74.

Fromm, E. (1956). *The art of loving*. New York: Harper & Row.

Fukuyama, M., & Sevig, T. (1999). *Integrating spirituality into multicultural counseling*. Thousand Oaks, CA: Sage.

Griffin, D. R. (2000). *Religion and naturalism: Overcoming the conflicts*. Albany: State University of New York Press.

Hearnshaw, L. S. (1987). *The shaping of modern psychology*. New York: Routledge & Kegan Paul.

Jones, S. L. (1994). A constructive relationship for religion with the science and profession of psychology: Perhaps the boldest model yet. *American Psychologist*, 49, 184–199.

Koenig, H. G., McCullough, M. E., & Larson, D. B. (2001). *Handbook of religion and health*. New York: Oxford University Press.

Leahey, T. H. (1991). *A history of modern psychology*. Englewood Cliffs, NJ: Prentice Hall.

Miller, L. (2004). A spiritual formulation of interpersonal psychotherapy for depression in pregnant girls. In P. S. Richards & A. E. Bergin (Eds.), *Casebook for a spiritual strategy in counseling and psychotherapy* (pp. 75–86). Washington, DC: American Psychological Association.

Miller, W. R. (1999). *Integrating spirituality into treatment: Resources for practitioners*. Washington, DC: American Psychological Association.

Nielsen, S. L. (2004). A Mormon rational emotive behavior therapist attempts Qur'anic rational emotive behavior therapy. In P. S. Richards & A. E. Bergin (Eds.), *Casebook for a spiritual strategy in counseling in psychotherapy* (pp. 213–230). Washington, DC: American Psychological Association.

Propst, L. R., Ostrom, R., Watkins, P., Dean, T., & Mashburn, D. (1992). Comparative efficacy of religious and nonreligious cognitive–behavioral therapy for the treatment of clinical depression in religious individuals. *Journal of Consulting and Clinical Psychology*, 60, 94–103.

Richards, P. S. (1999). *Spiritual influences in healing and psychotherapy*. Presented at the 107th Annual Convention of the American Psychological Association, William C. Bier Award Invited Address to Division 36 (Psychology of Religion), Boston.

Richards, P. S., & Bergin, A. E. (1997). *A spiritual strategy for counseling and psychotherapy*. Washington, DC: American Psychological Association.

Richards, P. S., & Bergin, A. E. (Eds.). (2000). *Handbook of psychotherapy and religious diversity*. Washington, DC: American Psychological Association.

Richards, P. S., & Bergin, A. E. (2004). *Casebook for a spiritual strategy in counseling and psychotherapy*. Washington, DC: American Psychological Association.

Richards, P. S., & Bergin, A. E. (in press). *A spiritual strategy for counseling and psychotherapy* (2nd ed.). Washington, DC: American Psychological Association.

Richards, P. S., Hardman, R. K., & Berrett, M. E. (2001, August). *Evaluating the efficacy of spiritual interventions in the treatment of eating disorder patients: An outcome study*. Paper presented at the 109th Annual Convention of the American Psychological Association, San Francisco.

Richards, P. S., Keller, R., & Smith, T. B. (2003). Religious and spiritual diversity in the practice of psychotherapy (pp. 269–286). In T. B. Smith (Ed.), *Practicing multiculturalism: Affirming diversity in counseling and psychology*. Boston: Allyn & Bacon.

Richards, P. S., & Rector, J. R., & Tjeltveit, A. C. (1999). Values, spirituality, and psychotherapy (pp. 133–160). In William R. Miller (Ed.), *Integrating spirituality in treatment: Resources for practitioners*. Washington, DC: American Psychological Association

Ringwald, C. D. (2002). *The soul of recovery: Uncovering the spiritual dimensions in the treatment of addictions*. New York: Oxford University Press.

Rogers, C. R. (1961). *On becoming a person*. Boston: Houghton Mifflin.

Shafranske, E. P. (2004). A psychodynamic case study. In P. S. Richards & A. E. Bergins (Eds.), *Casebook for a spiritual strategy in counseling and psychotherapy* (pp. 153–170). Washington, DC: American Psychological Association.

Slife, B. D. (2004). Theoretical challenges to therapy practice and research: The constraint of naturalism. In M. J. Lambert (Ed.), *Bergin and Garfield's handbook of psychotherapy and behavior change* (5th ed., pp. 44–83). New York: Wiley.

Slife, B. D., Hope, C., & Nebeker, R. S. (1999). Examining the relationship between religious spirituality and psychological science. *Journal of Humanistic Psychology*, *39*, 51–85.

Smart, N. (1994). *Religions of the west*. Englewood Cliffs, NJ: Prentice Hall.

Smith, T. B., & Richards, P. S. (in press). Toward the integration of spiritual and religious issues in racial–cultural counseling and psychology. In R. Carter (Ed.), *Handbook of racial–cultural psychology*. Thousand Oaks, CA: Sage.

Strupp, H. H., & Binder, J. L. (1984). *Psychotherapy in a new key: A guide to time-limited psychodynamic therapy*. New York: Basic Books.

Vande Kemp, H. (1996). Historical perspective: Religion and clinical psychology in America. In E. P. Shafranske (Ed.), *Religion and the clinical practice of psychology* (pp. 71–112). Washington, DC: American Psychological Association.

제12장

American Psychiatric Association. (1994). *Diagnostic and statistical manual of mental disorders* (4th ed.). Washington, DC: Author.

Arieti, S. (1976). *Creativity: The magic synthesis*. New York: Basic Books.

Barry, W. A. (1991). *Finding God in all things: A companion to the spiritual exercises of St. Ignatius*. Notre Dame, IN: Ave Marie Press.

Benner, D. G. (1988) *Psychotherapy and the spiritual quest*. Grand Rapids, MI: Baker.

Benner, D. G. (1998). Care of souls: Revisioning Christian nurture and counsel. Grand Rapids, MI: Baker.

Butcher, J. N., Dahlstrom, W. G., Graham, J. R., Tellegen, A., & Kaemmer, B. (1989). *Minnesota Multiphasic Personality Inventory—2*. Minneapolis, MN: University of Minnesota Press.

Corbett, L. (1996). *The Religious function of the psyche*. London: Routledge.

Erickson, M. H., & Rossi, E. L. (1981). *Experiencing hypnosis*. New York: Irvington.

Fairbairn, W. R. D. (1952). *An object relations theory of personality*. New York: Basic Books.

Frankl, V. (1963). *Man's search for meaning*. New York: Knopf.

Hillman, J. (1975). *Revisioning psychology*. New York: Harper & Row.

Jung, C. G. (1933). *Modern man in search of a soul*. New York: Harcourt Brace & World.

Jung, C. G. (1961). *Memories, dreams, and reflections*. New York: Pantheon.

Karasu, B. (1999). Spiritual psychotherapy. *American Journal of Psychotherapy*, *53*, 143–162.

Keating, T. (1992). *Open mind, open heart*. New York: Continuum.

Keating, T. (1998). *Invitation to love: The way of Christian contemplation*. New York: Continuum.

Kelsey, M. (1978). *Dreams: A way to listen to God*. New York: Paulist Press.

Kohut, H. (1971). *The analysis of the self*. Madison, CT: International Universities Press.

Maslow, A. (1970). Neurosis as a failure of human growth. In W. S. Sahakian (Ed.), *Psychopathology today: Experimentation, theory and research*. (pp. 122–130). Itasca, IL, Peacock.

McDargh, J. (1983). *Psychoanalytic object relation theory and the study of religion*. Lanham, MD: University Press of America.

Meissner, W. W. (1999). *To the greater glory: A psychological study of Ignatian spirituality*. Milwaukee, WI: Marquette University Press.

Meissner, W. W. (1984). *Psychoanalysis and religious experience*. New Haven, CT: Yale University Press.

Merton, T. (1961a). *New seeds of contemplation*. New York: New Directions/Penguin.

Merton, T. (1961b). *The new man*. New York: Bantam Books.

Merton, T. (1993). *Thoughts in solitude*. Boston: Shambhala.

Mills, J. & Crowley, R. (1986). *Therapeutic metaphors for children and the child within*. New York: Brunner/Mazel.

Moore, T. (1992). *Care of the soul: A guide for cultivating depth and sacredness in everyday life*. New York: HarperCollins.

Pennington, M. B. (1982). *Centering prayer*. New York: Image Books/Doubleday.

Sanford, J. (1978). *Dreams and healing: A succinct and lively interpretation of dreams*. New York: Paulist Press.

Silf, M. (1999). Inner compass: An invitation to Ignatian spirituality. Chicago: Loyola Press.

Tournier, P. (1957). *The meaning of persons*. London: SCM Press.

Tyrrell, B. J. (1982). *Christotherapy II*. New York: Paulist Press.

van Kaam, A. (1972). *The art of existential counseling*. Denville, NJ: Dimension Books.

Winnicott, D. W. (1971). *Playing and reality*: New York: Basic Books.

Yalom, I. (1980). *Existential psychotherapy*. New York: Basic Books.

제13장

Adler, A. (1956). *The individual psychology of Alfred Adler* (H. Ansbacher & R. Ansbacher, Eds.). New York: Harper & Row.

Ainsworth, M., Behar, M., Waters, E., & Wall, S. (1978). *Patterns of attachment*. Hillsdale, NJ: Erlbaum.

Allport, G. (1937). *Personality: A psychological interpretation*. New York: Holt.

Beck, A., Freeman, A., Davis, D., & Associates. (1990). *Cognitive therapy of personality disorders*. New York: Guilford Press.

Cecero, J. (2002). *Praying through our lifetraps: A psychospiritual path to freedom*. Totowa, NJ: Resurrection Press.

Cheston, S., Piedmont, R., Eanes, B., & Lavin, L. (2003). Changes in client's image of god over the course of outpatient therapy. *Counseling and Values*, *47*, 96–108.

Cortright, B. (1997). *Psychotherapy and spirit: Theory and practice in transpersonal psychotherapy*. Albany: State University of New York Press.

Engel, C. (1977). The need for a new medical model: A challenge to biomedical medicine. *Science*, *196*, 129–136.

Gelpi, D. (1998). *The conversion experience: A reflective guide for RCIA participants and others*. New York: Paulist Press.

Gendlin, E. (1981). *Focusing*. New York: Bantam Books.

Kirkpatrick, L. (1999). Attachment and religious representations and behavior. In J. Cassidy & P. Shaver (Eds.), *Handbook of attachment: Theory, research and clinical applications* (pp. 803–822). New York: Guilford Press.

May, G. (1982). *Care of mind, care of soul: A psychiatrist explores spiritual direction*. San

Francisco: HarperCollins.

McCullough, M., & Snyder, C. (2000). Classical sources of human strength: Revisiting an old house and building a new one. *Journal of Social and Clinical Psychology, 19*, 1–10.

Miller, W., & C'de Baca, J. (2001). *Quantum change: When epiphanies and sudden insights transform ordinary lives*. New York: Guilford Press.

Paloutzian, R., Richardson, J., & Rambo, L. (1999). Religious conversion and personality change. *Journal of Personality, 67*, 1047–1080.

Rambo, L. (1993). *Understanding religious conversion*. New Haven, CT: Yale University Press.

Richards, P. S., & Bergin, A. E. (Eds.). (2004). *Casebook for a spiritual strategy in counseling and psychotherapy*. Washington, DC: American Psychological Association.

Rizzuto, A. (1981). *The birth of the living God: A psychoanalytic study*. Chicago: University of Chicago Press.

Rizzuto, A. (1991). Religious development: A psychoanalytic point of view. In F. Oser & W. Scarlett (Eds.), *Religious Development in Childhood and Adolescence* [Special Issue]. *New Directions for Child Development, 52*, 47–60

Rolheiser, R. (1999). *The holy longing: The search for a Christian spirituality*. New York: Doubleday.

Seligman, M., & Csikszentmihalyi, M. (2000). Positive psychology: An introduction. *American Psychologist, 55*, 1, 5–14.

Seligman, M., & Peterson, C. (2003). Positive clinical psychology. In L. Aspinwall & U. Staudinger (Eds.), *A psychology of human strengths* (pp. 305–318). Washington, DC: American Psychological Association.

Siegel, D. (1999). *The developing mind*. New York: Guilford Press.

Sperry, L. (1986). Care of body, care of spirit: Medical dimensions of spiritual wellbeing. *Journal of Christian Healing, 8*, 27–31.

Sperry, L. (1988) Biopsychosocial therapy: An integrative approach for tailoring treatment. *Individual Psychology, 44*, 225–235.

Sperry, L. (1995). *Handbook of diagnosis and treatment of DSM–IV personality disorders*. New York: Brunner/Mazel.

Sperry, L. (1998). Spiritual counseling and the process of conversion. *Journal of Christian Healing, 20*, 37–54.

Sperry, L. (1999a). Biopsychosocial therapy. *Journal of Individual Psychology, 55*, 233–247.

Sperry, L. (1999b). The somatic dimension in healing prayer and the conversion process. *Journal of Christian Healing, 21*, 47–62.

Sperry, L. (2000a). Spirituality and psychiatry: Incorporating the spiritual dimension into clinical practice. *Psychiatric Annals, 30*, 518–524.

Sperry, L. (2000b). Biopsychosocial therapy: Essential strategies and tactics. In J. Carlson & L. Sperry (Eds.), *Brief therapy with individuals and couples*. Phoenix, AZ: Zeig, Tucker & Theisen.

Sperry, L. (2001a). The biological dimension in biopsychosocial therapy: Theory and clinical applications with couples. *Journal of Individual Psychology, 57,* 310–317.

Sperry, L. (2001b). Biopsychosocial therapy with individuals and couples: Integrative theory and interventions. In L. Sperry (Ed.), *Integrative and biopsychosocial therapy: Maximizing treatment outcomes with individuals and couples* (pp. 67–99). Alexandria, VA: ACA Books.

Sperry, L. (2001c). *Spirituality in clinical practice: Incorporating the spiritual dimension in psychotherapy and counseling.* New York: Brunner/Routledge.

Sperry, L. (2002a). From psychopathology to transformation: Retrieving the developmental focus in psychotherapy. *Journal of Individual Psychology, 58,* 398–421.

Sperry, L. (2002b). *Transforming self and community: Revisioning pastoral counseling and spiritual direction.* Collegeville, MN: Liturgical Press.

Sperry, L. (2003a). Integrating spiritual direction functions in the practice of psychotherapy. *Journal of Psychology and Theology, 31,* 3–13.

Sperry, L. (2003b). Integrative spiritually-oriented psychotherapy: A case study of spiritual and psychological transformation. In P. Richards. & A. Bergin (Eds.), *Casebook for a spiritual strategy in counseling and psychotherapy.* Washington, DC: American Psychological Association.

Tyrell, B. (1982). *Christotherapy II: A new horizon for counselors, spiritual directors and seekers of healing in growth in Christ.* New York: Paulist Press.

Young, J. (1999). *Cognitive therapy for personality disorders: A schema-focused approach* (rev. ed.). Sarasota, FL: Professional Resources Press.

Young, J., Klosko, J., & Weishaar, M. (2003). *Schema therapy: A practitioner's guide.* New York: Guilford Press.

제14장

Sperry, L., & Mansager, E. (2003). *Spirituality and psychotherapy: Five conceptual models.* Unpublished manuscript.

제15장

Gallup, G., Jr. (2002, May 28). *Religion may do a body good.* Retrieved November 1, 2003, from the Gallup Organization Web site: http://www.gallup.com/poll/tb/religvalue/20020528.asp

Puchalski, C. M., Larson, D. B., & Lu, F. G. (2000). Spirituality courses in psychiatry residency programs. *Psychiatric Annals, 30,* 543–548.

역자소개

최영민 | 서울대학교 의과대학졸업
인제의대 상계백병원 신경정신과 주임교수

조아라 | 연세대학교 심리학과 및 동대학원 졸업
인제의대 상계백병원 신경정신과 교수

김민숙 | 인제대학교 의과대학졸업
인제의대 상계백병원 신경정신과 교수

영성 지향 심리치료

SPIRITUALLY ORIENTED PSYCHOTHERAPY

초판인쇄일	2008년 5월 15일
초판발행일	2008년 5월 25일
저 자	LEN SPERRY AND EDWARD P. SHAFRANSKE
역 자	최영민 • 조아라 • 김민숙
펴 낸 이	오 무 근
펴 낸 곳	도서출판 하나의학사
출 판 등 록	1988년 4월 1일 • 제 2-541호
주 소	서울시 종로구 홍파동 13-4
전 화	(02)730-2555, 2556
팩 스	(02)730-2557

정가 23, 000원

※ 저자와 합의로 인지 생략

※ 잘못된 책은 구입처에서 교환해 드립니다.

ISBN 978-89-92141-27-7-12330